SQL pour Oracle 10*g*

CHEZ LE MÊME ÉDITEUR

Dans la collection Les guides de formation Tsoft

R. Bizoï. – **PL/SQL pour Oracle 10g**.
N° 12056, 2007, 340 pages.

J.-F. Bouchaudy. – **Linux Administration. Tome 1 : Bases de l'administration système**.
N° 12037, 2007, 240 pages.

J.-F. Bouchaudy, G. Goubet. – **Unix Administration**.
N° 11053, 2e édition, 2002, 580 pages.

A. Berlat, J.-F. Bouchaudy, G. Goubet. – **Unix Shell**.
N° 11147, 2e édition, 2002, 412 pages.

X. Pichot. – **Windows XP Professionnel : administration et support**.
N° 11144, 2002, 384 pages.

A. Ounsy. – **Exchange Server 2003 – Tome 1. Configuration et déploiement**.
N° 11623, 2005, 480 pages.

A. Ounsy. – **Exchange Server 2003 – Tome 2. Administration et support**.
N° 11737, 2005, 680 pages.

J.-F. Rouquié. – **Lotus Domino 6 Administration**.
N° 11387, 2003, 876 pages.

J.-F. Rouquié. – **Lotus Domino Designer 6.** *Les bases du développement.*
N° 11396, 2004, 864 pages.

P. Morié, Y. Picot. – **Access 2003.**
N° 11490, 2004, 400 pages.

Autres ouvrages

G. Briard. – **Oracle10g sous Windows**.
N° 11707, 2006, 900 pages.

G. Briard. – **Oracle9*i* sous Windows**.
N° 11220, 2003, 1040 pages + 1 DVD-Rom.

C. Soutou, O. Teste. – **SQL pour Oracle**.
N° 11697, 2e édition 2005, 480 pages + DVD-Rom.

C. Soutou. – **De UML à SQL**. *Conception de bases de données.*
N° 11098, mai 2002, 450 pages.

M. Kofler. – **MySQL 5**. *Guide de l'administrateur et du développeur.*
N° 11633, 2005, 672 pages.

M. Israel. – **SQL Server 2000**.
N° 11027, 2000, 1100 pages + CD-Rom PC.

Minasi. – **Windows Server 2003**.
N° 11326, 2004, 1296 pages.

SQL pour Oracle 10*g*

Razvan Bizoï

EYROLLES

ÉDITIONS EYROLLES
61, bd Saint-Germain
75240 Paris Cedex 05
www.editions-eyrolles.com

TSOFT
10, rue du Colisée
75008 Paris
www.tsoft.fr

À la mémoire de mon père

Pour Isabelle, Ioana et Luca,
mes trois étoiles qui m'aident à tenir le cap

Remerciements

Merci également à mon ami Pierre qui m'a aidé à concrétiser bien des projets. Sans lui ce guide n'aurait sûrement jamais vu le jour.

Avant-propos

Oracle est le système de base de données le plus utilisé au monde. Il fonctionne de façon relativement identique sur tout type d'ordinateur. Ce qui fait que les connaissances acquises sur une plate-forme sont utilisables sur une autre et que les utilisateurs et développeurs Oracle expérimentés constituent une ressource très demandée.

L'objectif de ce livre est de vous aider à apprendre et maîtriser le langage **SQL** que vous pratiquerez avec les bases de données Oracle, dans sa version gratuite mise à disposition par Oracle. L'ouvrage présente aussi l'ensemble des concepts et des mécanismes nécessaires au développement et à l'administration d'applications dans le contexte d'Oracle 10g.

Pour une bonne compréhension de l'ouvrage, il est souhaitable que le lecteur ait une connaissance suffisante du modèle relationnel et qu'il maîtrise un langage de programmation.

Un autre ouvrage du même auteur traite du langage procédural PL/SQL, ces deux ouvrages vous permettront de préparer les examens de certification Oracle :

« `1Z0-007` » Introduction to Oracle9i : SQL® (ou la version 10g lorsque l'examen sera disponible ce qu'il n'est pas encore à la parution de cet ouvrage)

« `1Z0-001` » Introduction to Oracle: SQL® and PL/SQL™

« `1Z0-147` » Program with PL/SQL

L'auteur vise surtout à être plus clair et plus agréable à lire que les documentations techniques, exhaustives et nécessaires mais ingrates, dans lesquelles vous pourrez toujours vous plonger ultérieurement. Par ailleurs, l'auteur a aussi voulu éviter de ne fournir qu'une collection supplémentaire de "trucs et astuces", mais plutôt expliquer les concepts et les mécanismes avant d'indiquer les procédures pratiques.

Dans la mesure où l'on dispose du matériel informatique nécessaire, il est important d'installer Oracle Database 10g Express Edition et SQL Developer, deux outils livrés gratuitement par Oracle. La démarche d'installation et la mise en place de la base de données des ateliers sont détaillées dans les deux premiers modules. L'ensemble des travaux pratiques, qui sont indispensables à l'acquisition d'une compétence réelle, a été conçu dans cette configuration.

Les ateliers de fin de chapitre contiennent des QCM dont vous pourrez trouver les corrigés sur le site de l'éditeur *www.editions-eyrolles.com.* Pour télécharger le fichier des corrigés, tapez le code **12055** dans le champ <RECHERCHE> de la page d'accueil du site, puis appuyez sur ↵. Vous accéderez ainsi à la fiche de l'ouvrage sur laquelle se trouve un lien vers le fichier à télécharger, *corrigés QCM.*

Table des matières

Préambule

Ce guide de formation a pour but de vous permettre d'acquérir une bonne connaissance du langage SQL.

Vous pourrez ensuite tirer profit d'un autre ouvrage du même auteur "PL/SQL pour Oracle 10g". Ces deux ouvrages vous permettront de préparer les examens de certification Oracle suivants :

« `1Z0-007` » Introduction to Oracle9i: SQL® (ou la version 10g lorsque l'examen sera disponible ce qu'il n'est pas encore à la parution de cet ouvrage)

« `1Z0-001` » Introduction to Oracle: SQL® and PL/SQL™

« `1Z0-147` » Program with PL/SQL

Support de formation

Ce guide de formation est idéal pour être utilisé comme support élève dans une formation se déroulant avec un animateur dans une salle de formation, car il permet à l'élève de suivre la progression pédagogique de l'animateur sans avoir à prendre beaucoup de notes. L'animateur, quant à lui, appuie ses explications sur les images figurant sur chaque page de l'ouvrage.

Cet ouvrage peut aussi servir de manuel d'autoformation car il est rédigé à la façon d'un livre, il est complet comme un livre, il va beaucoup plus loin qu'un simple support de cours. De plus, il inclut une quantité d'ateliers conçus pour vous faire acquérir une bonne pratique d'administration de la base de données.

Les ateliers

Le livre vise à donner la possibilité à chacun de manipuler et mettre en œuvre les fonctionnalités de ces deux langage sans pour autant avoir besoin d'un serveur Oracle classique qui nécessite des ressources, des droits (distribués avec parcimonie par les DBA) et surtout une licence (qui n'est pas de plus accessible).

Le choix de présenter l'installation et l'ensemble des ateliers avec Oracle Database 10g Express Edition, qui offre une compatibilité totale avec les produits de la famille Oracle Database, s'est imposé de lui-même, pour permettre de démarrer petit mais de voir grand.

Progression pédagogique

Ce cours comprend 22 chapitres, il est prévu pour durer cinq jours avec un animateur pour des personnes n'ayant aucune connaissance préalable du sujet.

Suivant l'expérience des stagiaires et le but poursuivi, l'instructeur passera plus ou moins de temps sur chaque module.

Attention : l'apprentissage « par cœur » des chapitres n'est d'aucune utilité pour passer les examens. Une bonne pratique et beaucoup de réflexion seront réellement utiles ainsi que la lecture des aides en ligne. C'est pourquoi ce livre présente des ateliers pratiques en fin de chaque chapitre.

Présentation de l'environnement

Le premier module vous propose une description des concepts de base de données relationnelle ainsi que de faire connaissance avec les composants constitutifs d'une base de données relationnelle.

Dans ce module, vous allez découvrir le mode de communication du serveur Oracle avec les clients.

Nous allons traiter dans ce module de l'installation d'Oracle 10g Express Edition, les étapes d'installation et le détail des pré-requis en ressources système nécessaires pour l'installation dans deux environnements : Windows et Linux.

Les outils SQL*Plus

Dans ce module, vous allez découvrir les interfaces de base de données mise à la disposition pour SQL et PL/SQL. Oracle fournit un certain nombre d'outils standards qui ont évolué et maturé suivant les versions. Puissants et performants, ces outils se retrouvent sur toutes les plateformes quelle que soit la version.

Nous allons traiter dans ce module, l'utilisation de l'environnement SQL*Plus Worksheet, l'environnement iSQL*Plus ainsi que l'installation et utilisation de l'environnement SQL Developer.

Interrogation des données

Dans ce module, vous allez découvrir l'extraction des données d'une table le choix des colonnes souhaitées.

Vous trouvez également dans ce module le traitement des colonnes contenant des valeurs NULL, les opérations arithmétiques avec les colonnes de type numériques et les colonnes de type date ainsi que l'affichage des résultats des requêtes triées.

Les opérateurs logiques

Nous allons traiter dans ce module, de l'utilisation des opérateurs logiques simples et des opérateurs multiples.

Ce module décrit également de la mise en œuvre des opérateurs de recherche dans les chaînes de caractères, de l'utilisation des opérateurs pour traiter des valeurs NULL des colonnes.

Vous trouvez également dans ce module comment combiner plusieurs expressions de type logique à l'aide des opérateurs logiques AND, OR ou NOT.

Les chaînes de caractères

Dans ce module, vous allez découvrir le traitement des chaînes de caractères, leur formatage, l'extraction une partie d'une chaîne de caractères ainsi que la recherche et remplacement des sous chaînes.

Nous allons traiter dans ce module les nouvelles fonctionnalités de traitement des chaînes de caractères à l'aide des expressions régulières.

Les fonctions numériques

Nous allons traiter dans ce module de l'utilisation des types de données numériques, des calculs arithmétiques, des arrondis et manipulation du signe des données.

Vous allez également y découvrir les nouveautés des nombres réels à virgule flottante ainsi que les fonctions de traitements et conversions de ces types de données.

Le traitement des dates

Vous trouvez dans ce module les modalités de récupération des informations concernant la date et l'emplacement de la base, de changement des paramètres de zone horaire pour la session ainsi que le stockage de ces informations dans la base de données.

Nous allons également y traiter les expressions de type date ainsi que les arrondis de ces expressions.

Les conversions SQL

Dans ce module, vous allez découvrir les modalités d'effectuer des conversions implicites et le traitement de conversion entre les différents types de données

Nous allons également traiter dans ce module, la manipulation des expressions de type date de type chaîne de caractères.

Groupement des données

Ce module décrit les fonctions dites "verticales" pour les regroupements et le calcul cumulatif. Les fonctions verticales sont utilisées pour le calcul cumulatif des valeurs par rapport à un regroupement ou pour l'ensemble des lignes de la requête.

Agrégation et Analyse

Dans ce module, vous allez découvrir les nouvelles fonctionnalités de traitement multidimensionnel, les fonctions d'agrégation multidimensionnelles, les calculs suivant un partitionnement de données et le concept de fenêtrage.

Nous allons également traiter dans ce module, des fonctions de classement, des requêtes qui utilisent des valeurs détaillées et des résultats des regroupements en même temps.

Les requêtes multitables

Nous examinerons dans cette section comment coupler les lignes de deux ou plusieurs tables afin d'en extraire des données corrélées, utiliser la syntaxe d'Oracle pour les jointures ou la syntaxe ANSI SQL :1999.

Les jointures complexes

Dans ce module, vous allez découvrir les interrogations avec les opérateurs ensemblistes et l'utilisation des sous-requêtes.

Nous examinerons tout particulièrement l'utilisation des sous-requêtes avec les opérateurs IN, ALL et ANY, les sous-requêtes dans la clause FROM et les sous-requêtes synchronisées.

Mise à jour des données

Ce module présente le Langage de Manipulation de Donnée ou LMD, (`UPDATE`, `INSERT` et `DELETE`), qui permet d'effectuer les trois types de modifications (mise à jour de lignes, ajout de lignes et suppression de lignes sélectionnées).

Nous examinerons tout particulièrement l'utilisation des nouveautés des insertions multi-tables des mises à jour conditionnées.

Les transactions

Dans ce module vous pouvez découvrir la gestion des transactions. Toute base de données a pour objectif de fournir aux utilisateurs un accès simultané aux données.

La notion de concurrence d'accès et de verrouillage des données intervient lorsque plusieurs utilisateurs essaient d'accéder simultanément aux mêmes données. Le concept de transaction est différent mais il n'en reste pas moins à la base de la gestion des accès concurrents : les données modifiées lui sont réservées jusqu'à sa fin.

Nous examinerons tout particulièrement la structuration d'une transaction et les annulations partielles.

La création des tables

Les tables contiennent un ensemble fixe de colonnes, chaque colonne possède un nom ainsi que des caractéristiques spécifiques.

Une table d'objets est une table dont toutes les lignes sont des types de données abstraits possédant chacun un identifiant d'objet (OID, Object ID).

La gestion des tables

Les tables sont mises en relation via les colonnes qu'elles ont en commun. Vous pouvez faire en sorte que la base de données applique ces relations au moyen de l'intégrité référentielle.

L'intérêt d'employer des contraintes est qu'Oracle assure en grande partie l'intégrité des données. Par conséquent, plus vous ajoutez de contraintes à une définition de table, moins vous aurez de travail pour la maintenance des données.

Les index

L'index est une structure de base de données utilisée par le serveur pour localiser rapidement une ligne dans une table.

Dans ce module, nous allons détailler l'index de table de type B-Tree classique et l'index de type bitmap conçu pour supporter des requêtes sur des tables volumineuses dont les colonnes contiennent peu de valeurs distinctes.

Vous pouvez également découvrir dans ce module les tables organisées en index.

Les vues et autres objets

Ce module concerne les autres objets de la base de données comme le lien de base de données qui permet de se connecter à une base et d'accéder à partir de là à des objets situés dans une autre base de façon transparente, c'est-à-dire comme s'ils se trouvaient dans la base à laquelle vous êtes directement connecté.

Les profils

Depuis Oracle8, les administrateurs de bases de données disposent de différentes fonctionnalités qui sont essentielles pour assurer la sécurité des mots de passe.

Pour améliorer le contrôle de la sécurité de la base de données, la gestion de mot de passe d'Oracle est contrôlée par des administrateurs de base de données avec des profils.

Le profil d'un utilisateur limite l'utilisation de la base de données et les ressources d'instance conformément à sa définition. Vous pouvez affecter un profil à chaque utilisateur et un profil par défaut à tous les utilisateurs ne disposant pas d'un profil spécifique.

Les utilisateurs

Lorsqu'on parle d'utilisateurs de base de données, il est généralement question de trois types d'entités :

Les utilisateurs finaux sont des utilisateurs qui se connectent à la base Oracle pour interagir avec les données qui y sont stockées et les maintenir

Les applications qui sont écrites pour aider les utilisateurs finaux à exécuter plus facilement et plus rapidement leurs tâches.

Les administrateurs de bases de données surveillent et maintiennent la base elle-même; ils ont donc besoin du plus haut niveau de privilèges.

Les privilèges

En tant qu'administrateur de bases de données, vous êtes chargé d'octroyer et de révoquer des privilèges d'accès aux utilisateurs de la base. Vous pouvez employer des rôles pour faciliter l'administration de privilèges, et des vues pour limiter l'accès des utilisateurs à certaines données.

Ce module décrit comment utiliser et gérer les privilèges de niveaux système et objet, les rôles et les vues afin d'assurer la sécurité des données de la base et de garantir leur intégrité.

Le dictionnaire de données

Le dictionnaire est un ensemble de tables et de vues qui contient toutes les informations concernant la structure de stockage et tous les objets de la base. Toute information concernant la base de données se retrouve dans le dictionnaire de données.

Le dictionnaire de données Oracle stocke toutes les informations utilisées pour gérer les objets de la base. Ce dictionnaire est généralement exploité par l'administrateur de base de données, mais c'est aussi une source d'information utile pour les développeurs et les utilisateurs.

Ce module présente les mécanismes d'accès à ces informations à travers les vues du dictionnaire de données.

Conventions utilisées dans l'ouvrage

« **MAJUSCULES** »	Les ordres SQL ou tout identifiant ou mot clé. Utilisé pour les mots clé, les noms des tables, les noms des champs, les noms des blocs etc....
`[ ]`	L'information qui se trouve entre les crochets est facultative.
`[,...]`	L'argument précédent peut être répété plusieurs fois.
`{ }`	Liste de choix exclusive.
`|`	Séparateur dans une liste de choix.
`...`	La suite est non significative pour le sujet traité.
	La définition suivante est valable uniquement dans la version Oracle8i.
	La définition est valable pour la version Oracle9i mais également dans les versions suivantes.
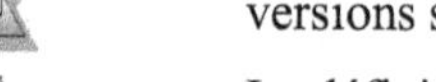 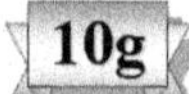	La définition est valable à partir de la version Oracle10g.
	La définition uniquement valable pour l'environnement de travail UNIX/Linux.
	La définition uniquement valable pour l'environnement de travail Windows.
	Ce sigle introduit un exemple de code avec la description complète telle qu'elle est présente à l'écran dans l'outil de commande.
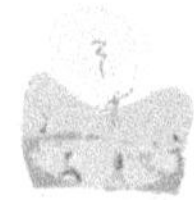	Une note qui présente des informations intéressantes en rapport avec le sujet traité.
	Un encadré. Attention met en évidence les problèmes potentiels et vous aide à les éviter. Il peut être également une mise en garde ou une définition critique.
	Une Astuce, apporte une suggestion ou propose une méthode plus simple pour effectuer une action donnée.
	Un Conseil, une démarche impérative à suivre pour pouvoir résoudre le problème.

- *Base de données relationnelle.*
- *SQL et PL/SQL*
- *Oracle XE*

1

Présentation de l'environnement

Objectifs

A la fin de ce module, vous serez à même d'effectuer les tâches suivantes :

- Décrire les concepts de base de données relationnelle.
- Énumérer les composants constitutifs d'une base de données relationnelle.
- Expliquer le mode de communication du serveur Oracle avec les clients.
- Décrire les interfaces de base de données mises à la disposition des développeurs d'applications SQL et PL/SQL.
- Installer Oracle XE.

Contenu

Qu'est-ce qu'une base de données ?

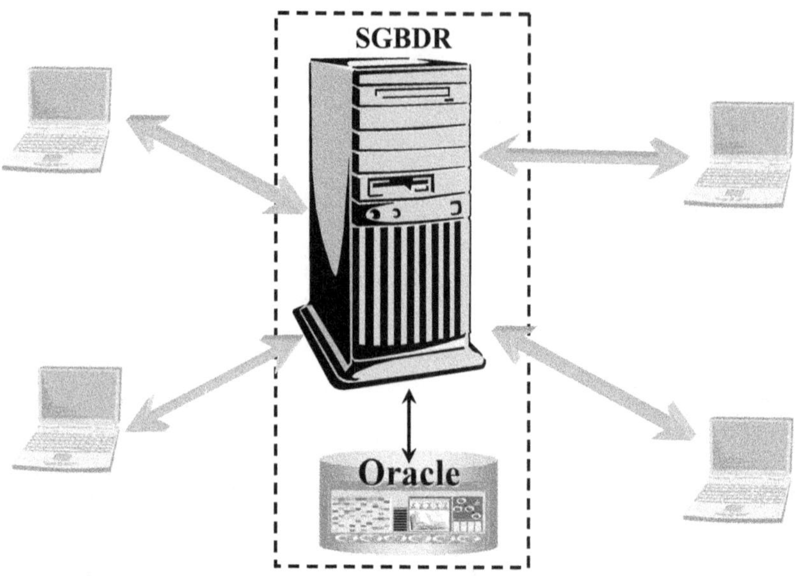

On peut définir une base de données simplement comme un stockage permanent de données dans un ou plusieurs fichiers. Une base de données contient non seulement des données, mais aussi leur description. Un système de gestion de base de données est un logiciel qui contrôle ces données et qui inclut la gestion des éléments suivants :

- uniformité de données ;
- gestion de l'utilisateur et de la sécurité ;
- fiabilité ;
- intégrité de données.

Toutes les manipulations s'effectuent au moyen du langage **SQL** (structured query language). Ce langage permet à l'utilisateur de demander au SGBD de créer des tables, d'y ajouter des colonnes, d'y ranger des données et de les modifier, de consulter les données, de définir les autorisations d'accès. Les instructions de consultation des données sont essentiellement de nature prédicative. On y décrit les propriétés des données qu'on recherche, notamment en spécifiant une condition de sélection, mais on n'indique pas le moyen de les obtenir, décision qui est laissée à l'initiative du SGBD.

Objets de la base de données

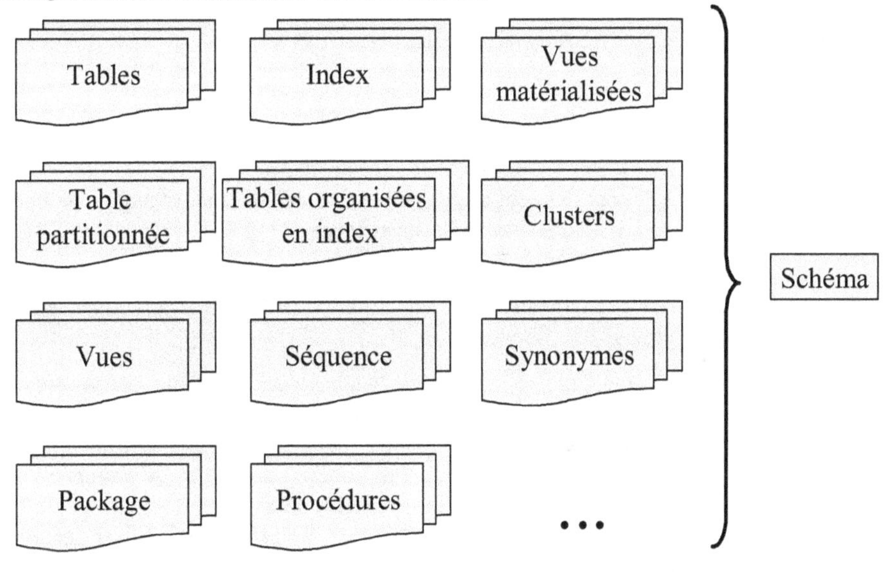

Les modules précédents ont traité des éléments relatifs à la structure logique et physique de la base de données tout en ignorant les questions d'implémentation du modèle relationnel dans une base de données.

Une base de données Oracle est un ensemble de données permettant de stocker des données dans un format relationnel ou des structures orientées objet telles que des types de données et des méthodes abstraits.

L'ensemble des objets qui appartiennent à un compte utilisateur est désigné par le terme schéma. Une base de données peut supporter plusieurs utilisateurs, chacun d'eux possédant un schéma, qui se réfèrent à des structures de données physiques stockées dans des tablespaces.

Une fois que la base de données est conçue, vous pouvez créer le ou les schémas pour supporter les applications. Voici les éléments qui constituent un schéma :

- les tables, colonnes, contraintes et types de données (dont les types abstraits)
- les tables temporaires
- les tables organisées en index
- les tables partitionnées
- les clusters
- les index
- les vues
- les vues d'objets
- les vues matérialisées
- les séquences
- les procédures
- les fonctions

- les packages
- les déclencheurs
- les synonymes
- les liens de base de données

Les Tables

Les tables représentent le mécanisme de stockage des données dans une base Oracle. Elles contiennent un ensemble fixe de colonnes, chaque colonne possède un nom ainsi que des caractéristiques spécifiques.

Les tables sont mises en relation via les colonnes qu'elles ont en commun. Vous pouvez faire en sorte que la base de données applique ces relations au moyen de l'intégrité référentielle.

Depuis Oracle8i, vous avez la possibilité de définir vos propres types de données, pour standardiser le traitement des données dans vos applications. Vous pouvez employer vos propres types de données pour standardiser le traitement des données dans vos applications. Lorsque vous créez un type de données abstrait, Oracle crée automatiquement un constructeur pour supporter les opérations LMD affectant les colonnes définies avec ce type. Vous pouvez utiliser les types abstraits pour les définitions de colonnes.

Une table d'objets est une table dont toutes les lignes sont des types de données abstraits possédant chacun un identifiant d'objet (OID, Object ID).

Les tables temporaires

Une table temporaire constitue un mécanisme de stockage de données dans une base de données Oracle. A l'instar d'une table traditionnelle, elle compte également des colonnes qui se voient assigner chacune un type de données et une longueur. Par contre, même si la définition d'une table temporaire est maintenue de façon permanente dans la base de données, les données qui y sont insérées sont conservées seulement le temps d'une session ou d'une transaction.

Les tables organisées en index

Les tables organisées en index sont des tables qui ordonnent les données en fonctions de la clé primaire. Tandis qu'un index stocke seulement les colonnes indexées, la table organisée en index stocke toutes les données des colonnes dans un index.

Les tables partitionnées

Une table partitionnée est une table qui a été découpée en plusieurs sous-ensembles, appelés partitions, qui peuvent être gérés et consultés séparément. Une partition est en effet un segment qui peut être et doit être stocké dans un autre tablespace.

Oracle traite une table partitionnée à l'image d'une grande table, mais vous autorise à gérer ses partitions en tant qu'objets séparés. Depuis Oracle8i, il est possible de partitionner des partitions pour créer des sous-partitions.

Les clusters

Les clusters sont plusieurs tables stockées physiquement ensemble, l'objectif étant de limiter les opérations de lectures-écritures afin d'améliorer les performances. Les tables qui font l'objet d'accès simultanés sont éligibles pour faire partie d'un cluster.

Les colonnes communes aux tables faisant partie d'un cluster sont désignées par le terme clé de cluster.

Les index

L'index est une structure de base de données utilisée par le serveur pour localiser rapidement une ligne dans une table.

Il en existe trois types principaux :

- L'index de cluster stocke les valeurs de clé d'un cluster de tables.
- L'index de table stocke les valeurs des lignes d'une table, pour la colonne, ou l'ensemble des colonnes, sur laquelle il a été défini, ainsi que les identifiants d'enregistrements correspondants.
- L'index bitmap est un type particulier d'index conçu pour supporter des requêtes sur des tables volumineuses dont les colonnes contiennent peu de valeurs distinctes.

La vue

La vue, ou table virtuelle, n'a pas d'existence propre; aucune donnée ne lui est associée. Seule sa description est stockée, sous la forme d'une requête faisant intervenir des tables de la base ou d'autres vues.

Au niveau conceptuel, vous pouvez vous représenter une vue comme étant un masque qui recouvre une ou plusieurs tables de base et en extrait ou modifié les données demandées.

Lorsque vous interrogez une vue, celle-ci extrait de la table sous-jacente les valeurs demandées, puis les retourne dans le format et l'ordre spécifiés dans sa définition. Etant donné qu'aucune donnée physique n'est directement associée aux vues, ces dernières ne peuvent pas être indexées.

Les vues sont souvent employées pour assurer la sécurité des données au niveau lignes et colonnes.

Les vues d'objets

Les vues d'objets représentent un moyen d'accès simplifié aux types de données abstraits. Vous pouvez employer ces vues pour obtenir une représentation relationnelle objet de vos données relationnelles. Les tables sous-jacentes demeurent inchangées ; ce sont les vues qui supportent les définitions de types de données abstraits.

Les vues matérialisées

Une vue matérialisée est un objet générique utilisé pour synthétiser, précalculer, répliquer ou distribuer des données. Vous pouvez utiliser des vues matérialisées pour fournir des copies locales de données distantes à vos utilisateurs ou pour stocker des données dupliquées dans la même base de données.

Vous pouvez implémenter des vues matérialisées de façon qu'elles soient en lecture seule ou qu'elles puissent être mises à jour.

Les utilisateurs peuvent interroger une vue matérialisée, ou bien l'optimiseur peut dynamiquement rediriger des requêtes vers une vue matérialisée si elle permet d'accéder plus rapidement aux données qu'en interrogeant directement la source.

Contrairement aux vues traditionnelles, les vues matérialisées stockent des données et occupent de l'espace dans la base de données.

Les séquences

Les séquences sont utilisées pour simplifier les tâches de programmation ; elles fournissent une liste séquentielle de numéros uniques. Les définitions de séquences sont stockées dans le dictionnaire de données.

Chaque requête consécutive sur la séquence retourne une valeur incrémentée, telle qu'elle est spécifiée dans la définition de la séquence. Les numéros d'une séquence peuvent être employés en boucle ou bien incrémentés jusqu'à atteindre un seuil prédéfini.

Les procédures

La procédure est un bloc d'instructions PL/SQL stocké dans le dictionnaire de données et appelé par des applications. Vous pouvez utiliser des procédures pour stocker dans la base des logiques d'application fréquemment employées. Lorsqu'une procédure est exécutée, ses instructions sont traitées comme une unité. Une procédure ne retourne pas de valeur au programme appelant.

Les fonctions

La fonction est un bloc d'instructions PL/SQL stocké dans le dictionnaire de données et appelé par des applications. A l'instar des procédures, les fonctions sont capables de retourner des valeurs au programme appelant. Vous pouvez créer vos propres fonctions et les appeler dans des instructions SQL de la même manière que vous exécutez celles qui sont fournies par Oracle.

Les packages

Les packages sont employés pour regrouper de façon logique des procédures et des fonctions. Ils sont très utiles dans les tâches d'administration relatives à la gestion de ces sous-programmes. La spécification et le corps d'un package sont stockés dans le dictionnaire de données.

Les déclencheurs

Les déclencheurs « **TRIGGER** » sont des procédures qui sont exécutées lorsqu'un événement de base de données spécifique survient. Ils peuvent servir à renforcer l'intégrité référentielle, fournir une sécurité supplémentaire ou améliorer les options d'audit disponibles.

Les synonymes

Les synonymes sont des objets qui cachent la complexité de la base de données. Ils peuvent servir de pointeurs vers des tables, des vues, des procédures, des fonctions, des packages et des séquences. Ils peuvent pointer vers des objets dans la base locale ou bien dans des bases distantes, ce qui requiert l'utilisation de liens de base de données.

L'utilisateur a donc uniquement besoin de connaître le nom du synonyme. Les synonymes publics sont partagés par tous les utilisateurs d'une base, tandis que les synonymes privés appartiennent à des comptes individuels.

Liens de base de données

Une base de données Oracle peut se référer à des données qui ne sont pas stockées localement, à condition de spécifier le nom complet de l'objet distant.

Pour spécifier un chemin d'accès vers un objet situé dans une base distante, il faut créer un lien de base de données. Lorsque vous créez un lien de base de données, vous devez indiquer le nom du compte auquel se connecter, le mot de passe de ce compte et le nom de service associé à la base distante. En l'absence d'un nom de compte, Oracle utilise le nom et le mot de passe du compte local pour la connexion à la base distante.

Structure du stockage des données

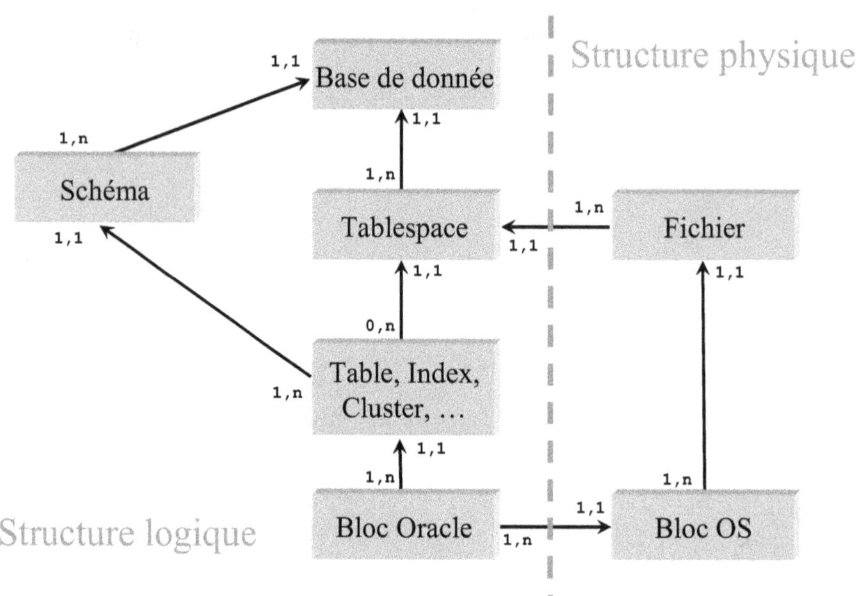

Une base de données Oracle est un ensemble de données permettant de stocker des données dans un format relationnel ou des structures orientées objet telles que des types de données et des méthodes abstraits.

Quelles que soient les structures utilisées, relationnelles ou orientées objet, les données d'une base Oracle sont stockées dans des fichiers. En interne, il existe des structures qui permettent d'associer logiquement des données à des fichiers, autorisant le stockage séparé de types de données différents. Ces divisions logiques sont appelées tablespaces (espace de disque logique).

Le tablespace (espace de disque logique)

Le tablespace est un concept fondamental du stockage des données dans une base Oracle. Une table ou un index appartiennent obligatoirement à un tablespace. À chaque tablespace sont associés un ou plusieurs fichiers. Tout objet (table, index) est placé dans un tablespace, sans précision du fichier de destination, le tablespace effectuant ce lien.

Lorsqu'un tablespace est créé, des fichiers de données sont également créés pour contenir ses données. Ces fichiers allouent immédiatement l'espace spécifié durant leur création. Chacun d'eux ne peut appartenir qu'à un seul tablespace.

Une base de données peut supporter plusieurs utilisateurs, chacun d'eux possédant un schéma, ensemble d'objets logiques de base de données appartenant à chaque utilisateur (incluant des tables et des index) qui se réfèrent à des structures de données physiques stockées dans des tablespaces. Les objets appartenant au schéma d'un utilisateur peuvent être stockés dans plusieurs tablespaces, et un seul tablespace peut contenir les objets de plusieurs schémas.

Lorsqu'un objet de base de données (comme une table ou un index) est créé, il est assigné à un tablespace via les paramètres de stockage par défaut de l'utilisateur ou des instructions spécifiques.

Table

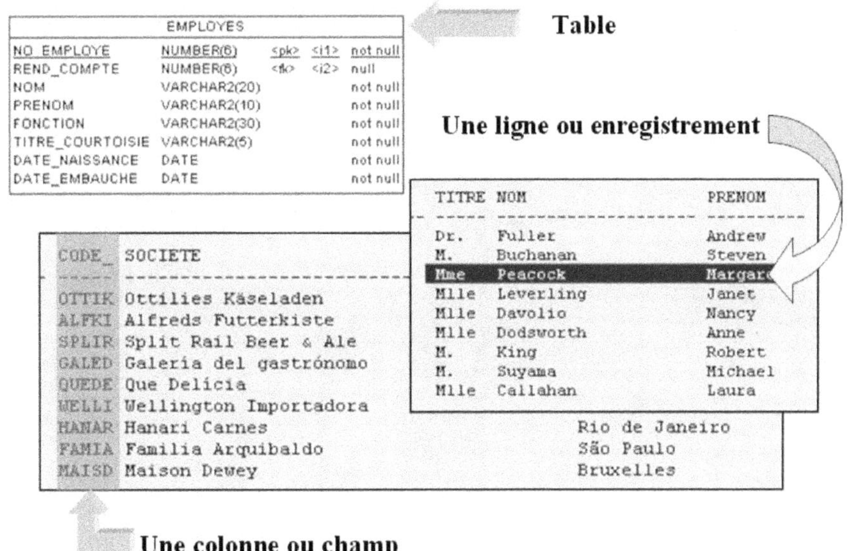

Une table sert à stocker les données auxquelles l'utilisateur doit accéder. C'est l'unité fondamentale de stockage physique des données dans une base. Généralement, c'est aux tables que font référence les utilisateurs pour accéder aux données. Une base peut être constituée de plusieurs tables reliées entre elles. Une table contient un ensemble fixe de colonnes.

Colonnes

Une colonne, ou champ représente une partie d'une table et constitue la plus petite structure logique de stockage d'une base de données. Chaque colonne possède un nom ainsi qu'un type de donnée, qui déterminent ses caractéristiques spécifiques. Dans la représentation d'une table, une colonne est une structure verticale qui contient des valeurs sur chaque ligne de la table.

Lignes

Une ligne de données est une collection de valeurs inscrites dans les colonnes successives d'une table, l'ensemble formant un enregistrement unique. Par exemple, la table `EMPLOYES` compte 9 enregistrements ou lignes de données. Le nombre de lignes augmente ou diminue en fonction des ajouts et suppressions des employés.

Types de données

Un type de donnée détermine l'ensemble des valeurs qu'il est possible de stocker dans une colonne de la base de données. Une colonne se voit attribuer un type de données et une longueur. Pour les colonnes de type `number`, il est possible de spécifier des caractéristiques additionnelles relatives à la précision et à l'échelle. La précision détermine le nombre total de chiffres que peut prendre la valeur numérique, l'échelle le nombre de chiffre que peut prendre la partie décimale. Par exemple, `number (10,2)` spécifie une colonne à dix chiffres, avec deux chiffres après la virgule. La précision par défaut (maximale) est de trente-huit chiffres.

Intégrité d'une base de données

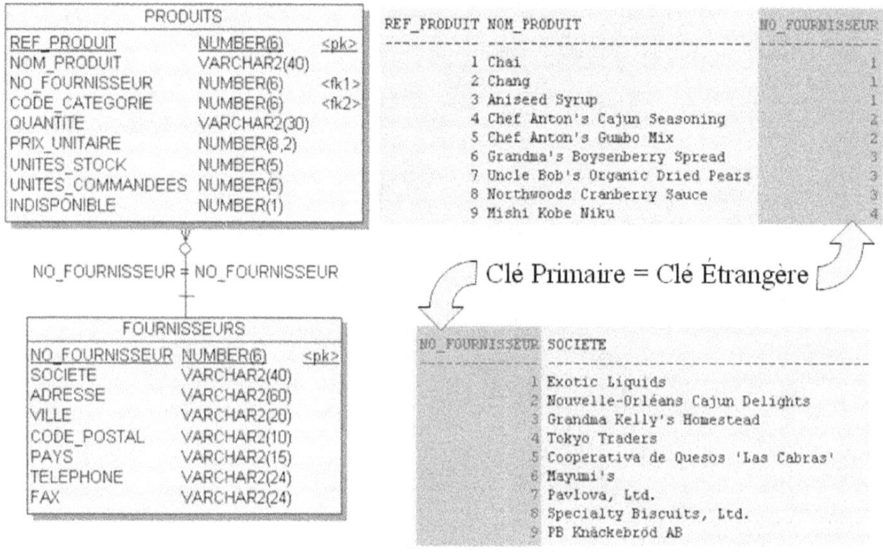

L'intégrité des données garantit que les données de la base sont exactes, en d'autres termes qu'elles vérifient des règles d'intégrité exprimées sous la forme de contraintes sur les colonnes. Ces contraintes valident les valeurs des données placées dans la base, garantissent l'absence de données dupliquées ou le respect des règles de gestion après modification ou ajout de données. Elles peuvent être mises en place aussi bien au niveau de la colonne qu'au niveau de la table.

Durant la conception d'une base de données, les règles d'intégrité sont d'abord intégrées à travers l'utilisation de contraintes. Sur le plan technique, les contraintes d'une base de données sont constituées :

- des clés primaires ;
- des clés étrangères ;
- des contraintes uniques ;
- des contraintes de contrôle ;
- de la précision et du nombre de décimales des données ;
- « **NULL** » / « **NOT NULL** ».

Deux tables peuvent être reliées entre elles si les valeurs d'une colonne dépendent des valeurs d'une colonne d'une autre table ; une telle relation est appelée parent/enfant. L'intégrité référentielle garantit que les données de tables reliées sont cohérentes et synchronisées. Ces données doivent vérifier des règles exprimées sous la forme de contraintes référentielles. La représentation de ces contraintes nécessite la définition de clés. Une clé est une valeur de colonne d'une table, ou une combinaison de valeurs de colonnes, qui permet d'identifier une ligne de cette table ou d'établir une relation avec une autre table. Il existe deux types de clés : primaires et étrangères.

La présentation faite dans ce module concerne les contraintes principales, pour les autres contraintes et pour plus de détails, rapportez-vous à la création des tables.

Clés primaires

Une clé primaire rend une ligne de données unique dans une table. Elle sert généralement à joindre des tables apparentées ou à interdire la saisie d'enregistrements dupliqués. Par exemple, le numéro de Sécurité sociale d'un employé est considéré comme la clé primaire idéale car il est unique.

Attention

Une table ne peut comporter qu'**une seule clé primaire**, même lorsque celle-ci est constituée d'une combinaison de plusieurs colonnes.

Contrainte unique

Il est possible de spécifier une contrainte unique pour une colonne de clé non primaire afin de garantir que toutes les valeurs de cette colonne seront uniques. Par exemple, une contrainte unique conviendra à une colonne de type numéro de Sécurité sociale. Une entreprise de téléphonie peut appliquer une contrainte unique à la colonne `PHONE_NUMBER`, car les clients ne doivent posséder que des numéros de téléphone uniques.

Clés étrangères

Une clé étrangère d'une table référence une clé primaire d'une autre table. Elle est définie dans des tables enfant et assure qu'un enregistrement parent a été créé avant un enregistrement enfant et que l'enregistrement enfant sera supprimé avant l'enregistrement parent.

L'image montre comment s'appliquent les contraintes de clés étrangère et primaire. La colonne `NO_FOURNISSEUR` de la table `PRODUITS` référence la colonne `NO_FOURNISSEUR` de la table `FOURNISSEURS`. `FOURNISSEURS` est la table parent et `PRODUITS` la table enfant. Pour créer un enregistrement dans la table `PRODUITS`, il faut que le `NO_FOURNISSEUR` existe d'abord dans la table `FOURNISSEURS`.

Clause NOT NULL

Si vous examinez la table `COMMANDES` (voir Annexe 1), vous pouvez remarquer une clause `NOT NULL` pour les colonnes `DATE_ENVOI` et `PORT`.

Cette clause signifie que la base n'acceptera pas l'insertion d'une ligne ne comportant pas de valeur pour ces colonnes. En d'autres termes, il s'agit de champs obligatoires.

La clause `NOT NULL` est synonyme d'obligation. Une colonne définie avec cette clause ne sera jamais vide.

Le langage SQL

LMD		LDD	
LID		LCD	
SELECT	INSERT	GRANT	CREATE
	UPDATE	REVOKE	ALTER
	DELETE		TRUNCATE
			DROP
			RENAME

Les **SGBD** (systèmes de gestion de bases de données) proposent un langage de requête dénommé **SQL** (structured query language) pour la création et l'administration des objets de la base, pour l'interrogation et les manipulations des informations stockées. Présenté pour la première fois en 1973 par une équipe de chercheurs d'IBM, ce langage a rapidement été adopté comme standard potentiel, et pris en charge par les organismes de normalisation ANSI et ISO.

Une instruction SQL constitue une **requête**, c'est-à-dire la description d'une opération que le SGBD doit exécuter. Une requête peut être introduite au terminal, auquel cas le résultat éventuel (par exemple dans le cas d'une consultation de données) de l'exécution de la requête apparaît à l'écran. Cette requête peut également être envoyée par un programme (écrit en Pascal, C, COBOL, Basic ou Java) au SGBD. Nous développerons plus particulièrement la formulation interactive des requêtes SQL.

Les instructions SQL peuvent être regroupées en deux catégories principales :

- Le Langage de Manipulation de Données et de modules, ou LMD (en anglais DML), pour déclarer les procédures d'exploitation et les appels à utiliser dans les programmes.
  On peut également rajouter une composante pour l'interrogation de la base : Langage d'interrogation de Données.
- Le Langage de Définition de Données ou LDD (en anglais DDL), à utiliser pour déclarer les structures logiques de données et leurs contraintes d'intégrité; on peut également rajouter une composante pour la gestion des accès aux données : Langage de Contrôle de Données (en anglais DCL).

Langage de manipulation de données

Le LMD permet d'insérer, de modifier, de supprimer, et de sélectionner des données dans la base. Comme son nom l'indique, il permet de travailler avec les informations contenues dans les structures d'accueil de la base de données.

Les instructions de base LMD sont :

INSERT	Ajoute des lignes de données dans une table
DELETE	Supprime des lignes de données d'une table
UPDATE	Modifie des données dans une table
SELECT	Extrait des lignes de données directement à partir d'une table ou au moyen d'une vue
COMMIT	Applique des changements qui deviennent permanents pour les transactions en cours
ROLLBACK	Annule les changements apportés depuis la dernière validation « **COMMIT** »

Langage de définition de données

Le LDD permet d'accomplir les tâches suivantes :

- créer un objet de base de données ;
- supprimer un objet de base de données ;
- modifier un objet de base de données ;
- accorder des privilèges sur un objet de base de données ;
- retirer des privilèges sur un objet de base de données.

Il est important de comprendre qu'Oracle valide une transaction en cours, avant ou après chaque instruction LDD. Ainsi, si vous étiez en train d'insérer des enregistrements dans la base de données et qu'une instruction LDD comme `CREATE TABLE` était émise, les données insérées seraient validées et écrites dans la base.

Les instructions de base LDD sont :

ALTER PROCEDURE	Recompile une procédure stockée
ALTER TABLE	Ajoute une colonne, redéfinit une colonne, modifie une allocation d'espace
ANALYZE	Recueille des statistiques de performances pour les objets de base de données qui doivent alimenter l'optimiseur statistique
CREATE TABLE	Crée une table
CREATE INDEX	Crée un index
DROP INDEX	Supprime un index
DROP TABLE	Supprime une table
GRANT	Accorde des privilèges ou des rôles à un utilisateur ou à un autre rôle
TRUNCATE	Supprime toutes les lignes d'une table
REVOKE	Supprime les privilèges d'un utilisateur ou d'un rôle

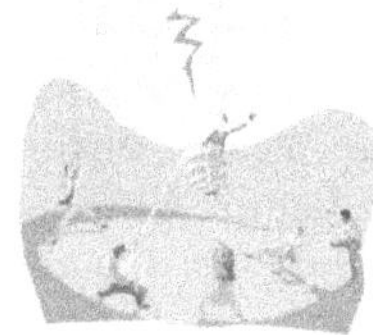

Les instructions qui proviennent du langage de définition de données sont dites « **AUTOCOMMIT** ». C'est-à-dire que les changements apportés dans la base ne peuvent plus être défaits (à moins d'une suppression pure et simple), ce que confirme d'ailleurs le message de réussite lorsqu'une opération est exécutée.

Les limites de SQL

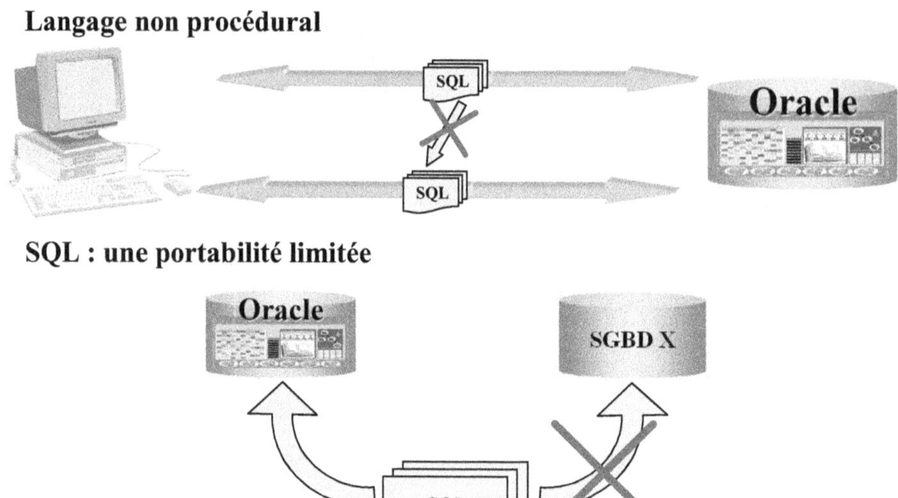

Langage non procédural

SQL est un langage non procédural. Vous l'utilisez pour indiquer au système quelles données rechercher ou modifier sans lui indiquer comment réaliser ce travail.

SQL ne dispose pas d'instructions pour contrôler le flux d'exécution du programme, pour définir une fonction ou exécuter une boucle, ni d'expressions conditionnelles du type `if ... then ... else`. Toutefois, comme vous pourrez le constater par la suite dans ce module, le système Oracle fournit un langage procédural appelé PL/SQL qui constitue une extension au langage SQL.

SQL dispose d'un ensemble fixe de types de données ; vous ne pouvez pas en définir de nouveaux.

Une portabilité limitée

Lorsqu'une application utilise une base de données, sa portabilité concerne les domaines suivants :

- portabilité des données vers des matériels différents, où leur représentation est différente,
- portabilité de l'architecture physique de la base,
- portabilité des requêtes d'accès au SGBD avec, sous-jacent, le problème des types de données,
- portabilité des permissions administratives d'accès.

C'est le concept de modèle tabulaire de données, où l'on peut accéder aux informations par le contenu, qui a la portabilité la plus importante dans SQL. Dans une moindre mesure, la manipulation simple de données est portable. Dans une mesure encore moindre, la définition des données est réutilisable d'un SGBDR à l'autre. Mais en pratique le portage demandera encore beaucoup d'attention et d'efforts, du fait des différences entre les différents SGBDR commercialisés par les éditeurs.

Le langage PL/SQL

- PL/SQL comprend :
  - **la partie LID de SQL**
  - **la partie LMD de SQL**
  - **la gestion des transactions**
  - **les fonctions de SQL**
  - **plus une partie procédurale**
- *PL/SQL est donc un langage algorithmique complet.*

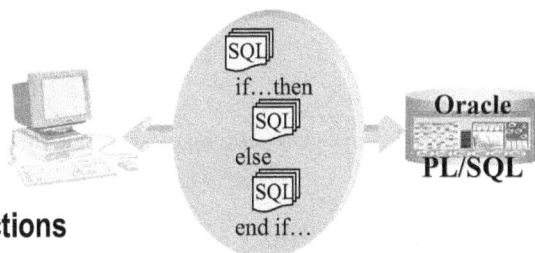

- Restriction : la partie LDD

Le langage PL/SQL (Procedural Language/SQL) comme son nom l'indique est une extension du langage SQL. Il vous permet à la fois d'insérer, de supprimer, de mettre à jour des données Oracle et d'utiliser également des techniques de programmation propres aux langages procéduraux tels que des boucles ou des branchements.

Ainsi, le langage PL/SQL combine la puissance de manipulation des données du SQL avec la puissance de traitement d'un langage procédural.

De plus, PL/SQL vous permet de grouper de manière logique un ensemble d'instructions et de les envoyer vers le noyau Oracle sous la forme d'un seul bloc. Cette caractéristique permet de réduire fortement les temps de communication entre l'application et le noyau Oracle.

PL/SQL, langage de programmation éprouvé, offre de nombreux avantages :

- intégration parfaite du SQL,
- support de la programmation orientée objet,
- très bonnes performances,
- portabilité,
- facilité de programmation,
- parfaite intégration à Oracle et à Java.

Intégration parfaite du SQL

SQL est devenu le langage d'accès par excellence aux bases de données parce qu'il est standard, puissant et simple d'apprentissage. De très nombreux outils en ont popularisé l'utilisation. PL/SQL permet de réaliser des traitements complexes sur les données contenues dans une base Oracle de façon simple, performante et sécurisée.

Support de la programmation orientée objet

Les types objet proposent une approche aisée et puissante de la programmation objet. En encapsulant les données avec les traitements, ils offrent au PL/SQL une programmation qui s'appuie sur des méthodes. Dans la programmation objet, l'implémentation des méthodes est indépendante de leur appel, ce qui constitue un avantage. On peut ainsi modifier des méthodes sans affecter l'application cliente.

Très bonnes performances

Ce ne sont plus des ordres SQL qui sont transmis un à un au moteur de base de données Oracle, mais un bloc de programmation. Le traitement des données est donc interne à la base, ce qui réduit considérablement le trafic entre celle-ci et l'application. Cela, combiné à l'optimisation du moteur PL/SQL, diminue les échanges réseau et augmente les performances globales de vos applications.

Portabilité

Toutes les bases de données Oracle comportent un moteur d'exécution PL/SQL. Comme Oracle est présent sur un très grand nombre de plates-formes matérielles, le PL/SQL permet une grande portabilité de vos applications.

Facilité de programmation

PL/SQL est un langage simple d'apprentissage et de mise en œuvre. Sa syntaxe claire offre une grande lisibilité en phase de maintenance de vos applications. De nombreux outils de développement, en dehors de ceux d'Oracle, autorisent la programmation en PL/SQL dans la base de données.

Parfaite intégration à Oracle et à Java

PL/SQL, le langage L3G évolué, est étroitement intégré au serveur Oracle. On peut aussi utiliser Java à la place de PL/SQL. Partout où PL/SQL peut être employé, Java peut l'être aussi.

Oracle Portal utilise le langage PL/SQL

Oracle Portal est une solution de développement d'applications Web à contenu dynamique. L'interface de développement et l'application utilisent des pages Web écrites en langage HTML. Oracle Portal cible les applications Internet à développement rapide et à déploiement simplifié. Dans son fonctionnement interne, Portal utilise massivement le langage PL/SQL et Java.

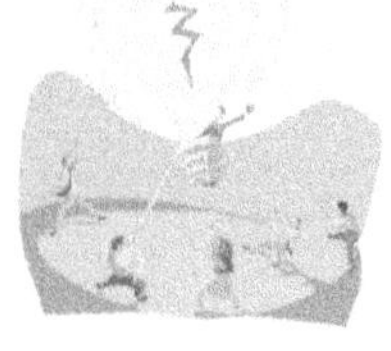

Le langage PL/SQL ne comporte pas d'instructions du Langage de Définition de Données « **ALTER** », « **CREATE** », « **RENAME** » et d'instructions de contrôle comme « **GRANT** » et « **REVOKE** ».

Architecture Client-Serveur

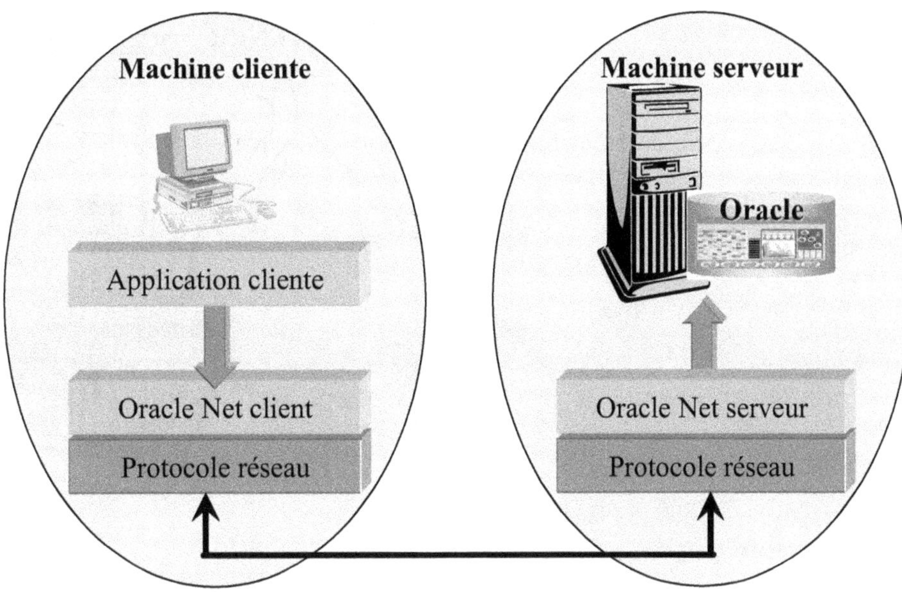

Il est rare aujourd'hui de trouver un ordinateur qui ne soit pas connecté à un réseau. Le fait de distribuer la puissance informatique sur plusieurs serveurs et de partager des informations au moyen de réseaux améliore considérablement la valeur des ressources informatiques disponibles.

Une configuration **client/serveur** (ou architecture deux tiers) définit une application répartie entre deux machines. La première, appelée le **client**, supporte l'application qui initie des requêtes vers la base de données. La machine d'arrière-plan qui héberge la base est appelée le **serveur**. Le client s'occupe de la présentation des données, le serveur de base de données est dédié au support des requêtes, non des applications. L'image illustre le modèle client/serveur avec l'application cliente et le serveur de base de données.

Pour permettre la mise en place d'applications client/serveur, Oracle utilise l'outil Net8 qui sert de passerelle vers les informations stockées sur le serveur gérant principalement les E/S de la base de données tandis que les exigences de présentation des données de l'application sont dirigées vers les clients.

Afin de se connecter à un serveur de base de données Oracle, vous devez fournir des informations se rapportant au client. Vous devez indiquer l'emplacement du serveur de base de données et comment communiquer avec lui.

Attention

Vous devez contacter l'administrateur Oracle pour configurer votre poste client et communiquer le nom du service, l'utilisateur et le mot de passe nécessaires à la connexion.

Le processus de connexion

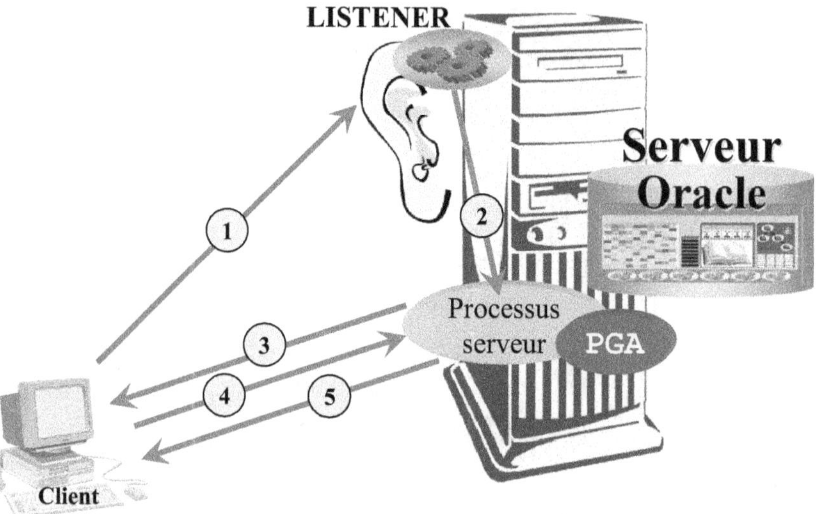

Un utilisateur qui veut se connecter à une base de données Oracle à travers le réseau doit utiliser un identifiant, un mot de passe et une chaîne de connexion à la base de données.

La connexion est établie en cinq étapes :

Etape 1

Les sessions réseau sont établies via un processus d'écoute **LISTENER**, qui est un processus séparé résidant sur le serveur de base de données. Le module d'écoute reçoit les demandes de connexion client entrantes et gère leur acheminement vers le serveur.

L'étape 1 consiste en l'envoi d'une chaîne de connexion à travers le réseau au processus **LISTENER.**

La chaîne de connexion comporte :

- le nom d'utilisateur,
- le mot de passe,
- le descripteur de connexion (connect descriptor).

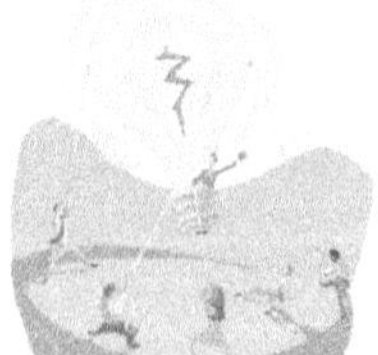

Note

Le descripteur de connexion (connect descriptor) est, comme son nom l'indique, l'information nécessaire pour faire connaitre au client l'emplacement du serveur de base de données et pour communiquer avec lui.

Le descripteur de connexion (connect descriptor) spécifie :

- Le protocole de communication
- Le nom du serveur

– Le service de destination qui est identifié à l'aide d'un nom de service pour les bases de données Oracle 10g, 9i et 8i ou d'un identificateur système (**SID**) Oracle pour les bases de données Oracle 8 ou 7

Le descripteur de connexion peut être utilisé directement dans la syntaxe de connexion pour résoudre le nom de base de données.

```
SQL> connect stagiaire/pwd@(DESCRIPTION=
                           (ADDRESS =
                                (PROTOCOL = TCP)
                                (HOST = minerve.etelia.fr)
                                (PORT = 1521))
                            (CONNECT_DATA =
                                (SID = dba)))
Connecté.
```

Dans la version 10g il est possible de se connecter à l'aide de la syntaxe suivante :

CONNECT/MOT_DE_PASSE@//NOM_DU_SERVEUR:PORT/SERVICE

```
SQL> connect stagiaire/pwd@//minerve.etelia.fr:1521/dba.etelia.fr
Connecté.
```

Pour plus d'informations sur le descripteur de connexion voir le paramétrage du « **tnsname.ora** ».

Etape 2

Le module d'écoute (**LISTENER**) prend en charge la demande du client en la transmettant au serveur. Chaque fois qu'un client demande une session réseau au serveur, un module d'écoute reçoit la demande. Si les informations du client correspondent à celles du module d'écoute, ce dernier autorise une connexion au serveur.

Le module d'écoute (**LISTENER**) peut refuser la connexion, soit parce que le processus client demande une connexion à une base de données qui n'est pas desservie par ce module, soit parce que les informations d'authentification ne sont pas valides ou que la base de données Oracle n'est pas ouverte.

Etape 3

Le processus serveur dédié redemande au client le renvoi de la chaîne de connexion.

La demande s'accompagne de l'adresse à laquelle le processus utilisateur doit envoyer la chaîne de connexion. Ainsi le dialogue se fait dorénavant entre le processus utilisateur et le processus serveur.

Etape 4

Le processus serveur valide ou rejette la demande de connexion.

Etape 5

Le processus serveur notifie soit la connexion soit l'abandon de la session.

La configuration du client

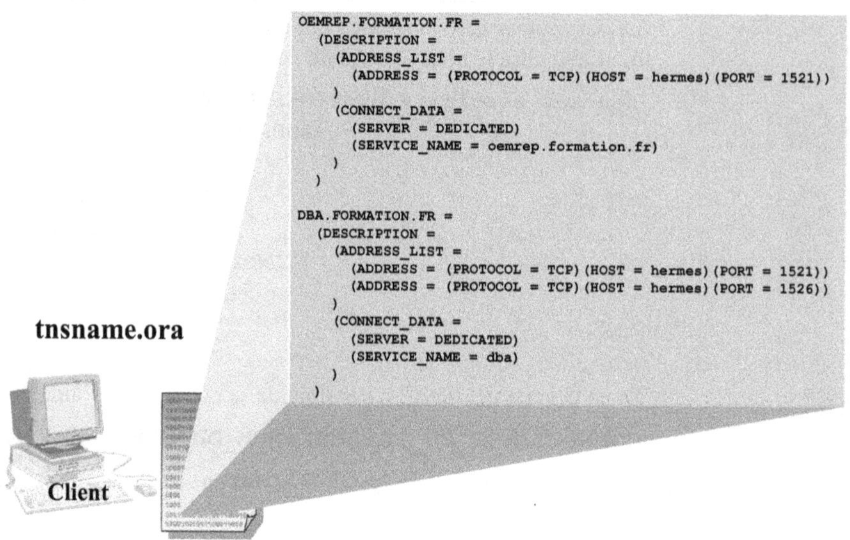
OEMREP.FORMATION.FR =
(DESCRIPTION =
(ADDRESS_LIST =
(ADDRESS = (PROTOCOL = TCP)(HOST = hermes)(PORT = 1521))
)
(CONNECT_DATA =
(SERVER = DEDICATED)
(SERVICE_NAME = oemrep.formation.fr)
)
)
DBA.FORMATION.FR =
(DESCRIPTION =
(ADDRESS_LIST =
(ADDRESS = (PROTOCOL = TCP)(HOST = hermes)(PORT = 1521))
(ADDRESS = (PROTOCOL = TCP)(HOST = hermes)(PORT = 1526))
)
(CONNECT_DATA =
(SERVER = DEDICATED)
(SERVICE_NAME = dba)
)
)
tnsname.ora
Client

Oracle Net se fonde sur la technologie **TNS** (**T**ransparent **N**etwork **S**ubstrate) pour assurer la connectivité de niveau serveur, et s'appuie sur les fichiers de configuration du client et du serveur pour gérer la connectivité de la base.

Comme on l'a déjà vu dans Oracle Net, les parties serveur et instance du nom global d'un objet sont identifiées au moyen d'un descripteur de connexion (connect descriptor).

Ce descripteur spécifie le protocole de communication, le nom de serveur et le nom d'instance à utiliser pour exécuter une requête.

Le descripteur de connexion peut être utilisé directement dans la syntaxe de connexion pour résoudre le nom de base de données.

```
SQL> connect stagiaire/pwd@(DESCRIPTION=
                              (ADDRESS =
                                     (PROTOCOL = TCP)
                                     (HOST = minerve.etelia.fr)
                                     (PORT = 1521))
                               (CONNECT_DATA =
                                     (SID = dba)))
Connecté.
```

Astuce

Les utilisateurs ne sont pas supposés saisir un descripteur de connexion chaque fois qu'ils souhaitent accéder à des données distantes. A la place, les administrateurs peuvent définir **des noms de services** (alias des descripteurs de connexion) qui se réfèrent à ces descripteurs.

Ces noms de services sont stockés dans un fichier appelé « **`tnsnames.ora`** », qui devrait être copié sur tous les serveurs du réseau. Chaque client et serveur d'applications devraient disposer d'une copie de ce fichier.

Le fichier « **`tnsnames.ora`** » se trouve dans le répertoire :

- **`$ORACLE_HOME/network/admin`** qui est le répertoire que l'on peut trouver pour l'environnement UNIX et LINUX.

- **`%ORACLE_HOME%\network\admin`** pour les systèmes d'exploitation Windows.

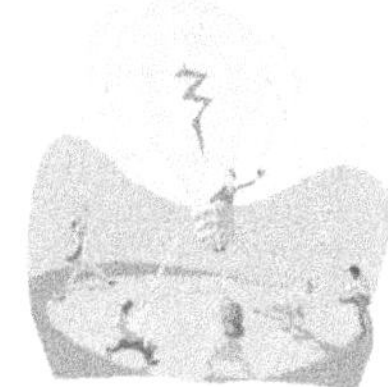

Note

Les produits Oracle sont installés chacun dans un répertoire spécifique, répertoire identifié par une variable d'environnement appelée **ORACLE_HOME**. On utilise généralement le terme d'**ORACLE_HOME**, pour définir une installation d'Oracle.

La syntaxe de l'un **des noms de services** (alias des descripteurs de connexion) qui sont positionnés dans le fichier « **`tnsnames.ora`** » est la suivante :

```
DBA =
  (DESCRIPTION =
    (ADDRESS_LIST =
      (ADDRESS = (PROTOCOL = TCP)
                 (HOST = minerve.etelia.fr)
                 (PORT = 1521))
    )
    (CONNECT_DATA =
      (SERVER = DEDICATED)
      (SERVICE_NAME = dba.etelia.fr)
    )
  )
```

Un utilisateur qui souhaite se connecter à l'instance « **`dba`** » sur le serveur « **`minerve.etelia.fr`** » peut maintenant utiliser le nom de service « **`dba`** », comme suit :

```
sqlplus stagiaire/pwd@dba
```

Le signe @ indique qu'il convient d'utiliser le nom de service qui suit, afin de déterminer à quelle base de données se connecter. Si le nom d'utilisateur et le mot de passe sont corrects pour la base, une session y est ouverte, et l'utilisateur peut commencer à exploiter ses données.

Testez toutes les entrées avant de les employer, pour vous assurer que les informations fournies sont correctes. Vous pouvez tester les entrées au moment de la création du nom de service, Oracle fournit également un utilitaire appelé **TNSPING**.

La syntaxe est la suivante :

```
TNSPING nom_du_service
```

Attention

Le fichier « **`listener.ora`** » est un fichier qui est pris en compte uniquement au démarrage du processus **LISTENER**.

Par contre, le fichier « **`tnsname.ora`** » est lu à chaque fois qu'un utilisateur accède à la connexion. Ainsi, si vous modifiez le fichier « **`tnsnames.ora`** », les modifications effectuées sont prise en compte dès qu'elles sont effectuées.

```
C:\>sqlplus /nolog

SQL> host type %ORACLE_HOME%\network\admin\tnsnames.ora
DBA =
  (DESCRIPTION =
    (ADDRESS = (PROTOCOL = TCP)
               (HOST = minerve.etelia.fr)
               (PORT = 1521))
    (CONNECT_DATA =
      (SERVER = DEDICATED)
      (SERVICE_NAME = dba)
    )
  )

EXTPROC_CONNECTION_DATA =
  (DESCRIPTION =
    (ADDRESS_LIST =
      (ADDRESS = (PROTOCOL = IPC)(KEY = EXTPROC))
    )
    (CONNECT_DATA =
      (SID = PLSExtProc)
      (PRESENTATION = RO)
    )
  )

SQL> host tnsping dba

Fichiers de paramètres utilisés :
C:\oracle\OraDb10g\network\admin\sqlnet.ora

Adaptateur TNSNAMES utilisé pour la résolution de l'alias
Attempting to contact (DESCRIPTION = (ADDRESS =
                                  (PROTOCOL = TCP)
                                  (HOST = minerve.etelia.fr)
                                  (PORT = 1521))
                              (CONNECT_DATA = (SERVER = DEDICATED)
                                        (SERVICE_NAME = dba.etelia.fr)))
OK (280 msec)

SQL> connect stagiaire/pwd@dba
Connecté.
```

Assistant de configuration Oracle Net

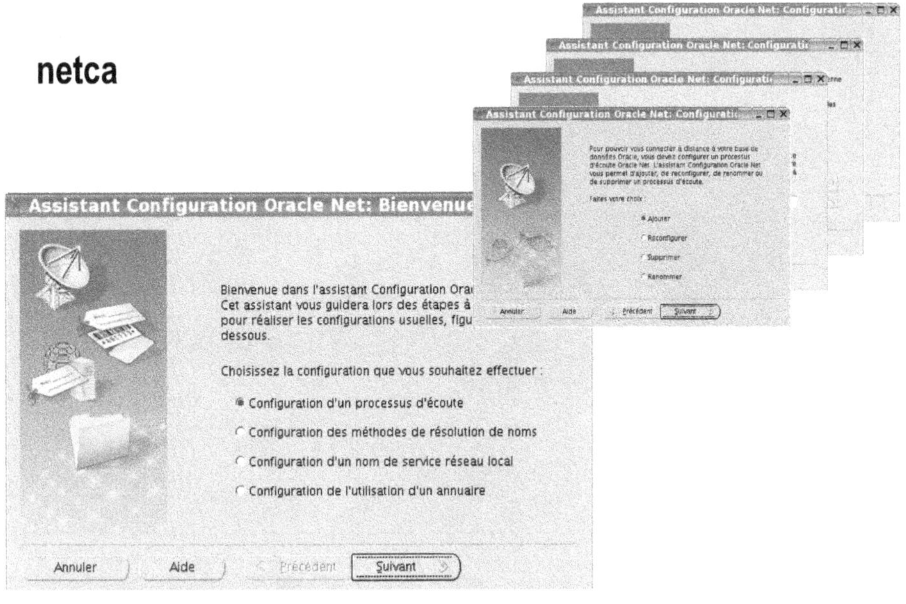

L'assistant de configuration Oracle Net exécute les étapes de configuration initiales du réseau après l'installation d'Oracle et crée automatiquement les fichiers de configuration de base, par défaut.

Il dispose d'une interface utilisateur graphique pour la configuration des éléments suivants :

- Le processus d'écoute **LISTENER**
- Les méthodes de résolution de noms
- Le nom de service de réseau local
- L'utilisation d'un annuaire

Méthode de résolution de noms

Méthode permettant à une application client de convertir un nom en une adresse de réseau lorsque cette application tente de se connecter à un service de base de données. Oracle Net prend en charge quatre méthodes de résolution de noms :

- Résolution de noms locaux
- Résolution de noms d'annuaire
- Résolution de noms Easy Connect ou résolution de noms d'hôte
- Résolution de noms externes

Création des noms de services

L'option Configuration d'un nom de service réseau local de l'assistant Configuration Oracle Net permet de gérer des noms de services de réseau. Plusieurs options sont proposées comme : ajouter, reconfigurer, supprimer, renommer et tester.

Nous analyserons uniquement l'option « Ajouter ».

Le premier écran de l'assistant nous propose d'indiquer le nom de service global, ou SID. Après la validation de cette valeur vous devez spécifier le protocole utilisé comme dans la figure suivante.

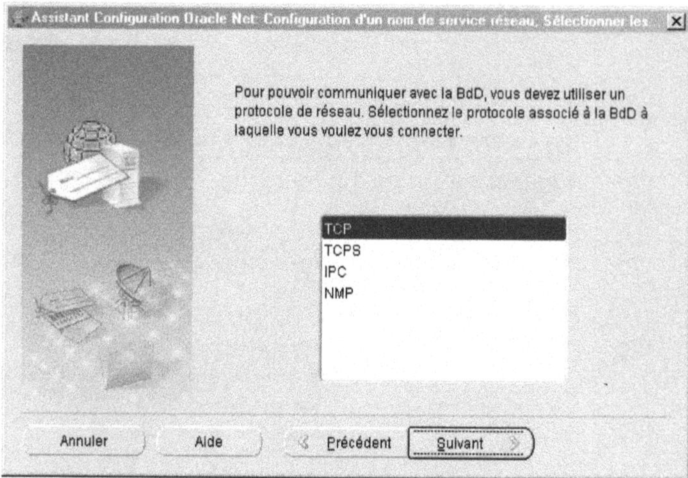

Sélectionnez les protocoles pour lequel le processus d'écoute est configuré (ces protocoles doivent être aussi installés sur les clients).

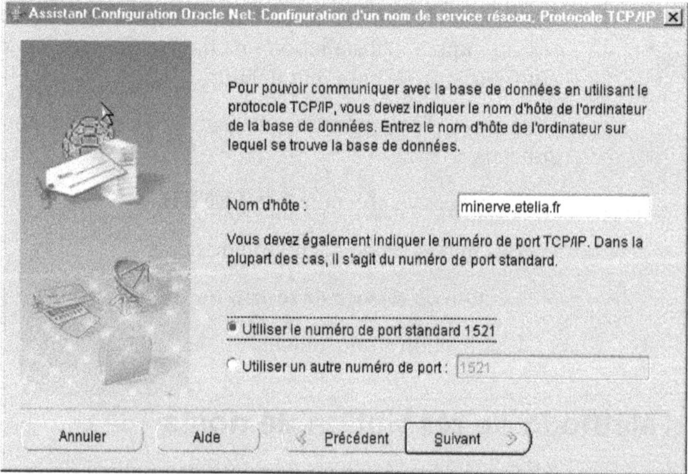

Vous devez préciser le nom de la machine hôte et un port du module **LISTENER** pour le protocole **TCP/IP** choisi auparavant.

L'écran suivant permet de vérifier que la base de données Oracle indiquée est accessible. Vous pouvez choisir d'effectuer ou non le test de connexion.

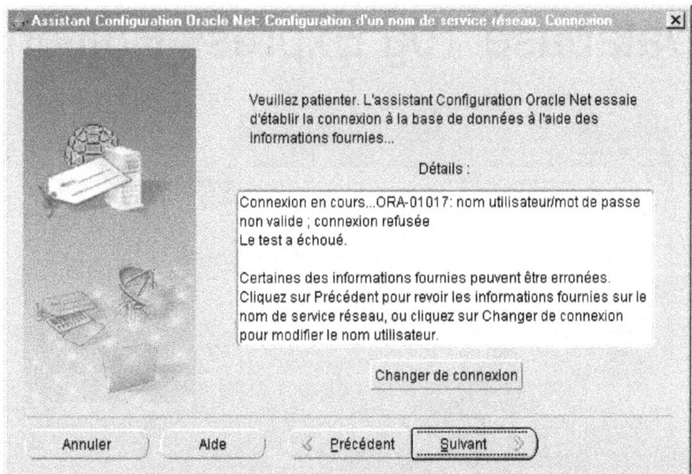

Vous pouvez remarquer l'erreur de connexion ; elle est due au fait que l'assistant essaie automatiquement une connexion utilisant comme nom d'utilisateur et mot de passe « system/manager », ce qui échoue évidemment. Pour contrôler réellement la connexion il faut changer de mot de passe « system » ou changer l'utilisateur et son mot de passe.

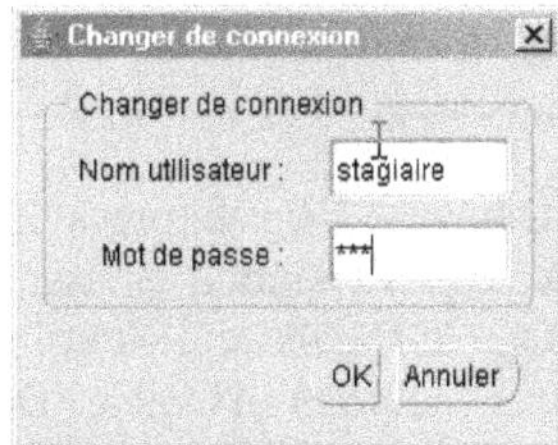

Il vous est ensuite demandé d'indiquer un nom pour le nouveau service réseau. Le dernier écran vous confirme la création du nom de service et vous demande si vous souhaitez créer un autre nom.

Un deuxième assistant de gestion d'Oracle Net est **netmgr** (Oracle Net Manager) ; il est beaucoup plus complet et plus ergonomique, et sera traité dans le module suivant.

Oracle Database 10g Express Edition

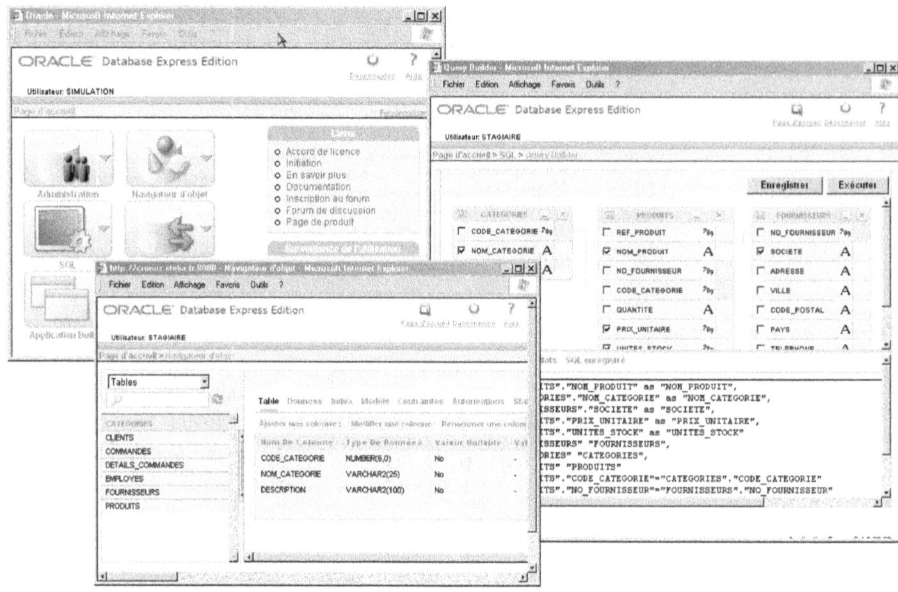

Oracle Database 10g Express Edition (Oracle XE) s'appuie sur le code d'Oracle Database 10g Version 2 et assure une compatibilité totale avec les produits de la famille Oracle Database. Les utilisateurs peuvent démarrer petit, puis choisir de passer aux autres éditions d'Oracle Database 10g quand leurs exigences évoluent, en basculant leurs applications sur les autres éditions sans le moindre changement.

Oracle XE offre aux développeurs, aux DBA, aux ISVs et aux étudiants la possibilité d'apprendre, de développer et de déployer avec le leader mondial des logiciels de base de données, et ceci gratuitement

Oracle XE fournit les mêmes interfaces SQL et PL/SQL que celles proposées par les autres versions d'Oracle Database 10g, plus une large gamme d'interfaces de programmation pour supporter les besoins de différentes communautés de développement.

Le support complet du développement et du déploiement est disponible pour les développeurs Java, .NET, PHP. De plus, Oracle XE permet aux développeurs d'exploiter tout le potentiel de la fonction Oracle Application Express (HTML DB) afin de développer, d'administrer et déployer rapidement des applications Web.

Oracle XE est disponible sur les systèmes d'exploitation 32 bits Linux et Windows, et peut être installé sur n'importe quel matériel supporté avec limitations suivantes :

- utilise au plus un processeur ou un système dual-core,
- utilise moins d'un giga-octet de mémoire,
- est limité à une seule instance par système,
- et stocke jusqu'à quatre giga-octets de données utilisateur.

Des fournisseurs d'applications tierce, peuvent distribuer et/ou intégrer Oracle XE avec leurs produits dans la mesure où ils respectent les limitations ci-dessus.

La préparation de l'installation

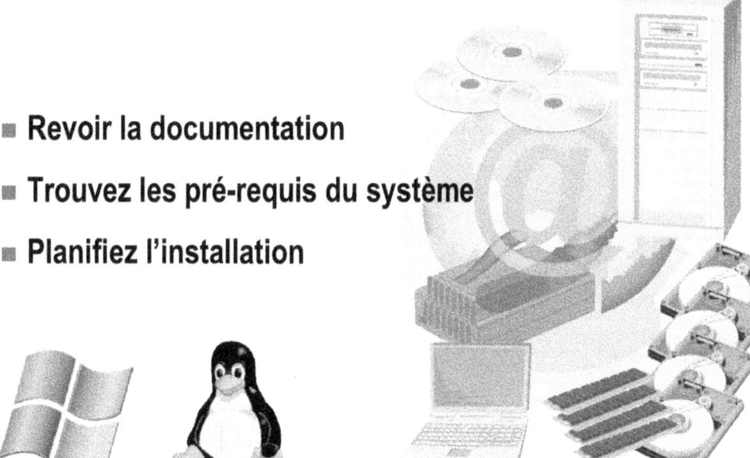

Revoir la documentation
Trouvez les pré-requis du système
Planifiez l'installation

Avant l'installation, il faut revoir la documentation d'installation, pour prendre en compte les dernières modifications. Les traitements d'installation spécifiques à chaque système d'exploitation ; nous allons découvrir maintenant l'installation pour Windows ainsi que Red Hat Enterprise Linux RHEL4.

Préparation de l'installation

Pour retrouver la documentation nécessaire et télécharger la dernière version d'Oracle 10g XE vous devez vous connecter a l'adresse suivante :

http://www.oracle.com/technology/products/database/xe/index.html

Dans la documentation vous retrouvez les versions exactes des produits certifiés. Toute installation sur un système d'exploitation non certifié est hasardeuse et ne bénéficie pas du support Oracle.

Les systèmes d'exploitation certifiés sont :

- Windows 2000 Service Pack 4 ou ultérieur
- Windows Server 2003
- Windows XP Professional Service Pack 1 ou ultérieur
- Red Hat Enterprise Linux RHEL3 ou RHEL4
- Suse SLES-9
- Fedora Core 4
- Red Flag DC Server 5.0
- MIRACLE LINUX V4.0
- Haansoft Linux 2006 Server (Asianux 2.0 Inside)
- Debian 3.1

Les recommandations minimales d'installation pour Oracle 10 g sont :

- Mémoire physique de 512MB.
- Mémoire virtuelle de 1GB ou deux fois la taille de la mémoire physique.
- Espace de travail temporaire de 400MB.
- Espace de stockage disque de 1,5GB minimum pour l'installation du serveur Oracle et 1Go pour la création d'une base de données.

Le paramétrage du système

- **Contrôle des ressources**
- **Installation des composants**
- **Configuration des paramètres du noyau**

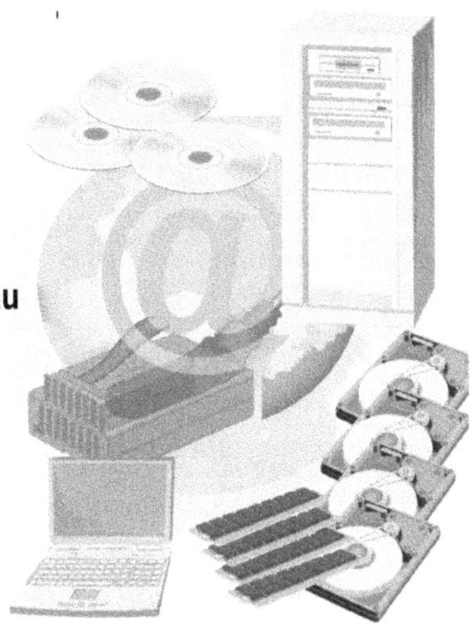

Les traitements de pré-requis sont spécifiques à chaque système d'exploitation ; nous allons découvrir maintenant les préparations du système d'exploitation pour **Red Hat Enterprise Linux RHEL4**.

Pour s'assurer que le système correspond à cette configuration, il faut suivre les étapes suivantes :

1. Contrôler la taille de la mémoire vive

```
grep MemTotal /proc/meminfo
```

Si la taille de la mémoire physique est inférieure à 256 MB, il est nécessaire d'installer d'avantage de mémoire avant de pouvoir continuer.

2. Contrôler la taille de la mémoire virtuelle

Pour contrôler la taille de la mémoire virtuelle, vous pouvez utiliser la commande suivante :

```
grep SwapTotal /proc/meminfo
```

La mémoire virtuelle doit être supérieure à 1Gb. Généralement elle est deux fois la taille de la mémoire physique. Pour les systèmes de plus de 2Gb de mémoire physique sa taille peut être comprise entre une et deux fois la taille de la mémoire physique.

Si vous avez besoin de plus de mémoire virtuelle, utilisez la commande suivante :

```
su - root
dd if=/dev/zero of=tmpswap bs=1k count=900000
chmod 600 tmpswap
mkswap tmpswap
swapon tmpswap
```

Pour détruire le fichier créé et libérer l'espace, vous pouvez utiliser la démarche suivante :

```
su - root
swapoff tmpswap
rm tmpswap
```

3. Contrôler l'espace temporaire de disque dans /tmp

```
df -h /tmp
```

Si la taille retournée est inférieure à 400MB, vous pouvez créer temporairement un répertoire « **tmp** » dans un autre emplacement.

```
su - root
mkdir /<Nouveau_Emplacement>/tmp
chown root.root /<Nouveau_Emplacement>/tmp
chmod 1777 /<Nouveau_Emplacement>/tmp
export TEMP=/<Nouveau_Emplacement>   #pour Oracle
export TMPDIR=/<Nouveau_Emplacement> #pour Linux
```

4. Contrôler l'espace disque disponible

```
df -k
```

Il est nécessaire d'avoir au total 2GB d'espace libre minimum.

5. Déterminer la version de Linux et du noyau installé :

```
cat /etc/issue
uname -r
```

6. Contrôler l'installation des paquetages nécessaires

```
rpm -q glibc
rpm -q libaio
```

Les versions nécessaires sont :

```
glibc - 2.3.2
libaio - 0.3.96
```

Si un des ces paquetages n'est pas installé, ou a une version inférieure, il faut l'installer la bonne version. Vous trouvez les packages nécessaires dans les CD-ROM d'installation 2 et 3.

7. Configuration des paramètres du noyau

Voici les paramètres du noyau et leurs valeurs minimales requises et les fichiers où sont stockés.

Paramètre	*Valeur*	*Fichier*
semmsl	250	/proc/sys/kernel/sem
semmns	32000	
semopm	100	
semmni	128	
shmall	2097152	/proc/sys/kernel/shmall
shmmax	536870912	/proc/sys/kernel/shmmax
shmmni	4096	/proc/sys/kernel/shmmni
file-max	65536	/proc/sys/fs/file-max
ip_local_port_range	1024 65000	/proc/sys/net/ipv4/ip_local_port_range

Pour récupérer les valeurs actuelles vous devez utiliser les commandes suivantes :

```
cat /proc/sys/kernel/shmmax                        #shmmax
cat /proc/sys/kernel/shmall                        #shmall
cat /proc/sys/kernel/shmmni                        #shmmni
cat /proc/sys/kernel/sem | awk '{print $1}'        #semmsl
cat /proc/sys/kernel/sem | awk '{print $2}'        #semmns
cat /proc/sys/kernel/sem | awk '{print $3}'        #semopm
```

```
cat /proc/sys/kernel/sem | awk '{print $4}'        #semmni
cat /proc/sys/fs/file-max                          #file-max
cat /proc/sys/net/ipv4/ip_local_port_range         #ip_local_port_range
```

Il ne faut changer aucun paramètre qui a déjà une valeur supérieure. Pour initialiser les variables précédentes qui n'ont pas la bonne valeur, il faut éditer le fichier « **/etc/sysctl.conf** » et saisir les valeurs informations suivantes :

```
net.ipv4.ip_local_port_range=1024 65000
kernel.sem=250 32000 100 128
kernel.shmmax= 536870912
fs.file-max=65536
```

Pour prendre en compte les modifications du fichier « **/etc/sysctl.conf** », sans redémarrer la machine :

```
sysctl -p
```

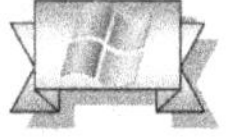

Dans l'environnement Windows le paramétrage du système consiste à vérifier les pré-requis nécessaires pour installer Oracle 10g XE.

L'installation

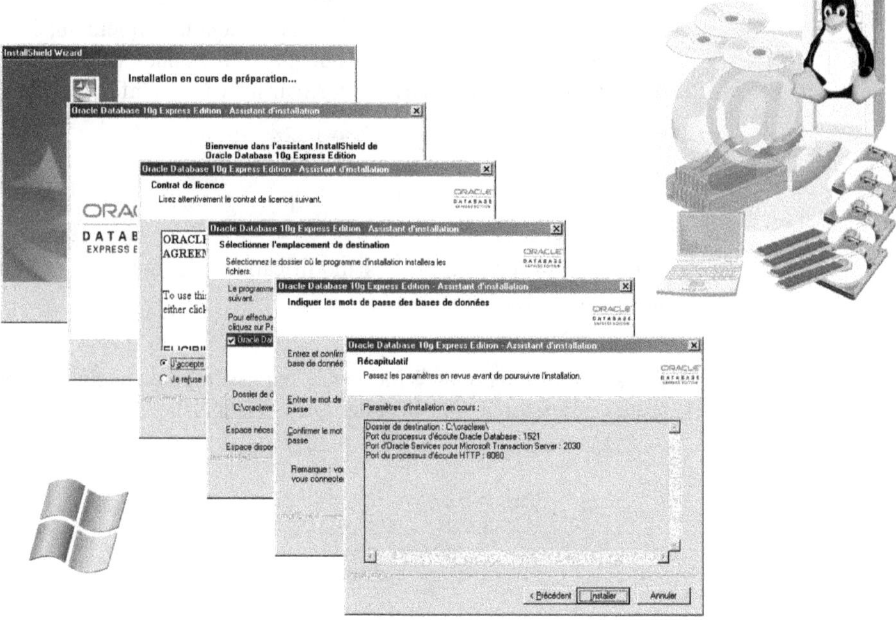

Dans l'environnement **Unix/Linux** lorsque vous exécutez l'installation, vous devez être connecté avec le compte de l'utilisateur « **`root`** ».

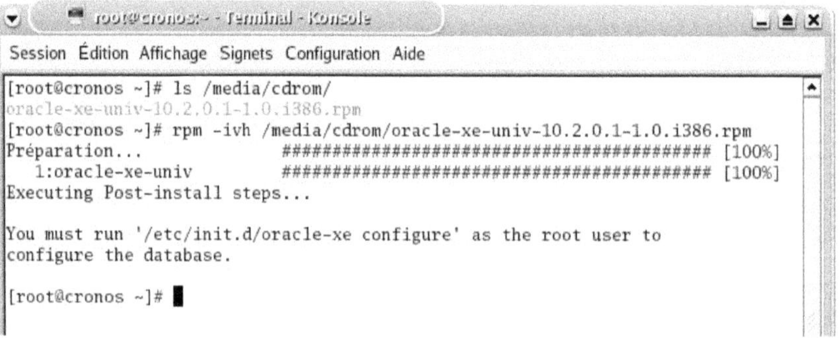

La commande d'installation est semblable à une installation de package en Linux. Le package « **`oracle-xe-univ-10.2.0.1-1.0.i386.rpm`** » est le produit qui a été téléchargé précédemment.

L'exécution de la commande « **`/etc/init.d/oracle-xe configure`** » vous permet de configurer le serveur :

- Le port d'écoute du serveur HTTP : 8080
- Le port du « **`LISTENER`** » : 1521
- Le mot de passe pour les utilisateurs « **`SYS`** » et « **`SYSTEM`** ».
- Le démarrage automatique du serveur.

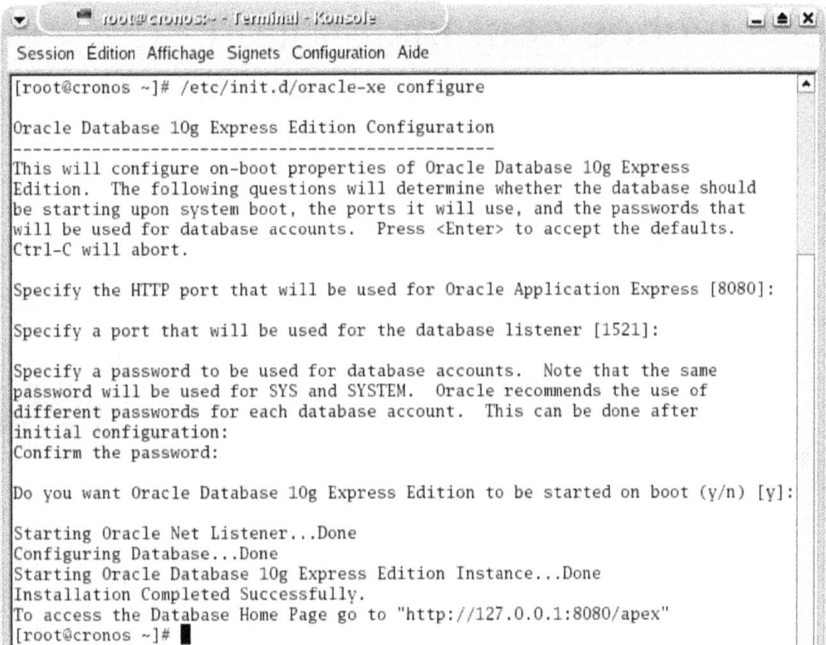

L'interface est accessible via votre navigateur préféré en vous connectant sur la machine où repose votre serveur via l'URL :

http://localhost:8080/apex

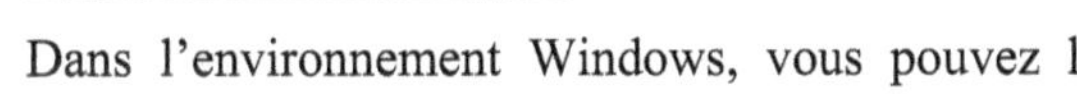

Dans l'environnement Windows, vous pouvez lancez l'exécutable que vous avez téléchargé par exemple « **OracleXEUniv.exe** ».

Apres la validation du contrat de licence vous avez la possibilité de définir :

- L'emplacement des fichiers du produit.
- Le mot de passe pour les utilisateurs « **SYS** » et « **SYSTEM** ».

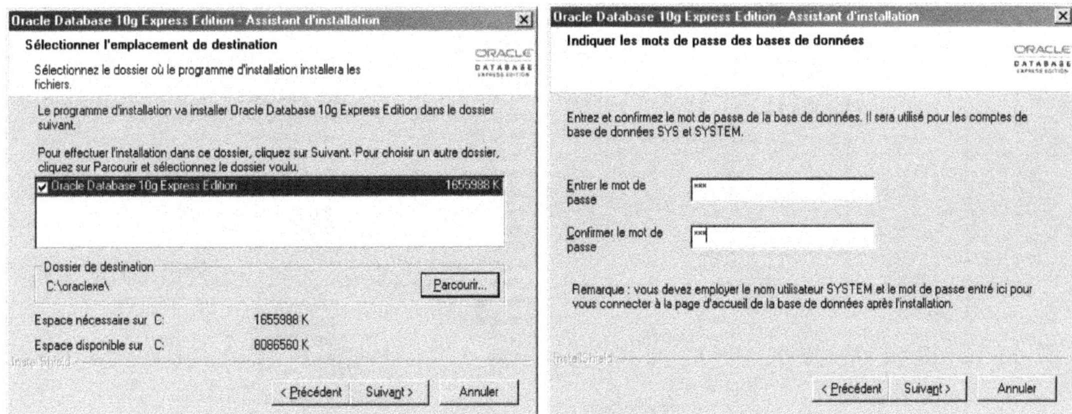

Le port d'écoute du serveur HTTP est 8080 et du « **LISTENER** » 1521

L'interface est accessible via votre navigateur préféré en vous connectant sur la machine où repose votre serveur via l'URL :

http://localhost:8080/apex

Les tâches post-installation

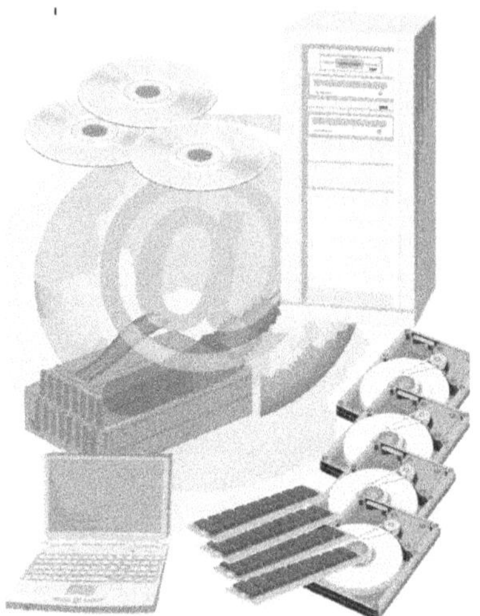

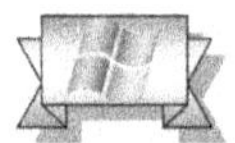

Dans l'environnement Windows, le paramétrage post-installation est minime.

Il faut paramétrer le serveur pour prendre en compte les caractéristiques nationales françaises, rapportez vous au même tâche pour l'environnement Linux, elle est identique.

L'installation en environnement Windows configure la base de registres ajoutant une clé dans « **HKEY_LOCAL_MACHINE\SOFTWARE** ».

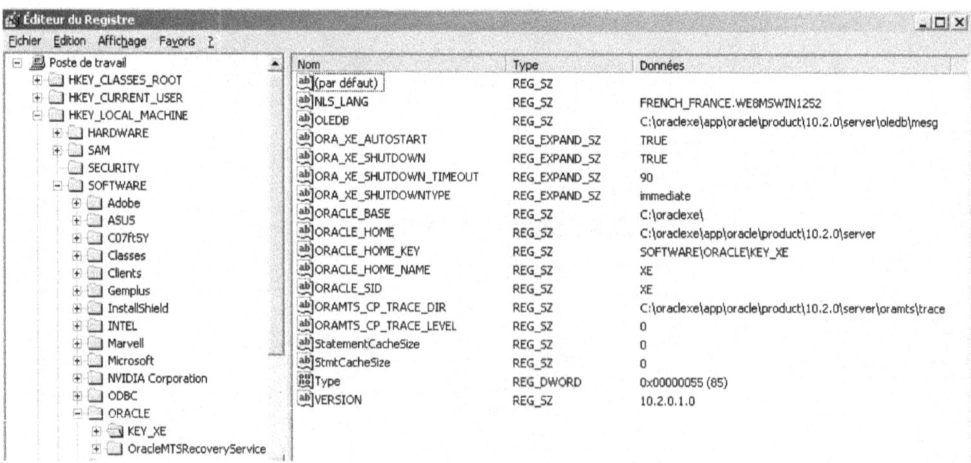

Vous avez également plusieurs services comme le « **LISTENER** » ou le service de base de données « **OracleServiceXE** ».

Le paramétrage des services vous assure un démarrage automatique après le redémarrage du serveur.

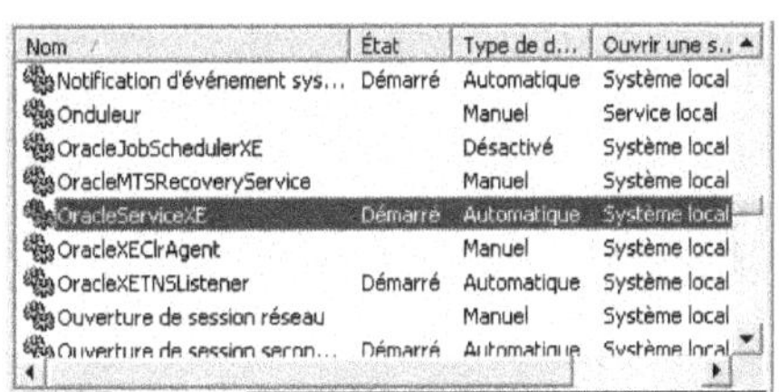

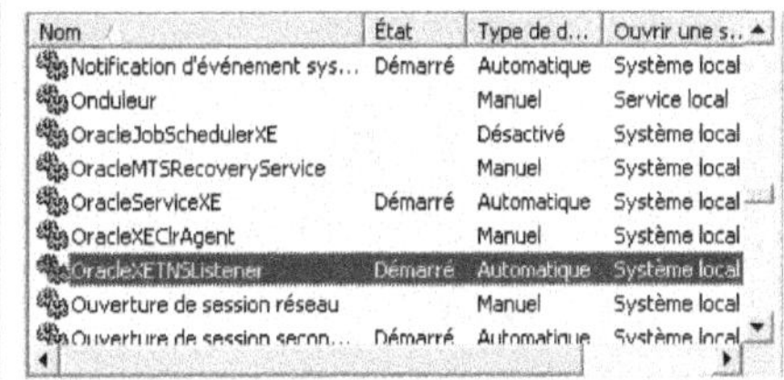

Le programme d'installation crée automatiquement l'utilisateur « **oracle** » ainsi que deux groupes « **dba** » et « **oinstall** ». L'ensemble des fichiers installés appartient a l'utilisateur « **oracle** » et aux deux groupes.

Attention

Tout utilisateur qui faire partie du group « **dba** » est un administrateur de la base de données.

Les privilèges d'administration les plus étendus qu'on peut accorder sont, dans ce cas, gérés au niveau du système d'exploitation.

Vous devez paramétrer l'environnement de l'utilisateur « **oracle** », pour qu'il accède et utilise les composants installés.

Vous devez modifier l'environnement de l'utilisateur « **oracle** », pour qu'il accède et utilise les composants installés en modifiant le fichier « **.bash_profile** ». Pour pouvoir bénéficier des outils en ligne de commande sur le serveur vous avez besoin d'initialiser deux variables d'environnement « **ORACLE_HOME** » et « **ORACLE_SID** ».

La variable « **ORACLE_HOME** » détermine le répertoire d'installation du serveur de base de données. La variable « **ORACLE_SID** » représente ne nom de la base de données.

```
ORACLE_HOME=/usr/lib/oracle/xe/app/oracle/product/10.2.0/server
ORACLE_SID=XE
export ORACLE_HOME
export ORACLE_SID

export PATH=$ORACLE_HOME/bin:$PATH
```

Il faut également créer deux scripts un de démarrage et un autre d'arrêt du serveur de la base de données. Voici un exemple de ces deux fichiers :

```
[root@cronos ~]# su - oracle
[oracle@cronos ~]$ echo $ORACLE_SID
XE
[oracle@cronos ~]$ echo $ORACLE_HOME
/usr/lib/oracle/xe/app/oracle/product/10.2.0/server
[oracle@cronos ~]$ echo $PATH
.:/usr/lib/oracle/xe/app/oracle/product/10.2.0/server/bin:/usr/kerbe
ros/bin:/usr/local/bin:/bin:/usr/bin:/usr/X11R6/bin:/home/oracle/bin
[oracle@cronos ~]$ cat start.sh
lsnrctl start
sqlplus /nolog<<EOF
connect / as sysdba
startup
EOF
```

```
[oracle@cronos ~]$ cat stop.sh
lsnrctl stop
sqlplus /nolog<<EOF
connect / as sysdba
shutdown immediate
EOF

[oracle@cronos ~]$ chmod 700 stop.sh
[oracle@cronos ~]$ chmod 700 start.sh
[oracle@cronos ~]$ ll
total 404
-rwx------  1 oracle oinstall     67 déc 16 17:56 start.sh
-rwx------  1 oracle oinstall     76 déc 16 17:57 stop.sh
```

Une fois l'environnement de l'utilisateur terminé, le serveur ainsi configuré il peut être utilisé pour l'ensemble des ateliers de cet ouvrage.

Dans le module suivant, nous allons paramétrer le serveur pour prendre en compte les caractéristiques nationales françaises et mettre en place l'ensemble des objets de la base de données qui serviront dans ces ateliers.

Atelier 1

- Configurer l'environnement de travail
- Comprendre la base de données utilisée pour les ateliers
- Installer Oracle XE

Durée : 45 minutes

Questions

1-1. Une table peut-elle avoir plusieurs clés primaires ?

1-2. Une table peut-elle avoir une contrainte unique si elle possède déjà une clé primaire ?

1-3. Une table qui possède une clé étrangère est-elle une table enfant ou une table parent ?

1-4. Que signifie LMD ?

1-5. Que signifie LDD ?

1-6. Quels sont les types d'instructions qui ne peuvent être exécutés en PL/SQL ?

1-7. Quels sont les avantages du langage PL/SQL par rapport au SQL ?

1-8. Pour configurer le client, lequel de ces fichiers utilisez-vous?

   A. init.ora

   B. sqlnet.ora

   C. listener.ora

   D. tnsnames.ora

1-9. Quel est le répertoire où se trouvent les fichiers de configuration ?

   A. %ORACLE_HOME%\admin\network

   B. %ORACLE_HOME%\network\admin

   C. %ORACLE_HOME%\net90\admin

Exercice n° 1 Installation

Installez Oracle XE sur votre machine en tenant compte de votre système d'exploitation. Vous devez suivre attentivement la démarche présentée dans le module.

Exercice n° 2 Les tables utilisées pour les ateliers

Sachant que le symbole `<pk>` signifie clé primaire et `<fk>` la clé étrangère.

Quelles sont les tables en relation parent enfant ?

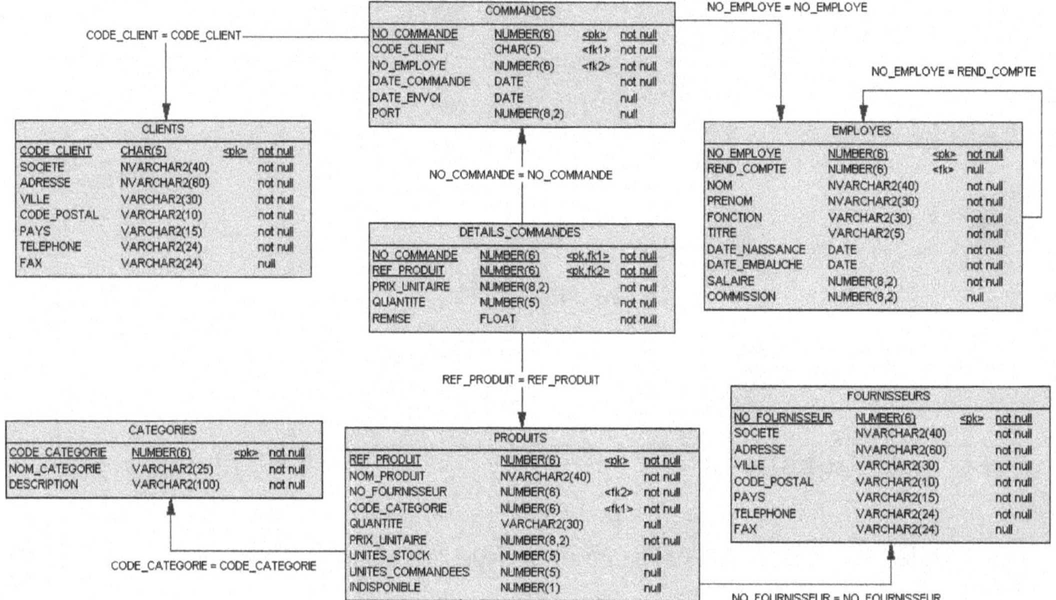

- *Outils d'administration*
- *SQL*Plus*
- *SQL*Plus Worksheet*
- *iSQL*Plus*
- *SQL Developer*

2

Les outils SQL*Plus

Objectifs

A la fin de ce module, vous serez à même d'effectuer les tâches suivantes :

- Décrire les interfaces de base de données mise à la disposition d'administrateurs SQL et PL/SQL.
- Utiliser l'environnement **SQL*Plus**.
- Utiliser l'environnement **SQL*Plus Worksheet**.
- Utiliser l'environnement **iSQL*Plus**.
- Installer et utiliser l'environnement **SQL Developer**

Contenu

Qu'est-ce que SQL*Plus ?

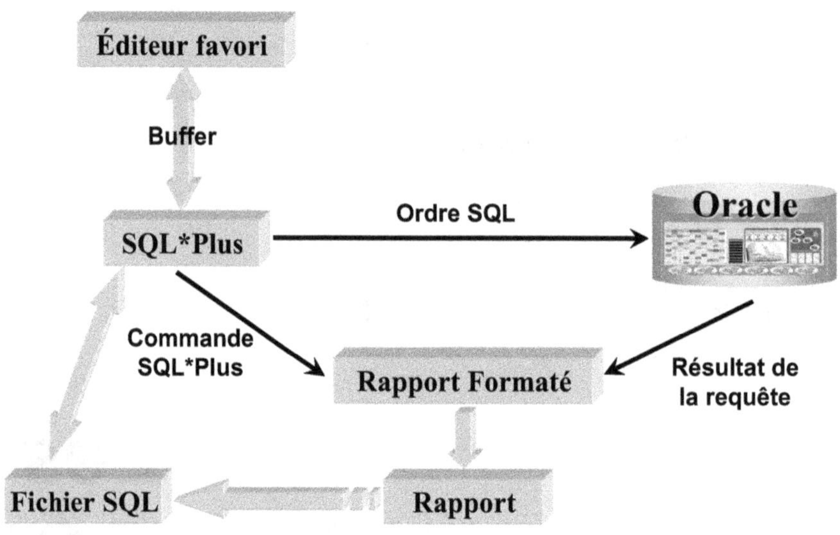

SQL*Plus est une interface interactive en mode caractère qui permet de manipuler la base de données au moyen de commandes simples se basant sur le langage **SQL**.

L'outil SQL*Plus vous permet de réaliser les fonctions suivantes au sein d'**ORACLE** :

- Entrer, éditer, sauvegarder et exécuter des commandes SQL et des blocs PL/SQL.
- Sauvegarder, effectuer des calculs et mettre en forme le résultat des requêtes.
- Lister les définitions des colonnes de chaque table.
- Exécuter des requêtes interactives.

Vous pouvez écrire des rapports tout en travaillant de manière interactive avec **SQL*Plus**. Cela veut dire que si vous saisissez vos commandes de définition de titres de pages, de titres de colonnes, de mise en forme de texte, de sauts de pages, de totaux, etc., et si vous exécutez ensuite une requête **SQL**, **SQL*Plus** produit immédiatement le rapport formaté selon vos indications.

Malheureusement, lorsque vous quittez cet outil, il ne conserve aucune des instructions que vous lui avez données. Si vous deviez l'employer uniquement de façon interactive, vous auriez à recréer un rapport chaque fois que vous en auriez besoin.

La solution est très simple. Il suffit de saisir les commandes dans un fichier. **SQL*Plus** peut ensuite lire le fichier comme s'il s'agissait d'un script, et exécuter vos commandes comme si vous les saisissiez. Pour créer ce fichier, utilisez n'importe quel éditeur disponible. Vous pouvez travailler avec l'éditeur et **SQL*Plus** en parallèle. Lorsque vous êtes dans **SQL*Plus**, basculez dans l'éditeur pour créer ou modifier votre programme de génération de rapport, puis retournez dans **SQL*Plus** à l'endroit où vous l'avez laissé et exécutez le fichier.

SQL*Plus est un outil généraliste, livré depuis des années avec toutes les versions d'Oracle. Il a l'avantage d'exister sur toutes les plates-formes où Oracle est porté. Il présente l'inconvénient d'une ergonomie en mode caractère qui peut faire préférer pour certains usages des outils graphiques parfois moins performants mais plus agréables d'utilisation.

L'outil en mode caractère est indispensable à l'automatisation d'exécution des fichiers scripts de commande pour l'administration du serveur **ORACLE**.

En conclusion, **SQL*Plus** est un outil **ORACLE** qui reconnaît le langage **SQL** et soumet les instructions **SQL** au Serveur **ORACLE** pour l'exécution. Cet outil comporte son propre langage de commande.

Comparaison entre les instructions **SQL** et les commandes de **SQL*Plus** :

SQL	SQL*Plus
Un langage	Un environnement
Conforme au standard ANSI	Propriétaire d'ORACLE
Les mots clés ne peuvent pas être abrégés	Les mots clés peuvent être abrégés
Les instructions manipulent des données et des définitions de tables dans la base de données	Les commandes ne peuvent pas manipuler les données dans la base de données
Les instructions sont entrées dans le tampon mémoire sur une ou plusieurs lignes	Les instructions sont entrées sur une ligne à la fois ; elles ne sont pas stockées dans le tampon mémoire

Environnement SQL*Plus

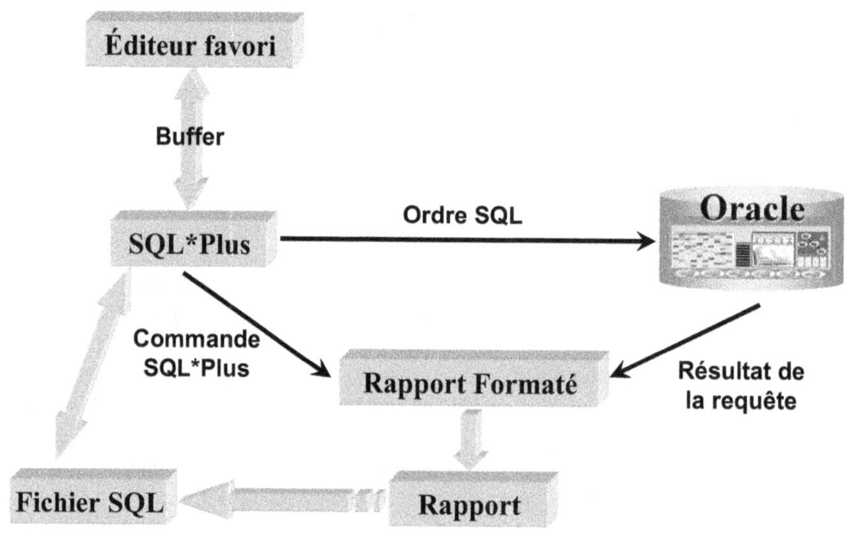

SQL*Plus peut être utilisé en mode ligne de commande ou en environnement mode caractère dans une fenêtre Windows, les deux environnements étant identiques du point de vue de leur utilisation. Avant de pouvoir émettre des instructions SQL dans **SQL*Plus**, vous devez tout d'abord établir une connexion avec le serveur.

Deux autres environnements sont utilisés à partir de la version Oracle9i : **SQL*Plus Worksheet** et **iSQL*Plus**.

Connexion SQL*Plus en mode Windows

A partir du menu **Démarrer**, sélectionnez **Programmes**, **ORACLE-Formation**, **Application Development**, **SQL Plus**. Une boîte de dialogue apparaît pour recueillir « **un nom** », « **un mot de passe** » et « **une chaîne de connexion** ».

Attention

Etant donné que nous utilisons un répertoire d'accueil **ORACLE_HOME** nommé **Formation**, l'option du menu Programmes est **ORACLE-Formation**. Elle est différente sur votre système.

Connexion SQL*Plus en mode ligne de commande

A partir d'une fenêtre utilisez la commande suivante pour lancer SQL*Plus :

```
SQLPLUS « nom »/« mot de passe »@« chaîne de connexion »
```

La syntaxe exacte de commande **SQL*Plus** est décrite plus loin dans ce module.

Environnement SQL*Plus (Suite)

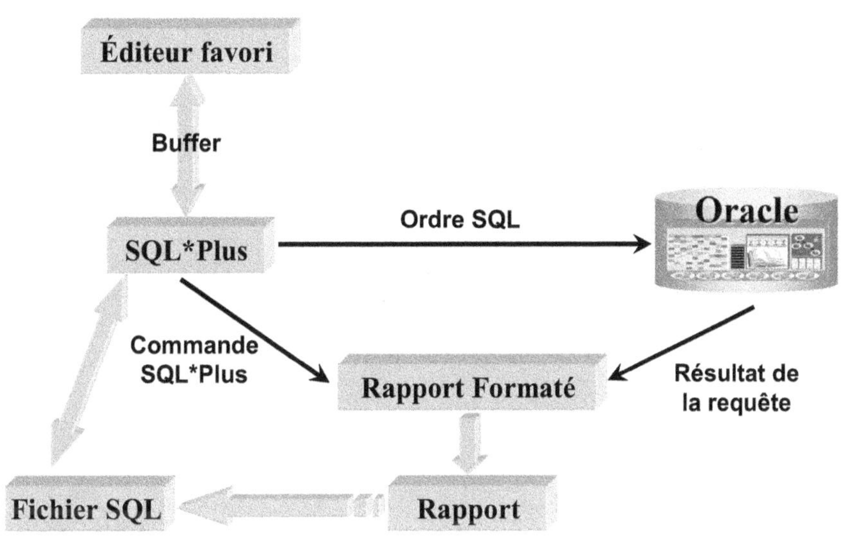

Les grandes caractéristiques des interactions entre **SQL*Plus** et son environnement sont :

- lors du lancement de **SQL*Plus**, un nom d'utilisateur, son mot de passe et la base de donnée cible vous sont demandés;
- lors de la connexion à la base Oracle, le fichier glogin.sql est exécuté. Ce fichier, situé dans le répertoire « ORACLE_HOME\SQLPLUS\ADMIN » sur la machine qui héberge le code exécutable de SQL*Plus, peut contenir toutes sortes d'ordres **SQL** et **SQL*Plus** ;
- par défaut, l'invite d'une session **SQL*Plus** est **SQL>** ;
- à partir de la session **SQL*Plus**, vous pouvez lancer des commandes du système d'exploitation, par la commande **HOST**. Celle-ci ne termine pas votre session **SQL*Plus** qui peut être, au choix, bloquée ou active en attendant la fin de l'exécution de la commande OS ;
- vous pouvez vous déconnecter de la base Oracle cible tout en restant dans **SQL*Plus** au moyen de la commande **DISC** (**<u>DISC</u>ONNECT**) ;
- pour se connecter à un autre compte Oracle ou à une autre base de données, utilisez la commande **CONNECT**;
- pour se déconnecter et terminer une session **SQL*Plus**, utilisez **EXIT** ou **QUIT**.

Commandes SQL*Plus

- SQLPLUS
- CONNECT
- DISCONNECT
- EXIT
- RUN

SQL*Plus possède également ses propres commandes et règles :

- Les instructions sont entrées une ligne à la fois et elles ne sont pas stockées dans le tampon mémoire.
- Le - est un caractère de continuation pour saisir une commande sur plusieurs lignes
- Les mots clés peuvent être abrégés
- Ne nécessite pas de caractère de terminaison, les commandes sont exécutées immédiatement

SQLPLUS

Lors de la connexion, il est possible de spécifier le nom d'utilisateur, le mot de passe, et le nom d'une base de données ainsi que lancer un fichier de commande spécifié.

```
SQLPLUS [logon][@chaîne] @fichier[.ext] [arg]
```

logon	**« utilisateur »[/« mot_de_passe »]** Si le nom d'utilisateur et/ou le mot_de_passe ne sont pas saisis, **ORACLE** les demande après le lancement.
@chaîne	le nom du service pour la connexion Oracle **Net**. Si aucun nom de base n'est spécifié, c'est la base par défaut qui est prise en compte.
@fichier[.ext]	un fichier de commande contenant des ordres **SQL**, des commandes **SQL*Plus** et **PL/SQL**. L'extension .SQL est facultative. On peut lancer **SQLPLUS @fichier** a condition que la première ligne de ce fichier corresponde à un nom d'utilisateur suivi d'un '/' et du mot de passe.
[**arg**...]	les arguments

Pour accéder à l'aide décrivant l'ensemble des syntaxes accessibles lors du lancement de **SQL*Plus** il faut exécuter « **SQLPLUS -** ».

```
C:\>sqlplus -

SQL*Plus: Release 10.1.0.2.0 - Production

Syntaxe : SQLPLUS [<option>] [logon] [<start>] ]
 <option> ::= -H | -V | [ [-C <v>] [-L] [-M <o>] [-R <n>] [-S] ]
 <logon>  ::=
<nomutilisateur>[/<motdepasse>][@<identificateur_connexion>]
      <start>  ::= @<URL>|<nomfichier>[.<ext>] [<paramÞtre> ...]
        "-H" affiche le numéro de version de SQL*Plus et la syntaxe
        "-V" affiche le numéro de version de SQL*Plus
        "-C" définit la version de compatibilité SQL*Plus <v>
        "-L" tente de se connecter une seule fois
        "-M <o>" utilise les options de balisage HTML <o>
        "-R <n>" utilise le mode restreint <n>
        "-S" utilise le mode silencieux
```

Note

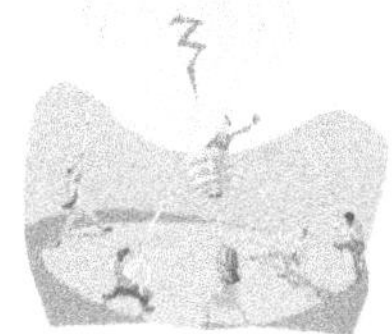

Notez la différence entre les deux exemples suivants :

– Se connecter à la base de données cible.

```
SQLPLUS utilisateur/mot_de_password@base_cible
```

– Exécuter automatiquement le fichier de commande cité sur la base par défaut.

```
SQLPLUS utilisateur/mot_de_password @fichier.sql
```

Une autre modalité de travail avec **SQL*Plus** consiste à ouvrir l'application sans aucune connexion à la base, et suivant les besoins, à effectuer les connexions par la suite.

```
SQLPLUS /NOLOG
```

CONNECT

L'instruction **CONNECT** vous permet de réaliser une nouvelle connexion après le lancement de **SQL*Plus**.

```
CONN[ECT]  « utilisateur »[/« mot_de_passe »][@chaîne]
```

Si le mot de passe n'est pas fourni, Oracle effectue une demande de saisie.

```
C:\>sqlplus /nolog

SQL*Plus: Release 10.1.0.2.0 - Production on Mer. Mai 11 00:37:…

Copyright (c) 1982, 2004, Oracle.  All rights reserved.
SQL> connect scott/tiger
Connected.
SQL> connect scott/tiger@dba
Connected.
SQL> connect scott
Enter password:
Connected.
```

Comme on l'a vu précédemment, on peut ouvrir SQL*Plus et ne pas se connecter à une base de données. La connexion peut être réalisée par la suite. Parallèlement, on peut ouvrir SQL*Plus et lancer un fichier de commande qui lui-même effectue la connexion, exécute une ou plusieurs opérations et quitte l'application.

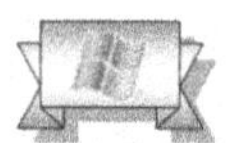

```
C:\>type select_cat.sql
connect scott/tiger@dba
select * from cat;
exit;

C:\>sqlplus /nolog @select_cat.sql

SQL*Plus: Release 10.1.0.2.0 - Production on Mer. Mai 11 00:52:

Copyright (c) 1982, 2004, Oracle.  All rights reserved.

Connecté.

TABLE_NAME                     TABLE_TYPE
------------------------------ -----------
DEPT                           TABLE
EMP                            TABLE
BONUS                          TABLE
SALGRADE                       TABLE

Déconnecté de Oracle Database 10g Enterprise Edition Release 10
With the Partitioning, OLAP and Data Mining options

C:\>
```

Une autre manière de travailler est de renvoyer à **SQL*Plus** une série de commandes ; il est préférable d'utiliser cette option pour des traitements ponctuels.

```
oracle@napoca:~> sqlplus /nolog << EOF
> connect scott/tiger@dba
> select * from cat;
> exit;
> EOF

SQL*Plus: Release 10.1.0.3.0 - Production on Wed May 11 01:13:

Copyright (c) 1982, 2004, Oracle.  All rights reserved.

SQL> Connected.
SQL>
TABLE_NAME                     TABLE_TYPE
------------------------------ -----------
CREATE$JAVA$LOB$TABLE          TABLE
JAVA$OPTIONS                   TABLE

SQL> Disconnected from Oracle Database 10g Enterprise Edition
With the Partitioning, OLAP and Data Mining options
oracle@napoca:~>
```

Dans la version 10g il est possible de se connecter à l'aide de la syntaxe suivante :

CONNECT/MOT_DE_PASSE@//NOM_DU_SERVEUR:PORT/SERVICE

```
SQL> connect stagiaire/pwd@//minerve.etelia.fr:1521/dba.etelia.fr
Connecté.
```

DISCONNECT

L'instruction « **DISCONNECT** » permet à l'utilisateur de se déconnecter de la base de données.

```
DISC[ONNECT]
```

Après cette instruction l'utilisateur ne peut plus exécuter de commandes **SQL** ou **PL/SQL**.

EXIT

L'instruction « **EXIT** » ou « **QUIT** » permet à l'utilisateur de quitter l'outil **SQL*Plus** et de se déconnecter de la base de données.

```
EXIT[SUCCESS | FAILURE | WARNING][COMMIT | ROLLBACK]
```

Cette instruction permet de communiquer au système d'exploitation un code de retour sur l'exécution de la session.

Attention

L'instruction « **EXIT** », valide la transaction, est équivalente à « **COMMIT** », par laquelle on se déconnecte et quitte l'outil **SQL*Plus**.

Il est très dangereux d'utiliser « **EXIT** » à la fin des scripts qui utilisent des instructions de type **LMD**. Il faudrait de préférence utiliser « **EXIT ROLLBACK** » et prendre soin de valider les modifications faisant suite aux transactions.

RUN

La commande « **RUN** » ou « / » affiche le contenu du tampon mémoire et exécute l'instruction stockée dans le tampon mémoire

R[UN] ou « / »

```
C:\>sqlplus /nolog

SQL*Plus: Release 10.1.0.2.0 - Production on Mer. Mai 11 01:28:

Copyright (c) 1982, 2004, Oracle.  All rights reserved.

SQL> host type select_cat.sql
connect scott/tiger@dba
select * from cat;
exit;

SQL> @select_cat.sql
Connecté.

TABLE_NAME                     TABLE_TYPE
------------------------------ -----------
DEPT                           TABLE
EMP                            TABLE
BONUS                          TABLE
SALGRADE                       TABLE
```

Commandes SQL*Plus (Suite)

- SQLPLUS
- CONNECT
- DISCONNECT
- EXIT
- RUN

START

Indique à **SQL*Plus** d'exécuter les instructions enregistrées dans un fichier.

STA[RT] fichier[.ext] [arg ...]

L'extension « **.SQL** » est facultative.

La commande @ : est équivalente à **START**

@ fichier[.ext] [arg ...]

EDIT

La commande « `EDIT` » est utilisée pour ouvrir un fichier de nom fichier.sql sous l'éditeur associé.

ED[IT] fichier[.ext]

SAVE

La commande « `SAVE` » mémorise le contenu du tampon dans un fichier. L'extension « **.SQL** » est ajoutée automatiquement au nom du fichier.

SAV[E] fichier[.ext] [CREATE | REPLACE | APPEND]

GET

La commande « `GET` » est utilisée pour faire l'opération inverse, c'est-à-dire copier le contenu d'un fichier dans le tampon :

GET fichier[.ext] [LIST | NOLIST]

Le contenu du fichier est alors copié dans le tampon et affiché à l'écran, mais il n'est pas exécuté. L'exécution du contenu du tampon se fait par la commande **RUN**.

SPOOL

La commande « **SPOOL** » est utilisée pour stocker le résultat d'une requête dans un fichier. Par défaut le résultat de toute requête est affiché à l'écran et il ne reste aucune trace de ce résultat. La commande « **SPOOL** » suivie par le nom du fichier récepteur mémorise ce résultat.

SPO[OL] fichier[.ext] [OFF | OUT]

A partir du moment où cette commande est exécutée, tout ce qui apparaît à l'écran est mémorisé dans le fichier jusqu'à l'exécution d'une autre commande « **SPOOL** » avec l'option « **OFF** » ou « **OUT** ».

L'option « **OUT** » permet d'imprimer le contenu du fichier.

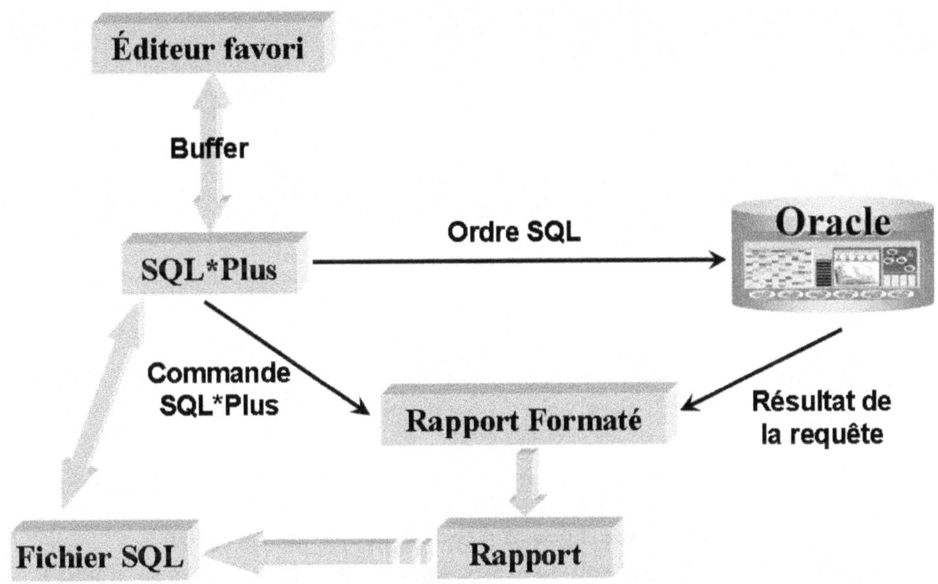

Rappelez vous qu'une ou plusieurs commandes SQL peuvent être exécutées ; leur résultat est formaté et enregistré dans un fichier. Ainsi **SQL*Plus** peut exécuter ce fichier résultat comme un fichier script.

```
C:\>sqlplus scott/tiger@dba

SQL*Plus: Release 10.1.0.2.0 - Production on Mer. Mai 11 02:27

Copyright (c) 1982, 2004, Oracle.  All rights reserved.


Connecté à :
Oracle Database 10g Enterprise Edition Release 10.1.0.2.0
With the Partitioning, OLAP and Data Mining options

SQL> spool c:\count_lines_tables.sql
SQL> select 'select count(*) from '||table_name||' ;'
  2                          "--Chaîne formaté" from cat;

--Chaîne formaté
----------------------------------------------------
select count(*) from DEPT ;
select count(*) from EMP ;
```

```
select count(*) from BONUS ;
select count(*) from SALGRADE ;

SQL> spool off
SQL> @c:\count_lines_tables.sql
SP2-0734: commande inconnue au début de "SQL> selec..." - le reste
de la ligne est ignoré.

  COUNT(*)
----------
         4


  COUNT(*)
----------
        12


  COUNT(*)
----------
         0


  COUNT(*)
----------
         5

SP2-0734: commande inconnue au début de "SQL> spool..." - le reste
de la ligne est ignoré.
SQL> host type c:\count_lines_tables.sql
SQL> select 'select count(*) from '||table_name||' ;'
  2                          "--Chaîne formaté" from cat;

--Chaîne formaté
----------------------------------------------------
select count(*) from DEPT ;
select count(*) from EMP ;
select count(*) from BONUS ;
select count(*) from SALGRADE ;

SQL> spool off
```

Dans cet exemple on commence par l'ouverture du SQL*Plus avec une connexion à la base de données « dba » comme l'utilisateur « scott ». Ensuite on démarre l'enregistrement dans le fichier spool de l'ensemble des commandes et leurs résultats.

La commande SQL suivante formate les interrogations résultat, qui seront stockées dans le fichier « c:\count_lines_tables.sql ».

```
SQL> select 'select count(*) from '||table_name||' ;'
  2                          "--Chaîne formaté" from cat;
```

Le fichier ainsi obtenu est exécuté. Il y a pourtant des erreurs dues au comportement du spool qui enregistre dans le fichier toutes les informations apparues à l'écran, même les échos des commandes comme on peut le voir dans le listing du fichier.

HOST

Envoie toute commande au système d'exploitation hôte.

HO[ST] [commande]

Un premier exemple est une demande d'afficher le répertoire courant et de lister les fichiers de ce répertoire dans un environnement linux.

```
oracle@napoca:~> ls -al

SQL*Plus: Release 10.1.0.3.0 - Production on Wed May 11 01:13

Copyright (c) 1982, 2004, Oracle.  All rights reserved.

SQL> host pwd
/home/oracle

SQL> HOST ls -al
total 36
drwxr-xr-x  4 oracle root       280 2005-05-02 21:53 .
drwxr-xr-x  4 root   root        96 2005-03-13 23:49 ..
-rw-------  1 oracle oinstall  1483 2005-05-09 17:48 .bash_history
-rw-r--r--  1 oracle oinstall   764 2005-04-05 14:04 .bash_profile
-rw-r--r--  1 oracle oinstall 11075 2005-05-02 21:53 env_all
drwxrwxr-x  8 oracle oinstall   320 2005-03-14 04:00 oraInventory
-rwxr-xr-x  1 oracle oinstall   449 2005-04-05 19:16 start_all
-rw-------  1 oracle oinstall  4594 2005-05-02 14:23 .viminfo
drwx------  2 oracle oinstall   128 2005-03-14 00:51 .vnc
-rw-------  1 oracle oinstall   100 2005-03-14 00:46 .Xauthority
```

Le deuxième exemple liste le contenu d'un fichier script, dans un environnement Windows.

```
C:\>sqlplus /nolog

SQL*Plus: Release 10.1.0.2.0 - Production on Mer. Mai 11 01:33

Copyright (c) 1982, 2004, Oracle.  All rights reserved.

SQL> host type select_cat.sql
connect scott/tiger@dba
select * from cat;
exit;
```

Commandes SQL*Plus (Suite)

- DESCRIBE
- REMARK
- USER

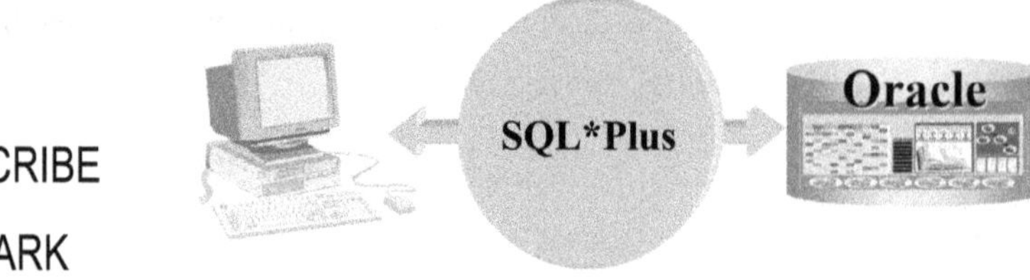

DESCRIBE

La commande « **DESCRIBE** » est utilisée pour connaître la structure d'une table, d'une vue ou d'un synonyme.

```
DESC[RIBE] {[schema.]object [@connect_identifier]}
```

[@connect_identifier] indique un lien de base de données distante.

Name	Indique le nom de la colonne.
Null ?	Indique si la colonne doit contenir des données. « **NOT NULL** » rend obligatoire la présence de données.
Type	Affiche le type de données d'une colonne.

```
SQL> DESC CATEGORIES
Nom                                        NULL ?   Type
 ----------------------------------------- -------- -------------
 CODE_CATEGORIE                            NOT NULL NUMBER(6)
 NOM_CATEGORIE                             NOT NULL VARCHAR2(25)
 DESCRIPTION                               NOT NULL VARCHAR2(100)
```

Cette instruction peut être utilisée avec d'autres objets :

```
DESC[RIBE]  nom_table | nom_vue | nom_synonyme
           nom_procedure | nom_fonction | nom_package
           nom_type_objet
```

REMARK

Indique à **SQL*Plus** que les mots qui suivent doivent être traités comme étant un commentaire.

```
REM[ARK]
```

--

Marque le début d'un commentaire en ligne dans une entrée **SQL**. Traite tout ce qui suit cette marque jusqu'à la fin de la ligne comme étant un commentaire. Analogue à « **REMARK** ».

/*...*/

Marque le début et la fin d'un commentaire dans une entrée **SQL**. Analogue à « **REMARK** ».

USER

La commande « **SHOW USER** » affiche l'utilisateur connecté.

```
SHO[W] USER
```

```
SQL> SHOW USER
USER is "SYS"

SQL> SELECT USER FROM DUAL;

USER
------------------------------
SYS
```

Commandes SQL*Plus (Suite)

- LINESIZE
- PAGESIZE
- COLUMN

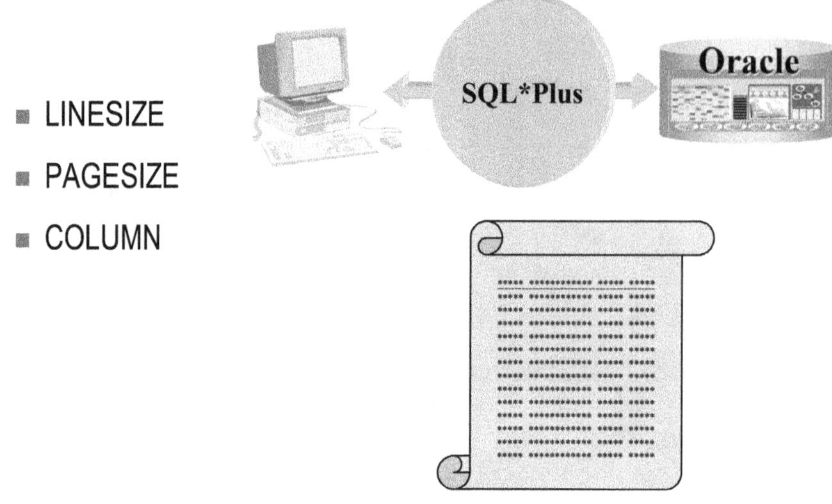

LINESIZE

La commande « **SET LINESIZE** » définit le nombre maximal de caractères autorisés dans chaque ligne.

```
SET LINESIZE VALEUR
```

```
SQL> SET LINESIZE 50

SQL> SELECT DESCRIPTION FROM CATEGORIES
  2  WHERE CODE_CATEGORIE = 1

DESCRIPTION
------------------------------------------
Boissons, cafés, thés, bières

SQL> SET LINESIZE 10
SQL> SELECT DESCRIPTION FROM CATEGORIES
  2  WHERE CODE_CATEGORIE = 1

DESCRIPTIO
----------
Boissons,
cafés, thé
s, bières
```

PAGESIZE

La commande « **SET PAGESIZE** » définit le nombre maximal de lignes dans chaque page ; le calcul est effectué en tenant compte des lignes d'en-tête et bas de page. Lorsque vous créez un fichier de données, vous pouvez configurer la variable « **PAGESIZE** » avec la valeur 0.

```
SET PAGESIZE VALEUR
```

```
SQL> SET PAGESIZE 10
SQL> SELECT NOM, PRENOM FROM EMPLOYES

NOM                  PRENOM
-------------------- ----------
Callahan             Laura
Buchanan             Steven
Peacock              Margaret
Leverling            Janet
Davolio              Nancy
Dodsworth            Anne
King                 Robert

NOM                  PRENOM
-------------------- ----------
Suyama               Michael
Fuller               Andrew

9 ligne(s) sélectionnée(s).
```

COLUMN

La commande « **SET COLUMN** » permet de formater les données de colonnes. Dans le cas de caractères, cette clause détermine la largeur du champ et la façon dont les données qui dépassent doivent être gérés : elles peuvent être soit tronquées, soit reportées sur la ligne suivante. Dans le cas de nombres, cette clause permet de contrôler la quantité des chiffres à afficher et leur format.

```
SQL> COLUMN USER TRUNC FORMAT A3
SQL> COLUMN UTIL FORMAT A3
SQL> COLUMN UID FORMAT 999
SQL> COLUMN SYSDATE FORMAT A8
SQL> SELECT USER, USER UTIL, UID, SYSDATE FROM DUAL;

USE UTI  UID SYSDATE
--- --- ---- --------
STA STA   64 23/07/06
    GIA
    IRE
```

Commandes SQL*Plus (Suite)

- TERMOUT
- HEADING
- TRIMSPOOL
- FEEDBACK
- ECHO

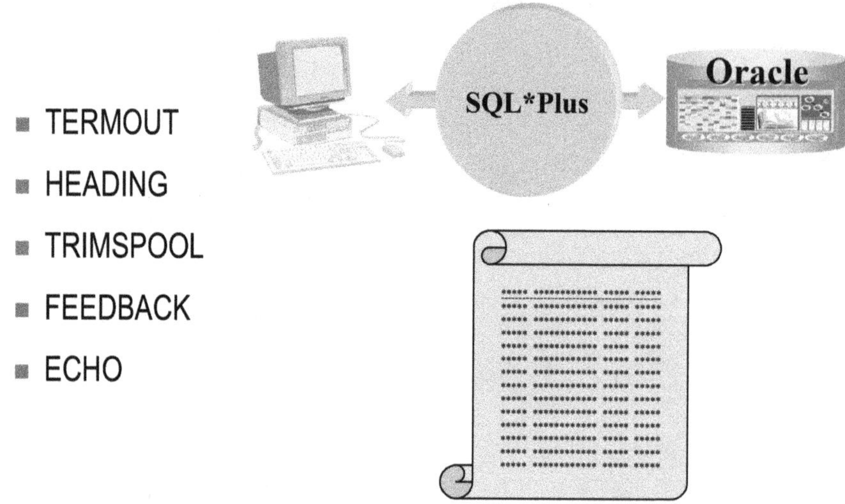

TERMOUT

Lorsqu'une instruction **SQL** retourne de nombreuses lignes de données, il peut être utile de désactiver leur affichage à l'écran. Pour cela, utilisez la commande « **SET TERMOUT OFF** ». A l'issue de l'instruction, n'oubliez pas de rétablir l'affichage des résultats au moyen de la commande « **SET TERMOUT ON** ».

```
SET TERMOUT {ON | OFF}
```

HEADING

Désactive ou active l'affichage des en-têtes de colonnes, ce qui peut être utile lors de la création d'un fichier de données.

```
SET HEADING {ON | OFF}
```

TRIMSPOOL

Supprime ou non les blancs situés à la fin des lignes envoyées vers un fichier.

```
SET TRIMSPOOL {ON | OFF}
```

FEEDBACK

Affiche ou non le nombre de lignes extraites.

```
SET FEEDBACK {ON | OFF}
```

ECHO

Affiche ou non l'instruction lorsqu'elle est exécutée.

```
SET ECHO {ON | OFF}
```

Variables

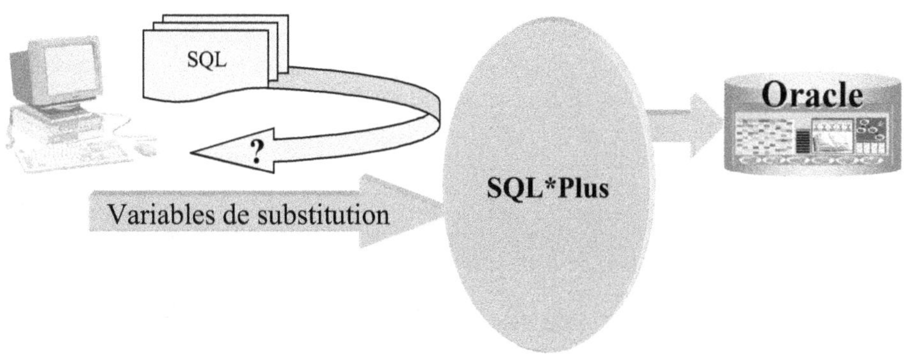

SQL*Plus prévoit les variables de substitution qui vous seront utiles pour recevoir les entrées utilisateur et stocker des informations à travers plusieurs exécutions successives.

Variables de substitution

Dans une instruction **SQL**, les variables de substitution sont introduites par le caractère « **&** » (si vous le souhaitez, vous changerez ce caractère en vous servant de la commande « **SET DEFINE** »). Avant l'envoi de l'instruction **SQL** au serveur, **SQL*Plus** effectuera une substitution textuelle complète de la variable.

Il est à remarquer qu'aucune mémoire n'est effectivement allouée aux variables de substitution.

La procédure de remplacement de la variable de substitution par la valeur entrée est accomplie par **SQL*Plus** avant l'envoi du bloc pour exécution à la base de données.

La définition des variables de substitution peut-être réalisée de trois manières :

- en préfixant une variable par un simple « **&** »
- en préfixant une variable par un double « **&&** »
- en utilisant les commandes « **DEFINE** » et « **ACCEPT** »

L'utilisation des variables de substitution & et &&

Il existe deux types de variables :

- « **&** »: pour une variable temporaire, doit être introduite à chaque utilisation.
- « **&&** »: pour une variable permanente, n'est introduite que lors de la première utilisation.

```
SQL> SELECT NOM_PRODUIT, NO_FOURNISSEUR, CODE_CATEGORIE
  2  FROM PRODUITS
  3  WHERE NO_FOURNISSEUR = &var_no_fournisseur and
  4        CODE_CATEGORIE = &&var_code_categorie;
Entrez une valeur pour var_no_fournisseur : 1
ancien   3 : WHERE NO_FOURNISSEUR = &var_no_fournisseur and
nouveau   3 : WHERE NO_FOURNISSEUR = 1 and
Entrez une valeur pour var_code_categorie : 1
ancien   4 :       CODE_CATEGORIE = &&var_code_categorie
nouveau   4 :       CODE_CATEGORIE = 1

NOM_PRODUIT                          NO_FOURNISSEUR CODE_CATEGORIE
------------------------------------ -------------- --------------
Chai                                              1              1
Chang                                             1              1

SQL> SELECT NOM_PRODUIT, NO_FOURNISSEUR, CODE_CATEGORIE
  2  FROM PRODUITS
  3  WHERE NO_FOURNISSEUR = &var_no_fournisseur and
  4        CODE_CATEGORIE = &&var_code_categorie;
Entrez une valeur pour var_no_fournisseur : 7
ancien   3 : WHERE NO_FOURNISSEUR = &var_no_fournisseur and
nouveau   3 : WHERE NO_FOURNISSEUR = 7 and
ancien   4 :       CODE_CATEGORIE = &&var_code_categorie
nouveau   4 :       CODE_CATEGORIE = 1

NOM_PRODUIT                          NO_FOURNISSEUR CODE_CATEGORIE
------------------------------------ -------------- --------------
Outback Lager                                     7              1
```

Dans l'exemple précédent, la variable temporaire **&var_no_fournisseur** doit être renseignée à chaque utilisation ; par contre la variable permanente **&&var_code_categorie** n'est renseignée que lors de la première utilisation.

```
SQL> SELECT NOM_PRODUIT, NO_FOURNISSEUR, CODE_CATEGORIE
  2  FROM PRODUITS
  3  &var_substitution;
Entrez une valeur pour var_substitution : WHERE NO_FOURNISSEUR = 1
ancien   3 : &var_substitution
nouveau   3 : WHERE NO_FOURNISSEUR = 1

NOM_PRODUIT                          NO_FOURNISSEUR CODE_CATEGORIE
------------------------------------ -------------- --------------
Chai                                              1              1
Chang                                             1              1
Aniseed Syrup                                     1              2
```

Dans l'exemple précédent, vous pouvez remarquer que la variable de substitution, porte bien son nom ; elle peut remplacer toute une partie de l'ordre **SQL**.

Pour éviter l'affichage de vérification de substitution, l'utilisateur peut activer ou désactiver cette option par la commande suivante :

```
SET VERIFY [ON | OFF]
```

```
SQL> SET VERIFY OFF
SQL> SELECT NOM_PRODUIT, NO_FOURNISSEUR,
  2  CODE_CATEGORIE FROM PRODUITS
  3  WHERE NO_FOURNISSEUR = &var_no_fournisseur and
  4         CODE_CATEGORIE = &var_code_categorie;
Entrez une valeur pour var_no_fournisseur : 1
Entrez une valeur pour var_code_categorie : 2

NOM_PRODUIT                            NO_FOURNISSEUR CODE_CATEGORIE
-------------------------------------- -------------- --------------
Aniseed Syrup                                       1              2
```

La définition des variables de substitution avec ACCEPT

La commande « **ACCEPT** » permet de lire une valeur entrée par un utilisateur et de stocker la valeur saisie dans une variable à l'aide la syntaxe suivante :

```
ACC[EPT] nom_variable {NUM[BER] | CHAR | DATE}
          [PROMPT "Invite :" [HIDE]]
```

nom_variable	Nom de la variable dans laquelle vous souhaitez stocker une valeur.
NUM[BER]	Le type de variable de substitution est un numérique
CHAR	Le type de variable de substitution est une chaîne de caractères. Longueur maximale 240 bytes.
DATE	Le type de variable de substitution est une date.
PROMPT	Texte affiché à l'écran avant de saisir la valeur de la variable.
HIDE	L'option permet de supprimer la visualisation sur l'écran quand l'utilisateur tape sur son clavier ; elle est généralement utilisée pour saisir un mot de passe.

```
SQL> SET VERIFY OFF
SQL> ACCEPT var_no_four NUMBER PROMPT "Numéro du fournisseur :"
Numéro du fournisseur :1
SQL> ACC    var_code_cat NUM    PROMPT "Numéro de la catégorie :"
Numéro de la catégorie :2
SQL> SELECT NOM_PRODUIT, NO_FOURNISSEUR, CODE_CATEGORIE
  2  FROM PRODUITS
  3  WHERE NO_FOURNISSEUR = &var_no_four and
  4        CODE_CATEGORIE = &var_code_cat;

NOM_PRODUIT                            NO_FOURNISSEUR CODE_CATEGORIE
-------------------------------------- -------------- --------------
Aniseed Syrup                                       1              2
```

Sont initialisées d'abord dans l'exemple précédent, les variables **var_no_four** et **var_code_cat** à l'aide la commande **SQL*Plus** « **ACCEPT** ». A l'exécution de la requête, les variables sont déjà renseignées et sont remplacées automatiquement.

La définition des variables de substitution avec DEFINE

La création d'une variable à l'aide de la commande « **DEFINE** » s'effectue à l'aide de la syntaxe suivante :

```
DEF[INE] nom_variable = "valeur_texte"
```

nom_variable Nom de la variable dans laquelle vous souhaitez stocker une valeur.

valeur_texte Valeur de type « **CHAR** » affectée à la variable. La variable créée est obligatoirement de type texte.

Pour annuler la déclaration d'une variable, vous pouvez quitter **SQL*Plus** ou utiliser la commande « **UNDEFINE** » avec la syntaxe :

```
DEF[INE] nom_variable = "valeur_texte"
```

```
SQL> SET VERIFY OFF
SQL> DEFINE var_no_fournisseur=1
SQL> DEFINE var_code_categorie=1
SQL> SELECT NOM_PRODUIT, NO_FOURNISSEUR, CODE_CATEGORIE
  2  FROM PRODUITS
  3  WHERE NO_FOURNISSEUR = &var_no_fournisseur and
  4        CODE_CATEGORIE = &var_code_categorie;

NOM_PRODUIT                              NO_FOURNISSEUR CODE_CATEGORIE
---------------------------------------- -------------- --------------
Chai                                                  1              1
Chang                                                 1              1

SQL> UNDEFINE var_no_fournisseur
SQL>
SQL> SELECT NOM_PRODUIT, NO_FOURNISSEUR, CODE_CATEGORIE
  2  FROM PRODUITS
  3  WHERE NO_FOURNISSEUR = &var_no_fournisseur and
  4        CODE_CATEGORIE = &var_code_categorie;
Entrez une valeur pour var_no_fournisseur : 2

aucune ligne sélectionnée
```

Sont initialisées d'abord dans l'exemple précédent, les variables **var_no_fournisseur** et **var_code_categorie** à l'aide la commande **SQL*Plus** « **DEFINE** ». A l'exécution de la première requête, les variables sont déjà renseignées et sont remplacées automatiquement ; par contre dans la deuxième requête, après la suppression de la variable **var_no_fournisseur,** SQL*Plus demande la valeur pour cette variable.

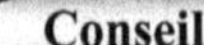

Pour définir une variable valide à chaque ouverture de session, il est préférable d'insérer sa définition dans le fichier :

LOGIN.SQL

ou

GLOGIN.SQL (valable pour toutes les sessions).

SQL*Plus Worksheet

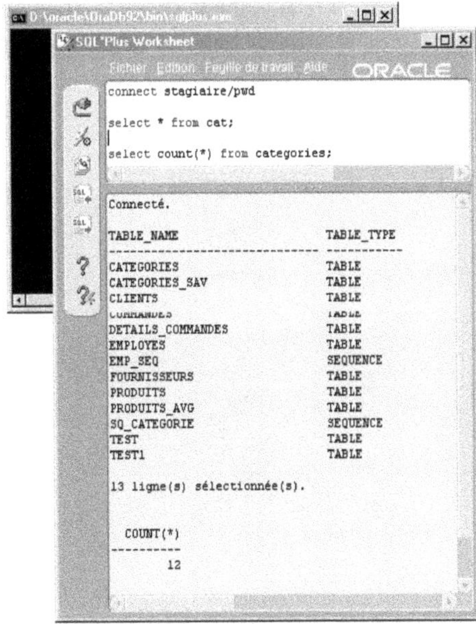

Cet outil d'administration est une version améliorée de SQL*Plus, permettant d'utiliser les commandes d'administration. Techniquement, il s'agit d'une interface graphique écrite en Java, qui s'interface avec **SQL*Plus** ; toutes les commandes de **SQL*Plus**, notamment celles d'administration, sont disponibles dans cet outil.

Attention

SQL*Plus Worksheet est un environnement asynchrone de travail. Il envoie les commandes **SQL** ou **PL/SQL** à un outil **SQL*Plus** en ligne de commande ouvert automatiquement au démarrage. Il reçoit en retour les données, les formate et les affiche dans la fenêtre résultats.

Il ne faut pas fermer la fenêtre **SQL*Plus** en ligne de commande, sa fermeture entraînant la fermeture de **SQL*Plus Worksheet**.

Le fonctionnement en mode asynchrone empêche l'utilisation des variables de substitution.

La feuille de travail **SQL*Plus Worksheet** est composée de deux cadres : celui du haut permet de saisir des commandes SQL, celui du bas de voir le résultat de l'exécution de la commande.

Cet outil permet de créer des scripts de commandes SQL, de les sauvegarder et de les exécuter. Dans la figure illustrative, vous pouvez observer une série des trois commandes exécutées séquentiellement.

Il garde en mémoire l'historique des commandes SQL, ce qui permet de charger une ancienne commande pour l'exécuter de nouveau.

Cet utilitaire offre quelques fonctionnalités qui ne sont pas disponibles avec l'interface **SQL*Plus** classique comme :

Combinaison	Description
F5	Exécute la commande figurant dans la fenêtre de saisie.
Ctrl+H	Affiche un historique par l'intermédiaire duquel vous pouvez rappeler une commande en la sélectionnant et en appuyant sur

	Entrée.
Ctrl+N	Provoque un défilement avant de l'historique des commandes.
Ctrl+P	Provoque un défilement arrière de l'historique des commandes.
Ctrl+O	Affiche la boîte de dialogue d'ouverture de fichier de script pour importer un programme SQL*Plus dans l'interface.

iSQL*Plus

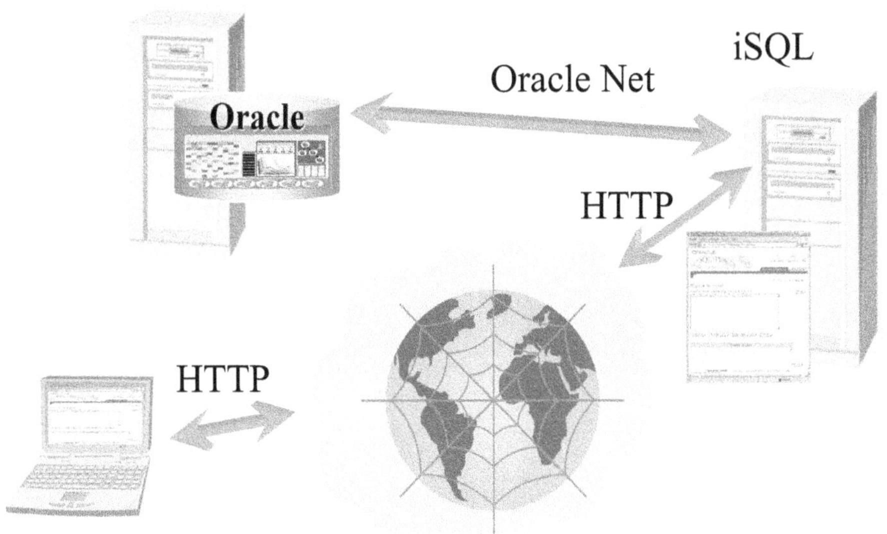

Cet outil d'administration est une version client léger de SQL*Plus permettant d'utiliser des commandes d'administration et de gérer complètement la base de données. Techniquement, il s'agit d'une application web qui s'exécute sur un serveur Apache.

L'application prend en charge l'interface graphique pour la gestion des saisies utilisateur, la récupération des données et la mise en forme HTML des résultats.

L'intérêt de **iSQL*Plus** est que l'on peut administrer la base de données à l'aide du seul navigateur web.

Comme vous pouvez le remarquer sur le schéma en figure, c'est l'application **iSQL*Plus** qui s'est connectée directement à la base de données ; dès que le serveur est paramétré, tous les utilisateurs peuvent se connecter en utilisant ce paramétrage.

Une tel application permet d'économiser l'installation des clients et facilite l'accès à distance pour l'administration.

On va retrouver le même fonctionnement pour la console d'administration d'Oracle Enterprise Manager.

iSQL*Plus

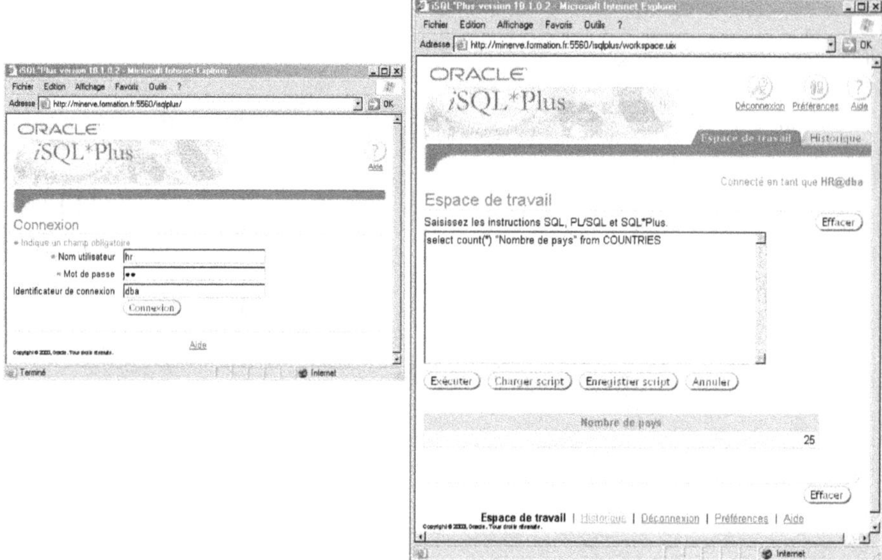

Pour effectuer une connexion à iSQL*Plus il vous faut un navigateur internet, d'URL pour accéder au serveur iSQL*Plus, et des informations nécessaires pour vous connecter à la base de données (nom d'utilisateur, mot de passe et chaîne de connexion).

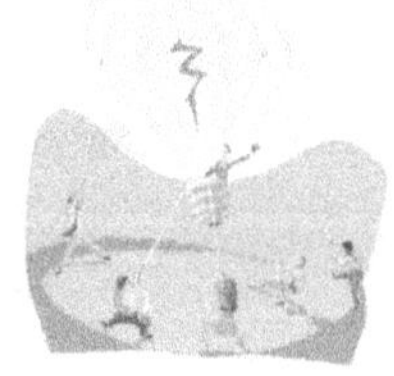

Une **URL** (**U**niform **R**esource **L**ocator) est un format de dénomination universel pour désigner une ressource sur Internet. Il s'agit d'une chaîne de caractères **ASCII** imprimables qui se décompose en cinq parties:

1. **Le nom du protocole** : c'est-à-dire en quelque sorte le langage utilisé pour communiquer sur le réseau. Le protocole le plus largement utilisé est le protocole HTTP (HyperText Transfer Protocol), le protocole permettant d'échanger des pages Web au format HTML.
2. **Identifiant et mot de passe** : permet de spécifier les paramètres d'accès à un serveur sécurisé. Cette option est déconseillée car le mot de passe est visible dans l'URL
3. **Le nom du serveur** : Il s'agit d'un nom de domaine de l'ordinateur hébergeant la ressource demandée.
4. **Le numéro de port** : il s'agit d'un numéro associé à un service permettant au serveur de savoir quel type de ressource est demandé.
5. **Le chemin d'accès à la ressource** : Cette dernière partie permet au serveur de connaître l'emplacement auquel la ressource est située, c'est-à-dire, de manière générale, l'emplacement (répertoire) et le nom du fichier demandé.

L'exemple présent dans la figure est le suivant :

```
 1                   3           4       5
http://minerve.formation.fr:5560/isqlplus/
```

Une fois que l'URL à été saisie dans le navigateur Internet vous obtenez la page de connexion comme suit :

iSQL*Plus version 10.1.0.2 - Microsoft Internet Explorer
Fichier Edition Affichage Favoris Outils ?
Adresse http://minerve.formation.fr:5560/isqlplus/
ORACLE
iSQL*Plus
Aide
Connexion
* Indique un champ obligatoire
* Nom utilisateur hr
* Mot de passe ••
Identificateur de connexion dba
Connexion
Aide
Copyright © 2003, Oracle. Tous droits réservés.
Terminé
Internet

Une fois connecté, l'outil **iSQL*Plus** nous propose une fenêtre pour la saisie des commandes SQL, et les résultats de l'exécution de la commande sont formatés et affichés dans la même page.

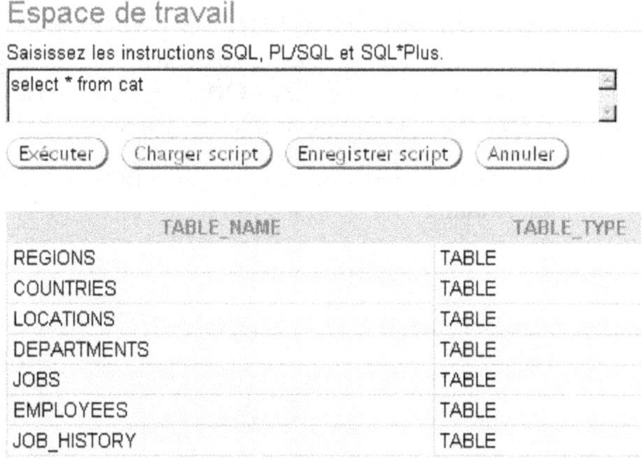

TABLE_NAME	TABLE_TYPE
REGIONS	TABLE
COUNTRIES	TABLE
LOCATIONS	TABLE
DEPARTMENTS	TABLE
JOBS	TABLE
EMPLOYEES	TABLE
JOB_HISTORY	TABLE

Cet outil permet de créer des scripts de commandes SQL, de les sauvegarder et de les exécuter. Ainsi chaque requête retourne les informations sur une page distincte.

Les commandes de mise en page, **PAGESIZE**, **LINESIZE** …, de **SQL*Plus** sont valables également dans **iSQL*Plus**.

Cet outil garde en mémoire l'historique des commandes SQL, ce qui permet de charger une ancienne commande pour l'exécuter de nouveau.

Vous pouvez également comme dans **SQL*Plus Worksheet** importer un fichier de script dans l'interface

Variables et iSQL*Plus

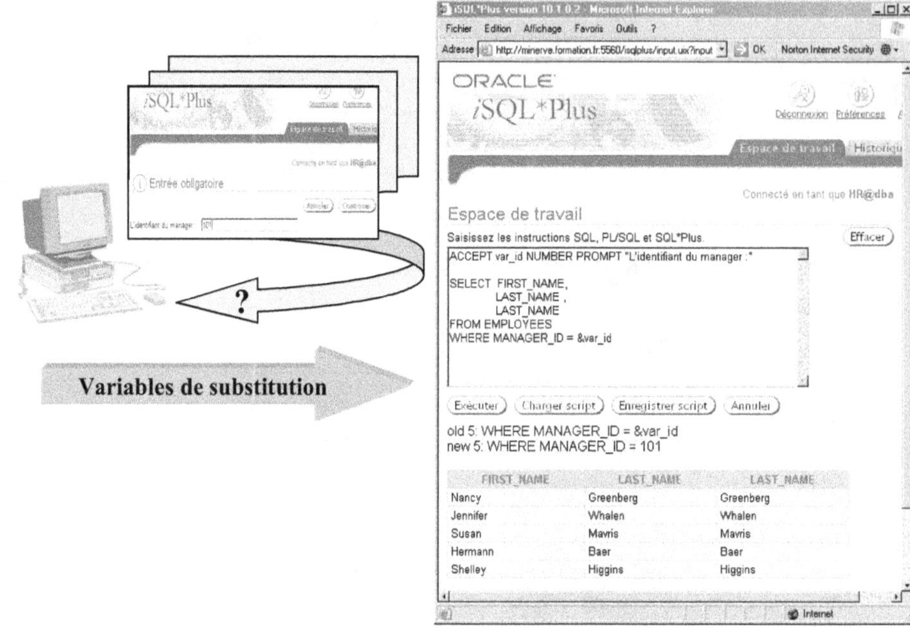

Comme dans **SQL*Plus**, les variables de substitution peuvent être utilisées pour recevoir les entrées utilisateur et stocker des informations à travers plusieurs exécutions successives.

Dans une instruction **SQL**, les variables de substitution sont introduites par le caractère « **&** » (si vous le souhaitez, vous changerez ce caractère en vous servant de la commande **SET DEFINE**). Avant l'envoi de l'instruction **SQL** au serveur, **iSQL*Plus** effectuera une substitution textuelle complète de la variable.

Il est à remarquer qu'aucune mémoire n'est effectivement allouée aux variables de substitution.

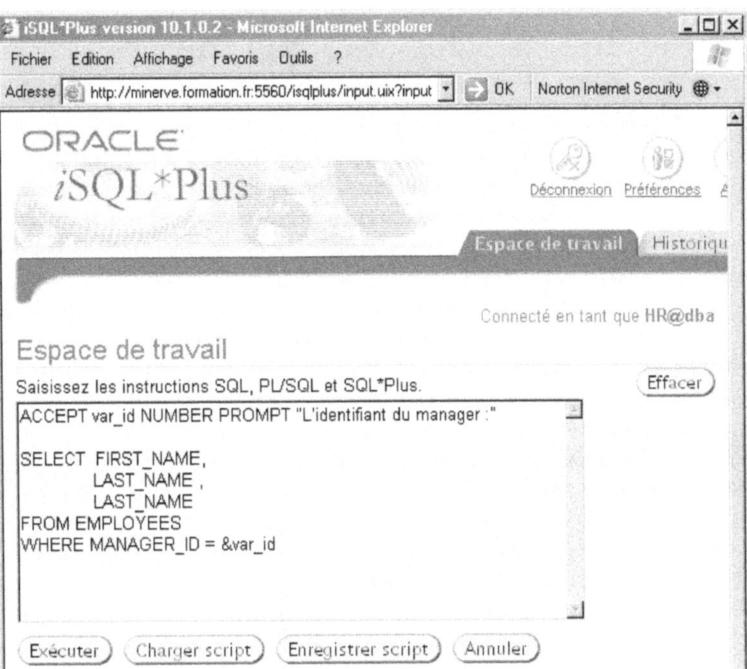

La procédure de remplacement de la variable de substitution par la valeur entrée est accomplie par **iSQL*Plus** avant l'envoi du bloc pour exécution à la base de données, à l'aide d'une fenêtre dynamique de saisie.

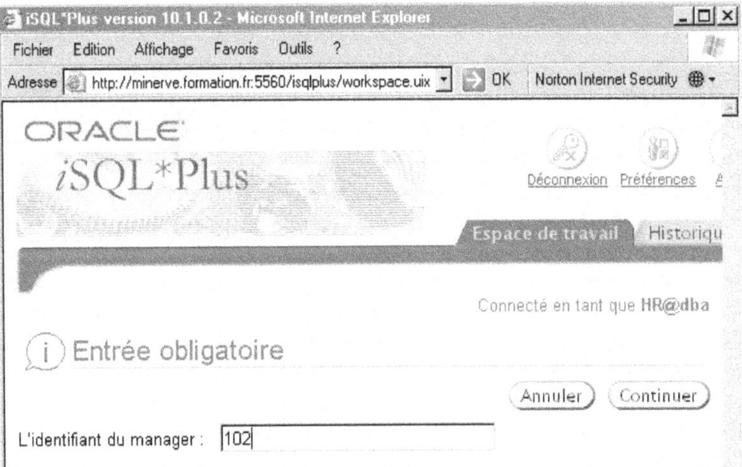

Lorsque vous avez saisi les variables de substitution, les commandes **SQL** sont exécutées et les résultats de l'exécution sont formatés et affichés dans la fenêtre résultat.

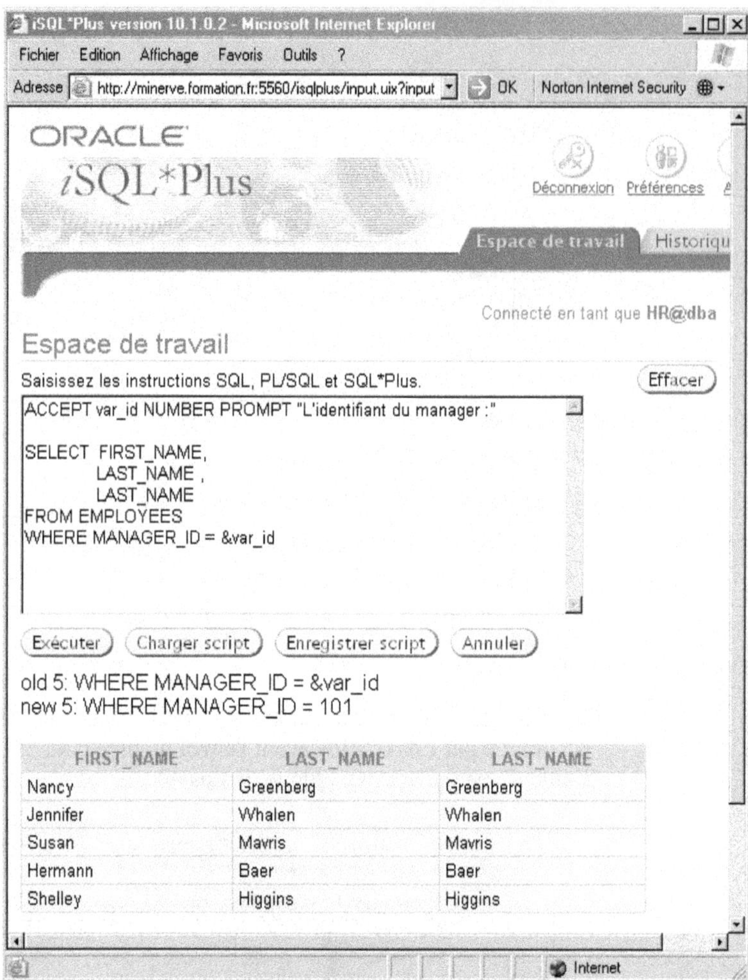
iSQL*Plus version 10.1.0.2 - Microsoft Internet Explorer
Fichier Edition Affichage Favoris Outils ?
Adresse http://minerve.formation.fr:5560/isqlplus/input.uix?input
OK
Norton Internet Security
ORACLE
iSQL*Plus
Déconnexion
Préférences
Espace de travail
Historiqu
Connecté en tant que HR@dba
Espace de travail
Saisissez les instructions SQL, PL/SQL et SQL*Plus.
Effacer
ACCEPT var_id NUMBER PROMPT "L'identifiant du manager :"
SELECT FIRST_NAME,
LAST_NAME ,
LAST_NAME
FROM EMPLOYEES
WHERE MANAGER_ID = &var_id
Exécuter
Charger script
Enregistrer script
Annuler
old 5: WHERE MANAGER_ID = &var_id
new 5: WHERE MANAGER_ID = 101
FIRST_NAME
LAST_NAME
LAST_NAME
Nancy Greenberg Greenberg
Jennifer Whalen Whalen
Susan Mavris Mavris
Hermann Baer Baer
Shelley Higgins Higgins
Internet

Oracle SQL Developer

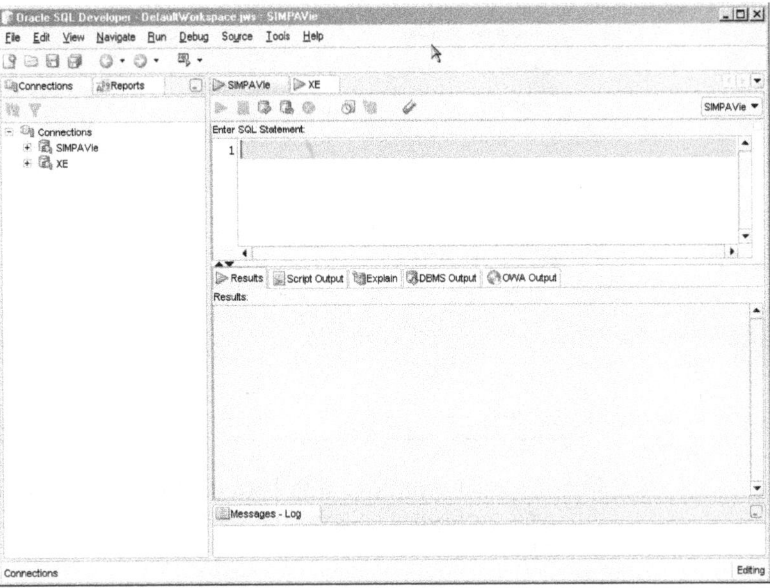

Il y a plusieurs outils qui permettent le développement et le déboguage d'une application PL/SQL, chacun étant diversement doté d'avantages et d'inconvénients.

Oracle SQL Developer est un environnement de développement livré gratuitement par Oracle. Vous pouvez télécharger le produit à l'adresse suivante :

http://www.oracle.com/technology/products/database/sql_developer/index.html

SQL Developer est doté des fonctionnalités suivantes :

- l'auto-formatage des instructions PL/SQL et SQL ;
- un débogueur PL/SQL ;
- un navigateur de base de données ;
- le support des types d'objets d'Oracle;
- des modèles de code ;

Connexion à la base de données

SQL Developer peut supporter plusieurs connexions de base de données simultanées. Lorsque vous le lancerez pour la première fois, vous établirez une connexion à partir de menu `'File'` et `'New'`.

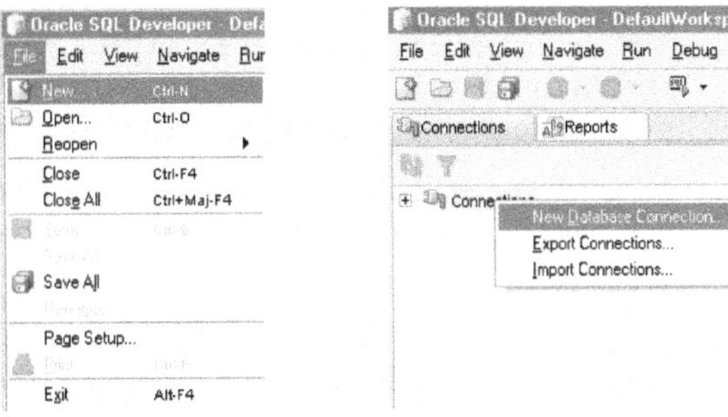

Dès qu'elle est établie, une connexion demeure active jusqu'à ce que vous la fermiez explicitement en sélectionnant `'File'` et `'Close'`.

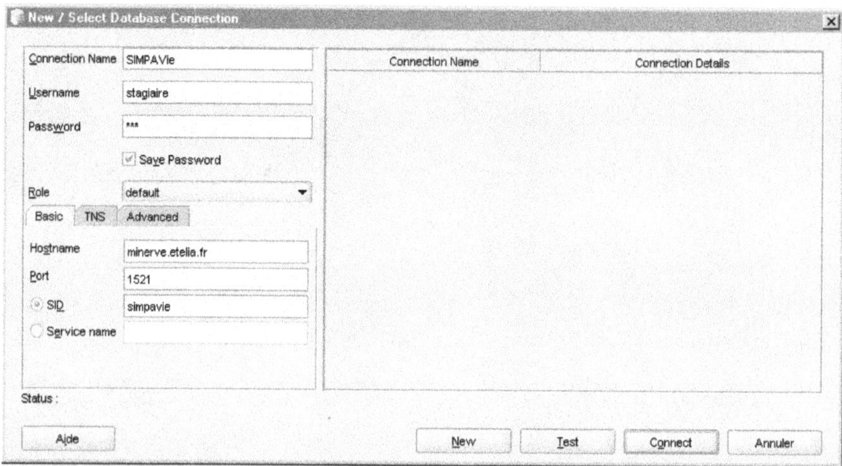

Une invite de connexion à la base de données dans lequel vous pouvez mémoriser différents profils de connexion en y stockant l'identifiant utilisateur et les informations de connexion.

Les profils de connexion sont automatiquement mémorisés pour un usage ultérieur, il est possible d'avoir en simultané des connexions multiples à différentes bases de données.

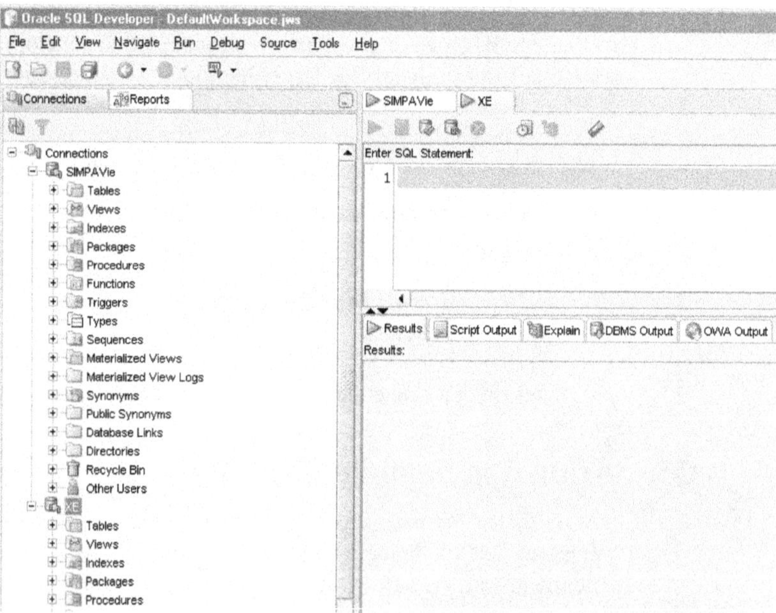

Vous utiliserez la fenêtre du navigateur d'objets pour visualiser les informations concernant les objets de base de données. Vous pourrez, si vous le souhaitez, ouvrir plusieurs fenêtres SQL*Plus pour chaque connexion.

Vous pouvez également fermer un éditeur SQL*Plus ou un autre éditeur comme tout document dans un environnement multi-documents.

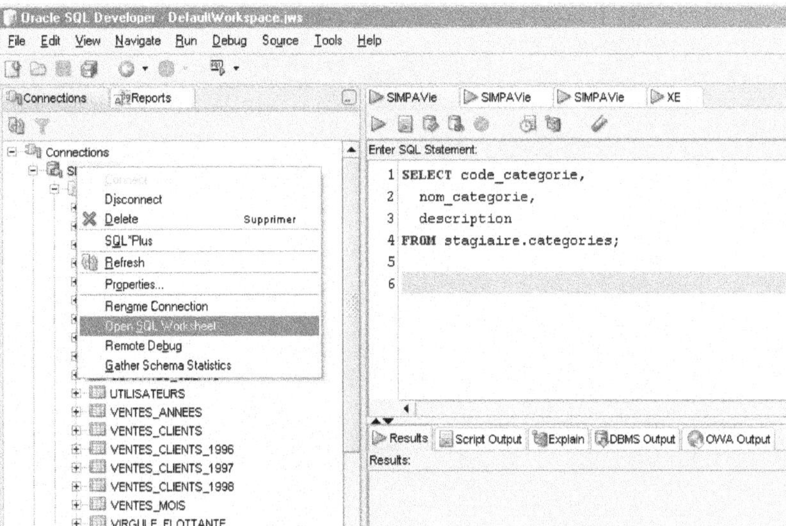

Navigation parmi les objets de base de données

SQL Developer vous permet de naviguer parmi les objets types d'Oracle tels que les tables, les vues, les procédures, les packages etc. La sélection des types d'objets dans le panneau situé à gauche, déclenche leur affichage dans le panneau de droite qui montre le détail.

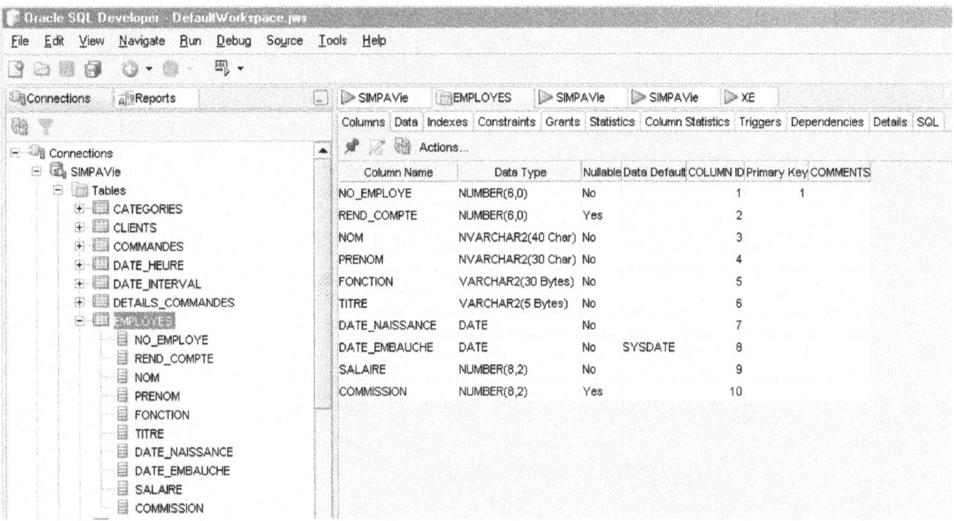

Vous pouvez modifier une table en cliquant sur le bouton :

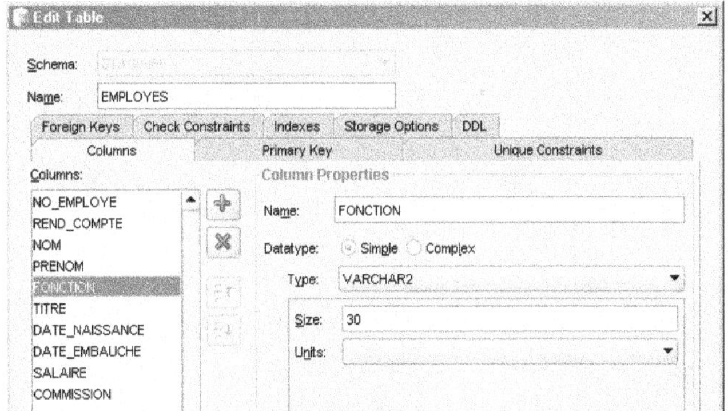

Il est également possible de modifier les données d'une table.

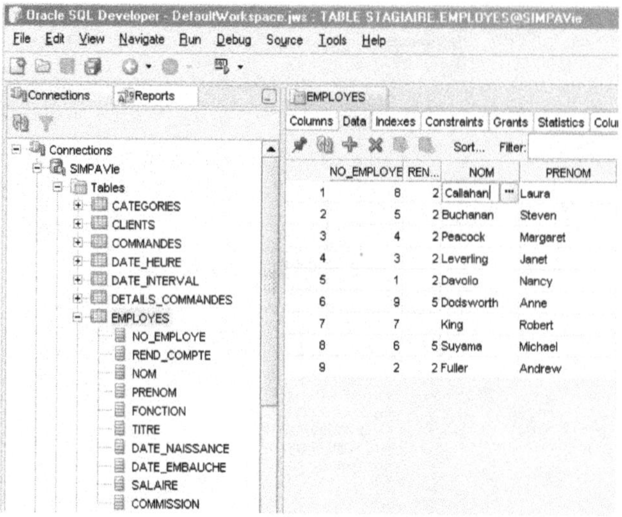
Oracle SQL Developer - DefaultWorkspace.jws : TABLE STAGIAIRE.EMPLOYES@SIMPAVie
File Edit View Navigate Run Debug Source Tools Help
Connections
Reports
EMPLOYES
Columns Data Indexes Constraints Grants Statistics
Sort... Filter:
Connections
SIMPAVie
Tables
CATEGORIES
CLIENTS
COMMANDES
DATE_HEURE
DATE_INTERVAL
DETAILS_COMMANDES
EMPLOYES
NO_EMPLOYE
REND_COMPTE
NOM
PRENOM
FONCTION
TITRE
DATE_NAISSANCE
DATE_EMBAUCHE
SALAIRE
COMMISSION
NO_EMPLOYE REN... NOM PRENOM
1 8 2 Callahan Laura
2 5 2 Buchanan Steven
3 4 2 Peacock Margaret
4 3 2 Leverling Janet
5 1 2 Davolio Nancy
6 9 5 Dodsworth Anne
7 7 King Robert
8 6 5 Suyama Michael
9 2 2 Fuller Andrew

Vous pouvez aussi récupérer l'ordre **LDD** qui permet la création de l'objet.

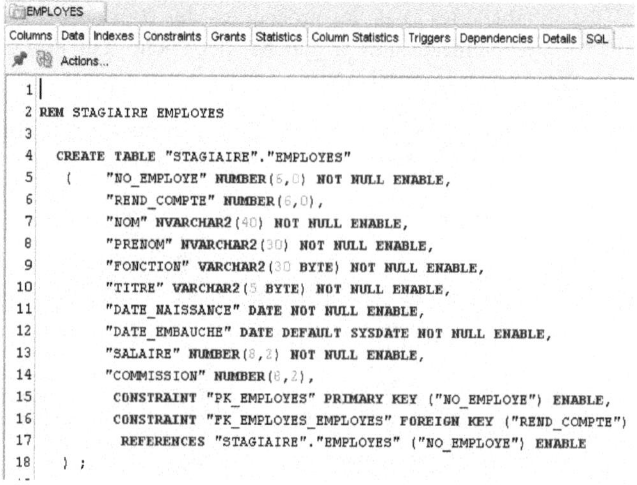
EMPLOYES
Columns Data Indexes Constraints Grants Statistics Column Statistics Triggers Dependencies Details SQL
Actions...
REM STAGIAIRE EMPLOYES
CREATE TABLE "STAGIAIRE"."EMPLOYES"
("NO_EMPLOYE" NUMBER(6,0) NOT NULL ENABLE,
"REND_COMPTE" NUMBER(6,0),
"NOM" NVARCHAR2(40) NOT NULL ENABLE,
"PRENOM" NVARCHAR2(30) NOT NULL ENABLE,
"FONCTION" VARCHAR2(30 BYTE) NOT NULL ENABLE,
"TITRE" VARCHAR2(5 BYTE) NOT NULL ENABLE,
"DATE_NAISSANCE" DATE NOT NULL ENABLE,
"DATE_EMBAUCHE" DATE DEFAULT SYSDATE NOT NULL ENABLE,
"SALAIRE" NUMBER(8,2) NOT NULL ENABLE,
"COMMISSION" NUMBER(8,2),
CONSTRAINT "PK_EMPLOYES" PRIMARY KEY ("NO_EMPLOYE") ENABLE,
CONSTRAINT "FK_EMPLOYES_EMPLOYES" FOREIGN KEY ("REND_COMPTE")
REFERENCES "STAGIAIRE"."EMPLOYES" ("NO_EMPLOYE") ENABLE
) ;

SQL Developer

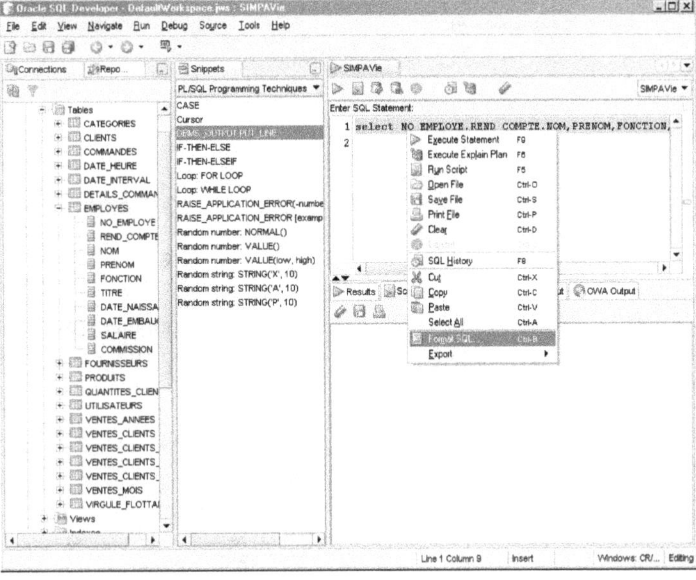

SQL Developer vous permet d'ouvrir plusieurs `'SQL*Worksheet'`, des fenêtres d'édition permettant de concevoir et d'exécuter des commandes SQL et PL/SQL.

Un assistant de code `'Snippets'`, accessible via le menu `'View'`, met à votre disposition une bibliothèque de structures SQL et PL/SQL d'utilisation courante. Lorsque vous sélectionnez une structure particulière, vous pouvez la faire glisser-déposer dans la fenêtre d'édition disponible.

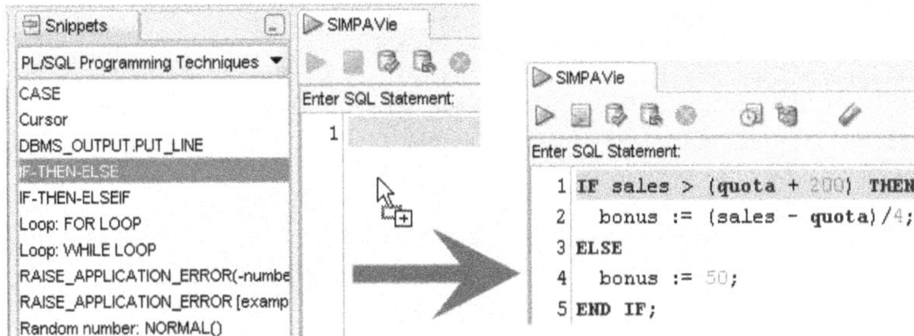

De la même manière, vous pouvez insérer le nom d'une colonne ou la requête complète d'interrogation d'une table dans la fenêtre d'édition disponible.

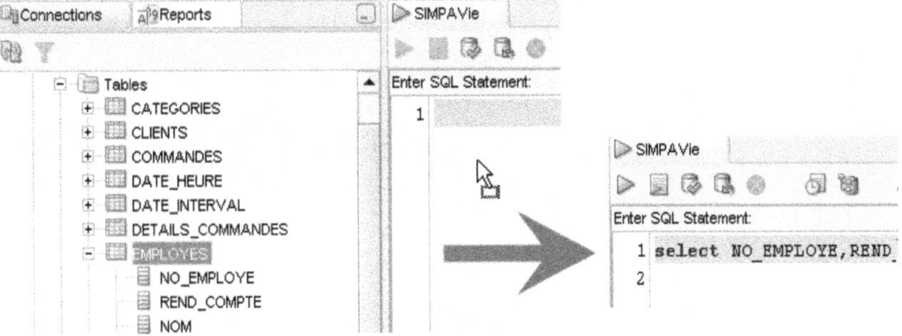

L'environnement de travail est un éditeur contextuel qui vous permet d'avoir des aides contextuels pour l'écriture du code.

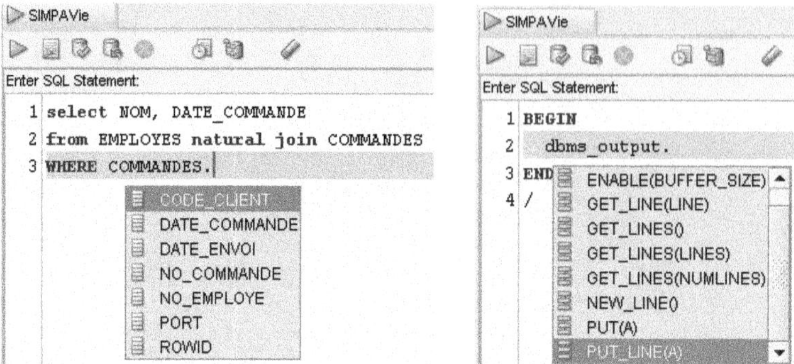

Vous pouvez exécuter un script SQL globalement ou tout simplement une partie de ce script en effectuant une sélection de la partie qu'on veut exécuter.

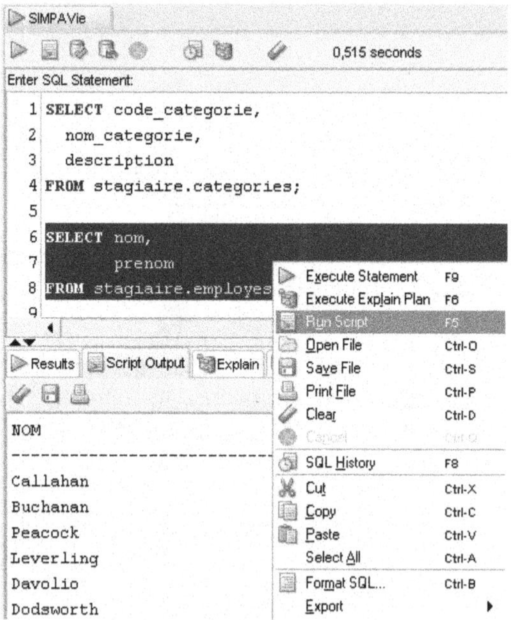

Vous pouvez également exécuter un script PL/SQL mais pour afficher le tampon, il faut activer le paramètre « **SERVEROUTPUT** » pour connaître les informations qui ont été écrites dans le tampon.

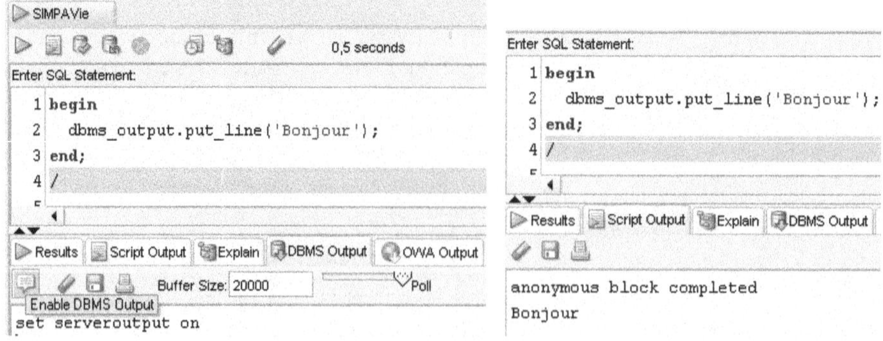

Le schéma des ateliers

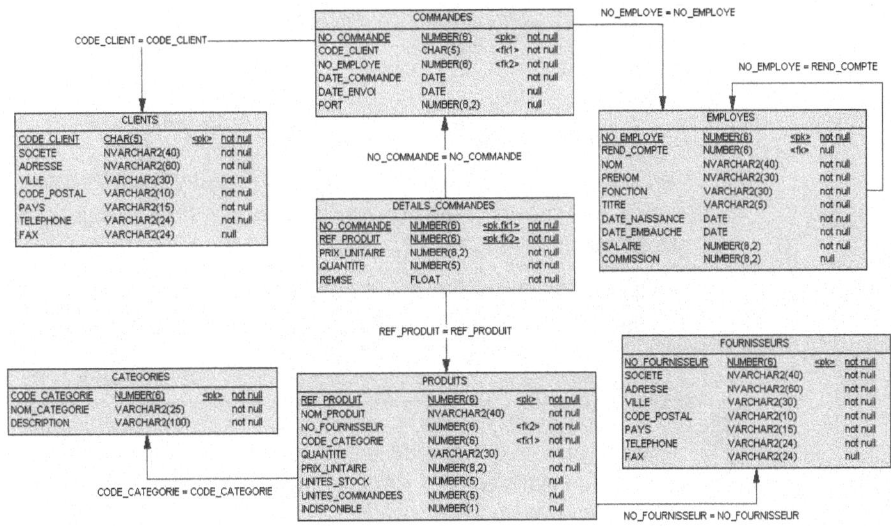

Pour pouvoir installer le schéma exemple pour les ateliers il faut télécharger à partir du site de l'éditeur le fichier « **`shema_exemple.zip`** » qui contient les scripts de création :

www.editions-eyrolles.com

Sur le site vous trouvez également la correction des tous les ateliers aussi bien pour les QCM que pour les exercices.

Vous pouvez également m'envoyer une demande par e-mail razvan.bizoi@laposte.net avec la mention dans l'objet « `Oracle10g SQL et PL/SQL` ».

Toutes les étapes de l'installation sont prévues dans le contexte de la base d'Oracle XE installé dans le module précédent.

Pour l'installation il faut commencer par extraire les fichiers de l'archive dans un répertoire sur votre disque.

Les scripts sont paramètres pour être exécuté à partir de ce répertoire ainsi est nécessaire de se positionner d'abord dans ce répertoire.

Attention

Les scripts sont crées pour une base de données nouvellement installé pour laquelle vous avez tous les droits. Le lancement des ces scripts sur une base de production peut créer des dommages irréparables ainsi c'est a vos risques et périls.

Les scripts ne peuvent pas être exécutes a distance ainsi tous les commandes sont spécifiés pour une exécution en locale.

Les scripts sont paramètres pour être exécutes aussi bien l'environnement Windows que Linux, cependant en Linux les pages de codes font que vous perdez les accents.

Il est toutefois possible d'alimenter les tables ainsi crées avec les donnes par l'exécution dans SQL*Developer du fichier « db10gStagiaireReinitialiseDonnees.sql » qui se trouve dans le même répertoire.

Vous devez lancer le script « **InitEnvStagiaireXE.sql** » pour la création de l'utilisateur « **STAGIAIRE** », qui sera le propriétaire du schéma et des objets du schéma.

Dans l'environnement Linux vous devez vous connecter avec le compte « **oracle** » avant d'exécuter les scripts.

Le plus simple est de l'exécuter à partir de SQL*Plus en ligne de commande comme suit :

```
C:\>cd C:\Ora10gSQL
C:\Ora10gSQL> SQLPLUS /nolog @InitEnvStagiaireXE.sql
```

Les scripts ont créé dans votre base de données un utilisateur « **STAGIAIRE** » avec le mot de passe « **PWD** ».

Le schéma « **STAGIAIRE** » contient dix-neuf tables mais les tables avec lesquelles on va travailler pendant les modules d'interrogation de données sont les premiers sept présentées dans l'image précédente.

Attention

Dans la première partie de prise en main des fonctionnalités SQL on va travailler essentiellement avec des requêtes monotable, toutes les informations demandes sont contenues dans la même table.

Les champs comportent des noms complets qui vous permettent de vous orienter par rapport aux différentes requêtes.

L'ensemble des autres tables seront introduite au moment opportun pour servir aux traitements des exercices.

Tous les exemples de l'ouvrage sont exécutes avec les sept table de l'image.

Atelier 2

- **Préparer le poste de développement**
- **Connexion**
- **Environnement SQL*Plus**
- **Générer des scripts SQL**

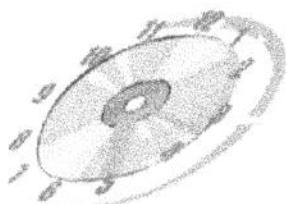

Durée : 45 minutes

Questions

2-1. Quel est l'outil que vous retrouvez sur chaque serveur de base de données installée ?

A. SQL*Plus.

B. iSQL*Plus.

C. SQL*Plus Worksheet

D. Oracle Enterprise Manager.

2-2. SQL*Plus est-il un langage ou un environnement ?

2-3. Pour utiliser iSQL*Plus sur une machine distante, avez-vous besoin d'installer le client Oracle ?

2-4. Quelle est la commande qui vous permet de vous connecter ?

2-5. Dans la syntaxe de démarrage de SQL*Plus, pouvez-vous lancer l'exécution d'un script ?

2-6. Quelle est la commande qui vous permet de stocker dans un fichier tout ce qui est affiché à l'écran ?

2-7. Dans l'environnement SQL*Plus, peut-on exécuter des commandes du système d'exploitation ?

2-8. Citez trois types de paramètres de mise en forme des résultats des requêtes.

2-9. Quelle est la commande qui vous permet de décrire la structure d'une vue ?

Exercice n° 1 Préparer le poste de développement

Installez le schéma des exemples pour les ateliers en respectant la démarche décrite dans ce module.

```
D:\>dir shema_exemple.zip
D:\>unzip shema_exemple.zip
D:\>cd Ora10gSQL
D:\Ora10gSQL>dir
D:\Ora10gSQL>slqplus /nolog @InitEnvStagiaireXE.sql
```

Téléchargez et Installez l'outil SQL Developer.

Exercice n° 2 Connexion

Démarrez SQL*Plus, en ligne de commande, avec le nom d'utilisateur du schéma exemples « **STAGIAIRE** » et son mot de passe « **PWD** ».

Démarrez SQL Developer et paramétrez la connexion à la base de données.

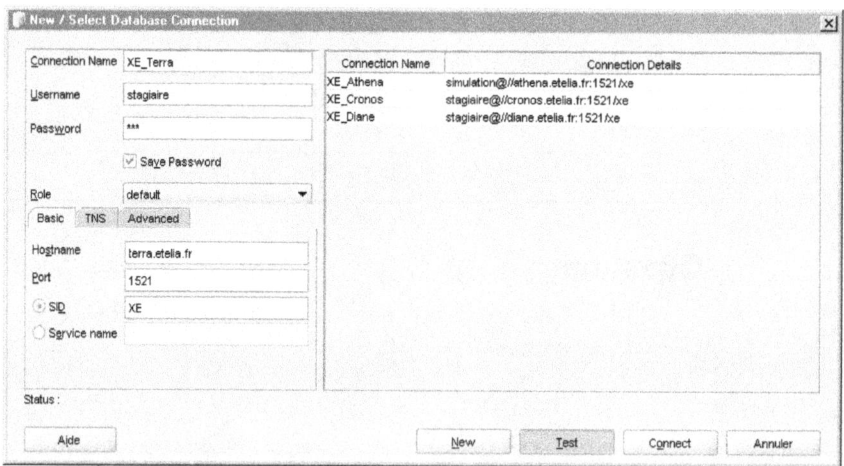

Exercice n° 2 Environnement SQL*Plus

En utilisant SQL*Plus en ligne de commande, redirigez les sorties vers un fichier et exécutez les commandes suivantes :

- Décrivez la table « **COMMANDES** » ;
- Déconnectez-vous de la base de données sans sortir du SQL*Plus ;
- Décrivez de nouveau la table « **COMMANDES** ». Que remarquez-vous ?
- Connectez vous ;
- Affichez l'utilisateur courant ;
- Arrêtez la redirection des sorties vers le fichier ;
- Sans quitter l'environnement, listez le fichier que vous venez de créer.

Exercice n° 3 Générer des scripts SQL

Connectez-vous à SQL*Plus, redirigez les sorties vers le fichier « **DESC_ALL.SQL** » et exécutez les commandes suivantes :

- Interrogez la vue catalogue à l'aide de la syntaxe suivante :

```
SET PAGESIZE 0
SET ECHO OFF
SET FEEDBACK OFF
SELECT 'DESC '||TABLE_NAME FROM CAT
WHERE TABLE_TYPE = 'TABLE' ;
```

- Maintenant vous pouvez arrêter la redirection des sorties vers le fichier et exécuter le script ainsi conçu.

- *Projection des données*
- *La valeur NULL*
- *Opérateurs arithmétiques*
- *Opérateur de concaténation*
- *Tri*

3

Interrogation des données

Objectifs

A la fin de ce module, vous serez à même d'effectuer les tâches suivantes :

- Extraire d'une table les colonnes souhaitées.
- Traiter les colonnes contenant des valeurs NULL.
- Effectuer des opérations arithmétiques avec les colonnes de type numériques et les colonnes de type date.
- Afficher les résultats des requêtes triées.

Contenu

Grammaire SQL

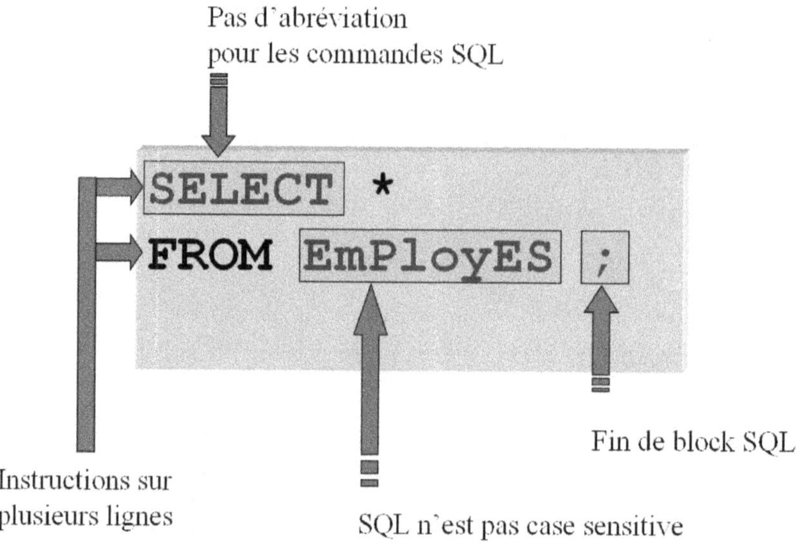
Pas d'abréviation
pour les commandes SQL
SELECT *
FROM EmPloyES ;
Fin de block SQL
Instructions sur
plusieurs lignes
SQL n'est pas case sensitive

Voici quelques exigences de syntaxe à garder à l'esprit lorsque vous travaillez avec SQL :

- Chaque instruction SQL se termine par un point-virgule.
- Une instruction SQL peut être saisie sur une ligne ou, par souci de clarté, répartie sur plusieurs. La plupart des exemples de ce livre comprennent des instructions fractionnées en portions lisibles.
- Vous ne pouvez pas abréger une commande SQL.
- SQL ne tient pas compte de la casse; vous pouvez combiner les majuscules et les minuscules lorsque vous vous référez aux mots clés SQL, tels que « **SELECT** » ou « **INSERT** », aux noms de tables et aux noms de colonnes. Toutefois, l'utilisation des majuscules ou minuscules a son importance lorsque vous vous référez au contenu d'une colonne. Si vous demandez tous les clients dont le nom commence par 'a' et que tous les noms de clients sont stockés en majuscules, la requête n'extrait aucun enregistrement.
- Une seule instruction SQL peut être stockée dans le tampon mémoire SQL*Plus. Si deux instructions SQL sont exécutées une après l'autre le tampon mémoire contient seulement la dernière et c'est uniquement celle-ci qui peut être éditée.

Projection

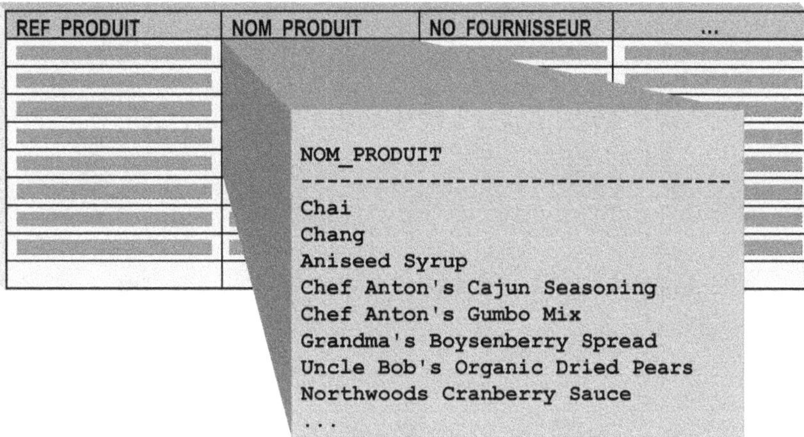

L'opération de projection permet de retenir certaines ou toutes les colonnes d'une table et retourne l'intégralité des enregistrements de la table.

Une projection s'exprime à l'aide du langage SQL par la clause « **SELECT** ».

Des quatre instructions du LMD, « **SELECT** » est celle qui est exécutée le plus souvent dans une application réelle, car les enregistrements sont plus souvent lus qu'ils ne sont modifiés.

L'instruction « **SELECT** » est un outil puissant et sa syntaxe est compliquée en raison des nombreuses possibilités qui vous sont offertes pour former une instruction valide en combinant les tables, les colonnes, les fonctions et les opérateurs. Par conséquent, au lieu d'examiner la syntaxe complète de cette instruction, on va commencer par découvrir la syntaxe au fur et à mesure de son utilisation.

```
SELECT [ALL | DISTINCT] {*,[COLONNE1 [AS] ALIAS1[,...]}
FROM NOM_TABLE;
```

ALL La requête extrait l'intégralité des enregistrements de la table. C'est l'option par défaut.

DISTINCT|UNIQUE La requête extrait les enregistrements de la table qui sont uniques, la règle d'unicité s'applique à l'ensemble des colonnes sélectionnées.

***** La projection totale, permet d'extraire l'ensemble des colonnes pour la table mentionné dans la clause FROM.

COLONNE Une liste des noms de colonnes séparées par virgule, de la table mentionnée dans la clause FROM, que vous souhaitez extraire dans la projection.

[AS] ALIAS Si l'en-tête de colonne n'est pas assez significatif, il est possible de définir un alias qui se déclare immédiatement après la colonne ; il peut être précède par AS, sous la forme d'une chaîne de caractères placée ou non entre guillemets.

FROM La table d'où vous souhaitez extraire les données.

La requête suivante est une projection totale de la table `CATEGORIES`.

```
SQL> desc categories
Nom                     NULL ?   Type
 ----------------------- -------- ----------------
 CODE_CATEGORIE          NOT NULL NUMBER(6)
 NOM_CATEGORIE           NOT NULL VARCHAR2(25)
 DESCRIPTION             NOT NULL VARCHAR2(100)

SQL> select * from categories ;

CODE_CA NOM_CATEGORIE             DESCRIPTION
------- ------------------------- ----------------------------------
      1 Boissons                  Boissons, cafés, thés, bières
      2 Condiments                Sauces, assaisonnements et épices
      3 Desserts                  Desserts et friandises
      4 Produits laitiers         Fromages
      5 Pâtes et céréales         Pains, biscuits, pâtes et céréales
      6 Viandes                   Viandes préparées
      7 Produits secs             Fruits secs, raisins, autres
      8 Poissons et fruits de mer Poissons, fruits de mer, escargots
```

Dans l'exemple précédent, la requête extrait l'ensemble des colonnes et des enregistrements de la table `CATEGORIES`. En pratique on utilise très rarement la projection totale car les informations dont a besoin portent sur une partie des colonnes de la table. Une projection partielle est plus appropriée du point de vue de la lisibilité du rapport ainsi que des traitements sur le serveur et les transferts de données à travers le réseau.

La requête suivante est une projection partielle des tables `CATEGORIES` et `COMMANDES`.

```
SQL> select code_categorie code,
  2  NOM_CATEGORIE "Catégorie de produits"
  3  from CATEGORIES ;

      CODE Catégorie de produits
---------- -------------------------
         1 Boissons
         2 Condiments
         3 Desserts
         4 Produits laitiers
         5 Pâtes et céréales
         6 Viandes
         7 Produits secs
         8 Poissons et fruits de mer

SQL> SELECT code_client, date_commande, no_employe, port
  2  FROM COMMANDES ;
```

```
CODE_ DATE_COM NO_EMPLOYE       PORT
----- -------- ---------- ----------
VINET 04/07/96          5      161,9
TOMSP 05/07/96          6      58,05
HANAR 08/07/96          4     329,15
VICTE 08/07/96          3      206,7
...
```

Dans les deux exemples précédents, vous avez remarquées que SQL*Plus applique une certaine mise en forme aux données qu'il présente.

La présentation de résultats se fait sous forme tabulaire où :

- Il convertit tous les noms de colonnes ou les alias, qui ne sont pas placées entre les guillemets, en majuscules.
- Les en-têtes de colonnes ne peuvent pas être plus longs que la longueur définie des colonnes.

Les guillemets « " » sont utilisés seulement pour définir l'alias d'une colonne, par exemple "Alias de Colonne". Le symbole de délimitation des chaînes de caractères est la simple cote « ' », par exemple : 'Chaîne de caractères'.

La requête suivante est une projection partielle de la table `EMPLOYES`, pour extraire les différentes fonctions des employés.

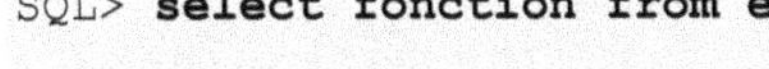

```
SQL> select fonction from employes;

FONCTION
------------------------------
Vice-Président
Chef des ventes
Représentant(e)
Représentant(e)
Représentant(e)
Représentant(e)
Représentant(e)
Représentant(e)
Assistante commerciale

9 ligne(s) sélectionnée(s).

SQL> select distinct fonction from employes;

FONCTION
------------------------------
Assistante commerciale
Chef des ventes
Représentant(e)
Vice-Président
```

Dans le premier exemple, on peut remarquer que la clause « **ALL** » et la requête extraient l'intégralité des enregistrements de la table.

Dans le deuxième exemple la requête extrait les enregistrements de la table qui sont uniques, la règle d'unicité s'applique à la seule colonne sélectionnée.

Les constantes

- Les constantes numériques
- Les constantes chaîne de caractère

Une constante est une variable dont la valeur, fixée au moment de sa définition, n'est pas modifiable.

Constante numérique

Une constante numérique définit un nombre contenant éventuellement un signe, un point décimal et un exposant, puissance de dix. Le point décimal ne peut être défini que par le caractère point « . ». Les caractères numériques doivent être contigus (sans espaces pour milliers par exemple).

```
SQL> SELECT  0,
             -1234567890,
             +1234567890,
             -123.456,
             +123.456,
             -1E+123
     FROM DUAL;

         0 -1234567890 +1234567890   -123.456   +123.456    -1E+123
---------- ----------- ----------- ---------- ---------- ----------
         0  -1,235E+09  1234567890   -123,456    123,456 -1,00E+123

SQL> SELECT -123,456, +123,456,-1E+123
     FROM DUAL;

      -123        456       +123        456    -1E+123
---------- ---------- ---------- ---------- ----------
      -123        456        123        456 -1,00E+123
```

Constante chaîne de caractère

Une constante chaîne de caractère est représentée par une chaîne de caractères entre cotes « ' » où les lettres en majuscules et en minuscules sont considérées comme deux caractères différents. Il est possible d'insérer une apostrophe à l'intérieur d'une chaîne de caractères en la représentant par deux apostrophes consécutives.

```
SQL> SELECT 'Bonjour aujourd''hui c''est le :' "Aujourd'hui",
  2  SYSDATE "Date" FROM DUAL;

Aujourd'hui                     Date
------------------------------- --------
Bonjour aujourd'hui c'est le :  17/04/06
```

Atelier 3.1

- La projection totale
- La projection

Durée : 15 minutes

Questions

3.1-1. Lesquelles de ces syntaxes sont correctes ?

A. `SELECT * FROM CAT;`

B. `SeLeCt * From Employes;`

C. `SELECT ALL FONCTION FROM EMPLOYES;`

D. `SELECT DISTINCT * FROM CATEGORIES;`

E. `select nom client from employes;`

F. `select 'L''employe', NOM  from employes;`

G. `select nom, salaire*1.2 from employes;`

H. `select salaire*1,2*commission from employes;`

I. `select NOM "Employé" from employes;`

J. `SELECT 'bonjour !!' "C'est un :" from employes;`

3.1-2. Quel est le symbole de fin de bloc SQL ?

3.1-3. Quel est le symbole de délimitation des chaînes de caractères ?

3.1-4. Quel est la seule utilisation du caractère « " » ?

Exercice n° 1 La projection totale

Écrivez les requêtes vous permettant d'afficher :

– Les employés de la société.

- Les catégories de produits.
- Les enregistrements de n'importe quelle table saisie au démarrage de la requête.

Exercice n° 2 La projection

Écrivez les requêtes vous permettant d'afficher :

- Le nom, le prénom et la date de naissance de tous les employés de la société.
- Le nom de la société, la ville et le pays de tous les fournisseurs.
- La fonction de tous les employés.
- Toutes les fonctions des employés de l'entreprise, chaque fonction doit être affichée une seule fois.
- La liste des localités dans lesquelles la société a au moins un client.

Opérateur de concaténation

```
SELECT NOM||' '||PRENOM "Employé"
FROM EMPLOYES;
```

EMPLOYES

NO EMPLOYE	NOM	PRENOM	...

```
Employé
-----------------------------
Fuller Andrew
Buchanan Steven
Peacock Margaret
Leverling Janet
Davolio Nancy
Dodsworth Anne
King Robert
Suyama Michael
Callahan Laura

9 ligne(s) sélectionnée(s).
```

:

La concaténation est le seul opérateur disponible des chaînes de caractères. Le résultat d'une concaténation est la chaîne de caractères obtenue en mettant bout à bout les deux chaînes de caractères passées en arguments.

Cet opérateur se note au moyen de deux caractères barre verticale accolés « || », selon la syntaxe présente dans l'exemple suivant. Une projection partielle de la table EMPLOYES, pour extraire une chaîne de caractères qui résulte de la concaténation du numéro employé, nom, prénom et date de naissance.

```
SQL> SELECT NO_EMPLOYE||' -- '||NOM||' -- '||PRENOM||
  2  ' -- '||DATE_NAISSANCE  "Liste des employés"
  3  FROM EMPLOYES ;

Liste des employés
--------------------------------------------------------------
2 -- Fuller -- Andrew -- 19/02/52
5 -- Buchanan -- Steven -- 04/03/55
4 -- Peacock -- Margaret -- 19/09/58
3 -- Leverling -- Janet -- 30/08/63
1 -- Davolio -- Nancy -- 08/12/68
9 -- Dodsworth -- Anne -- 02/07/69
7 -- King -- Robert -- 29/05/60
6 -- Suyama -- Michael -- 02/07/63
8 -- Callahan -- Laura -- 09/01/58
```

Astuce

L'opérateur de concaténation peut travailler avec des expressions qui retournent une chaîne de caractère, un numérique ou une date, des constantes de type chaînes de caractères et numériques; les conversions entre ces différents types sont effectuées implicitement.

Opérateurs arithmétiques

```
SELECT PRIX_UNITAIRE*100
FROM PRODUITS;
```

PRODUITS

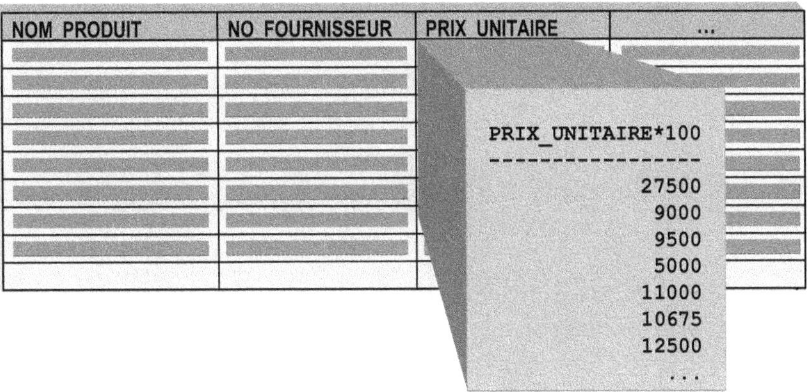

Une expression arithmétique est une combinaison de noms de colonnes, de constantes et de fonctions arithmétiques (les fonctions arithmétiques sont traitées plus loin) combinées au moyen des **opérateurs** arithmétiques addition « `+` », soustraction « `-` », multiplication « `*` » ou division « `/` ».

Une expression arithmétique peut comporter plusieurs opérateurs. Dans ce cas, le résultat de l'expression peut varier selon l'ordre dans lequel les opérations sont effectuées.

La priorité des opérateurs :

- La multiplication et la division sont prioritaires par rapport à l'addition et à la soustraction.
- Les opérateurs de même priorité sont évalués de la gauche vers la droite.
- Les parenthèses sont utilisées pour forcer la priorité de l'évaluation et pour clarifier les instructions SQL.

L'exemple suivant illustre une projection de la table `PRODUIT` pour extraire le nom du produit, la valeur du stock et la valeur commandée.

```
SQL> select nom_produit "Produit",
  2  prix_unitaire*unites_stock "Stock",
  3  unites_commandees*12 "Commandes"
  4  from produits ;

Produit                                       Stock  Commandes
---------------------------------------- ---------- ----------
Raclette Courdavault                          21725          0
Chai                                           3510          0
Chang                                          1615        480
Aniseed Syrup                                   650        840
Chef Anton's Cajun Seasoning                   5830          0
```

```
Chef Anton's Gumbo Mix                                  0          0
Grandma's Boysenberry Spread                        15000          0
...
```

Les constantes numériques sont saisies avec ou sans signe sans espace entre les caractères et le caractère de séparation des décimales est le point « . ».

L'exemple suivant illustre une projection de la table `EMPLOYES` pour extraire le nom de l'employé et une prévision de salaire à la suite d'une augmentation de 10%.

```
SQL> SELECT NOM||' '||PRENOM "Employé",
  2  SALAIRE * 1.1 "Nouveau Salaire"
  3  FROM EMPLOYES ;

Employé                          Nouveau Salaire
-------------------------------- ---------------
Fuller Andrew                              11000
Buchanan Steven                             8800
Peacock Margaret                          3141,6
Leverling Janet                             3850
Davolio Nancy                             3448,5
Dodsworth Anne                              2398
King Robert                               2591,6
Suyama Michael                            2787,4
Callahan Laura                              2200

9 ligne(s) sélectionnée(s).
```

Opérateurs de type DATE

```
SELECT NOM, (SYSDATE - DATE_NAISSANCE)/365
FROM EMPLOYES;
```

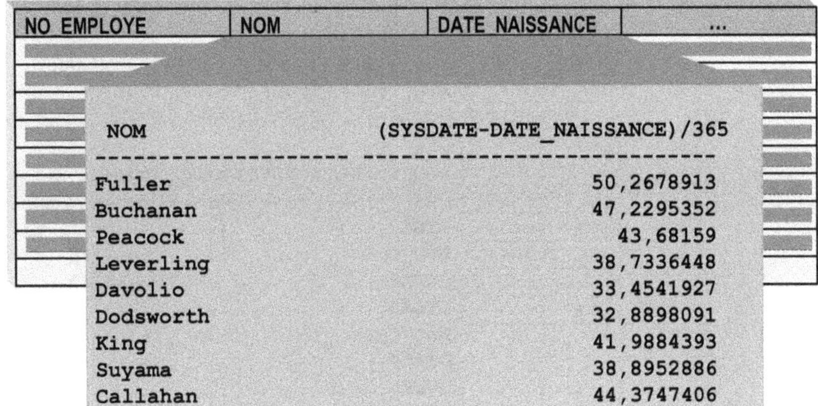

EMPLOYES
NO EMPLOYE
NOM
DATE NAISSANCE
...
NOM
(SYSDATE-DATE_NAISSANCE)/365
Fuller 50,2678913
Buchanan 47,2295352
Peacock 43,68159
Leverling 38,7336448
Davolio 33,4541927
Dodsworth 32,8898091
King 41,9884393
Suyama 38,8952886
Callahan 44,3747406

SQL propose deux opérations possibles des expressions de type date.

L'ajout d'un nombre de jours à une date, le résultat étant une expression de type date.

DATE1 (+ ou -) NOMBRE = DATE2

Le calcul du nombre de jours séparant les deux dates, le résultat étant une expression de type numérique.

DATE1 - DATE2 = NOMBRE

Le résultat peut être exprimé sous forme de valeur décimale si les valeurs de `DATE1` et/ou de `DATE2` contiennent une notion d'heure.

« **SYSDATE** » est une pseudocolonne que l'on peut utiliser dans une expression de type date et qui a pour valeur la date et l'heure courantes du système d'exploitation hôte.

La requête suivante est une projection de la table `EMPLOYES` pour extraire le nom de l'employé, sa date de naissance et son âge.

```
SQL> SELECT NOM,DATE_NAISSANCE,DATE_NAISSANCE+1,
  2  (SYSDATE-DATE_NAISSANCE)/365
  3  FROM EMPLOYES ;
```

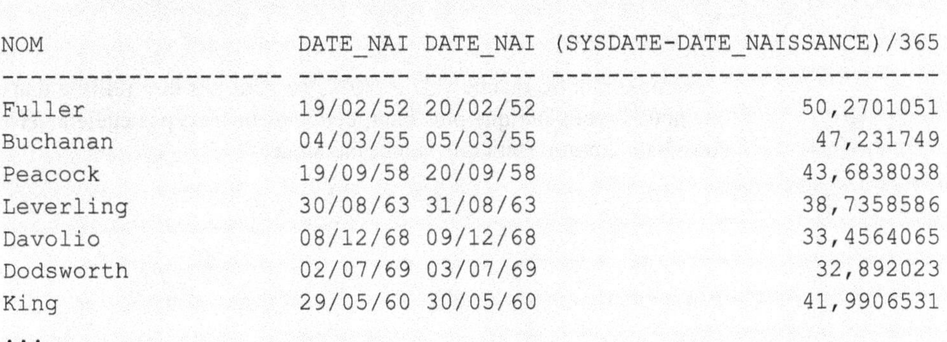

```
NOM                  DATE_NAI DATE_NAI (SYSDATE-DATE_NAISSANCE)/365
-------------------- -------- -------- ----------------------------
Fuller               19/02/52 20/02/52                   50,2701051
Buchanan             04/03/55 05/03/55                    47,231749
Peacock              19/09/58 20/09/58                   43,6838038
Leverling            30/08/63 31/08/63                   38,7358586
Davolio              08/12/68 09/12/68                   33,4564065
Dodsworth            02/07/69 03/07/69                    32,892023
King                 29/05/60 30/05/60                   41,9906531
...
```

La valeur NULL

```
SELECT CODE_CLIENT,
       DATE_ENVOI - DATE_COMMANDE
FROM COMMANDES;
```

COMMANDES

CODE CLIENT	DATE ENVOIS	DATE COMMANDE	...

```
CODE_ DATE_ENVOI-DATE_COMMANDE
----- ------------------------
REGGC
HUNGO                        6
SAVEA                        3
LILAS
WHITC                        3
DRACD                        2
QUEEN
TORTU                        2
```

Une valeur NULL en SQL est une valeur non définie. Lorsque l'un des termes d'une expression a la valeur NULL, l'expression entière prend la valeur NULL. D'autre part, un prédicat comportant une comparaison avec une expression ayant la valeur NULL prendra toujours la valeur FAUX.

La requête suivante est une projection de la table EMPLOYES pour extraire le nom de l'employé, son salaire, sa commission et la somme perçue.

```
SQL> select NOM, SALAIRE, COMMISSION, SALAIRE+COMMISSION
  2  FROM EMPLOYES ;

NOM                     SALAIRE COMMISSION SALAIRE+COMMISSION
-------------------- ---------- ---------- ------------------
Fuller                    10000
Buchanan                   8000
Peacock                    2856        250               3106
Leverling                  3500       1000               4500
Davolio                    3135       1500               4635
Dodsworth                  2180          0               2180
King                       2356        800               3156
Suyama                     2534        600               3134
Callahan                   2000
```

L'exemple montre qu'une valeur NULL ne peut pas être utilisée dans un calcul; ainsi que nous l'avons indiqué plus haut, cette valeur n'est pas égale à zéro; il faut plutôt la considérer comme étant une valeur inconnue.

Le traitement de la valeur NULL

```
SELECT NOM,
       SALAIRE + NVL(COMMISSION,0)
FROM EMPLOYES;
```

EMPLOYES

NOM	SALAIRE	COMMISSION	...

```
NOM                 SALAIRE+NVL(COMMISSION,0)
------------------- -------------------------
Fuller                                  10000
Buchanan                                 8000
Peacock                                  3106
Leverling                                4500
Davolio                                  4635
Dodsworth                                2180
...
```

Lorsque l'un des termes d'une expression a la valeur « **NULL** », l'expression entière prend la valeur « **NULL** » ; pour pouvoir travailler avec des champs qui contiennent des valeurs « **NULL** », il faut une fonction qui puisse gérer cette valeur.

NVL

La fonction « **NVL** » permet de remplacer une valeur `NULL` par une valeur significative.

NVL (EXPRESSION1, EXPRESSION2) = VALEUR_DE_RETOUR

EXPRESSION1	Une expression qui peut retourner la valeur `NULL`.
EXPRESSION2	La valeur de remplacement dans le cas ou `EXPRESSION1` est égale à `NULL`. `EXPRESSION2` doit être de même type que `EXPRESSION1`.
VALEUR_DE_RETOUR	Est égale à `EXPRESSION2` si `EXPRESSION1` est égale à `NULL` si non `EXPRESSION1`.

Tous les types de données caractères, numériques et dates peuvent être utilisés.

La requête suivante est une sélection des neuf premiers enregistrements de la table `CLIENTS` pour extraire la société et le numéro de fax.

```
SQL> SELECT SOCIETE, NVL(FAX, 'Non affecté')
  2  FROM CLIENTS;
```

```
SOCIETE                                  NVL(FAX,'NONAFFECTÉ')
---------------------------------------- ------------------------
Ottilies Käseladen                       0221-0765721
Alfreds Futterkiste                      030-0076545
Que Delícia                              (21) 555-4545
Wellington Importadora                   Non affecté
...
```

Atelier 3.2

- La concaténation
- Les opérateurs

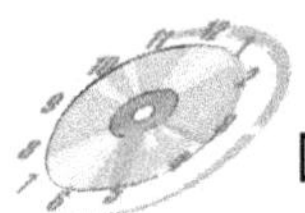

Durée : 10 minutes

Questions

3.2-1. Laquelle de ces syntaxes est incorrecte ?

A. `SELECT NOM||' '||PRENOM "Employé" FROM EMPLOYES;`

B. `SELECT NOM||" "||PRENOM 'Employé' FROM EMPLOYES;`

C. `SELECT NOM||' '||SALAIRE "Employé" FROM EMPLOYES;`

D. `SELECT SALAIRE*1.10 FROM EMPLOYES;`

E. `SELECT PORT||DATE_ENVOI FROM COMMANDES;`

F. `SELECT SALAIRE*1,10*COMMISSION FROM EMPLOYES;`

G. `SELECT DATE_EMBAUCHE-DATE_NAISSANCE FROM EMPLOYES;`

H. `SELECT DATE_EMBAUCHE - 10 FROM EMPLOYES;`

I. `SELECT DATE_EMBAUCHE + 1/24 FROM EMPLOYES;`

J. `SELECT 'bonjour !!' "C'est un :" from employes;`

3.2-2. Quelle est la fonction qui traite les valeurs « **NULL** » d'une expression ?

3.2-3. Sachant que la colonne `COMMISSION` peut ne pas être renseignée, comportée des valeurs « **NULL** ». Quelle est la syntaxe qui affiche une valeur pour chaque employé ?

A. `SELECT NOM,SALAIRE*COMMISSION FROM EMPLOYES;`

B. `SELECT NOM,SALAIRE*(COMMISSION,0)FROM EMPLOYES;`

C. `SELECT NOM,SALAIRE*NVL(COMMISSION,0)FROM EMPLOYES;`

D. `SELECT NOM,SALAIRE*NVL(COMMISSION)FROM EMPLOYES;`

Exercice n° 1 La concaténation

Respectant les formats des modèles suivants, écrivez les requêtes vous permettant d'afficher :

– Le nom de l'employé et ses revenues annuels : commission + salaire * 12.

```
Employé              a un  gain annuel sur 12 mois
-------------------- ----- ----------- -------------
Fuller               gagne      120000 par an.
Buchanan             gagne       96000 par an.
...
```

– Le nom et le prénom de l'employé et sa fonction.

```
Employé
-------------------------------------------------------------
Callahan Laura est Assistante commerciale de cette société.
Buchanan Steven est Chef des ventes de cette société.
...
```

Exercice n° 2 Les opérateurs

Créez les requêtes vous permettant d'afficher :

– Les produits commercialisés, la valeur du stock par produit et la valeur des produits commandés. Dans la table `PRODUITS`, vous trouvez les champs `UNITES_STOCK` et `UNITES_COMMANDEES` que vous multipliez par le `PRIX_UNITAIRE` pour retrouver les valeurs des deux stocks.

– Le nom, le prénom, l'âge et l'ancienneté des employés, dans la société.

– Le numéro de la commande, le temps écoulé entre la commande et la livraison de celle-ci ainsi que les frais de port.

Tri du résultat d'une requête

```
SELECT NOM_PRODUIT,QUANTITE
FROM PRODUITS
ORDER BY NOM_PRODUIT;
```

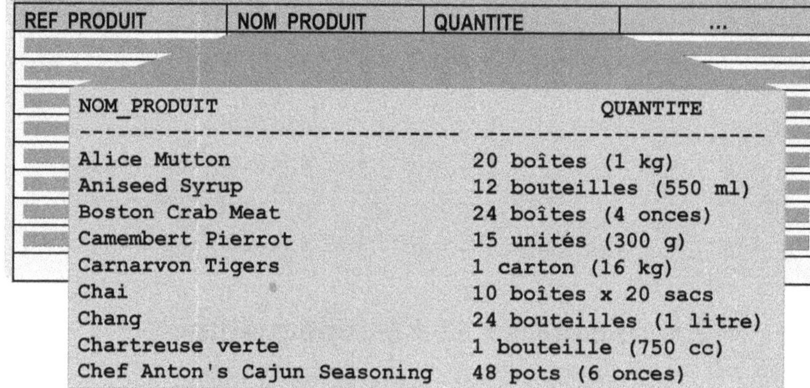


```
NOM_PRODUIT                    QUANTITE
------------------------------ ----------------------
Alice Mutton                   20 boîtes (1 kg)
Aniseed Syrup                  12 bouteilles (550 ml)
Boston Crab Meat               24 boîtes (4 onces)
Camembert Pierrot              15 unités (300 g)
Carnarvon Tigers               1 carton (16 kg)
Chai                           10 boîtes x 20 sacs
Chang                          24 bouteilles (1 litre)
Chartreuse verte               1 bouteille (750 cc)
Chef Anton's Cajun Seasoning   48 pots (6 onces)
```

Les lignes constituant le tableau résultat d'un ordre « **SELECT** » sont affichées dans un ordre indéterminé qui dépend des algorithmes internes du moteur du système de gestion de bases de données relationnelles.

En revanche, on peut, dans l'ordre « **SELECT** », demander que le résultat soit trié avant l'affichage selon un ordre ascendant ou descendant, en fonction d'un ou de plusieurs critères. Il est possible d'utiliser jusqu'à 16 critères de tri.

Les critères de tri sont spécifiés dans une clause « **ORDER BY** », figurant en dernière position de l'ordre « **SELECT** ».

La syntaxe de l'instruction « **SELECT** »:

```
SELECT [ALL | DISTINCT]{*,[EXPRESSION1 [AS] ALIAS1[,...]}
FROM NOM_TABLE
WHERE PREDICAT
ORDER BY [NOM_COLONNE1|POSITION1|EXPRESSION1] [ASC|DESC],
         [NOM_COLONNE2|POSITION2|EXPRESSION2] [ASC|DESC]
         [,...] ;
```

NOM_COLONNE Le nom de la colonne qui fournit la valeur qui entre en ligne de compte pour le tri. La colonne peut ou non faire partie des colonnes extraites par la requête mais elle doit être une des colonnes des tables mentionnées dans FROM.

EXPRESSION L'expression ou l'alias de l'expression qui fournit la valeur qui entre en ligne de compte pour le tri.

POSITION L'expression ou la colonne, identifiés par la position dans la clause « **SELECT** », qui fournit la valeur qui entre en ligne de compte pour le tri.

ASC	Le critère de tri est ascendant pour NOM_COLONNE ou EXPRESSION ou POSITION qui précède le critère. Les critères sont définis pour chaque expression si vous ne le précisez pas. Par défaut, il est ascendant.
DESC	Le critère de tri est descendant pour NOM_COLONNE ou EXPRESSION ou POSITION qui précède le critère. Par défaut, il est ascendant.

La requête suivante est une sélection de la table EMPLOYES pour extraire le nom, prénom et fonction ; les résultats doivent être triés par le nom de l'employé.

```
SQL> SELECT NOM, PRENOM, FONCTION FROM EMPLOYES
  2  ORDER BY NOM;

NOM                  PRENOM     FONCTION
-------------------- ---------- ----------------------
Buchanan             Steven     Chef des ventes
Callahan             Laura      Assistante commerciale
Davolio              Nancy      Représentant(e)
Dodsworth            Anne       Représentant(e)
Fuller               Andrew     Vice-Président
King                 Robert     Représentant(e)
Leverling            Janet      Représentant(e)
Peacock              Margaret   Représentant(e)
Suyama               Michael    Représentant(e)

SQL> SELECT NOM||' '||PRENOM "Employé", FONCTION FROM EMPLOYES
  2  ORDER BY "Employé" ASC;

Employé                         FONCTION
------------------------------- ------------------------------
Buchanan Steven                 Chef des ventes
Callahan Laura                  Assistante commerciale
Davolio Nancy                   Représentant(e)
Dodsworth Anne                  Représentant(e)
Fuller Andrew                   Vice-Président
King Robert                     Représentant(e)
Leverling Janet                 Représentant(e)
Peacock Margaret                Représentant(e)
Suyama Michael                  Représentant(e)

SQL> SELECT NOM||' '||PRENOM "Employé", FONCTION FROM EMPLOYES
  2  ORDER BY 1 DESC;

Employé                         FONCTION
------------------------------- ------------------------------
Suyama Michael                  Représentant(e)
Peacock Margaret                Représentant(e)
Leverling Janet                 Représentant(e)
King Robert                     Représentant(e)
Fuller Andrew                   Vice-Président
Dodsworth Anne                  Représentant(e)
Davolio Nancy                   Représentant(e)
Callahan Laura                  Assistante commerciale
```

```
Buchanan Steven                    Chef des ventes
```

Le tri se fait d'abord selon le premier critère spécifié dans la clause « **ORDER BY** », puis les lignes ayant la même valeur pour le premier critère sont triées selon le deuxième critère de la clause « **ORDER BY** », etc.

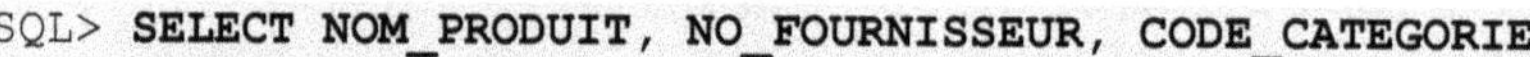

La requête suivante est une sélection de la table PRODUIT pour extraire les produits, les fournisseurs et les catégories de produits avec les résultats ordonnés par fournisseur et catégorie produits.

```
SQL> SELECT NOM_PRODUIT, NO_FOURNISSEUR, CODE_CATEGORIE
FROM PRODUITS
ORDER BY NO_FOURNISSEUR, CODE_CATEGORIE DESC;

NOM_PRODUIT                              NO_FOURNISSEUR CODE_CATEGORIE
---------------------------------------- -------------- --------------
Aniseed Syrup                                         1              2
Chai                                                  1              1
Chang                                                 1              1
Chef Anton's Cajun Seasoning                          2              2
Chef Anton's Gumbo Mix                                2              2
Louisiana Hot Spiced Okra                             2              2
Louisiana Fiery Hot Pepper Sauce                      2              2
Uncle Bob's Organic Dried Pears                       3              7
Grandma's Boysenberry Spread                          3              2
Northwoods Cranberry Sauce                            3              2
Ikura                                                 4              8
Longlife Tofu                                         4              7
Mishi Kobe Niku                                       4              6
...
```

Attention

Si un attribut sur lequel porte un critère de tri contient la valeur « **NULL** », les lignes correspondantes sont affichées en dernier. Oracle traite les valeurs « **NULL** » comme si elles étaient des valeurs infinies.

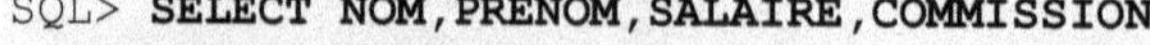

La requête suivante est une sélection de la table EMPLOYES pour extraire le nom, le prénom le salaire et la commission avec les résultats ordonnés par commission.

```
SQL> SELECT NOM,PRENOM,SALAIRE,COMMISSION
FROM EMPLOYES
WHERE SALAIRE > 3000
ORDER BY COMMISSION;

NOM                  PRENOM        SALAIRE COMMISSION
-------------------- ---------- ---------- ----------
Leverling            Janet            3500       1000
Davolio              Nancy            3135       1500
```

```
Fuller               Andrew          10000
Buchanan             Steven           8000

SQL> SELECT NOM,PRENOM,SALAIRE,COMMISSION
  2  FROM EMPLOYES
  3  WHERE SALAIRE > 3000
  4  ORDER BY NVL(COMMISSION,-1);

NOM                  PRENOM        SALAIRE COMMISSION
-------------------- ---------- ---------- ----------
Fuller               Andrew          10000
Buchanan             Steven           8000
Leverling            Janet            3500       1000
Davolio              Nancy            3135       1500
```

Oracle traite les valeurs « **NULL** » comme si elles étaient des valeurs infinies; on peut donc ajouter une clause « **ORDER BY** » avec les mots clés « **NULLS FIRST** » et « **NULLS LAST** ».

```
SQL> SELECT NOM,PRENOM,SALAIRE,COMMISSION
  2  FROM EMPLOYES
  3  WHERE SALAIRE > 3000
  4  ORDER BY COMMISSION NULLS FIRST;

NOM                  PRENOM        SALAIRE COMMISSION
-------------------- ---------- ---------- ----------
Buchanan             Steven           8000
Fuller               Andrew          10000
Leverling            Janet            3500       1000
Davolio              Nancy            3135       1500

SQL> SELECT NOM,PRENOM,SALAIRE,COMMISSION
  2  FROM EMPLOYES
  3  WHERE SALAIRE > 3000
  4  ORDER BY COMMISSION NULLS LAST;

NOM                  PRENOM        SALAIRE COMMISSION
-------------------- ---------- ---------- ----------
Leverling            Janet            3500       1000
Davolio              Nancy            3135       1500
Fuller               Andrew          10000
Buchanan             Steven           8000
```

La pseudocolonne ROWNUM

```
SELECT NOM_PRODUIT,QUANTITE
FROM PRODUITS
WHERE ROWNUM < 8;
```

PRODUITS

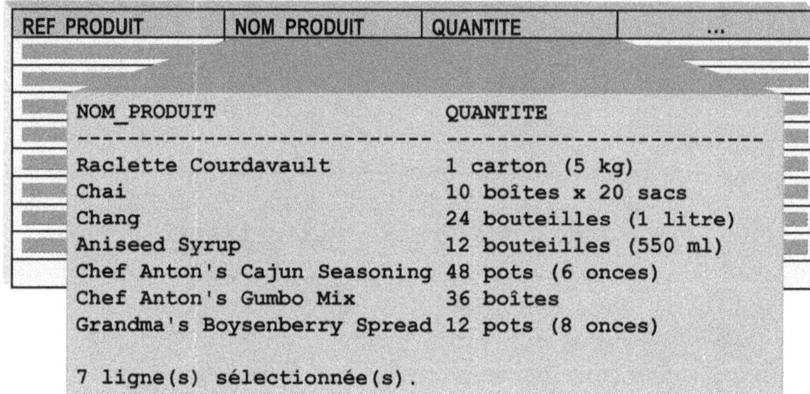


```
NOM_PRODUIT                     QUANTITE
------------------------------ -------------------------
Raclette Courdavault            1 carton (5 kg)
Chai                            10 boîtes x 20 sacs
Chang                           24 bouteilles (1 litre)
Aniseed Syrup                   12 bouteilles (550 ml)
Chef Anton's Cajun Seasoning    48 pots (6 onces)
Chef Anton's Gumbo Mix          36 boîtes
Grandma's Boysenberry Spread    12 pots (8 onces)

7 ligne(s) sélectionnée(s).
```

« **ROWNUM** » retourne une valeur numérique entière qui indique l'ordre de sélection de la ligne au moment de l'exécution de la requête. La valeur « **ROWNUM** » est associée à chaque ligne avant la prise en compte d'une éventuelle clause « **ORDER BY** ».

La requête suivante est une sélection de la table `PRODUIT` pour extraire les dix premiers enregistrements affichant les produits, les fournisseurs et les catégories de produits avec un ordre de tri par fournisseur et catégorie produits.

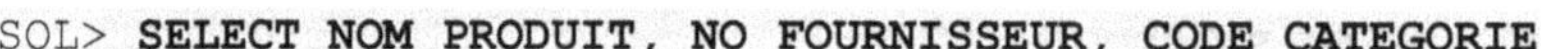

```
SQL> SELECT NOM_PRODUIT, NO_FOURNISSEUR, CODE_CATEGORIE
     FROM PRODUITS
     WHERE ROWNUM <= 10
     ORDER BY NO_FOURNISSEUR, CODE_CATEGORIE DESC;

NOM_PRODUIT                              NO_FOURNISSEUR CODE_CATEGORIE
---------------------------------------- -------------- --------------
Aniseed Syrup                                         1              2
Chai                                                  1              1
Chang                                                 1              1
Chef Anton's Cajun Seasoning                          2              2
Chef Anton's Gumbo Mix                                2              2
Uncle Bob's Organic Dried Pears                       3              7
Grandma's Boysenberry Spread                          3              2
Northwoods Cranberry Sauce                            3              2
Mishi Kobe Niku                                       4              6
Raclette Courdavault                                 28              4
```


Table DUAL

```
SELECT 'Aujourd''hui '||SYSDATE||' Utilisateur '||USER
FROM DUAL
```

```
'AUJOURD''HUI'||SYSDATE||'UTILISATEUR'||USER
--------------------------------------------------
Aujourd'hui 15/05/02 Utilisateur STAGIAIRE
```

Oracle fournit une petite table appelée « **DUAL** » qui se compose d'une ligne et d'une colonne qui est utilisée pour tester des fonctions ou effectuer des calculs rapides.

```
SQL> DESC DUAL

Nom                              NULL ?   Type
 ----------------------- -------- ----------------
 DUMMY                                     VARCHAR2(1)
```

Étant donné que les nombreuses fonctions d'Oracle peuvent opérer sur les colonnes et les littéraux, l'emploi de « **DUAL** » permet d'observer l'agissement des fonctions simplement en utilisant des chaînes.

Les colonnes qui existent dans « **DUAL** » n'ont aucune importance. Vous pouvez donc facilement expérimenter les formats et les calculs de date au moyen de cette table et des fonctions spéciales, afin d'en comprendre le fonctionnement avant de les appliquer sur des données de tables réelles.

Exemple : Dans ces exemples, l'instruction « **SELECT** » ne tient pas compte des colonnes de la table, et une seule ligne suffit à démontrer un fonctionnement. Par exemple, supposons que vous souhaitiez rapidement afficher la date de demain, le nom d'utilisateur et calculer `(2434/3.14)*16.24`.

```
SQL> SELECT USER, SYSDATE+1, ( 2434 / 3.14 )*16.24
  2  FROM DUAL;

USER                           SYSDATE+ (2434/3.14)*16.24
------------------------------ -------- -----------------
STAGIAIRE                      16/05/02         12588,586
```

Il existe plusieurs pseudocolonnes qui peuvent être utilisées dans les requêtes SQL ou tout simplement pour afficher leur valeur à l'aide de la table « **DUAL** ». Toutes les pseudocolonnes de l'exemple suivant sont détaillées dans les modules suivants.

```
SQL> SELECT UID, USER, SYSDATE, SYSTIMESTAMP, ROWID FROM DUAL;
UID USE SYSDATE
---- --- --------
SYSTIMESTAMP
---------------------------------------------------------------
ROWID
------------------
  64 STA 23/07/06
23/07/06 14:12:52,828000 +02:00
AAAAECAABAAAAgiAAA
```

Atelier 3.3

- Les ordres de tri
- Les pseudocolonnes et la table DUAL

Durée : 10 minutes

Questions

3.3-1. Quelles sont les requêtes qui affichent les employés triés par ordre croisant de leur fonction et dans le cadre d'une même fonction, d'abord les employés qui gagnent le plus ?

A. `SELECT FONCTION, SALAIRE, NOM, PRENOM FROM EMPLOYES ORDER BY NOM, PRENOM;`

B. `SELECT FONCTION, SALAIRE, NOM, PRENOM FROM EMPLOYES ORDER BY FONCTION, SALAIRE DESC;`

C. `SELECT FONCTION, SALAIRE, NOM, PRENOM FROM EMPLOYES ORDER BY FONCTION, SALAIRE;`

D. `SELECT FONCTION, SALAIRE, NOM, PRENOM FROM EMPLOYES ORDER BY 1, 2 DESC;`

3.3-2. Quelle est la valeur de tri par défaut ?

A. `ASC`

B. `DESC`

3.3-3. Les valeurs « **`NULL`** » sont-elles affichées d'abord ou en dernier ?

Exercice n° 1 Les ordres de tri

Écrivez les requêtes permettant d'afficher :

- Les employés par ordre alphabétique.
- Les employés depuis le plus récemment embauché jusqu'au plus ancien.
- Les fournisseurs dans l'ordre alphabétique de leur pays et ville de résidence.

- Les employés par ordre alphabétique de leur fonction et du plus grand salaire au plus petit.
- Les employés dans l'ordre de leur commission.

Exercice n° 2 Les pseudocolonnes et la table DUAL

Affichez l'utilisateur connecté et la date du jour comme le modèle suivant.

```
Bonjour Utilisateur                  Aujourd'hui                Date
------- ------------------------- ------------------------- --------
Bonjour STAGIAIRE                    Aujourd'hui nous sommes : 17/04/06
```

- *LIKE et REGEXP_LIKE*
- *BETWEEN*
- *IN*
- *AND et OR*
- *IS NULL*
- *NOT*

4

Les opérateurs logiques

Objectifs

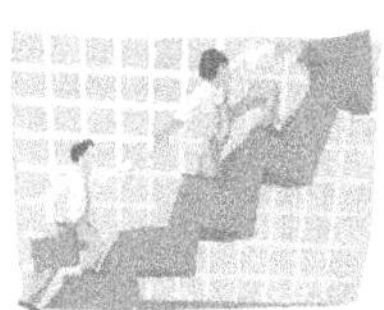

A la fin de ce module, vous serez à même d'effectuer les tâches suivantes :

- Utiliser les opérateurs logiques simples et des opérateurs multiples.
- Mettre en œuvre les opérateurs de recherche dans les chaînes de caractères.
- Traiter les valeurs `NULL` des colonnes avec les opérateurs.
- Combiner plusieurs expressions de type logique à l'aide des opérateurs logiques `AND`, `OR` ou `NOT`.

Contenu

La sélection ou restriction

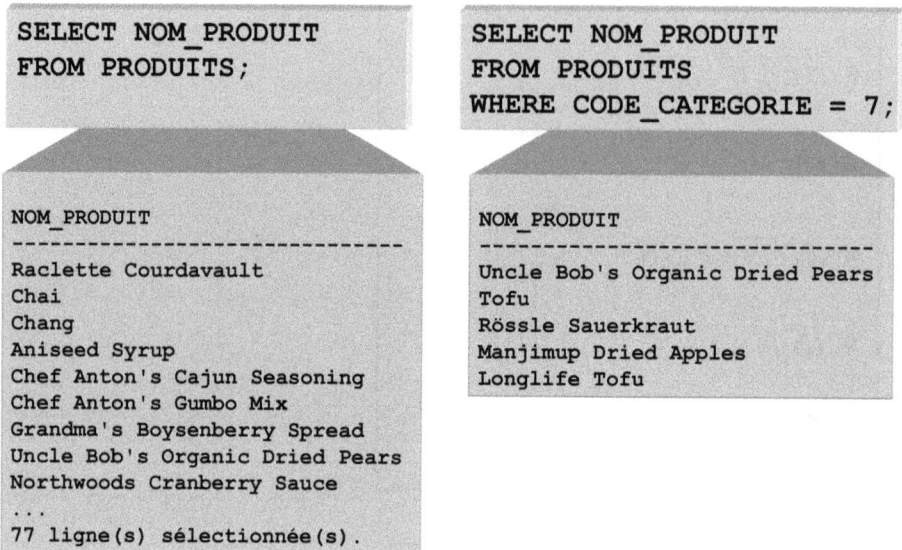

```
SELECT NOM_PRODUIT
FROM PRODUITS;
```

```
NOM_PRODUIT
------------------------------
Raclette Courdavault
Chai
Chang
Aniseed Syrup
Chef Anton's Cajun Seasoning
Chef Anton's Gumbo Mix
Grandma's Boysenberry Spread
Uncle Bob's Organic Dried Pears
Northwoods Cranberry Sauce
...
77 ligne(s) sélectionnée(s).
```

```
SELECT NOM_PRODUIT
FROM PRODUITS
WHERE CODE_CATEGORIE = 7;
```

```
NOM_PRODUIT
------------------------------
Uncle Bob's Organic Dried Pears
Tofu
Rössle Sauerkraut
Manjimup Dried Apples
Longlife Tofu
```

Les requêtes peuvent être extrêmement détaillées, ce qui rend parfois difficile la lecture des informations dont vous avez immédiatement besoin. De plus, l'intégration de données supplémentaires à une requête augmente inutilement les temps de traitement de la base de données. En pratique on utilise très rarement la projection, car elle extrait l'intégralité des enregistrements de la table ; souvent les informations nécessaires portent seulement sur un nombre restreint des enregistrements qui respectent une ou plusieurs conditions.

L'opérateur de **sélection**, aussi appelé **restriction**, permet de ne conserver pour un affichage que les lignes de la table qui vérifient une **condition** (ou prédicat) de sélection définie sur les valeurs prises par une ou plusieurs colonnes de la table.

L'ordre « **SELECT** » permet de spécifier les lignes à sélectionner par utilisation de la clause « **WHERE** ». Cette clause est suivie de la condition de sélection, évaluée pour chaque ligne de la table. Seules les lignes pour lesquelles la condition est vérifiée sont sélectionnées.

La syntaxe de l'instruction « **SELECT** » :

```
SELECT [ALL | DISTINCT]{*,[EXPRESSION1 [AS] ALIAS1[,...]}
FROM NOM_TABLE
WHERE PREDICAT ;
```

EXPRESSION	La requête peut extraire de la base soit une colonne soit le résultat d'une expression, elle peut aussi afficher une constante.
PREDICAT	Une ou plusieurs conditions qui doivent être satisfaites par un enregistrement pour qu'il soit extrait par la requête.

Le prédicat est une opération logique qui nécessite pour sa mise en œuvre un ensemble d'opérateurs. La mise en œuvre des opérateurs logiques est le sujet suivant.

L'opérateur égal à

EXPRESSION (une valeur) ■ **égal à** **EXPRESSION (une valeur)**

Les opérateurs logiques présents permettent de comparer des expressions qui retournent une valeur unique. Tous ces opérateurs sont utilisés de façon analogue.

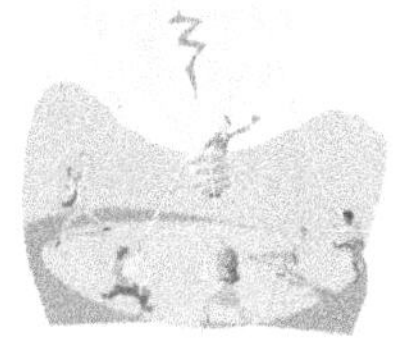

Note

Les expressions peuvent être de l'un des trois types suivants : numérique, caractère ou date. Les trois types d'expression peuvent être comparés au moyen des opérateurs inférieur à ou supérieur à. Pour le type **date**, la relation d'ordre est l'ordre **chronologique**. Pour le type **caractère**, la relation d'ordre est l'ordre **alphabétique**.

Egal à

L'opérateur logique **égal à** compare la valeur retournée par l'expression de gauche avec la valeur retournée par l'expression de droite ; si les deux valeurs sont égales, il retourne `VRAI`, sinon `FAUX`.

`EXPRESSION1 = EXPRESSION2`

La requête suivante est une sélection de la table `CLIENTS` pour extraire la société et l'adresse des clients localisés à Paris.

```
SQL> SELECT SOCIETE,ADRESSE
  2  FROM CLIENTS
  3  WHERE PAYS='France' ;

SOCIETE                                  ADRESSE
---------------------------------------- ------------------------------
Blondel père et fils                     24, place Kléber
Bon app'                                 12, rue des Bouchers
Du monde entier                          67, rue des Cinquante Otages
Folies gourmandes                        184, chaussée de Tournai
France restauration                      54, rue Royale
La corne d'abondance                     67, avenue de l'Europe
```

```
La maison d'Asie                        1 rue Alsace-Lorraine
Paris spécialités                       265, boulevard Charonne
Spécialités du monde                    25, rue Lauriston
Victuailles en stock                    2, rue du Commerce
Vins et alcools Chevalier               59 rue de l'Abbaye
```

La requête suivante est une sélection de la table `EMPLOYES` pour extraire les employés embauches en **'17/10/93'**.

```
SQL> SELECT NOM, PRENOM, DATE_EMBAUCHE
  2  FROM EMPLOYES
  3  WHERE DATE_EMBAUCHE = '17/10/93';

NOM                  PRENOM     DATE_EMB
-------------------- ---------- --------
Buchanan             Steven     17/10/93
Suyama               Michael    17/10/93
```

La requête suivante est une sélection de la table `EMPLOYES` pour extraire les employés encadrés par l'employé numéro 2.

```
SQL> SELECT NOM, PRENOM, REND_COMPTE
  2  FROM EMPLOYES
  3  WHERE REND_COMPTE = 2;

NOM                  PRENOM     REND_COMPTE
-------------------- ---------- -----------
Callahan             Laura                2
Buchanan             Steven               2
Peacock              Margaret             2
Leverling            Janet                2
Davolio              Nancy                2
Fuller               Andrew               2
```

Les opérateurs logiques

EXPRESSION (une valeur)

- **supérieur à**
- **inférieur à**

EXPRESSION (une valeur)

Supérieur à

L'opérateur logique **supérieur à** compare la valeur retournée par l'expression de gauche avec la valeur retournée par l'expression de droite ; si elle est supérieure, il retourne VRAI, sinon FAUX.

EXPRESSION1 > EXPRESSION2

EXPRESSION1 >= EXPRESSION2

La requête suivante est une sélection de la table EMPLOYES pour extraire le nom et le prénom des employés qui ont un salaire supérieur à 3000.

```
SQL> SELECT NOM, PRENOM, SALAIRE
  2  FROM EMPLOYES
  3  WHERE SALAIRE > 3000;

NOM                  PRENOM        SALAIRE
-------------------- ---------- ----------
Fuller               Andrew          10000
Buchanan             Steven           8000
Leverling            Janet            3500
Davolio              Nancy            3135
```

La requête suivante est une sélection de la table EMPLOYES pour extraire le nom et le prénom des employés qui ont été embauchés après **'31/12/93'**.

```
SQL> SELECT NOM, PRENOM, DATE_EMBAUCHE
  2  FROM EMPLOYES
  3  WHERE DATE_EMBAUCHE > '31/12/93';

NOM                  PRENOM     DATE_EMB
-------------------- ---------- --------
Callahan             Laura      05/03/94
```

```
Dodsworth            Anne       15/11/94
King                 Robert     02/01/94
```

Inférieur à

L'opérateur logique **inférieur à** compare la valeur retournée par l'expression de gauche avec la valeur retournée par l'expression de droite ; si elle est inférieure, il retourne VRAI, sinon FAUX.

EXPRESSION1 < EXPRESSION2

EXPRESSION1 <= EXPRESSION2

La requête suivante est une sélection de la table EMPLOYES pour extraire le nom et le prénom des employés qui étaient en service avant le '01/01/1993'.

```
SQL> SELECT NOM, PRENOM, DATE_EMBAUCHE FROM EMPLOYES
  2  WHERE DATE_EMBAUCHE < '01/01/93';

NOM                  PRENOM     DATE_EMB
-------------------- ---------- --------
Fuller               Andrew     14/08/92
Leverling            Janet      01/04/92
Davolio              Nancy      01/05/92
```

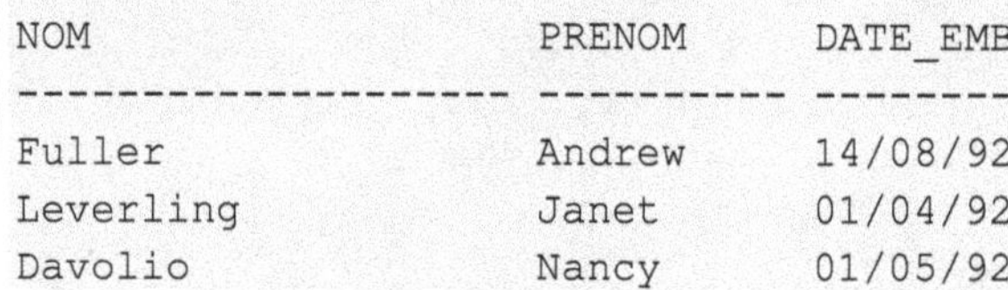

La requête suivante est une sélection de la table PRODUITS pour extraire les noms du produit, le numéro du fournisseur des produits livrés par le fournisseur numéro un et le fournisseur numéro deux.

```
SQL> SELECT NOM_PRODUIT, NO_FOURNISSEUR
  2  FROM PRODUITS
  3  WHERE NO_FOURNISSEUR <= 2;

NOM_PRODUIT                              NO_FOURNISSEUR
---------------------------------------- --------------
Chai                                                  1
Chang                                                 1
Aniseed Syrup                                         1
Chef Anton's Cajun Seasoning                          2
...
```

Toutes les valeurs de colonnes de type « **VARCHAR2** » et « **CHAR** » sont traitées comme des chaînes de caractères lors de comparaisons. Par conséquent, les nombres stockés dans ce type de colonne sont comparés en tant que chaînes de caractères, et non en tant que nombres. Si la colonne est de type « **NUMBER** », alors 12 est supérieur à 9, si elle est de type caractère, 9 est supérieur à 12, car le caractère '9' est supérieur au caractère '1'.

La requête suivante est une sélection de la table PRODUITS pour extraire les noms du produit et la quantité des produits qui ont une quantité supérieure a 30.

```
SQL> SELECT NOM_PRODUIT,QUANTITE
  2  FROM PRODUITS
  3  WHERE QUANTITE >'30' ;

NOM_PRODUIT                              QUANTITE
---------------------------------------- --------------------------
Chef Anton's Cajun Seasoning             48 pots (6 onces)
```

```
Chef Anton's Gumbo Mix                  36 boîtes
Tofu                                    40 cartons (100 g)
Pavlova                                 32 boîtes (500 g)
Sir Rodney's Marmalade                  30 boîtes
Thüringer Rostbratwurst                 50 sacs x 30 saucisses
Singaporean Hokkien Fried Mee           32 cartons (1 kg)
Spegesild                               4 boîtes (250 g)
Manjimup Dried Apples                   50 cartons (300 g)
Perth Pasties                           48 pièces
Tarte au sucre                          48 tartes
Louisiana Fiery Hot Pepper Sauce        32 bouteilles (8 onces)
```

La requête suivante est une sélection de la table CLIENTS pour extraire les sociétés qui ont un code inférieur à 'B'.

```
SQL> SELECT CODE_CLIENT, SOCIETE
  2  FROM CLIENTS
  3  WHERE CODE_CLIENT < 'B';

CODE_ SOCIETE
----- ----------------------------------------
ALFKI Alfreds Futterkiste
ANATR Ana Trujillo Emparedados y helados
ANTON Antonio Moreno TaquerÝa
AROUT Around the Horn
```

L'opérateur différent de

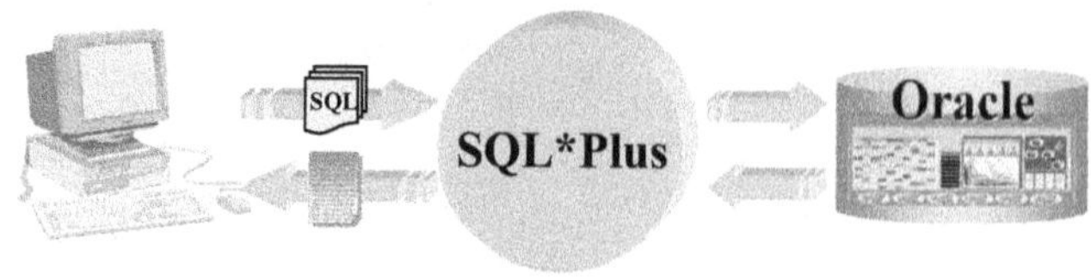

EXPRESSION (une valeur) ■ **diffèrent de** **EXPRESSION (une valeur)**

Différent de

L'opérateur logique **différent de** compare la valeur retournée par l'expression de gauche avec la valeur retournée par l'expression de droite ; si elles sont différentes, il retourne VRAI, sinon FAUX.

Etant donné que certains claviers ne disposent pas du point d'exclamation « ! » ou de l'accent circonflexe « ^ », Oracle prévoit trois formes différentes pour l'opérateur de **différent de** :

EXPRESSION1 != EXPRESSION2

EXPRESSION1 ^= EXPRESSION2

EXPRESSION1 <> EXPRESSION2

La requête suivante est une sélection de la table EMPLOYES pour extraire le nom, le prénom et la fonction des employés qui ne sont pas des représentants.

```
SQL> SELECT NOM,PRENOM,FONCTION
  2  FROM EMPLOYES
  3  WHERE FONCTION <>'Représentant(e)' ;

NOM                  PRENOM     FONCTION
-------------------- ---------- ------------------------------
Fuller               Andrew     Vice-Président
Buchanan             Steven     Chef des ventes
Callahan             Laura      Assistante commerciale
```

L'opérateur LIKE

```
SELECT QUANTITE
FROM PRODUITS
WHERE QUANTITE LIKE '%pièces%';
```

PRODUITS

REF PRODUIT	NOM PRODUIT	QUANTITE	...

```
QUANTITE
----------------------------
10 boîtes x 12 pièces
24 cartons x 4 pièces
100 pièces (100 g)
48 pièces
24 pièces
20 sacs x 4 pièces
10 sacs x 8 pièces
```

LIKE

L'opérateur « **LIKE** » est très utile pour effectuer des recherches dans des chaînes alphanumériques.

Il utilise deux caractères spéciaux pour signifier le type de correspondance recherchée :

- un signe pourcentage « % », appelé **caractère générique**,
- et un caractère de soulignement « _ », appelé **marqueur de position**.

Le **caractère générique** placé dans une chaîne remplace une chaîne quelconque de caractères d'une longueur de zéro à n caractères.

Le **marqueur de position** placé dans une chaîne remplace un caractère quelconque mais impose l'existence de ce caractère.

EXPRESSION LIKE 'Chaîne de caractères avec des caractères spéciaux'

La requête suivante est une sélection de la table PRODUITS pour extraire les noms du produit et la quantité des produits qui estiment leur quantité en boîtes et en kg.

```
SQL> SELECT NOM_PRODUIT, QUANTITE
  2  FROM PRODUITS
  3  WHERE QUANTITE LIKE '%boîtes%kg%' ;

NOM_PRODUIT                          QUANTITE
------------------------------------ --------------------------
Konbu                                1 boîtes (2 kg)
Alice Mutton                         20 boîtes (1 kg)
Filo Mix                             16 boîtes (2 kg)
```

Dans l'exemple précédent vous pouvez constater que les enregistrements extraits contiennent dans la chaîne de caractère `QUANTITE` deux chaînes de caractères la première `'boîtes'` et la deuxième `'kg'`.

Les valeurs contenues dans les colonnes sont sensibles à la case (majuscule, minuscule), les informations saisies dans les chaînes de caractères de comparaison doivent l'être aussi.

La requête suivante est une sélection de la table `PRODUITS` pour extraire les quantités des produits qui dans la colonne `QUANTITE` ont un '0' en troisième position.

```
SQL> SELECT QUANTITE
  2  FROM PRODUITS
  3  WHERE QUANTITE LIKE '__0%' ;

QUANTITE
------------------------------
100 sacs (250 g)
100 pièces (100 g)
```

La requête suivante est une sélection de la table `PRODUITS` pour extraire les noms du produit et la quantité des produits qui dans la colonne `QUANTITE` commencent par trois caractères quelconques et finissant par 'pièces'.

```
SQL> SELECT NOM_PRODUIT,QUANTITE
  2  FROM PRODUITS
  3  WHERE QUANTITE LIKE '___pièces' ;

NOM_PRODUIT                              QUANTITE
---------------------------------------- ------------------------------
Perth Pasties                            48 pièces
Escargots de Bourgogne                   24 pièces
```

La fonction REGEXP_LIKE

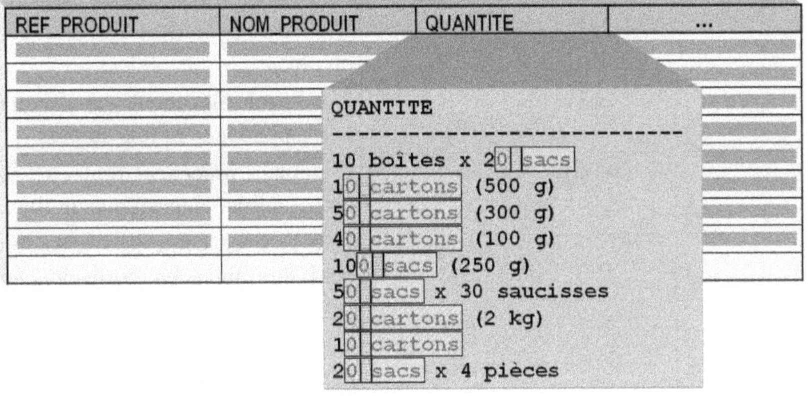

PRODUITS
REF_PRODUIT
NOM_PRODUIT
QUANTITE
...
QUANTITE
----
10 boîtes x 20 sacs
10 cartons (500 g)
50 cartons (300 g)
40 cartons (100 g)
100 sacs (250 g)
50 sacs x 30 saucisses
20 cartons (2 kg)
10 cartons
20 sacs x 4 pièces

)

REGEXP_LIKE

La fonction « **REGEXP_LIKE** » est très utile pour effectuer des recherches dans des chaînes alphanumériques correspondant à un certain motif.

```
REGEXP_LIKE ( CHAÎNE1, CHAÎNE2 [, PARAMETRE ] ) ;
```

CHAÎNE1 La chaîne à traiter.

CHAÎNE2 Une expression rationnelle qui permet de décrire un ensemble de chaînes. Les expressions rationnelles sont construites comme des opérations arithmétiques, en utilisant des opérateurs divers pour combiner des expressions plus petites.

PARAMETRE Paramètre de correspondance de l'expression rationnelle. Il peut avoir les valeurs suivantes :

i Ignorer les différences majuscules/minuscules dans le motif.

c Respecter les différences majuscules/minuscules dans le motif.

x Ignorer les espaces dans la chaîne à traiter.

Une expression rationnelle correspondant à un caractère unique peut être suivie par l'un des opérateurs de répétition suivants :

^ Un méta-caractères correspondant respectivement à une chaîne vide au début de ligne.

$ Un méta-caractères correspondant respectivement à une chaîne vide en fin de ligne.

? L'élément précédent est facultatif et doit être mis en correspondance une fois au maximum.

- **`*`** L'élément précédent doit être mis en correspondance zéro ou plusieurs fois.
- **`.`** Un méta-caractère correspondant respectivement à un caractère quelconque mais impose l'existence de ce caractère.
- **`+`** L'élément précédent doit être mis en correspondance au moins une fois.
- **`{n}`** L'élément précédent doit être mis en correspondance exactement n fois.
- **`{n,}`** L'élément précédent doit être mis en correspondance n fois ou plus.
- **`{,m}`** L'élément précédent est facultatif et doit être mis en correspondance m fois au plus.
- **`{n,m}`** L'élément précédent doit être mis en correspondance au moins n fois, mais au plus m fois.
- **`[]`** Une liste de caractères, encadrée par « **[** » et « **]** » peut être mise en correspondance avec n'importe quel caractère unique appartenant à la liste.
- **`()`** Une chaîne de caractères, encadrée par « **(** » et « **)** » peut être mise en correspondance avec la chaîne correspondante.
- **`|`** Deux expressions rationnelles peuvent être reliées par l'opérateur | ; l'expression résultante correspondra à toute chaîne correspondant à l'une ou l'autre des deux sous-expressions.
- **`\`** Les méta-caractères « **?** », « **+** », « **{** », « **|** », « **(** », et « **)** » perdent leurs significations spéciales si vous les préfixez par « **** ».

La requête suivante est une sélection de la table `PRODUITS` pour extraire toutes les lignes dont la colonne `QUANTITE` commence par la chaîne `'10'` et finit par la chaîne `'pièces'`.

```
SQL> SELECT QUANTITE FROM PRODUITS
     WHERE REGEXP_LIKE (QUANTITE,
                        '^(10).*(pièces)$');

QUANTITE
------------------------------
10 boîtes x 12 pièces
10 sacs x 8 pièces
```

La requête suivante est une sélection de la table `PRODUITS` pour extraire toutes les lignes dont la colonne `QUANTITE` contient la chaîne `'sacs'` et la chaîne `'pièces'`.

```
SQL> SELECT QUANTITE FROM PRODUITS
     WHERE REGEXP_LIKE (QUANTITE,
                        '(sacs).*(pièces)');

QUANTITE
------------------------------
20 sacs x 4 pièces
10 sacs x 8 pièces
```

La requête suivante est une sélection de la table PRODUITS pour extraire toutes les lignes dont la colonne QUANTITE contient n'importe quel caractère ',' ou 'x'.

```
SQL> SELECT QUANTITE FROM PRODUITS
     WHERE REGEXP_LIKE (QUANTITE,
                        '[,x]','i');

QUANTITE
------------------------------
10 boîtes x 20 sacs
10 boîtes x 12 pièces
24 cartons x 4 pièces
24 boîtes x 2 tartes
50 sacs x 30 saucisses
24 bouteilles (0,5 litre)
...
```

La requête suivante est une sélection de la table PRODUITS pour extraire toutes les lignes dont la colonne QUANTITE contient la chaîne 'carton' ou la chaîne 'pièces' ou la chaîne 'bouteilles'.

```
SQL> SELECT QUANTITE FROM PRODUITS
     WHERE REGEXP_LIKE (QUANTITE,
                        '(carton|pièces|bouteilles)','i');

QUANTITE
------------------------------
24 bouteilles (1 litre)
12 bouteilles (550 ml)
12 cartons (1 kg)
18 cartons (500 g)
1 carton (1 kg)
10 boîtes x 12 pièces
...
```

La requête suivante est une sélection de la table PRODUITS pour extraire toutes les lignes dont la colonne QUANTITE contient deux occurrences de la chaîne '100'.

```
SQL> SELECT QUANTITE FROM PRODUITS
     WHERE REGEXP_LIKE (QUANTITE,
                        '(100.*){2}','i');

QUANTITE
------------------------------
100 pièces (100 g)
```

La requête suivante est une sélection de la table PRODUITS pour extraire toutes les lignes dont la colonne QUANTITE contient deux occurrences successives du caractère '1' et deux occurrences successives du numéro '0'.

```
SQL> SELECT QUANTITE FROM PRODUITS
     WHERE REGEXP_LIKE (QUANTITE,
                        '1{2,}.*0{2}','i');

QUANTITE
------------------------------
1 bouteille (500 ml)
```

```
24 bouteilles (500 ml)
```

La requête suivante est une sélection de la table PRODUITS pour extraire toutes les lignes dont la colonne QUANTITE ne commence pas par un des numéros de la liste.

```
SQL> SELECT QUANTITE FROM PRODUITS
  2  WHERE REGEXP_LIKE (QUANTITE,
  3                       '^[^1-3]','i');

QUANTITE
------------------------------
48 pots (6 onces)
4 boîtes (250 g)
50 cartons (300 g)
48 pièces
40 cartons (100 g)
50 sacs x 30 saucisses
48 tartes
```

Afin de permettre la construction d'expressions encore plus complexes, Oracle supporte les classes de caractères. Grâce à cette classe de caractères, il va être possible d'écrire des expressions régulières extrêmement précises afin de retrouver seulement l'information voulue.

Les classes de caractères sont:

[:alpha:]	caractère alphabétique.
[:alphanum:]	caractère alpha numérique.
[:lower:]	caractère alphabétique en minuscule.
[:upper:]	caractère alphabétique en majuscule.
[:digit:]	numéro.
[:xdigit:]	tous les caractères permis en hexadécimal.
[:space:]	espace.
[:punct:]	caractère de ponctuation.
[:cntrl:]	caractère de contrôle non imprimable.
[:print:]	caractère imprimable.

Ces différentes classes de caractères permettent de couvrir l'ensemble des caractères présents dans la table ASCII.

L'opérateur IS NULL

```
SELECT NOM,PRENOM
FROM EMPLOYES
WHERE COMMISSION IS NULL;
```

EMPLOYES

NOM	PRENOM	COMMISSION	...

```
NOM                  PRENOM
-------------------- ----------
Fuller               Andrew
Buchanan             Steven
Callahan             Laura
```

Oracle permet d'employer des opérateurs logiques, « **=** », « **!=** », etc., avec « **NULL** » mais ce type de comparaison ne retourne généralement pas des résultats très parlants.

IS NULL

L'opérateur logique « **IS NULL** » vérifie si la valeur retournée par EXPRESSION est égale à « **NULL** » ; alors il retourne VRAI, sinon FAUX.

EXPRESSION IS NULL

La requête suivante est une sélection de la table COMMANDES pour extraire les numéros de commandes et les codes client qui n'ont pas de date d'envoi renseignée.

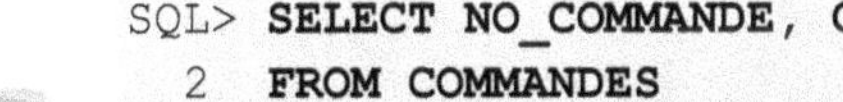

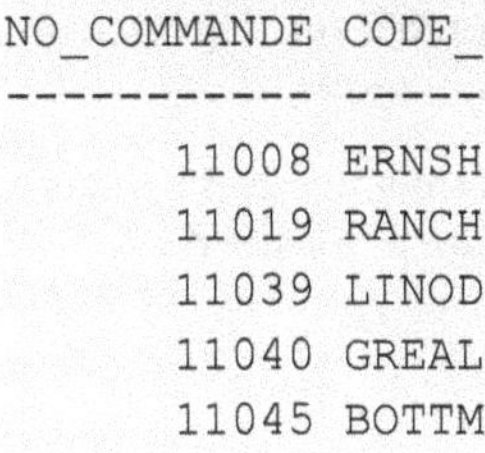

```
SQL> SELECT NO_COMMANDE, CODE_CLIENT
  2  FROM COMMANDES
  3  WHERE DATE_ENVOI IS NULL;
NO_COMMANDE CODE_
----------- -----
      11008 ERNSH
      11019 RANCH
      11039 LINOD
      11040 GREAL
      11045 BOTTM
...
```

Les opérateurs logiques « **IS NULL** » et « **IS NOT NULL** » peuvent être utilisés pour tous les types de données qui sont stockés dans la base.

Atelier 4.1

- La restriction
- Le traitement des chaînes de caractères
- Le traitement de valeurs NULL

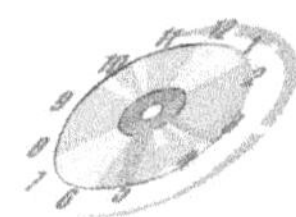

Durée : 35 minutes

Questions

4.1-1. Quelles sont les opérateurs logiques qui peuvent être utilisés avec les chaînes de caractères ?

A. `=`

B. `>`

C. `<`

D. `!=, ^=, < >`

E. `LIKE`

F. `REGEXP_LIKE`

4.1-2. Pour les mêmes choix que la question précédente, quelles sont les opérateurs logiques qui peuvent être utilisés avec les dates ?

4.1-3. Quelle est l'opérateur de répétition qui permet une mise en correspondance avec n'importe quel caractère unique appartenant à la liste ?

A. `^`

B. `$`

C. `*`

D. `|`

E. `[]`

F. `()`

G. `{}`

H. \

I. ?

4.1-4. Pour les mêmes choix que la question précédente, quel est l'opérateur de répétition qui permet une mise en correspondance avec la chaîne correspondante ?

Exercice n° 1 La restriction

Écrivez les requêtes permettant d'afficher :

– Le nom de la société et de la localité des clients qui habitent à Toulouse.

– Le nom, le prénom et la fonction des employés qui ne sont pas des représentants.

– Le nom du produit, la catégorie et le fournisseur des produits qui ne sont pas disponibles, le champ `INDISPONIBLE` est égal à 1.

– Le nom, prénom et fonction des employés qui ont un salaire inférieur à 3500.

– Le nom, prénom et fonction des employés dirigés par l'employé numéro 2.

– Le nom, prénom et fonction des employés recrutés après 01/01/1994.

Exercice n° 2 Le traitement des chaînes de caractères

Écrivez les requêtes permettant d'afficher :

– Les produits et leur quantité conditionnée en bouteilles d'un litre.

– Le nom de la société, la localité et le code postal des fournisseurs à condition que leur code postal soit composé uniquement des valeurs numériques.

– Les produits et leur quantité à condition que leur emballage soit de type cartons, boîtes ou unités et conditionnée par paquets de 24 ou 32.

– Le nom de la société, le pays et le numéro de téléphone à condition que leur numéro de téléphone soit formaté de la sorte : **`'99.99.99.99.99'`**.

– Le nom de la société, le pays et le numéro de téléphone à condition que leur numéro de téléphone commence soit par, **`'(604)'`**, **`'(91)'`** ou **`'(5)'`**.

– Les produits et leur quantité à condition que leur emballage est type bouteille ou pots et leur poids soit mentionné en onces ou litres.

Exercice n° 3 Le traitement de valeurs NULL

Écrivez les requêtes permettant d'afficher :

– Le nom de la société, la ville et le pays des clients qui n'ont pas de numéro de fax renseigné.

– Le nom, prénom et la fonction des employés qui ne sont pas commissionnés.

– Le nom, prénom et la fonction des employés qui n'ont pas de supérieur hiérarchique.

– Le nom de la société, la ville et le pays des fournisseurs qui ont un numéro de fax renseigné.

L'opérateur BETWEEN

MAX

EXPRESSION (une valeur) ■ **between**

MIN

Il existe également des opérateurs logiques qui permettent d'effectuer des comparaisons avec des listes de valeurs, comme décrit dans la présentation.

BETWEEN

L'opérateur logique « **BETWEEN** » vérifie si la valeur retournée par `EXPRESSION1` est égale à `EXPRESSION2`, `EXPRESSION3` ou toute valeur comprise entre `EXPRESSION2` et `EXPRESSION3` ; alors retourne `VRAI` sinon `FAUX`.

EXPRESSION1 BETWEEN EXPRESSION2 AND EXPRESSION3

La requête suivante est une sélection de la table `EMPLOYES` pour extraire le nom, le prénom et le salaire des employés qui ont un salaire compris entre 2500 et 3500.

```
SQL> SELECT NOM, PRENOM, SALAIRE
  2  FROM EMPLOYES
  3  WHERE SALAIRE BETWEEN 2500 AND 3500;
```

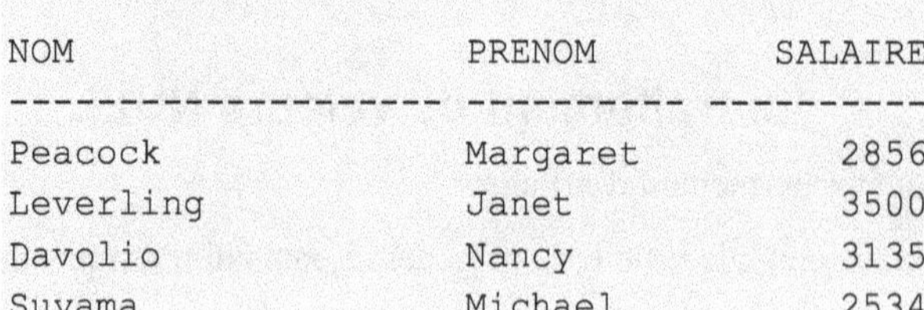

```
NOM                  PRENOM        SALAIRE
-------------------- ---------- ----------
Peacock              Margaret         2856
Leverling            Janet            3500
Davolio              Nancy            3135
Suyama               Michael          2534
```

L'opérateur IN

EXPRESSION (une valeur) ■ in **Une liste de valeurs**

Il existe également des opérateurs logiques qui permettent d'effectuer des comparaisons avec des listes de valeurs, comme décrit dans la présentation.

IN

L'opérateur logique « **IN** » vérifie si la valeur retournée par `EXPRESSION1` est dans la `LISTE_DE_VALEURS` ; alors il retourne `VRAI`, sinon `FAUX`.

`EXPRESSION1 IN (LISTE_DE_VALEURS)`

`LISTE_DE_VALEURS` La liste des valeurs peut être une liste de constantes ou une liste de valeurs dynamiques (une sous-requête ; le traitement des sous-requêtes est présenté plus loin dans ce module) ; cependant les types de données des différentes constantes doivent être identiques au type retourné par `EXPRESSION1`.

La requête suivante est une sélection de la table CLIENTS pour extraire la société et la ville de résidence des clients situés à Paris, Strasbourg et Toulouse.

```
SQL> SELECT SOCIETE, VILLE  FROM CLIENTS
  2  WHERE VILLE IN ('Paris','Strasbourg','Toulouse') ;

SOCIETE                                  VILLE
---------------------------------------- ---------------
La maison d'Asie                         Toulouse
Blondel père et fils                     Strasbourg
Spécialités du monde                     Paris
Paris spécialités                        Paris
```

Les opérateurs logiques

EXPRESSION (une valeur) — ■ **ANY** ■ **ALL** — **Une liste de valeurs**

Les opérateurs logiques présents permettent de comparer des expressions qui retournent une valeur unique. Tous ces opérateurs sont utilisés de façon analogue.

ANY

L'opérateur logique « **ANY** » compare la valeur retournée par `EXPRESSION1` à chaque donnée de la `LISTE_DE_VALEURS`.

L'opérateur « **=ANY** » équivaut à IN. L'opérateur « **<ANY** » signifie « inférieur à au moins une des valeurs » donc « inférieur au maximum ». L'opérateur « **>ANY** » signifie « supérieur à au moins une des valeurs » donc « supérieur au minimum ».

```
SQL> SELECT NO_EMPLOYE, NOM
  2  FROM EMPLOYES
  3  WHERE NO_EMPLOYE < ANY (2, 4, 5);

NO_EMPLOYE NOM
---------- --------------------
         4 Peacock
         3 Leverling
         1 Davolio
         2 Fuller

SQL> SELECT NO_EMPLOYE, NOM
  2  FROM EMPLOYES
  3  WHERE NO_EMPLOYE < 5;

NO_EMPLOYE NOM
---------- --------------------
         1 Davolio
         2 Fuller
         3 Leverling
```

```
         4 Peacock

SQL> SELECT NO_EMPLOYE, NOM
     FROM EMPLOYES
     WHERE NO_EMPLOYE > ANY (2, 4, 5);

NO_EMPLOYE NOM
---------- --------------------
         8 Callahan
         5 Buchanan
         4 Peacock
         3 Leverling
         9 Dodsworth
         7 King
         6 Suyama
```

ALL

L'opérateur logique « **ALL** » compare la valeur retournée par `EXPRESSION1` à toutes les données de la `LISTE_DE_VALEURS`.

L'opérateur « **<ANY** » signifie « inférieur au minimum » et « **>ALL** » signifie « supérieur au maximum ».

```
SQL> SELECT NO_EMPLOYE, NOM
     FROM EMPLOYES
     WHERE NO_EMPLOYE < ALL (2, 4, 5);

NO_EMPLOYE NOM
---------- --------------------
         1 Davolio

SQL> SELECT NO_EMPLOYE, NOM
     FROM EMPLOYES
     WHERE NO_EMPLOYE > ALL (2, 4, 5);

NO_EMPLOYE NOM
---------- --------------------
         6 Suyama
         7 King
         8 Callahan
         9 Dodsworth
```

Astuce

Les deux opérateurs logiques « **ALL** » et « **ANY** » permettent de comparer des expressions avec des listes de valeurs.

Il est préférable d'utiliser ces deux opérateurs avec des sous-requêtes dynamiques qu'avec les listes de valeurs statiques(voir sous-requêtes).

L'opérateur AND

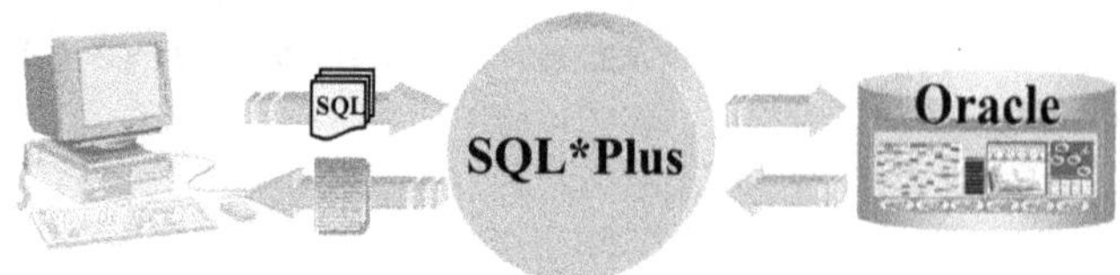


```
SELECT NOM,
       FONCTION
FROM   EMPLOYES
WHERE  SALAIRE > 2500 AND
       FONCTION LIKE 'Rep%'
```

Les opérateurs logiques forment des expressions de type logique et ces expressions peuvent être combinées à l'aide des opérateurs logiques « **AND** », « **OR** » ou « **NOT** ».

AND

L'opérateur logique « **AND** » vérifie si `EXPRESSION1` et `EXPRESSION2` sont `VRAI` en même temps ; alors il retourne `VRAI`, sinon `FAUX`.

EXPRESSION1 AND EXPRESSION2

La requête suivante est une sélection de la table `PRODUIT` pour extraire les produits qui sont en stock et qui sont de type boîte.

```
SQL> SELECT NOM_PRODUIT,QUANTITE,UNITES_STOCK
  2  FROM   PRODUITS
  3  WHERE  UNITES_STOCK > 0 AND
  4         QUANTITE LIKE '%boîte%' ;

NOM_PRODUIT                      QUANTITE                 UNITES_STOCK
-------------------------------- ------------------------ ------------
Chai                             10 boîtes x 20 sacs                39
Konbu                            1 boîtes (2 kg)                    24
Pavlova                          32 boîtes (500 g)                  29
Teatime Chocolate Biscuits       10 boîtes x 12 pièces              25
Sir Rodney's Marmalade           30 boîtes                          40
Boston Crab Meat                 24 boîtes (4 onces)               123
Ipoh Coffee                      16 boîtes (500 g)                  17
Spegesild                        4 boîtes (250 g)                   95
Zaanse koeken                    10 boîtes (4 onces)                36
Filo Mix                         16 boîtes (2 kg)                   38
Pâté chinois                     24 boîtes x 2 tartes              115
Original Frankfurter grüne Soße 12 boîtes                          32
```

La requête suivante est une sélection de la table `COMMANDES` pour extraire les commandes du client **'ERNSH'** passées par les employés **'6,7,8'** et dont la date d'envoi n'a pas été saisie.

```
SQL> SELECT NO_COMMANDE, CODE_CLIENT, NO_EMPLOYE, DATE_ENVOI
     FROM COMMANDES
     WHERE CODE_CLIENT = 'ERNSH' AND
           NO_EMPLOYE BETWEEN 6 AND 8 AND
           DATE_ENVOI IS NULL;

NO_COMMANDE CODE_ NO_EMPLOYE DATE_ENV
----------- ----- ---------- --------
      11008 ERNSH          7
```

La requête suivante est une sélection de la table `PRODUITS` pour extraire les produits du fournisseur numéro '1' et du fournisseur numéro '2'.

```
SQL> SELECT NOM_PRODUIT, CODE_CATEGORIE
     FROM PRODUITS
     WHERE NO_FOURNISSEUR = 1 AND
           NO_FOURNISSEUR = 5;

aucune ligne sélectionnée
```

Attention

Il faut faire très attention aux abus de langage comme dans l'exemple précédent ou l'on souhaite afficher les produits du fournisseur numéro '1' ou du fournisseur numéro '2'.

L'ensemble des conditions de la clause « **WHERE** » est exécuté pour valider chaque enregistrement de la table. Par conséquent le numéro fournisseur ne peut pas être '1' et '2' à la fois et pour le même enregistrement.

L'opérateur OR

```
SELECT NOM_PRODUIT,
       UNITES_COMMANDEES,
       INDISPONIBLE
FROM   PRODUITS
WHERE  UNITES_COMMANDEES > 0 OR
       INDISPONIBLE      = 1
```

Les opérateurs logiques forment des expressions de type logique et ces expressions peuvent être combinées à l'aide des opérateurs logiques « **AND** », « **OR** » ou « **NOT** ».

OR

L'opérateur logique « **OR** » vérifie si au mois une des deux est VRAI ; alors il retourne VRAI, sinon FAUX.

EXPRESSION1 OR EXPRESSION2

La requête suivante est une sélection de la table COMMANDES pour extraire les commandes qui n'ont pas de date d'envoi ou de frais de port.

```
SQL> SELECT CODE_CLIENT,DATE_ENVOI,PORT
  2  FROM COMMANDES
  3  WHERE DATE_ENVOI IS NULL OR
  4        PORT       IS NULL ;

CODE_ DATE_ENV       PORT
----- -------- ----------
LILAS 11/09/96
BLAUS 29/04/97
WELLI 01/09/97
LACOR 26/03/98
ERNSH               397,3
RANCH               15,85
SUPRD 24/04/98
LINOD                 325
GREAL                94,2
BOTTM               352,9
CACTU                1,65
BLAUS               155,7
```

...

La requête suivante est une sélection de la table PRODUITS pour extraire les produits du fournisseur numéro '1' et du fournisseur numéro '2'.

```
SQL> SELECT NOM_PRODUIT, CODE_CATEGORIE
     FROM PRODUITS
     WHERE NO_FOURNISSEUR = 1 OR
           NO_FOURNISSEUR = 5;

NOM_PRODUIT                                  CODE_CATEGORIE
-------------------------------------------- --------------
Chai                                                      1
Chang                                                     1
Aniseed Syrup                                             2
Queso Cabrales                                            4
Queso Manchego La Pastora                                 4
```

Astuce

L'opérateur logique « **AND** » est prioritaire par rapport à l'opérateur « **OR** ». Des parenthèses peuvent être utilisées pour imposer une priorité dans l'évaluation de l'expression, ou tout simplement pour rendre l'expression plus claire.

```
SQL> SELECT NO_EMPLOYE, REND_COMPTE, FONCTION, TITRE
     FROM EMPLOYES
     WHERE REND_COMPTE IS NOT NULL AND
           FONCTION LIKE 'Rep%'    OR
           TITRE    LIKE 'M.';

NO_EMPLOYE REND_COMPTE FONCTION                       TITRE
---------- ----------- ------------------------------ -----
         5           2 Chef des ventes                M.
         4           2 Représentant(e)                Mme
         3           2 Représentant(e)                Mlle
         1           2 Représentant(e)                Mlle
         9           5 Représentant(e)                Mlle
         7             Représentant(e)                M.
         6           5 Représentant(e)                M.

7 ligne(s) sélectionnée(s).

SQL> SELECT NO_EMPLOYE, REND_COMPTE, FONCTION, TITRE
     FROM EMPLOYES
     WHERE REND_COMPTE IS NOT NULL AND
         ( FONCTION LIKE 'Rep%'    OR
           TITRE    LIKE 'M.');

NO_EMPLOYE REND_COMPTE FONCTION                       TITRE
---------- ----------- ------------------------------ -----
         5           2 Chef des ventes                M.
         4           2 Représentant(e)                Mme
         3           2 Représentant(e)                Mlle
```

```
          1            2 Représentant(e)                Mlle
          9            5 Représentant(e)                Mlle
          6            5 Représentant(e)                M.

6 ligne(s) sélectionnée(s).
```

L'opérateur NOT

- **NOT EXPRESSION**
- **IS NOT NULL**
- **NOT LIKE**
- **NOT IN**

NOT

L'opérateur logique « **NOT** » inverse le sens de `EXPRESSION,` explicitement si `EXPRESSION` est `FAUX` ; alors retourne il `VRAI,` sinon `FAUX`.

`NOT EXPRESSION`

La requête suivante est une sélection de la table `EMPLOYES` pour extraire le nom et la fonction des employés qui ont un salaire supérieur à 2500 et qui ne sont pas des représentants.

```
SQL> SELECT NOM, FONCTION FROM EMPLOYES
  2  WHERE SALAIRE > 2500 AND
  3        NOT FONCTION LIKE 'Rep%';

NOM                  FONCTION
-------------------- ------------------------------
Fuller               Vice-Président
Buchanan             Chef des ventes
```

NOT IN

L'opérateur logique « **NOT IN** » vérifie si la valeur retournée par `EXPRESSION1` n'est pas dans la `LISTE_DE_VALEURS` ; alors il retourne `VRAI,` sinon `FAUX`.

`EXPRESSION1 NOT IN (LISTE_DE_VALEURS)`

```
SQL> SELECT NOM,PRENOM, TITRE  FROM EMPLOYES
  2  WHERE TITRE NOT IN ('M.','Mme','Mlle');

NOM                  PRENOM     TITRE
-------------------- ---------- -----
Fuller               Andrew     Dr.
```

La requête précédente est une sélection de la table EMPLOYES pour extraire le nom, prénom et titre des employés avec une valeur pour la colonne titre autre que 'M.', 'Mme' et 'Mlle'.

NOT BETWEEN

L'opérateur logique « **BETWEEN** » vérifie si la valeur retournée par EXPRESSION1 n'est pas égale à EXPRESSION2, EXPRESSION3 ou toute valeur comprise entre EXPRESSION2 et EXPRESSION3 ; alors retourne VRAI sinon FAUX.

```
EXPRESSION1 NOT BETWEEN EXPRESSION2 AND EXPRESSION3
```

La requête suivante est une sélection de la table EMPLOYES pour extraire le nom, le prénom et la date d'embauche des employés qui n'ont pas été recrutés en 1993.

```
SQL> SELECT NOM, PRENOM, DATE_EMBAUCHE
FROM EMPLOYES
WHERE DATE_EMBAUCHE NOT BETWEEN '01/01/1993' AND '31/12/1993';
```

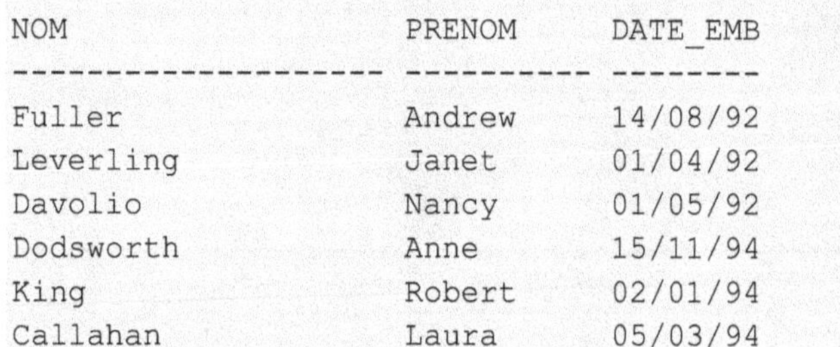

```
NOM                  PRENOM     DATE_EMB
-------------------- ---------- --------
Fuller               Andrew     14/08/92
Leverling            Janet      01/04/92
Davolio              Nancy      01/05/92
Dodsworth            Anne       15/11/94
King                 Robert     02/01/94
Callahan             Laura      05/03/94
```

IS NOT NULL

L'opérateur logique « **IS NOT NULL** » vérifie si la valeur retournée par EXPRESSION n'est pas égale à « **NULL** » ; alors retourne il VRAI, sinon FAUX.

EXPRESSION IS NOT NULL

La requête suivante est une sélection de la table EMPLOYES pour extraire les noms et prénoms des employés qui ont une commission renseignée.

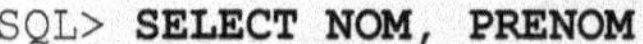

```
SQL> SELECT NOM, PRENOM
FROM EMPLOYES
WHERE COMMISSION IS NOT NULL;
```

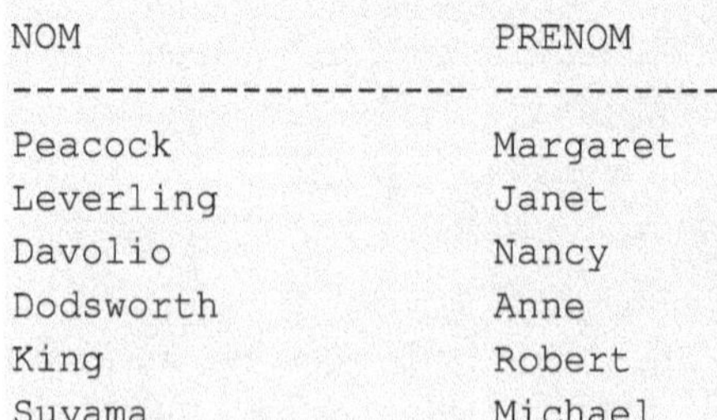

```
NOM                  PRENOM
-------------------- ----------
Peacock              Margaret
Leverling            Janet
Davolio              Nancy
Dodsworth            Anne
King                 Robert
Suyama               Michael
```

Atelier 4.2

- L'opérateur BETWEEN
- La comparaison avec des listes
- L'assemblage des expressions

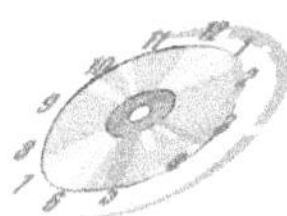

Durée : 25 minutes

Questions

4.2-1. Quelles sont les conditions qui permettront d'afficher les produits livrés par le fournisseur numéro 1 et numéro 2 ?

A. `NO_FOURNISSEUR BETWEEN 1 AND 2`

B. `NO_FOURNISSEUR = 1 AND NO_FOURNISSEUR = 2`

C. `NO_FOURNISSEUR = 1 OR NO_FOURNISSEUR = 2`

D. `NO_FOURNISSEUR IN (1,2)`

4.2-2. Quelle est la condition qui permettra d'afficher les produits de la catégorie 1 ou de la catégorie 2 livrés par le fournisseur numéro 1 ?

A.
```
NO_FOURNISSEUR = 1 AND
CODE_CATEGORIE = 1 OR CODE_CATEGORIE = 2
```

B.
```
( NO_FOURNISSEUR = 1 AND
  CODE_CATEGORIE = 1 ) OR CODE_CATEGORIE = 2
```

C.
```
NO_FOURNISSEUR = 1 AND
( CODE_CATEGORIE = 1 OR CODE_CATEGORIE = 2 )
```

D.
```
NO_FOURNISSEUR = 1 OR
CODE_CATEGORIE = 1 OR CODE_CATEGORIE = 2
```

4.2-3. Quelle est la condition qui permettra d'afficher les commandes qui n'ont pas encore été livrées et leur frais de port qui ont été renseigné ?

A. `DATE_ENVOI IS NULL OR PORT IS NULL`

B. `DATE_ENVOI IS NULL OR PORT IS NOT NULL`

C. `DATE_ENVOI IS NULL AND PORT IS NOT NULL`

Exercice n° 1 L'opérateur BETWEEN

Écrivez les requêtes permettant d'afficher :

- Le nom, prénom, fonction et salaire des employés qui ont un salaire compris entre 2500 et 3500.
- Le numéro de commande, code client et la date de commande pour les commandes passées entre le `'01/01/1998'` et `'01/03/1998'`.

Exercice n° 2 La comparaison avec des listes

Écrivez les requêtes permettant d'afficher :

- Le nom de la société, l'adresse, le téléphone et la ville des clients qui habitent à Toulouse, à Strasbourg, à Nantes ou à Marseille.
- Le nom du produit, le fournisseur, la catégorie et les quantités en stock pour les produits qui sont d'une des catégories 1, 3, 5 et 7.
- Le numéro de commande, code client et la date de commande pour les commandes passées dans une des dates : `'18/02/1998'`, `'20/02/1998'` ou `'25/02/1998'`.

Exercice n° 3 L'assemblage des expressions

Écrivez les requêtes permettant d'afficher :

- Le nom, prénom, fonction et le salaire des représentants qui sont en activité depuis `'10/10/1993'`.
- Le nom, prénom, fonction et le salaire des employés qui sont âgés de plus de 45 ans ou qui ont une ancienneté de plus de 10 ans.
- Le nom du produit, le fournisseur, la catégorie et les quantités des produits qui ont le numéro fournisseur entre 1 et 3 ou un code catégorie entre 1 et 3 et pour lesquelles les quantités sont données en boîtes ou en cartons.
- Les produits et leur quantité à condition que leur emballage ne soit pas d'un de ces types : cartons, boîtes ou unités et qu'il ne soit pas conditionné par paquets de 24 ou 32. Il ne faut pas afficher les produits de catégorie 1, 4 et 8.

- *Type de chaînes*
- *Majuscules / Minuscules*
- *Formatage de chaînes*
- *Recherche*

5

Les chaînes de caractères

Objectifs

A la fin de ce module, vous serez à même d'effectuer les tâches suivantes :

- Manipuler des chaînes de caractères.
- Formater des chaînes de caractères.
- Extraire une partie d'une chaîne de caractères.
- Rechercher et remplacer des sous chaînes.

Contenu

Expression SQL

```
SELECT [ALL|DISTINCT] {*,
                        [EXPRESSION1 [AS] ALIAS1
                        [,...] }
FROM NOM_TABLE
WHERE PREDICAT
ORDER BY [NOM_COLONNE1|POSITION1|EXPRESSION1] [ASC|DESC]
         [,...] ;
```

SQL
SQL*Plus
Oracle

Le module précédent explique la syntaxe du langage SQL, plus précisément les modalités d'écriture d'une requête qui extrait à partir d'une table les informations que vous souhaitez.

Une requête extrait de la base une liste de colonnes, d'expressions et/ou de constantes.

Une expression est un ensemble d'une ou plusieurs colonnes, constantes et/ou fonctions combinées au moyen des opérateurs. La présence d'expressions dans les requêtes augmente les possibilités offertes pour les traitements des informations extraites et enrichit celles de conditions restrictives. Dans l'expression, on peut utiliser des fonctions.

Les types SQL sont regroupés dans quatre grandes familles : chaînes de caractères, temporels, numériques et binaires.

Les fonctions SQL sont utilisées pour effectuer les traitements suivants :

- Manipulation des chaînes des caractères
- Calcul arithmétique
- Manipulation de dates
- Conversion et transformation

Ce module décrit les types des fonctions SQL pour la manipulation des chaînes de caractères et la syntaxe de mise en place pour les plus significatives d'entre elles.

Types chaîne de caractères

- CHAR
- VARCHAR2 et VARCHAR
- NCHAR
- NVARCHAR2

SQL permet de codifier les chaînes de caractères dans des formats où chaque caractère s'exprime sur 2 octets (ASCII, EBCDIC) ou sur 4 octets (Unicode).

ASCII est un format d'encodage de caractères sur 8 bits, soit 1 octet. Étant donné que certaines langues admettent des caractères diacritiques (accent, cédille, tilde, ligature, etc.) il a fallu inventer un stratagème qui permet de charger un panel de signes différents en fonction de la langue de l'utilisateur.

À la création de la base de données vous spécifiez le jeu de caractères utilisé par la base de données pour stocker les données. Vous spécifiez également le jeu de caractères national utilisé pour stocker les données dans des colonnes définies spécifiquement avec les types « **NCHAR** », « **NCLOB** » ou « **NVARCHAR2** ».

Les types de données chaîne de caractères disponibles sont :

VARCHAR2

Chaîne de caractères de longueur variable comprenant au maximum 4000 bytes.

CHAR

Chaîne de caractères de longueur fixe avec L comprenant au maximum 2000 bytes.

NCHAR

Chaîne de caractères de longueur fixe pour des jeux de caractères multi octets pouvant atteindre 4000 bytes selon le jeu de caractères national.

NVARCHAR2

Chaîne de caractères de longueur variable pour des jeux de caractères multi octets pouvant atteindre 4000 bytes selon le jeu de caractères national.

VSIZE

La fonction « **VSIZE** » renvoie la longueur, en bytes, de la chaîne.

VSIZE(CHAÎNE) = NUMERIQUE

```
SQL> DESC DETAILS_COMMANDES
Nom                                       NULL ?   Type
 ----------------------------------------- -------- --------------
 NO_COMMANDE                               NOT NULL NUMBER(6)
 REF_PRODUIT                               NOT NULL NUMBER(6)
 PRIX_UNITAIRE                             NOT NULL NUMBER(8,2)
 QUANTITE                                  NOT NULL NUMBER(5)
 REMISE                                    NOT NULL FLOAT(126)

SQL> SELECT VSIZE(CODE_CLIENT) "Taille de stockage CODE_CLIENT" ,
  2         VSIZE(SOCIETE) "Taille de stockage SOCIETE"
  3  FROM CLIENTS
  4  WHERE ROWNUM < 4;

Taille de stockage CODE_CLIENT Taille de stockage SOCIETE
------------------------------ --------------------------
                             5                         19
                             5                         34
                             5                         23
```

Majuscules / Minuscules

- LOWER
- UPPER

Dans Oracle, les fonctions de manipulation de chaînes de caractères opèrent de deux façons. Certaines créent de nouveaux objets à partir d'anciens et produisent comme résultat une modification des données originales, par exemple une conversion en minuscules de caractères majuscules. D'autres permettent d'obtenir des informations relatives à des données, comme le nombre de caractères contenus dans une phrase ou un mot.

LOWER

La fonction « **LOWER** » permet de convertir les majuscules en minuscules.

LOWER(CHAÎNE) = CHAÎNE

```
SQL> SELECT NOM, LOWER(NOM) FROM EMPLOYES
  2  WHERE ROWNUM < 3;
```

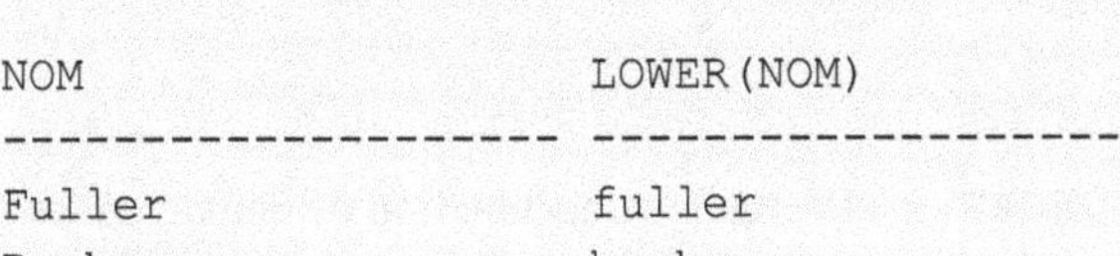

```
NOM                  LOWER(NOM)
-------------------- --------------------
Fuller               fuller
Buchanan             buchanan
```

UPPER

La fonction « **UPPER** » permet de convertir les minuscules en majuscules.

UPPER(CHAÎNE) = CHAÎNE

```
SQL> SELECT NOM_PRODUIT, UPPER(NOM_PRODUIT) FROM PRODUITS
  2  WHERE ROWNUM < 3 ;
```

```
NOM_PRODUIT                              UPPER(NOM_PRODUIT)
---------------------------------------- ----------------------
Raclette Courdavault                     RACLETTE COURDAVAULT
Chai                                     CHAI
```

Manipulation de chaînes

- INITCAP
- CONCAT

INITCAP

La fonction « **INITCAP** » permet de convertir en majuscule la première lettre de chaque mot de la chaîne, et toutes les autres lettres en minuscule. Sont considérés comme **séparateurs de mots** tous les caractères qui ne sont pas des lettres.

INITCAP(CHAÎNE) = CHAÎNE

```
SQL> SELECT INITCAP('LE LANGE_SQL ET pL/sQL pOUR OrACLE')
  2  "Fonction INITCAP" FROM DUAL;

Fonction INITCAP
----------------------------------
Le Lange_Sql Et Pl/Sql Pour Oracle
```

CONCAT

La fonction « **CONCAT** » effectue la concaténation de deux chaînes de caractères.

CONCAT(EXPRESSION1,EXPRESSION2)= EXPRESSION1||EXPRESSION2

```
SQL> SELECT CONCAT(CONCAT(NOM,' '), PRENOM), NOM||' '||PRENOM
  2  FROM EMPLOYES;

CONCAT(CONCAT(NOM,''),PRENOM)    NOM||''||PRENOM
-------------------------------- --------------------------------
Fuller Andrew                    Fuller Andrew
Buchanan Steven                  Buchanan Steven
Peacock Margaret                 Peacock Margaret
Leverling Janet                  Leverling Janet
Davolio Nancy                    Davolio Nancy
Dodsworth Anne                   Dodsworth Anne
...
```

Remplissage de chaînes

- LPAD
- RPAD

LPAD

La fonction « **LPAD** » complète, ou tronque sur la gauche à une longueur donnée la chaîne de caractères.

LPAD(CHAÎNE1,LONG[,CHAÎNE2]) = RETOUR

CHAÎNE1	La chaîne à traiter.
CHAÎNE2	Un ou plusieurs caractères utilisés comme modèle pour le remplissage. Le paramètre est optionnel ; par défaut, la chaîne est complétée par des espaces.
LONG	Le paramètre LONG est la longueur de la chaîne de caractères après le traitement.
RETOUR	La chaîne traitée redimensionne à la longueur LONG. Si LONG est supérieur à la longueur de la chaîne on remplit la chaîne avec le modèle CHAÎNE2, sinon la chaîne est tronquée en éliminant la fin.

```
SQL> SELECT NOM,
  2         LPAD(PRENOM, 10),
  3         LPAD(NOM,8,'*'),
  4         LPAD(NOM,25,'&*#')
  5  FROM EMPLOYES ;

NOM                  LPAD(PRENO LPAD(NOM LPAD(NOM,25,'&*#')
-------------------- ---------- -------- -------------------------
Fuller                  Andrew **Fuller &*#&*#&*#&*#&*#&*#&Fuller
Buchanan                Steven Buchanan &*#&*#&*#&*#&*#&*Buchanan
Peacock               Margaret *Peacock &*#&*#&*#&*#&*#&*#Peacock
Leverling                Janet Leverlin &*#&*#&*#&*#&*#&Leverling
Davolio                  Nancy *Davolio &*#&*#&*#&*#&*#&*#Davolio
```

```
Dodsworth                      Anne Dodswort &*#&*#&*#&*#&*#&Dodsworth
King                         Robert ****King &*#&*#&*#&*#&*#&*#&*#King
Suyama                      Michael **Suyama &*#&*#&*#&*#&*#&*#&Suyama
Callahan                      Laura Callahan &*#&*#&*#&*#&*#&*Callahan
```

RPAD

La fonction « **RPAD** » complète, ou tronque sur la droite à une longueur donnée la chaîne de caractères.

RPAD(CHAÎNE1,LONG[,CHAÎNE2]) = RETOUR

CHAÎNE2	Un ou plusieurs caractères utilisés comme modèle pour le remplissage. Le paramètre est optionnel, par défaut, la chaîne est complétée par des espaces.
LONG	Le paramètre `LONG` est la longueur de la chaîne de caractères après le traitement.
RETOUR	La chaîne traitée redimensionne à la longueur `LONG`. Si `LONG` est supérieur à la longueur de la chaîne on remplit la chaîne avec le modèle `CHAÎNE2`, sinon la chaîne est tronquée en éliminant la fin.

```
SQL> SELECT NOM,
  2         RPAD(PRENOM, 10),
  3         RPAD(NOM,8,'*'),
  4         RPAD(NOM,25,'&*#')
  5  FROM EMPLOYES ;

NOM                  RPAD(PRENO RPAD(NOM RPAD(NOM,25,'&*#')
-------------------- ---------- -------- -------------------------
Fuller               Andrew     Fuller** Fuller&*#&*#&*#&*#&*#&*#&
Buchanan             Steven     Buchanan Buchanan&*#&*#&*#&*#&*#&*
Peacock              Margaret   Peacock* Peacock&*#&*#&*#&*#&*#&*#
Leverling            Janet      Leverlin Leverling&*#&*#&*#&*#&*#&
...
```

Nettoyage de chaînes

- LTRIM
- RTRIM

LTRIM

La fonction « **LTRIM** » supprime un ensemble des caractères indésirables à gauche de la chaîne de caractères.

LTRIM(CHAÎNE1[,CHAÎNE2]) = RETOUR

CHAÎNE1	La chaîne à traiter.
CHAÎNE2	Un caractère ou une liste de caractères indésirables. La requête recherche et efface **une série contiguë** d'un ou plusieurs caractères de la liste, positionnés à gauche de la chaîne de caractères. Le paramètre CHAÎNE2 est optionnel ; par défaut, la chaîne efface tous les espaces.

```
SQL> SELECT LTRIM('                    Chaîne')
  2  FROM DUAL;

LTRIM(
------
Chaîne

SQL> SELECT LTRIM('**************Chaîne')
  2  FROM DUAL;

LTRIM('**************
---------------------
**************Chaîne

SQL> SELECT LTRIM('A2BD1AC3BCD4-Chaîne', 'ABCD1234')
  2  FROM DUAL;

LTRIM('
```

```
-------
-Chaîne
```

RTRIM

La fonction « **LTRIM** » supprime un ensemble des caractères indésirables à droite de la chaîne de caractères.

RTRIM(CHAÎNE1[,CHAÎNE2]) = RETOUR

CHAÎNE1	La chaîne à traiter.
CHAÎNE2	Un caractère ou une liste de caractères indésirables. La requête recherche et efface **une série contiguë** d'un ou plusieurs caractères de la liste, positionnés à droite de la chaîne de caractères. Le paramètre CHAÎNE2 est optionnel ; par défaut, la chaîne efface tous les blancs.

```
SQL> SELECT RTRIM('Chaîne*********************************', '*')
  2  FROM DUAL ;

RTRIM(
------
Chaîne
```

Extraire une sous chaîne

- SUBSTR
- REGEXP_SUBSTR

SUBSTR

La fonction « **SUBSTR** » extrait de la chaîne de caractère une sous-chaîne à partir d'une position et longueur donnée.

SUBSTR(CHAÎNE1,POSITION[,LONGUEUR]) = RETOUR

CHAÎNE1	La chaîne à traiter.
POSITION	La position de départ pour la nouvelle chaîne.
LONGUEUR	Le paramètre LONGUEUR est facultatif ; il détermine le nombre des caractères de la nouvelle chaîne ; par défaut la sous-chaîne va jusqu'à l'extrémité de la chaîne.

```
SQL> SELECT NOM
            SUBSTR(NOM,3,5)  "1",
            SUBSTR(NOM,3,25) "2",
            SUBSTR(NOM,3) "3"
     FROM EMPLOYES ;

NOM                  1     2                  3
-------------------- ----- ------------------ ------------------
Fuller               ller  ller               ller
Buchanan             chana chanan             chanan
Peacock              acock acock              acock
Leverling            verli verling            verling
Davolio              volio volio              volio
Dodsworth            dswor dsworth            dsworth
...
```

REGEXP_SUBSTR

La fonction « **REGEXP_SUBSTR** » extrait de la chaîne de caractère une sous-chaîne en décrivant la sous-chaîne extraite à l'aide d'une expression régulière. Ceci

permet d'extraire la sous-chaîne sans connaître sa position exacte, ni même sa longueur.

REGEXP_SUBSTR (CHAÎNE1, CHAÎNE2 [, PARAMETRE]) ;

CHAÎNE1 La chaîne à traiter.

CHAÎNE2 Une expression rationnelle qui permet de décrire un ensemble de chaînes. Les expressions rationnelles sont construites comme des opérations arithmétiques, en utilisant des opérateurs divers pour combiner des expressions plus petites. (Voir : « **REGEXP_LIKE** »)

PARAMETRE Paramètre de correspondance de l'expression rationnelle. Il peut avoir les valeurs suivantes :

i Ignorer les différences majuscules/minuscules dans le motif.

c Respecter les différences majuscules/minuscules dans le motif.

x Ignorer les espaces dans la chaîne à traiter.

```
SQL> SELECT QUANTITE,
            REGEXP_SUBSTR(QUANTITE,
                          '(carton|bouteilles)[^\(]')
     FROM PRODUITS
     WHERE REGEXP_LIKE(QUANTITE,
                          '(carton|bouteilles)[^\(]');

QUANTITE                       REGEXP_SUBSTR(QUAN
------------------------------ ------------------
24 bouteilles (1 litre)        bouteilles
12 bouteilles (550 ml)         bouteilles
12 cartons (1 kg)              cartons
18 cartons (500 g)             cartons
1 carton (1 kg)                carton
10 cartons (500 g)             cartons
24 cartons x 4 pièces          cartons
24 cartons (500 g)             cartons
12 cartons (250 g)             cartons
...
```

Recherche dans la chaîne

- INSTR
- REGEXP_INSTR

INSTR

La fonction « **INSTR** » recherche la première occurrence du caractère ou de la chaîne de caractères donnée.

INSTR(CHAÎNE1,CHAÎNE2,POSITION,OCCURENCE) = NUMERIQUE

CHAÎNE1	La chaîne à traiter.
CHAÎNE2	Une sous-chaîne constituée d'un ou plusieurs caractères recherchés.
POSITION	La position de départ pour la recherche ; paramètre facultatif valant `1` par défaut. Une valeur négative pour `POSITION` signifie une recherche à partie de la fin de la chaîne.
OCCURENCE	Le paramètre `OCCURENCE` permet de rechercher la n-ième occurrence `CHAÎNE2` dans la chaîne. Ce paramètre facultatif vaut `1` par défaut.
NUMERIQUE	La position trouvée dans la chaîne de caractère. Zéro signifie que la sous-chaîne n'a pas été trouvée.

```
SQL> SELECT QUANTITE,
            INSTR(QUANTITE,' ') "1",
            INSTR(QUANTITE,' ', 5, 2) "2",
            INSTR(QUANTITE,'kg', -1) "3",
            INSTR(QUANTITE,' ', -10, 2) "4"
     FROM PRODUITS ;

QUANTITE                          1     2     3     4
------------------------------ ----- ----- ----- -----
1 carton (5 kg)                   2    12    13     0
10 boîtes x 20 sacs               3    12     0     3
```

```
24 bouteilles (1 litre)           3    17     0     3
12 bouteilles (550 ml)            3    19     0     0
48 pots (6 onces)                 3    11     0     3
36 boîtes                         3     0     0     0
12 pots (8 onces)                 3    11     0     3
12 cartons (1 kg)                 3    14    15     0
...
```

Dans l'exemple précèdent, vous pouvez observer les différentes possibilités d'utilisation de la fonction `INSTR`.

La requête retourne les valeurs suivantes :

- 1 : la première occurrence, du caractère espace, trouvée dans `QUANTITE`, recherchée à partir du début.
- 2 : la deuxième occurrence, du caractère espace, trouvée dans `QUANTITE`, recherchée à partir du cinquième caractère.
- 3 : la première occurrence, de la chaîne de caractère `'kg'`, trouvée dans QUANTITE, recherchée à partir de la fin.
- 4 : la deuxième occurrence, du caractère espace, trouvée dans `QUANTITE`, recherchée à partir de 10e caractère à partir de la fin.

REGEXP_INSTR

La fonction « **REGEXP_INSTR** » permet de localiser l'emplacement de départ d'une sous-chaîne à l'intérieur d'une chaîne. L'avantage réside dans le fait qu'il n'est pas nécessaire de citer la sous chaîne, mais qu'il suffit de la décrire à l'aide d'une expression régulière pour la localiser.

```
REGEXP_INSTR(CHAÎNE1,CHAÎNE2
                        [,POSITION,OCCURRENCE, PARAMETRE])
              = NUMERIQUE
```

CHAÎNE1 La chaîne à traiter.

CHAÎNE2 Une expression rationnelle qui permet de décrire un ensemble de chaînes. Les expressions rationnelles sont construites comme des opérations arithmétiques, en utilisant des opérateurs divers pour combiner des expressions plus petites. (Voir « **REGEXP_LIKE** »)

PARAMETRE Paramètre de correspondance de l'expression rationnelle. Il peut avoir les valeurs suivantes :

i Ignorer les différences majuscules/minuscules dans le motif.

c Respecter les différences majuscules/minuscules dans le motif.

x Ignorer les espaces dans la chaîne à traiter.

POSITION La position de départ pour la recherche, paramètre facultatif vaut `1` par défaut. Une valeur négative pour `POSITION` signifie une recherche à partir de la fin de la chaîne.

OCCURENCE Le paramètre, `OCCURENCE` permet de rechercher la nième occurrence `CHAÎNE2` dans la chaîne. Ce paramètre facultatif vaut `1` par défaut.

NUMERIQUE La position trouvée dans la chaîne de caractère. La valeur zéro signifie que la sous-chaîne n'a pas été trouvée.

```
SQL> SELECT QUANTITE,
            REGEXP_INSTR(QUANTITE,'\(.*\)')  "REGEXP_INSTR",
            REGEXP_SUBSTR(QUANTITE,'\(.*\)') "REGEXP_SUBSTR"
     FROM PRODUITS
     WHERE REGEXP_LIKE(QUANTITE,'\(.*\)')

QUANTITE                       REGEXP_INSTR REGEXP_SUBSTR
------------------------------ ------------ -----------------
24 bouteilles (1 litre)                  15 (1 litre)
12 bouteilles (550 ml)                   15 (550 ml)
48 pots (6 onces)                         9 (6 onces)
12 pots (8 onces)                         9 (8 onces)
12 cartons (1 kg)                        12 (1 kg)
12 pots (12 onces)                        9 (12 onces)
18 cartons (500 g)                       12 (500 g)
12 pots (200 g)                           9 (200 g)
1 carton (1 kg)                          10 (1 kg)
10 cartons (500 g)                       12 (500 g)
1 bo¯tes (2 kg)                          10 (2 kg)
20 bo¯tes (1 kg)                         11 (1 kg)
24 cartons (500 g)                       12 (500 g)
12 cartons (250 g)                       12 (250 g)
20 verres (450 g)                        11 (450 g)
...
```

Rechercher et remplacer

- REPLACE
- REGEXP_REPLACE

REPLACE

La fonction « **REPLACE** » permet de remplacer dans la chaîne de caractères, toutes les séquences du caractère ou de la chaîne de caractères donnée.

REPLACE(CHAÎNE1,CHAÎNE2,CHAÎNE3) = RETOUR

CHAÎNE1	La chaîne à traiter.
CHAÎNE2	Un caractère ou une chaîne de caractères à remplacer.
CHAÎNE3	Un caractère ou une chaîne pour remplacer CHAÎNE2. Si la chaîne est vide, la fonction efface les caractères recherchés.

```
SQL> SELECT REPLACE('JACK et JUE      ','J',  '') REPLACE1,
  2          REPLACE('JACK et JUE       ','J','BL') REPLACE2
  3  FROM DUAL;

REPLACE1        REPLACE2
--------------- -------------------
ACK et UE       BLACK et BLUE
```

REGEXP_REPLACE

La fonction « **REGEXP_REPLACE** » permet de localiser et de remplacer toutes les séquences d'une sous-chaîne à l'intérieur d'une chaîne. L'avantage réside dans le fait qu'il n'est pas nécessaire de citer la sous chaîne, mais qu'il suffit de la décrire à l'aide d'une expression régulière pour la localiser.

REGEXP_REPLACE(CHAÎNE1,CHAÎNE2,CHAÎNE3
[,POSITION,OCCURRENCE, PARAMETRE]) = RETOUR

CHAÎNE1	La chaîne à traiter.
CHAÎNE2	Une expression rationnelle qui permet de décrire un ensemble de chaînes. Les expressions rationnelles sont

	construites comme des opérations arithmétiques, en utilisant des opérateurs divers pour combiner des expressions plus petites. (Voir « **REGEXP_LIKE** »)
CHAÎNE3	Un caractère ou une chaîne pour remplacer CHAÎNE2. Si la chaîne est vide, la fonction efface les caractères recherchés. Il est possible d'avoir plusieurs occurrences de la chaîne recherchée. Pour chaque occurrence vous pouvez donner une valeur différente de remplacement.
PARAMETRE	Paramètre de correspondance de l'expression rationnelle. Il peut avoir les valeurs suivantes : **i** Ignorer les différences majuscules/minuscules dans le motif. **c** Respecter les différences majuscules/minuscules dans le motif. **x** Ignorer les espaces dans la chaîne à traiter.
POSITION	La position de départ pour la recherche ; paramètre facultatif valant 1 par défaut. Une valeur négative pour POSITION signifie une recherche à partie de la fin de la chaîne.
OCCURENCE	Le paramètre, OCCURENCE, permet de rechercher la nième occurrence CHAÎNE2 dans la chaîne. Ce paramètre facultatif vaut 1 par défaut.

```
SQL> SELECT QUANTITE,
  2         REGEXP_REPLACE(QUANTITE,'\(.*\)')  "REGEXP_REPLACE"
  3  FROM PRODUITS
  4  WHERE REGEXP_LIKE(QUANTITE,'\(.*\)')

QUANTITE                       REGEXP_REPLACE
------------------------------ ------------------------------
24 bouteilles (1 litre)        24 bouteilles
12 bouteilles (550 ml)         12 bouteilles
48 pots (6 onces)              48 pots
12 pots (8 onces)              12 pots
12 cartons (1 kg)              12 cartons
12 pots (12 onces)             12 pots
18 cartons (500 g)             18 cartons
12 pots (200 g)                12 pots
1 carton (1 kg)                1 carton
10 cartons (500 g)             10 cartons
1 boîtes (2 kg)                1 boîtes
20 boîtes (1 kg)               20 boîtes
24 cartons (500 g)             24 cartons
12 cartons (250 g)             12 cartons
20 verres (450 g)              20 verres
25 canettes (825 g)            25 canettes
24 cartons (200 g)             24 cartons
24 bouteilles (70 cl)          24 bouteilles
24 bouteilles (1 litre)        24 bouteilles
...
```

Il est possible d'avoir plusieurs occurrences de la chaîne recherchée. Pour chaque occurrence vous pouvez donner une valeur différente de remplacement.

Dans l'exemple précédent on efface dans la valeur du champ `QUALITE` tout ce qui est contenu entre les deux parenthèses « **(** » et « **)** ».

Dans l'exemple suivant on effectue un traitement différent, pour les deux parenthèses on remplace « **(** » par « **:** » et « **)** » par « **.** ».

```
SQL> SELECT REGEXP_REPLACE(QUANTITE,'(\()(.*)(\))','-\1-\2-\3-') A1,
             REGEXP_REPLACE(QUANTITE,'(\()(.*)(\))',': \2.')       A2
     FROM PRODUITS
     WHERE REGEXP_LIKE(QUANTITE,'\(.*\)');

A1                               A2
-------------------------------- --------------------------------
24 bouteilles -(-1 litre-)-      24 bouteilles : 1 litre.
12 bouteilles -(-550 ml-)-       12 bouteilles : 550 ml.
48 pots -(-6 onces-)-            48 pots : 6 onces.
12 pots -(-8 onces-)-            12 pots : 8 onces.
12 cartons -(-1 kg-)-            12 cartons : 1 kg.
12 pots -(-12 onces-)-           12 pots : 12 onces.
18 cartons -(-500 g-)-           18 cartons : 500 g.
12 pots -(-200 g-)-              12 pots : 200 g.
1 carton -(-1 kg-)-              1 carton : 1 kg.
10 cartons -(-500 g-)-           10 cartons : 500 g.
1 boîtes -(-2 kg-)-              1 boîtes : 2 kg.
...
```

Les expressions `'\1'`, `'\2'` et `'\3'` sont les chaînes de caractères de l'expression rationnelle, qui doivent être remplacées. Dans notre exemple ce sont : `'(\()'`, `'(.*)'` et `'(\))'` Ainsi chacune des ces chaînes de caractères peut être utilisée ou non dans la nouvelle définition et on peut rajouter d'autres caractères pour formater la chaîne avec une grande flexibilité.

```
SQL> SELECT TELEPHONE,
     LTRIM ( REGEXP_REPLACE( LPAD(
                  REGEXP_REPLACE( TELEPHONE, '(\(|\)|-|\.|( ))'),12),
               '([[:digit:]]|[:space:]]{4})([[:digit:]]{2})'||
               '([[:digit:]]{2})([[:digit:]]{2})',
               '\1.\2.\3.\4.'),' .' ) "Téléphone"
     FROM CLIENTS;

TELEPHONE                        Téléphone
-------------------------------- --------------------------------
030-0074321                      03.00.07.43.21
(5) 555-4729                     55.55.47.29
(5) 555-3932                     55.55.39.32
(71) 555-7788                    7.15.55.77.88
0921-12 34 65                    09.21.12.34.65
0621-08460                       0.62.10.84.60
03.88.60.15.31                   03.88.60.15.31
(91) 555 22 82                   9.15.55.22.82
04.91.24.45.40                   04.91.24.45.40
(604) 555-4729                   60.45.55.47.29
(71) 555-1212                    7.15.55.12.12
...
```


Traduction de chaînes

- TRANSLATE

liste de caractères source  liste de caractères cible

TRANSLATE

La fonction « **TRANSLATE** » remplace dans une chaîne de caractère chaque caractère présent dans une liste source par son correspondant, caractère ayant la même position, dans une liste cible.

TRANSLATE(CHAÎNE1,CHAÎNE2,CHAÎNE3) = RETOUR

CHAÎNE1	La chaîne à traiter.
CHAÎNE2	Une chaîne de caractères considérée comme une liste de caractères source, devant être remplacée par les caractères de la liste cible.
CHAÎNE3	Une chaîne de caractères considérée comme une liste de caractères cible. Si la liste de caractères cible est plus courte que la liste des caractères source, les caractères de la liste source qui n'ont pas de correspondant sont supprimés.

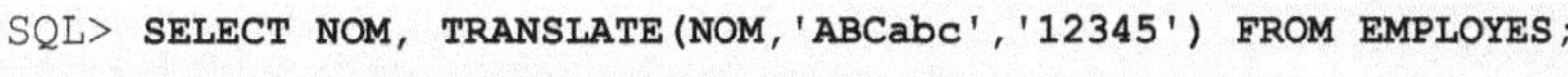

```
SQL> SELECT NOM, TRANSLATE(NOM,'ABCabc','12345') FROM EMPLOYES;

NOM                  TRANSLATE(NOM,'ABCAB
-------------------- --------------------
Fuller               Fuller
Buchanan             2uh4n4n
Peacock              Pe4ok
Leverling            Leverling
Davolio              D4volio
Dodsworth            Dodsworth
...
```

Autres

- SOUNDEX
- LENGHT
- ASCII
- CHR

SOUNDEX

La fonction « **SOUNDEX** » permet de trouver des mots qui "sonnent" comme ceux spécifiés, quelle que soit leur orthographe. « **SOUNDEX** » est presque toujours utilisée dans une clause « **WHERE** » et il est particulièrement utile pour trouver des mots dont vous dont vous n'êtes pas sûr de bien connaître l'orthographe.

SOUNDEX(CHAÎNE1) = SOUNDEX(CHAÎNE2)

```
SQL> SELECT SOCIETE,ADRESSE
  2  FROM CLIENTS
  3  WHERE SOUNDEX(SOCIETE) = SOUNDEX('bllaumter');

SOCIETE                                   ADRESSE
----------------------------------------- -------------------
Blondel père et fils                      24, place Kléber...
```

LENGTH

La fonction « **LENGTH** » renvoie la longueur, en nombre des caractères, de la chaîne.

LENGTH(CHAÎNE) = NUMERIQUE

```
SQL> SELECT LENGTH('Chaine')
  2  FROM DUAL;

LENGTH('CHAINE')
----------------
               6
```

ASCII

La fonction « **ASCII** » retourne le code ASCII du caractère.

ASCII('CARACTER') = NUMERIQUE

```
SQL> SELECT ASCII('A')
  2  FROM DUAL;
```

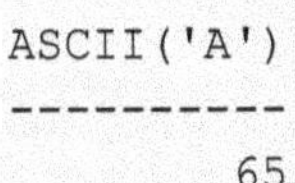

```
ASCII('A')
----------
        65
```

CHR□NCHR

La fonction « **CHR** » ou « **NCHR** » retourne le caractère de la valeur ASCII.

CHR(NUMERIQUE) = 'CARACTER'

```
SQL> SELECT CHR(65), NCHR(65)
  2  FROM DUAL;

C N
- -
A A

SQL> SELECT VSIZE(CHR(65)), VSIZE(NCHR(65))
  2  FROM DUAL;

VSIZE(CHR(65)) VSIZE(NCHR(65))
-------------- ---------------
             1               2
```

Atelier 5

- Le formatage des chaînes
- La manipulation des chaînes

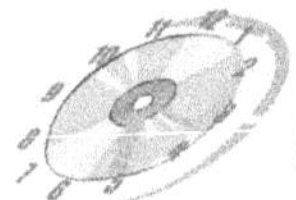

Durée : 15 minutes

Questions

5-1. Quelle fonction permet de convertir en majuscule la première lettre de chaque mot de la chaîne ?

5-2. Quelles sont les syntaxes incorrectes ?

A. `SELECT CONCAT(NOM,' ',PRENOM) FROM EMPLOYES ;`

B. `SELECT CONCAT(NOM,PRENOM) FROM EMPLOYES ;`

C. `SELECT NOM||' '||PRENOM FROM EMPLOYES ;`

D. `SELECT CONCAT(NOM,' ')||PRENOM FROM EMPLOYES ;`

5-3. Quelles sont les requêtes qui permettent d'afficher le résultat suivant ?

```
Format
---------------
xxxxxxxxxFULLER
xxxxxxxBUCHANAN
xxxxxxxxPEACOCK
xxxxxxLEVERLING
xxxxxxxxDAVOLIO
xxxxxxDODSWORTH
xxxxxxxxxxxKING
xxxxxxxxxSUYAMA
xxxxxxxCALLAHAN
```

A. `SELECT LPAD(UPPER(NOM), 15,'x') FROM EMPLOYES ;`

B. `SELECT UPPER(LPAD(NOM, 15,'x')) FROM EMPLOYES ;`

C. `SELECT LPAD('xxxxxxx'||UPPER(NOM)) FROM EMPLOYES ;`

D. `SELECT 'xxxxxxxxxxx'||UPPER(NOM) FROM EMPLOYES`

5-4. Quel est le résultat de la requête suivante ?

```
SQL> SELECT DISTINCT SUBSTR( QUANTITE, INSTR(QUANTITE,' '),
  2                                    INSTR(QUANTITE,' ',1,2) -
  3                                    INSTR(QUANTITE,' ') )
  4  FROM PRODUITS ;
```

A.

```
Expression
------------------------------
bouteille (500 ml)
bouteille (750 cc)
bouteilles (0,5 litre)
bouteilles (1 litre)
bouteilles (12 onces)
bouteilles (250 ml)
...
```

B.

```
Expression
------------------------------
1 b
1 c
10 b
10 c
10 s
10 v
...
```

C.

```
Expression
------------------------------
bouteille
bouteilles
boîtes
canettes
carton
pièces
plaquettes
pots
sacs
unités
verres
```

5-5. Quelle fonction vous permet d'effacer plusieurs caractères parasites positionnés au début de la chaîne ?

5-6. Quelles fonctions vous permettent d'effacer plusieurs caractères parasites positionnés n'importe où dans la chaîne ?

5-7. Quelles fonctions vous permettent de remplacer une chaîne de caractères par un caractère ?

Exercice n° 1 Le formatage des chaînes

Écrivez les requêtes permettant d'afficher :

– Le nom et le prénom en majuscule concaténées avec un espace au milieu. Il faut prendre soin de ne pas dépasser une longueur maximum de 14 caractères.

Exercice n° 2 La manipulation des chaînes

Écrivez les requêtes permettant d'afficher :

– La liste des produits, type d'emballage (`'boîte'`, `'boîtes'`, `'pots'`, `'cartons'`, ...) et quantité du type d'emballage (`'36 boîtes'`, `'12 pots (12 onces) '`, ...) triés par ordre alphabétique du type d'emballage. Le résultat de la requête doit être comme dans l'exemple suivant :

```
NOM_PRODUIT                         Emballage                Quantité
----------------------------------- ------------------------ --------
Konbu                               boîtes                          1
Chai                                boîtes                         10
Zaanse koeken                       boîtes                         10
Teatime Chocolate Biscuits          boîtes                         10
Ipoh Coffee                         boîtes                         16
Filo Mix                            boîtes                         16
Alice Mutton                        boîtes                         20
Boston Crab Meat                    boîtes                         24
Pâté chinois                        boîtes                         24
Pavlova                             boîtes                         32
...
```

– Les employés et leur âge comme dans l'exemple suivant :

```
Employé                         Âge
------------------------------- ---
FULLER Andrew                   50
BUCHANAN Steven                 47
CALLAHAN Laura                  44
PEACOCK Margaret                43
KING Robert                     41
LEVERLING Janet                 38
SUYAMA Michael                  38
DAVOLIO Nancy                   33
DODSWORTH Anne                  32
```

– La société et le numéro de téléphone des fournisseurs comme une liste des valeurs numériques.

- *Types numériques*
- *Calcul arithmétique*
- *Arrondis*

6 Les fonctions numériques

Objectifs

A la fin de ce module, vous serez à même d'effectuer les tâches suivantes :

- Décrire les types de données numériques.
- Effectuer des calculs arithmétiques.
- Effectuer des arrondis et manipuler le signe des données.

Contenu

Types numériques

- NUMBER
- BINARY_FLOAT
- BINARY_DOUBLE
- NANVL
- IS NAN
- IS INFINITE

NUMBER (P,S)

Champ de longueur variable acceptant la valeur zéro ainsi que des nombres négatifs et positifs. La précision maximum de « **NUMBER** », est de 38 chiffres de $10^{-130} \div 10^{126}$. Lors de la déclaration, il est possible de définir la précision P chiffres significatifs stockés et un arrondi à droite de la marque décimale à S chiffres entre -84 ÷ 127.

Chaque colonne de type « **NUMBER** » nécessite de 1 à 22 bytes pour le stockage.

Valeur d'affectation	*Déclaration*	*Valeur stocke dans la table*
7456123.89	NUMBER	7456123.89
7456123.89	NUMBER(9)	7456124
7456123.89	NUMBER(9,2)	7456123.89
7456123.89	NUMBER(9,1)	7456123.9
7456123.89	NUMBER(6)	précision trop élevée
7456123.89	NUMBER(7,-2)	7456100
7456123.89	NUMBER(7,2)	précision trop élevée
.01234	NUMBER(4,5)	.01234
.00012	NUMBER(4,5)	.00012
.000127	NUMBER(4,5)	.00013
.0000012	NUMBER(2,7)	.0000012
.00000123	NUMBER(2,7)	.0000012

BINARY_FLOAT

Nombre réel à virgule flottante encodé sur 32 bits.

Chaque colonne de type « **BINARY_FLOAT** » nécessite 5 bytes pour le stockage.

BINARY_DOUBLE

Nombre réel à virgule flottante encodé sur 64 bits.

Chaque colonne de type « **BINARY_DOUBLE** » nécessite 9 bytes pour le stockage.

	BINARY_FLOAT	*BINARY_DOUBLE*
L'entier maximum	1.79e308	3.4e38
L'entier minimum	-1.79e308	-3.4e38
La plus petite valeur positive	2.3e-308	1.2e-38
La plus petite valeur négative	-2.3e-308	-1.2e-38

Attention

Les constantes numériques doivent comporter un suffixe **'F'** ou **'f'** pour les constantes réel à virgule flottante encodé sur 32 bits et **'D'** ou **'d'** pour les constantes réel à virgule flottante encodé sur 64 bits.

Ainsi Oracle converti directement les chaînes de caractères en « **BINARY_FLOAT** » ou « **BINARY_DOUBLE** ».

```
SQL> SELECT 2.5, 2.5f, 2.5D FROM DUAL;

       2.5       2.5F       2.5D
---------- ---------- ----------
       2,5   2,5E+000   2,5E+000

SQL> SELECT 2.5/0, 2.5f, 2.5D FROM DUAL;
SELECT 2.5/0, 2.5f, 2.5D FROM DUAL
          *
ERREUR à la ligne 1 :
ORA-01476: le diviseur est égal à zéro

SQL> SELECT 2.5, 2.5f/0, 2.5D/0 FROM DUAL;

       2.5     2.5F/0     2.5D/0
---------- ---------- ----------
       2,5        Inf        Inf
```

Note

Les nombres réels à virgule flottante supportent la division par zéro sans produire une erreur ; ce n'est pas le cas des valeurs numériques classiques. Evidement, la valeur qui résulte de cette opération est infinie.

```
SQL> DESC VIRGULE_FLOTTANTE
Nom                                        NULL ?   Type
----------------------------------------- -------- -------------
 ID                                         NOT NULL NUMBER(2)
 VF_FLOAT                                            BINARY_FLOAT
 VF_DOUBLE                                           BINARY_DOUBLE
 DESCRIPT                                            VARCHAR2(100)

SQL> SELECT VF_FLOAT, VF_DOUBLE
  2  FROM VIRGULE_FLOTTANTE;

  VF_FLOAT  VF_DOUBLE
---------- ----------
       Nan        Nan
       Inf        Inf
3,403E+038 1,798E+308
1,175E-038 2,225E-308
1,175E-038 2,225E-308
1,401E-045 4,941E-324
```

::Pour traiter les valeurs numériques à virgule flottante, Oracle fournit un ensemble de constantes.

Constante	*Description*
BINARY_FLOAT_NAN	Pas un numérique
BINARY_FLOAT_INFINITY	Infini
BINARY_FLOAT_MAX_NORMAL	3.40282347e+38
BINARY_FLOAT_MIN_NORMAL	1.17549435e-038
BINARY_FLOAT_MAX_SUBNORMAL	1.17549421e-038
BINARY_FLOAT_MIN_SUBNORMAL	1.40129846e-045
BINARY_DOUBLE_NAN	Pas un numérique
BINARY_DOUBLE_INFINITY	Infini
BINARY_DOUBLE_MAX_NORMAL	1.7976931348623157E+308
BINARY_DOUBLE_MIN_NORMAL	2.2250738585072014E-308
BINARY_DOUBLE_MAX_SUBNORMAL	2.2250738585072009E-308
BINARY_DOUBLE_MIN_SUBNORMAL	4.9406564584124654E-324

Fonctions de contrôle

- NANVL
- IS NAN
- IS INFINITE

NANVL

La fonction « **NANVL** » permet de remplacer une expression si elle n'est pas une valeur numérique ou si elle n'a pas de valeur, par une valeur significative. Cette fonction est essentiellement utilisée pour les nombres réels à virgule flottante.

NANVL (EXPRESSION1, EXPRESSION2) = VALEUR_DE_RETOUR

EXPRESSION1	Une expression qui peut retourner la valeur NULL.
EXPRESSION2	La valeur de remplacement dans le cas ou EXPRESSION1 est égale à NULL ou n'est pas une valeur numérique.
VALEUR_DE_RETOUR	Est égale à EXPRESSION2 si EXPRESSION1 est égale à NULL, sinon à EXPRESSION1.

```
SQL> DESC VIRGULE_FLOTTANTE
Nom                                        NULL ?   Type
 ----------------------------------------- -------- -------------
 ID                                        NOT NULL NUMBER(2)
 VF_FLOAT                                           BINARY_FLOAT
 VF_DOUBLE                                          BINARY_DOUBLE
 DESCRIPT                                           VARCHAR2(100)

SQL> SELECT VF_FLOAT, NANVL( VF_FLOAT,0),
  2         VF_DOUBLE, NANVL( VF_DOUBLE,0)
  3  FROM VIRGULE_FLOTTANTE;

  VF_FLOAT NANVL(VF_FLOAT,0)  VF_DOUBLE NANVL(VF_DOUBLE,0)
---------- ----------------- ---------- ------------------
       Nan                 0        Nan                  0
       Inf               Inf        Inf                Inf
```

```
3,403E+038          3,403E+038 1,798E+308           1,798E+308
1,175E-038          1,175E-038 2,225E-308           2,225E-308
1,175E-038          1,175E-038 2,225E-308           2,225E-308
1,401E-045          1,401E-045 4,941E-324           4,941E-324
```

IS NAN

L'opérateur logique « **IS NAN** » vérifie si la valeur retournée par EXPRESSION n'est une valeur numérique; alors retourne VRAI sinon FAUX.

EXPRESSION IS NAN

```
SQL> SELECT VF_FLOAT
  2  FROM VIRGULE_FLOTTANTE
  3  WHERE VF_FLOAT IS NAN ;

  VF_FLOAT
----------
       Nan

SQL> SELECT VF_DOUBLE
  2  FROM VIRGULE_FLOTTANTE
  3  WHERE VF_DOUBLE IS NOT NAN ;

 VF_DOUBLE
----------
       Inf
1,798E+308
2,225E-308
2,225E-308
4,941E-324
```

IS INFINITE

L'opérateur logique « **IS INFINITE** » vérifie si la valeur retournée par EXPRESSION n'est une valeur numérique infinie; alors retourne VRAI sinon FAUX.

EXPRESSION IS INFINITE

```
SQL> SELECT VF_FLOAT, VF_DOUBLE
  2  FROM VIRGULE_FLOTTANTE
  3  WHERE VF_FLOAT IS INFINITE AND
  4        VF_DOUBLE IS INFINITE;

  VF_FLOAT  VF_DOUBLE
---------- ----------
       Inf        Inf

SQL> SELECT VF_FLOAT, VF_DOUBLE
  2  FROM VIRGULE_FLOTTANTE
  3  WHERE VF_FLOAT IS NOT INFINITE AND
  4        VF_DOUBLE IS NOT INFINITE;

  VF_FLOAT  VF_DOUBLE
---------- ----------
       Nan        Nan
3,403E+038 1,798E+308
```

```
1,175E-038 2,225E-308
1,175E-038 2,225E-308
1,401E-045 4,941E-324
```

Il est possible d'utiliser les opérateurs logiques pour traiter les valeurs numériques à virgule flottante, avec les constantes suivantes :

- BINARY_FLOAT_NAN
- BINARY_FLOAT_INFINITY
- BINARY_DOUBLE_NAN
- BINARY_DOUBLE_INFINITY

```
SQL> SELECT VF_FLOAT
  2  FROM VIRGULE_FLOTTANTE
  3  WHERE VF_FLOAT = BINARY_FLOAT_NAN;

  VF_FLOAT
----------
       Nan

SQL> SELECT VF_FLOAT
  2  FROM VIRGULE_FLOTTANTE
  3  WHERE VF_FLOAT <> BINARY_FLOAT_NAN;

  VF_FLOAT
----------
       Inf
3,403E+038
1,175E-038
1,175E-038
1,401E-045

SQL> SELECT VF_FLOAT, VF_DOUBLE
  2  FROM VIRGULE_FLOTTANTE
  3  WHERE VF_FLOAT <> BINARY_FLOAT_INFINITY AND
  4  VF_DOUBLE      <> BINARY_DOUBLE_INFINITY;

  VF_FLOAT  VF_DOUBLE
---------- ----------
       Nan        Nan
3,403E+038 1,798E+308
1,175E-038 2,225E-308
1,175E-038 2,225E-308
1,401E-045 4,941E-324
```

Fonctions de calcul arithmétique

- MOD
- POWER
- SQRT
- EXP
- LOG
- LN

Une expression arithmétique est une combinaison de noms de colonnes, de constantes et de fonctions arithmétiques combinées au moyen des **opérateurs** arithmétiques addition « **+** », soustraction « **-** », multiplication « ***** » ou division « **/** ».

Les constantes et opérateurs arithmétiques ont été présentés précédemment ; les principales fonctions arithmétiques sont exposées ci-après.

MOD

La fonction « **MOD** » permet de calculer le reste de la division du premier argument par le deuxième.

MOD(ARGUMENT1, ARGUMENT2) = RESTE

```
SQL> SELECT MOD(7,2)
  2  FROM DUAL;

  MOD(7,2)
----------
         1
```

POWER

La fonction « **POWER** » permet d'élever un nombre à une puissance.

POWER(ARGUMENT1, ARGUMENT2) = ARGUMENT1ARGUMENT2

```
SQL> SELECT POWER(3,2)
  2  FROM DUAL;

POWER(3,2)
----------
         9
```

SQRT

La fonction « **SQRT** » permet de calculer une racine carrée. ARGUMENT doit être > 0.

SQRT(ARGUMENT) = POWER(ARGUMENT,0.5) = ARGUMENT 0.5

```
SQL> SELECT SQRT(9)
  2  FROM DUAL;
  SQRT(9)
----------
         3

SQL> SELECT SQRT(-9) FROM DUAL
SELECT SQRT(-9) FROM DUAL ;
            *
ERREUR à la ligne 1 :
ORA-01428: argument '-9' hors limites
```

EXP

La fonction « **EXP** » permet de calculer une puissance de e (2,71828183...).

EXP(ARGUMENT) = POWER(e, ARGUMENT) = e^{ARGUMENT}

LOG

La fonction « **LOG** » permet de calculer un logarithme à base 10.

LOG(ARGUMENT1, ARGUMENT2)

ARGUMENT1 > 0 ; ARGUMENT1 • 1 ; ARGUMENT2 > 0

LN

La fonction « **LN** » permet de calculer un logarithme népérien.

LN(ARGUMENT)=LOG(e, ARGUMENT)

ARGUMENT > 0

```
SQL> SELECT POWER( 2.71828183, 10) "Power",
  2         EXP(10) "Exp",
  3         LN(22026.4658) "Ln",
  4         LN(10) "Ln",
  5         LOG(2.71828183,10) "Log"
  6  FROM DUAL

     Power        Exp         Ln         Ln        Log
---------- ---------- ---------- ---------- ----------
22026,4659 22026,4658         10 2,30258509 2,30258509
```

Fonctions trigonométriques

- SIN, COS, TAN
- ASIN, ACOS, ATAN
- SINH, COSH, TANH

SIN, COS, TAN

La fonction « **SIN** », « **COS** », « **TAN** » permet de calculer le sinus, cosinus et la tangente et renvois la valeur trigonométrique standard d'un angle exprimée en radians (degrés multipliés par π et divisés par 180).

ASIN, ACOS, ATAN

La fonction « **ASIN** », « **ACOS** », « **ATAN** » permet de calculer l'arc sinus, cosinus et tangente d'un angle exprimé en radians (degrés multipliés par π et divisés par 180).

```
SQL> SELECT 30*3.141593/180                "Angle(30*pi/180)",
  2         SIN(30*3.141593/180)           "SIN(Angle)",
  3         ASIN(SIN(30*3.141593/180))     "ASIN(sin(Angle))"
  4  FROM DUAL;

Angle(30*pi/180) SIN(Angle) ASIN(sin(Angle))
---------------- ---------- ----------------
      ,523598833  ,50000005       ,523598833
```

SINH, COSH, TANH

La fonction « **SINH** », « **COSH** », « **TANH** » permet de calculer le sinus, cosinus et tangente hyperbolique.

```
SQL> SELECT (EXP(10)-EXP(-10))/2, SINH(10),
  2         (EXP(10)+EXP(-10))/2, COSH(10)
  3  FROM DUAL;

(EXP(10)-EXP(-10))/2   SINH(10) (EXP(10)+EXP(-10))/2   COSH(10)
-------------------- ---------- -------------------- ----------
          11013,2329 11013,2329           11013,2329 11013,2329
```

Fonctions de signe

- ABS
- SIGN

ABS

La fonction « **ABS** » permet de calculer la valeur absolue de l'argument.

ABS(ARGUMENT)

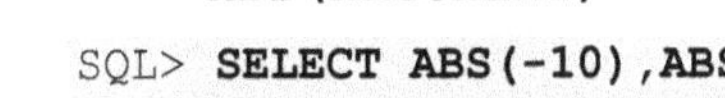

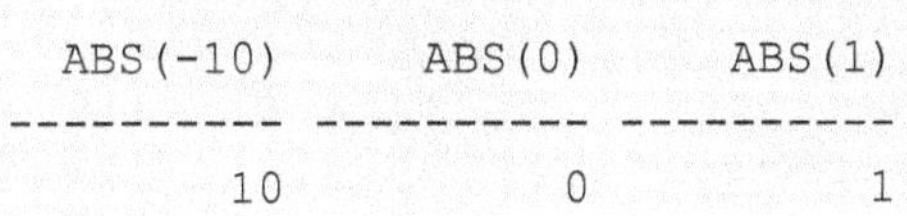

```
SQL> SELECT ABS(-10),ABS(0),ABS(1)
  2  FROM DUAL;

  ABS(-10)     ABS(0)     ABS(1)
---------- ---------- ----------
        10          0          1
```

SIGN

La fonction « **SIGN** » permet de calculer la signe de l'argument.

SIGN(ARGUMENT)=VALEUR

VALEUR La valeur de retour est : 1 si ARGUMENT > 0, -1 si ARGUMENT < 0 et 0 si ARGUMENT = 0.

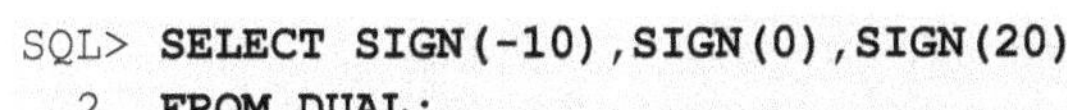

```
SQL> SELECT SIGN(-10),SIGN(0),SIGN(20)
  2  FROM DUAL;

 SIGN(-10)    SIGN(0)   SIGN(20)
---------- ---------- ----------
        -1          0          1
```

Fonctions d'arrondis

- CEIL
- FLOOR

CEIL

La fonction « **CEIL** » permet de calculer le plus petit entier supérieur ou égal à l'argument.

CEIL(ARGUMENT)

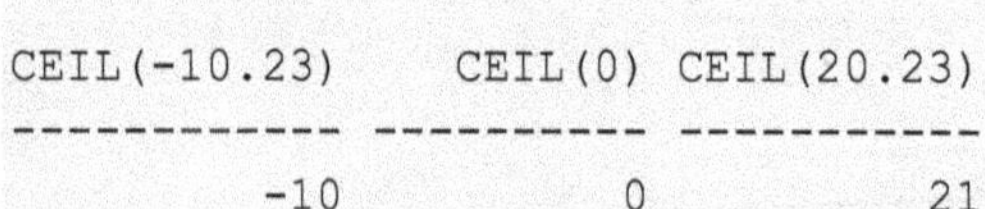

```
SQL> SELECT CEIL(-10.23),CEIL(0),CEIL(20.23)
  2  FROM DUAL;

CEIL(-10.23)    CEIL(0) CEIL(20.23)
------------ ---------- -----------
         -10          0          21
```

FLOOR

La fonction « **FLOOR** » permet de calculer le plus grand entier inférieur à l'argument.

FLOOR(ARGUMENT)

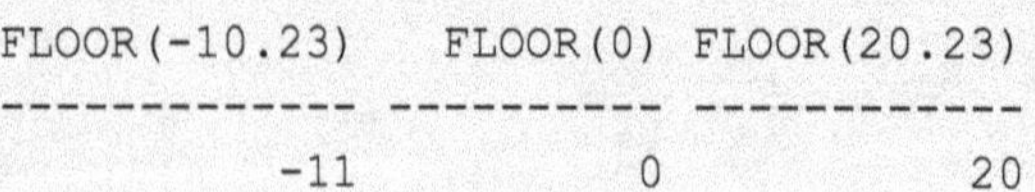

```
SQL> SELECT FLOOR(-10.23),FLOOR(0),FLOOR(20.23)
  2  FROM DUAL;

FLOOR(-10.23)   FLOOR(0) FLOOR(20.23)
------------- ---------- ------------
          -11          0           20
```

Fonctions d'arrondis

- ROUND
- TRUNC

ROUND

La fonction « **ROUND** » permet de calculer une valeur arrondie avec une précision donnée.

ROUND(ARGUMENT,PRECISION)

PRECISION	La précision peut prendre trois types de valeurs : 1. positive ; alors elle détermine le nombre de décimales à conserver, 2. zéro, est la valeur par défaut ; on ne conserve pas de décimales, 3. négative ; alors l'arrondi se fait sur les valeurs entières.

La fonction arrondi à la valeur supérieure si la décimale est supérieure ou égale a 5.

```
SQL> SELECT ROUND(-10.2326,2),ROUND(10.2366,3),ROUND(-10.2326)
  2  FROM DUAL;

ROUND(-10.2326,2) ROUND(10.2366,3) ROUND(-10.2326)
----------------- ---------------- ---------------
           -10,23           10,237             -10

SQL> SELECT ROUND(102356,-2),ROUND(102326,-3),ROUND(102326)
  2  FROM DUAL;

ROUND(102356,-2) ROUND(102326,-3) ROUND(102326)
---------------- ---------------- -------------
          102400           102000        102326

SQL> SELECT ROUND(-10.2326,2f),ROUND(10.2366,3f),ROUND(-10.2326f)
  2  FROM DUAL;
```

```
ROUND(-10.2326,2F) ROUND(10.2366,3F) ROUND(-10.2326F)
------------------ ----------------- ----------------
            -10,23            10,237        -1,0E+001

SQL> SELECT ROUND(-10.2326,2d),ROUND(10.2366,3d),ROUND(-10.2326d)
  2  FROM DUAL;

ROUND(-10.2326,2D) ROUND(10.2366,3D) ROUND(-10.2326D)
------------------ ----------------- ----------------
            -10,23            10,237        -1,0E+001
```

TRUNC

La fonction « **TRUNC** » permet de calculer une valeur tronquée à la précision indiquée.

TRUNC(ARGUMENT,PRECISION)

```
SQL> SELECT TRUNC(10.2326,2),TRUNC(10.2376,2),
  2         TRUNC(102826,-3),TRUNC(10.2326) FROM DUAL;
```

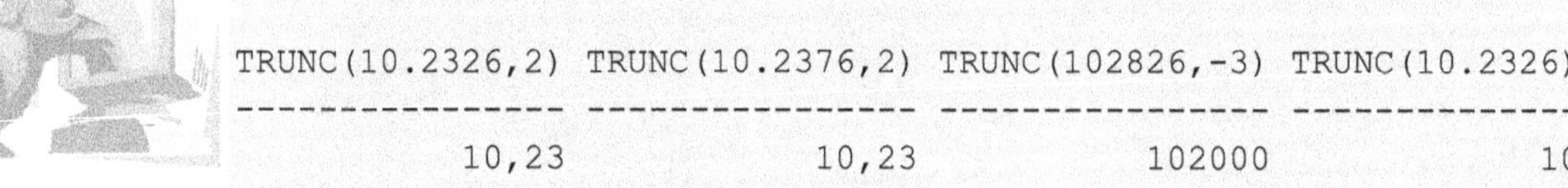

```
TRUNC(10.2326,2) TRUNC(10.2376,2) TRUNC(102826,-3) TRUNC(10.2326)
---------------- ---------------- ---------------- --------------
           10,23            10,23           102000             10

SQL> SELECT TRUNC(10.2326f,2),TRUNC(10.2376f,2),TRUNC(102826f,-3)
  2  FROM DUAL;

TRUNC(10.2326F,2) TRUNC(10.2376F,2) TRUNC(102826F,-3)
----------------- ----------------- -----------------
            10,23             10,23            102000

SQL> SELECT TRUNC(10.2326d,2),TRUNC(10.2376d,2),TRUNC(102826d,-3)
  2  FROM DUAL;

TRUNC(10.2326D,2) TRUNC(10.2376D,2) TRUNC(102826D,-3)
----------------- ----------------- -----------------
            10,23             10,23            102000
```

Note

Les fonctions d'arrondis acceptent comme arguments des valeurs numériques mais également des nombres réels à virgule flottante.

Ils effectuent l'arrondi en respectant les mêmes règles que pour les types numériques classiques.

Atelier 6

- Les fonctions d'arrondis

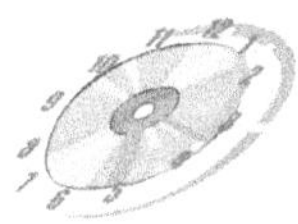

Durée : 10 minutes

Questions

6-1. Quelles sont les syntaxes incorrectes ?

A. `SELECT 2.5f, 2.5D FROM DUAL;`

B. `SELECT 2.5/0, 2.5f, 2.5D FROM DUAL;`

C. `SELECT 2.5, 2.5f/0, 2.5D/0 FROM DUAL;`

D. `SELECT 2.5*2.5/0f, 2.5D/0 FROM DUAL;`

E. `SELECT NVL(2.5*2.5/0f), 2.5D/0 FROM DUAL;`

6-2. Quelle fonction vous permet de remplacer une expression si elle n'est pas une valeur numérique ou si elle n'a pas de valeur, par une valeur significative ?

6-3. Quelles sont les opérateurs logiques pour travailler avec les expressions à virgule flottante qui n'ont pas des valeurs exploitables ?

6-4. Quelle est la valeur renvoyée par l'expression suivante :

```
ROUND(TRUNC(MOD(1600,10),-1),2)
```

A. `NULL`

B. `1`

C. `0`

D. `0.00`

E. Une erreur

Exercice n° 1 Les fonctions d'arrondis

Écrivez les requêtes permettant d'afficher :

- Les employés et leur salaire journalier (salaire / 20) arrondi à l'entier inférieur.
- Les employés et leur salaire journalier (salaire / 20) arrondi à l'entier supérieur.
- Les produits commercialisés, la valeur du stock, les unités en stock fois le prix unitaire, arrondie à la centaine près.
- Les produits commercialisés, la valeur du stock, les unités en stock fois le prix unitaire, arrondie à la dizaine inférieure.
- Les employés et leur revenu annuel (salaire*12 + commission) arrondi à la centaine près.

- *Les zones horaires*
- *TIMESTAMP*
- *INTERVAL*
- *Arrondis*

7

Le traitement des dates

Objectifs

A la fin de ce module, vous serez à même d'effectuer les tâches suivantes :

- Récupérer les informations concernant la date et l'emplacement de la base.
- Changer les paramètres de zone horaire pour la session.
- Manipuler les expressions de type date.
- Effectuer des arrondis.

Contenu

Les zones horaires

SQL*Plus et SQL reconnaissent les colonnes de type DATE, et comprennent les instructions qui permettent d'effectuer des calculs sur des valeurs de ce type.

Toutefois, étant donné que les dates Oracle peuvent inclure des heures, des minutes et des secondes, ces calculs particuliers peuvent se révéler complexes ;

Après les fonctions de manipulation des chaînes de caractères et les fonctions arithmétiques on va découvrir à présent les fonctions de manipulation de dates.

L'architecture de la base de données et l'interaction avec l'infrastructure réseau vous permettent d'avoir des clients qui se connectent de n'emporte où dans le monde. C'est assez pratique quand on veut développer une application internationale, notamment pour les sites web où les internautes viennent de toute la planète.

Chaque session peut donc se connecter avec une synchronisation de fuseau horaire différente. Le serveur de base de données lui-même à une référence par rapport a son fuseau horaire.

DBTIMEZONE

Une pseudocolonne qui indique le fuseau horaire du serveur, sous la forme d'un décalage par rapport à l'heure universelle **UTC** (Universal Time Coordinated), anciennement GMT (**G**reenwich **M**eridian **T**ime).

Le format de « **DBTIMEZONE** » est :

« **{+|-}HH:MI** »

C'est un paramètre de base de données spécifié à la création de la base de données et il peut être modifié par

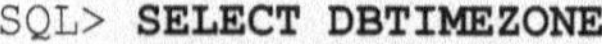

```
SQL> SELECT DBTIMEZONE
  2  FROM DUAL;

DBTIME
------
```

```
+02:00
```

SESSIONTIMEZONE

Une pseudocolonne qui indique le fuseau horaire de la session, sous la forme d'un décalage par rapport à l'heure universelle **UTC** (**U**niversal **T**ime **C**oordinated).

Le format de « **SESSIONTIMEZONE** » est :

« **{+|-}HH:MI** »

C'est un paramètre de la session qui peut être modifie à l'aide de la commande :

ALTER SESSION SET TIME_ZONE = PARAMETRE ;

PARAMETRE La zone horaire peut être exprimée de deux manières :

Un décalage par rapport à l'heure universelle **UTC**. La plage de valeurs valides pour « **{+|-}HH:MI** » s'étend de « **-12:00** » à « **+14:00** ».

Un nom de zone. Pour obtenir une liste des noms de zones disponibles, interrogez la colonne « **TZNAME** » de la vue de performances dynamiques « **V$TIMEZONE_NAMES** ».

```
SQL> SELECT DISTINCT TZNAME FROM  V$TIMEZONE_NAMES
  2  WHERE TZNAME LIKE 'Europe/%'
  3  ORDER BY 1;

TZNAME
----------------------------------------------------
Europe/Amsterdam
Europe/Athens
Europe/Belfast
Europe/Belgrade
Europe/Berlin
Europe/Bratislava
Europe/Brussels
Europe/Bucharest
Europe/Budapest
Europe/Copenhagen
Europe/Dublin
Europe/Gibraltar
Europe/Helsinki
Europe/Istanbul
Europe/Kaliningrad
Europe/Kiev
Europe/Lisbon
Europe/Ljubljana
Europe/London
Europe/Luxembourg
Europe/Madrid
Europe/Minsk
Europe/Monaco
Europe/Moscow
Europe/Oslo
Europe/Paris
...
```

```
SQL> SELECT SESSIONTIMEZONE, DBTIMEZONE FROM DUAL;

SESSIONTIMEZONE           DBTIMEZONE
------------------------- ----------
+02:00                    +02:00

SQL> ALTER SESSION SET TIME_ZONE = 'Europe/Paris';

Session modifiée.

SQL> SELECT SESSIONTIMEZONE, DBTIMEZONE FROM DUAL;

SESSIONTIMEZONE           DBTIMEZONE
------------------------- ----------
Europe/Paris              +02:00

SQL> ALTER SESSION SET TIME_ZONE = 'America/New_York';

Session modifiée.

SQL> SELECT SESSIONTIMEZONE, DBTIMEZONE FROM DUAL;

SESSIONTIMEZONE           DBTIMEZONE
------------------------- ----------
America/New_York          +02:00

SQL> ALTER SESSION SET TIME_ZONE = '+10:00';

Session modifiée.

SQL> SELECT SESSIONTIMEZONE, DBTIMEZONE FROM DUAL;

SESSIONTIMEZONE           DBTIMEZONE
------------------------- ----------
+10:00                    +02:00
```

Types date

- DATE
- TIMESTAMP
- TIMESTAMP WITH TIME ZONE
- TIMESTAMP WITH LOCAL TIME ZONE

DATE

Champ de longueur fixe de **7** octets utilisé pour stocker n'importe quelle date, incluant l'heure. La valeur d'une date est comprise entre 01/01/4712 avant JC et 31/12/9999 après JC.

TIMESTAMP[(P)]

Champ de type date, incluant des fractions de seconde, et se fondant sur la valeur d'horloge du système d'exploitation. Une valeur de précision **P** un entier de 0 à 9 (6 étant la précision par défaut) - permet de choisir le nombre de chiffres voulus dans la partie décimale des secondes.

TIMESTAMP [(P)] WITH TIME ZONE

Champ de type « **TIMESTAMP** » avec un paramètre de zone horaire associé. La zone horaire peut être exprimée sous la forme d'un décalage par rapport à l'heure universelle **UTC** (**U**niversal **C**oordinated **T**ime) sous la forme « **{+|-}HH :MI** », tel que "-5:0", ou d'un nom de zone, tel que "US/Pacific".

TIMESTAMP [(P)] WITH LOCAL TIME ZONE

Champ de type « **TIMESTAMP WITH TIME ZONE** » sauf que la date est ajustée par rapport à la zone horaire de la base de données lorsqu'elle est stockée, puis adaptée à celle du client lorsqu'elle est extraite.

```
SQL> SELECT SESSIONTIMEZONE, DBTIMEZONE FROM DUAL;

SESSIONTIMEZONE  DBTIMEZONE
---------------- ----------------
+02:00           +02:00

SQL> DESC DATE_HEURE
 Nom                       NULL ?   Type
 ------------------------- -------- ----------------------------------
```

```
 ID                              NOT NULL NUMBER(2)
 C_DATE                                   DATE
 C_TS                                     TIMESTAMP(6)
 C_TS_WTZ                                 TIMESTAMP(6) WITH TIME ZONE
 C_TS_WLTZ                                TIMESTAMP(6) WITH LOCAL TIME ZONE
 DESCRIPT                                 VARCHAR2(100)

SQL> INSERT INTO DATE_HEURE VALUES
  2  ( 1, SYSDATE, SYSDATE, SYSDATE, SYSDATE, SESSIONTIMEZONE);

1 ligne créée.

SQL> SELECT C_DATE, C_TS, C_TS_WTZ, C_TS_WLTZ, DESCRIPT
  2  FROM DATE_HEURE;

C_DATE
--------
C_TS
---------------------------------------------------------------------------
C_TS_WTZ
---------------------------------------------------------------------------
C_TS_WLTZ
---------------------------------------------------------------------------
DESCRIPT
---------------------------------------------------------------------------
20/04/06
20/04/06 20:06:19,000000
20/04/06 20:06:19,000000 +02:00
20/04/06 20:06:19,000000
+02:00
```

Dans l'exemple précédent, vous pouvez observer la création d'un enregistrement avec la même information, la pseudocolonne « **SYSDATE** ». Vous remarquerez que les trois types « **TIMESTAMP** » ont la même valeur et que la colonne de type « **TIMESTAMP WITH TIME ZONE** » fournit la zone horaire du client qui l'a saisie.

```
SQL> ALTER SESSION SET TIME_ZONE = 'America/New_York';

Session modifiée.

SQL> INSERT INTO DATE_HEURE VALUES
  2  ( 2, SYSDATE, SYSDATE, SYSDATE, SYSDATE, SESSIONTIMEZONE);

1 ligne créée.

SQL> SELECT C_DATE, C_TS, C_TS_WTZ, C_TS_WLTZ, DESCRIPT
  2  FROM DATE_HEURE;

C_DATE
--------
C_TS
---------------------------------------------------------------------------
C_TS_WTZ
---------------------------------------------------------------------------
C_TS_WLTZ
```

```
----------------------------------------------------------------------
DESCRIPT
----------------------------------------------------------------------
20/04/06
20/04/06 20:06:19,000000
20/04/06 20:06:19,000000 +02:00
20/04/06 14:06:19,000000
+02:00

20/04/06
20/04/06 21:16:15,000000
20/04/06 21:16:15,000000 AMERICA/NEW_YORK
20/04/06 21:16:15,000000
America/New_York
```

Après le changement de la zone horaire du client par la commande SQL « **ALTER SESSION** » et la création d'un nouvel enregistrement vous pouvez voir les valeurs insérées dans la table.

Le premier enregistrement est identique à première interrogation sauf pour la colonne de type « **TIMESTAMP WITH LOCAL TIME ZONE** » qui convertit l'heure suivant la zone horaire du client.

Le deuxième enregistrement consigne, pour la colonne de type « **TIMESTAMP WITH TIME ZONE** », la zone horaire du client.

```
SQL> ALTER SESSION SET TIME_ZONE = 'Australia/Sydney';

Session modifiée.

SQL> SELECT C_DATE, C_TS, C_TS_WTZ, C_TS_WLTZ, DESCRIPT
  2  FROM DATE_HEURE;

C_DATE
--------
C_TS
----------------------------------------------------------------------
C_TS_WTZ
----------------------------------------------------------------------
C_TS_WLTZ
----------------------------------------------------------------------
DESCRIPT
----------------------------------------------------------------------
20/04/06
20/04/06 20:06:19,000000
20/04/06 20:06:19,000000 +02:00
21/04/06 04:06:19,000000
+02:00

20/04/06
20/04/06 21:16:15,000000
20/04/06 21:16:15,000000 AMERICA/NEW_YORK
21/04/06 11:16:15,000000
America/New_York
```

Types intervalle

- INTERVAL DAY TO SECOND
- INTERVAL YEAR TO MONTH

INTERVAL YEAR [(P)] TO MONTH

Il représente un intervalle de temps exprimé en années et en mois. C'est une valeur relative qui peut être utilisée pour incrémenter ou décrémenter une valeur absolue d'un type date.

« **P** » est un littéral entier entre 0 et 9 devant être utilisé pour spécifier le nombre de chiffres acceptés pour représenter les années (2 étant la valeur par défaut).

INTERVAL DAY [(P)] TO SECOND [(P)]

Il représente un intervalle de temps exprimé en jours, heures, minutes et secondes. C'est une valeur relative qui peut être utilisée pour incrémenter ou décrémenter une valeur absolue d'un type date.

« **P** » est un littéral entier entre 0 et 9 doit être utilisé pour spécifier le nombre de chiffres acceptés pour représenter les jours et les fractions de secondes (2 et 6 étant respectivement les valeurs par défaut).

```
SQL> DESC DATE_INTERVAL

 Nom                           NULL ?   Type
 ----------------------------- -------- ----------------------------
 ID                            NOT NULL NUMBER(2)
 C_I_YTOM                               INTERVAL YEAR(9) TO MONTH
 C_I_DTOS                               INTERVAL DAY(9) TO SECOND(9)
 DESCRIPT                               VARCHAR2(100)

SQL> INSERT INTO DATE_INTERVAL (ID, C_I_YTOM)
  2                            VALUES (1, INTERVAL '8' MONTH);

1 ligne créée.

SQL> INSERT INTO DATE_INTERVAL (ID, C_I_YTOM)
```

```
  2                          VALUES (2, INTERVAL '200' YEAR(3));

1 ligne créée.

SQL> INSERT INTO DATE_INTERVAL (ID, C_I_YTOM)
  2                          VALUES (3, '100-10');

SQL> SELECT SYSDATE, C_I_YTOM,
  2         SYSDATE + C_I_YTOM, SYSDATE - C_I_YTOM
  3  FROM DATE_INTERVAL;

SYSDATE          C_I_YTOM          SYSDATE+C_I_YTOM SYSDATE-C_I_YTOM
---------------- ----------------  ---------------- ----------------
20/04/2006 21:51 +000000000-08     20/12/2006 21:51 20/08/2005 21:51
20/04/2006 21:51 +000000200-00     20/04/2206 21:51 20/04/1806 21:51
20/04/2006 21:51 +000000100-10     20/02/2107 21:51 20/06/1905 21:51
```

L'exemple ci-dessus vous montre l'insertion des enregistrements avec les trois types de syntaxe pour stocker dans la table le type « **INTERVAL YEAR TO MONTH** ». Vous pouvez également observer l'utilisation des valeurs de la colonne « **C_I_YTOM** » pour incrémenter et décrémenter la date du jour.

```
SQL> DESC DATE_INTERVAL

 Nom                               NULL ?   Type
 ------------------------------ -------- ----------------------------
 ID                                NOT NULL NUMBER(2)
 C_I_YTOM                                   INTERVAL YEAR(9) TO MONTH
 C_I_DTOS                                   INTERVAL DAY(9) TO SECOND(9)
 DESCRIPT                                   VARCHAR2(100)

SQL> INSERT INTO DATE_INTERVAL (ID, C_I_DTOS)
  2                 VALUES (1, '80 00:30:00');

1 ligne créée.

SQL> INSERT INTO DATE_INTERVAL (ID, C_I_DTOS)
  2                 VALUES (2, INTERVAL '6 01:00:00' DAY TO SECOND);

1 ligne créée.

SQL> SELECT SYSDATE, C_I_DTOS,
  2         SYSDATE + C_I_DTOS, SYSDATE - C_I_DTOS
  3  FROM DATE_INTERVAL;

SYSDATE
----------------
C_I_DTOS
------------------------------
SYSDATE+C_I_DTOS
----------------
SYSDATE-C_I_DTOS
----------------
20/04/2006 22:09
+000000080 00:30:00.000000000
```

```
09/07/2006 22:39
30/01/2006 21:39

20/04/2006 22:09
+000000006 01:00:00.000000000
26/04/2006 23:09
14/04/2006 21:09
```

Dans l'exemple précédent vous pouvez remarquer les deux types de syntaxe utilisés pour l'insertion des enregistrements de type « **INTERVAL DAY TO SECOND** » Vous pouvez observer également l'utilisation des valeurs de la colonne « **C_I_DTOS** » pour incrémenter et décrémenter la date du jour.

Opérateurs

Opérande / Opérande		DATE	TIMESTAMP	INTERVAL	Number
	Opérateur				
DATE	+	–	–	DATE	DATE
	-	DATE	DATE	DATE	DATE
TIMESTAMP	+	–	–	TIMESTAMP	–
	-	INTERVAL	INTERVAL	TIMESTAMP	TIMESTAMP
INTERVAL	+	DATE	TIMESTAMP	INTERVAL	–
	-	–	–	INTERVAL	–
	*	–	–	–	INTERVAL
	/	–	–	–	INTERVAL
Number	+	DATE	DATE	–	NA
	-	–	–	–	NA
	*	–	–	INTERVAL	NA
	/	–	–	–	NA

Une expression de type date est une combinaison de noms de colonnes, de constantes et de fonctions de manipulation de date combinés au moyen des **opérateurs** addition « **+** », soustraction « **-** », multiplication « ***** » ou division « **/** ».

Dans le tableau précédent vous pouvez voir une présentation des opérations possibles entre toutes les données de type date.

L'opération doit être lue de la manière suivante :

« OPERANDE » « OPERATEUR » « OPERANDE » = « RESULTAT »

Dans l'exemple ci-après, vous pouvez remarquer l'utilisation de l'operateur de multiplication avec un type de donnée « **INTERVAL DAY TO SECOND** ».

```
SQL> DESC DATE_INTERVAL

 Nom                             NULL ?   Type
 ------------------------------- -------- ----------------------------
 ID                              NOT NULL NUMBER(2)
 C_I_YTOM                                 INTERVAL YEAR(9) TO MONTH
 C_I_DTOS                                 INTERVAL DAY(9) TO SECOND(9)
 DESCRIPT                                 VARCHAR2(100)

SQL> SELECT C_I_DTOS, C_I_DTOS * 4
  2  FROM DATE_INTERVAL;

C_I_DTOS                        C_I_DTOS*4
------------------------------ -----------------------------
+000000080 00:30:00.000000000  +000000320 02:00:00.000000000
+000000006 01:00:00.000000000  +000000024 04:00:00.000000000
```

Les dates système

- CURRENT_DATE
- CURRENT_TIMESTAMP
- LOCALTIMESTAMP
- SYSTIMESTAMP

CURRENT_DATE

La fonction « **CURRENT_DATE** » permet de connaître la date et l'heure actuelle en prenant en compte le paramétrage de la zone horaire « **TIME_ZONE** » de la session.

```
SQL> SELECT SESSIONTIMEZONE, DBTIMEZONE, CURRENT_DATE, SYSDATE
  2  FROM DUAL;

SESSIONTIMEZONE    DBTIMEZONE   CURRENT_DATE     SYSDATE
------------------ ------------ ---------------- ----------------
+02:00             +02:00       20/04/2006 23:17 20/04/2006 23:17

SQL> ALTER SESSION SET TIME_ZONE='Australia/Sydney';

Session modifiée.

SQL> SELECT SESSIONTIMEZONE, DBTIMEZONE, CURRENT_DATE, SYSDATE
  2  FROM DUAL;

SESSIONTIMEZONE    DBTIMEZONE   CURRENT_DATE     SYSDATE
------------------ ------------ ---------------- ----------------
Australia/Sydney   +02:00       21/04/2006 07:18 20/04/2006 23:18
```

CURRENT_TIMESTAMP

La fonction « **CURRENT_TIMESTAMP** » permet de connaître la date et l'heure relative à la plage horaire de la session.

CURRENT_TIMESTAMP(ARGUMENT) = VALEUR

ARGUMENT La valeur de la précision, un entier de 0 à 9 (6 étant la précision par défaut).

VALEUR La valeur de retour est de type « **TIMESTAMP WITH TIME ZONE** »

```
SQL> SELECT SESSIONTIMEZONE, DBTIMEZONE,
  2         CURRENT_TIMESTAMP(2), SYSDATE
  3 FROM DUAL;

SESSIONTIMEZONE DBTIMEZONE CURRENT_TIMESTAMP(2)         SYSDATE
--------------- ---------- ---------------------------- ----------
+02:00          +02:00     20/04/06 23:41:03,39 +02:00 20/04/2006
```

LOCALTIMESTAMP

La fonction « **LOCALTIMESTAMP** » est identique à la fonction « **CURRENT_TIMESTAMP** », sauf par sa valeur de retour qui est un type « **TIMESTAMP** ».

SYSTIMESTAMP

La fonction « **LOCALTIMESTAMP** » permet de connaître la date et l'heure, y compris les fractions de secondes, en s'appuyant sur la zone horaire configurée sur le serveur de base de données.

```
SQL> SELECT LOCALTIMESTAMP, SYSTIMESTAMP
  2 FROM DUAL;

LOCALTIMESTAMP                 SYSTIMESTAMP
------------------------------ -------------------------------
20/04/06 23:59:55,156000       20/04/06 23:59:55,156000 +02:00

SQL> ALTER SESSION SET TIME_ZONE='America/Los_Angeles';

Session modifiée.

SQL> SELECT LOCALTIMESTAMP, SYSTIMESTAMP
  2 FROM DUAL;

LOCALTIMESTAMP                 SYSTIMESTAMP
------------------------------ -------------------------------
20/04/06 15:02:43,921000       21/04/06 00:02:43,921000 +02:00
```

Extraire des informations

- EXTRACT
- SYS_EXTRACT_UTC
- TZ_OFFSET

EXTRACT

La fonction « **EXTRACT** » permet d'extraire un élément (jour, mois, année, heure, minute, seconde...) depuis un élément de type date ou bien un intervalle de temps.

EXTRACT (FORMAT FROM EXPRESSION)

FORMAT Le format peut être une des valeurs suivantes : « **YEAR** »,« **MONTH** »,« **DAY** », « **HOUR** »,« **MINUTE** »,« **SECOND** », « **TIMEZONE_HOUR** »,« **TIMEZONE_MINUTE** », « **TIMEZONE_REGION** »,« **TIMEZONE_ABBR** ».

```
SQL> SELECT NOM,
            EXTRACT (MONTH FROM DATE_EMBAUCHE) "Mois",
            EXTRACT (DAY FROM DATE_EMBAUCHE) "Jour"
     FROM EMPLOYES;

NOM                        Mois       Jour
-------------------- ---------- ----------
Callahan                      3          5
Buchanan                     10         17
Peacock                       5          3
Leverling                     4          1
Davolio                       5          1
...

SQL> SELECT C_TS_WTZ,
            EXTRACT(TIMEZONE_REGION FROM C_TS_WTZ)
            "TIMEZONE_REGION"
     FROM DATE_HEURE;
```

```
C_TS_WTZ                                           TIMEZONE_REGION
-------------------------------------------------- ---------------
20/04/06 20:06:19,000000 +02:00                    UNKNOWN
20/04/06 21:16:15,000000 AMERICA/NEW_YORK          America/New_York
```

SYS_EXTRACT_UTC

La fonction « **SYS_EXTRACT_UTC** » permet de convertir une date et heure d'une zone horaire spécifique en date et heure au format UTC c'est-à-dire à l'heure de Greenwich.

SYS_EXTRACT_UTC (ARGUMENT) = VALEUR

ARGUMENT	La valeur d'une date avec les informations concernant la zone horaire spécifique.

```
SQL> SELECT LOCALTIMESTAMP,
             SYS_EXTRACT_UTC(LOCALTIMESTAMP) SYS_EXTRACT_UTC
     FROM DUAL;
```

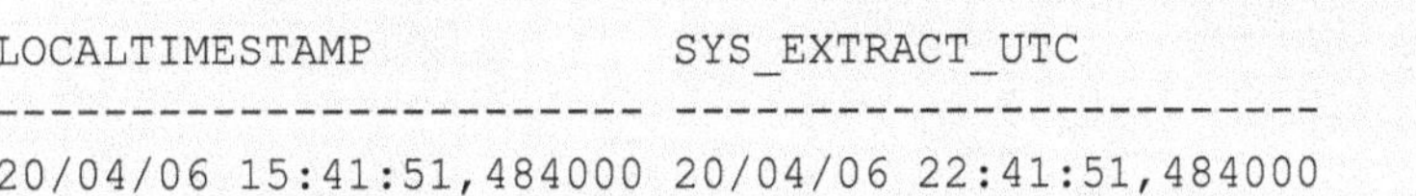

```
LOCALTIMESTAMP           SYS_EXTRACT_UTC
------------------------ ------------------------
20/04/06 15:41:51,484000 20/04/06 22:41:51,484000
```

TZ_OFFSET

La fonction « **TZ_OFFSET** » permet de connaître l'écart de fuseau horaire entre la zone passée en paramètre et UTC c'est-à-dire à l'heure de Greenwich.

TZ_OFFSET (ARGUMENT) = VALEUR

ARGUMENT	La valeur d'une date avec les informations concernant la zone horaire spécifique.

```
SQL> SELECT TZ_OFFSET('America/Guadeloupe') FROM DUAL;

TZ_OFFS
-------
-04:00

SQL> SELECT TZ_OFFSET('Australia/Melbourne') FROM DUAL;

TZ_OFFS
-------
+10:00

SQL> SELECT TZ_OFFSET('Europe/Bucharest') FROM DUAL;

TZ_OFFS
-------
+03:00

SQL> SELECT TZ_OFFSET('Europe/Paris') FROM DUAL;

TZ_OFFS
-------
+02:00
```

Manipulation des dates

- ADD_MONTHS
- MONTHS_BETWEEN

ADD_MONTHS

La fonction « **ADD_MONTHS** » permet d'ajouter ou soustraire un nombre de mois à une date.

ADD_MONTHS(DATE,ARGUMENT) = VALEUR

ARGUMENT	Le nombre des mois à ajouter ou soustraire.
VALEUR	La valeur de retour est de type date.

```
SQL> SELECT SYSDATE, ADD_MONTHS(SYSDATE,6)
  2  FROM DUAL;

SYSDATE    ADD_MONTHS
---------- ----------
21/04/2006 21/10/2006

SQL> SELECT ADD_MONTHS('31/01/2006',1)
  2  FROM DUAL;

ADD_MONTHS
----------
28/02/2006
```

Attention

Comme vous pouvez le constater dans l'exemple précédent, la fonction « **ADD_MONTHS** » effectue un arrondi sur le dernier jour du mois si le mois cible ne comporte pas la date demandée. En conséquence, il convient de faire attention quand on utilise cette fonction pour le dernier jour du mois.

MONTHS_BETWEEN

La fonction « **MONTHS_BETWEEN** » permet de trouver le nombre de mois qui séparent deux dates.

MONTHS_BETWEEN(DATE1,DATE2) = VALEUR

VALEUR La différence entre DATE1 et DATE2 exprimé en nombre de mois ; le résultat peut être un nombre décimal. La partie fractionnaire du résultat est calculée en considérant chaque jour comme égal à 1/31 de mois.

```
SQL> SELECT SYSDATE+35,
            SYSDATE,
            35/31,
            MONTHS_BETWEEN(SYSDATE+35,SYSDATE)
     FROM DUAL;

SYSDATE+35 SYSDATE         35/31 MONTHS_BETWEEN(SYSDATE+35,SYSDATE)
---------- ---------- ---------- ----------------------------------
26/05/2006 21/04/2006 1,12903226                         1,16129032
```

Retrouver une date

- LAST_DAY
- NEXT_DAY

LAST_DAY

La fonction « **LAST_DAY** » permet de trouver la date du dernier jour du mois qui contient celle qui est passée en argument.

LAST_DAY(DATE) = VALEUR

VALEUR La valeur de retour est de type date.

```
SQL> SELECT SYSDATE,
  2         LAST_DAY(SYSDATE),
  3         LAST_DAY(ADD_MONTHS(SYSDATE,1))
  4  FROM DUAL;

SYSDATE    LAST_DAY(S LAST_DAY(A
---------- ---------- ----------
21/04/2006 30/04/2006 31/05/2006
```

NEXT_DAY

La fonction « **NEXT_DAY** » permet de trouver la date du prochain jour de la semaine spécifié.

NEXT_DAY(DATE,JOUR_SEMAINE) = VALEUR

JOUR_SEMAINE Une chaîne de caractère qui indique le jour de la semaine ('Lundi', 'Mardi', etc.). La valeur du jour de la semaine doit être saisie dans la langue de la session courante.

VALEUR La valeur de retour est de type date.

```
SQL> SELECT SYSDATE,
  2         NEXT_DAY(SYSDATE, 'Lundi') "Lundi",
  3         NEXT_DAY(SYSDATE, 'Mardi') "Mardi",
  4         NEXT_DAY(SYSDATE, 'samedi') "Samedi",
```

```
       NEXT_DAY(SYSDATE, 'dimanche') "Dimanche"
FROM DUAL;

SYSDATE    Lundi      Mardi      Samedi     Dimanche
---------- ---------- ---------- ---------- ----------
21/04/2006 24/04/2006 25/04/2006 22/04/2006 23/04/2006
```

Arrondis des dates

- ROUND
- TRUNC

ROUND

La fonction « **ROUND** » permet de calculer l'arrondi d'une date selon une précision spécifiée.

ROUND(ARGUMENT,PRECISION)

PRECISION La précision est indiquée en utilisant un des masques de mise en forme de la date. On peut ainsi arrondir une date à l'année, au mois, à la minute, etc. Par défaut, la précision est le jour.

Format	*Précision pour ROUND et TRUNC*
CC SCC	Le siècle
SYYYY YYYY YEAR SYEAR YYY YY Y	Année
IYYY IY IY I	Année ISO
Q	Le numéro du trimestre
MONTH	Le mois

MON MM RM	
WW	Numéro de la semaine dans l'année
IW	Semaine de l'année selon le standard ISO
W	Numéro de la semaine dans le mois
DDD	Numéro de jour dans l'année, de 1 à 366
DD	Numéro de jour dans le mois, de 1 à 31
J	Numéro de jour de la semaine, de 1 à 7
DAY DY D	Le jour de la semaine
HH HH12 HH24	Heure
MI	Minute

Sans l'argument format, cette fonction arrondit la valeur de date à 12 A.M. (minuit, le début du jour concerné) si la date est située avant midi ; sinon, la fonction arrondit la date au jour suivant. L'emploi d'un format est étudié plus loin dans ce module.

```
SQL> SELECT NOM,
  2         SYSDATE-DATE_NAISSANCE "Dateheure",
  3         ROUND(SYSDATE)-DATE_NAISSANCE "Date"
  4  FROM EMPLOYES;

NOM                   Dateheure       Date
-------------------- ---------- ----------
Callahan             17632,4727      17632
Buchanan             18674,4727      18674
Peacock              17379,4727      17379
Leverling            15573,4727      15573
Davolio              13646,4727      13646
Dodsworth            13440,4727      13440
King                 16761,4727      16761
Suyama               15632,4727      15632
Fuller               19783,4727      19783

SQL> SELECT SYSDATE,
  2         ROUND(SYSDATE, 'YEAR')  "Année",
  3         ROUND(SYSDATE, 'MONTH') "Mois",
  4         ROUND(SYSDATE, 'Q')     "Trimestre",
  5         ROUND(SYSDATE, 'W')     "Semaine"
  6  FROM DUAL ;

SYSDATE    Année      Mois       Trimestre  Semaine
---------- ---------- ---------- ---------- ----------
21/04/2006 01/01/2006 01/05/2006 01/04/2006 22/04/2006
```

TRUNC

La fonction « **TRUNC** » permet de calculer une valeur tronquée d'une date selon une précision spécifiée.

TRUNC(ARGUMENT,PRECISION)

```
SQL> SELECT SYSDATE,
            TRUNC(SYSDATE, 'YEAR')  "Année",
            TRUNC(SYSDATE, 'MONTH') "Mois",
            TRUNC(SYSDATE, 'Q')     "Trimestre",
            TRUNC(SYSDATE, 'W')     "Semaine"
     FROM DUAL ;

SYSDATE    Année      Mois       Trimestre  Semaine
---------- ---------- ---------- ---------- ----------
21/04/2006 01/01/2006 01/04/2006 01/04/2006 15/04/2006
```

Atelier 7

- Les zones horaires
- La manipulation des dates

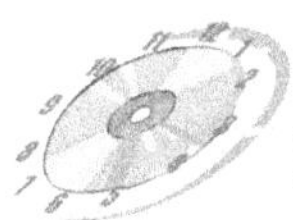

Durée : 10 minutes

Questions

7-1. Quelle est la date renvoyée par la fonction suivante : `ADD_MONTHS('30/10/2006',4)` ?

A. `NULL`

B. `29/02/2007;`

C. `28/02/2007;`

D. `01/03/2007;`

7-2. Quelle est la fonction qui renvoie la date et l'heure relative à la plage horaire de la session. ?

A. `CURRENT_DATE`

B. `CURRENT_TIMESTAMP`

C. `DBTIMEZONE`

D. `SESSIONTIMEZONE`

E. `LOCALTIMESTAMP`

F. `SYSTIMESTAMP`

G. `SYS_EXTRACT_UTC`

H. `TZ_OFFSET`

7-3. Pour les mêmes choix que la question précédente, quelle est la pseudocolonne qui indique le fuseau horaire de la session ?

7-4. Pour les mêmes choix que la question précédente, quelle est la fonction permettant de renvoyer l'écart de fuseau horaire entre la zone passée en paramètre et UTC c'est-à-dire à l'heure de Greenwich. ?

7-5. Quelles sont les opérations invalides ?

A. `DATE + INTERVAL`

B. `DATE - INTERVAL`

C. `TIMESTAMP + NUMBER`

D. `TIMESTAMP - NUMBER`

E. `TIMESTAMP + TIMESTAMP`

F. `TIMESTAMP - TIMESTAMP`

G. `TIMESTAMP + INTERVAL`

H. `TIMESTAMP - INTERVAL`

I. `INTERVAL * NUMBER`

J. `INTERVAL / NUMBER`

K. `TIMESTAMP * INTERVAL`

L. `TIMESTAMP / INTERVAL`

Exercice n° 1 Les zones horaires

Écrivez les requêtes permettant d'afficher :

- Le fuseau horaire du serveur et le fuseau horaire de la session. Changez votre fuseau horaire de la session pour 'Europe/Athens' et affichez de nouveau le fuseau horaire du serveur et le fuseau horaire de la session.
- La date et l'heure actuelle en prenant en compte la zone horaire configurée sur la session, le fuseau horaire du serveur et le fuseau horaire de la session.
- La date et l'heure actuelle en prenant en compte la zone horaire configurée sur le serveur, le fuseau horaire du serveur et le fuseau horaire de la session.

Exercice n° 2 La manipulation des dates

Écrivez les requêtes permettant d'afficher :

- La date du prochain dimanche (à ce jour).
- Les dates du premier et du dernier jour du mois en cours.
- La date du premier jour du trimestre (format 'Q').
- Le nom, la date de fin de période d'essai (3 mois) et leur ancienneté à ce jour exprimé en mois pour tous les employés.
- Le nom et le jour de leur première paie (dernier jour du mois de leur embauche).

- *Manipulation de chaînes*
- *Manipulation de dates*
- *Conversions*
- *DECODE*
- *CASE*

8

Les conversions SQL

Objectifs

A la fin de ce module, vous serez à même d'effectuer les tâches suivantes :

- Manipuler les données et effectuer les conversions implicites.
- Effectuer des conversions entre les différents types de données.
- Manipuler les expressions de type date.
- Manipuler les expressions de type chaîne de caractères.

Contenu

Les conversions implicites

De / Vers	CHAR	VARCHAR2	NCHAR	NVARCHAR2	DATE	DATETIME / INTERVAL	NUMBER	BINARY_FLOAT	BINARY_DOUBLE
CHAR	×	✓	✓	✓	✓	✓	✓	✓	✓
VARCHAR2	✓	×	✓	✓	✓	✓	✓	✓	✓
NCHAR	✓	✓	×	✓	✓	✓	✓	✓	✓
NVARCHAR2	✓	✓	✓	×	✓	✓	✓	✓	✓
DATE	✓	✓	✓	✓	×	×	×	×	×
DATETIME/INTERVAL	✓	✓	✓	✓	×	×	×	×	×
NUMBER	✓	✓	✓	✓	×	×	×	✓	✓
BINARY_FLOAT	✓	✓	✓	✓	×	×	✓	×	✓
BINARY_DOUBLE	✓	✓	✓	✓	×	×	✓	✓	×

Le langage SQL détecte la nécessité d'une conversion ; il essaie de changer les valeurs de manière à pouvoir effectuer l'opération requise. Le tableau de l'image présente les types de conversions implicites effectuées par le langage SQL.

Avec les conversions implicites vous pouvez spécifier des valeurs littérales à la place de données au format interne adéquat ; le langage SQL les transformera si nécessaire.

```
SQL> SELECT NOM||' '||DATE_NAISSANCE,
  2         SALAIRE * '1,1'
  3  FROM EMPLOYES;

NOM||''||DATE_NAISSANCE                  SALAIRE*'1,1'
---------------------------------------- -------------
Callahan 09/01/58                                 2200
Buchanan 04/03/55                                 8800
Peacock 19/09/58                                3141,6
Leverling 30/08/63                                3850
Davolio 08/12/68                                3448,5
Dodsworth 02/07/69                                2398
King 29/05/60                                   2591,6
Suyama 02/07/63                                 2787,4
Fuller 19/02/52                                  11000
```

Conseil

Bien que le moteur du SGBDR qui exécute chaque ordre SQL sache prendre en compte l'évaluation de certaines expressions qui utilisent des données de types différents, il est toujours préférable de programmer des expressions homogènes, dans lesquelles les conversions de types sont clairement indiquées par utilisation de fonctions de conversion.

Les fonctions de conversion

De / Vers	CHAR VARCHAR2 NCHAR NVARCHAR2	NUMBER	DATETIME INTERVAL	BINARY_FLOAT BINARY_DOUBLE
CHAR VARCHAR2 NCHAR NVARCHAR2	TO_CHAR TO_NCHAR	TO_NUMBER	TO_DATE TO_TIMESTAMP TO_TIMESTAMP_TZ TO_YMINTERVAL TO_DSINTERVAL	TO_BINARY_FLOAT TO_BINARY_DOUBLE
NUMBER	TO_CHAR TO_NCHAR	✗	TO_DATE NUMTOYMINTERVAL NUMTODSINTERVAL	TO_BINARY_FLOAT TO_BINARY_DOUBLE
DATETIME INTERVAL	TO_CHAR TO_NCHAR	✗	✗	✗
BINARY_FLOAT	TO_CHAR TO_NCHAR	TO_NUMBER	✗	TO_BINARY_FLOAT TO_BINARY_DOUBLE
BINARY_DOUBLE	TO_CHAR TO_NCHAR	TO_NUMBER	✗	TO_BINARY_FLOAT TO_BINARY_DOUBLE

Le langage SQL propose de nombreuses fonctions de conversion automatique entre les types de données. Bien que le moteur du SGBDR qui exécute chaque ordre SQL sache prendre en compte l'évaluation de certaines expressions qui utilisent des données de types différents, il est toujours préférable de programmer des expressions homogènes, dans lesquelles les conversions de types sont clairement indiquées par utilisation de fonctions de conversion.

Le tableau de l'image présente les fonctions de conversion entre les différents types de données que l'on va détailler.

CAST

La fonction « **CAST** », est un mécanisme de conversion d'un type de donnée en un autre type de donnée extrêmement souple et pratique. Cette fonction est connue des développeurs utilisant les langages orientés objet dans lesquels il est souvent nécessaire de transtyper un objet d'une classe en un objet d'une autre classe.

CAST(EXPRESSION AS NOM_TYPE)

EXPRESSION Une expression qui doit être convertie.

NOM_TYPE Le type de donnée cible.

```
SQL> SELECT CAST(DATE_NAISSANCE AS TIMESTAMP WITH TIME ZONE)
  2  FROM EMPLOYES;

CAST(DATE_NAISSANCEASTIMESTAMPWITHTIMEZONE)
-----------------------------------------------------------
09/01/58 00:00:00,000000 +02:00
04/03/55 00:00:00,000000 +02:00
19/09/58 00:00:00,000000 +02:00
...
```

Numérique vers chaîne

- TO_CHAR
- TO_NCHAR

TO_CHAR, TO_NCHAR

::La fonction « **TO_CHAR** » ou « **TO_NCHAR** » permet de convertir un numérique, avec un certain format, en chaîne de caractères.

TO_CHAR(NUMBER,FORMAT)

NUMBER	L'argument NUMBER est une expression de type : NUMBER, BINARY_FLOAT, BINARY_DOUBLE.
FORMAT	Le format (masque) pour afficher la valeur numérique. Le tableau suivant présente les options des formats pour les types numériques.

Format	Description
,	Retourne une virgule, utilisée dans certains formats comme séparateur de milliers.
.	Retourne un point comme séparateur de décimale.
$	Retourne le symbole monétaire $, il précédera le premier chiffre significatif.
0	Retourne un chiffre, présent même si non significatif (zéro).
9	Retourne un chiffre, non représenté dans le cas d'un zéro non significatif.
B	Le nombre sera représenté par des blancs s'il vaut zéro.
C	Retourne le symbole monétaire ISO de votre environnement de travail.
D	Retourne le symbole de séparateur de décimales de votre système. Par défaut c'est « . ».
EEEE	Retourne un nombre représenté avec un exposant (le spécifier avant MI ou PR).
FM	Retourne une valeur sans espaces à gauche ou à droite.
G	Retourne le symbole de séparateur de milliers de votre système.
L	Retourne le symbole monétaire local de votre environnement de travail.
MI	Retourne le signe négatif à droite du masque.
PR	Retourne les nombres négatifs affichés entre « **< >** »
RN	Retourne une valeur numérique en chiffres romains. La valeur doit être un entier

compris entre 1 et 3999.

S Retourne une valeur précédée par le signe « - ».

U Retourne le symbole monétaire Euro.

V Retourne une valeur multipliée par 10^n, ou la valeur n égal au nombre des 9 après le caractère « **V** ».

X Retourne une valeur en hexadécimal, si la valeur n'est pas un entier Oracle l'arrondi.

Nombre	*Format*	*Résultat*
-1234567890	9999999999S	'1234567890-'
0	99.99	' .00'
+0.1	99.99	' .10'
-0.2	99.99	' -.20'
0	90.99	' 0.00'
+0.1	90.99	' 0.10'
-0.2	90.99	' -0.20'
0	9999	' 0'
1	9999	' 1'
0	B9999	' '
1	B9999	' 1'
0	B90.99	' '
+123.456	999.999	' 123.456'
-123.456	999.999	'-123.456'
+123.456	FM999.009	'123.456'
+123.456	9.9EEEE	' 1.2E+02'
+1E+123	9.9EEEE	' 1.0E+123'
+123.456	FM9.9EEEE	'1.2E+02'
+123.45	FM999.009	'123.45'
+123.0	FM999.009	'123.00'
+123.45	L999.99	' $123.45'
+123.45	FML999.99	'$123.45'
+1234567890	9999999999S	'1234567890+'

Date vers chaîne

- TO_CHAR
- TO_NCHAR

TO_CHAR, TO_NCHAR

La fonction « **TO_CHAR** » ou « **TO_NCHAR** » permet également de convertir une date, avec un certain format, en chaîne de caractères.

TO_CHAR(DATE,FORMAT)

DATE L'argument DATE est une expression de type :
DATE,
TIMESTAMP,
TIMESTAMP WITH TIME ZONE,
TIMESTAMP WITH LOCAL TIME ZONE.

FORMAT Le format (masque) pour afficher la date numérique. Le tableau suivant présente les options des formats pour les types dates.

Format	*Description*
MM	Numéro du mois dans l'année
RM	Numéro du mois dans l'année en chiffres romains
MON	Le nom du mois abrégé sur trois lettres
MONTH	Le nom du mois écrit en entier
DDD	Numéro du jour dans l'année, de 1 à 366
DD	Numéro du jour dans le mois, de 1 à 31
D	Numéro du jour dans la semaine, de 1 à 7
DY	Le nom de la journée abrégé sur trois lettres
DAY	Le nom de la journée écrit en entier
YYYY	Année complète sur quatre chiffres
YYY	Les trois derniers chiffres de l'année
RR	Deux derniers chiffres de l'année de la date courante
CC	Le siècle

YEAR	Année écrite en lettres: TWO THOUSAND (option apparemment non francisée)
Q	Le numéro du trimestre
WW	Numéro de la semaine dans l'année
IW	Semaine de l'année selon le standard ISO
W	Numéro de la semaine dans le mois
J	Calendrier Julien -jours écoulés depuis le 31 décembre 4713 av. J.-C
HH	Heure du jour, toujours de format 1-12
HH24	Heure du jour, sur 24 heures
MI	Minutes écoulées dans l'heure
SS	Secondes écoulées dans une minute
SSSSS	Secondes écoulées depuis minuit, toujours 0-86399
AM, PM	Affiche AM ou PM selon qu'il s'agit du matin ou de l'après-midi
FM	Les valeurs sont renvoyées sans les caractères blanc avant ou après

```
SQL> SELECT TO_CHAR( SYSDATE,'D DD DDD DAY Day')           FROM DUAL ;

TO_CHAR(SYSDATE,'DDDDDDDAYDAY')
---------------------------------------------------------------------
5 14 195 VENDREDI Vendredi

SQL> SELECT TO_CHAR( SYSDATE,'MM MON Mon MONTH Month')    FROM DUAL ;

TO_CHAR(SYSDATE,'MMMONMONMONTHMONTH')
---------------------------------------------------------------------
07 JUIL. Juil. JUILLET   Juillet

SQL> SELECT TO_CHAR( SYSDATE,'FMMM MON Mon MONTH Month') FROM DUAL ;

TO_CHAR(SYSDATE,'FMMMMONMONMONTHMONTH')
---------------------------------------------------------------------
7 JUIL. Juil. JUILLET Juillet

SQL> SELECT TO_CHAR( SYSDATE,
  2         'DD/MM/YYYY Year Q WW iW W HH:MM:SS SSSSS')    FROM DUAL ;

TO_CHAR(SYSDATE,'DD/MM/YYYYYEARQWWIWWHH:MM:SSSSSSS')
---------------------------------------------------------------------
14/07/2006 Two Thousand Six 3 28 28 2 12:07:29 46049

SQL> SELECT TO_CHAR(SYSTIMESTAMP,'DD/MM/YYYY HH24:MM:SS SSSSS')
  2  FROM DUAL ;

TO_CHAR(SYSTIMESTAMP,'DD/
-------------------------
14/07/2006 12:07:29 46049
```

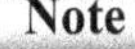

Note

« **SYSTIMESTAMP** » est une pseudocolonne que l'on peut utiliser dans une expression de type « **TIMESTAMP** ».

Chaîne vers numérique

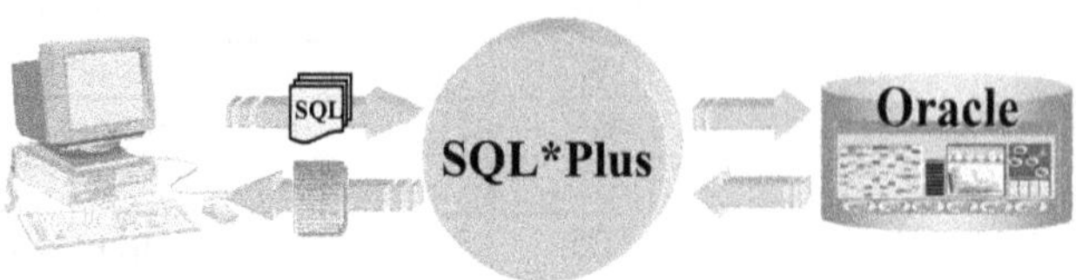

- TO_NUMBER
- TO_BINARY_FLOAT
- TO_BINARY_DOUBLE

TO_NUMBER

La fonction « **TO_NUMBER** » permet de convertir une chaîne de caractères, avec un certain format, en nombre.

TO_NUMBER(CHAINE,FORMAT)

CHAINE	L'argument CHAINE accepte la même syntaxe que celle d'une constante numérique.
FORMAT	Le format (masque) que doit avoir la chaîne de caractères ; il est rarement utilisé. La définition du format est traitée plus loin dans la fonction « **TO_CHAR** ».

```
SQL> SELECT TO_NUMBER('-1234567890','S9999999999') "Colonne 1",
            TO_NUMBER('+1234567890','S9999999999') "Colonne 2",
            TO_NUMBER('+123.456'   ,'S999.999'   ) "Colonne 3",
            TO_NUMBER('-123.456'   ,'999.999'    ) "Colonne 4",
            TO_NUMBER('+1E+123'    ,'S9.9EEEE'   ) "Colonne 5",
            TO_NUMBER('-1E+123'    ,'9.9EEEE'    ) "Colonne 6"
     FROM DUAL ;

 Colonne 1  Colonne 2  Colonne 3  Colonne 4  Colonne 5  Colonne 6
---------- ---------- ---------- ---------- ---------- ----------
-1,235E+09 1234567890    123,456   -123,456 1,000E+123 -1,00E+123
```

TO_BINARY_FLOAT

La fonction « **TO_BINARY_FLOAT** » permet de convertir un nombre en nombre réel à virgule flottante encodé sur 32 bits.

TO_BINARY_FLOAT(EXPRESSION)

EXPRESSION	Une expression qui doit être une constante numérique ou une valeur numérique.

```
SQL> SELECT 123.69,
            TO_BINARY_FLOAT(123.69),
            TO_BINARY_FLOAT(123.69/0F)
     FROM DUAL;

    123.69 TO_BINARY_FLOAT(123.69) TO_BINARY_FLOAT(123.69/0F)
---------- ----------------------- --------------------------
    123,69              1,237E+002                        Inf
```

TO_BINARY_DOUBLE

La fonction « **TO_BINARY_FLOAT** » permet de convertir un nombre en nombre réel à virgule flottante encodé sur 64 bits résultat.

TO_BINARY_FLOAT(EXPRESSION)

EXPRESSION Une expression qui doit être une constante numérique ou une valeur numérique.

```
SQL> SELECT SALAIRE,
            COMMISSION,
            TO_BINARY_FLOAT(SALAIRE /
                 TO_BINARY_FLOAT(COMMISSION))
            "Résultat"
     FROM EMPLOYES;

   SALAIRE COMMISSION   Résultat
---------- ---------- ----------
      2000
      8000
      2856        250 1,142E+001
      3500       1000   3,5E+000
      3135       1500  2,09E+000
      2180          0        Inf
      2356        800 2,945E+000
      2534        600 4,223E+000
     10000
```

Chaîne vers date

- TO_DATE

TO_DATE

La fonction « **TO_DATE** » permet de convertir une chaîne de caractères, avec un certain format, en date.

TO_DATE(CHAÎNE,FORMAT)

CHAÎNE L'argument CHAÎNE est une expression de type chaîne de caractères.

FORMAT Le format (masque) permet de lire la chaîne de caractère pour construire la date numérique.

```
SQL> SELECT TO_DATE( '10/04/2006','DD/MM/YYYY'),
  2            TO_DATE( '12/10/2006 20:12:00',
  3                     'DD/MM/YYYY HH24:MI:SS') "TO_DATE"
  4  FROM DUAL ;

TO_DATE( TO_DATE
-------- --------
10/04/06 12/10/06

SQL> SELECT TO_DATE( '10/04/2006','DD/MM/YYYY')
  2          - TO_DATE( '10/04/2006 20:12:00',
  3                     'DD/MM/YYYY HH24:MI:SS') "TO_DATE"
  4  FROM DUAL;

   TO_DATE
----------
-,84166667
```

Chaîne vers timestamp

- TO_TIMESTAMP
- TO_TIMESTAMP_TZ

TO_TIMESTAMP

La fonction « **TO_TIMESTAMP** » permet de convertir une chaîne de caractères, avec un certain format, en valeur de type « **TIMESTAMP** ».

TO_TIMESTAMP(CHAÎNE,FORMAT)

CHAÎNE	L'argument CHAÎNE est une expression de type chaîne de caractères.
FORMAT	Le format (masque) permet de lire la chaîne de caractère pour construire la date numérique.

```
SQL> SELECT TO_TIMESTAMP ('10-septembre-2006 14:10:10,123000',
  2                       'DD-Month-YYYY HH24:MI:SSXFF')
  3         "TO_TIMESTAMP"
  4  FROM DUAL;

TO_TIMESTAMP
---------------------------------------
10/09/06 14:10:10,123000000
```

Note

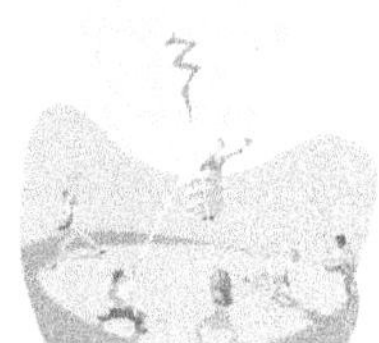

Notez les fractions de seconde « **,123000** » et l'utilisation de « **XFF** » dans le masque de format. L'élément de format « **X** » indique l'emplacement du caractère décimal, dans ce cas une virgule « **,** », qui sépare les secondes entières des fractions de seconde. Dans l'exemple suivant on peut obsever l'utilisation bien un point « **.FF** » pour obtenir le même résultat. La différence est que lorsque « **X** » est spécifié, Oracle détermine le bon caractère décimal à partir de la valeur du paramètre national.

```
SQL> SELECT TO_TIMESTAMP ('10-septembre-2006 14:10:10.123000',
  2                        'DD-Month-YYYY HH24:MI:SS.FF')
  3         "TO_TIMESTAMP"
  4  FROM DUAL;

TO_TIMESTAMP
---------------------------------------------------------------
10/09/06 14:10:10,123000000
```

TO_TIMESTAMP_TZ

La fonction « **TO_TIMESTAMP_TZ** » permet de convertir une chaîne de caractères, avec un certain format, en valeur de type « **TIMESTAMP WITH TIME ZONE** ».

TO_TIMESTAMP_TZ(CHAÎNE,FORMAT)

CHAÎNE	L'argument CHAÎNE est une expression de type chaîne de caractères.
FORMAT	Le format (masque) permet de lire la chaîne de caractère pour construire la date numérique.

```
SQL> SELECT TO_TIMESTAMP_TZ (
  2             '10092006 14:10:10.123000 -5:00',
  3             'DDMMYYYY HH24:MI:SS.FF TZH:TZM') TO_TIMESTAMP_TZ",
  4         TO_CHAR( SYSTIMESTAMP,
  5             'DDMMYYYY HH24:MI:SS.FF TZH:TZM') "TO_CHAR"
  6  FROM DUAL;

TO_TIMESTAMP_TZ                     TO_CHAR
----------------------------------- ---------------------------------
10/09/06 14:10:10,123000000 -05:00 14052006 09:37:23.218000 +02:00

SQL> SELECT TO_TIMESTAMP_TZ (
  2             '10092006 14:10:10.123000 AMERICA/NEW_YORK',
  3                      'DDMMYYYY HH24:MI:SS.FF TZR')
  4         "TO_TIMESTAMP_TZ"
  5  FROM DUAL;

TO_TIMESTAMP_TZ
-------------------------------------------------------------
10/09/06 14:10:10,123000000 AMERICA/NEW_YORK
```

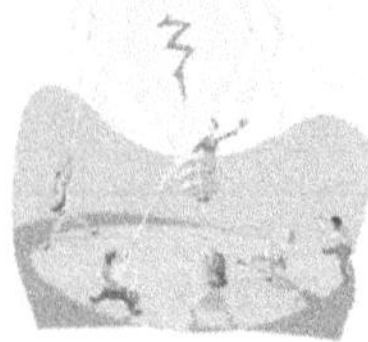

Note

Notez que le fuseau horaire est représenté utilisant un décalage en heures et minutes par rapport à la zone UTC. L'utilisation des éléments de format « **TZH** » et « **TZM** » permet d'indiquer l'emplacement des heures et des minutes dans la chaîne en entrée.

Le deuxième exemple montre un fuseau horaire spécifié en utilisant le nom de la région, la zone « **AMERICA/NEW_YORK** » ; il faut utiliser l'élément « **TZR** » dans le masque de format afin d'indiquer à quel endroit le nom de la région apparaît dans la chaîne en entrée.

Chaîne vers interval

- TO_YMINTERVAL
- TO_DSINTERVAL

TO_YMINTERVAL

La fonction « **TO_YMINTERVAL** » permet de convertir une chaîne de caractères, en valeur de type « **INTERVAL YEAR TO MONTH** ».

TO_YMINTERVAL(CHAÎNE)

CHAÎNE L'argument CHAÎNE est une expression de type chaîne de caractères.

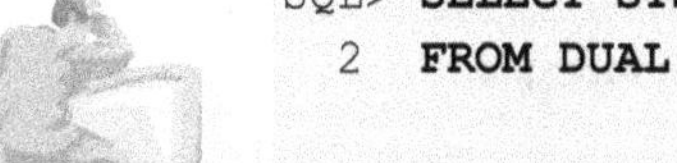

```
SQL> SELECT SYSDATE, SYSDATE + TO_YMINTERVAL('01-02') "14 mois"
  2  FROM DUAL;

SYSDATE  14 mois
-------- --------
14/05/06 14/07/07
```

TO_DSINTERVAL

La fonction « **TO_DSINTERVAL** » permet de convertir une chaîne de caractères, en valeur de type « **INTERVAL DAY TO SECOND** ».

TO_YMINTERVAL(CHAÎNE)

CHAÎNE L'argument CHAÎNE est une expression de type chaîne de caractères.

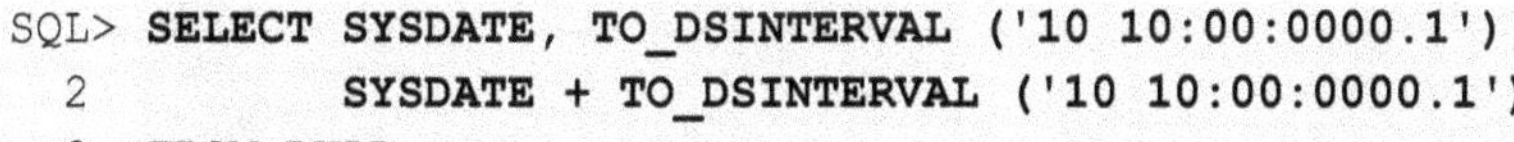

```
SQL> SELECT SYSDATE, TO_DSINTERVAL ('10 10:00:0000.1'),
  2         SYSDATE + TO_DSINTERVAL ('10 10:00:0000.1')
  3  FROM DUAL;

SYSDATE  TO_DSINTERVAL('1010:00:0000.1')                     SYSDATE+
-------- --------------------------------------------------- --------
14/05/06 +000000010 10:00:00.100000000                       24/05/06
```

Numérique vers interval

- NUMTOYMINTERVAL
- NUMTODSINTERVAL

NUMTOYMINTERVAL

La fonction « **NUMTOYMINTERVAL** » permet de convertir une valeur numérique, avec un certain format, en valeur de type « **INTERVAL YEAR TO MONTH** ».

NUMTOYMINTERVAL(NUMERIQUE,FORMAT)

NUMERIQUE L'argument NUMERIQUE est une expression de type numérique.

FORMAT Le format (masque) permet de lire la chaîne de caractère pour construire la date numérique.

Format	*Description*
YEAR	Nombre d'années, de 1 à 999.999.999.
MONTH	Nombre de mois, de 1 à 11.
DAY	Nombre de jours, de 0 à 999.999.999.
HOUR	Nombre d'heures, de 0 à 23.
MINUTE	Nombre de minutes, de 0 à 59.
SECOND	Nombre de secondes, de 0 à 59,999999999.

```
SQL> SELECT NUMTOYMINTERVAL( 8.5, 'YEAR') FROM DUAL;

NUMTOYMINTERVAL(8.5,'YEAR')
---------------------------------------------------
+000000008-06

SQL> SELECT NUMTOYMINTERVAL( 8, 'MONTH') FROM DUAL;

NUMTOYMINTERVAL(8,'MONTH')
---------------------------------------------------
+000000000-08
```

```
SQL> SELECT NUMTOYMINTERVAL( 8.5) FROM DUAL;
SELECT NUMTOYMINTERVAL( 8.5)
     *
ERREUR à la ligne 1 :
ORA-00909: nombre d'arguments non valide
```

Attention

Le format, comme vous pouvez voir dans l'exemple précèdent, n'est pas optionnel ; il faut, pour chaque valeur numérique que vous voulez convertir, expliquer sa signification par le format.

Cette règle est également valable pour la fonction SQL « **NUMTODSINTERVAL** ».

NUMTODSINTERVAL

La fonction « **NUMTODSINTERVAL** » permet de convertir une valeur numérique, avec un certain format, en valeur de type « **INTERVAL DAY TO SECOND** ».

NUMTODSINTERVAL(NUMERIQUE,FORMAT)

NUMERIQUE	L'argument NUMERIQUE est une expression de type numérique.
FORMAT	Le format (masque) permet de lire la chaîne de caractère pour construire la date numérique.

```
SQL> SELECT NUMTODSINTERVAL( 2056, 'MINUTE'),
  2         NUMTODSINTERVAL( 200.56001, 'SECOND')
  3  FROM DUAL;

NUMTODSINTERVAL(2056,'MINUTE')  NUMTODSINTERVAL(200.56001,'SECOND')
------------------------------- -------------------------------------
+000000001 10:16:00.000000000   +000000000 00:03:20.560010000

SQL> SELECT NUMTODSINTERVAL( 2056   , 'DAY') +
  2         NUMTODSINTERVAL( 20     , 'MINUTE') +
  3         NUMTODSINTERVAL( 20.568, 'SECOND') "Somme"
  4  FROM DUAL;

Somme
---------------------------------------------------------
+000002056 00:20:20.568000000
```

Atelier 8.1

- Les conversions

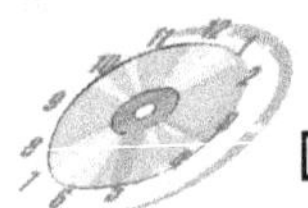

Durée : 10 minutes

Questions

8.1-1. Quelles sont les syntaxes incorrectes ?

A. `TO_CHAR (2000, '#,###.##U')`

B. `TO_CHAR (2000, '0,000.00U')`

C. `TO_CHAR (2000, '9,999.00U')`

D. `TO_CHAR (2000, '9,999.99U')`

E. `TO_CHAR (2000, '2,000.00U')`

F. `TO_CHAR (2000, 'N,NNN.NNU')`

G. `TO_CHAR (2000, '#,###.##U')`

H. `TO_CHAR (2000, '0,000.00U')`

I. `TO_CHAR (2000, '9G999D00L')`

J. `TO_CHAR (2000, '9G999D99L')`

8.1-2. Quelles sont les syntaxes correctes ?

A. `TO_CHAR(SYSDATE,'DD, DY Month, YYY')`

B. `TO_CHAR(SYSDATE,'FMDay, DD Month, YYYY')`

C. `TO_CHAR(SYSDATE,'Day, DD Month, YYYY')`

D. `TO_DATE(SYSDATE,'Day, DD Month, YYYY')`

E. `TO_CHAR(SYSDATE,'FMDY, DDD Month, YYYY')`

F. `TO_DATE(SYSDATE,'DY, DDD Month, YYYY')`

8.1-3. Pour les mêmes choix que la question précédente, quelle est la fonction permettant de renvoyer la date formatée de la sorte : `'Vendredi, 14 Juillet, 2006'` ?

Exercice n° 1 Les conversions

Écrivez les requêtes permettant d'afficher :

– La date du jour formatée de la sorte :

```
Nous sommes le :
-------------------------
Vendredi 14 Juillet 2006
```

– L'heure du jour formatée de la sorte :

```

---------------------------------
Il est : 13 heures et 07 minutes
```

– La date du jour, l'heure du jour et les secondes écoulées depuis minuit.

– La date dans trois ans et dix mois.

– Le nom, le prénom et le salaire des employés formatés de la manière suivante :

```
NOM        PRENOM     Salaire en €
---------- ---------- ------------------
Fuller     Andrew             10 000,00€
Callahan   Laura               2 000,00€
Peacock    Margaret            2 856,00€
Leverling  Janet               3 500,00€
Davolio    Nancy               3 135,00€
...
```

Les fonctions générales

- GREATEST
- LEAST

Le langage SQL propose également des fonctions générales qui travaillent avec tous les types de données.

GREATEST

La fonction « **GREATEST** » permet de trouver la plus grande valeur dans une liste de valeurs.

GREATEST(EXPRESSION1,EXPRESSION2[,EXPRESSION3...])

EXPRESSION	Les arguments EXPRESSION peuvent être de type numérique, chaîne ou date. Le type de donnée du premier argument détermine le type de retour de la fonction. Les arguments suivants sont convertis automatiquement au type du premier.

```
SQL> SELECT GREATEST ('HARRY','Harry','HARRIOT'
                    , 'HAROLD') "Greatest" ,
            ASCII('A'), ASCII('a')
     FROM DUAL;

Great ASCII('A') ASCII('A')
----- ---------- ----------
Harry         65         97

SQL> SELECT GREATEST ( TO_DATE('01/10/2002'),
                       TO_DATE('22/05/2002'),
                       TO_DATE('21/08/2002')) "Date",
            GREATEST ('01/10/2002',
                       TO_DATE('22/05/2002'),
                       TO_DATE('21/08/2002')) "Chaîne"
     FROM DUAL ;
```

```
Date     Chaîne
-------- --------
01/10/02 22/05/02
```

LEAST

La fonction « **LEAST** » permet de trouver la plus petite valeur dans une liste de valeurs.

LEAST(EXPRESSION1,EXPRESSION2[,EXPRESSION3...])

EXPRESSION	Les arguments EXPRESSION peuvent être de type numérique, chaîne ou date. Le type de donnée du premier argument détermine le type de retour de la fonction. Les arguments suivant sont convertis automatiquement au type du premier.

```
SQL> SELECT LEAST ( TO_NUMBER('033'),
                    '22',
                    '21') "Numérique",
            LEAST ('033',
                   '22',
                   '21') "Chaîne"
     FROM DUAL ;

 Numérique Cha
---------- ---
        21 033
```

Les fonctions générales

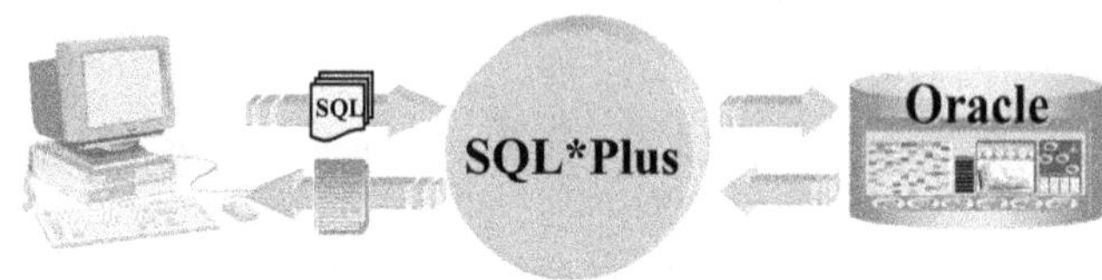

- DECODE

DECODE

La fonction « **DECODE** » permet de choisir une valeur parmi une liste d'expressions, en fonction de la valeur prise par une expression servant de critère de sélection.

```
DECODE(EXPRESSION,VALEUR1,RESULTAT1
                  [,VALEUR2,RESULTAT2...]
                  [,DEFAUT])
```

EXPRESSION	L'argument `EXPRESSION` peut être de type numérique, chaîne ou date et retourne la valeur qui doit être évaluée.
VALEUR1...N	L'argument `VALEUR1` est de même type que `EXPRESSION`. Si `EXPRESSION` retourne une valeur égale à `VALEUR1` alors « **DECODE** » retourne `RESULTAT1`.
DEFAUT	L'argument `DEFAUT` est la valeur de retour pour « **DECODE** » si `EXPRESSION` n'a pas une valeur dans la liste `VALEUR1,...VALEURN`.

```
SQL> SELECT NOM,
            PRENOM,
            TRUNC(( DATE_EMBAUCHE
              - DATE_NAISSANCE)/365,-1) "Ancienneté",
            DECODE( TRUNC(( DATE_EMBAUCHE
              - DATE_NAISSANCE)/365,-1),
            20,'Nouveau', 30,'Ancien',
           'Senior')
     FROM EMPLOYES ;

NOM                  PRENOM     Ancienneté DECODE(
-------------------- ---------- ---------- -------
Callahan             Laura              30 Ancien
```

```
Buchanan             Steven             30 Ancien
Peacock              Margaret           30 Ancien
Leverling            Janet              20 Nouveau
Davolio              Nancy              20 Nouveau
Dodsworth            Anne               20 Nouveau
King                 Robert             30 Ancien
Suyama               Michael            30 Ancien
Fuller               Andrew             40 Senior

SQL> SELECT NO_FOURNISSEUR "N°",
            DECODE(MOD(ROWNUM,5),0,ROWNUM) "Ligne",
            SOCIETE
      FROM FOURNISSEURS;

        N°      Ligne SOCIETE
---------- ---------- ----------------------------------------
        11            Heli Süßwaren GmbH & Co. KG
        12            Plutzer Lebensmittelgroßmärkte AG
        13            Nord-Ost-Fisch Handelsgesellschaft mbH
        14            Formaggi Fortini s.r.l.
        15          5 Norske Meierier
        16            Bigfoot Breweries
        17            Svensk Sjöföda AB
        18            Aux joyeux ecclésiastiques
        19            New England Seafood Cannery
        20         10 Leka Trading
        21            Lyngbysild
...

SQL> SELECT DECODE(PAYS,'France',NO_FOURNISSEUR) "France",
            DECODE(PAYS,'Allemagne',NO_FOURNISSEUR) "Allemagne",
            DECODE(PAYS,'Royaume-Uni',NO_FOURNISSEUR) "Royaume-Uni",
            DECODE(PAYS,'France','',
                   'Allemagne','','Royaume-Uni','',
                   NO_FOURNISSEUR) "Autres"
     FROM FOURNISSEURS ;

    France  Allemagne Royaume-Uni Autres
---------- ---------- ----------- ----------------------------------
                   11
                   12
                   13
                                  14
                                  15
                                  16
                                  17
        18
                                  19
                                  20
                                  21
                                  22
                                  23
                                  24
                                  25
```

```
                              26
          27
          28
                              29
                             1
                              2
                              3
                              4
                              5
                              6
                              7
                             8
                              9
                              10
```

Les fonctions générales

- CASE

CASE

L'instruction « **CASE** » permet de mettre en place une condition d'instruction conditionnelle « **IF..THEN..ELSE** » directement dans une requête. Le fonctionnement est similaire à la fonction « **DECODE** » avec plus de flexibilité.

La première syntaxe de cette fonction est :

```
CASE EXPRESSION
     WHEN VALEUR1 THEN RESULTAT1
    [WHEN VALEUR2 THEN RESULTAT2,...]
    [ELSE RESULTAT]
END ;
```

EXPRESSION L'argument `EXPRESSION` peut être de type numérique, chaîne, ou date, et retourne la valeur qui doit être évaluée.

VALEUR1...N L'argument `VALEUR1` est de même type que `EXPRESSION`.

```
SQL> SELECT NOM, PRENOM, FONCTION,
            CASE FONCTION
              WHEN 'Vice-Président'  THEN
                     SALAIRE*1.1
              WHEN 'Chef des ventes' THEN
                     SALAIRE*1.2
              WHEN 'Représentant(e)' THEN
                     SALAIRE*1.1 + COMMISSION
              ELSE
                     SALAIRE*1.1
            END "Salaire"
     FROM EMPLOYES

NOM                        PRENOM     FONCTION                        Salaire
```

```
-------------------- --------- ------------------------- ----------
Callahan             Laura     Assistante commerciale          2200
Buchanan             Steven    Chef des ventes                 9600
Peacock              Margaret  Représentant(e)               3141,6
Leverling            Janet     Représentant(e)                 3850
Davolio              Nancy     Représentant(e)               3448,5
Dodsworth            Anne      Représentant(e)                 2398
King                 Robert    Représentant(e)               2591,6
Suyama               Michael   Représentant(e)               2787,4
Fuller               Andrew    Vice-Prèsident                 11000
```

La deuxième syntaxe de cette fonction est :

```
CASE
    WHEN CONDITION1 THEN RESULTAT1
   [WHEN CONDITION2 THEN RESULTAT2,...]
   [ELSE RESULTAT]
END ;
```

CONDITION L'argument `CONDITION` est une expression logique.

```
SQL> SELECT NOM, FONCTION, SALAIRE,
            CASE
              WHEN FONCTION = 'Assistante commerciale'
              THEN '10%'
              WHEN FONCTION = 'Représentant(e)' AND
                   SALAIRE < 2600
              THEN '30%'
              WHEN FONCTION = 'Représentant(e)' AND
                   SALAIRE < 3200
              THEN '20%'
              ELSE
                   'Pas d''augmentation'
              END "Salaire"
     FROM EMPLOYES ;

NOM            FONCTION                  SALAIRE Salaire
-------------- ----------------------- ------- ------------------
Callahan       Assistante commerciale     2000 10%
Buchanan       Chef des ventes            8000 Pas d'augmentation
Peacock        Représentant(e)            2856 20%
Leverling      Représentant(e)            3500 Pas d'augmentation
Davolio        Représentant(e)            3135 20%
Dodsworth      Représentant(e)            2180 30%
King           Représentant(e)            2356 30%
Suyama         Représentant(e)            2534 30%
Fuller         Vice-Président            10000 Pas d'augmentation
```

Les fonctions générales

- NULLIF
- COALESCE

NULLIF

L'instruction « **NULLIF** » permet de comparer EXPRESSION1 et EXPRESSION2 ; si les deux expressions sont égales alors la valeur « **NULL** » est retournée, sinon EXPRESSION1.

La syntaxe de « **NULLIF** » est :

```
NULLIF ( EXPRESSION1, EXPRESSION2) ;
```

```
SQL> SELECT COMMISSION, NULLIF(COMMISSION, 1000) RETOUR1,
  2  NOM, PRENOM, NULLIF(LENGTH(NOM),LENGTH(PRENOM)) RETOUR2
  3  FROM EMPLOYES;

COMMISSION    RETOUR1 NOM                  PRENOM        RETOUR2
---------- ---------- -------------------- ---------- ----------
                      Callahan             Laura               8
                      Buchanan             Steven              8
       250        250 Peacock              Margaret            7
      1000            Leverling            Janet               9
      1500       1500 Davolio              Nancy               7
         0          0 Dodsworth            Anne                9
       800        800 King                 Robert              4
       600        600 Suyama               Michael             6
                      Fuller               Andrew
```

COALESCE

L'instruction « **COALESCE** » permet de retourner la première expression « **NOT NULL** » de la liste des paramètres.

```
COALESCE ( EXPRESSION1, EXPRESSION2 [,...]) ;
```

```
SQL> SELECT NOM_PRODUIT,
            CASE
                WHEN UNITES_COMMANDEES IS NOT NULL
                THEN 'Unités commandées = '
                WHEN UNITES_STOCK IS NOT NULL
                THEN 'Unités en stock = '
                ELSE
                     'Produit indisponible = '
            END ||
            COALESCE(UNITES_COMMANDEES, UNITES_STOCK, INDISPONIBLE)
           "Stock des produits"
     FROM PRODUITS;

NOM_PRODUIT                               Stock des produits
----------------------------------------- ---------------------------
Chai                                      Unités en stock = 39
Chang                                     Unités commandées = 40
Aniseed Syrup                             Unités commandées = 70
Chef Anton's Cajun Seasoning              Unités en stock = 53
Grandma's Boysenberry Spread              Unités en stock = 120
Uncle Bob's Organic Dried Pears           Unités en stock = 15
Northwoods Cranberry Sauce                Unités en stock = 6
Mishi Kobe Niku                           Produit indisponible = -1
Ikura                                     Unités en stock = 31
Queso Cabrales                            Unités commandées = 30
Queso Manchego La Pastora                 Unités en stock = 86
Konbu                                     Unités en stock = 24
Alice Mutton                              Produit indisponible = -1
Teatime Chocolate Biscuits                Unités en stock = 25
Sir Rodney's Marmalade                    Unités en stock = 40
Sir Rodney's Scones                       Unités commandées = 40
Gustaf's Knäckebröd                       Unités en stock = 104
Tunnbröd                                  Unités en stock = 61
NuNuCa Nuß-Nougat-Creme                   Unités en stock = 76
Rössle Sauerkraut                         Produit indisponible = -1
Mascarpone Fabioli                        Unités commandées = 40
Sasquatch Ale                             Unités en stock = 111
Steeleye Stout                            Unités en stock = 20
Inlagd Sill                               Unités en stock = 112
Gravad lax                                Unités commandées = 50
Chartreuse verte                          Unités en stock = 69
Boston Crab Meat                          Unités en stock = 123
Singaporean Hokkien Fried Mee             Produit indisponible = -1
Ipoh Coffee                               Unités commandées = 10
...
```


Atelier 8.2

- Les fonctions générales

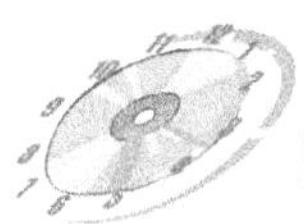

Durée : 15 minutes

Questions

8.2-1. Quelles sont les fonctions qui permettent en SQL de mettre en œuvre une structure conditionnelle de type « **IF..THEN..ELSE** » ?

8.2-2. Laquelle de ces fonctions retourne la première expression `NOT NULL` de la liste des paramètres. ?

A. `NULLIF`

B. `COALESCE`

C. `CASE`

D. `LEAST`

E. `GREATEST`

F. `DECODE`

8.2-3. Pour les mêmes choix que la question précédente, quelle est la fonction permettant de renvoyer la plus petite valeur dans une liste de valeurs ?

Exercice n° 1 Les fonctions générales

Écrivez les requêtes permettant d'afficher :

– Le nom, le prénom, le salaire et la commission formatée de la sorte :

```
NOM                  PRENOM        SALAIRE Commission
-------------------- ---------- ---------- --------------------
Fuller               Andrew          10000 Pas de commission
Buchanan             Steven           8000 Pas de commission
Peacock              Margaret         2856 250
```

```
Leverling           Janet             3500 1000
Davolio             Nancy             3135 1500
Dodsworth           Anne              2180 0
King                Robert            2356 800
Suyama              Michael           2534 600
Callahan            Laura             2000 Pas de commission
```

- Le nom du produit, la plus grande valeur entre la valeur des produits en stock et la valeur des produits commandés pour tous les produits disponibles. La valeur du stock ou de la commande est calculée en multipliant la plus grande valeur du stock ou de la commande par le prix unitaire. Toutes les valeurs des produits commandés doivent être affichées avec une valeur négative.

```
NOM_PRODUIT                               Valeur Stock
----------------------------------------- --------------------
Raclette Courdavault                                21.725,00€
Chai                                                 3.510,00€
Chang                                               -3.800,00€
Aniseed Syrup                                       -3.500,00€
...
```

- La société, l'adresse et le numéro de fax des fournisseurs. S'il n y a pas de numéro de fax renseigné, affichez le numéro de téléphone.

- *Fonctions « verticales »*
- *Groupe*
- *Sélection du groupe*

9 Groupement des données

Objectifs

A la fin de ce module, vous serez à même d'effectuer les tâches suivantes :

- Utiliser les fonctions "verticales".
- Effectuer des regroupements dans le cadre des requêtes.
- Sélectionner les lignes du groupe.
- Effectuer des regroupements à deux niveaux.

Contenu

Fonctions « Horizontales »

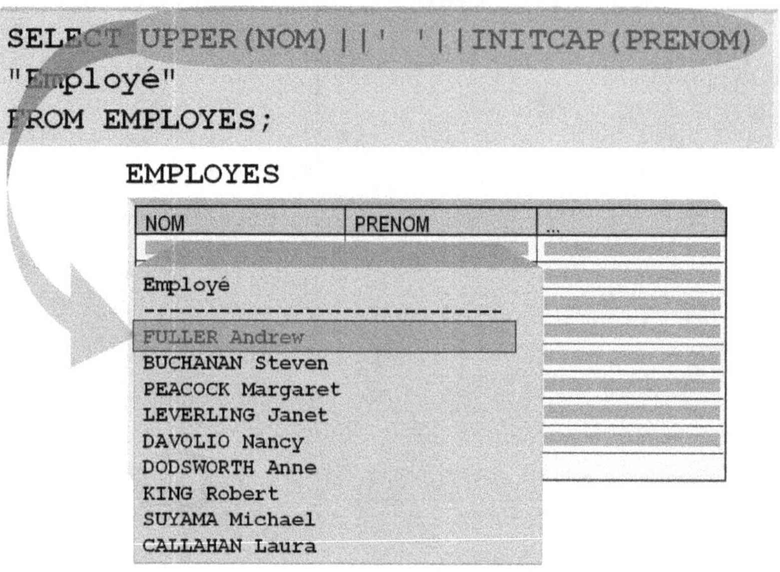

Le module précédent explique l'utilisation des fonctions pour enrichir les requêtes de base et permettre de manipuler les données stockées dans la base.

Des fonctions SQL sont utilisées pour effectuer les traitements suivants :

- Manipulation des chaînes des caractères
- Calcul arithmétique
- Manipulation de dates
- Conversion et transformation

Les fonctions étudiées sont des fonctions "horizontales" qui manipulent des données d'une seule ligne (enregistrement).

Les fonctions "horizontales" fournissent un résultat et utilisent comme arguments les valeurs des colonnes, pour chaque ligne de la requête. Il est impossible, avec les fonctions "horizontales", de calculer des expressions entre plusieurs lignes.

Dans la pratique on a besoin d'effectuer des calculs qui portent sur les valeurs d'une ligne, mais aussi des calculs de synthèse, par exemple connaître le stock des produits, le cumul des salaires ou les produits vendus par client.

SQL fournie une série de fonctions "verticales" pour les regroupements et le calcul cumulatif.

Fonctions « Verticales »

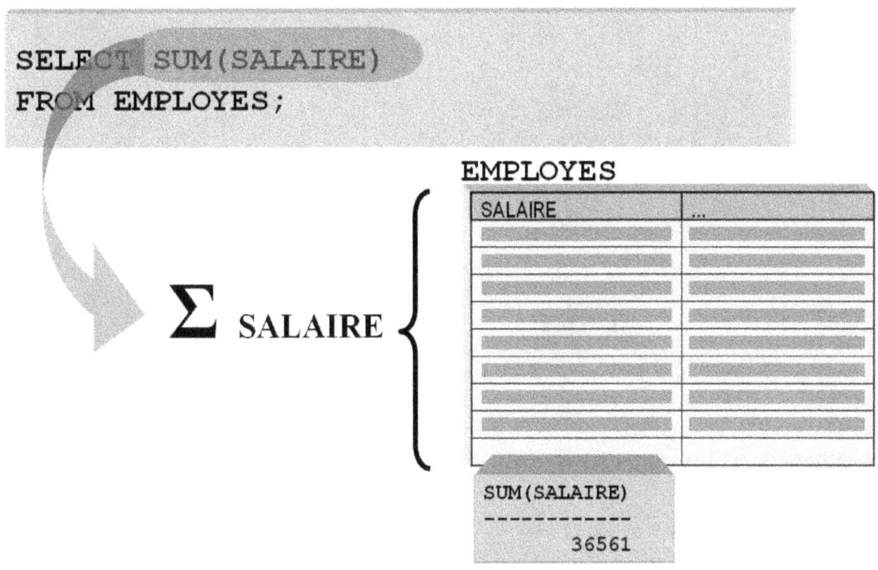

Les fonctions "verticales" sont des fonctions qui opèrent sur des groupes de lignes. Les fonctions "verticales" ou les fonctions d'agrégat, sont utilisées pour des calculs cumulatifs de valeurs définis par requête. Ce sont essentiellement des fonctions de calcul qui assemblent des données de même type.

Le langage SQL offre un mécanisme permettant de travailler sur des valeurs obtenues par regroupement des lignes résultats de l'exécution d'une requête. Soit la requête :

```
SQL> SELECT NOM_PRODUIT, NO_FOURNISSEUR, CODE_CATEGORIE,
              PRIX_UNITAIRE, UNITES_STOCK, UNITES_COMMANDEES
     FROM PRODUITS;
```

Elle permet d'afficher pour chaque produit de chaque catégorie, son nom, numéro fournisseur, prix unitaire, unités en stock et unités commandées, qui sont les données brutes de la base de données.

Il est aussi possible de connaître en une seule requête des informations complexes construites à partir des données enregistrées, telles que la quantité totale des unités en stock par catégorie, la quantité totale des unités commandées ou la catégorie qui cumule le plus d'unités commandées.

L'étude des fonctions "verticales" commence avec le calcul de synthèse sur l'ensemble des lignes retournées par la requête.

Fonctions d'agrégat

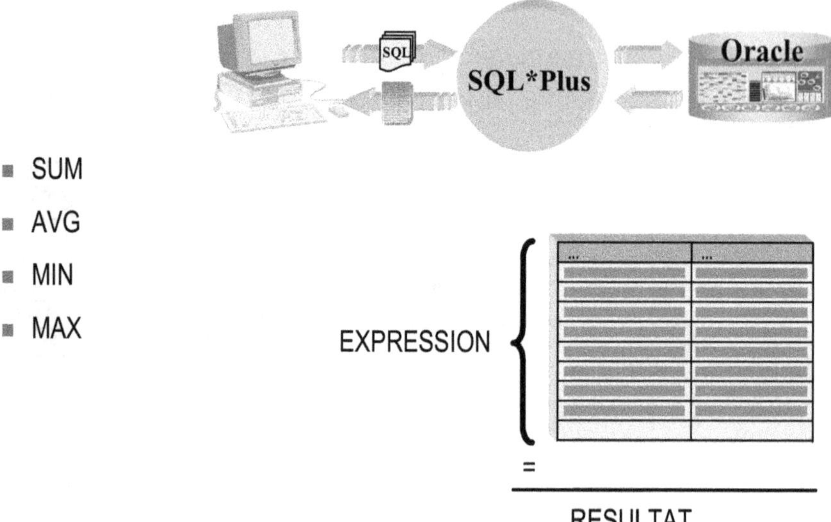

- SUM
- AVG
- MIN
- MAX

Les fonctions "verticales" ou les fonctions d'agrégat, sont utilisées pour le calcul cumulatif des valeurs par rapport à un regroupement ou pour l'ensemble des lignes de la requête. La notion du groupe fait l'objet d'une présentation ultérieure, pour l'instant les fonctions d'agrégat sont utilisées pour l'ensemble des lignes de la requête.

Les fonctions "verticales" traitent les valeurs « **NULL** » différemment des fonctions "horizontales" dans ce sens qu'elles n'en tiennent pas compte et calculent le résultat malgré leur présence.

SUM

La fonction « **SUM** » calcule la somme des expressions arguments pour l'ensemble des lignes correspondantes.

SUM(EXPRESSION) = RETOUR

```
SQL> SELECT SUM(SALAIRE),SUM(COMMISSION)
  2  FROM EMPLOYES ;
```

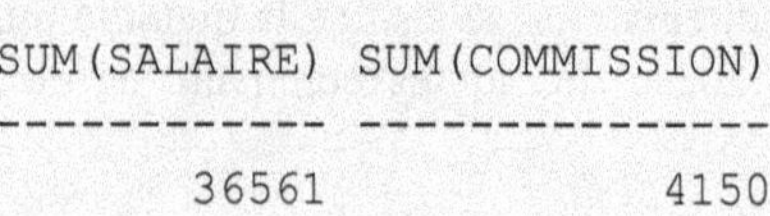

```
SUM(SALAIRE) SUM(COMMISSION)
------------ ---------------
       36561            4150
```

AVG

La fonction « **AVG** » calcule la moyenne des expressions arguments pour l'ensemble des lignes correspondantes.

AVG(EXPRESSION) = RETOUR

```
SQL> SELECT AVG(COMMISSION),AVG(NVL(COMMISSION,0))
  2  FROM EMPLOYES ;

AVG(COMMISSION) AVG(NVL(COMMISSION,0))
--------------- ----------------------
```

```
691,666667             461,111111
```

Attention

La fonction « **AVG** » est influencée par les valeurs « **NULL** », la somme est calculée pour l'ensemble des lignes mais le nombre des lignes pris en compte est seulement celui pour la quelle la valeur `EXPRESSION` est « **NOT NULL** ».

MIN

La fonction « **MIN** » calcule la plus petite des valeurs pour les expressions arguments pour l'ensemble des lignes correspondantes.

MIN(EXPRESSION) = RETOUR

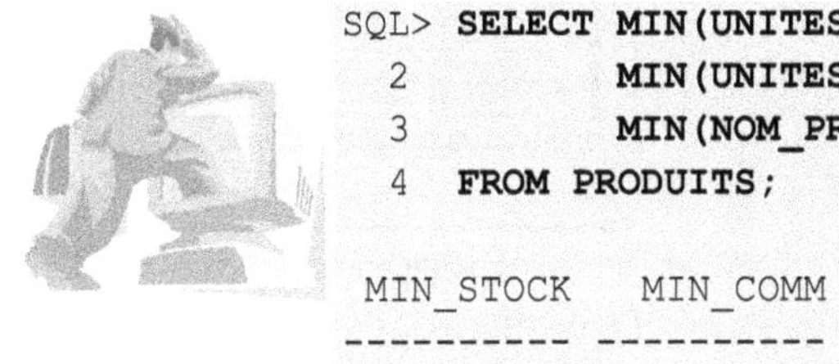

```
SQL> SELECT MIN(UNITES_STOCK) MIN_STOCK,
            MIN(UNITES_COMMANDEES) MIN_COMM,
            MIN(NOM_PRODUIT) MIN_NOM
     FROM PRODUITS;

 MIN_STOCK   MIN_COMM MIN_NOM
---------- ---------- ------------------------
         0         10 Alice Mutton
```

MAX

La fonction « **MAX** » calcule la plus grande des valeurs pour les expressions arguments pour l'ensemble des lignes correspondantes.

MAX(EXPRESSION) = RETOUR

```
SQL> SELECT MAX(SALAIRE)
            MAX(COMMISSION),
            MAX(DATE_NAISSANCE) MAX_DATE,
            MAX(NOM)
     FROM EMPLOYES;

MAX(SALAIRE) MAX(COMMISSION) MAX_DATE MAX(NOM)
------------ --------------- -------- ---------
       10000            1500 02/07/69 Suyama
```

Fonctions d'agrégat

- VARIANCE
- STDDEV
- COUNT

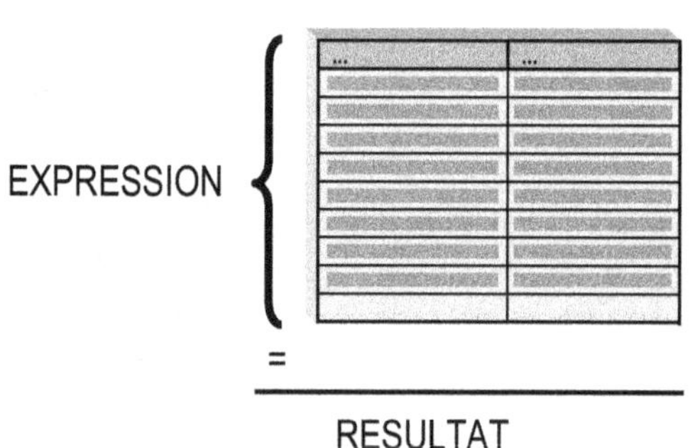

VARIANCE

La fonction « **VARIANCE** » calcule la variance de toutes les valeurs pour l'ensemble des lignes correspondantes.

VARIANCE(EXPRESSION) = RETOUR

```
SQL> SELECT VARIANCE(SALAIRE),VARIANCE(COMMISSION)
  2  FROM EMPLOYES ;

VARIANCE(SALAIRE) VARIANCE(COMMISSION)
----------------- --------------------
        8304535,5           288416,667
```

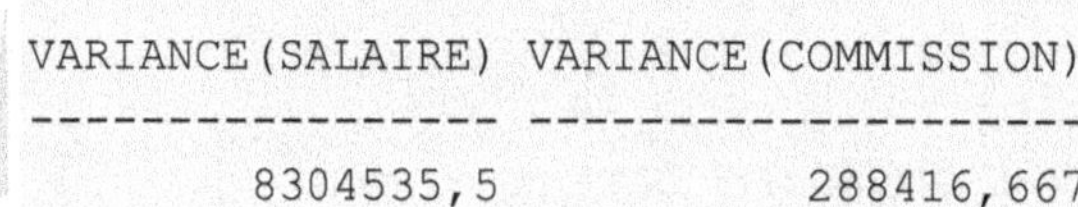

STDDEV

La fonction « **STDDEV** » calcule l'écart type des valeurs pour l'ensemble des lignes correspondantes.

STDDEV(EXPRESSION) = RETOUR

```
SQL> SELECT VARIANCE(SALAIRE),VARIANCE(COMMISSION)
  2  FROM EMPLOYES ;

VARIANCE(SALAIRE) VARIANCE(COMMISSION)
----------------- --------------------
        8304535,5           288416,667
```

COUNT

La fonction « **COUNT** » calcule le nombre des valeurs non `NULL` des expressions arguments pour l'ensemble des lignes correspondantes.

COUNT([ALL|DISTINCT] EXPRESSION) = RETOUR

```
SQL> SELECT COUNT(*),
```

```
          COUNT(FONCTION), COUNT(DISTINCT FONCTION),
          COUNT(COMMISSION)
FROM EMPLOYES;

  COUNT(*) COUNT(FONCTION) COUNT(DISTINCTFONCTION) COUNT(COMMISSION)
---------- --------------- ----------------------- -----------------
         9               9                       4                 6
```

Dans l'exemple, vous pouvez distinguer quatre utilisations de la fonction COUNT pour le calcul du nombre :

- des lignes distinctes de la table EMPLOYES,
- des valeurs non « **NULL** » de la colonne FONCTION, sans tenir compte des doublons,
- des valeurs non « **NULL** » et distinctes de la colonne FONCTION.
- des valeurs non « **NULL** » de la colonne COMMISSION.

Astuce

L'argument « **DISTINCT** » est utilisé pour calculer les valeurs de l'expression distinctes et non « **NULL** ». Il peut être utilisé dans toutes les fonctions "verticales" pour éliminer les doublons ; cependant il faut faire attention car l'élimination des doublons impacte sur le résultat.

Le groupe

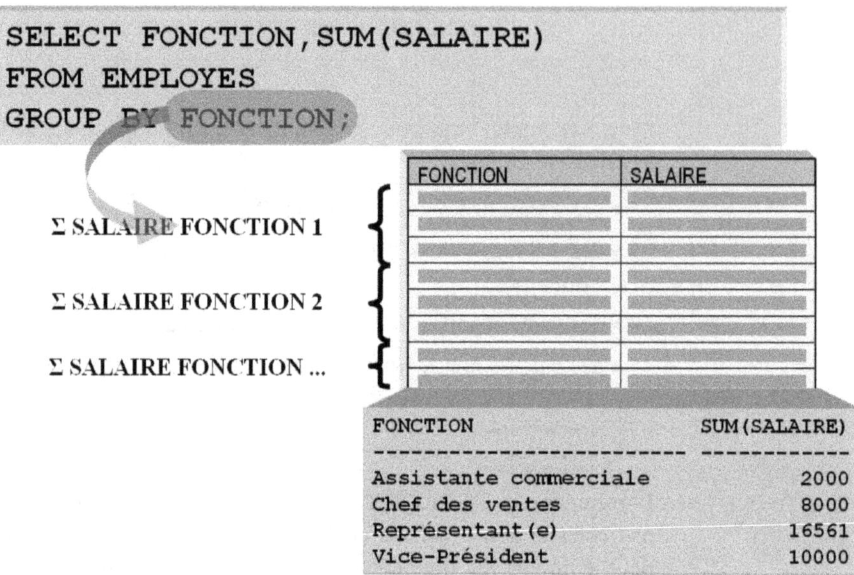

Les fonctions "verticales" ou les fonctions d'agrégat peuvent être utilisées pour le calcul cumulatif des valeurs par rapport à un regroupement ou pour l'ensemble des lignes de la requête.

Le groupe offre un mécanisme permettant de travailler sur un ou plusieurs regroupements de lignes dans l'ensemble des enregistrements de la requête. Un regroupement est formé d'un ensemble d'enregistrements ayant une ou plusieurs caractéristiques communes.

La définition du groupe se fait par l'intermédiaire de la clause « **GROUP BY** ».

Dans l'exemple on calcule la somme des salaires pour chaque élément du groupe `FONCTION`, le résultat étant le cumul des salaires pour chaque fonction.

La syntaxe de l'instruction « **SELECT** » :

```
SELECT [ALL | DISTINCT]{*,[EXPRESSION1 [AS] ALIAS1[,...]}
FROM NOM_TABLE
WHERE PREDICAT
GROUP BY [NOM_COLONNE1|EXPRESSION1],
         [NOM_COLONNE2|EXPRESSION2][,...]
ORDER BY [NOM_COLONNE1|POSITION1] [ASC|DESC][,...] ;
```

```
SQL> SELECT FONCTION,
  2         SUM(SALAIRE)
  3  FROM EMPLOYES
  4  GROUP BY FONCTION ;

FONCTION                       SUM(SALAIRE)
------------------------------ ------------
Assistante commerciale                 2000
Chef des ventes                        8000
Représentant(e)                       16561
```

```
Vice-Président                      10000
```

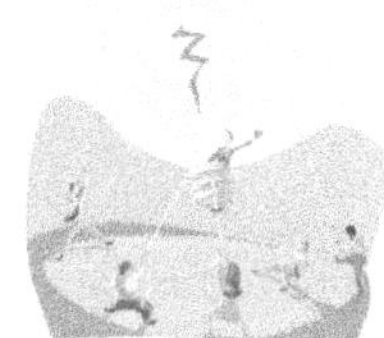

Note

Le regroupement se fait d'abord selon le premier critère spécifié dans la clause « **GROUP BY** », puis les lignes ayant le même groupe sont regroupées selon le deuxième critère de la clause « **GROUP BY** », etc. L'ensemble des critères définit le groupe ; les fonctions "verticales" sont exécutées chaque fois que la valeur du groupe change.

```
SQL> SELECT NO_FOURNISSEUR,
            CODE_CATEGORIE,
            SUM(UNITES_STOCK) SUM_STOCK,
            COUNT(CODE_CATEGORIE) NB_CATEG
     FROM PRODUITS
     GROUP BY NO_FOURNISSEUR, CODE_CATEGORIE
     ORDER BY NO_FOURNISSEUR, CODE_CATEGORIE;

NO_FOURNISSEUR CODE_CATEGORIE  SUM_STOCK   NB_CATEG
-------------- -------------- ---------- ----------
             1              1         56          2
             1              2         13          1
             2              2        133          4
             3              2        126          2
             3              7         15          1
             4              6                     1
             4              7          4          1
             4              8         31          1
...
```

Dans l'exemple précèdent, vous pouvez remarquer que le groupe est formé par les deux critères précisés dans la clause « **GROUP BY** », le numéro de fournisseur (`NO_FOURNISSEUR`) et le code catégorie (`CODE_CATEGORIE`). Le groupe détermine le niveau de détail, l'ensemble des lignes pour lesquelles on exécute le calcul de la somme.

Pour les requêtes qui n'utilisent pas des fonctions "verticales" et groupes, le niveau de détail est définit par les enregistrements des tables. Pour les requêtes qui utilisent les groupes et fonctions "verticales", le niveau de détail est déterminé par le groupe.

```
SQL> SELECT SUM(UNITES_STOCK*PRIX_UNITAIRE),
            SUM(UNITES_COMMANDEES*PRIX_UNITAIRE)
     FROM PRODUITS
     WHERE  NO_FOURNISSEUR IN (1,2,5);

SUM(UNITES_STOCK*PRIX_UNITAIRE) SUM(UNITES_COMMANDEES*PRIX_UNITAIRE)
------------------------------- ------------------------------------
                          38575                                18950
```

Dans l'exemple précédent, vous pouvez voir que la requête ne retourne qu'une seule ligne qui rassemble l'ensemble des lignes de la table qui respecteront les conditions de la clause « **WHERE** ».

```
SQL> SELECT NOM,FONCTION,
  2         SUM(SALAIRE+NVL(COMMISSION,0))
  3  FROM EMPLOYES;
SELECT NOM,FONCTION,
       *
ERREUR à la ligne 1 :
ORA-00937: la fonction de groupe ne porte pas sur un groupe simple
```

Attention

Toute requête qui utilise des fonctions "verticales" sur un groupe défini, doit afficher, dans les expressions qui ne sont pas des arguments des fonctions "verticales" seulement les colonnes contenues dans la clause « **GROUP BY** ». Les colonnes affichables, en dehors des fonctions "verticales", sont celles qui ont une valeur unique dans le groupe.

```
SQL> SELECT CODE_CLIENT,
  2         DATE_ENVOI,
  3         SUM(PORT)
  4  FROM COMMANDES
  5  GROUP BY CODE_CLIENT,
  6           TO_CHAR(DATE_ENVOI,'YYYY');
       DATE_ENVOI,
       *
ERREUR à la ligne 2 :
ORA-00979: N'est pas une expression GROUP BY
```

Dans l'exemple précèdent, vous pouvez constater que `DATE_ENVOI`, qui se trouve dans la clause « **GROUP BY** » dans la composition d'une expression, ne peut pas être affiché parce que sa valeur n'est pas unique dans le groupe.

Une colonne composant d'une expression critère d'un groupe doit, pour pouvoir être utilisée dans les expressions destinées à l'affichage, être employée avec la même expression de la clause « **GROUP BY** ».

```
SQL> SELECT NO_EMPLOYE,
  2       'Année '||TO_CHAR(DATE_COMMANDE,' YYYY ') "Année",
  3       TO_CHAR(SUM(PORT),'99G999D99') "Port"
  4  FROM COMMANDES
  5  GROUP BY NO_EMPLOYE,
  6           TO_CHAR(DATE_COMMANDE,' YYYY ');

NO_EMPLOYE Année       Port
---------- ----------- ----------
         4 Année  1997  31 368,93
         9 Année  1997   4 792,87
         6 Année  1997  10 570,85
         2 Année  1997  18 911,76
         8 Année  1996   6 025,69
         6 Année  1996   3 798,82
...
```

La sélection de groupe

```
SELECT FONCTION,SUM(SALAIRE)
FROM EMPLOYES
GROUP BY FONCTION
HAVING SUM(SALAIRE) >= 10000;
```

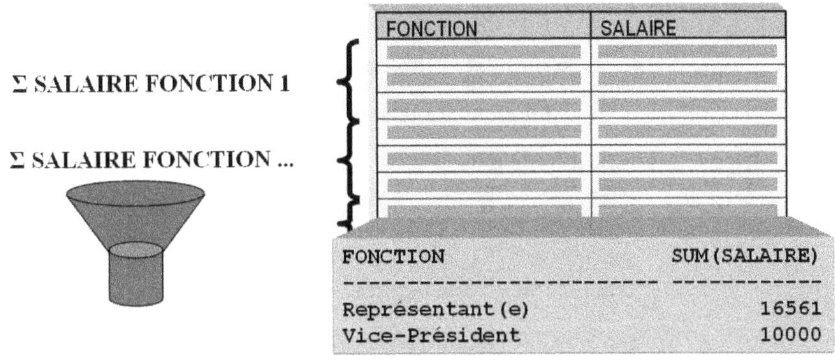

Les sélections dans une requête sans groupe sont effectuées dans la clause « **WHERE** ». Dans cette clause le prédicat (l'ensemble des critères de sélection) est exécuté pour chaque enregistrement de la table, le niveau de détail, le résultat de la requête étant formé par les lignes qui vérifient le prédicat.

Les requêtes groupées peuvent être sélectionnées à l'aide de la clause « **HAVING** », pour spécifier le prédicat sur groupe.

La syntaxe de l'instruction « **SELECT** » :

```
SELECT [ALL | DISTINCT]{*,[EXPRESSION1 [AS] ALIAS1[,...]}
FROM NOM_TABLE
WHERE PREDICAT
GROUP BY [NOM_COLONNE1|EXPRESSION1][,...]
HAVING PREDICAT
ORDER BY [NOM_COLONNE1|EXPRESSION1] [ASC|DESC][,...] ;
```

```
SQL> SELECT NO_EMPLOYE,
            TO_CHAR(DATE_COMMANDE,' YYYY ') "Année",
            TO_CHAR(SUM(PORT),'99G999D99')  "Port"
     FROM COMMANDES
     WHERE DATE_COMMANDE > '01/01/1997' AND
           NO_EMPLOYE    <= 5
     GROUP BY NO_EMPLOYE,
              TO_CHAR(DATE_COMMANDE,' YYYY ')
     HAVING SUM(PORT) > 18000
     ORDER BY  SUM(PORT) DESC;

NO_EMPLOYE Année  Port
---------- ------ ----------
         3  1997   34 265,99
         4  1997   31 368,93
         1  1997   20 820,51
```

```
        2  1997    18 911,76
        2  1998    18 321,36
```

. Dans l'exemple précèdent, vous pouvez remarquer que le groupe est formé par les deux critères précisés dans la clause « **GROUP BY** », le numéro d'employé (`NO_EMPLOYE`) et l'année de la commande. Oracle exécute les clauses dans un ordre bien défini :

1. Sélectionne les lignes conformément à la clause « **WHERE** ».
2. Groupe les lignes conformément à la clause « **GROUP BY** ».
3. Calcule les résultats des fonctions d'agrégat pour chaque groupe.
4. Élimine les groupes conformément à la clause « **HAVING** ».
5. Ordonne les groupes conformément à la clause « **ORDER BY** ».

L'ordre d'exécution est important, car il affecte directement les performances des requêtes. En général, plus le nombre d'enregistrements éliminés par une clause « **WHERE** » est grand, plus l'exécution de la requête est rapide. Ce gain en performances provient de la réduction du nombre de lignes devant être traitées durant l'opération « **GROUP BY** ».

Lorsqu'une requête inclut une clause « **HAVING** », il est préférable de la remplacer par une clause « **WHERE** ». Toutefois, cette substitution est généralement possible seulement lorsque la clause « **HAVING** » est utilisée pour éliminer des groupes basés sur la colonne de groupement. Prenez l'exemple précèdent : `NO_EMPLOYE` peut être utilisé aussi bien dans la clause « **WHERE** » que dans la clause « **HAVING** » cependant la requête s'exécute plus vite s'il est utilisé dans la clause « **WHERE** » étant donné que le nombre des lignes à regrouper est moins important.

Attention

Les expressions utilisées dans la clause « **HAVING** » peuvent contenir seulement des colonnes et expressions contenues dans la clause « **GROUP BY** » ou des fonctions "verticales" qui respectent la même syntaxe que les expressions de l'affichage.

```
SQL> SELECT NO_EMPLOYE,
  2       TO_CHAR(DATE_COMMANDE,' YYYY ') "Année",
  3       TO_CHAR(SUM(PORT),'99G999D99U')
  4  FROM COMMANDES
  5  GROUP BY NO_EMPLOYE,
  6          TO_CHAR(DATE_COMMANDE,' YYYY ')
  7  HAVING SUM(PORT) > 18000 AND
  8         DATE_COMMANDE > '01/01/1997'
  9  ORDER BY  SUM(PORT) DESC ;
    DATE_COMMANDE > '01/01/1997'
    *
ERREUR à la ligne 8 :
ORA-00979: N'est pas une expression GROUP BY
```

Une requête peut contenir à la fois une clause « **WHERE** » et une clause « **HAVING** ». Dans ce cas, la clause « **WHERE** » doit précéder la clause « **GROUP BY** » et la clause « **HAVING** » doit lui succéder.

Sachez que vous pouvez utiliser un alias de colonne dans une clause « **ORDER BY** », mais pas dans une autre clause « **WHERE** », « **GROUP BY** » ou « **HAVING** ».

Le groupe à deux niveaux

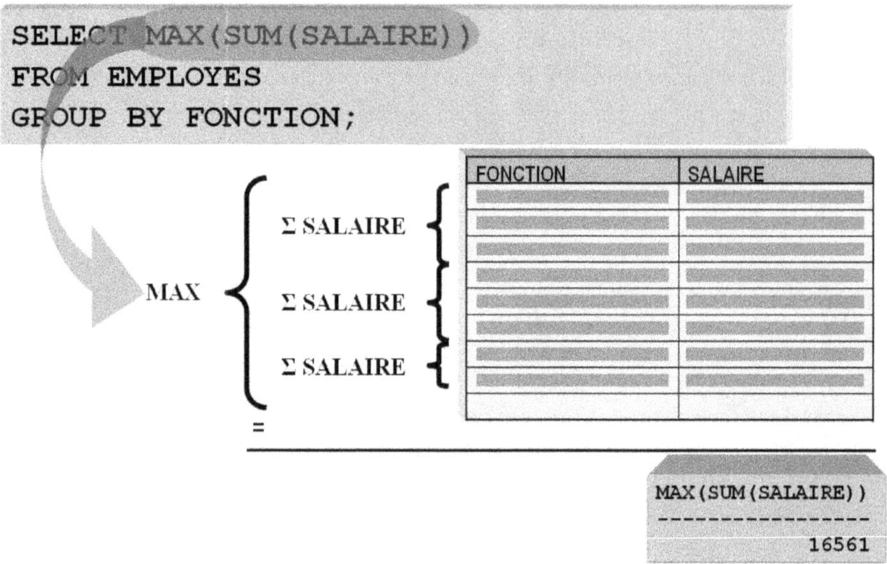

Il est possible d'appliquer au résultat d'un select qui utilise le partitionnement de groupe un second niveau de fonction de groupe.

Pour comprendre l'exemple précèdent il faut savoir que Oracle exécute la requête en deux pas :

1. Sélectionne et groupe les lignes conformément à la clause « **GROUP BY** ».

```
SQL> SELECT FONCTION,
  2          SUM(SALAIRE)
  3  FROM EMPLOYES
  4  GROUP BY FONCTION ;

FONCTION                       SUM(SALAIRE)
------------------------------ ------------
Assistante commerciale                 2000
Chef des ventes                        8000
Représentant(e)                       16561
Vice-Président                        10000
```

2. Exécute les fonctions "verticales" sur l'ensemble des lignes obtenues dans le passage précèdent comme si c'était des enregistrements provenant d'une table.

```
SQL> SELECT MAX(SUM(SALAIRE)),
  2          SUM(SUM(SALAIRE))
  3  FROM EMPLOYES
  4  GROUP BY FONCTION ;

MAX(SUM(SALAIRE)) SUM(SUM(SALAIRE))
----------------- -----------------
            16561             36561
```

Atelier 9

- Les fonctions d'agrégat
- Le groupement des données
- La sélection de groupe

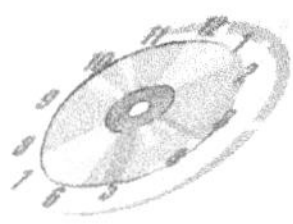

Durée : 25 minutes

Questions

9-1. Quelle est la requête qui renvoie la valeur suivante 461 ?

A. `SELECT TRUNC(AVG(COMMISSION)) FROM EMPLOYES;`

B.
```
SELECT TRUNC(AVG(COMMISSION)) FROM EMPLOYES
WHERE COMMISSION IS NOT NULL;
```

C.
```
SELECT TRUNC(AVG(NVL(COMMISSION,0)))
FROM EMPLOYES;
```

D.
```
SELECT TRUNC(NVL(AVG(COMMISSION),0))
FROM EMPLOYES;
```

9-2. Quelle est la requête qui renvoie le nombre des employés qui ont saisie une commande ?

A. `SELECT COUNT( DISTINCT NO_EMPLOYE) FROM COMMANDES;`

B. `SELECT COUNT( NO_EMPLOYE) FROM COMMANDES;`

C. `SELECT DISTINCT COUNT( NO_EMPLOYE) FROM COMMANDES;`

9-3. Quelle est la syntaxe du « **GROUP BY** » pour la requête suivante :

```
SELECT CODE_CLIENT,
       EXTRACT( YEAR FROM DATE_ENVOI),
       EXTRACT( MONTH FROM DATE_ENVOI),
       COUNT(NO_COMMANDE),
       SUM(PORT)
```

A.
```
CODE_CLIENT,
EXTRACT( YEAR FROM DATE_ENVOI),
EXTRACT( :MONTH FROM DATE_ENVOI)
```

B. `CODE_CLIENT, DATE_ENVOI`

C. `CODE_CLIENT,EXTRACT( YEAR FROM DATE_ENVOI)`

D.
```
CODE_CLIENT,
TO_CHAR( DATE_ENVOI,'YYYY'),
TO_CHAR( DATE_ENVOI,'MM')
```

Exercice n° 1 Les fonctions d'agrégat

Écrivez les requêtes permettant d'afficher :

- La valeur totale des produits en stock et la valeur totale des produits commandés.
- La valeur totale des produits vendus et le total du chiffre d'affaire, la valeur totale des produits vendus moins la remise. Le champ `REMISE` représente un pourcentage de remise.
- La masse salariale.

Exercice n° 2 Le groupement des données

Écrivez les requêtes permettant d'afficher :

- La masse salariale pour chaque fonction des employés.
- Le nombre des commandes et la somme des frais de port pour chaque client et par année et par mois.
- La somme totale des produits en stock et la somme totale des produits commandés par fournisseur et par catégorie des produits.

Exercice n° 3 La sélection de groupe

Écrivez les requêtes permettant d'afficher :

- La somme des produits en stock et la somme des produits commandés pour les fournisseurs qui ont un numéro compris entre 3 et 6 et qui vendent au moins trois catégories de produits.
- La somme totale des produits vendus et la somme du chiffre d'affaire pour les commandes qui comportent plus de cinq produits.
- Le nombre des commandes et la somme des frais de port pour chaque client et par année et par mois. Il faut afficher uniquement les clients qui ont commandé plus de trois fois dans le mois et dont leur frais de port dans le mois sont supérieurs à 1000€.

- *CUBE*
- *ROLLUP*
- *Fonctions de classement*
- *Partitionnement*
- *GROUPING*

10

Agrégation et Analyse

Objectifs

A la fin de ce module, vous serez à même d'effectuer les tâches suivantes :

- Utiliser les fonctions d'agrégation multidimensionnelles.
- Effectuer des regroupements et calculer les résultats intermédiaires.
- Utiliser les fonctions de classement.
- Effectuer des requêtes avec des valeurs détaillées et résultats des regroupements.
- Effectuer des calculs suivant un partitionnement de données.
- Effectuer des calculs utilisant le concept de fenêtrage.

Contenu

Agrégation et Analyse

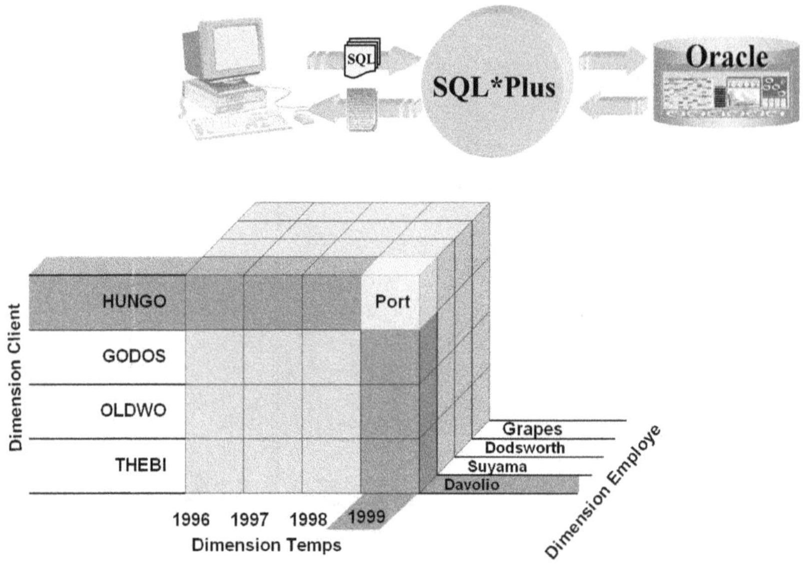

Une fois les données chargées dans votre base, les utilisateurs voudront bien entendu exécuter des requêtes, effectuer des analyses, produire des rapports, extraire des données, et accomplir encore bien d'autres opérations.

Oracle 10g dispose de nombreuses fonctions d'agrégation et d'analyse avancées qui peuvent se révéler très utiles dans de grandes bases de données, permettant de mieux comprendre et exploiter leur contenu.

Un calcul d'agrégats porte toujours sur le regroupement indiqué par la clause « **`GROUP BY`** », mais il est parfois nécessaire d'effectuer un regroupement plus large afin de connaître d'autres valeurs. Afin d'améliorer les performances des requêtes SQL sur la base de données, Oracle fournit les extensions à la clause « **`GROUP BY`** » suivante :

- « **`ROLLUP`** » et « **`CUBE`** »
- Trois fonctions de groupe
- Expression de type « **`GROUPING SETS`** »

Les extensions « **`CUBE`** », « **`ROLLUP`** », et « **`GROUPING SETS`** » permettent d'exécuter des requêtes et de générer des rapports plus facilement et plus rapidement. « **`ROLLUP`** »calcule les agrégations de type « **`SUM`** », « **`COUNT`** », « **`MAX`** », « **`MIN`** » et « **`AVG`** » en augmentant le niveau d'agrégation, à partir du niveau le plus détaillé jusqu'au grand total.

Le but des extensions SQL et fonctions analytiques, est d'optimiser les performances liées aux requêtes de génération de rapports. Etudions de plus près ces caractéristiques.

Groupage ROLLUP

```
SELECT CODE_CLIENT "Client",
       EXTRACT ( YEAR FROM DATE_COMMANDE) "Année",
       EXTRACT ( MONTH FROM DATE_COMMANDE) "Mois",
       SUM(PORT) "Port"
FROM COMMANDES
GROUP BY ROLLUP  ( CODE_CLIENT,
                   EXTRACT ( YEAR FROM DATE_COMMANDE),
                   EXTRACT ( MONTH FROM DATE_COMMANDE));
```

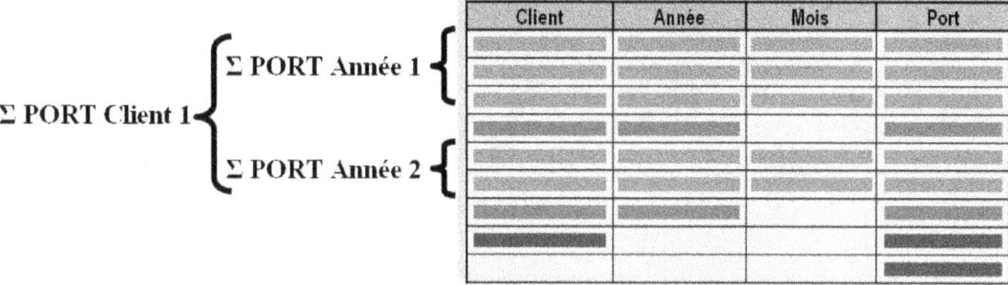

Un calcul d'agrégats porte toujours sur le regroupement indiqué par la clause « **GROUP BY** », mais il est parfois nécessaire d'effectuer un regroupement plus large afin de connaître d'autres valeurs.

La norme SQL 1999 introduit des nouvelles façons de réaliser des regroupements de données a l'aide des extensions à la clause « **GROUP BY** » il s'agit des deux fonctions de groupage « **ROLLUP** » et « **CUBE** » et une expression plus générale « **GROUPING SETS** ».

ROLLUP

La fonction « **ROLLUP** » permet de générer des sous-totaux pour les attributs spécifiés, plus une ligne supplémentaire représentant le total global.

```
SELECT [ALL | DISTINCT]{*,[EXPRESSION1 [AS] ALIAS1[,...]}
FROM NOM_TABLE
WHERE PREDICAT
GROUP BY ROLLUP ([NOM_COLONNE1|EXPRESSION1],
                 [NOM_COLONNE2|EXPRESSION2][,...]) ;
```

```
SQL> SELECT FONCTION, SUM(SALAIRE)
  2  FROM EMPLOYES
  3  GROUP BY ROLLUP(FONCTION);

FONCTION                          SUM(SALAIRE)
------------------------------ ------------
Assistante commerciale                 2000
Chef des ventes                        8000
Représentant(e)                       16561
Vice-Président                        10000
                                      36561
```

Dans l'exemple, vous pouvez observer la fonction « **ROLLUP** » permettant de calculer le total pour la somme des salaires des employés.

```
SQL> SELECT REND_COMPTE, FONCTION, SUM(SALAIRE)
  FROM EMPLOYES
  GROUP BY REND_COMPTE, FONCTION
  ORDER BY REND_COMPTE, FONCTION;

REND_COMPTE FONCTION                       SUM(SALAIRE)
----------- ------------------------------ ------------
          2 Assistante commerciale                 2000
          2 Chef des ventes                        8000
          2 Représentant(e)                        9491
          2 Vice-Prèsident                        10000
          5 Représentant(e)                        4714
            Représentant(e)                        2356

6 ligne(s) sélectionnée(s).
```

Dans l'exemple précèdent, vous pouvez remarquer que le groupe est formé par les deux critères précisés dans la clause « **GROUP BY** », le numéro de l'employé manager **REND_COMPTE** et la fonction **FONCTION** ; les résultats de la fonction « **SUM** » sont retournés au niveau de ce regroupement.

```
SQL> SELECT REND_COMPTE, FONCTION, SUM(SALAIRE)
  FROM EMPLOYES
  GROUP BY ROLLUP(REND_COMPTE, FONCTION);

REND_COMPTE FONCTION                       SUM(SALAIRE)
----------- ------------------------------ ------------
            Représentant(e)                        2356
                                                   2356
          2 Vice-Président                        10000
          2 Chef des ventes                        8000
          2 Représentant(e)                        9491
          2 Assistante commerciale                 2000
          2                                       29491
          5 Représentant(e)                        4714
          5                                        4714
                                                  36561

10 ligne(s) sélectionnée(s).
```

Dans l'exemple précèdent, vous pouvez remarquer que le groupe est formé par les deux critères précisés dans la clause « **GROUP BY** » ; les résultats de la fonction « **SUM** » sont retournés aux niveaux suivants :

- par le numéro de l'employé manager **REND_COMPTE** et la fonction **FONCTION**;
- sous-totaux par le numéro de l'employé manager **REND_COMPTE**;
- total global.

```
SQL> SELECT CODE_CLIENT "Client",
            EXTRACT ( YEAR FROM DATE_COMMANDE) "Année",
            EXTRACT ( MONTH FROM DATE_COMMANDE) "Mois",
            SUM(PORT) "Port"
  FROM COMMANDES
```

```
WHERE CODE_CLIENT = 'HUNGO'
GROUP BY ROLLUP( CODE_CLIENT,
                 EXTRACT ( YEAR FROM DATE_COMMANDE),
                 EXTRACT ( MONTH FROM DATE_COMMANDE));

Client      Année       Mois       Port
------ ---------- ---------- ----------
HUNGO        1996          9     1077,6
HUNGO        1996         10     210,55
HUNGO        1996         12     795,75
HUNGO        1996                2083,9
HUNGO        1997          1     283,15
HUNGO        1997          4      397,6
HUNGO        1997          6     169,85
HUNGO        1997          8     711,65
HUNGO        1997          9     1569,9
HUNGO        1997         10     1551,2
HUNGO        1997         11      220,5
HUNGO        1997               4903,85
HUNGO        1998          2    5922,25
HUNGO        1998          3     457,55
HUNGO        1998          4     408,65
HUNGO        1998               6788,45
HUNGO                           13776,2
                                13776,2

18 ligne(s) sélectionnée(s).
```

Dans l'exemple précèdent, vous pouvez remarquer la fonction « **ROLLUP** » permettant d'obtenir les valeurs intermédiaires des regroupements pour toutes les combinaisons existantes et le total global.

Astuce

Il est particulièrement utile d'avoir des sous-totaux dans une dimension hiérarchique de type temporelle ou géographique. Par exemple, une requête spécifiant « **ROLLUP** » (année, mois, jour) ou « **ROLLUP** » (pays, canton, ville).

Groupage CUBE

```
SELECT CODE_CLIENT "Client",
       EXTRACT ( YEAR FROM DATE_COMMANDE) "Année",
       EXTRACT ( MONTH FROM DATE_COMMANDE) "Mois",
       SUM(PORT) "Port"
FROM COMMANDES
GROUP BY CUBE   ( CODE_CLIENT,
                  EXTRACT ( YEAR FROM DATE_COMMANDE),
                  EXTRACT ( MONTH FROM DATE_COMMANDE));
```

Client	Année	Mois	Port

Σ PORT Client 1

Σ PORT Année 1

Σ PORT Année 2

CUBE

La fonction « **CUBE** » va plus loin que « **ROLLUP** » ; elle permet de générer des sous-totaux pour toute combinaison d'attributs possibles dans « **GROUPE BY** », des totaux par attribut, et un total global.

```
SELECT [ALL | DISTINCT]{*,[EXPRESSION1 [AS] ALIAS1[,...]}
FROM NOM_TABLE
WHERE PREDICAT
GROUP BY CUBE   ([NOM_COLONNE1|EXPRESSION1],
                  [NOM_COLONNE2|EXPRESSION2][,...]) ;
```

```
SQL> SELECT CODE_CLIENT "Client",
            EXTRACT ( YEAR FROM DATE_COMMANDE) "Année",
            EXTRACT ( MONTH FROM DATE_COMMANDE) "Mois",
            SUM(PORT) "Port"
     FROM COMMANDES
     WHERE CODE_CLIENT = 'HUNGO'
     GROUP BY ROLLUP  ( CODE_CLIENT,
                        EXTRACT ( YEAR FROM DATE_COMMANDE),
                        EXTRACT ( MONTH FROM DATE_COMMANDE));

Client      Année       Mois       Port
------ ---------- ---------- ----------
HUNGO        1996          9     1077,6
HUNGO        1996         10     210,55
HUNGO        1996         12     795,75
HUNGO        1996                2083,9
HUNGO        1997          1     283,15
HUNGO        1997          4      397,6
```

```
HUNGO        1997           6     169,85
HUNGO        1997           8     711,65
HUNGO        1997           9     1569,9
HUNGO        1997          10     1551,2
HUNGO        1997          11      220,5
HUNGO        1997                4903,85
HUNGO        1998           2    5922,25
HUNGO        1998           3     457,55
HUNGO        1998           4     408,65
HUNGO        1998                6788,45
HUNGO                            13776,2
                                 13776,2

18 ligne(s) sélectionnée(s).

SQL> SELECT CODE_CLIENT "Client",
            EXTRACT ( YEAR FROM DATE_COMMANDE) "Année",
            EXTRACT ( MONTH FROM DATE_COMMANDE) "Mois",
            SUM(PORT) "Port"
     FROM COMMANDES
     WHERE CODE_CLIENT = 'HUNGO'
     GROUP BY CUBE  ( CODE_CLIENT,
                      EXTRACT ( YEAR FROM DATE_COMMANDE),
                      EXTRACT ( MONTH FROM DATE_COMMANDE));

Client      Année       Mois       Port
------ ---------- ---------- ----------
                                13776,2
                           1     283,15
                           2    5922,25
                           3     457,55
                           4     806,25
                           6     169,85
                           8     711,65
                           9     2647,5
                          10    1761,75
                          11      220,5
                          12     795,75
             1996                2083,9
             1996          9     1077,6
             1996         10     210,55
             1996         12     795,75
             1997               4903,85
             1997          1     283,15
             1997          4      397,6
             1997          6     169,85
             1997          8     711,65
             1997          9     1569,9
             1997         10     1551,2
             1997         11      220,5
             1998               6788,45
             1998          2    5922,25
             1998          3     457,55
             1998          4     408,65
```

```
HUNGO                        13776,2
HUNGO                   1     283,15
HUNGO                   2    5922,25
HUNGO                   3     457,55
HUNGO                   4     806,25
HUNGO                   6     169,85
HUNGO                   8     711,65
HUNGO                   9     2647,5
HUNGO                  10    1761,75
HUNGO                  11      220,5
HUNGO                  12     795,75
HUNGO     1996                2083,9
HUNGO     1996          9     1077,6
HUNGO     1996         10     210,55
HUNGO     1996         12     795,75
HUNGO     1997               4903,85
HUNGO     1997          1     283,15
HUNGO     1997          4      397,6
HUNGO     1997          6     169,85
HUNGO     1997          8     711,65
HUNGO     1997          9     1569,9
HUNGO     1997         10     1551,2
HUNGO     1997         11      220,5
HUNGO     1998               6788,45
HUNGO     1998          2    5922,25
HUNGO     1998          3     457,55
HUNGO     1998          4     408,65

54 ligne(s) sélectionnée(s).
```

Dans l'exemple précèdent, vous pouvez observer la comparaison entre la fonction « **CUBE** » et la fonction « **ROLLUP** ». Le groupe est formé par les trois critères le client, l'année et le mois précisés dans la clause « **GROUP BY** » ;les résultats de la fonction « **SUM** » sont retournés dans le cas de la fonction « **CUBE** » aux niveaux suivants :

- total global
- sous-totaux par Mois
- sous-totaux par Année
- sous-totaux par Mois pour l'Année
- sous-totaux par Client
- sous-totaux par Mois pour le Client
- sous-totaux par Année pour le Client
- sous-totaux par Mois pour l'Année et par Client

Attention

Oracle 10g affiche les lignes de calculs supplémentaires pour la fonction « **CUBE** » au début ; par contre pour Oracle 9i ces lignes sont affichées à la fin.

Pour ne pas avoir des affichages différents suivant la version ou si vous souhaitez un autre ordre d'affichage, vous pouvez utiliser la clause « **ORDER BY** ».

GROUPING SETS

```
SELECT CODE_CLIENT "Client",
       EXTRACT ( YEAR FROM DATE_COMMANDE) "Année",
       EXTRACT ( MONTH FROM DATE_COMMANDE) "Mois",
       SUM(PORT) "Port"
FROM COMMANDES
GROUP BY GROUPING SETS ( CODE_CLIENT,
                         EXTRACT ( YEAR FROM DATE_COMMANDE),
                         EXTRACT ( MONTH FROM DATE_COMMANDE));
```

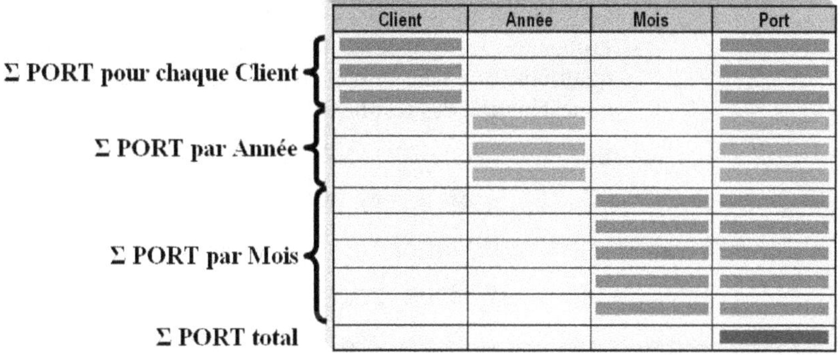

Dans une clause « **GROUP BY** » avec l'extension « **GROUPING SETS** », on peut spécifier le jeu de groupes que l'on désire créer. Ceci permet des spécifications précises au travers de dimensions multiples sans devoir calculer le « **CUBE** » en entier.

L'expression « **GROUPING SETS** » permet de définir plusieurs groupes dans la même requête.

```
SELECT [ALL | DISTINCT]{*,[EXPRESSION1 [AS] ALIAS1[,...]}
FROM NOM_TABLE
WHERE PREDICAT
GROUP BY GROUPING SETS ([NOM_COLONNE1|EXPRESSION1],
                        [NOM_COLONNE2|EXPRESSION2][,...]) ;
```

```
SQL> SELECT CODE_CLIENT "Client",
            EXTRACT ( YEAR FROM DATE_COMMANDE) "Année",
            EXTRACT ( MONTH FROM DATE_COMMANDE) "Mois",
            SUM(PORT) "Port"
     FROM COMMANDES
     WHERE CODE_CLIENT = 'HUNGO'
     GROUP BY GROUPING SETS ( CODE_CLIENT,
                              EXTRACT ( YEAR FROM DATE_COMMANDE),
                              EXTRACT ( MONTH FROM DATE_COMMANDE));

Client      Année       Mois       Port
------ ---------- ---------- ----------
HUNGO                           13776,2
             1997               4903,85
             1996                2083,9
             1998               6788,45
                           1     283,15
```

```
                          6      169,85
                         11       220,5
                          2     5922,25
                          4      806,25
                          8      711,65
                          3      457,55
                          9      2647,5
                         10     1761,75
                         12      795,75

14 ligne(s) sélectionnée(s).
```

Comme on peut le constater dans cet exemple, les résultats ne sont que ceux des groupages, le premier sur Client, le deuxième sur Année, le troisième sur le Mois et le quatrième sur l'ensemble global. En fait, cette écriture synthétique correspond à la concaténation des résultats des trois requêtes suivantes :

```
SELECT CODE_CLIENT "Client",
       SUM(PORT) "Port"
FROM COMMANDES
GROUP BY CODE_CLIENT;


SELECT EXTRACT ( YEAR FROM DATE_COMMANDE) "Année",
       SUM(PORT) "Port"
FROM COMMANDES
GROUP BY EXTRACT ( YEAR FROM DATE_COMMANDE);


SELECT EXTRACT ( MONTH FROM DATE_COMMANDE) "Mois",
       SUM(PORT) "Port"
FROM COMMANDES
GROUP BY EXTRACT ( MONTH FROM DATE_COMMANDE);
```

Astuce

L'expression « **GROUPING SETS** » permet de hiérarchiser les éléments du groupage en utilisant les parenthèses. On peut ainsi imbriquer des fonctions « **ROLLUP** » ou des fonctions « **CUBE** ».

```
SQL> SELECT CODE_CLIENT "Client",
            EXTRACT ( YEAR FROM DATE_COMMANDE) "Année",
            EXTRACT ( MONTH FROM DATE_COMMANDE) "Mois",
            SUM(PORT) "Port"
     FROM COMMANDES
     WHERE CODE_CLIENT = 'HUNGO'
     GROUP BY
            GROUPING SETS ( CODE_CLIENT,
                           (EXTRACT ( YEAR FROM DATE_COMMANDE),
                            EXTRACT ( MONTH FROM DATE_COMMANDE)));
```

```
Client      Année       Mois       Port
------ ---------- ---------- ----------
HUNGO                          13776,2
             1997         10    1551,2
             1997         11     220,5
             1997          1    283,15
             1997          8    711,65
             1997          9    1569,9
             1998          4    408,65
             1996         10    210,55
             1998          3    457,55
             1997          4     397,6
             1996          9    1077,6
             1996         12    795,75
             1997          6    169,85
             1998          2   5922,25

14 ligne(s) sélectionnée(s).

SQL> SELECT CODE_CLIENT "Client",
            EXTRACT ( YEAR FROM DATE_COMMANDE) "Année",
            EXTRACT ( MONTH FROM DATE_COMMANDE) "Mois",
            SUM(PORT) "Port"
     FROM COMMANDES
     WHERE CODE_CLIENT = 'HUNGO'
     GROUP BY
         GROUPING SETS ( CODE_CLIENT,
                      ROLLUP(EXTRACT ( YEAR FROM DATE_COMMANDE),
                             EXTRACT ( MONTH FROM DATE_COMMANDE)));

Client      Année       Mois       Port
------ ---------- ---------- ----------
HUNGO                          13776,2
             1996          9    1077,6
             1996         10    210,55
             1996         12    795,75
             1996                2083,9
             1997          1    283,15
             1997          4     397,6
             1997          6    169,85
             1997          8    711,65
             1997          9    1569,9
             1997         10    1551,2
             1997         11     220,5
             1997              4903,85
             1998          2   5922,25
             1998          3    457,55
             1998          4    408,65
             1998              6788,45
                               13776,2

18 ligne(s) sélectionnée(s).
```

Fonctions de groupes

- GROUPING
- GROUPING_ID
- GROUP_ID

Deux problèmes surviennent lors de l'utilisation de « **ROLLUP** » et « **CUBE** ». Premièrement, il est très difficile de déterminer au niveau de la présentation du résultat quels sont les sous-totaux ou quel est le niveau exact d'agrégation. Il nous faut un moyen pour déterminer quelles sont les lignes qui affichent les sous-totaux. Deuxièmement, comment fait-on pour différencier les valeurs « **NULL** » stockées des valeurs « **NULL** » créées par « **ROLLUP** » ou « **CUBE** ».

Il existe à partir de la version Oracle 8i la fonction « **GROUPING** », et dès la version Oracle 9i, les fonctions « **GROUPING_ID** » et « **GROUP_ID** ».

GROUPING

La fonction « **GROUPING** » permet d'identifier si la colonne argument doit être traitée pour sa valeur propre « **0** » ou pour un ensemble de plusieurs valeurs « **1** ».

```
SQL> SELECT GROUPING(NO_FOURNISSEUR) "GF",
            GROUPING(CODE_CATEGORIE) "GC",
            NO_FOURNISSEUR "Fournisseur",
            CODE_CATEGORIE "Catégorie",
            SUM(UNITES_STOCK) "Stock"
     FROM PRODUITS
     GROUP BY
           GROUPING SETS ( ROLLUP(NO_FOURNISSEUR),
                                       CODE_CATEGORIE);

        GF         GC Fournisseur  Catégorie       Stock
---------- ---------- ----------- ---------- ----------
         0          1           1                    69
         0          1          25                   136
         0          1          22                    51
         0          1           6                    98
```

```
         0          1         11                   140
         0          1         28                    98
         0          1         13                    10
         0          1         29                   130
         0          1          2                   133
         0          1         14                    23
         0          1         20                    44
         0          1         21                   100
         0          1         26                    57
         0          1          4                    35
         0          1          5                   108
         0          1         24                    58
         0          1          8                    74
         0          1         17                   224
         0          1         23                   132
         0          1          3                   141
         0          1          7                   110
         0          1         18                    86
         0          1         27                    62
         0          1          9                   165
         0          1         12                   179
         0          1         16                   183
         0          1         19                   208
         0          1         15                   164
         0          1         10
         1          0                    1         539
         1          0                    2         507
         1          0                    3         386
         1          0                    4         393
         1          0                    5         282
         1          0                    6         136
         1          0                    7          74
         1          0                    8         701
         1          1                             3018
```

Vous pouvez utiliser les fonctions conditionnelles pour une présentation plus soignée.

```
SQL> SELECT CODE_CLIENT "Client",
            CASE GROUPING( TO_CHAR( DATE_COMMANDE, 'YYYY'))
                 WHEN 0 THEN
                      TO_CHAR( DATE_COMMANDE, 'YYYY')
                 ELSE
                     'Toutes les Années'
                 END "Années",
            CASE GROUPING( TO_CHAR( DATE_COMMANDE, 'MM'))
                 WHEN 0 THEN
                      TO_CHAR( DATE_COMMANDE, 'MM')
                 ELSE
                 CASE GROUPING( TO_CHAR( DATE_COMMANDE, 'YYYY'))
                       WHEN 0 THEN
                           'Tous les Mois'
                       ELSE
                           'Toutes les Années'
                       END
                 END "Mois",
```

```
              SUM(PORT) "Port"
       FROM COMMANDES
       WHERE CODE_CLIENT = 'HUNGO'
       GROUP BY
           GROUPING SETS ( CODE_CLIENT,
                        ROLLUP(TO_CHAR( DATE_COMMANDE, 'YYYY'),
                               TO_CHAR( DATE_COMMANDE, 'MM')));

Clien Années             Mois                     Port
----- ------------------ ------------------ ----------
HUNGO Toutes les Années  Toutes les Années     13776,2
      1996               09                     1077,6
      1996               10                     210,55
      1996               12                     795,75
      1996                Tous les Mois         2083,9
      1997               01                     283,15
      1997               04                      397,6
      1997               06                     169,85
      1997               08                     711,65
      1997               09                     1569,9
      1997               10                     1551,2
      1997               11                      220,5
      1997                Tous les Mois        4903,85
      1998               02                    5922,25
      1998               03                     457,55
      1998               04                     408,65
      1998                Tous les Mois        6788,45
      Toutes les Années  Toutes les Années     13776,2

18 ligne(s) sélectionnée(s).
```

Pour trouver le niveau du « **GROUP BY** » pour une ligne particulière, une requête doit retourner une information de la fonction « **GROUPING** » pour chaque colonne du « **GROUP BY** ». Dans ce cas, avec la fonction « **GROUPING** », chaque colonne du « **GROUP BY** » requière une autre colonne utilisant la fonction « **GROUPING** ».

Pour résoudre ce problème, Oracle9i introduit la fonction « **GROUPING_ID** » qui permet de déterminer le niveau exact du « **GROUP BY** ».

GROUPING_ID

La fonction « **GROUPING_ID** » permet d'identifier si une des colonnes passée en argument est traitée pour un ensemble de plusieurs valeurs.

```
GROUPING_ID ( EXPRESSION[,...])
```

Le tableau suivant montre l'utilisation de la fonction « **GROUPING_ID** » avec deux arguments par rapport aux deux fonctions « GROUPING » des mêmes arguments.

Niveau d'agrégation	*GROUPING(A)*	*GROUPING(B)*	*GROUPING_ID(A,B)*
A, B	**0**	**0**	**0**
A	**1**	**0**	**1**
B	**0**	**1**	**2**
A, B	**1**	**1**	**3**

```
SQL> SELECT GROUPING(NO_FOURNISSEUR) "GF",
            GROUPING(CODE_CATEGORIE) "GC",
            GROUPING_ID(NO_FOURNISSEUR,CODE_CATEGORIE) "GFC",
            NO_FOURNISSEUR "Fournisseur",
            CODE_CATEGORIE "Catégorie",
            SUM(UNITES_STOCK) "Stock"
     FROM PRODUITS
     GROUP BY
           GROUPING SETS ( ROLLUP(NO_FOURNISSEUR),
                                     CODE_CATEGORIE);

        GF         GC        GFC Fournisseur  Catégorie      Stock
---------- ---------- ---------- ----------- ---------- ----------
         0          1          1           1                    69
         0          1          1          25                   136
         0          1          1          22                    51
         0          1          1           6                    98
         0          1          1          11                   140
         0          1          1          28                    98
         0          1          1          13                    10
         0          1          1          29                   130
         0          1          1           2                   133
         0          1          1          14                    23
         0          1          1          20                    44
         0          1          1          21                   100
         0          1          1          26                    57
         0          1          1           4                    35
         0          1          1           5                   108
         0          1          1          24                    58
         0          1          1           8                    74
         0          1          1          17                   224
         0          1          1          23                   132
         0          1          1           3                   141
         0          1          1           7                   110
         0          1          1          18                    86
         0          1          1          27                    62
         0          1          1           9                   165
         0          1          1          12                   179
         0          1          1          16                   183
         0          1          1          19                   208
         0          1          1          15                   164
         0          1          1          10
         1          0          2                      1        539
```

```
         1          0          2                      2        507
         1          0          2                      3        386
         1          0          2                      4        393
         1          0          2                      5        282
         1          0          2                      6        136
         1          0          2                      7         74
         1          0          2                      8        701
         1          1          3                              3018
```

GROUP_ID

Les extensions « **ROLLUP** » et « **CUBE** » offrent plus de puissance et de flexibilité, ils donnent aussi des résultats plus complexes incluant des groupes dupliqués.

La fonction « **GROUP_ID** » permet d'identifier la duplication des groupes ; elle assigne la valeur « **0** » à toutes les lignes du premier jeu de lignes et tous les autres jeux de données dupliquées pour un groupe particulier sont mis à une valeur plus grande, en débutant avec « **1** ».

GROUP_ID ()

```
SQL> SELECT GROUP_ID() GROUP_ID,
            GROUPING_ID( FONCTION,
                   EXTRACT( YEAR FROM DATE_EMBAUCHE)) GROUPING_ID,
            FONCTION,
            EXTRACT( YEAR FROM DATE_EMBAUCHE) "Année",
            SUM( SALAIRE) SUM
     FROM EMPLOYES
     GROUP BY
         GROUPING SETS  ( EXTRACT( YEAR FROM DATE_EMBAUCHE),
                     ROLLUP ( EXTRACT( YEAR FROM DATE_EMBAUCHE),
                              FONCTION ));

  GROUP_ID GROUPING_ID FONCTION                    Année        SUM
---------- ----------- ---------------------- ---------- ----------
         0           0 Vice-Président               1992      10000
         0           0 Représentant(e)              1992       6635
         0           0 Chef des ventes              1993       8000
         0           0 Représentant(e)              1993       5390
         0           0 Représentant(e)              1994       4536
         0           0 Assistante commerciale       1994       2000
         0           3                                        36561
         0           2                              1992      16635
         0           2                              1993      13390
         0           2                              1994       6536
         1           2                              1992      16635
         1           2                              1993      13390
         1           2                              1994       6536
```

Atelier 10.1

- Les extensions ROLLUP et CUBE
- L'extension GROUPING SETS

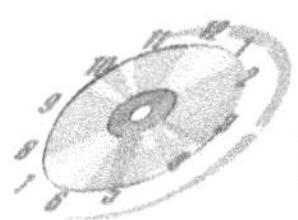

Durée : 25 minutes

Questions

10.1-1. Quelle est l'extension de la clause « **GROUP BY** » qui vous permet de générer des sous-totaux pour les attributs spécifiés ?

10.1-2. Quelle est l'extension de la clause « **GROUP BY** » qui vous permet de définir plusieurs groupes dans la même requête. ?

10.1-3. Quelles sont les syntaxes incorrectes ?

A. `...GROUP BY GROUPING SETS(ROLLUP(...`

B. `...GROUP BY CUBE( GROUPING SETS(...`

C. `...GROUP BY ROLLUP( GROUPING SETS...`

D. `...GROUP BY GROUPING SETS(CUBE(...`

E. `...CUBE( GROUP BY...`

Exercice n° 1 Les extensions ROLLUP et CUBE

Écrivez les requêtes permettant d'afficher :

- Le nombre des commandes et la somme des frais de port pour chaque client, par année et par mois. Afficher également la somme des commandes et la somme des frais de port pour chaque client par année et la somme totale.
- Les mêmes informations que la requête précédente mais cette fois-ci affichez les totaux par client, par année ainsi que le total global.
- Les mêmes informations que la requête précédente mais cette fois-ci affichez tous les totaux possibles.

– La somme des produits en stock et la somme des produits commandés pour chaque catégorie et par fournisseur. Afficher également les totaux par catégorie de produits.

Exercice n° 2 L'extension GROUPING SETS

Écrivez les requêtes permettant d'afficher :

– La somme des produits en stock et la somme des produits commandés pour chaque catégorie. Dans la même requête affichez également les mêmes sommes mais pour chaque fournisseur.

– Le nombre des commandes et la somme des frais de port saisis par un employé pour chaque client. Dans la même requête affichez également les mêmes sommes mais par année et par mois. Afficher également les totaux par employé et par année et les totaux globaux.

– La somme des frais de port saisis par un employé pour chaque client, par année et par mois. Afficher également la somme des commandes et la somme des frais de port pour chaque client par année et la somme totale formatées de la sorte :

```
Employé       Client      Année   Mois          Port
------------- ----------- ------- ------- ----------
  1           ALFKI       1998    01          347,65
  1           ALFKI       1998    03           202,1
  1           ALFKI       1998    *******     549,75
  1           ALFKI       ******* *******     549,75
  1           ANTON       1997    09           20,15
  1           ANTON       1997    *******      20,15
  1           ANTON       ******* *******      20,15
  1           AROUT       1997    02           126,8
  1           AROUT       1997    06          364,85
  1           AROUT       1997    11           118,6
  1           AROUT       1997    *******     610,25
  1           AROUT       ******* *******     610,25
  1           BERGS       1997    05         1223,95
  1           BERGS       1997    08          693,45
...
  9           WELLI       1998    02            68,6
  9           WELLI       1998    *******       68,6
  9           WELLI       ******* *******       68,6
  9           *********** ******* *******   16026,41
************* *********** ******* *******  316266,77
```

Fonctions analytiques

```
FONCTION( EXPRESSION,...)
        OVER (
                PARTITION BY EXPRESSION,...
                ORDER BY EXPRESSION,...
                ROWS EXPRESSION PRECEDING
             )
```

Oracle 10g dispose de plusieurs fonctions de classement et de statistiques qui auraient nécessité par le passé de nombreuses lignes de code SQL ou d'importer les données dans une application tierce.

Les fonctions analytiques opèrent sur un ensemble de lignes définies de manière relative; elles se distinguent des fonctions agrégats qui opèrent sur l'ensemble d'un groupe défini par le « **GROUP BY** ». En ce sens, les fonctions analytiques sont d'une granularité plus fine permettent d'analyser des données, notamment de calculer des moyennes mobiles, des classements et des valeurs cumulées.

Vous pouvez inclure une fonction dans une sélection ou dans la clause « **ORDER BY** » d'une instruction « **SELECT** ».

La syntaxe est la suivante :

```
SELECT
       FONCTION ( EXPRESSION[,...] )
                OVER ( [PARTITION]
                       [ORDRE]
                       [FENETRE])
FROM TABLE ;
```

FONCTION	Le nom de la fonction analytique.
OVER	Indique qu'on utilise une fonction analytique.
PARTITION	La clause de partitionnement définit un découpage des données suivant les valeurs des expressions. Chaque valeur définit un groupe logique à l'intérieur duquel est appliquée la fonction analytique. C'est analogue au « **GROUP BY** ».
ORDRE	La clause d'ordre indique comment les données sont triées à l'intérieur de chaque partition.

FENETRE	La clause de fenêtrage indique l'ensemble des lignes sur lesquelles doit être appliquée la fonction. Si une clause de fenêtrage est spécifiée, une clause d'ordre doit obligatoirement l'être aussi.

La clause de partitionnement

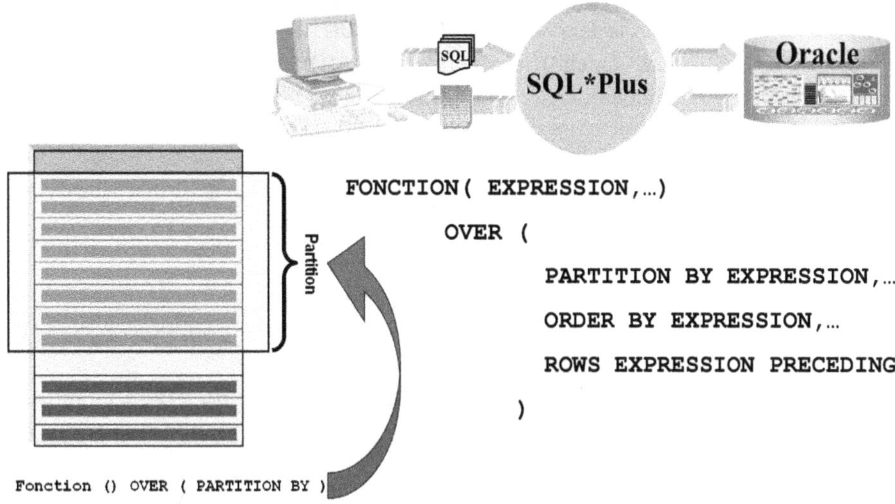
SQL
SQL*Plus
Oracle
FONCTION(EXPRESSION,...)
OVER (
PARTITION BY EXPRESSION,...
ORDER BY EXPRESSION,...
ROWS EXPRESSION PRECEDING
)
Partition
Fonction () OVER (PARTITION BY)

Les fonctions analytiques permettent aux utilisateurs de diviser des jeux de résultat en groupes de lignes, appelés partitions. Ce terme de partitions utilisé dans les fonctions analytiques n'a aucuns lien avec les tables partitionnées d'Oracle.

Les partitions sont créées seulement après que les groupes aient été définis par la clause « **GROUP BY** » ; de ce fait, elles sont disponibles pour n'importe quel agrégat, tels que les sommes et moyennes. La division des partitions peut être basée sur n'importe quelle colonne ou expression. Le jeu de résultat d'une requête peut être partitionné dans une partition unique contenant toutes les lignes, ou plusieurs partitions plus petites, contenant quelques lignes seulement.

La syntaxe pour la clause de partitionnement est :

PARTITION BY EXPRESSION[,...]

```
SQL> SELECT NO_EMPLOYE,
            FONCTION,
            SALAIRE,
            SUM( SALAIRE)
                 OVER ( PARTITION BY FONCTION)
                        "Somme Salaire"
     FROM EMPLOYES;

NO_EMPLOYE FONCTION                          SALAIRE Somme Salaire
---------- ------------------------------ ---------- -------------
         8 Assistante commerciale               2000          2000
         5 Chef des ventes                      8000          8000
         3 Représentant(e)                      3500         16561
         4 Représentant(e)                      2856         16561
         1 Représentant(e)                      3135         16561
         9 Représentant(e)                      2180         16561
         7 Représentant(e)                      2356         16561
         6 Représentant(e)                      2534         16561
```

```
        2 Vice-Président                           10000          10000

9 ligne(s) sélectionnée(s).
```

Dans l'exemple, la fonction « **SUM** » est la fonction analytique; elle a le même nom que la fonction d'agrégat « **SUM** » mais le mot-clé « **OVER** » indique qu'on utilise une fonction analytique. « **PARTITION BY** » indique un découpage logique; la fonction analytique utilisée ne calcule qu'à l'intérieur d'une partition. C'est tout à fait similaire au « **GROUP BY** » dans une requête traditionnelle.

```
SQL> SELECT NOM_PRODUIT    "Produit",
            CODE_CATEGORIE "Cat",
            NO_FOURNISSEUR "Four",
            UNITES_STOCK   "US",
            SUM(UNITES_STOCK)
                 OVER (PARTITION BY CODE_CATEGORIE) "SUSC",
            AVG(UNITES_STOCK)
                 OVER (PARTITION BY NO_FOURNISSEUR) "AUSF"
     FROM PRODUITS;

Produit                             Cat  Four   US  SUSC AUSF
--------------------------------- ---- ----- ---- ----- ----
Chai                                 1     1   39   539   23
Chang                                1     1   17   539   23
Lakkalikööri                         1    23   57   539   44
Ipoh Coffee                          1    20   17   539   22
Côte de Blaye                        1    18   17   539   43
Chartreuse verte                     1    18   69   539   43
Laughing Lumberjack Lager            1    16   52   539   61
Steeleye Stout                       1    16   20   539   61
Sasquatch Ale                        1    16  111   539   61
Rhönbräu Klosterbier                 1    12  125   539   60
Guaraná Fantástica                   1    10        539
Outback Lager                        1     7   15   539   28
Gula Malacca                         2    20   27   507   22
Original Frankfurter grüne Soße      2    12   32   507   60
Vegie-spread                         2     7   24   507   28
Genen Shouyu                         2     6   39   507   33
Northwoods Cranberry Sauce           2     3    6   507   47
Sirop d'érable                       2    29  113   507   65
Louisiana Fiery Hot Pepper Sauce     2     2   76   507   33
Chef Anton's Gumbo Mix               2     2    0   507   33
Louisiana Hot Spiced Okra            2     2    4   507   33
...
```

Comme vous pouvez le constater dans l'exemple, on peut, grâce aux fonctions analytiques, comparer des valeurs non agrégées avec des valeurs agrégées.

Astuce

Vous pouvez utiliser n'importe quelle fonction d'agrégat « **SUM** », « **AVG** », « **COUNT** » … comme des fonctions analytiques avec l'indicateur « **OVER** ».

Ainsi à l'aide des fonctions analytiques, vous pouvez calculer des moyennes mobiles, des classements et des valeurs cumulées mais également calculer des expressions avec les valeurs non agrégées.

```
SQL> SELECT NOM,
            FONCTION,
            SALAIRE,
            SALAIRE / SUM( SALAIRE)
                        OVER ( PARTITION BY FONCTION) "% Fonction",
            SALAIRE /
                 SUM( SALAIRE) OVER () "% Total"
     FROM EMPLOYES;

NOM         FONCTION               SALAIRE % Fonction    % Total
----------- ---------------------- ------- ---------- ----------
Callahan    Assistante commerciale    2000          1 ,054703099
Buchanan    Chef des ventes           8000          1 ,218812396
Leverling   Représentant(e)           3500 ,211339895 ,095730423
Peacock     Représentant(e)           2856 ,172453354 ,078116025
Davolio     Représentant(e)           3135 ,189300163 ,085747108
Dodsworth   Représentant(e)           2180 ,131634563 ,059626378
King        Représentant(e)           2356 ,142261941 ,064440251
Suyama      Représentant(e)           2534 ,153010084 ,069308826
Fuller      Vice-Président           10000          1 ,273515495

9 ligne(s) sélectionnée(s).
```

La clause d'ordre

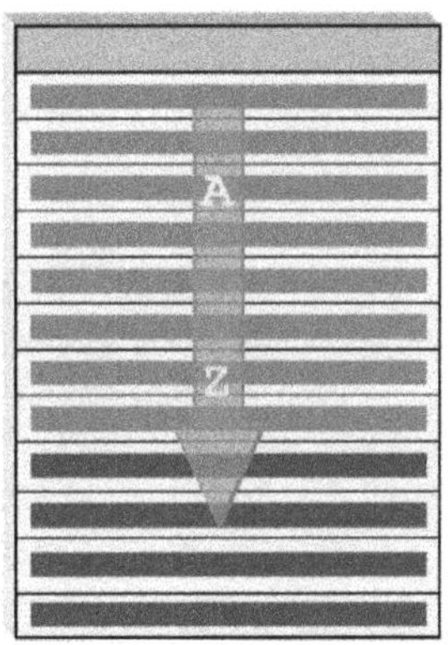


```
FONCTION( EXPRESSION,...)
      OVER (
            PARTITION BY EXPRESSION,...
            ORDER BY EXPRESSION,...
            ROWS EXPRESSION PRECEDING
      )
```

Le traitement d'une requête utilisant une fonction analytique requière trois étapes :

- Premièrement, toutes les jointures, les clauses « **WHERE** », « **GROUP BY** » et « **HAVING** » sont exécutées.
- Deuxièmement, le jeu de résultat est rendu disponible aux fonctions analytiques qui procèdent aux calculs.
- Troisièmement, si la requête inclut à la fin une clause « **ORDER BY** », celle-ci est exécutée.

La clause d'ordre indique comment les données sont triées à l'intérieur de chaque partition ; la syntaxe de la clause est :

ORDER BY EXPRESSION [ASC|DESC] [NULLS {FIRST|LAST}][,...]

```
SQL> SELECT NOM,
            FONCTION,
            SALAIRE,
            SUM( SALAIRE) OVER (ORDER BY NOM DESC ) "Somme cumulée",
            SUM( SALAIRE) OVER () "Somme"
     FROM EMPLOYES;

NOM         FONCTION                  SALAIRE Somme cumulée      Somme
----------- ---------------------- ------- ------------- ----------
Suyama      Représentant(e)           2534          2534      36561
Peacock     Représentant(e)           2856          5390      36561
Leverling   Représentant(e)           3500          8890      36561
King        Représentant(e)           2356         11246      36561
Fuller      Vice-Président           10000         21246      36561
Dodsworth   Représentant(e)           2180         23426      36561
Davolio     Représentant(e)           3135         26561      36561
Callahan    Assistante commerciale    2000         28561      36561
Buchanan    Chef des ventes           8000         36561      36561
```

```
9 ligne(s) sélectionnée(s).
```

Quand on utilise la clause d'ordre dans une fonction analytique et il n'y a pas de clause de fenêtrage ; toutes les lignes depuis la première jusqu'à celle en cours selon l'ordre induit par le « **ORDER BY** » sont passées à la fonction analytique qui calcule donc ici la somme cumulée. Pour la fonction analytique qui ne spécifié pas la clause d'ordre, toutes les lignes de la partition sont utilisées pour le calcul de la somme totale.

```
SQL> SELECT NOM,
            FONCTION,
            SALAIRE "Sal",
            SUM( SALAIRE) OVER
                 (ORDER BY FONCTION) "SCTotal",
            SUM( SALAIRE) OVER
                 (PARTITION BY  FONCTION
                  ORDER BY FONCTION) "SFonct",
            SUM( SALAIRE) OVER
                 (PARTITION BY  FONCTION
                  ORDER BY NOM)        "SCFonct"
     FROM EMPLOYES;

NOM         FONCTION                  Sal SCTotal SFonct SCFonct
----------- ---------------------- ------ ------- ------ -------
Callahan    Assistante commerciale   2000    2000   2000    2000
Buchanan    Chef des ventes          8000   10000   8000    8000
Dodsworth   Représentant(e)          2180   26561  16561    5315
Davolio     Représentant(e)          3135   26561  16561    3135
King        Représentant(e)          2356   26561  16561    7671
Leverling   Représentant(e)          3500   26561  16561   11171
Peacock     Représentant(e)          2856   26561  16561   14027
Suyama      Représentant(e)          2534   26561  16561   16561
Fuller      Vice-Président          10000   36561  10000   10000

9 ligne(s) sélectionnée(s).
```

Cette clause d'ordre « **ORDER BY** » est nécessaire pour certaines fonctions. Quand elle est utilisée, elle modifie le comportement de la fonction. En effet, il faut savoir que si une clause « **ORDER BY** » est utilisée et qu'une clause de fenêtrage n'est pas spécifiée, une clause de fenêtrage implicite est appliquée « **UNBOUNDED PRECEDING** ».

La clause de fenêtrage

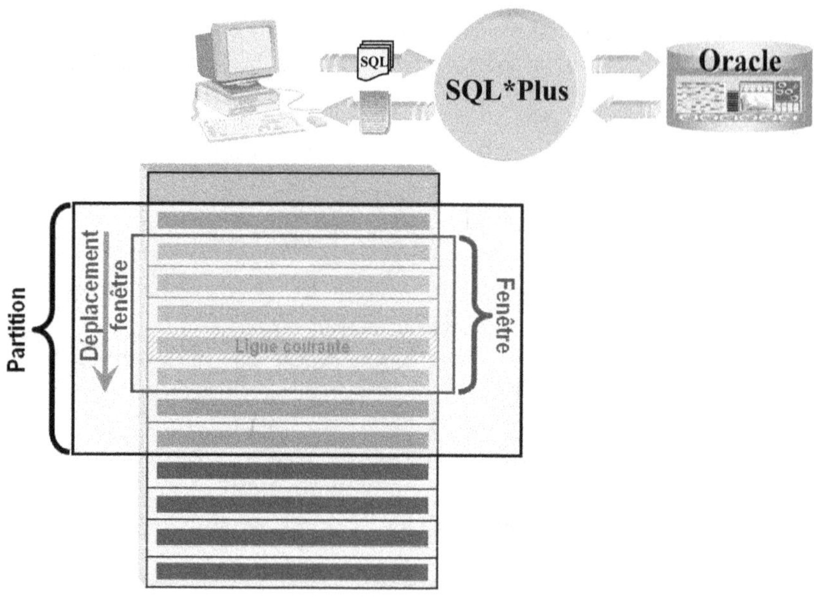

La clause de fenêtrage vous permet d'analyser des données en calculant des valeurs agrégées sur les fenêtres entourant chaque ligne.

Pour chaque ligne dans une partition, on peut définir une fenêtre non fixe de données. Cette fenêtre détermine l'ensemble des lignes utilisées pour exécuter le calcul pour la ligne courante. La taille de la fenêtre peut être basée sur un nombre physique de lignes ou un intervalle logique. La fenêtre possède une ligne de commencement et de fin.

La syntaxe de la clause est :

```
{ ROWS | RANGE }
{    BETWEEN
          {  UNBOUNDED PRECEDING
           | CURRENT ROW
           | EXPRESSION { PRECEDING | FOLLOWING }
          }
     AND
          {  UNBOUNDED PRECEDING
           | CURRENT ROW
           | EXPRESSION { PRECEDING | FOLLOWING }
          }
   |
     {  UNBOUNDED PRECEDING
      | CURRENT ROW
      | EXPRESSION PRECEDING }}
```

```
SQL> SELECT NOM,
            FONCTION,
            DATE_EMBAUCHE,
            SUM( SALAIRE) OVER
                 (PARTITION BY  FONCTION
                  ORDER BY DATE_EMBAUCHE
                  RANGE BETWEEN UNBOUNDED PRECEDING AND CURRENT ROW)
            "Sum Salaire"
     FROM EMPLOYES;

NOM         FONCTION                DATE_EMB Sum Salaire
----------- ----------------------- -------- -----------
Callahan    Assistante commerciale  05/03/94        2000
Buchanan    Chef des ventes         17/10/93        8000
Leverling   Représentant(e)         01/04/92        3500
Davolio     Représentant(e)         01/05/92        6635
Peacock     Représentant(e)         03/05/93        9491
Suyama      Représentant(e)         17/10/93       12025
King        Représentant(e)         02/01/94       14381
Dodsworth   Représentant(e)         15/11/94       16561
Fuller      Vice-Président          14/08/92       10000

9 ligne(s) sélectionnée(s).
```

La requête renvoie un jeu de résultats qui partitionne les données par fonction et fournit une synthèse cumulée des salaires des employés en commençant par l'employé ayant le plus d'ancienneté dans l'entreprise dans sa fonction.

```
SQL> SELECT NOM,
            FONCTION,
            DATE_EMBAUCHE,
            SALAIRE,
            TO_CHAR( AVG( SALAIRE) OVER
                          (PARTITION BY  FONCTION
                           ORDER BY DATE_EMBAUCHE
                           ROWS BETWEEN 1 PRECEDING AND 1 FOLLOWING)
                     ,'99G999D00U')  "Moyenne Salaire"
     FROM EMPLOYES;

NOM        FONCTION               DATE_EMB SALAIRE Moyenne Salaire
---------- ---------------------- -------- ------- ----------------
Callahan   Assistante commerciale 05/03/94    2000        2 000,00€
Buchanan   Chef des ventes        17/10/93    8000        8 000,00€
Leverling  Représentant(e)        01/04/92    3500        3 317,50€
Davolio    Représentant(e)        01/05/92    3135        3 163,67€
Peacock    Représentant(e)        03/05/93    2856        2 841,67€
Suyama     Représentant(e)        17/10/93    2534        2 582,00€
King       Représentant(e)        02/01/94    2356        2 356,67€
Dodsworth  Représentant(e)        15/11/94    2180        2 268,00€
Fuller     Vice-Président         14/08/92   10000       10 000,00€

9 ligne(s) sélectionnée(s).
```

La requête renvoie, pour chaque employé de la table, la moyenne entre les salaires de l'employé courant, de l'employé précédemment embauché, et du suivant ayant la même fonction en commençant par l'employé ayant le plus d'ancienneté dans l'entreprise.

```
SQL> SELECT EXTRACT ( MONTH FROM DATE_COMMANDE) "Mois",
            TO_CHAR( SUM(PORT),'99G999D00U') "Frais" ,
            TO_CHAR( AVG(SUM(PORT)) OVER
                       (ORDER BY EXTRACT ( MONTH FROM DATE_COMMANDE)
                        ROWS BETWEEN 3 PRECEDING AND CURRENT ROW)
                   ,'99G999D00U')      "Moyenne Frais"
     FROM COMMANDES
     WHERE EXTRACT ( YEAR FROM DATE_COMMANDE) = 1997
     GROUP BY EXTRACT ( MONTH FROM DATE_COMMANDE)
     ORDER BY EXTRACT ( MONTH FROM DATE_COMMANDE);

      Mois Frais                 Moyenne Frais
---------- -------------------- --------------------
         1          11 182,03€           11 182,03€
         2           8 007,25€            9 594,64€
         3           8 982,71€            9 390,66€
         4          14 695,50€           10 716,87€
         5          17 307,00€           12 248,12€
         6           8 444,52€           12 357,43€
         7          11 038,28€           12 871,33€
         8          14 891,40€           12 920,30€
         9          16 061,50€           12 608,93€
        10          18 293,14€           15 071,08€
        11          10 044,25€           14 822,57€
        12          18 053,24€           15 613,03€

12 ligne(s) sélectionnée(s).
```

Dans l'exemple précédent vous pouvez voir le calcul de la somme des frais de port par mois pour l'année 1997 ainsi que la moyenne des frais de port entre le mois courant et les trois mois précédents.

Les trois clauses de partitionnement, d'ordre et de fenêtrage sont facultatives en général, mais souvent nécessaires suivant la fonction utilisée.

Atelier 10.2

- Le partitionnement
- Le calcul cumulatif
- Le fenêtrage

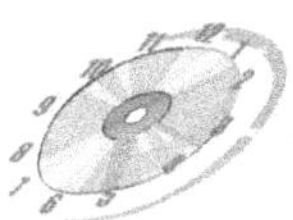

Durée : 20 minutes

Questions

10.2-1. Quelles sont les fonctions analytiques ?

Réponse : Vous pouvez utiliser n'importe quelle fonction d'agrégat « **SUM** », « **AVG** », « **COUNT** » … comme des fonctions analytiques avec l'indicateur « **OVER** ».

10.2-2. Quelle clause est une clause de fenêtrage implicite. ?

Réponse : Si la clause « **ORDER BY** » est utilisée et qu'une clause de fenêtrage n'est pas spécifiée, une clause de fenêtrage implicite est appliquée « **UNBOUNDED PRECEDING** ».

10.2-3. Quelles sont les syntaxes incorrectes ?

A.
```
SELECT NOM, SUM(SALAIRE)FROM EMPLOYES;
```

B.
```
SELECT NOM, SUM(SALAIRE) OVER () FROM EMPLOYES;
```

C.
```
SELECT NOM, SUM(SALAIRE)
OVER (PARTITION BY FONCTION ) FROM EMPLOYES;
```

D.
```
SELECT NOM, SUM(SALAIRE)
OVER (PARTITION BY FONCTION ORDER BY NOM )
FROM EMPLOYES;
```

E.
```
SELECT NOM, SUM(SALAIRE)
OVER (ORDER BY NOM ) FROM EMPLOYES;
```

F.
```
SELECT NOM,  OVER (SUM(SALAIRE)) FROM EMPLOYES;
```

G.
```
SELECT NOM, SUM(SALAIRE)
OVER (ORDER BY NOM PARTITION BY FONCTION )
FROM EMPLOYES;
```

Réponse : A, F, G

Exercice n° 1 Le partitionnement

Écrivez les requêtes permettant d'afficher :

- Le client, les commandes, les frais de port, le nombre des commandes du client dans le mois, la moyenne des frais de port pour le mois en cours et la moyenne des frais de port pour l'année.

```
SQL> SELECT CODE_CLIENT,
       NO_COMMANDE,
       TO_CHAR( PORT,'99g999D00U') "Frais Port",
       TO_CHAR( AVG(PORT) OVER(PARTITION BY
        EXTRACT(MONTH FROM DATE_COMMANDE)),'99G999D00U') "Avg Mois",
       TO_CHAR( AVG(PORT) OVER(PARTITION BY
        EXTRACT(YEAR FROM DATE_COMMANDE)),'99G999D00U') "Avg Année",
       COUNT(NO_COMMANDE)OVER(PARTITION BY CODE_CLIENT,
       EXTRACT(MONTH FROM DATE_COMMANDE)) "Nombre Contrats"
     FROM COMMANDES
     ORDER BY CODE_CLIENT, NO_COMMANDE, DATE_COMMANDE;
```

- Le nom, la fonction, le salaire, le poids du salaire dans la masse salariale de la fonction (le salaire divisé par la somme de tous les salaires), le poids du salaire dans la masse salariale de l'entreprise.

```
SQL> SELECT NOM,
        FONCTION,
        TO_CHAR(SALAIRE,'99G999D00U') "Salaire",
        TO_CHAR(SALAIRE*100/SUM(SALAIRE) OVER(
                 PARTITION BY FONCTION),'999D00')||'%' "% Fonction",
        TO_CHAR(SALAIRE*100/SUM(SALAIRE)
                 OVER(),'999D00')||'%' "% Total"
     FROM EMPLOYES;
```

- Le nom du produit, le fournisseur, la catégorie, les unités en stock, la moyenne des unités en stock pour le même fournisseur, la moyenne des unités en stock pour la même catégorie et somme totale des unités en stock.

```
SQL> SELECT NOM_PRODUIT,
            CODE_CATEGORIE,
            NO_FOURNISSEUR,
            TO_CHAR( AVG ( UNITES_STOCK ) OVER
                  ( PARTITION BY CODE_CATEGORIE ), '999D00'),
            TO_CHAR(AVG(UNITES_STOCK) OVER
                  ( PARTITION BY NO_FOURNISSEUR ), '999D00' ),
            SUM(UNITES_STOCK) OVER ()
     FROM PRODUITS
     WHERE INDISPONIBLE = 0;
```

Exercice n° 2 Le calcul cumulatif

Écrivez les requêtes permettant d'afficher :

- Le client, les commandes, l'année, le mois, les frais de port, la somme cumulative des frais de port pour le mois en cours et la somme cumulative des frais de port pour l'année.

- Le fournisseur, le nom du produit, les unités commandées, la somme cumulative des unités commandées pour le même fournisseur et la somme cumulative des unités commandées pour tous les fournisseurs et produits.

Exercice n° 2 Le fenêtrage

Écrivez les requêtes permettant d'afficher :

- L'année, le mois, la somme des frais de port, la moyenne des frais de port pour les trois derniers mois à partir du mois en cours.
- L'année, le mois, la somme des frais de port, la moyenne des frais de port pour six mois glissants, les trois derniers mois et les trois mois suivants à partir du mois en cours.

Fonctions de classement

- RANK
- DENSE_RANK
- PERCENT_RANK

```
FONCTION( EXPRESSION,…)
        OVER (
              PARTITION BY EXPRESSION,…
              ORDER BY EXPRESSION,…
              ROWS EXPRESSION PRECEDING
        )
```

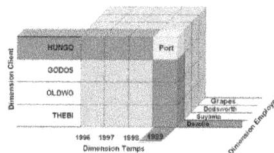

Les fonctions de classement permettent de calculer une valeur de classement pour chaque ligne en fonction d'un ordre spécifié dans la requête.

RANK

La fonction « **RANK** » calcule la valeur d'un rang au sein d'un groupe de valeurs. Dans le cas de valeurs à égalité, la fonction « **RANK** » laisse un vide dans la séquence de classement.

```
SQL> SELECT NOM,
            FONCTION,
            SALAIRE,
            RANK () OVER ( PARTITION BY FONCTION
                           ORDER BY SALAIRE DESC) "Rank"
     FROM EMPLOYES;

NOM         FONCTION                  SALAIRE       Rank
----------- ---------------------- ------- ----------
Callahan    Assistante commerciale    2000          1
Buchanan    Chef des ventes           8000          1
Leverling   Représentant(e)           3500          1
Davolio     Représentant(e)           3135          2
Peacock     Représentant(e)           2856          3
Suyama      Représentant(e)           2534          4
King        Représentant(e)           2356          5
Dodsworth   Représentant(e)           2180          6
Fuller      Vice-Président           10000          1
```

Dans l'exemple, on peut voir un jeu de résultats donnant le classement, dans l'ordre décroissant, du salaire des employés pour la même fonction.

DENSE_RANK

La fonction « **DENSE_RANK** » calcule la valeur d'un rang au sein d'un groupe de valeurs. Dans le cas de valeurs à égalité, la fonction « **DENSE_RANK** » ne laisse aucun vide dans la séquence de classement.

```
SQL> SELECT NOM_PRODUIT     "Produit",
            NO_FOURNISSEUR "Four",
            UNITES_STOCK   "US",
            RANK()
                 OVER (ORDER BY UNITES_STOCK) "RANK",
            DENSE_RANK()
                 OVER (ORDER BY UNITES_STOCK) "DENSE_RANK"
     FROM PRODUITS
     WHERE CODE_CATEGORIE = 1;

Produit                           Four   US  RANK DENSE_RANK
--------------------------------- ----- ---- ----- ----------
Outback Lager                         7   15     1          1
Chang                                 1   17     2          2
Ipoh Coffee                          20   17     2          2
Côte de Blaye                        18   17     2          2
Steeleye Stout                       16   20     5          3
Chai                                  1   39     6          4
Laughing Lumberjack Lager            16   52     7          5
Lakkalikööri                         23   57     8          6
Chartreuse verte                     18   69     9          7
Sasquatch Ale                        16  111    10          8
Rhönbräu Klosterbier                 12  125    11          9
Guaraná Fantástica                   10         12         10

12 ligne(s) sélectionnée(s).
```

Dans l'exemple précédent, un jeu de résultats donnant le classement des unités en stock par fournisseur est renvoyé. Bien que le jeu de résultats contienne 12 enregistrements, seuls 10 rangs sont énumérés en raison d'une égalité au 2ème rang : le 2ème, 3ème et le 4ème produit de la liste ont les quantités en stock identiques.

PERCENT_RANK

La fonction « **PERCENT_RANK** » calcule la position en pourcentage d'une ligne renvoyée à partir d'une requête par rapport aux autres lignes renvoyées par la requête, comme défini par la clause « **ORDER BY** ». Cette fonction renvoie une valeur décimale comprise entre 0 et 1.

```
SQL> SELECT NOM_PRODUIT     "Produit",
            CODE_CATEGORIE "Cat",
            NO_FOURNISSEUR "Four",
            UNITES_STOCK   "US",
            PERCENT_RANK()
                 OVER ( PARTITION BY CODE_CATEGORIE
                               ORDER BY UNITES_STOCK) "PERCENT_RANK"
     FROM PRODUITS
     WHERE CODE_CATEGORIE < 3;

Produit                            Cat  Four   US PERCENT_RANK
--------------------------------- ---- ----- ---- ------------
```

```
Outback Lager                       1    7   15           0
Chang                               1    1   17  ,090909091
C¶te de Blaye                       1   18   17  ,090909091
Ipoh Coffee                         1   20   17  ,090909091
Steeleye Stout                      1   16   20  ,363636364
Chai                                1    1   39  ,454545455
Laughing Lumberjack Lager           1   16   52  ,545454545
Lakkalikööri                        1   23   57  ,636363636
Chartreuse verte                    1   18   69  ,727272727
Sasquatch Ale                       1   16  111  ,818181818
Rhönbräu Klosterbier                1   12  125  ,909090909
Guaraná Fantástica                  1   10                1
Chef Anton's Gumbo Mix              2    2    0           0
Louisiana Hot Spiced Okra           2    2    4  ,090909091
Northwoods Cranberry Sauce          2    3    6  ,181818182
Aniseed Syrup                       2    1   13  ,272727273
Vegie-spread                        2    7   24  ,363636364
Gula Malacca                        2   20   27  ,454545455
Original Frankfurter grüne Soße     2   12   32  ,545454545
Genen Shouyu                        2    6   39  ,636363636
Chef Anton's Cajun Seasoning        2    2   53  ,727272727
Louisiana Fiery Hot Pepper Sauce    2    2   76  ,818181818
Sirop d'érable                      2   29  113  ,909090909
Grandma's Boysenberry Spread        2    3  120           1

24 ligne(s) sélectionnée(s).
```

Dans l'exemple précédent, un jeu de résultats montrant le classement des unités en stock par catégorie et par fournisseur est renvoyé. Les résultats sont classés dans l'ordre sous forme de pourcentage décimal et partitionnés par catégorie.

Fonctions de classement

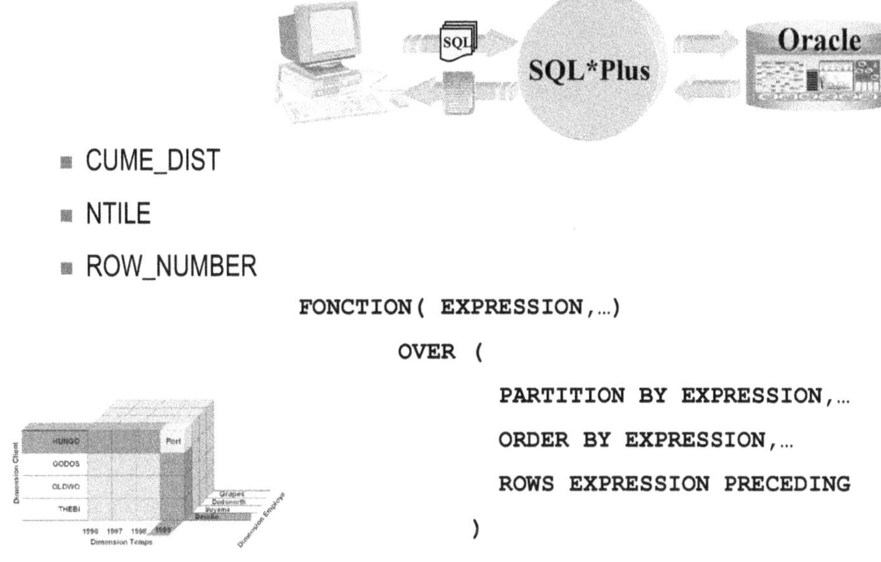

- CUME_DIST
- NTILE
- ROW_NUMBER

```
FONCTION( EXPRESSION,...)
        OVER (
                PARTITION BY EXPRESSION,...
                ORDER BY EXPRESSION,...
                ROWS EXPRESSION PRECEDING
        )
```

Les fonctions de classement permettent de calculer une valeur de classement pour chaque ligne en fonction d'un ordre spécifié dans la requête.

CUME_DIST

La fonction « **CUME_DIST** » calcule la position d'une ligne renvoyée par une requête par rapport aux autres lignes renvoyées par la même requête, comme le définit la clause « **ORDER BY** ».

```
SQL> SELECT CODE_CATEGORIE "Cat",
            NO_FOURNISSEUR "Four",
            UNITES_STOCK   "US",
            PERCENT_RANK()
                 OVER ( PARTITION BY CODE_CATEGORIE
                        ORDER BY UNITES_STOCK) "PERCENT_RANK",
            CUME_DIST()
                 OVER ( PARTITION BY CODE_CATEGORIE
                        ORDER BY UNITES_STOCK) "CUME_DIST"
     FROM PRODUITS
     WHERE CODE_CATEGORIE < 3;

 Cat  Four   US PERCENT_RANK  CUME_DIST
---- ----- ---- ------------ ----------
   1     7   15            0 ,083333333
   1     1   17   ,090909091 ,333333333
   1    18   17   ,090909091 ,333333333
   1    20   17   ,090909091 ,333333333
   1    16   20   ,363636364 ,416666667
   1     1   39   ,454545455         ,5
   1    16   52   ,545454545 ,583333333
   1    23   57   ,636363636 ,666666667
   1    18   69   ,727272727        ,75
```

```
   1    16  111   ,818181818 ,833333333
   1    12  125   ,909090909 ,916666667
   1    10                 1         1
   2     2    0            0 ,083333333
   2     2    4   ,090909091 ,166666667
   2     3    6   ,181818182       ,25
   2     1   13   ,272727273 ,333333333
   2     7   24   ,363636364 ,416666667
   2    20   27   ,454545455        ,5
   2    12   32   ,545454545 ,583333333
   2     6   39   ,636363636 ,666666667
   2     2   53   ,727272727       ,75
   2     2   76   ,818181818 ,833333333
   2    29  113   ,909090909 ,916666667
   2     3  120            1         1
```

Dans l'exemple vous pouvez voir le renvoi d'un jeu de résultats fournissant la distribution cumulée des unités en stock par catégorie et par fournisseur.

NTILE

La fonction « **NTILE** » effectue un partitionnement ordonnée en un nombre spécifique de groupes appelés 'buckets', elle attribue le numéro unique de la partition à chaque ligne de cette partition. Elle est très utile parce qu'elle permet aux utilisateurs de diviser un jeu de donnée en quatre, trois ou différents groupes.

Les 'buckets' sont calculés de façon à ce que chaque 'bucket' ait exactement le même nombre de lignes attribuées ou au moins 1 ligne de plus que les autres.

NTILE (EXPRESSION) OVER ...

```
SQL> SELECT CODE_CATEGORIE "Cat",
            NO_FOURNISSEUR "Four",
            UNITES_STOCK    "US",
            PERCENT_RANK()
                 OVER ( PARTITION BY CODE_CATEGORIE
                        ORDER BY UNITES_STOCK) "PERCENT_RANK",
            NTILE(4)
                 OVER ( PARTITION BY CODE_CATEGORIE
                        ORDER BY UNITES_STOCK) "NTILE"
     FROM PRODUITS
     WHERE CODE_CATEGORIE < 3;

 Cat  Four   US PERCENT_RANK      NTILE
---- ----- ---- ------------ ----------
   1     7   15            0          1
   1     1   17   ,090909091          1
   1    18   17   ,090909091          1
   1    20   17   ,090909091          2
   1    16   20   ,363636364          2
   1     1   39   ,454545455          2
   1    16   52   ,545454545          3
   1    23   57   ,636363636          3
   1    18   69   ,727272727          3
   1    16  111   ,818181818          4
   1    12  125   ,909090909          4
   1    10                 1          4
```

```
  2     2    0            0          1
  2     2    4   ,090909091          1
  2     3    6   ,181818182          1
  2     1   13   ,272727273          2
  2     7   24   ,363636364          2
  2    20   27   ,454545455          2
  2    12   32   ,545454545          3
  2     6   39   ,636363636          3
  2     2   53   ,727272727          3
  2     2   76   ,818181818          4
  2    29  113   ,909090909          4
  2     3  120            1          4
```

ROW_NUMBER

La fonction « **ROW_NUMBER** » affecte à chaque ligne un numéro unique, déterminé par la clause « **ORDER BY** ».

```
SQL> SELECT CODE_CATEGORIE "Cat",
            NO_FOURNISSEUR "Four",
            UNITES_STOCK   "US",
            ROW_NUMBER()
                OVER ( PARTITION BY CODE_CATEGORIE
                              ORDER BY UNITES_STOCK) "RN 1",
            ROW_NUMBER()
                OVER ( ORDER BY UNITES_STOCK) "RN 2"
     FROM PRODUITS
     WHERE CODE_CATEGORIE < 3;

 Cat  Four   US       RN 1       RN 2
---- ----- ---- ---------- ----------
   2     2    0          1          1
   2     2    4          2          2
   2     3    6          3          3
   2     1   13          4          4
   1     7   15          1          5
   1     1   17          2          6
   1    18   17          3          7
   1    20   17          4          8
   1    16   20          5          9
   2     7   24          5         10
   2    20   27          6         11
   2    12   32          7         12
   1     1   39          6         13
   2     6   39          8         14
   1    16   52          7         15
   2     2   53          9         16
   1    23   57          8         17
   1    18   69          9         18
   2     2   76         10         19
   1    16  111         10         20
   2    29  113         11         21
   2     3  120         12         22
   1    12  125         11         23
   1    10              12         24
```

Fonctions de fenêtre

- FIRST_VALUE
- LAST_VALUE

```
FONCTION( EXPRESSION,...)
    OVER (
        PARTITION BY EXPRESSION,...
        ORDER BY EXPRESSION,...
        ROWS EXPRESSION PRECEDING
    )
```

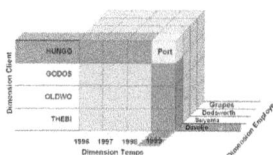

Les fonctions de fenêtres peuvent être utilisées dans les calculs cumulatifs, de mouvements, et d'agrégations centrées. Elles retournent une valeur pour chaque ligne de la table, laquelle dépend des autres lignes dans la fenêtre correspondante.

Les fonctions qui peuvent être utilisées comme des fonctions de fenêtre sont : « **SUM** », « **AVG** », « **MAX** », « **MIN** », « **COUNT** », « **STDDEV** », « **VARIANCE** », « **FIRST_VALUE** », « **LAST_VALUE** ».

FIRST_VALUE

La fonction « **FIRST_VALUE** » autorise la sélection des premières lignes de la fenêtre. Ces lignes sont particulièrement utiles parce qu'elles sont souvent utilisées comme lignes de base dans les calculs.

```
SQL> SELECT CODE_CLIENT,
            EXTRACT ( YEAR FROM DATE_COMMANDE) "Année",
            SUM(PORT) "Port",
            FIRST_VALUE( SUM(PORT)) OVER
                     ( ORDER BY EXTRACT ( YEAR FROM DATE_COMMANDE)
                       ROWS BETWEEN 1 PRECEDING AND 1 FOLLOWING)
            "Année précédent",
            SUM(PORT) /
            ( FIRST_VALUE( SUM(PORT)) OVER
                     ( ORDER BY EXTRACT ( YEAR FROM DATE_COMMANDE)
                       ROWS BETWEEN 1 PRECEDING AND 1 FOLLOWING))
             "Augmentation"
     FROM COMMANDES
     WHERE CODE_CLIENT = 'ANATR'
     GROUP BY CODE_CLIENT,
            EXTRACT ( YEAR FROM DATE_COMMANDE);

CODE_      Année        Port Année précédent Augmentation
```

```
----- ---------- ---------- --------------- ------------
ANATR       1996       8,05            8,05            1
ANATR       1997     279,45            8,05   34,7142857
ANATR       1998      199,6          279,45   ,714260154
```

LAST_VALUE

La fonction « **LAST_VALUE** » autorise la sélection des dernières lignes de la fenêtre. Ces lignes sont particulièrement utiles parce qu'elles sont souvent utilisées comme lignes de base dans les calculs.

```
SQL> SELECT NOM,
            FONCTION,
            DATE_NAISSANCE,
            FIRST_VALUE(DATE_NAISSANCE) OVER
                       (ORDER BY DATE_NAISSANCE
                        ROWS BETWEEN UNBOUNDED PRECEDING AND
                                     UNBOUNDED FOLLOWING),
            LAST_VALUE (DATE_NAISSANCE) OVER
                       (ORDER BY DATE_NAISSANCE
                        ROWS BETWEEN UNBOUNDED PRECEDING AND
                                     UNBOUNDED FOLLOWING)
     FROM EMPLOYES;

NOM         FONCTION               DATE_NAI FIRST_VA LAST_VAL
----------- ---------------------- -------- -------- --------
Fuller      Vice-Président         19/02/52 19/02/52 02/07/69
Buchanan    Chef des ventes        04/03/55 19/02/52 02/07/69
Callahan    Assistante commerciale 09/01/58 19/02/52 02/07/69
Peacock     Représentant(e)        19/09/58 19/02/52 02/07/69
King        Représentant(e)        29/05/60 19/02/52 02/07/69
Suyama      Représentant(e)        02/07/63 19/02/52 02/07/69
Leverling   Représentant(e)        30/08/63 19/02/52 02/07/69
Davolio     Représentant(e)        08/12/68 19/02/52 02/07/69
Dodsworth   Représentant(e)        02/07/69 19/02/52 02/07/69
```

RATIO_TO_REPORT

- RATIO_TO_REPORT

```
FONCTION( EXPRESSION,...)
     OVER (
          PARTITION BY EXPRESSION,...
          ORDER BY EXPRESSION,...
          ROWS EXPRESSION PRECEDING
     )
```

RATIO_TO_REPORT

La fonction « **RATIO_TO_REPORT** » calcule le ratio d'une valeur par rapport à la somme d'un jeu de valeurs. Si l'expression valeur expression est évaluée à `NULL`, alors « **RATIO_TO_REPORT** » est évaluée aussi à `NULL`, mais cela est traité comme un zéro pour calculer la somme des valeurs pour le dénominateur.

RATIO_TO_REPORT (EXPRESSION) OVER (...)

EXPRESSION Une expression impliquant des colonnes de références ou d'agrégats.

OVER La clause « **PARTITION BY** » définit les groupes dans lesquelles la fonction « **RATIO_TO_REPORT** » doit être calculée. Si la clause « **PARTITION BY** » est absente, alors la fonction est calculée sur tout le jeu de résultat.

```
SQL> SELECT FONCTION,
            SUM(SALAIRE) "Somme",
            SUM(SUM(SALAIRE)) OVER () "Total",
            RATIO_TO_REPORT(SUM(SALAIRE)) OVER () "% du total"
     FROM EMPLOYES
     GROUP BY FONCTION;

FONCTION                    Somme      Total % du total
---------------------- ---------- ---------- ----------
Assistante commerciale       2000      36561 ,054703099
Chef des ventes              8000      36561 ,218812396
Représentant(e)             16561      36561 ,452969011
Vice-Président              10000      36561 ,273515495
```

Fonctions LAG et LEAD

- LAG
- LEAD

```
FONCTION( EXPRESSION,...)
    OVER (
        PARTITION BY EXPRESSION,...
        ORDER BY EXPRESSION,...
        ROWS EXPRESSION PRECEDING
    )
```

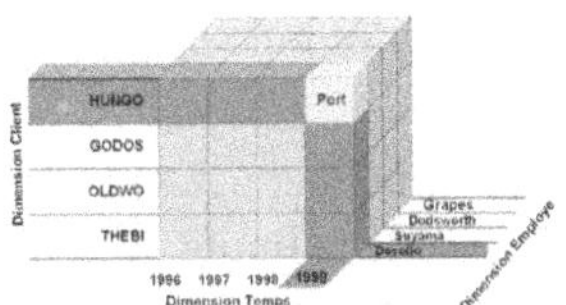

Les fonctions « **LAG** » et « **LEAD** » sont utiles pour comparer des valeurs quand les positions relatives des lignes peuvent être connues de manière fiable. Elles fonctionnent en spécifiant le nombre de lignes qui séparent la ligne cible à partir de la ligne courante.

LAG

La fonction « **LAG** » fournit un accès à une ligne à un espacement donné avant la position courante.

LAG (EXPRESSION [, OFFSET] [, DEFAULT]) OVER (...)

EXPRESSION	Une expression impliquant des colonnes de références ou d'agrégats.
OFFSET	Le nombre de lignes qui séparent la ligne cible à partir de la ligne courante.
DEFAULT	Un paramètre optionnel ; c'est la valeur retournée si offset tombe en dehors de la limite de la table ou de la partition.

```
SQL> SELECT EXTRACT ( MONTH FROM DATE_COMMANDE) "Mois",
            SUM(PORT),
            LAG( SUM(PORT), 1, -1) OVER
                 ( ORDER BY EXTRACT ( MONTH FROM DATE_COMMANDE))
            "Mois précédent"
     FROM COMMANDES
     GROUP BY EXTRACT ( MONTH FROM DATE_COMMANDE);

      Mois  SUM(PORT) Mois précédent
---------- ---------- --------------
         1   38464,58             -1
         2   29371,95       38464,58
         3   35208,57       29371,95
         4   45345,66       35208,57
```

```
         5   20059,2        45345,66
         6   8444,52         20059,2
         7  17479,18         8444,52
         8  21845,57        17479,18
         9   21678,9        21845,57
        10  25894,11         21678,9
        11  20428,34        25894,11
        12  32046,19        20428,34
```

LEAD

La fonction « **LEAD** » fournit un accès à une ligne à un espacement donné après la position courante.

LEAD (EXPRESSION [, OFFSET] [, DEFAULT]) OVER (...)

EXPRESSION Une expression impliquant des colonnes de références ou d'agrégats.

OFFSET Le nombre de lignes qui séparent la ligne cible à partir de la ligne courante.

DEFAULT Un paramètre optionnel ; c'est la valeur retournée si offset tombe en dehors de la limite de la table ou de la partition.

```
SQL> SELECT EXTRACT ( YEAR FROM DATE_COMMANDE) "Année",
            EXTRACT ( MONTH FROM DATE_COMMANDE) "Mois",
            SUM(PORT),
            LAG( SUM(PORT), 1, -1) OVER
                ( PARTITION BY EXTRACT ( YEAR  FROM DATE_COMMANDE)
                  ORDER BY EXTRACT ( MONTH FROM DATE_COMMANDE))
            "Mois précédent",
            LEAD( SUM(PORT), 1, -1) OVER
                ( PARTITION BY EXTRACT ( YEAR  FROM DATE_COMMANDE)
                  ORDER BY EXTRACT ( MONTH FROM DATE_COMMANDE))
            "Mois suivant"
     FROM COMMANDES
     GROUP BY EXTRACT ( YEAR  FROM DATE_COMMANDE),
              EXTRACT ( MONTH FROM DATE_COMMANDE)
     ORDER BY EXTRACT ( YEAR  FROM DATE_COMMANDE),
              EXTRACT ( MONTH FROM DATE_COMMANDE);

     Année       Mois  SUM(PORT) Mois précédent Mois suivant
---------- ---------- ---------- -------------- ------------
      1996          7     6440,9             -1      6954,17
      1996          8    6954,17         6440,9       5617,4
      1996          9     5617,4        6954,17      7600,97
      1996         10    7600,97         5617,4     10384,09
      1996         11   10384,09        7600,97     13992,95
      1996         12   13992,95       10384,09           -1
      1997          1   11182,03             -1      8007,25
      1997          2    8007,25       11182,03      8982,71
      1997          3    8982,71        8007,25      14695,5
      1997          4    14695,5        8982,71        17307
      1997          5      17307        14695,5      8444,52
      1997          6    8444,52          17307     11038,28
      1997          7   11038,28        8444,52      14891,4
...
```

Atelier 10.3

- Le classement
- Les fonctions de fenêtre

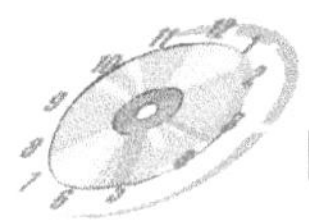

Durée : 25 minutes

Questions

10.3-1. Quelle est la fonction qui affecte à chaque ligne un numéro unique, déterminé par la clause « **`ORDER BY`** » ?

10.3-2. Quelle est la fonction qui calcule le ratio d'une valeur par rapport à la somme d'un jeu de valeurs ?

10.3-3. Quelle est la fonction qui fournit un accès à une ligne à un espacement donné après la position courante ?

10.3-4. Quelle est la fonction qui calcule la valeur d'un rang au sein d'un groupe de valeurs qui ne laisse aucun vide dans la séquence de classement. ?

10.3-5. Quelle est la fonction qui effectue un partitionnement ordonné en un nombre spécifique de groupes ?

Exercice n° 1 Le classement

Écrivez les requêtes permettant d'afficher :

- Le nom du produit, les unités en stock, le classement des volumes de stocks par produits et le pourcentage du poids du stock d'un produit dans le volume total.
- L'année, le mois, la somme des frais de port, le classement de sommes des frais de port pour l'ensemble des valeurs ainsi que le classement un pourcentage pour l'ensemble des valeurs.
- L'année, le mois, la somme des frais de port, le classement de sommes des frais de port pour l'ensemble des valeurs de l'année et le classement en pourcentage pour l'ensemble des valeurs de l'année.

- Le client, le nombre des commandes, la somme des frais de port, le classement suivant le nombre des commandes pour l'ensemble des valeurs et le classement en dix groupes des clients suivant leur nombre des commandes.

Exercice n° 2 Les fonctions de fenêtre

Écrivez les requêtes permettant d'afficher :

- L'année, le mois, la somme des frais de port, les frais de port du mois précédent.
- L'année, le mois, la somme des frais de port, les frais de port du premier mois de l'année, ainsi que les frais de port du dernier mois de l'année.
- L'année, le mois, la somme des frais de port, la croissance mensuelle (la différence entre les frais de port pour le mois en cours et les frais de port du mois précédent de l'année uniquement, s'il s'agit du premier mois de l'année, on affiche 0).

- *CUBE*
- *ROLLUP*
- *Fonctions de classement*
- *Partitionnement*
- *GROUPING*

11

Les requêtes multi-tables

Objectifs

A la fin de ce module, vous serez à même d'effectuer les tâches suivantes :

- Effectuer des requêtes multi-tables.
- Sélectionner des lignes sans créer de produit cartésien.
- Effectuer des interrogations avec des alliasses de tables.
- Effectuer des interrogations en utilisant la syntaxe d'Oracle pour les jointures.
- Effectuer des interrogations en utilisant la syntaxe ANSI SQL :1999.

Contenu

Requêtes multi-tables

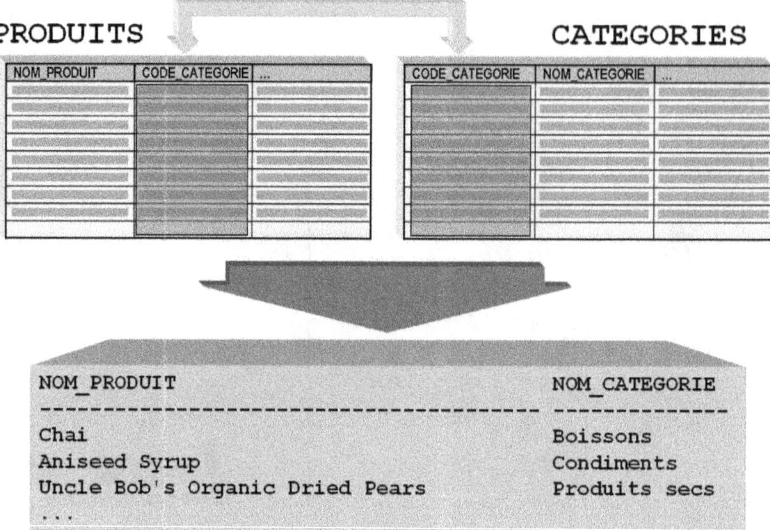

Jusqu'ici, nous avons extrait des données, brutes ou dérivées, issues d'une seule table. Nous examinerons dans cette section comment coupler les lignes de deux ou plusieurs tables afin d'en extraire des données corrélées.

Dans un environnement réel de production, les informations utiles sont souvent contenues dans plusieurs tables. Par exemple, vous pouvez avoir besoin du nom des catégories de produits alors que la table `PRODUITS` ne contient que les codes des catégories. Vous devez alors coupler les deux tables, `PRODUITS` et la table `CATEGORIES`. Les bases de données relationnelles permettent dans leur principe d'associer deux ou plusieurs tables par des colonnes communes et qui participent à la formation de clés.

Il existe deux types de clés, primaire et étrangère. Une clé primaire, composée d'un ou de plusieurs champs, permet d'identifier de façon unique un enregistrement de la table. Dans la table `CATEGORIES`, la clé primaire est représentée par une seule colonne, `CODE_CATEGORIE`. La table `PRODUITS` contient aussi cette colonne, mais il s'agit pour elle d'une clé étrangère. Une clé étrangère permet d'extraire des informations contenues dans une autre table (étrangère). Une telle opération d'association de tables porte le nom de **jointure.**

Les jointures sont classifiées :

- La jointure sans condition.
- La jointure avec condition.
- La jointure externe
- L'auto jointure

La jointure sans condition

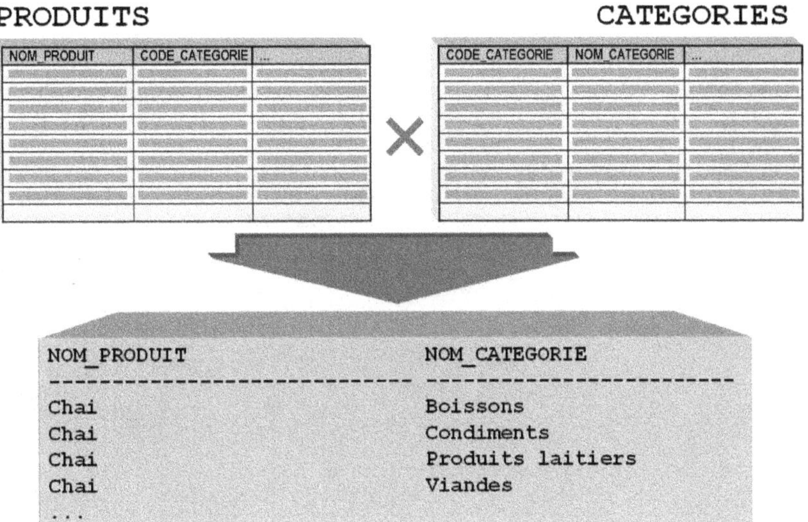

Une requête sans condition affiche pour chaque ligne de la première table l'ensemble des lignes de la deuxième, si d'autres tables sont définies dans la clause « **FROM** », pour chaque ligne du résultat précèdent les lignes de la table suivante, etc.

```
SQL> SELECT COUNT(*) FROM PRODUITS;

  COUNT(*)
----------
        77

SQL> SELECT COUNT(*) FROM CATEGORIES;

  COUNT(*)
----------
         8

SQL> SELECT NOM_PRODUIT, NOM_CATEGORIE FROM PRODUITS, CATEGORIES;

NOM_PRODUIT                              NOM_CATEGORIE
---------------------------------------- ------------------
Chai                                     Boissons
Chang                                    Boissons
Aniseed Syrup                            Boissons
Chef Anton's Cajun Seasoning             Boissons
...

616 ligne(s) sélectionnée(s).
```

La requête précédente risque cependant d'être extrêmement coûteuse (le résultat contiendrait ici 77 x 8 = 616 lignes) et n'offrirait aucun intérêt. Cette opération est le **produit relationnel**, le plus souvent appelé (abusivement, car le résultat n'est pas un ensemble de couples de lignes) **produit cartésien** dans la littérature.

La jointure avec condition

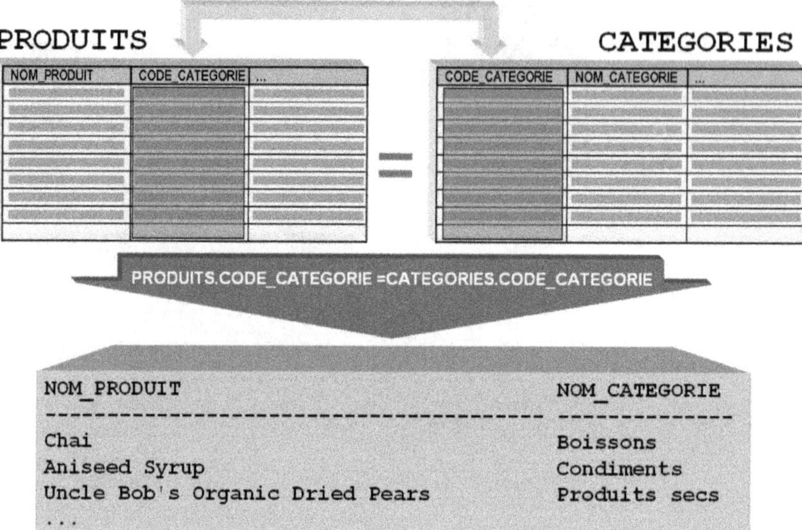

Pour coupler deux tables, il faut d'abord préciser les tables dans la clause « **FROM** », ainsi que la règle d'association des lignes de ces deux tables, les conditions correspondantes dans la clause « **WHERE** », dont les valeurs sont extraites. Cette règle se présente sous la forme d'une égalité des valeurs de deux colonnes.

```
SQL> SELECT A.CODE_CATEGORIE CAT,
            NOM_PRODUIT "Produit",
            NOM_CATEGORIE "Categorie"
     FROM PRODUITS A, CATEGORIES B
     WHERE A.CODE_CATEGORIE=B.CODE_CATEGORIE AND ROWNUM < 8
     ORDER BY REF_PRODUIT;

       CAT Produit                           Categorie
---------- --------------------------------- ---------------
         1 Chai                              Boissons
         1 Chang                             Boissons
         2 Aniseed Syrup                     Condiments
         2 Chef Anton's Cajun Seasoning      Condiments
         2 Chef Anton's Gumbo Mix            Condiments
         2 Grandma's Boysenberry Spread      Condiments
         7 Uncle Bob's Organic Dried Pears   Produits secs
```

La requête précédente affiche, pour chaque produit, le nom de la catégorie correspondante. Dans la clause « **FROM** », vous remarquerez les alias A et B pour les tables `PRODUITS` et `CATEGORIES`, utilisées pour faciliter l'écriture de la requête et pour lever certaines ambiguïtés, comme dans notre cas où les deux tables possèdent une colonne de même nom `CODE_CATEGORIE`.

```
SQL> SELECT NOM||' '||PRENOM "Vendeur",
            SOCIETE "Client",
            TO_CHAR( DATE_COMMANDE,'DD/MM/YYYY') "Commande",
            PORT "Port"
```

```
FROM CLIENTS A,EMPLOYES B,COMMANDES C
WHERE A.CODE_CLIENT = C.CODE_CLIENT AND
      B.NO_EMPLOYE  = C.NO_EMPLOYE  AND
      DATE_COMMANDE > '01/05/1998';

Vendeur           Client                     Commande       Port
----------------- -------------------------- ---------- --------
Fuller Andrew     Lehmanns Marktstand        05/05/1998     6,80
Davolio Nancy     Drachenblut Delikatessen   04/05/1998    39,90
Callahan Laura    Queen Cozinha              04/05/1998   408,75
Davolio Nancy     Tortuga Restaurante        04/05/1998    78,35
Davolio Nancy     LILA-Supermercado          05/05/1998     4,65
Peacock Margaret  Ernst Handel               05/05/1998  1293,20
Fuller Andrew     Pericles Comidas clßsicas  05/05/1998   124,75
King Robert       Simons bistro              06/05/1998    92,20
Callahan Laura    Richter Supermarkt         06/05/1998    30,95
Peacock Margaret  Bon app'                   06/05/1998   191,40
Davolio Nancy     Rattlesnake Canyon Grocery 06/05/1998    42,65
```

Les conditions telles que `A.CODE_CLIENT = C.CODE_CLIENT` sont appelées conditions de jointure, car elles régissent les associations entre les lignes de `COMMANDES` et `CLIENTS`.

Techniquement, cependant, il s'agit d'une condition ordinaire appliquée aux colonnes de chaque couple de lignes, et qui peut apparaître au milieu d'autres conditions de sélection, comme dans la requête précédente, pour limiter le résultat aux commandes ultérieures au 01 mai 1998.

La jointure externe

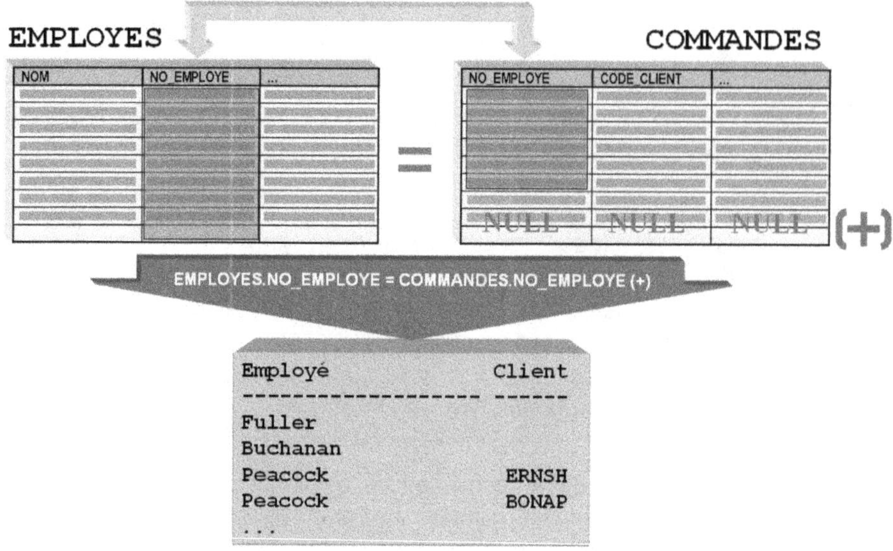

Dans le cas d'une jointure classique, lorsqu'une ligne d'une table ne satisfait pas à la condition de jointure, cette ligne n'apparaît pas dans le résultat final.

Il peut cependant être souhaitable de conserver les lignes d'une table qui ne répondent pas à la condition de jointure. On parle alors de **jointure externe** (outer join).

```
SQL> SELECT NOM "Employé",
            EXTRACT ( YEAR FROM DATE_COMMANDE) "Année",
            SUM( PORT)
     FROM EMPLOYES A,COMMANDES B
     WHERE A.NO_EMPLOYE = B.NO_EMPLOYE (+)
     GROUP BY NOM,
              EXTRACT ( YEAR FROM DATE_COMMANDE) ;

Employé                   Année  SUM(PORT)
-------------------- ---------- ----------
Fuller
Peacock                    1996    9842,95
Buchanan
Davolio                    1998   27323,29
Callahan
Suyama                     1998    4466,35
Davolio                    1997   35856,35
Suyama                     1997   10570,85
Dodsworth                  1997    4792,87
Davolio                    1996   15380,89
Leverling                  1996    11118,1
Peacock                    1998   13577,43
Suyama                     1996    3798,82
Dodsworth                  1998    8569,34
Leverling                  1998   22231,24
...
```

Dans l'exemple précédent la jointure externe consiste à ajouter au résultat de la jointure normale, l'ensemble des employés qui n'ont pas effectué de ventes. Ce résultat est obtenu en ajoutant le symbole « **+** » juste après `COMMANDES.NO_EMPLOYE`.

Le signe « **+** » permet d'ajouter une ligne fictive de valeur nulle, mais qui vérifie la condition de jointure.

```
SQL> SELECT NOM "Employé",
            SOCIETE "Client"
     FROM EMPLOYES A,COMMANDES B,CLIENTS C
     WHERE A.NO_EMPLOYE = B.NO_EMPLOYE (+) AND
           B.CODE_CLIENT= C.CODE_CLIENT    AND
           NVL(DATE_COMMANDE,'02/05/1998') > '01/05/1998';

Employé              Client
-------------------- ---------------------------
King                 Lehmanns Marktstand
Davolio              Drachenblut Delikatessen
Davolio              Queen Cozinha
Davolio              Tortuga Restaurante
Davolio              LILA-Supermercado
Peacock              Ernst Handel
King                 Pericles Comidas clßsicas
King                 Simons bistro
Davolio              Richter Supermarkt
Peacock              Bon app'
Davolio              Rattlesnake Canyon Grocery
```

La requête précédente ne retourne que les employés qui ont effectué des ventes, malgré la jointure externe entre la table `EMPLOYES` et `COMMANDES`. En effet la condition `B.CODE_CLIENT = C.CODE_CLIENT` impose l'existence d'un enregistrement dans la table `B (COMMANDE)`. Pour pouvoir visualiser l'ensemble des employés et pour ceux qui ont effectués des ventes les clients correspondants, il faut transformer la jointure entre les tables `COMMANDES` et `CLIENTS` en jointure externe.

```
SQL> SELECT NOM "Employé", NVL(SOCIETE, '- Pas de client-') "Client"
     FROM EMPLOYES A,COMMANDES B,CLIENTS C
     WHERE A.NO_EMPLOYE = B.NO_EMPLOYE (+) AND
           B.CODE_CLIENT= C.CODE_CLIENT(+) AND
           NVL(DATE_COMMANDE,'02/05/1998') > '01/05/1998' ;

Employé              Client
-------------------- ---------------------------
Davolio              Drachenblut Delikatessen
Davolio              Queen Cozinha
Davolio              Tortuga Restaurante
Davolio              LILA-Supermercado
Davolio              Richter Supermarkt
Davolio              Rattlesnake Canyon Grocery
Fuller               - Pas de client-
Peacock              Ernst Handel
Peacock              Bon app'
Buchanan             - Pas de client-
...
```

L'autojointure

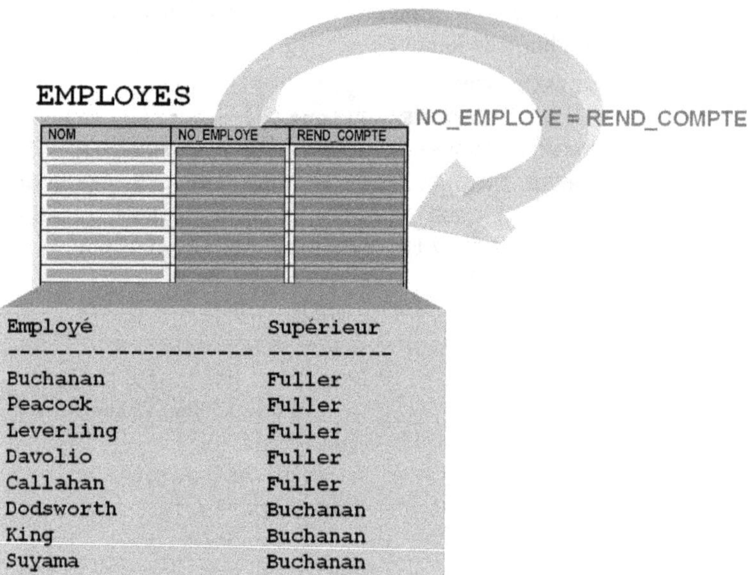

L'autojointure met en corrélation les lignes d'une table avec d'autres lignes de la même table. Elle permet donc de ramener sur la même ligne de résultat des informations venant d'une ligne plus des informations venant d'une autre ligne de la même table.

La jointure d'une table à elle-même n'est possible qu'à condition d'utiliser des "alias" ou abréviations de table pour faire référence à une même table sous des noms différents.

L'utilisation d'un alias (ou nom d'emprunt ou synonyme) permet de renommer une des tables et évite les problèmes d'ambiguïté pour les noms de colonnes qui doivent être préfixés par le synonyme des différentes tables.

```
FROM EMPLOYES A,EMPLOYES B
WHERE A.REND_COMPTE = B.NO_EMPLOYE (+) ;

Employé              Supérieur
-------------------- ----------------------
Callahan             Fuller
Buchanan             Fuller
Peacock              Fuller
Leverling            Fuller
Davolio              Fuller
Dodsworth            Buchanan
King                 -- Pas de supérieur --
Suyama               Buchanan
Fuller               Fuller
```

La requête comporte une jointure externe pour pouvoir afficher tous les employés, y compris ceux qui n'ont pas de supérieur hiérarchique.

Atelier 11.1

- Les équijointures
- Les jointures externes et autojointures

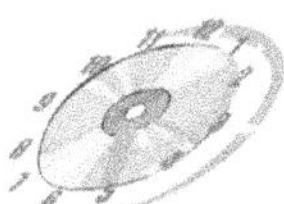

Durée : 25 minutes

Questions

11.1-1. Sachant que la table COMMANDES a 830 enregistrements et la table DETAILS_COMMANDES a 2155 enregistrements, combien d'enregistrements retournent une requête qui interroge ces deux tables sans aucune jointure ?

11.1-2. Quelles sont les syntaxes incorrectes ?

A.
```
SELECT COUNT(DISTINCT A.NO_EMPLOYE)
FROM EMPLOYES A, COMMANDES B
WHERE A.NO_EMPLOYE = B.NO_EMPLOYE (+);
```

B.
```
SELECT COUNT(DISTINCT A.NO_EMPLOYE)
FROM EMPLOYES A, COMMANDES B
WHERE A.NO_EMPLOYE = (+)B.NO_EMPLOYE;
```

C.
```
SELECT COUNT(DISTINCT A.NO_EMPLOYE)
FROM EMPLOYES A, COMMANDES B
WHERE A.NO_EMPLOYE(+)= B.NO_EMPLOYE ;
```

D.
```
SELECT COUNT(DISTINCT A.NO_EMPLOYE)
FROM EMPLOYES A, COMMANDES B
WHERE (+)A.NO_EMPLOYE = B.NO_EMPLOYE (+);
```

E.
```
SELECT COUNT(DISTINCT A.NO_EMPLOYE)
FROM EMPLOYES A, COMMANDES B
WHERE A.NO_EMPLOYE = B.NO_EMPLOYE;
```

11.1-3. Quelle est la requête dans la liste précédente qui retrouve tous les employés même s'ils n'ont pas passé de commandes ?

Exercice n° 1 Les équijointures

Écrivez les requêtes permettant d'afficher :

- Le nom, le prénom et la société cliente pour les employés qui ont effectué une vente pour les clients de Paris.
- La société cliente, le nombre des produits commandés, la ville et le pays qui ont commandé plus de vingt cinq produits.
- Le nom de la catégorie du produit, la société fournisseur et le nom du produit, uniquement pour les produits des catégories 1, 4 et 7.
- La société cliente, la société fournisseur et leur ville pour les clients qui sont localisés dans une ville d'un fournisseur (Il s'agit d'une jointure entre la table `CLIENTS` et `FOURNISSEURS`).
- Les sociétés clientes qui ont commandé le produit `'Chai'`.

Exercice n° 2 Les jointures externes et autojointures

- Tous les clients et le cumul des quantités vendues pour les clients qui ont passé des commandes. Affichez les enregistrements par ordre décroissant de cumul des commandes avec les valeurs « **`NULL`** » à la fin.
- Les localités des clients et le cumul des quantités vendues par localité. Affichez les enregistrements par ordre décroissant de cumul des commandes avec les valeurs « **`NULL`** » à la fin.
- Le nom, le prénom, la fonction de tous les employés, la somme des frais de port et le cumul des ventes (prix unitaire fois la quantité) pour les employés qui ont passé des commandes. Affichez les enregistrements par ordre décroissant de cumul des ventes avec les valeurs « **`NULL`** » à la fin.
- Le nom, le prénom, la fonction des supérieurs hiérarchiques ainsi le nom et prénom des employés gérés par eux.
- Le nom, le prénom, la fonction des tous les employés, le nom et prénom des employés gérés par eux, si tél est le cas, ainsi que le nom et prénom des employés gérés par les précédents si tél est le cas.

SQL : 1999

PRODUITS

NOM_PRODUIT	CODE_CATEGORIE	...

CATEGORIES

CODE_CATEGORIE	NOM_CATEGORIE	...

```
NOM_PRODUIT                              NOM_CATEGORIE
---------------------------------------- -------------
Chai                                     Boissons
Aniseed Syrup                            Condiments
Uncle Bob's Organic Dried Pears          Produits secs
...
```

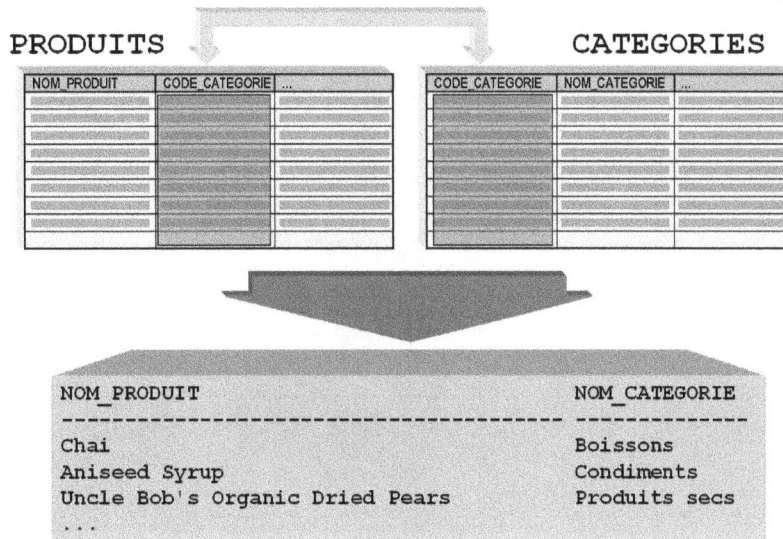

Oracle 9*i* propose également un ensemble d'opérateurs explicites pour réaliser la jointure de deux ou plusieurs tables. La syntaxe de SQL : 1999 n'apporte aucune amélioration en terme de performance. Elle a été introduite par souci de conformité avec les standards **ANSI/ISO**.

Une jointure en SQL : 1999 vous permet de sélectionner des colonnes dans plusieurs tables en développant la clause « **FROM** » de l'instruction « **SELECT** » respectant la syntaxe suivante :

```
SELECT [ALL | DISTINCT]{*,[EXPRESSION1 [AS] ALIAS1[,...]}
FROM NOM_TABLE1
  { [ CROSS JOIN NOM_TABLE2] |
    [ NATURAL JOIN NOM_TABLE2
                      USING (NOM_COLONNE1[,...])] |
    [ JOIN NOM_TABLE2 USING (NOM_COLONNE1[,...])] |
    [ JOIN NOM_TABLE2 ON
     (NOM_TABLE1.NOM_COLONNE = NOM_TABLE2.NOM_COLONNE)] |
    [ {LEFT | RIGHT | FULL} OUTER JOIN NOM_TABLE2 ON
     (NOM_TABLE1.NOM_COLONNE = NOM_TABLE2.NOM_COLONNE)] }
```

CROSS JOIN Le résultat est le même que celui d'une requête sans condition qui affiche pour chaque ligne de la première table l'ensemble des lignes de la deuxième.

NATURAL JOIN La jointure entre les tables est effectuée à l'aide des colonnes qui portent le même nom.

JOIN USING La jointure entre les tables est effectuée à l'aide de la ou des colonnes spécifiées.

JOIN ON La jointure entre les tables est effectuée à l'aide de la condition spécifiée.

OUTER JOIN La jointure externe entre les tables est effectuée à l'aide de la condition spécifiée.

L'opérateur CROSS JOIN

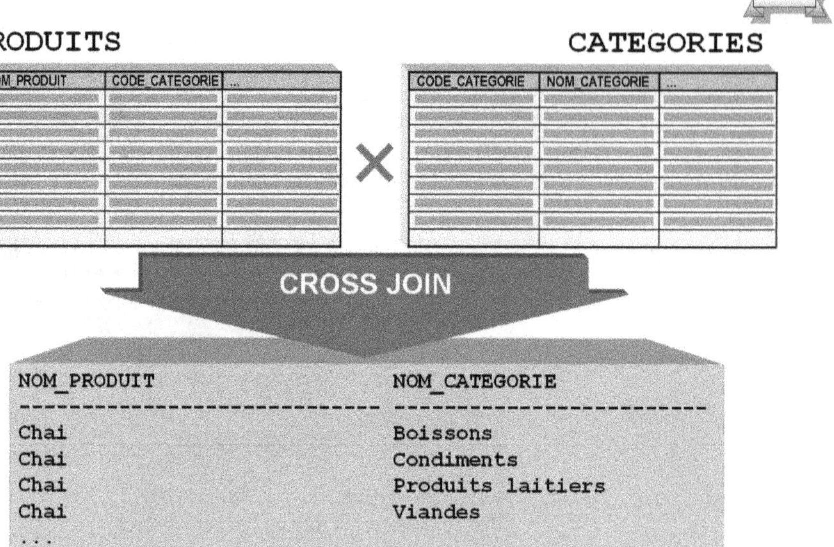

L'opérateur « **CROSS JOIN** » est un produit cartésien ; il donne le même résultat que celui d'une requête sans condition.

La syntaxe est la suivante :

```
SELECT [ALL | DISTINCT]{*,[EXPRESSION1 [AS] ALIAS1[,...]}
FROM NOM_TABLE1 CROSS JOIN NOM_TABLE2 ;
```

```
SQL> SELECT COUNT(*) FROM PRODUITS;

  COUNT(*)
----------
        77

SQL> SELECT COUNT(*) FROM CATEGORIES ;

  COUNT(*)
----------
         8

SQL> SELECT COUNT(*)
  2  FROM PRODUITS CROSS JOIN CATEGORIES;

  COUNT(*)
----------
       616
```


L'opérateur NATURAL JOIN

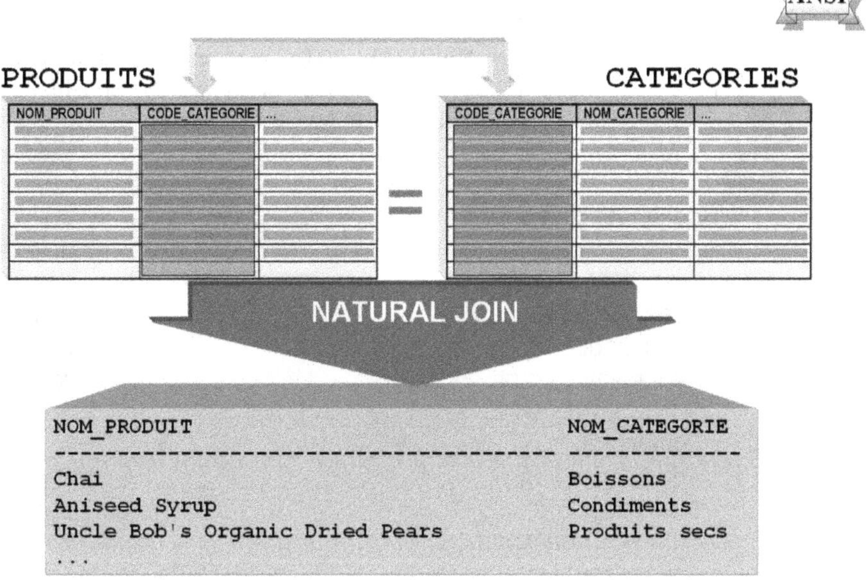

L'opérateur « **NATURAL JOIN** » effectue la jointure entre deux tables en se servant des colonnes des deux tables qui portent le même nom.

La syntaxe est la suivante :

```
SELECT [ALL | DISTINCT]{*,[EXPRESSION1 [AS] ALIAS1[,...]}
FROM NOM_TABLE1 NATURAL JOIN NOM_TABLE2 ;
```

```
SQL> SELECT SOCIETE, DATE_COMMANDE, PORT
  4  FROM  CLIENTS NATURAL JOIN COMMANDES;

SOCIETE                                  DATE_COM      PORT
---------------------------------------- -------- --------
Pericles Comidas clßsicas                14/11/96      2,69
Antonio Moreno TaquerÝa                  27/11/96      1,10
Bottom-Dollar Markets                    10/01/97       ,12
Hungry Coyote Import Store               15/01/97       ,01
Furia Bacalhau e Frutos do Mar           04/03/97      4,45
Seven Seas Imports                       12/03/97       ,21
Simons bistro                            03/06/97       ,49
Blondel pÞre et fils                     12/06/97      4,42
Trail's Head Gourmet Provisioners        19/06/97      1,88
B's Beverages                            24/06/97      1,48
Lehmanns Marktstand                      09/07/97      8,71
TradiþÒo Hipermercados                   22/07/97      3,97
The Cracker Box                          07/08/97      4,74
Maison Dewey                             28/08/97       ,31
Die Wandernde Kuh                        01/09/97      1,03
Du monde entier                          26/09/97       ,22
Hanari Carnes                            02/10/97       ,79
...
```

La requête précédente affiche, pour chaque produit, le nom de la catégorie correspondante.

Attention

L'opérateur « **NATURAL JOIN** » réalise la jointure entre deux tables en utilisant des noms de colonnes identiques, et non pas l'intermédiaire de l'intégrité référentielle, à savoir les clés primaires et les clés étrangères.

```
SQL> DESC PRODUITS
Nom                                       NULL ?   Type
 ----------------------------------------- -------- ---------------
 REF_PRODUIT                               NOT NULL NUMBER(6)
 NOM_PRODUIT                               NOT NULL VARCHAR2(40)
 NO_FOURNISSEUR                            NOT NULL NUMBER(6)
 CODE_CATEGORIE                            NOT NULL NUMBER(6)
 QUANTITE                                           VARCHAR2(30)
 PRIX_UNITAIRE                             NOT NULL NUMBER(8,2)
 UNITES_STOCK                                       NUMBER(5)
 UNITES_COMMANDEES                                  NUMBER(5)
 INDISPONIBLE                                       NUMBER(1)

SQL> DESC DETAILS_COMMANDES
 Nom                                       NULL ?   Type
 ----------------------------------------- -------- ---------------
 NO_COMMANDE                               NOT NULL NUMBER(6)
 REF_PRODUIT                               NOT NULL NUMBER(6)
 PRIX_UNITAIRE                             NOT NULL NUMBER(8,2)
 QUANTITE                                  NOT NULL NUMBER(5)
 REMISE                                    NOT NULL FLOAT(126)

SQL> SELECT *
  2  FROM DETAILS_COMMANDES NATURAL JOIN
  3       PRODUITS;
SELECT *
*
ERREUR à la ligne 1 :
ORA-01722: Nombre non valide
```

Dans l'exemple précèdent, la requête joint les tables `DETAILS_COMMANDE` et `PRODUITS` à l'aide de l'opérateur « **NATURAL JOIN** ». Vous pouvez remarquer que la jointure donne un message d'erreur de nombre invalide. En effet la colonne `QUANTITE` est prise en compte pour la jointure ; son nom est identique dans les deux tables, mais le type de la colonne est différent.

L'opérateur JOIN USING

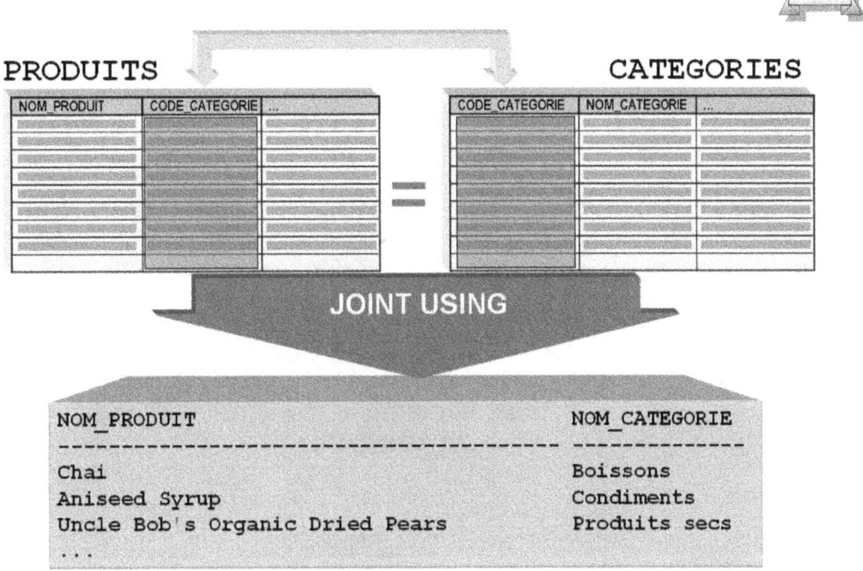

L'opérateur « **JOIN USING** » effectue la jointure entre deux tables en se servant des colonnes spécifiées respectant la syntaxe suivante :

```
SELECT [ALL | DISTINCT]{*,[EXPRESSION1 [AS] ALIAS1[,...]}
FROM NOM_TABLE1
    [ JOIN NOM_TABLE2 USING (NOM_COLONNE1[,...])] ;
```

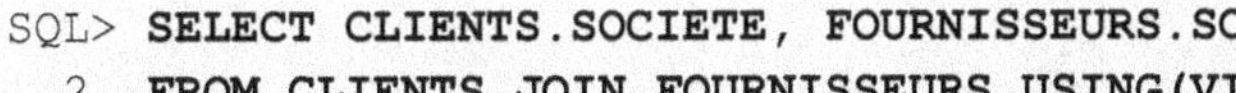

```
SQL> SELECT CLIENTS.SOCIETE, FOURNISSEURS.SOCIETE
  2  FROM CLIENTS JOIN FOURNISSEURS USING(VILLE);

SOCIETE                          SOCIETE
-------------------------------- -------------------------
Alfreds Futterkiste              Heli Süßwaren GmbH  Co. KG
Around the Horn                  Exotic Liquids
B's Beverages                    Exotic Liquids
Comércio Mineiro                 Refrescos Americanas LTDA
Consolidated Holdings            Exotic Liquids
Eastern Connection               Exotic Liquids
Familia Arquibaldo               Refrescos Americanas LTDA
Mère Paillarde                   Ma Maison
North/South                      Exotic Liquids
Paris spécialités                Aux joyeux ecclésiastiques
Queen Cozinha                    Refrescos Americanas LTDA
Seven Seas Imports               Exotic Liquids
Spécialités du monde             Aux joyeux ecclésiastiques
Tradição Hipermercados           Refrescos Americanas LTDA

SQL> SELECT CLIENTS.SOCIETE, FOURNISSEURS.SOCIETE
  2  FROM CLIENTS, FOURNISSEURS
  3  WHERE CLIENTS.VILLE = FOURNISSEURS.VILLE;
```

La requête précédente affiche les clients qui sont localisés dans une ville d'un fournisseur ; la deuxième requête est la traduction dans l'ancienne syntaxe.

```
SQL> SELECT *
     FROM DETAILS_COMMANDES NATURAL JOIN
          PRODUITS;
SELECT *
*
ERREUR à la ligne 1 :
ORA-01722: Nombre non valide

SQL> SELECT NOM,
            NOM_PRODUIT,
            SUM(DETAILS_COMMANDES.PRIX_UNITAIRE*
                DETAILS_COMMANDES.QUANTITE) CA
     FROM   EMPLOYES                NATURAL JOIN
            COMMANDES               NATURAL JOIN
            DETAILS_COMMANDES               JOIN
            PRODUITS                USING( REF_PRODUIT)
     WHERE  EXTRACT ( YEAR FROM DATE_COMMANDE) = 1998
     GROUP BY NOM, NOM_PRODUIT
     ORDER BY NOM, NOM_PRODUIT;

NOM        NOM_PRODUIT                              CA
---------- -------------------------------- ----------
Davolio    Alice Mutton                       12951003
Davolio    Aniseed Syrup                       1124200
Davolio    Boston Crab Meat                  6952629,5
Davolio    Camembert Pierrot                  18354390
Davolio    Carnarvon Tigers                 11675437,5
Davolio    Chai                                5211324
Davolio    Chang                               6774108
Davolio    Chartreuse verte                    4800042
Davolio    Chef Anton's Cajun Seasoning        3440052
Davolio    Chef Anton's Gumbo Mix           2117419,75
Davolio    Chocolade                         563103,75
Davolio    Côte de Blaye                      54744233
Davolio    Escargots de Bourgogne           2432633,75
Davolio    Filo Mix                            1235087
Davolio    Fløtemysost                       7619922,5
Davolio    Geitost                            625427,5
Davolio    Genen Shouyu                       661927,5
Davolio    Gnocchi di nonna Alice             16469238
Davolio    Gorgonzola Telino                 5902962,5
Davolio    Grandma's Boysenberry Spread        2680925
Davolio    Gravad lax                          1112228
Davolio    Guaraná Fantástica                  1745649
Davolio    Gudbrandsdalsost                    8872128
Davolio    Gula Malacca                        3841333
Davolio    Gumbär Gummibärchen               7860238,5
Davolio    Gustaf's Knäckebröd                 2639826
...
```

L'opérateur JOIN ON

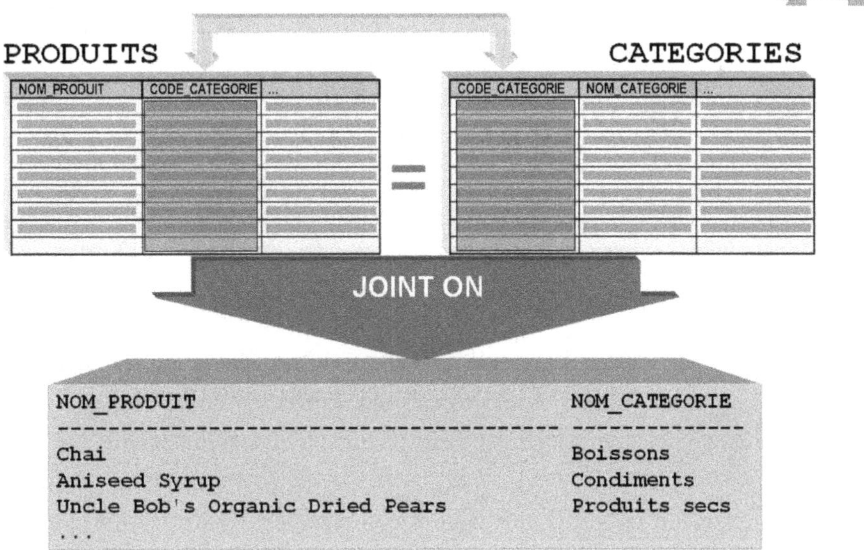

L'opérateur « **JOIN ON** » effectue la jointure entre deux tables en se servant des conditions spécifiées respectant la syntaxe suivante :

```
SELECT [ALL | DISTINCT]{*,[EXPRESSION1 [AS] ALIAS1[,...]}
FROM NOM_TABLE1
    [ JOIN NOM_TABLE2 ON
     (NOM_TABLE1.NOM_COLONNE = NOM_TABLE2.NOM_COLONNE)] ;
```

```
SQL> SELECT A.NOM "Employé",
  2         B.NOM "Supérieur"
  3  FROM EMPLOYES A JOIN EMPLOYES B
  4         ON ( A.REND_COMPTE = B.NO_EMPLOYE);

Employé              Supérieur
-------------------- --------------------
Callahan             Fuller
Buchanan             Fuller
Peacock              Fuller
Leverling            Fuller
Davolio              Fuller
Fuller               Fuller
Dodsworth            Buchanan
Suyama               Buchanan

SQL> SELECT A.NOM "Employé",
  2         B.NOM "Supérieur"
  3  FROM EMPLOYES A, EMPLOYES B
  4  WHERE A.REND_COMPTE = B.NO_EMPLOYE;
```

La requête précédente affiche les employés et leur supérieur hiérarchique ; la deuxième requête est la traduction dans l'ancienne syntaxe.

```
SQL> SELECT A.NOM_PRODUIT, B.QUANTITE, B.PRIX_UNITAIRE
```

```
FROM PRODUITS A JOIN DETAILS_COMMANDES B
     ON ( A.REF_PRODUIT = B.REF_PRODUIT) ;

NOM_PRODUIT                                QUANTITE PRIX_UNITAIRE
---------------------------------------- ---------- -------------
Queso Cabrales                                   12            70
Singaporean Hokkien Fried Mee                    10            49
Mozzarella di Giovanni                            5           174
Tofu                                              9            93
Manjimup Dried Apples                            40           212
Jack's New England Clam Chowder                  10          38,5
Manjimup Dried Apples                            35           212
Louisiana Fiery Hot Pepper Sauce                 15            84
...
```

Dans l'exemple précèdent, la requête joint les tables `DETAILS_COMMANDE` et `PRODUITS` à l'aide de l'opérateur « **`JOIN ON`** ».

L'opérateur JOIN ON

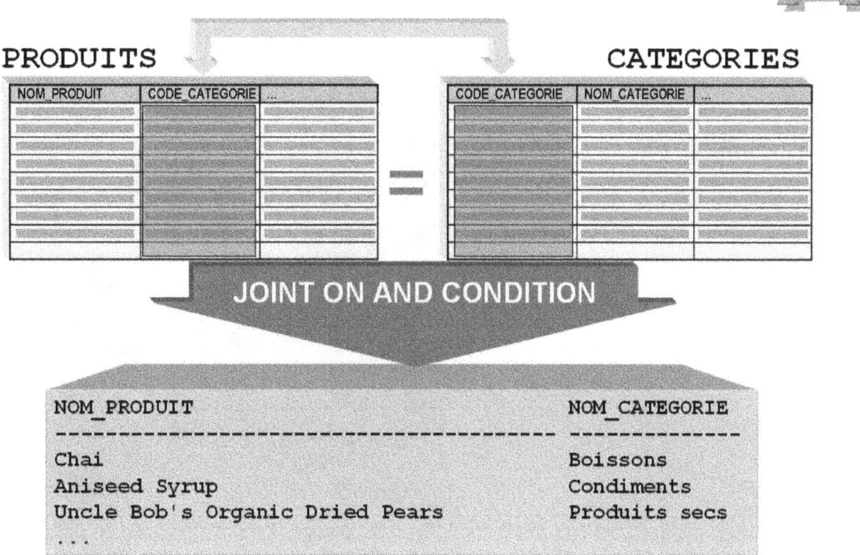

L'opérateur « **JOIN ON** » effectue la jointure entre deux tables en se servant des conditions spécifiées respectant la syntaxe suivante :

```
SELECT [ALL | DISTINCT]{*,[EXPRESSION1 [AS] ALIAS1[,...]}
FROM NOM_TABLE1
     [ JOIN NOM_TABLE2 ON
      (NOM_TABLE1.NOM_COLONNE = NOM_TABLE2.NOM_COLONNE)
             [{AND | OR} EXPRESSION ]] ;
```

```
SQL> SELECT NOM||' '||PRENOM "Vendeur", SOCIETE "Client",
       TO_CHAR( DATE_COMMANDE,'DD Mon YYYY') "Commande", PORT "Port"
     FROM CLIENTS A JOIN COMMANDES B
          ON ( A.CODE_CLIENT = B.CODE_CLIENT )
          JOIN EMPLOYES C
          ON ( B.NO_EMPLOYE  = C.NO_EMPLOYE  )
          AND  DATE_COMMANDE > '01/05/1998';

Vendeur            Client                        Commande          Port
------------------ ---------------------------- ------------- --------
King Robert        Lehmanns Marktstand           05 Mai   1998     6,80
Davolio Nancy      Drachenblut Delikatessen      04 Mai   1998    39,90
Davolio Nancy      Queen Cozinha                 04 Mai   1998   408,75
Davolio Nancy      Tortuga Restaurante           04 Mai   1998    78,35
Davolio Nancy      LILA-Supermercado             05 Mai   1998     4,65
Peacock Margaret   Ernst Handel                  05 Mai   1998  1293,20
King Robert        Pericles Comidas clßsicas     05 Mai   1998   124,75
King Robert        Simons bistro                 06 Mai   1998    92,20
Davolio Nancy      Richter Supermarkt            06 Mai   1998    30,95
Peacock Margaret   Bon app'                      06 Mai   1998   191,40
Davolio Nancy      Rattlesnake Canyon Grocery    06 Mai   1998    42,65
```

L'opérateur OUTER JOIN

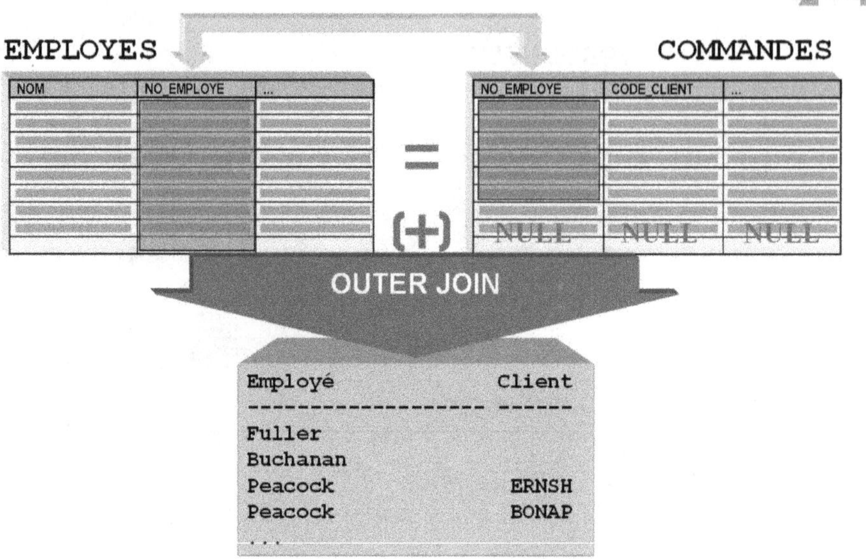

L'opérateur « **OUTER JOIN ON** » effectue une jointure externe entre deux tables en se servant des conditions spécifiées respectant la syntaxe suivante :

```
SELECT [ALL | DISTINCT]{*,[EXPRESSION1 [AS] ALIAS1[,...]}
FROM NOM_TABLE1
     [ {LEFT | RIGHT | FULL} OUTER JOIN NOM_TABLE2
   {
     ON (NOM_TABLE1.NOM_COLONNE = NOM_TABLE2.NOM_COLONNE)]
     |
     USING (NOM_COLONNE1[,...])]
   };
```

LEFT | RIGHT Indique que la table de gauche/droite est dominante, celle dont on affiche tous les enregistrements.

FULL Cette option est l'union des deux requêtes, « **LEFT OUTER JOIN** » et « **RIGHT OUTER JOIN** ».

```
SQL> SELECT A.NOM "Employé",
  2          NVL(B.NOM,'-- Pas de supérieur --') "Supérieur"
  3  FROM EMPLOYES A LEFT OUTER JOIN EMPLOYES B
  4         ON ( A.REND_COMPTE = B.NO_EMPLOYE);

Employé              Supérieur
-------------------- ----------------------
Callahan             Fuller
Buchanan             Fuller
Peacock              Fuller
Leverling            Fuller
King                 -- Pas de supérieur --
Suyama               Buchanan
```

Atelier 11.2

- Les équijointures
- Les jointures externes et autojointures

Durée : 15 minutes

Questions

11.2-1. Quelles sont les syntaxes incorrectes ?

A.
```
SELECT COUNT(*) FROM EMPLOYES A
OUTER JOIN EMPLOYES B ;
```

B.
```
SELECT COUNT(*) FROM EMPLOYES A
LEFT OUTER JOIN EMPLOYES B ;
```

C.
```
SELECT COUNT(*) FROM EMPLOYES A
NATURAL JOIN EMPLOYES B ;
```

D.
```
SELECT COUNT(*) FROM EMPLOYES A JOIN EMPLOYES B
ON ( A.NO_EMPLOYE = B.REND_COMPTE );
```

E.
```
SELECT COUNT(*) FROM EMPLOYES A LEFT OUTER JOIN
EMPLOYES B ON ( A.NO_EMPLOYE = B.REND_COMPTE );
```

F.
```
SELECT COUNT(*) FROM EMPLOYES A
JOIN EMPLOYES B USING ( NO_EMPLOYE );
```

11.2-2. Quelle est la requête dans la liste précédente qui retrouve tous les employés et les employés gérés par eux si tél est le cas sinon « **NULL** » ?

Exercice n° 1 Les équijointures

Écrivez les requêtes, compatible avec la norme ANSI/ISO SQL : 1999, permettant d'afficher :

- Le nom, le prénom et la société cliente, la date de la commande et les frais de port pour les employés qui ont effectué une vente pour les clients de Paris.

- La société cliente, le nombre des produits commandés, la ville et le pays qui ont commandé plus de vingt cinq produits.
- Le nom de la catégorie du produit, la société fournisseur et le nom du produit, uniquement pour les produits des catégories 1, 4 et 7.
- La société cliente, la société fournisseur et leur ville pour les clients qui sont localisés dans une ville d'un fournisseur (Il s'agit d'une jointure entre la table `CLIENTS` et `FOURNISSEURS`).
- Les sociétés clientes qui ont commandé le produit `'Chai'`.

Exercice n° 2 Les jointures externes et autojointures

- Tous les clients et le cumul des quantités vendues pour les clients qui ont passé des commandes. Affichez les enregistrements par ordre décroissant de cumul des commandes avec les valeurs « **`NULL`** » à la fin.
- Les localités des clients et le cumul des quantités vendues par localité. Affichez les enregistrements par ordre décroissant de cumul des commandes avec les valeurs « **`NULL`** » à la fin.
- Le nom, le prénom, la fonction de tous les employés, la somme des frais de port et le cumul des ventes (prix unitaire fois la quantité) pour les employés qui ont passé des commandes. Affichez les enregistrements par ordre décroissant de cumul des ventes avec les valeurs « **`NULL`** » à la fin.
- Le nom, le prénom, la fonction des supérieurs hiérarchiques ainsi le nom et prénom des employés gérés par eux.
- Le nom, le prénom, la fonction des tous les employés, le nom et prénom des employés gérés par eux si tél est le cas, ainsi que le nom et prénom des employés gérés par les précédents si tél est le cas.

- *Opérateurs ensemblistes*
- *Sous-requêtes*
- *IN*
- *ALL*
- *ANY*

12

Les jointures complexes

Objectifs

A la fin de ce module, vous serez à même d'effectuer les tâches suivantes :

- Effectuer des interrogations avec les opérateurs ensemblistes.
- Sélectionner des lignes en utilisant les sous-requêtes.
- Effectuer des interrogations avec les opérateurs IN, ALL et ANY.
- Sélectionner des lignes en utilisant les sous-requêtes dans la clause FROM.
- Sélectionner des lignes en utilisant les sous-requêtes synchronisées.

Contenu

Les opérateurs ensemblistes

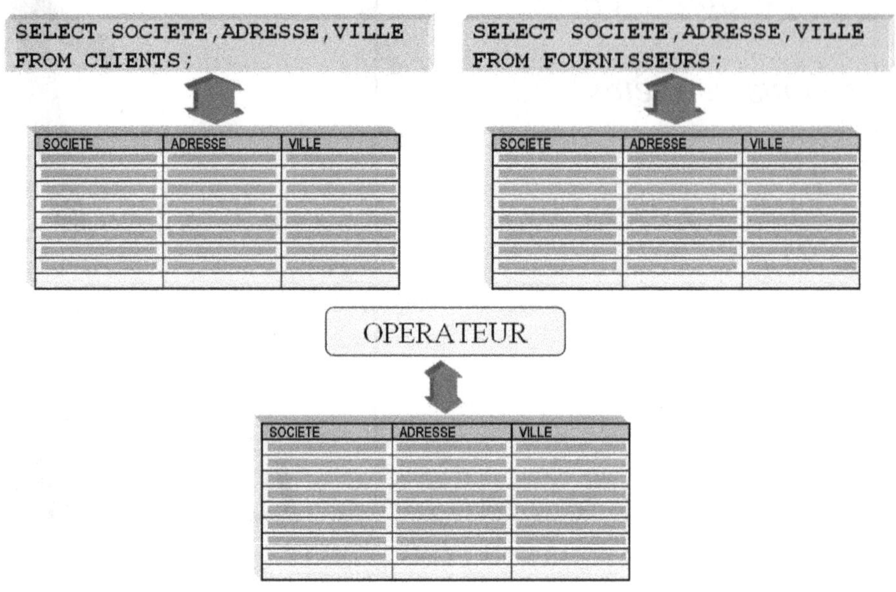
SELECT SOCIETE,ADRESSE,VILLE
FROM CLIENTS;
SELECT SOCIETE,ADRESSE,VILLE
FROM FOURNISSEURS;
SOCIETE
ADRESSE
VILLE
OPERATEUR

Il est parfois nécessaire de combiner des informations de même type à partir de plusieurs tables. Un exemple classique est la fusion de plusieurs listes de mailing en vue d'un envoi en masse de publicité. Les conditions d'envoi suivantes doivent généralement pouvoir être spécifiées :

- à toutes les personnes dans les deux listes (en évitant d'envoyer la lettre deux fois à une même personne) ;
- seulement aux personnes qui se trouvent dans les deux listes ;
- seulement aux personnes qui se trouvent dans une des deux listes.

Dans Oracle, ces trois conditions sont définies à l'aide des opérateurs :

- « **UNION** »
- « **INTERSECT** »
- « **MINUS** »

La syntaxe de l'instruction « **SELECT** » :

```
SELECT {*,[EXPRESSION1 [AS] ALIAS1[,...]} FROM NOM_TABLE
WHERE PREDICAT
GROUP BY [NOM_COLONNE1|EXPRESSION1][,...]
HAVING PREDICAT
OPERATEUR [ALL|DISTINCT]
SELECT {*,[EXPRESSION1 [AS] ALIAS1[,...]} FROM NOM_TABLE
WHERE PREDICAT
GROUP BY [NOM_COLONNE1|EXPRESSION1][,...]
HAVING PREDICAT
ORDER BY [POSITION1] [ASC|DESC][,...] ;
```

Dans une requête utilisant des opérateurs ensemblistes :

- Tous les ordres « **SELECT** » doivent avoir le même nombre de colonnes sélectionnées, et leurs types doivent être compatibles. Les conversions éventuelles doivent être faites à l'intérieur de l'ordre « **SELECT** » à l'aide des fonctions de conversion « **TO_CHAR** », « **TO_DATE** », etc.
- Aucun attribut ne peut être de type « **LONG** », « **BLOB** », « **CLOB** », « **BFILE** ».
- Les doublons sont éliminés, « **DISTINCT** » est implicite.
- Les noms des colonnes ou alias sont ceux du premier ordre « **SELECT** ».
- La largeur de chaque colonne est donnée par la plus grande de tous ordres « **SELECT** » confondus.
- Si une clause « **ORDER BY** » est utilisée, elle doit faire référence au numéro de la colonne et non à son nom, car le nom peut être différent dans chacun des ordres « **SELECT** ».

Combinaison de plusieurs opérateurs ensemblistes

On peut utiliser, dans une même requête, plusieurs opérateurs « **UNION** », « **INTERSECT** » ou « **MINUS** », combinés avec des opérations de projection, de sélection ou de jointure. Dans ce cas, la requête est évaluée en combinant les deux premiers ordres « **SELECT** » à partir de la gauche avec le premier opérateur ensembliste, puis en combinant le résultat avec le troisième ordre « **SELECT** », etc.

Comme dans une expression arithmétique, il est possible de modifier l'ordre d'évaluation en utilisant des parenthèses.

L'opérateur UNION

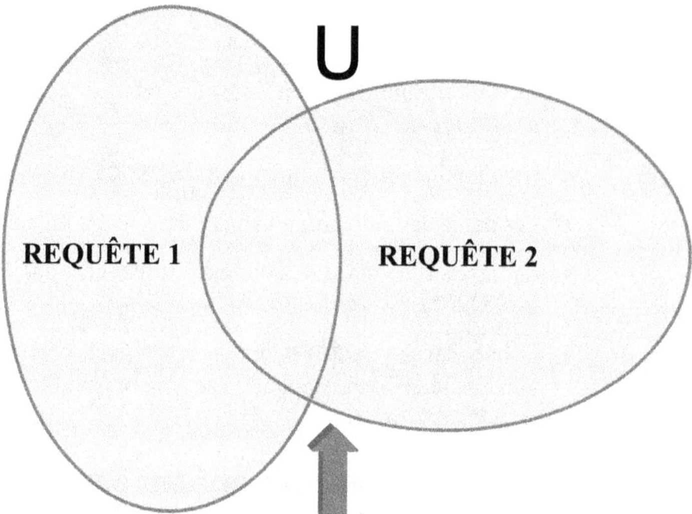

Résultat = REQUÊTE_1 U REQUÊTE_2

L'opérateur d'union « **UNION** » entre deux requêtes permet de retrouver l'ensemble des lignes des deux requêtes de départ. Les attributs de même rang des requêtes de départ doivent être compatibles, c'est-à-dire définis de même type.

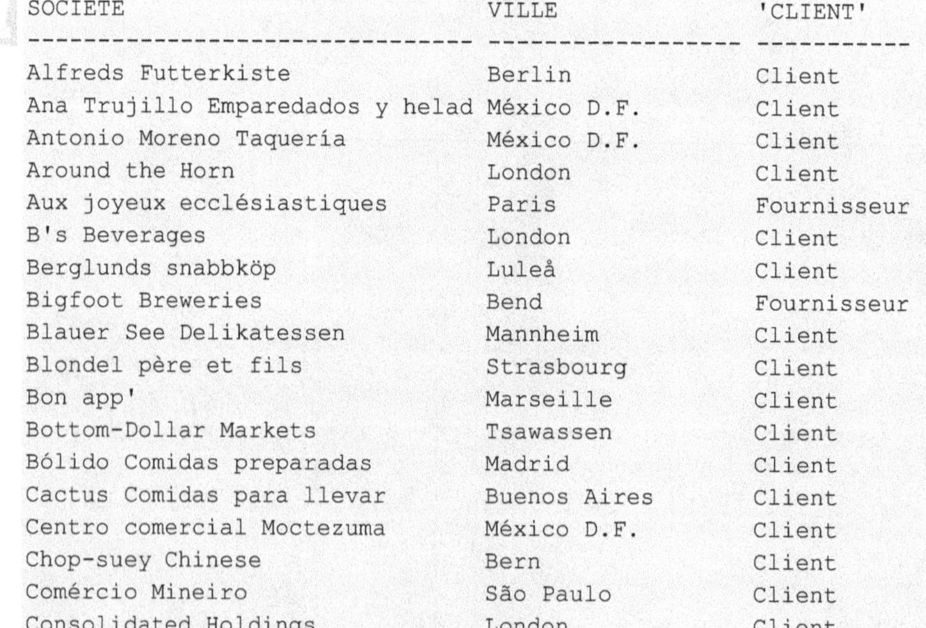

```
SQL> SELECT SOCIETE,VILLE,'Client' FROM CLIENTS
  2  UNION
  3  SELECT SOCIETE,VILLE,'Fournisseur' FROM FOURNISSEURS;

SOCIETE                          VILLE              'CLIENT'
-------------------------------- ------------------ -----------
Alfreds Futterkiste              Berlin             Client
Ana Trujillo Emparedados y helad México D.F.        Client
Antonio Moreno Taquería          México D.F.        Client
Around the Horn                  London             Client
Aux joyeux ecclésiastiques       Paris              Fournisseur
B's Beverages                    London             Client
Berglunds snabbköp               Luleå              Client
Bigfoot Breweries                Bend               Fournisseur
Blauer See Delikatessen          Mannheim           Client
Blondel père et fils             Strasbourg         Client
Bon app'                         Marseille          Client
Bottom-Dollar Markets            Tsawassen          Client
Bólido Comidas preparadas        Madrid             Client
Cactus Comidas para llevar       Buenos Aires       Client
Centro comercial Moctezuma       México D.F.        Client
Chop-suey Chinese                Bern               Client
Comércio Mineiro                 São Paulo          Client
Consolidated Holdings            London             Client
Cooperativa de Quesos 'Las Cabra Oviedo             Fournisseur
...
```


Dans l'exemple précédent, la requête affiche l'ensemble des tiers de l'entreprise, aussi bien des clients que des fournisseurs.

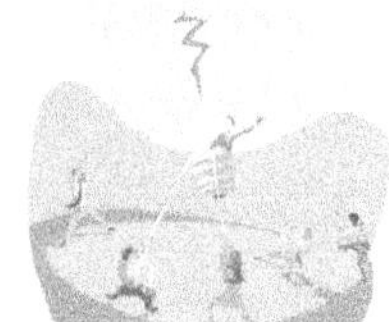

Note

Les noms des colonnes sont ceux de la première requête ainsi que les aliasses qui sont utilisées dans les ordres de tri.

Il faut se rappeler que la clause « **ORDER BY** » ne peut figurer qu'une fois en fin du bloque SQL, car elle opère sur le résultat concaténé des différents « **SELECT** ».

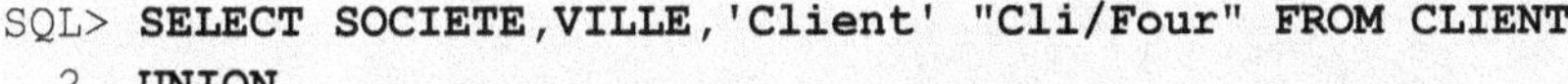

```
SQL> SELECT SOCIETE,VILLE,'Client' "Cli/Four" FROM CLIENTS
     UNION
     SELECT SOCIETE,VILLE,'Fournisseur' FROM FOURNISSEURS
     ORDER BY VILLE, SOCIETE;

SOCIETE                          VILLE              Cli/Four
-------------------------------- ------------------ -----------
Drachenblut Delikatessen         Aachen             Client
Rattlesnake Canyon Grocery       Albuquerque        Client
Old World Delicatessen           Anchorage          Client
Grandma Kelly's Homestead        Ann Arbor          Fournisseur
Gai pâturage                     Annecy             Fournisseur
Vaffeljernet                     Århus              Client
Galería del gastrónomo           Barcelona          Client
LILA-Supermercado                Barquisimeto       Client
Bigfoot Breweries                Bend               Fournisseur
Magazzini Alimentari Riuniti     Bergamo            Client
Alfreds Futterkiste              Berlin             Client
Heli Süßwaren GmbH  Co. KG       Berlin             Fournisseur
Chop-suey Chinese                Bern               Client
Save-a-lot Markets               Boise              Client
New England Seafood Cannery      Boston             Fournisseur
...
```

Attention

L'opérateur d'union « **UNION** » entre deux requêtes permet de concaténer tous les types de données sans aucun contrôle de la pertinence de cet assemblage.

En d'autres termes on peut mélanger 'les choux' et 'les carottes' ; les informations sont affichées ensemble sans aucun contrôle.

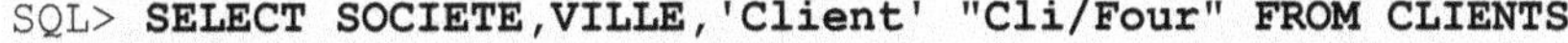

```
SQL> SELECT SOCIETE,VILLE,'Client' "Cli/Four" FROM CLIENTS
     UNION
     SELECT NOM,FONCTION,'Employé' FROM EMPLOYES
     UNION
     SELECT NOM_PRODUIT,QUANTITE,'Produit' FROM PRODUITS;

SOCIETE                          VILLE              Cli/Fou
-------------------------------- ------------------ -------
Alfreds Futterkiste              Berlin             Client
Alice Mutton                     20 boîtes (1 kg)   Produit
Ana Trujillo Emparedados y helad México D.F.        Client
```

```
Aniseed Syrup                      12 bouteilles (550 Produit
Antonio Moreno Taquería            México D.F.        Client
Around the Horn                    London             Client
B's Beverages                      London             Client
Berglunds snabbköp                 Luleå              Client
Blauer See Delikatessen            Mannheim           Client
Blondel père et fils               Strasbourg         Client
Bon app'                           Marseille          Client
Boston Crab Meat                   24 boîtes (4 onces Produit
Bottom-Dollar Markets              Tsawassen          Client
Buchanan                           Chef des ventes    Employé
Bólido Comidas preparadas          Madrid             Client
Cactus Comidas para llevar         Buenos Aires       Client
Callahan                           Assistante commerc Employé
...
```

Attention

L'opérateur « **UNION** » comporte, comme l'ordre « **SELECT,** » la possibilité d'utiliser les options « **ALL** » ou « **DISTINCT** ».

Dans le cas de l'option « **DISTINCT** », l'option par défaut, les enregistrements en double sont éliminés ; c'est pour éliminer les doublons qu'Oracle effectue un tri des enregistrements.

Comme l'opérateur « **UNION** » c'est en effet « **UNION DISTINCT** » il est préférable d'utiliser « **UNION ALL** » chaque fois qu'il n'est pas nécessaire d'éliminer les doublons.

L'opérateur INTERSECT

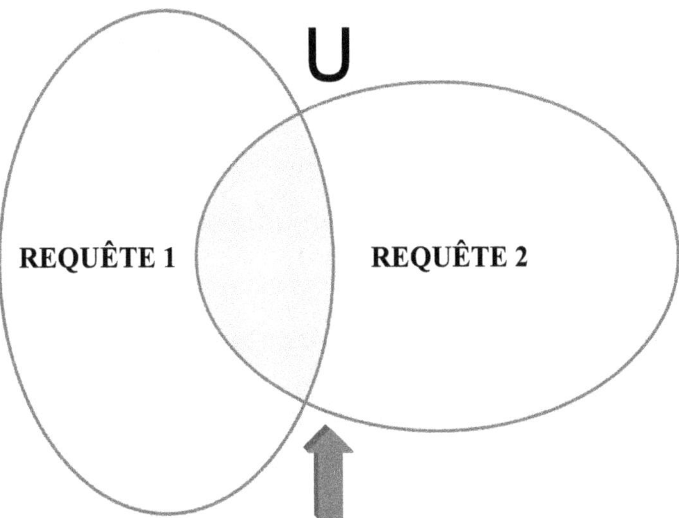

Résultat = REQUÊTE_1 U REQUÊTE_2

L'opérateur d'intersection entre deux requêtes permet de retrouver le résultat composé des lignes qui appartiennent simultanément aux deux requêtes de départ.

```
SQL> SELECT VILLE, NOM_PRODUIT
     FROM CLIENTS NATURAL JOIN COMMANDES
          JOIN DETAILS_COMMANDES USING(NO_COMMANDE)
          JOIN PRODUITS USING(REF_PRODUIT)
     INTERSECT
     SELECT VILLE, NOM_PRODUIT
     FROM PRODUITS NATURAL JOIN FOURNISSEURS;

VILLE              NOM_PRODUIT
------------------ --------------------------------
London             Aniseed Syrup
London             Chai
London             Chang
Paris              Côte de Blaye
São Paulo          Guaraná Fantástica
```

La première requête retrouve la ville de résidence des clients et les noms des produits commandés. La deuxième requête retrouve la ville de résidence des fournisseurs et les noms des tous les produits commandés. L'intersection des deux requêtes affiche les villes des clients et le nom du produit pour les produits achetés par les clients qui habitent dans la même ville que le fournisseur.

L'opérateur DIFFERENCE

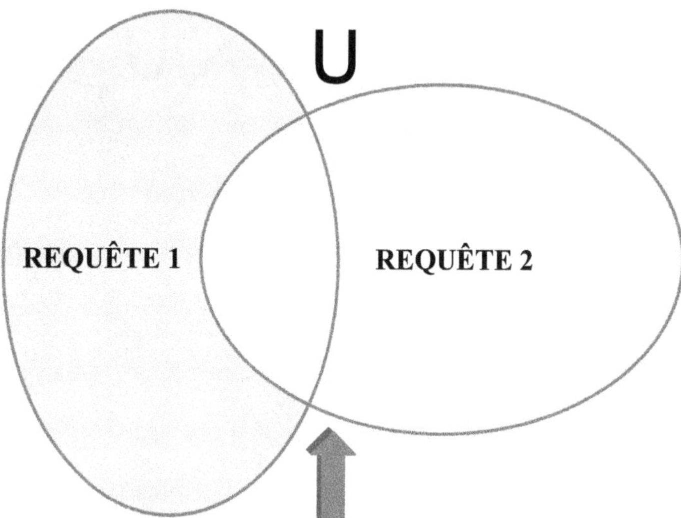

Résultat = REQUÊTE_1 U REQUÊTE_2

L'opérateur différence entre deux requêtes permet de retrouver le résultat composé des lignes qui appartiennent à la première requête et qui n'appartiennent pas à la deuxième requête. L'opérateur différence est le seul opérateur ensembliste non commutatif.

```
SQL> SELECT A.NO_COMMANDE,DATE_COMMANDE
     FROM COMMANDES A,DETAILS_COMMANDES B,PRODUITS C
     WHERE A.NO_COMMANDE     = B.NO_COMMANDE AND
           B.REF_PRODUIT     = C.REF_PRODUIT AND
           C.CODE_CATEGORIE = 1
     MINUS
     SELECT A.NO_COMMANDE,DATE_COMMANDE
     FROM COMMANDES A,DETAILS_COMMANDES B,PRODUITS C
     WHERE A.NO_COMMANDE     = B.NO_COMMANDE AND
           B.REF_PRODUIT     = C.REF_PRODUIT AND
           C.CODE_CATEGORIE = 2 ;

NO_COMMANDE DATE_COM
----------- --------
      10253 10/07/96
      10254 11/07/96
      10255 12/07/96
      10260 19/07/96
      10261 19/07/96
      10263 23/07/96
      10264 24/07/96
      10265 25/07/96
      10267 29/07/96
...
```

Dans l'exemple précèdent, la requête affiche l'ensemble des commandes comportant des produits de catégorie 1 sans comporter des produits de catégories 2.

Atelier 12.1

- Les opérateurs ensemblistes

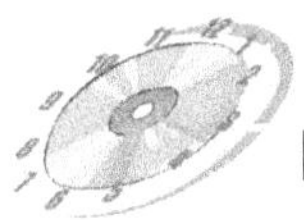

Durée : 15 minutes

Questions

12.1-1. Quel est l'opérateur qui force un ordre de tri des enregistrements ?

A. `MINUS`

B. `UNION DISTINCT`

C. `UNION ALL`

D. `INTERSECT`

12.1-2. Quel est l'opérateur dans la liste précédente qui n'est pas commutative ?

12.1-3. Quel est l'option par défaut pour l'opérateur « **`UNION`** » ?

Exercice n° 1 Les opérateurs ensemblistes

Écrivez les requêtes permettant d'afficher :

- Pour un mailing, il faut trouver l'ensemble des tiers de l'entreprise (les sociétés clientes ou fournisseurs) ainsi que leur adresse et ville de résidence.
- Toutes les commandes qui comportent en même temps des produits de catégorie 1 du fournisseur 1 et produits de catégorie 2 du fournisseur 2.
- Les produits qu'on ne commande qu'à Paris.
- Les sociétés clientes qui ont commandé le produit `'Chai'` mais également qui ont commandé plus de vingt cinq produits.

Les sous-requêtes

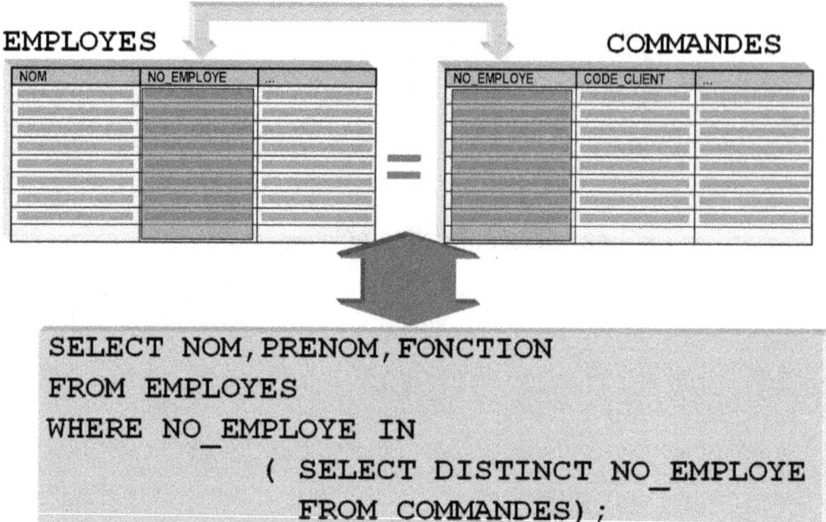

La jointure peut aussi être exprimée d'une manière plus procédurale avec des blocs imbriqués reliés par l'opérateur « **IN** ». On dit alors que la requête, dont le résultat sert de valeur de référence dans le prédicat, est une requête imbriquée ou une sous-requête.

Il est possible d'imbriquer plusieurs requêtes, le résultat de chaque requête imbriquée servant de valeur de référence dans la condition de sélection de la requête de niveau supérieur, appelée requête principale.

Il existe en fait plusieurs types de requêtes imbriquées, suivant les valeurs retournées, la dépendance ou non de la requête principale ou l'emplacement de la sous-requête.

Typologie des sous-requêtes :

- Sous-requête renvoyant une seule ligne
- Sous-requête renvoyant plusieurs lignes
- Sous-requête renvoyant plusieurs expressions
- Sous-requête synchronisée
- Sous interrogation dans la clause « **FROM** »

Une sous-requête peut être exécutée une seule fois pour toute ligne évaluée de la requête mère. Mais si la sous-requête est corrélée, elle s'exécute pour chaque ligne de la requête mère du fait que son contexte d'évaluation est susceptible de changer à chaque ligne.

Attention

Suivant le type de résultat qu'une sous-requête offre, on peut la placer dans les différentes clauses, à l'exception des clauses « **GROUP BY** » et « **ORDER BY** ».

Par définition, une sous-requête ne peut pas contenir de clause « **ORDER BY** », car elle ne produit pas un résultat destiné à l'affichage.

Sous-requête monolignes

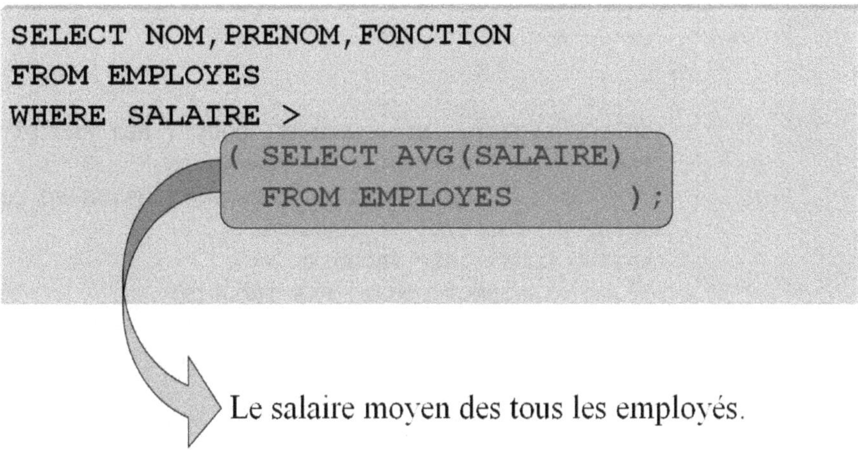

SELECT NOM,PRENOM,FONCTION
FROM EMPLOYES
WHERE SALAIRE >
(SELECT AVG(SALAIRE)
FROM EMPLOYES);
Le salaire moyen des tous les employés.

Une sous-requête de ce type s'utilise lorsque la valeur de référence de la condition de sélection doit être unique.

La sous-requête est entièrement évaluée avant la requête principale. Le résultat est identique à celui obtenu en exécutant dans une première étape la sous-requête pour obtenir la valeur de référence et en utilisant cette valeur dans la seconde étape pour exécuter la requête principale.

```
SQL> SELECT NOM_PRODUIT FROM PRODUITS
  2  WHERE UNITES_STOCK = (SELECT MAX(UNITES_STOCK) FROM PRODUITS) ;

NOM_PRODUIT
----------------------------------
Rhönbräu Klosterbier
```

Attention

Pour que la requête s'exécute correctement, il faut que la sous-requête retourne une ligne et une seule.

Si la sous-requête ne renvoie rien ou si elle renvoie plusieurs lignes, SQL génère une erreur.

```
SQL> SELECT NOM_PRODUIT FROM PRODUITS
  2  WHERE UNITES_STOCK = (SELECT UNITES_STOCK FROM PRODUITS);
WHERE UNITES_STOCK = (SELECT UNITES_STOCK FROM PRODUITS)
                      *
ERREUR à la ligne 2 :
ORA-01427: sous-interrogation ramenant un enregistrement de plus
d'une ligne
```

```
SQL> SELECT COUNT( REF_PRODUIT)
     FROM   COMMANDES  NATURAL JOIN DETAILS_COMMANDES
     WHERE  NO_COMMANDE = 10657;

COUNT(REF_PRODUIT)
------------------
                 6

SQL> SELECT SOCIETE, NO_COMMANDE, COUNT( REF_PRODUIT)
     FROM CLIENTS NATURAL JOIN COMMANDES
                 JOIN DETAILS_COMMANDES USING(NO_COMMANDE)
     GROUP BY SOCIETE, NO_COMMANDE
     HAVING COUNT( REF_PRODUIT) >=
            ( SELECT COUNT( REF_PRODUIT)
              FROM   COMMANDES  NATURAL JOIN DETAILS_COMMANDES
              WHERE  NO_COMMANDE = 10657);

SOCIETE                          NO_COMMANDE COUNT(REF_PRODUIT)
-------------------------------- ----------- ------------------
Ernst Handel                           10979                  6
Save-a-lot Markets                     10657                  6
Rattlesnake Canyon Grocery             11077                 25
Save-a-lot Markets                     10847                  6
```

Dans l'exemple précèdent, la première requête affiche le nombre des produits pour la commande numéro 10657. La deuxième requête affiche tous les clients et les numéros des commandes qui ont un nombre égal ou supérieur de produits.

Sous-requête multilignes

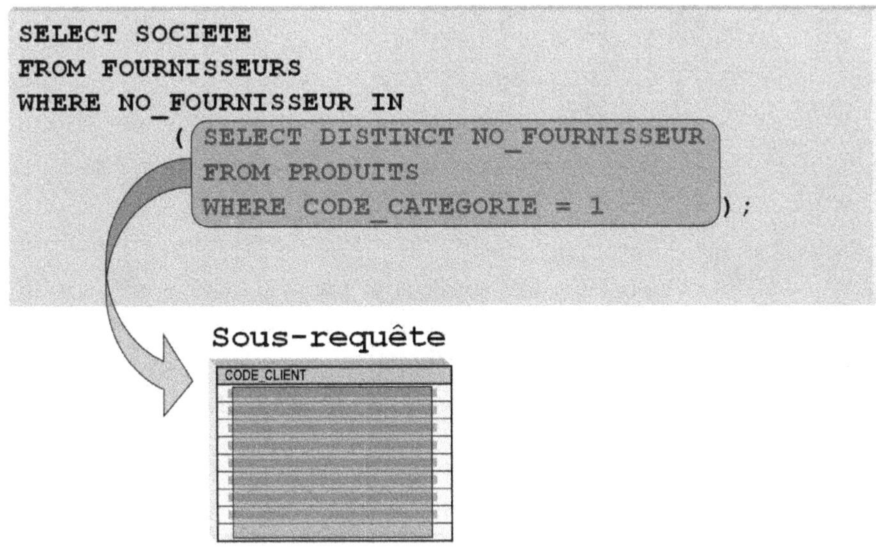
SELECT SOCIETE
FROM FOURNISSEURS
WHERE NO_FOURNISSEUR IN
(SELECT DISTINCT NO_FOURNISSEUR
FROM PRODUITS
WHERE CODE_CATEGORIE = 1);
Sous-requête
CODE_CLIENT

Une sous-requête de ce type s'utilise lorsque la condition de sélection fait référence à une liste de valeurs.

La sous-requête est entièrement évaluée avant la requête principale. Le résultat est identique à celui obtenu en exécutant, dans une première étape, la sous-requête pour obtenir la liste des valeurs et en utilisant cette liste dans la seconde étape pour exécuter la requête principale.

La condition de sélection emploie alors un opérateur « **IN** » ou un opérateur simple « **=** », « **!=** », « **<>** », « **<** », « **>** », « **<=** », « **>=** » précédé de « **ALL** » ou de « **ANY** ».

L'opérateur IN

L'opérateur « **IN** » compare une expression à une donnée quelconque d'une liste ramenée par la sous-requête. Il est équivalent d'une jointure entre les deux ensembles des données représentées par les deux requêtes.

```
SQL> SELECT SOCIETE, VILLE, PAYS
     FROM CLIENTS
     WHERE  CODE_CLIENT IN
            ( SELECT CODE_CLIENT
              FROM COMMANDES NATURAL JOIN EMPLOYES
              WHERE REND_COMPTE IS NULL);

SOCIETE                          VILLE              PAYS
-------------------------------- ------------------ -----------
Godos Cocina Típica              Sevilla            Espagne
Save-a-lot Markets               Boise              États-Unis
The Big Cheese                   Portland           États-Unis
Old World Delicatessen           Anchorage          États-Unis
France restauration              Nantes             France
```

```
The Cracker Box                  Butte              États-Unis
Lehmanns Marktstand              Frankfurt a.M.     Allemagne
B's Beverages                    London             Royaume-Uni
Vins et alcools Chevalier        Reims              France
Tortuga Restaurante              México D.F.        Mexique
Princesa Isabel Vinhos           Lisboa             Portugal
Ernst Handel                     Graz               Autriche
Familia Arquibaldo               São Paulo          Brésil
...
```

Dans l'exemple précèdent vous pouvez observer la liste des clients des employés qui n'ont pas de supérieur hiérarchique.

Attention

La négation de l'opérateur « **IN** », à savoir « **NOT IN** », doit être utilisée avec prudence car elle retourne « **FALSE** » si une des valeurs ramenées par la sous-interrogation est « **NULL** ».

Il est préférable de s'assurer qu'aucune des valeurs retournées par la sous-requête n'est « **NULL** ».

```
SQL> SELECT DISTINCT REND_COMPTE FROM EMPLOYES;

REND_COMPTE
-----------

          2
          5

SQL> SELECT NOM, PRENOM, NO_EMPLOYE, REND_COMPTE
  2  FROM EMPLOYES
  3  WHERE NO_EMPLOYE NOT IN
  4        ( SELECT REND_COMPTE FROM EMPLOYES);

aucune ligne sélectionnée

SQL> SELECT NOM, PRENOM, NO_EMPLOYE, REND_COMPTE
  2  FROM EMPLOYES
  3  WHERE NO_EMPLOYE NOT IN
  4        ( SELECT REND_COMPTE FROM EMPLOYES
  5          WHERE REND_COMPTE IS NOT NULL);

NOM        PRENOM     NO_EMPLOYE REND_COMPTE
---------- ---------- ---------- -----------
Callahan   Laura               8           2
Peacock    Margaret            4           2
Leverling  Janet               3           2
Davolio    Nancy               1           2
Dodsworth  Anne                9           5
King       Robert              7
Suyama     Michael             6           5
```

Les opérateurs ANY et ALL

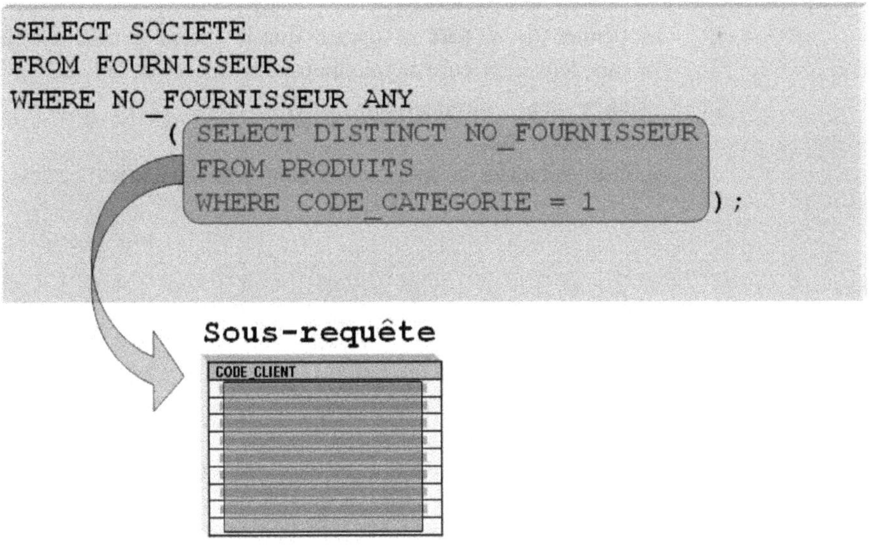
SELECT SOCIETE
FROM FOURNISSEURS
WHERE NO_FOURNISSEUR ANY
(SELECT DISTINCT NO_FOURNISSEUR
FROM PRODUITS
WHERE CODE_CATEGORIE = 1);
Sous-requête
CODE_CLIENT

L'opérateur ANY

L'opérateur « **ANY** » compare une expression à chaque valeur de la liste des valeurs ramenée par la sous-requête, la condition sera vraie si elle est vraie pour au moins une des valeurs renvoyées par la sous-requête.

L'opérateur « **= ANY** » est équivalent à l'opérateur « **IN** ».

```
SQL> SELECT SOCIETE, VILLE, PAYS
     FROM CLIENTS
     WHERE  CODE_CLIENT IN
            ( SELECT CODE_CLIENT
              FROM COMMANDES NATURAL JOIN EMPLOYES
              WHERE REND_COMPTE IS NULL AND
                    DATE_COMMANDE > '04/05/1998');

SOCIETE                          VILLE              PAYS
-------------------------------- ------------------ ----------
Lehmanns Marktstand              Frankfurt a.M.     Allemagne
Simons bistro                    København          Danemark
Pericles Comidas clásicas        México D.F.        Mexique

SQL> SELECT SOCIETE, VILLE, PAYS
     FROM CLIENTS
     WHERE  CODE_CLIENT = ANY
            ( SELECT CODE_CLIENT
              FROM COMMANDES NATURAL JOIN EMPLOYES
              WHERE REND_COMPTE IS NULL AND
                    DATE_COMMANDE > '04/05/1998');
```

```
SOCIETE                          VILLE              PAYS
-------------------------------- ------------------ ----------
Lehmanns Marktstand              Frankfurt a.M.     Allemagne
Simons bistro                    København          Danemark
Pericles Comidas clásicas        México D.F.        Mexique
```

L'opérateur « **< ANY** » signifie que l'expression est inférieure à au moins une des valeurs donc inférieure au maximum des valeurs de la liste.

```
SQL> SELECT NOM, PRENOM, SALAIRE
  2  FROM EMPLOYES
  3  WHERE SALAIRE > ANY ( SELECT AVG(SALAIRE) FROM EMPLOYES);

NOM                                      PRENOM        SALAIRE
---------------------------------------- ---------- ----------
Buchanan                                 Steven           8000
Fuller                                   Andrew          10000

SQL> SELECT NOM, PRENOM, SALAIRE
  2  FROM EMPLOYES
  3  WHERE SALAIRE < ANY ( SELECT AVG(SALAIRE) FROM EMPLOYES);

NOM                                      PRENOM        SALAIRE
---------------------------------------- ---------- ----------
Callahan                                 Laura            2000
Peacock                                  Margaret         2856
Leverling                                Janet            3500
Davolio                                  Nancy            3135
Dodsworth                                Anne             2180
King                                     Robert           2356
Suyama                                   Michael          2534
```

L'opérateur « **> ANY** » signifie que l'expression est supérieure à au moins une des valeurs donc supérieure au minimum.

L'opérateur ALL

L'opérateur « **ALL** » compare une expression à chaque valeur de la liste des valeurs ramenée par la sous-requête ; la condition sera vraie si elle est vraie pour chacune des valeurs renvoyées par la sous-requête.

L'opérateur « **< ALL** » signifie que l'expression est inférieure au minimum et « **> ALL** » signifie que l'expression est supérieure au maximum.

```
SQL> SELECT NOM_PRODUIT,UNITES_STOCK
  2  FROM PRODUITS
  3  WHERE UNITES_STOCK > ALL ( SELECT UNITES_STOCK FROM PRODUITS
  4                             WHERE CODE_CATEGORIE = 2) ;

NOM_PRODUIT                      UNITES_STOCK
-------------------------------- ------------
Boston Crab Meat                          123
Rhönbräu Klosterbier                      125
```

Dans l'exemple précèdent la requête affiche les produits pour lesquels la quantité du stock est supérieure a toutes les quantités des produits de la catégorie 2.

```
SQL> SELECT CODE_CLIENT,DATE_COMMANDE,PORT,NO_EMPLOYE
     FROM COMMANDES
     WHERE CODE_CLIENT = 'HANAR' AND
           NO_EMPLOYE != ALL (SELECT NO_EMPLOYE FROM EMPLOYES
                              WHERE DATE_EMBAUCHE < '01/05/1992') ;

CODE_ DATE_COM       PORT NO_EMPLOYE
----- -------- ---------- ----------
HANAR 02/10/97        ,79          1
HANAR 08/07/96     329,15          4
HANAR 19/05/97     343,25          7
HANAR 13/02/98      24,95          1
HANAR 27/03/98     966,85          1
HANAR 14/04/98      31,35          9
HANAR 26/08/97      62,05          4
HANAR 09/12/97       26,6          1
HANAR 18/12/97      624,9          4
```

Dans l'exemple précèdent, la requête affiche les commandes pour le client `'HANAR'` vendues par un employé embauché avant `'01/05/1992'`.

L'opérateur « **`NOT IN`** » est équivalent à l'opérateur « **`!= ALL`** ».

Sous-requête renvoyant un tableau

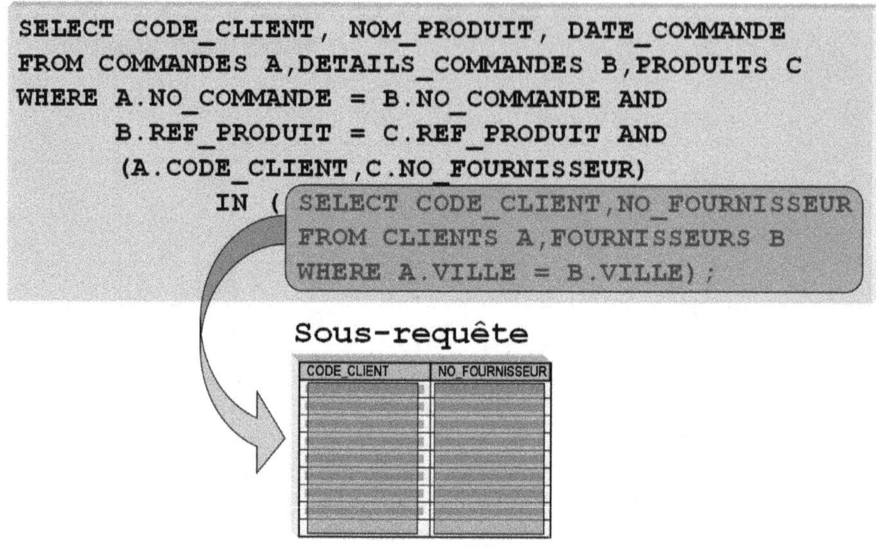

SELECT CODE_CLIENT, NOM_PRODUIT, DATE_COMMANDE
FROM COMMANDES A,DETAILS_COMMANDES B,PRODUITS C
WHERE A.NO_COMMANDE = B.NO_COMMANDE AND
B.REF_PRODUIT = C.REF_PRODUIT AND
(A.CODE_CLIENT,C.NO_FOURNISSEUR)
IN (SELECT CODE_CLIENT,NO_FOURNISSEUR
FROM CLIENTS A,FOURNISSEURS B
WHERE A.VILLE = B.VILLE);
Sous-requête
CODE_CLIENT
NO_FOURNISSEUR

Oracle autorise la présence de plusieurs colonnes dans la clause `SELECT` d'une sous-requête. Il convient dès lors de préciser dans le premier terme de comparaison de la requête, la liste des colonnes qui doivent être comparées aux lignes des valeurs renvoyées par la sous-requête.

La sous-requête est entièrement évaluée avant la requête principale.

```
SQL> SELECT CODE_CLIENT, NOM_PRODUIT, DATE_COMMANDE,
            DETAILS_COMMANDES.PRIX_UNITAIRE *
            DETAILS_COMMANDES.QUANTITE  "Achat"
     FROM COMMANDES NATURAL JOIN DETAILS_COMMANDES JOIN
          PRODUITS USING( REF_PRODUIT)
     WHERE (CODE_CLIENT,NO_FOURNISSEUR) IN
           ( SELECT CODE_CLIENT,NO_FOURNISSEUR
             FROM CLIENTS  JOIN FOURNISSEURS
                  USING(VILLE));

CODE_ NOM_PRODUIT                      DATE_COM      Achat
----- -------------------------------- -------- ----------
BSBEV Aniseed Syrup                    26/08/96       1200
FAMIA Guaraná Fantástica               18/12/96        270
CONSH Chang                            04/02/97        760
FAMIA Guaraná Fantástica               21/04/97        225
SEVES Chai                             04/02/98       3600
SPECD Côte de Blaye                    20/03/98     6587,5
EASTC Chai                             24/04/98       2250
...
```

Dans l'exemple précèdent, la requête affiche les clients, produits, date de commande et valeur partielle de la commande pour les produits achetés par les clients qui habitent dans la même ville que le fournisseur.

Sous-requête synchronisée

```
SELECT CODE_CATEGORIE,
       NOM_PRODUIT,
       UNITES_STOCK,
       PRIX_UNITAIRE
FROM PRODUITS A
WHERE  UNITES_STOCK >
          ( SELECT AVG(UNITES_STOCK)
            FROM PRODUITS B
            WHERE  B.CODE_CATEGORIE =
                      A.CODE_CATEGORIE );
```

Corrélation, même colonne

Oracle autorise également le traitement d'une sous-requête faisant référence à une colonne de la table de l'interrogation principale. Le traitement est plus complexe dans ce cas, car il faut évaluer la sous-requête pour chaque ligne traitée par la requête principale. On dit alors que la sous-requête est synchronisée avec la requête principale. La sous-requête est évaluée pour **chaque ligne** de la requête principale.

```
SQL> SELECT CODE_CATEGORIE "Cat",
            NOM_PRODUIT,
            UNITES_STOCK   "Stock",
            PRIX_UNITAIRE "Prix"
     FROM PRODUITS A
     WHERE  UNITES_STOCK >
             ( SELECT AVG(UNITES_STOCK)
               FROM PRODUITS B
               WHERE  B.CODE_CATEGORIE = A.CODE_CATEGORIE);

       Cat NOM_PRODUIT                              Stock       Prix
---------- -------------------------------- ---------- ----------
         1 Sasquatch Ale                           111         70
         1 Chartreuse verte                         69         90
         1 Laughing Lumberjack Lager                52         70
         1 Lakkalikööri                             57         90
         1 Rhönbräu Klosterbier                    125         39
         6 Pâté chinois                            115        120
         2 Chef Anton's Cajun Seasoning             53        110
         2 Grandma's Boysenberry Spread            120        125
         2 Sirop d'érable                          113        143
         2 Louisiana Fiery Hot Pepper Sauce         76        105
         4 Queso Manchego La Pastora                86        190
         4 Raclette Courdavault                     79        275
         4 Geitost                                 112         13
```

```
            5 Gustaf's Knäckebröd                        104        105
            5 Tunnbröd                                    61         45
            8 Inlagd Sill                                112         95
            8 Boston Crab Meat                           123         92
            8 Spegesild                                   95         60
            8 Röd Kaviar                                 101         75
            8 Jack's New England Clam Chowder             85         48
            8 Escargots de Bourgogne                      62         66
            3 Sir Rodney's Marmalade                      40        405
            3 NuNuCa Nuß-Nougat-Creme                     76         70
            3 Schoggi Schokolade                          49        220
            3 Zaanse koeken                               36         48
            3 Valkoinen suklaa                            65         81
            7 Manjimup Dried Apples                       20        265
            7 Tofu                                        35        116
```

Dans l'exemple précèdent la synchronisation entre la requête principale et la sous-requête est indiquée ici par l'utilisation, dans la sous-requête, de la colonne `CODE_CATEGORIE` de la table `PRODUITS` de la requête principale.

L'opérateur EXISTS

Une des formes particulière de la sous-requête synchronisée est celle testant l'existence de lignes de valeurs répondant à telle ou telle condition.

L'opérateur « **EXISTS** » permet de construire un prédicat évalué à « **TRUE** » si la sous-requête renvoie au moins une ligne.

```
SQL> SELECT SOCIETE,B.NO_COMMANDE,REF_PRODUIT,PORT
     FROM CLIENTS A,COMMANDES B,DETAILS_COMMANDES C
     WHERE A.CODE_CLIENT = B.CODE_CLIENT AND
           B.NO_COMMANDE = C.NO_COMMANDE AND
           EXISTS  ( SELECT *
                     FROM  PRODUITS D,FOURNISSEURS E
                     WHERE E.NO_FOURNISSEUR = D.NO_FOURNISSEUR AND
                           C.REF_PRODUIT    = D.REF_PRODUIT    AND
                           E.VILLE          = A.VILLE            ) ;

SOCIETE                  NO_COMMANDE REF_PRODUIT       PORT
------------------------ ----------- ----------- ----------
B's Beverages                  10289           3     113,85
Familia Arquibaldo             10386          24      69,95
Consolidated Holdings          10435           2      46,05
Familia Arquibaldo             10512          24      17,65
Seven Seas Imports             10869           1      716,4
Spécialités du monde           10964          38      436,9
Eastern Connection             11047           1      233,1
Queen Cozinha                  10704          24       23,9
Around the Horn                10741           2       54,8
North/South                    10752           1       6,95

10 ligne(s) sélectionnée(s).
```

Dans l'exemple précèdent, la requête affiche les clients, numéro de commande, référence produit et les frais de port pour les produits achetés par les clients qui habitent dans la même ville que le fournisseur.

Il est à noter que la projection totale (*) de la sous-requête est sans signification, puisque seul compte le fait que la sous-requête renvoie ou non une ligne. La projection peut donc être une constante quelconque, par exemple :

```
SQL> SELECT SOCIETE,B.NO_COMMANDE,REF_PRODUIT,PORT
     FROM CLIENTS A,COMMANDES B,DETAILS_COMMANDES C
     WHERE A.CODE_CLIENT = B.CODE_CLIENT AND
           B.NO_COMMANDE = C.NO_COMMANDE AND
           EXISTS  ( SELECT 'constante'
                     FROM   PRODUITS D,FOURNISSEURS E
                     WHERE E.NO_FOURNISSEUR = D.NO_FOURNISSEUR AND
                           C.REF_PRODUIT    = D.REF_PRODUIT    AND
                           E.VILLE          = A.VILLE            );

SOCIETE                  NO_COMMANDE REF_PRODUIT       PORT
------------------------ ----------- ----------- ----------
B's Beverages                  10289           3     113,85
Familia Arquibaldo             10386          24      69,95
Consolidated Holdings          10435           2      46,05
Familia Arquibaldo             10512          24      17,65
Seven Seas Imports             10869           1      716,4
Spécialités du monde           10964          38      436,9
Eastern Connection             11047           1      233,1
Queen Cozinha                  10704          24       23,9
Around the Horn                10741           2       54,8
North/South                    10752           1       6,95

10 ligne(s) sélectionnée(s).
```

Sous-requête dans la clause FROM

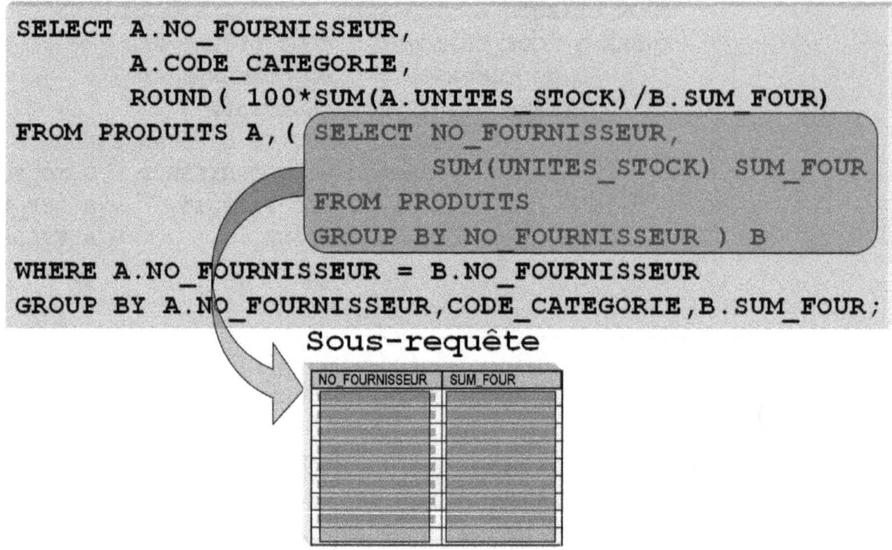
SELECT A.NO_FOURNISSEUR,
A.CODE_CATEGORIE,
ROUND(100*SUM(A.UNITES_STOCK)/B.SUM_FOUR)
FROM PRODUITS A,(SELECT NO_FOURNISSEUR,
SUM(UNITES_STOCK) SUM_FOUR
FROM PRODUITS
GROUP BY NO_FOURNISSEUR) B
WHERE A.NO_FOURNISSEUR = B.NO_FOURNISSEUR
GROUP BY A.NO_FOURNISSEUR,CODE_CATEGORIE,B.SUM_FOUR;
Sous-requête
NO_FOURNISSEUR
SUM_FOUR

Depuis la version 7.2 d'Oracle, vous pouvez utiliser directement une sous-requête dans la clause « **FROM** » de la requête principale.

La sous-requête est entièrement évaluée avant la requête principale.

```
SQL> SELECT A.NO_FOURNISSEUR, CODE_CATEGORIE,
            SUM(UNITES_STOCK) "Stock",
            ROUND( 100*SUM(UNITES_STOCK)/B.SUM_FOUR) "%Stock"
     FROM PRODUITS A,( SELECT NO_FOURNISSEUR,
                              SUM(UNITES_STOCK) SUM_FOUR
                       FROM PRODUITS
                       GROUP BY NO_FOURNISSEUR) B
     WHERE A.NO_FOURNISSEUR = B.NO_FOURNISSEUR
     GROUP BY A.NO_FOURNISSEUR,CODE_CATEGORIE,B.SUM_FOUR ;

NO_FOURNISSEUR CODE_CATEGORIE      Stock     %Stock
-------------- -------------- ---------- ----------
            29              2        113         87
             7              3         29         26
             7              8         42         38
             7              2         24         22
            27              8         62        100
             1              2         13         19
            13              8         10        100
            28              4         98        100
            21              8        100        100
            24              6
...
```

Dans l'exemple précèdent, la sous-requête calcule, pour chaque fournisseur, la somme des produits en stock ; cette somme est utilisée dans la requête principale pour calculer le pourcentage par fournisseur du stock de chaque catégorie.

Atelier 12.2

- Les sous-requêtes monolignes
- Les sous-requêtes multilignes
- Les sous-requêtes un tableau
- Les sous-requêtes synchronisée

Durée : 25 minutes

Questions

12.1-1. Quels sont les clauses qui ne peuvent pas comporter des sous-requêtes ?

A. `SELECT`

B. `FROM`

C. `WHERE`

D. `GROUP BY`

E. `ORDER BY`

F. `HAVING`

12.1-2. Quels sont les opérateurs logiques qui peuvent travailler avec des sous-requêtes multilignes ?

A. `=`

B. `IN`

C. `>`

D. `<`

E. `>=`

F. `<=`

G. `!=`

H. `ALL=`

I. `ANY<`

J. `LIKE`

Exercice n° 1 Les sous-requêtes monoligne

Écrivez les requêtes permettant d'afficher :

- Les produits pour lesquels la quantité en stock est inférieure à la moyenne.
- Les sociétés clientes et les numéros des commandes qui ont un nombre égal ou supérieur de produits achetés que la commande numéro `'10657'`.

Exercice n° 2 Les sous-requêtes multilignes

Écrivez les requêtes permettant d'afficher :

- Les sociétés clientes et leurs commandes pour tous les produits livrés par un fournisseur qui habite Paris.
- Les sociétés clientes qui ont commandé le produit `'Chai'` mais également qu'ils ont commandé plus de vingt cinq produits.

Exercice n° 3 Les sous-requêtes un tableau

Écrivez les requêtes permettant d'afficher :

- Le nom, prénom, la fonction, le nom du produit et la date de la commande pour les produits achetés par les clients qui habitent dans la même ville que le fournisseur.

Exercice n° 4 Les sous-requêtes synchronisées

Écrivez les requêtes permettant d'afficher :

- Les clients pour lesquels les frais de ports par commande dépassent leur moyenne globale des frais de ports.
- Le produit, le fournisseur et les unités en stock pour les produits qui ont un stock inférieur à la moyenne des unités en stock pour les produits du même fournisseur.
- Les clients et ses commandes pour les clients qui payent un port supérieur à la moyenne des commandes pour la même année.
- Les employés avec leur salaire et le pourcentage correspondant par rapport au total de la masse salariale par fonction. Essayez d'utiliser une sous-requête dans la clause « **FROM** ».

- *Insertion des lignes*
- *Insertion d'une requête*
- *Insertion multi-tables*
- *Mise à jour*
- *Suppression*
- *MERGE*

13

Mise à jour des données

Objectifs

A la fin de ce module, vous serez à même d'effectuer les tâches suivantes :

- Effectuer des insertions, mises à jour et suppressions d'enregistrements.
- Effectuer des insertions multi-tables.
- Insérer plusieurs enregistrements à la fois dans une seule expression.
- Effectuer des mises à jour conditionnées.
- Mettre à jour des tables à partir des sous-requêtes.

Contenu

Mise à jour des données

Le LMD est exécuté lorsque vous :

- Ajoutez des nouvelles lignes dans une table
- Modifiez des lignes existantes
- Supprimez des lignes d'une table

Ce chapitre présente le Langage de Manipulation de Données ou LMD qui permet d'effectuer les modifications des données (mise à jour de lignes, ajout de lignes et suppression de lignes sélectionnées). Bien que ces sujets n'aient pas été explicitement traités, les connaissances que vous avez acquises sur SQL (les types de données, les opérations de calcul, le formatage de chaînes, la clause « **WHERE** », etc.) peuvent être mises à profit ici.

L'un des problèmes essentiels posé au SGBDR est la manipulation simultanée des données de la base par un grand nombre d'utilisateurs. Le SGBDR doit à la fois assurer une bonne disponibilité de l'information et en garantir la cohérence.

Une transaction est une unité logique de traitement formée d'une suite d'opérations interrogeant et/ou modifiant la base de données et pour laquelle l'ensemble des opérations doit être soit validé, soit annulé.

Ce chapitre étudie également les concepts de transaction, d'accès concurrents et de réplication, qui assurent cette cohérence.

Insertion des lignes

CATEGORIES

CODE_CATEGORIE	NOM_CATEGORIE	DESCRIPTION
1	Boissons	Boissons, cafés, thés, bières
2	Condiments	Sauces, assaisonnements et épices
3	Desserts	Desserts et friandises
4	Produits laitiers	Fromages
5	Pâtes et céréales	Pains, biscuits, pâtes et céréales
6	Viandes	Viandes préparées
7	Produits secs	Fruits secs, raisins, autres
8	Poissons et fruits de mer	Poissons, fruits de mer, escargots

Insertion d'une ligne dans la table CATEGORIES

La commande « **`INSERT`** » ajoute des lignes à une table. Avec cette instruction, vous fournissez des valeurs et des expressions littérales à enregistrer sous forme de lignes dans une table.

Le terme « **`INSERT`** » peut induire en erreur s'il laisse supposer qu'on peut déterminer où, dans une table, une ligne est insérée. Les bases de données relationnelles comportent une indépendance logique des données qu'elles manipulent, en d'autres termes, une table ne possède aucun ordre implicite. Une nouvelle ligne insérée est placée à un endroit arbitraire dans la table.

Deux possibilités sont offertes :

- création d'une nouvelle ligne dans une table à partir de valeurs extérieures transmises sous forme de constantes ;
- création d'une ou de plusieurs lignes dans une table en tant que résultat d'une requête sur la base de données.

Insertion d'une ligne

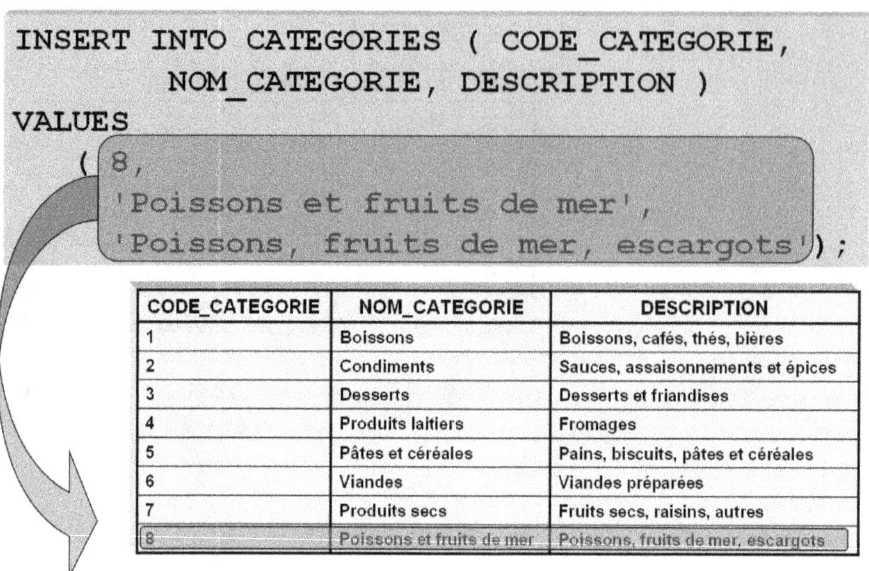

```
INSERT INTO CATEGORIES ( CODE_CATEGORIE,
        NOM_CATEGORIE, DESCRIPTION )
VALUES
   ( 8,
     'Poissons et fruits de mer',
     'Poissons, fruits de mer, escargots') ;
```

CODE_CATEGORIE	NOM_CATEGORIE	DESCRIPTION
1	Boissons	Boissons, cafés, thés, bières
2	Condiments	Sauces, assaisonnements et épices
3	Desserts	Desserts et friandises
4	Produits laitiers	Fromages
5	Pâtes et céréales	Pains, biscuits, pâtes et céréales
6	Viandes	Viandes préparées
7	Produits secs	Fruits secs, raisins, autres
8	Poissons et fruits de mer	Poissons, fruits de mer, escargots

La commande « **INSERT** » permet d'insérer une ligne dans une table en spécifiant les valeurs à insérer par la syntaxe :

```
INSERT INTO NOM_TABLE [(COLONNE_1[,...])]
VALUES   (EXPRESSION_1[,...]);
```

NOM_TABLE La table dans laquelle la requête insère un enregistrement et seulement un enregistrement.

COLONNE_N La liste des noms de colonnes de la table qui font l'objet d'une insertion ; elle est optionnelle. Toute colonne qui ne se trouve pas dans la liste reçoit la valeur « **NULL** ». En l'absence d'une liste de colonnes, des valeurs doivent être spécifiées pour toutes les colonnes de la table dans l'ordre défini lors de la création de la table.

EXPRESSION_N L'expression doit être évaluée avec succès pour chacune des colonnes de la table. Les valeurs possibles sont : une constante, le résultat de l'expression, la valeur nulle « **NULL** ».

La requête suivante permet d'insérer une ligne dans la table `CATEGORIES` en spécifiant les valeurs à insérer sous forme des constantes.

```
SQL> INSERT INTO CATEGORIES ( CODE_CATEGORIE,
  2                           NOM_CATEGORIE,
  3                           DESCRIPTION )
  4  VALUES ( 9, 'Poissons et fruits de mer',
  5              'Poissons, fruits de mer, escargots') ;

1 ligne créée.
```

Les opérations de mise à jour des données doivent tenir compte des contraintes des tables. Dans l'exemple suivant vous pouvez constater la violation de la contrainte « **PRIMARY KEY** » définie sur la colonne `CODE_CATEGORIE`.

```
SQL> INSERT INTO CATEGORIES
  2  VALUES ( 9, 'Poissons et fruits de mer',
  3              'Poissons, fruits de mer, escargots');

1 ligne créée.

SQL> SELECT count(*) FROM CATEGORIES
  2  WHERE CODE_CATEGORIE = 9;

  COUNT(*)
----------
         1

SQL> INSERT INTO CATEGORIES
  2  VALUES ( 9, 'Poissons et fruits de mer',
  3              'Poissons, fruits de mer, escargots');
INSERT INTO CATEGORIES
*
ERREUR à la ligne 1 :
ORA-00001: violation de contrainte unique (STAGIAIRE.PK_CATEGORIES)
```

Attention

Si vous tentez d'insérer une valeur qui dépasse la largeur d'une colonne de type caractère ou l'étendue d'une colonne de type numérique, vous obtenez un message d'erreur. Vous devez respecter les contraintes définies pour vos colonnes.

```
SQL> INSERT INTO EMPLOYES ( NO_EMPLOYE, NOM, PRENOM, FONCTION,
  2                     TITRE, DATE_NAISSANCE,DATE_EMBAUCHE, SALAIRE)
  3  VALUES          ( 12, 'Fuller', 'Jean-William', 'Vice-Président',
  4                     'Dr.', '19/02/1952', '14/08/1992', '10000');
  VALUES          ( 12, 'Fuller', 'Jean-William', 'Vice-Président',
                                   *
ERREUR à la ligne 3 :
ORA-12899: valeur trop grande pour la colonne
"STAGIAIRE"."EMPLOYES"."PRENOM" (réelle : 12, maximum : 10)
```

Dans l'exemple précédent le champ prénom ne peut contenir que dix caractères, mais le prénom 'Jean-William' inséré contient douze caractères.

Insertion expressions génériques

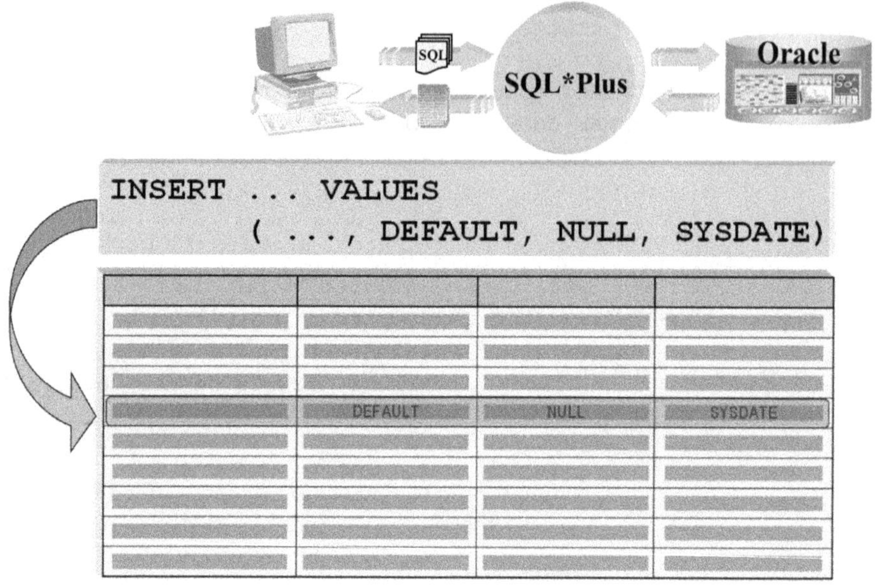

La liste des noms de colonnes est optionnelle. Si elle est omise, la requête prendra par défaut la liste de colonnes de la table dans l'ordre défini lors de la création de la table. Pour connaître l'ordre de colonnes, vous pouvez utiliser la commande SQL*Plus « **DESC NOM_TABLE** ».

```
SQL> DESC EMPLOYES
Nom                                       NULL ?   Type
 ----------------------------------------- -------- -------------
 NO_EMPLOYE                                NOT NULL NUMBER(6)
 REND_COMPTE                                        NUMBER(6)
 NOM                                       NOT NULL NVARCHAR2(40)
 PRENOM                                    NOT NULL NVARCHAR2(10)
 FONCTION                                  NOT NULL VARCHAR2(30)
 TITRE                                     NOT NULL VARCHAR2(5)
 DATE_NAISSANCE                            NOT NULL DATE
 DATE_EMBAUCHE                             NOT NULL DATE
 SALAIRE                                   NOT NULL NUMBER(8,2)
 COMMISSION                                         NUMBER(8,2)

SQL> INSERT INTO EMPLOYES VALUES ( 10, 2, 'Davolio', 'Nancy',
  2                               'Représentant(e)', 'Mlle',
  3                                '08/12/1968', '01/05/1992',
  4                                3135, 1500);

1 ligne créée.
```

La requête précédente permet d'insérer une ligne dans la table `EMPLOYES` en spécifiant les valeurs à insérer sous forme des constantes.

Si la liste des noms de colonnes est spécifiée, les colonnes ne figurant pas dans la liste auront la valeur « **NULL** ».

Une correspondance positionnelle s'effectue entre les noms de colonnes de la liste et les valeurs introduites.

```
SQL> INSERT INTO EMPLOYES ( NO_EMPLOYE, NOM, PRENOM, FONCTION,
                              TITRE, DATE_NAISSANCE,
                              DATE_EMBAUCHE, SALAIRE )
     VALUES             ( 11, 'Fuller', 'Andrew', 'Vice-Président',
                         'Dr.', '19/02/1952', '14/08/1992', '10000');

1 ligne créée.

SQL> SELECT NO_EMPLOYE, NOM, REND_COMPTE, COMMISSION
     FROM EMPLOYES
     WHERE NO_EMPLOYE = 11;

NO_EMPLOYE NOM                                REND_COMPTE COMMISSION
---------- ---------------------------------- ----------- ----------
        11 Fuller
```

La requête précédente effectue l'insertion d'une ligne dans la table `EMPLOYES` en spécifiant les valeurs à insérer sous forme des constantes ; les colonnes `REND_COMPTE` et `COMMISSION` ne figurant pas dans la liste des colonnes à insérer, leur valeur est « **NULL** ».

L'expression « **DEFAULT** » permet de définir une valeur par défaut pour la colonne, qui sera prise en compte si aucune valeur n'est spécifiée dans une commande « **INSERT** ». Elle est spécifiée à la création de la table et peut être une constante, une pseudocolonne « **USER** », « **SYSDATE** » ou tout simplement une expression.

Il est également possible d'insérer pour une colonne une valeur « **NULL** » de manière explicite.

```
SQL> INSERT INTO EMPLOYES ( NO_EMPLOYE, NOM, PRENOM, FONCTION,
                              TITRE, DATE_NAISSANCE,
                              DATE_EMBAUCHE, SALAIRE, COMMISSION )
     VALUES             ( 20,'BIZOÏ', 'Razvan', 'Formateur',
                         'M.','03/02/1965', DEFAULT, 10000, NULL);

1 ligne créée.

SQL> SELECT NOM, PRENOM, DATE_EMBAUCHE, SYSDATE, COMMISSION
     FROM EMPLOYES
     WHERE NO_EMPLOYE = 20;

NOM    PRENOM DATE_EMB SYSDATE  COMMISSION
------ ------ -------- -------- ----------
BIZOÏ  Razvan 22/05/06 22/05/06
```

La requête précédente effectue l'insertion d'une ligne dans la table `EMPLOYES` en spécifiant les valeurs à insérer sous forme des constantes, ainsi que l'expression « **DEFAULT** » pour la colonne `DATE_EMBAUCHE` et précise de manière explicite la valeur « **NULL** » pour la colonne `COMMISSION`.

Insertion et sous-requête

```
INSERT
   ( SELECT ... FROM NOM_TABLE
     WHERE CONDITION )

VALUES( VALUE1[,...] );
```

La commande « **INSERT** » permet d'insérer une ligne dans une sous-requête en spécifiant les valeurs à insérer par la syntaxe :

```
INSERT INTO SOUS-REQUETE VALUES    (EXPRESSION_1[,...]);
```

SOUS-REQUETE	La sous-requête doit être construite sur une seule et doit contenir tous les champs nécessitant une valeur.
EXPRESSION_N	L'expression doit être évaluée avec succès pour chacune des colonnes de la table. Les valeurs possibles sont : une constante, le résultat de l'expression, la valeur nulle « **NULL** ».

```
SQL> INSERT INTO ( SELECT NO_COMMANDE, CODE_CLIENT,
                          NO_EMPLOYE, DATE_COMMANDE
                   FROM COMMANDES
                   WHERE CODE_CLIENT = 'BONAP' AND NO_EMPLOYE  = 4)
     VALUES ( 20000, 'BONAP', 4, SYSDATE);

1 ligne créée.

SQL> SELECT NO_COMMANDE, CODE_CLIENT, NO_EMPLOYE, DATE_COMMANDE
     FROM COMMANDES
     WHERE CODE_CLIENT = 'BONAP' AND
           NO_EMPLOYE  = 4       AND
           NO_COMMANDE = 20000;

NO_COMMANDE CODE_ NO_EMPLOYE DATE_COM
----------- ----- ---------- --------
      20000 BONAP          4 22/05/06
```

Insertion de plusieurs lignes

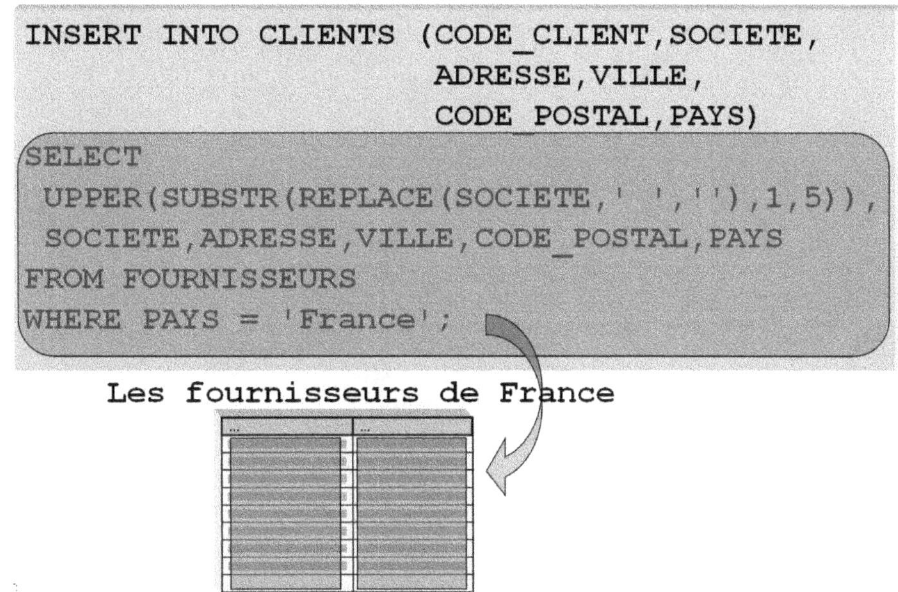
INSERT INTO CLIENTS (CODE_CLIENT,SOCIETE,
ADRESSE,VILLE,
CODE_POSTAL,PAYS)
SELECT
UPPER(SUBSTR(REPLACE(SOCIETE,' ',''),1,5)),
SOCIETE,ADRESSE,VILLE,CODE_POSTAL,PAYS
FROM FOURNISSEURS
WHERE PAYS = 'France';
Les fournisseurs de France

La commande « **INSERT** » permet d'insérer des données qui ont été sélectionnées dans une ou plusieurs tables.

```
INSERT INTO NOM_TABLE [(COLONNE_1[,...])]
SOUS-REQUETE;
```

NOM_TABLE	Table dans laquelle la requête insère les enregistrements.
COLONNE_N	Liste des noms de colonnes de la table qui font l'objet de l'insertion, elle est optionnelle. Toute colonne qui ne se trouve pas dans la liste reçoit la valeur « **NULL** ». En l'absence d'une liste de colonnes, des valeurs doivent être spécifiées pour toutes les colonnes de la table dans l'ordre défini lors de la création de la table.
SOUS-REQUETE	Requête SQL qui retourne la ou les lignes à insérer.

```
SQL> INSERT INTO CLIENTS (CODE_CLIENT,SOCIETE,ADRESSE,VILLE,
                          CODE_POSTAL,PAYS,TELEPHONE)
     SELECT UPPER(SUBSTR(REPLACE(SOCIETE,' ',''),1,5)),
            SOCIETE,ADRESSE,VILLE,CODE_POSTAL,PAYS, TELEPHONE
     FROM FOURNISSEURS
     WHERE PAYS = 'France';

3 ligne(s) créée(s).
```

Dans l'exemple précèdent, les données extraites de la table FOURNISSEURS sont insérées dans la table CLIENTS. Notez que la clause « **WHERE** » de l'instruction « **SELECT** » peut extraire une ou plusieurs lignes. Vous remarquerez que vous n'êtes pas tenu d'insérer telles qu'elles les valeurs sélectionnées ; vous pouvez les modifier en utilisant des fonctions de chaîne, de date, ou numériques. Les valeurs insérées représentent le résultat de ces fonctions.

Insertion multi-tables

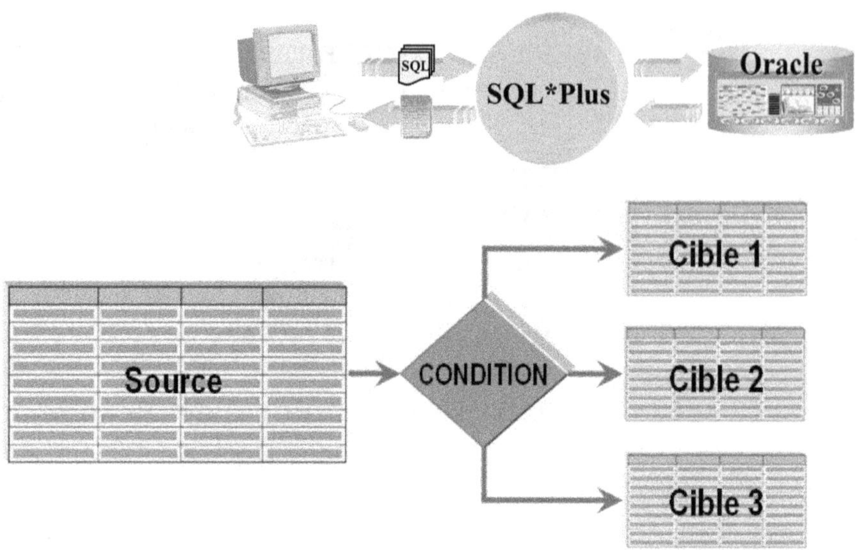

La commande « **INSERT** » permet depuis la version Oracle 9i d'insérer des données dans plusieurs tables.

La syntaxe de la commande « **INSERT** » est :

```
INSERT [ ALL | FIRST ]
  [ WHEN CONDITION THEN ]
        INTO NOM_TABLE_1 [VALUES( EXPRESSION_1[,...] )]
  [ ELSE ]
        INTO NOM_TABLE_2 [VALUES( EXPRESSION_1[,...] )]
...
SELECT EXPRESSION_1[,...] FROM ...;
```

NOM_TABLE_N	Une des tables dans laquelle la requête insère les enregistrements.
WHEN CONDITION	La condition qui permet de vérifier l'insertion.
ALL	Tous les inserts sont effectués.
FIRST	Permet l'insertion seulement pour le premier insert qui vérifie la condition, les autres étant ignores.
EXPRESSION_N	L'expression retournée par la requête SQL pour être insérée dans la ou dans les tables cible.
SOUS-REQUETE	Requête SQL qui retourne la ou les lignes à insérer.

La commande « **INSERT** » permet les insertions dans plusieurs tables en un seul ordre suivant trois types de syntaxes « **INSERT** » :

- Sans condition
- Conditionnel multi-tables
- Conditionnel mono-table

Insertion sans condition

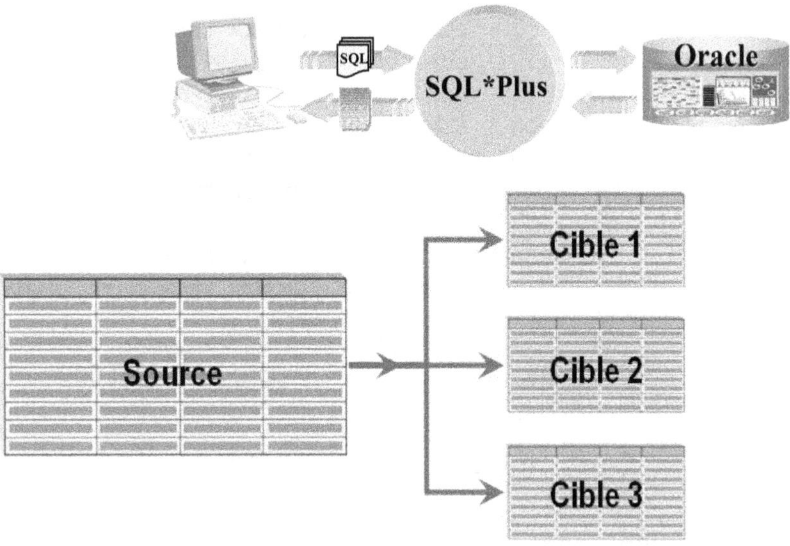

La commande « **INSERT ALL** » permet d'insérer des données d'une sous-requête dans une ou plusieurs tables sans aucune condition. Il est également possible d'insérer plusieurs enregistrements dans la même table à partir d'un enregistrement retourné par la sous-requête.

La syntaxe pour la commande « **INSERT ALL** » sans conditions est :

```
INSERT ALL
        INTO NOM_TABLE_1 [VALUES( EXPRESSION_1[,...] )]
        INTO NOM_TABLE_2 [VALUES( EXPRESSION_1[,...] )]
        [...]
SELECT EXPRESSION_1[,...] FROM ...;
```

```
SQL> DESC QUANTITES_CLIENTS
Nom                                 NULL ?   Type
 ----------------------------------- -------- -----------
 ANNEE                                        NUMBER
 MOIS                                         NUMBER
 CODE_CLIENT                                  CHAR(5)
 QUANTITE                                     NUMBER
 PORT                                         NUMBER

SQL> DESC VENTES_CLIENTS
 Nom                                 NULL ?   Type
 ----------------------------------- -------- -----------
 ANNEE                                        NUMBER
 MOIS                                         NUMBER
 CODE_CLIENT                                  CHAR(5)
 VENTE                                        NUMBER
 REMISE                                       NUMBER
```

```
SQL> SELECT EXTRACT ( YEAR  FROM DATE_COMMANDE) ANNEE,
            EXTRACT ( MONTH FROM DATE_COMMANDE) MOIS,
            CODE_CLIENT,
            SUM(QUANTITE*PRIX_UNITAIRE) VENTE,
            SUM(QUANTITE*PRIX_UNITAIRE*REMISE) REMISE,
            SUM(QUANTITE) QUANTITE,
            SUM(PORT) PORT
     FROM   COMMANDES NATURAL JOIN DETAILS_COMMANDES
     GROUP BY EXTRACT ( YEAR  FROM DATE_COMMANDE),
              EXTRACT ( MONTH FROM DATE_COMMANDE),
              CODE_CLIENT
     ORDER BY EXTRACT ( YEAR  FROM DATE_COMMANDE),
              EXTRACT ( MONTH FROM DATE_COMMANDE),
              CODE_CLIENT;

     ANNEE  MOIS CODE_   VENTE     REMISE   QUANTITE    PORT
---------- ----- ----- ------- ---------- ---------- -------
      1996     7 BLONP    5880          0         50    5,53
      1996     7 CENTC     504          0         11      33
      1996     7 CHOPS    3126      342,9         57    3,45
      1996     7 ERNSH   22417     4973,6        305   50,29
      1996     7 FOLKO    3623    144,375         60      37
      1996     7 FRANK   20155       2472        135   31,29
      1996     7 GROSR    5506          0         14    6,63
      1996     7 HANAR   16289       1302        162   18,60
...

SQL> INSERT ALL
         INTO QUANTITES_CLIENTS
              VALUES ( ANNEE, MOIS , CODE_CLIENT, QUANTITE, PORT)
         INTO VENTES_CLIENTS
              VALUES ( ANNEE, MOIS , CODE_CLIENT, VENTE, REMISE)
     SELECT EXTRACT ( YEAR  FROM DATE_COMMANDE) ANNEE,
            EXTRACT ( MONTH FROM DATE_COMMANDE) MOIS,
            CODE_CLIENT,
            SUM(QUANTITE*PRIX_UNITAIRE) VENTE,
            SUM(QUANTITE*PRIX_UNITAIRE*REMISE) REMISE,
            SUM(QUANTITE) QUANTITE,
            SUM(PORT) PORT
     FROM   COMMANDES NATURAL JOIN DETAILS_COMMANDES
     GROUP BY EXTRACT ( YEAR  FROM DATE_COMMANDE),
              EXTRACT ( MONTH FROM DATE_COMMANDE),
              CODE_CLIENT
     ORDER BY EXTRACT ( YEAR  FROM DATE_COMMANDE),
              EXTRACT ( MONTH FROM DATE_COMMANDE),
              CODE_CLIENT;

1274 ligne(s) créée(s).
```

Chaque enregistrement de la sous-requête est insère dans les deux tables `QUANTITES_CLIENTS` et `VENTES_CLIENTS`. Les cumuls des frais de port et de quantités vendus par client sont insères dans la table `QUANTITES_CLIENTS` et les cumuls de ventes ainsi que la remise par client sont insères dans la table `VENTES_CLIENTS`.

INSERT ALL

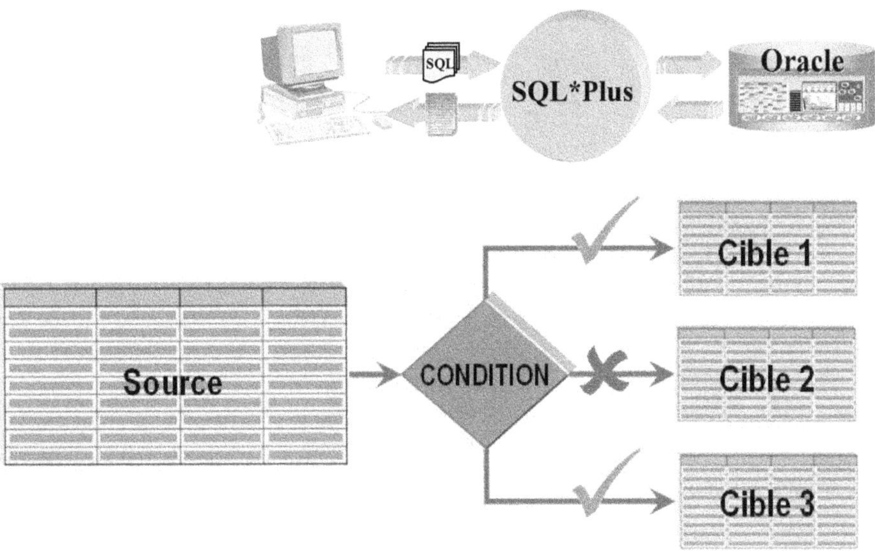

La commande « **INSERT ALL** » permet d'insérer des données d'une sous-requête dans une ou plusieurs tables si les conditions correspondantes sont vérifiées.

La syntaxe pour la commande « **INSERT ALL** » sans conditions est :

```
INSERT ALL
   WHEN CONDITION THEN
        INTO NOM_TABLE_1 [VALUES( EXPRESSION_1[,...] )]
   WHEN CONDITION THEN
        INTO NOM_TABLE_2 [VALUES( EXPRESSION_1[,...] )]
        [...]
   ELSE
        INTO NOM_TABLE_N [VALUES( EXPRESSION_1[,...] )]
SELECT EXPRESSION_1[,...] FROM ...;
```

```
SQL> SELECT GROUPING_ID( EXTRACT ( YEAR  FROM DATE_COMMANDE),
                         EXTRACT ( MONTH FROM DATE_COMMANDE),
                         CODE_CLIENT ) G,
             EXTRACT ( YEAR  FROM DATE_COMMANDE) ANNEE,
             EXTRACT ( MONTH FROM DATE_COMMANDE) MOIS,
             CODE_CLIENT,
             SUM(QUANTITE*PRIX_UNITAIRE) VENTE,
             SUM(QUANTITE*PRIX_UNITAIRE*REMISE) REMISE
     FROM    COMMANDES NATURAL JOIN DETAILS_COMMANDES
     GROUP BY ROLLUP
                (EXTRACT ( YEAR  FROM DATE_COMMANDE),
                EXTRACT ( MONTH FROM DATE_COMMANDE),
                CODE_CLIENT);

 G      ANNEE  MOIS CODE_        VENTE     REMISE
-- ---------- ----- ----- ----------- ----------
 0       1996     7 BLONP     5880,00        ,00
```

```
0         1996      7 CENTC       504,00         ,00
...
1         1996      7          150960,50    11651,03
...
0         1998      5 WHITC      4643,75         ,00
1         1998      5           99493,30     7825,15
3         1998                2348856,70   145737,37
7                             6772292,95   443327,75

664 ligne(s) sélectionnée(s).

SQL> INSERT ALL
      WHEN G = 3 THEN
           INTO VENTES_ANNEES
                VALUES ( ANNEE, VENTE, REMISE)
      WHEN G = 1 THEN
           INTO VENTES_MOIS
                VALUES ( ANNEE, MOIS, VENTE, REMISE)
      WHEN ANNEE = 1996 THEN
           INTO VENTES_CLIENTS_1996
                VALUES ( MOIS, CODE_CLIENT, VENTE, REMISE)
      WHEN ANNEE = 1997 THEN
           INTO VENTES_CLIENTS_1997
                VALUES ( MOIS, CODE_CLIENT, VENTE, REMISE)
      WHEN ANNEE = 1998 THEN
           INTO VENTES_CLIENTS_1998
                VALUES ( MOIS, CODE_CLIENT, VENTE, REMISE)
     SELECT GROUPING_ID( EXTRACT ( YEAR  FROM DATE_COMMANDE),
                         EXTRACT ( MONTH FROM DATE_COMMANDE),
                         CODE_CLIENT ) G,
            EXTRACT ( YEAR  FROM DATE_COMMANDE) ANNEE,
            EXTRACT ( MONTH FROM DATE_COMMANDE) MOIS,
            CODE_CLIENT,
            SUM(QUANTITE*PRIX_UNITAIRE) VENTE,
            SUM(QUANTITE*PRIX_UNITAIRE*REMISE) REMISE
     FROM   COMMANDES NATURAL JOIN DETAILS_COMMANDES
     GROUP BY ROLLUP
              (EXTRACT ( YEAR  FROM DATE_COMMANDE),
              EXTRACT ( MONTH FROM DATE_COMMANDE),
              CODE_CLIENT);

689 ligne(s) créée(s).

SQL> SELECT * FROM VENTES_ANNEES;

     ANNEE       VENTE     REMISE
---------- ----------- ----------
      1996  1131492,50   91072,65
      1997  3291943,75  206517,73
      1998  2348856,70  145737,37

SQL> SELECT * FROM VENTES_MOIS;

     ANNEE  MOIS       VENTE     REMISE
```

```
---------- ----- ----------- ----------
      1996     7   150960,50   11651,03
...
      1998     4   673152,80   54159,39
      1998     5    99493,30    7825,15

SQL> SELECT * FROM VENTES_CLIENTS_1998;

 MOIS CODE_        VENTE     REMISE
----- ----- ----------- ----------
    1 ALFKI      4255,00      26,00
...
    1          504273,60   33163,05
...
    5 WHITC      4643,75        ,00
    5           99493,30    7825,15
              2348856,70  145737,37
```

Chaque enregistrement de la sous-requête est inséré dans toutes les tables si la condition est vérifiée.

La première condition vérifie que l'enregistrement est un cumul des ventes et remises pour une année comme vous pouvez le voir dans la liste des enregistrements insérés de la table `VENTES_ANNEES`.

La deuxième condition vérifie que l'enregistrement est un cumul des ventes et remises pour un mois dans l'année comme vous pouvez le constater dans la liste des enregistrements insérés de la table `VENTES_MOIS`.

Les trois autres conditions vérifient que l'enregistrement est de l'année correspondant à la table. Il faut remarquer que les cumuls annuels et mensuels sont également insérés dans ces tables comme vous pouvez l'observer dans la liste des enregistrements insérés de la table `VENTES_CLIENTS_1998`.

Attention

Un enregistrement peut être inséré dans plusieurs table à la fois si les conditions imposées sont vérifies.

Il convient de faire attention dans le cas des fonctions analytiques, plusieurs champs peuvent être « **NULL** » suivant le regroupement, ce qui peut induire des erreurs d'insertion.

INSERT FIRST

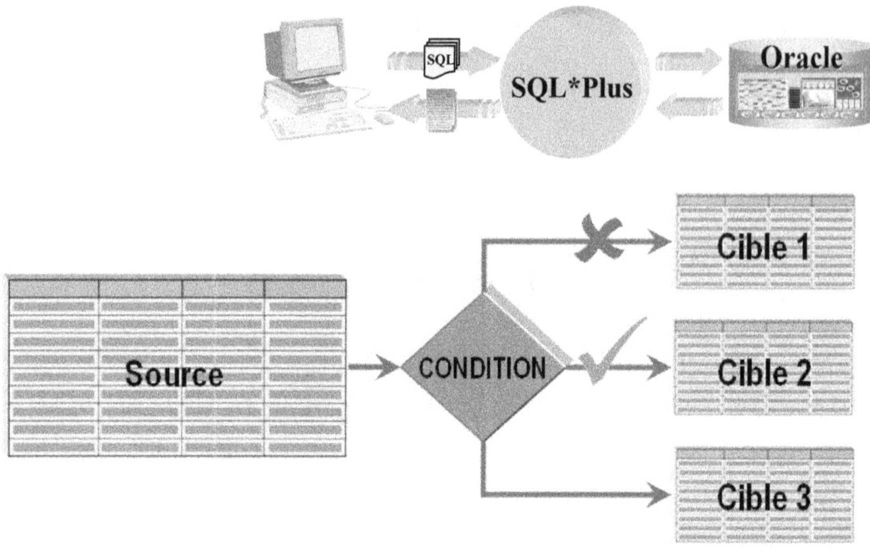

La commande « **INSERT FIRST** » permet d'insérer des données dans une table correspondant à la première condition valide dans la liste.

```
SQL> INSERT FIRST
       WHEN G = 3 THEN
            INTO VENTES_ANNEES
                 VALUES ( ANNEE, VENTE, REMISE)
       WHEN G = 1 THEN
            INTO VENTES_MOIS
                 VALUES ( ANNEE, MOIS, VENTE, REMISE)
       WHEN ANNEE = 1996 THEN
            INTO VENTES_CLIENTS_1996
                 VALUES ( MOIS, CODE_CLIENT, VENTE, REMISE)
...
             EXTRACT ( MONTH FROM DATE_COMMANDE),
             CODE_CLIENT);

663 ligne(s) créée(s).
```

Dans l'exemple précédent vous pouvez remarquer que la commande « **INSERT FIRST** » avec la même syntaxe n'insère que 663 enregistrements à la place des 689 pour la commande « **INSERT ALL** ».

Les enregistrements sous-totaux regroupées par année et les par mois dans l'année sont insérés uniquement dans les tables des cumuls respectifs.

Modification des données

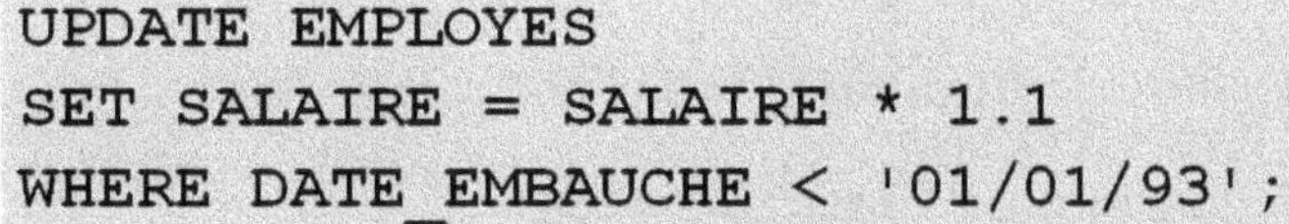

```
UPDATE EMPLOYES
SET SALAIRE = SALAIRE * 1.1
WHERE DATE_EMBAUCHE < '01/01/93';
```

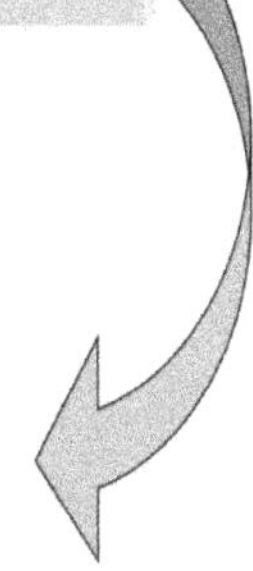

NOM	PRENOM	SALAIRE
Fuller	Andrew	11000
Leverling	Janet	3850
Davolio	Nancy	3448,5

La commande « **UPDATE** » modifie les valeurs d'une ou de plusieurs colonnes, dans une ou plusieurs lignes existantes d'une table.

```
UPDATE NOM_TABLE
SET COLONNE_1 = EXPRESSION_1 [,...]
[WHERE PREDICAT];
```

NOM_TABLE Table dans laquelle la requête modifie un ou plusieurs enregistrements suivant la clause WHERE.

SET Désigne les colonnes à modifier pour chaque enregistrement sélectionné et indique le mode d'obtention de la nouvelle valeur.

COLONNE_N Colonnes mises à jour dans tous les enregistrements qui satisfont le prédicat. L'expression peut faire référence aux anciennes valeurs des colonnes de la ligne.

WHERE Clause agissant de façon analogue à la clause WHERE de l'ordre « **SELECT** » et qui permet d'indiquer les lignes concernées par la mise à jour.

```
SQL> UPDATE EMPLOYES
  2  SET SALAIRE        = SALAIRE*1.1,
  3      COMMISSION     = COMMISSION*1.2 ;

9 ligne(s) mise(s) à jour.
```

Dans l'exemple précédent les salaires sont augmentés de 10% et les commissions de 20% pour l'ensemble des enregistrements de la table EMPLOYES.

Comme vous pouvez le constater, l'expression peut faire référence aux anciennes valeurs des colonnes de la ligne.

Dans une commande « **UPDATE** » en l'absence de clause « **WHERE** », tous les enregistrements de la table sont mis à jour.

```
SQL> SELECT CODE_CLIENT, SOCIETE, ADRESSE
  2  FROM CLIENTS
  3  WHERE CODE_CLIENT = 'BLONP';

CODE_ SOCIETE                            ADRESSE
----- ---------------------------------- -----------------
BLONP Blondel père et fils               24, place Kléber

SQL> UPDATE CLIENTS
  2  SET ADRESSE  = '104, rue Mélanie'
  3  WHERE CODE_CLIENT = 'BLONP';

1 ligne mise à jour.

SQL> SELECT CODE_CLIENT, SOCIETE, ADRESSE
  2  FROM CLIENTS
  3  WHERE CODE_CLIENT = 'BLONP';

CODE_ SOCIETE                            ADRESSE
----- ---------------------------------- ---------------
BLONP Blondel père et fils               104, rue Mélanie
```

Dans l'exemple précédent, la modification porte seulement sur le client `'BLONP'` qui est le seul enregistrement de la table `CLIENTS` qui respecte la clause « **WHERE** ».

```
SQL> SELECT NOM, SALAIRE
  2  FROM EMPLOYES
  3  WHERE NOM LIKE 'Peacock';

NOM                                         SALAIRE
---------------------------------------- ----------
Peacock                                        2856

SQL> UPDATE EMPLOYES
  2  SET SALAIRE = ( SELECT AVG(SALAIRE)
  3                  FROM EMPLOYES
  4                  WHERE FONCTION LIKE 'Rep%' )
  5  WHERE NOM LIKE 'Peacock';

1 ligne mise à jour.

SQL> SELECT NOM, SALAIRE
  2  FROM EMPLOYES
  3  WHERE NOM LIKE 'Peacock';

NOM                                         SALAIRE
---------------------------------------- ----------
Peacock                                     2760,17
```

Dans l'exemple précédent, le salaire de l'employé(e) `'Peacock'` est le résultat d'un ordre « **SELECT** » qui ramène la valeur du salaire moyen pour les employé(e)s qui ont une `FONCTION` de `'Représentant(e)'`.

Attention

L'ordre « **SELECT** » doit ramener une seule ligne. Il peut être également synchronisé avec la requête principale « **UPDATE** ».

L'ordre « **SELECT** » de la clause « **SET** » peut aussi ramener plusieurs valeurs en utilisant la syntaxe :

SET (COLONNE_1, ...) = (SELECT ATTRIBUT_1, ...)

```
SQL> UPDATE EMPLOYES A
     SET (SALAIRE, COMMISSION) =
                               ( SELECT AVG(SALAIRE), MAX(COMMISSION)
                                 FROM EMPLOYES B
                                 WHERE B.FONCTION = A.FONCTION);

9 ligne(s) mise(s) à jour.
```

Dans l'exemple précédent, le salaire et la commission de chaque employé sont mis à jours avec la moyenne des salaires et la commission maximum des employés qui occupent la même `FONCTION`.

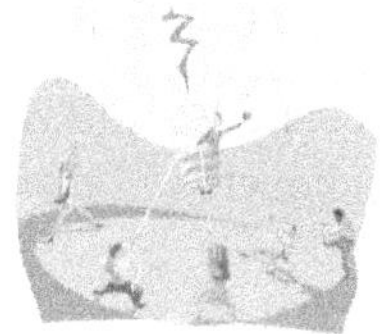

Note

Lorsque vous employez les commandes « **INSERT** », « **UPDATE** » et « **DELETE** », il est essentiel de construire la clause « **WHERE** » de façon qu'elle affecte (ou insère) uniquement les lignes souhaitées.

Suppression des données

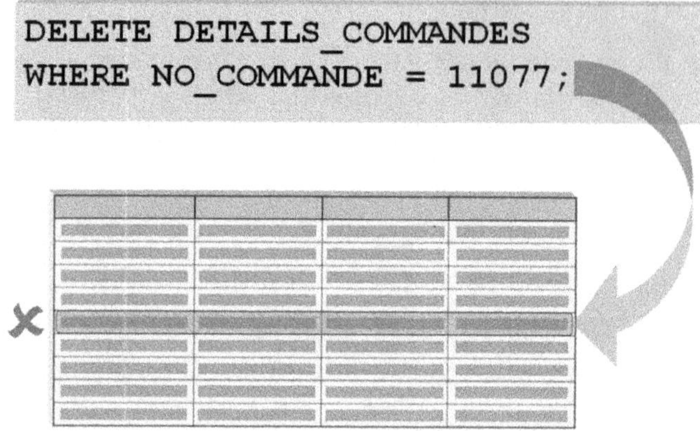
DELETE DETAILS_COMMANDES
WHERE NO_COMMANDE = 11077;

L'instruction « **DELETE** » supprime une ou plusieurs lignes d'une table.

DELETE NOM_TABLE [WHERE PREDICAT] ;

NOM_TABLE	Table dans laquelle la requête supprime un ou plusieurs enregistrements suivant la clause `WHERE`.
WHERE	Clause agissant de façon analogue à la clause `WHERE` de l'ordre « **SELECT** » et qui permet d'indiquer les lignes concernées par la suppression.

```
SQL> DELETE DETAILS_COMMANDES
  2  WHERE NO_COMMANDE = 11077;

25 ligne(s) supprimée(s).
```

Dans l'exemple précèdent, les détails de la commandes 11077 sont effacés.

Note

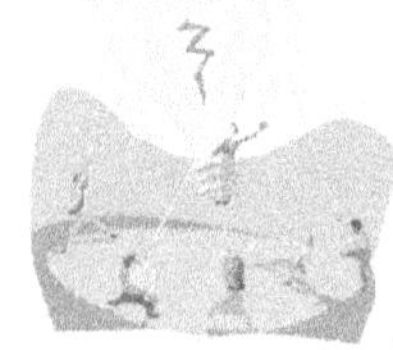

Dans une commande « **DELETE** » en l'absence de clause « **WHERE** », l'ensemble des enregistrements de la table sont supprimés.

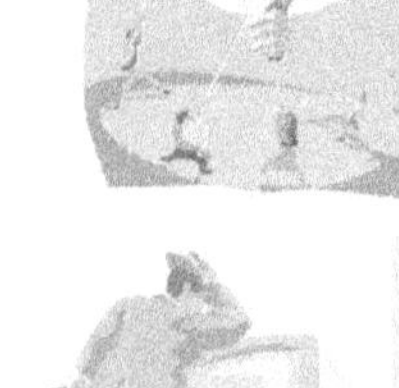

```
SQL> DELETE DETAILS_COMMANDES ;

2155 ligne(s) supprimée(s).
```

Dans l'exemple précèdent, tous les enregistrements de la table `DETAILS_COMMANDES` sont effacés.

Contraintes d'intégrité

```
DELETE COMMANDES
WHERE NO_EMPLOYE = 3;
```

```
DELETE COMMANDES
*
ERREUR à la ligne 1 :
ORA-02292: violation de contrainte
(STAGIAIRE.FK_DETAILS__COMMANDES_COMMANDE)
d'intégrité - enregistrement fils existant
```

Une requête de modification du contenu de la base de données « **INSERT** », « **UPDATE** » ou « **DELETE** », ne sera exécutée que si le résultat respecte toutes les contraintes d'intégrité définies sur cette base.

```
SQL> UPDATE EMPLOYES
  2  SET DATE_NAISSANCE = NULL
  3  WHERE NO_EMPLOYE = 2;
SET DATE_NAISSANCE = NULL
    *
ERREUR à la ligne 2 :
ORA-01407: impossible de mettre à jour
("STAGIAIRE"."EMPLOYES"."DATE_NAISSANCE") avec NULL
```

Dans l'exemple précédent la contrainte d'intégrité « **NOT NULL** » interdit la mise à jour de la colonne DATE_NAISSANCE.

```
SQL> UPDATE EMPLOYES
SQL> DELETE EMPLOYES
  2  WHERE NO_EMPLOYE = 2;
DELETE EMPLOYES
*
ERREUR à la ligne 1 :
ORA-02292: violation de contrainte (STAGIAIRE.FK_EMPLOYES_EMPLOYES)
d'intégrité - enregistrement fils existant
```

Dans l'exemple précédent la contrainte d'intégrité référentielle interdit la suppression de l'enregistrement.

Mises à jour conditionnées

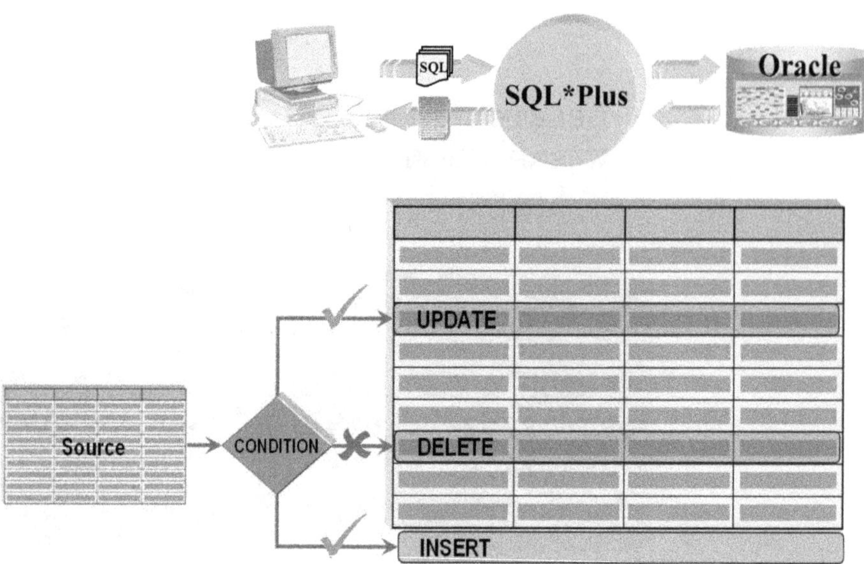

La commande « **MERGE** » extrait des enregistrements d'une table source ou une sous-requête afin de mettre à jour « **UPDATE** », effacer « **DELETE** » ou d'insérer « **INSERT** » des données dans une table cible.

Cette instruction permet de fusionner, en une seule requête, plusieurs opérations de mise à jour afin d'éviter d'écrire des insertions ou des mises à jour multiples en plusieurs commandes.

La syntaxe de la commande « **MERGE** » est la suivante :

```
MERGE INTO NOM_TABLE_CIBLE
      USING { NOM_TABLE_SOURCE |
              ( SOUS-REQUETE ) } [ALIAS ]
   ON ( CONDITION )
WHEN MATCHED THEN
     UPDATE SET COLONNE = { EXPRESSION | DEFAULT }
            [,...]
            [ WHERE PREDICAT ]
     [ DELETE WHERE PREDICAT ]
WHEN NOT MATCHED THEN
     INSERT [ ( COLONNE [,...]) ]
     VALUES ({ EXPRESSION | DEFAULT }[,...])
[ WHERE PREDICAT ];
```

`NOM_TABLE_CIBLE`	La table de destination dans laquelle la requête effectue le traitement d'un ou plusieurs enregistrements.

NOM_TABLE_SOURCE La table source à partir de laquelle la commande retrouve les enregistrements.

SOUS-REQUETE La sous-requête source à partir de laquelle la commande retrouve les enregistrements.

CONDITION La condition de jointure entre la table ou la sous-requête source et la table de destination.

WHEN MATCHED La condition de jointure est valide, alors le traitement est une opération de type mise à jour.

WHEN NOT MATCHED La condition de jointure n'est pas valide, alors le traitement est une opération d'insertion.

DELETE Dans le cas d'une opération de mise à jour, on peut, suivant une condition, effacer un certain nombre d'enregistrements.

SET Désigne les colonnes à modifier pour chaque enregistrement sélectionné et indique le mode d'obtention de la nouvelle valeur.

```
SQL> SELECT NO_COMMANDE, REF_PRODUIT, QUANTITE
     FROM COMMANDES NATURAL JOIN DETAILS_COMMANDES
     WHERE DATE_COMMANDE > '01/05/1998' AND
           REF_PRODUIT = 16
     ORDER BY NO_COMMANDE;

NO_COMMANDE REF_PRODUIT   QUANTITE
----------- ----------- ----------
      11070          16         30
      11074          16         14
      11077          16          2

SQL> MERGE INTO  DETAILS_COMMANDES CIBLE
           USING ( SELECT NO_COMMANDE,
                          PRIX_UNITAIRE
                   FROM COMMANDES, PRODUITS
                   WHERE DATE_COMMANDE > '01/05/1998' AND
                         REF_PRODUIT = 16                ) SOURCE
        ON ( CIBLE.NO_COMMANDE = SOURCE.NO_COMMANDE AND
             CIBLE.REF_PRODUIT = 16 )
     WHEN MATCHED THEN
          UPDATE SET QUANTITE = QUANTITE + 10
     WHEN NOT MATCHED THEN
          INSERT ( NO_COMMANDE, REF_PRODUIT,
                   PRIX_UNITAIRE, QUANTITE, REMISE)
          VALUES ( SOURCE.NO_COMMANDE, 16,
                   SOURCE.PRIX_UNITAIRE, 10, 0);

11 lignes fusionnées.

SQL> SELECT NO_COMMANDE, REF_PRODUIT, QUANTITE
     FROM COMMANDES NATURAL JOIN DETAILS_COMMANDES
     WHERE DATE_COMMANDE > '01/05/1998' AND
           REF_PRODUIT = 16
     ORDER BY NO_COMMANDE;

NO_COMMANDE REF_PRODUIT   QUANTITE
```

```
----------- ----------- ----------
      11067          16         10
      11068          16         10
      11069          16         10
      11070          16         40
      11071          16         10
      11072          16         10
      11073          16         10
      11074          16         24
      11075          16         10
      11076          16         10
      11077          16         12

11 ligne(s) sélectionnée(s).
```

Dans l'exemple précédent, on recherche toutes les commandes ultérieures à la date `'01/05/1998'` pour ajouter dix produits de plus. La référence du produit `REF_PRODUIT` qui doit être ajouté est `'16'`. Ainsi la commande « **MERGE** » modifie l'enregistrement de la table `DETAILS_COMMANDES` si un enregistrement pour le produit `'16'` existe. Sinon il insère un enregistrement avec les informations correspondantes. Il existe trois enregistrements pour le produit '16' ; dans la dernière requête, vous pouvez observer l'augmentation de leur quantité ainsi que l'insertion des huit autres enregistrements pour les commandes qui n'ont pas ces produits.

```
SQL> SELECT NO_COMMANDE,
  2         REF_PRODUIT,
  3         DATE_COMMANDE,
  4         REMISE
  5  FROM COMMANDES NATURAL JOIN
  6       DETAILS_COMMANDES
  7  WHERE DATE_COMMANDE
  8          BETWEEN '04/05/1998'AND '05/05/1998';

NO_COMMANDE REF_PRODUIT DATE_COM     REMISE
----------- ----------- -------- ----------
      11067          41 04/05/98        ,00
      11068          28 04/05/98        ,15
      11068          43 04/05/98        ,15
      11068          77 04/05/98        ,15
      11069          39 04/05/98        ,00
      11070           1 05/05/98        ,15
      11070           2 05/05/98        ,15
      11070          16 05/05/98        ,15
      11070          31 05/05/98        ,00
      11071           7 05/05/98        ,05
      11071          13 05/05/98        ,05
      11072           2 05/05/98        ,00
      11072          41 05/05/98        ,00
      11072          50 05/05/98        ,00
      11072          64 05/05/98        ,00
      11073          11 05/05/98        ,00
      11073          24 05/05/98        ,00

17 ligne(s) sélectionnée(s).
```

```
SQL> MERGE INTO  DETAILS_COMMANDES CIBLE
          USING ( SELECT NO_COMMANDE,
                         REF_PRODUIT,
                         DATE_COMMANDE
                  FROM COMMANDES NATURAL JOIN
                        DETAILS_COMMANDES
                  WHERE DATE_COMMANDE
                        BETWEEN '04/05/1998'AND '05/05/1998') SOURCE
        ON ( CIBLE.NO_COMMANDE = SOURCE.NO_COMMANDE AND
             CIBLE.REF_PRODUIT = SOURCE.REF_PRODUIT      )
     WHEN MATCHED THEN
          UPDATE SET REMISE = REMISE * 1.1
          DELETE WHERE ( SOURCE.DATE_COMMANDE = '04/051998');

17 lignes fusionnées.

SQL> SELECT NO_COMMANDE,
            REF_PRODUIT,
            DATE_COMMANDE,
            REMISE
     FROM COMMANDES NATURAL JOIN
          DETAILS_COMMANDES
     WHERE DATE_COMMANDE
             BETWEEN '04/05/1998'AND '05/05/1998';

NO_COMMANDE REF_PRODUIT DATE_COM      REMISE
----------- ----------- -------- ----------
      11070           1 05/05/98        ,17
      11070           2 05/05/98        ,17
      11070          16 05/05/98        ,17
      11070          31 05/05/98        ,00
      11071           7 05/05/98        ,06
      11071          13 05/05/98        ,06
      11072           2 05/05/98        ,00
      11072          41 05/05/98        ,00
      11072          50 05/05/98        ,00
      11072          64 05/05/98        ,00
      11073          11 05/05/98        ,00
      11073          24 05/05/98        ,00

12 ligne(s) sélectionnée(s).
```

Dans l'exemple précèdent vous pouvez observer la commande « **MERGE** » utilisée pour l'augmentation de la remise de 10% pour toutes les commandes passées entre le `'04/05/1998'` et le `'05/05/1998'` et les commandes du `'04/05/1998'` sont effacées.

Atelier 13

- La mise à jour des données
- Les mise à jour évoluées

Durée : 60 minutes

Questions

13-1. Sachant que la table COMMANDES vient d'être créée, quelles sont les requêtes valides pour insérer des valeurs dans cette table ?

COMMANDES			
NO_COMMANDE	NUMBER(6)	<pk>	not null
CODE_CLIENT	CHAR(5)		not null
NO_EMPLOYE	NUMBER(2)		not null
DATE_COMMANDE	DATE		not null
DATE_ENVOI	DATE		null
PORT	NUMBER(8,2)		null

A.
```
INSERT INTO COMMANDES VALUES
( 1,'PERIC',8,'14/13/96','20/11/96', 2.69 );
```

B.
```
INSERT INTO COMMANDES VALUES
( 2,'ANTON',3,'27/11/96',NULL, 1.10 );
```

C.
```
INSERT INTO COMMANDES VALUES
( 3,'BOTTM',3,'10/01/97','15/01/97', .123 );
```

D.
```
INSERT INTO COMMANDES VALUES
( 5,'HUNGC',3,,'24/01/97', .01 );
```

E.
```
INSERT INTO COMMANDES VALUES
( 4,'FURIB',4,NULL,'14/03/97', 4.45 );
```

F.
```
INSERT INTO COMMANDES VALUES
( 6,'SIMOB',223,'03/06/97','13/06/97', .49 );
```

G.
```
INSERT INTO COMMANDES VALUES
( 72,NULL,8,'12/03/97','19/03/97', .21 );
```

13-2. Quelle est la valeur insérée dans le champ `PORT` par la requête de l'option C de la question précédente ?

A. `0,123`

B. `0`

C. `0,12`

D. `1,23`

E. `NULL`

F. La requête est incorrecte

13-3. Quelle est la valeur insérée dans le champ `PORT` par la requête de l'option C de la question précédente ?

A.
```
UPDATE EMPLOYES SET SALAIRE = ( SELECT SALAIRE
FROM EMPLOYES  WHERE NO_EMPLOYE = 3)
WHERE NO_EMPLOYE = 2;
```

B.
```
UPDATE EMPLOYES SET SALAIRE = (SELECT SALAIRE
FROM EMPLOYES ) WHERE NO_EMPLOYE = 2;
```

C.
```
UPDATE EMPLOYES SET SALAIRE = (SELECT AVG(SALAIRE)
 FROM EMPLOYES) WHERE NO_EMPLOYE = 2;
```

D.
```
UPDATE EMPLOYES A SET SALAIRE = (SELECT
AVG(SALAIRE) FROM EMPLOYES B
WHERE A.FONCTION = B.FONCTION)
WHERE NO_EMPLOYE = 2;
```

Exercice n° 1 La mise à jour des données

Insérez une nouvelle catégorie de produits nommée « Légumes et fruits » tout en respectant les contraintes d'insertion et mise à jour de la table `CATEGORIES`, à savoir que le `CODE_CATEGORIE` doit être unique et que les colonnes `NOM_CATEGORIE` et `DESCRIPTION` doivent être renseignées. Affichez l'enregistrement inséré et validez la transaction.

Le fournisseur `'Nouvelle-Orléans Cajun Delights'` est racheté par le fournisseur `'Grandma Kelly's Homestead'`.

Créez un nouveau fournisseur qui s'appelle « Kelly » avec les mêmes coordonnées que le fournisseur `'Grandma Kelly's Homestead'`.

Tous les produits livrés anciennement par les fournisseurs `'Nouvelle-Orléans Cajun Delights'` et `'Grandma Kelly's Homestead'` seront distribués par le nouveau fournisseur.

Effacez les deux anciens fournisseurs.

Affichez les produits livrés par le nouveau fournisseur et exécutez la commande suivante « **`COMMIT ;`** ». (La gestion des transactions fait l'objet du module suivant)

Exercice n° 2 Les mise à jour évoluées

Introduction

Pour le besoin de l'analyse des données de l'entreprise, un ensemble de tables a été conçu. Elles permettent à l'aide des outils spécialisés d'effectuer une meilleure analyse.

A la création de la base de données, vous avez créé dix-neuf tables. Les sept premières tables ont été utilisées dans les ateliers des modules d'interrogation de données.

Les douze tables restantes sont utilisées dans les ateliers de manipulation des données. Ces tables forment deux ensembles que nous allons alimenter par des scripts.

La première série des tables est un modèle en étoile simplifiant le modèle logique normalisé en organisant les données de manière optimale pour les traitements d'analyse.

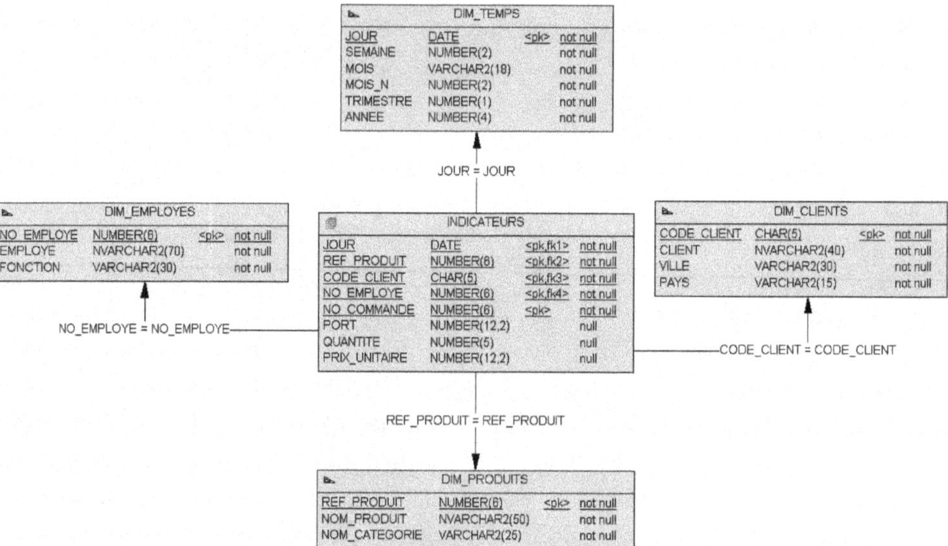

Notez que les champs ont le même nom que ceux du schéma initial sauf les chams suivants :

- `DIM_CLIENTS.CLIENT    = CLIENTS.SOCIETE`
- `DIM_EMPLOYES.EMPLOYE = EMPLOYES.NOM||' '||`
  `EMPLOYES.PRENOM`

La table `DIM_TEMPS` est déjà alimentée avec les données nécessaires du `'01 janvier 1996'` et jusqu'à `'31 décembre 1999'`.

La deuxième série des tables est un ensemble des tables récapitulatives pour améliorer les performances des traitements d'analyse. Les données agrégées correspondent à des éléments d'analyse représentatifs des besoins des utilisateurs.

Remarquez que les champs ont le même nom que ceux du schéma initial sauf les champs suivants :

- `VENTE = QUANTITE*PRIX_UNITAIRE`
- `REMISE = QUANTITE*PRIX_UNITAIRE*REMISE`

Dans les ateliers suivants, le terme de modèle étoile se réfère à cet ensemble des douze tables, l'ensemble des sept autres tables que vous avez utilisées jusqu'à présent sera nommé le modèle relationnel.

QUANTITES_CLIENTS		
ANNEE	NUMBER(4)	null
MOIS	NUMBER(2)	null
CODE_CLIENT	CHAR(5)	null
QUANTITE	NUMBER(5)	null
PORT	NUMBER(12,2)	null

VENTES_CLIENTS		
ANNEE	NUMBER(4)	null
MOIS	NUMBER(2)	null
CODE_CLIENT	CHAR(5)	null
VENTE	NUMBER(12,2)	null
REMISE	NUMBER(12,2)	null

VENTES_ANNEES		
ANNEE	NUMBER(4)	null
VENTE	NUMBER(12,2)	null
REMISE	NUMBER(12,2)	null

VENTES_MOIS		
ANNEE	NUMBER(4)	null
MOIS	NUMBER(2)	null
VENTE	NUMBER(12,2)	null
REMISE	NUMBER(12,2)	null

VENTES_CLIENTS_1996		
MOIS	NUMBER(2)	null
CODE_CLIENT	CHAR(5)	null
VENTE	NUMBER(12,2)	null
REMISE	NUMBER(12,2)	null

VENTES_CLIENTS_1997		
MOIS	NUMBER(2)	null
CODE_CLIENT	CHAR(5)	null
VENTE	NUMBER(12,2)	null
REMISE	NUMBER(12,2)	null

VENTES_CLIENTS_1998		
MOIS	NUMBER(2)	null
CODE_CLIENT	CHAR(5)	null
VENTE	NUMBER(12,2)	null
REMISE	NUMBER(12,2)	null

La gestion du modèle étoile

Insérez tous les enregistrements correspondants dans les quatre autres tables restantes `DIM_EMPLOYES`, `DIM_PRODUITS`, `DIM_CLIENTS` et à la fin `INDICATEURS`.

Les données de production peuvent être modifiées, les données de ce modèle en étoile peuvent également être utilisées pour des simulations nécessaires à l'analyse. Ainsi les valeurs des enregistrements du modèle en étoile divergent des données de production.

Ecrivez les requêtes permettant de mettre à jour les enregistrements et si tel est le cas d'insérer tous les enregistrements manquants dans les quatre tables `DIM_EMPLOYES`, `DIM_PRODUITS`, `DIM_CLIENTS` et à la fin `INDICATEURS`. Il s'agit de modifier l'instruction « **`INSERT`** » par « **`MERGE`** ».

Validez les modifications effectuées.

La gestion des tables récapitulatives

Effacez les enregistrements des tables `QUANTITES_CLIENTS` et `VENTES_CLIENTS`

Pour optimiser les accès à la base de données, vous devez insérer les cumuls des frais de port et de quantités vendues par client dans la table `QUANTITES_CLIENTS`. Les cumuls de ventes ainsi que la remise par client sont insérés dans la table `VENTES_CLIENTS`, à l'aide d'une instruction « **`INSERT`** » multi-tables. Validez la transaction.

Pour optimiser les accès à la base de données, vous devez d'abord effacer les enregistrements puis insérer les enregistrements à l'aide d'une instruction « **`INSERT`** » multi-tables dans les tables :

- `VENTES_ANNEES`
- `VENTES_MOIS`
- `VENTES_CLIENTS_1996`
- `VENTES_CLIENTS_1997`
- `VENTES_CLIENTS_1998`

Validez les modifications effectuées.

- *La transaction*
- *SAVEPOINT*
- *Le verrouillage*
- *COMMIT*

14

Les transactions

Objectifs

A la fin de ce module, vous serez à même d'effectuer les tâches suivantes :

- Décrire les concepts d'une transaction.
- Structurer une transaction en plusieurs parties.
- Décrire les composants de la base de données et de l'instance.
- Décrire les niveaux d'isolation d'Oracle.
- Décrire le verrouillage des ressources en Oracle.
- Décrire le traitement de validation ou de rejet de la transaction.

Contenu

Les transactions

Atomicité

Cohérence

Isolation

Durabilité

La création d'une base de données ne supportant qu'un utilisateur simple n'est pas très utile. Le contrôle de multiples utilisateurs mettant à jour les mêmes données et en même temps est crucial ; il est lié à l'uniformité et à la simultanéité des données. La simultanéité des données signifie que de nombreuses personnes peuvent accéder aux mêmes données en même temps, alors que l'uniformité des données signifie que les résultats visualisés par une personne sont cohérents à l'intérieur d'une ou plusieurs transactions courantes.

Une transaction est un ensemble d'ordres SQL qui ont pour objectif de faire passer la base de données, en une seule étape, d'un état cohérent à un autre état cohérent.

Une transaction qui réussit, modifie la base de données dans un nouvel état cohérent. Si elle échoue (volontairement ou involontairement), les modifications déjà effectuées dans la base sont annulées, de sorte qu'elle retrouve l'état cohérent antérieur au début de la transaction. C'est Oracle qui se charge entièrement de toute cette gestion.

Les transactions devraient être aussi petites que possible, avec toutes les opérations adaptées pour le changement simple des données. Afin qu'une série d'opérations soit considérée comme une transaction, elle doit présenter les propriétés :

Atomicité Une transaction doit être une unité atomique de travail ; elle ne peut réussir que si toutes ses opérations réussissent.

Cohérence Quand une transaction est terminée, elle doit laisser les données dans un état cohérent incluant toutes les règles d'intégrité de données.

Isolation Les transactions doivent être isolées des changements effectués par d'autres transactions, soit avant que la transaction ne démarre, soit avant le démarrage de chaque opération dans la transaction. Ce niveau d'isolation est configurable par l'application.

Durabilité Une transaction doit être récupérable aussitôt qu'elle est terminée. Même si un échec du système se produit après la fin de la transaction, les effets de la transaction sont permanents dans le système.

Attention

Bien que de nombreuses personnes considèrent que les transactions sont des groupes d'instructions SQL, chaque instruction SQL est une transaction.

Si, pendant l'exécution d'une simple instruction SQL, une erreur se produit, le travail effectué par cette instruction est annulé comme s'il ne s'était jamais produit, c'est le niveau d'instruction uniforme.

Pour être sûr de l'uniformité des données quand on développe des applications, il suffit de grouper logiquement plusieurs instructions SQL dans une transaction simple. Celle-ci peut alors être traitée comme unité simple de travail en utilisant les ordres de contrôle des transactions.

Début et fin de transaction

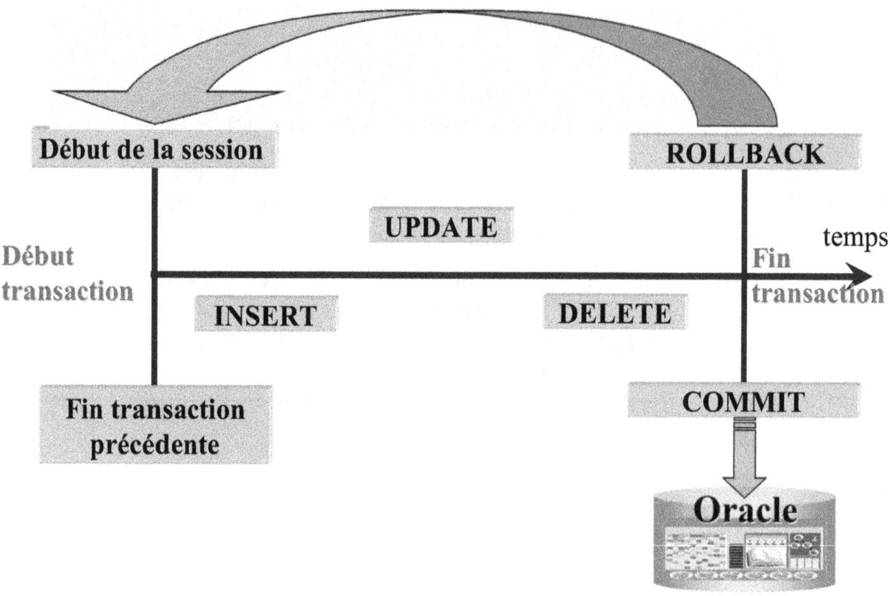

Une transaction commence à l'ouverture de la session ou à la fin de la précédente transaction. La toute première transaction débute au lancement du programme. Il n'existe pas d'ordre implicite de début de transaction.

La fin d'une transaction peut être définie explicitement par l'un des ordres « **COMMIT** » ou « **ROLLBACK** » :

- « **COMMIT** » termine une transaction par la validation des données. Il rend définitives et accessibles aux autres utilisateurs toutes les modifications effectuées pendant la transaction en les sauvegardant dans la base de données et annule tous les verrous positionnés pendant la transaction (voir Mécanismes de verrouillage);
- « **ROLLBACK** » termine une transaction en annulant toutes les modifications de données effectuées et annule tous les verrous positionnés pendant la transaction.

La fin d'une transaction peut aussi être implicite et correspondre à l'un des événements suivants :

- l'exécution d'un ordre de définition d'objet : « **CREATE** », « **DROP** », « **ALTER** », « **GRANT** », « **REVOKE** », « **TRUNCATE** », etc. se solde par la validation de la transaction en cours;
- l'arrêt normal d'une session par « **EXIT** » se solde par la validation de la transaction en cours;
- l'arrêt anormal d'une session par annulation de la transaction en cours.

Dans le cas d'arrêt brutal de la machine qui héberge la base de données, Oracle garantit que toutes les transactions déjà validées par un « **COMMIT** » ou un « **ROLLBACK** » seront assurées. Au redémarrage de l'instance, Oracle efface toutes les transactions en cours qui n'étaient ni validées, ni supprimées. Ce mécanisme d'annulation automatique ne nécessite aucune intervention de l'administrateur Oracle.

Structuration de la transaction

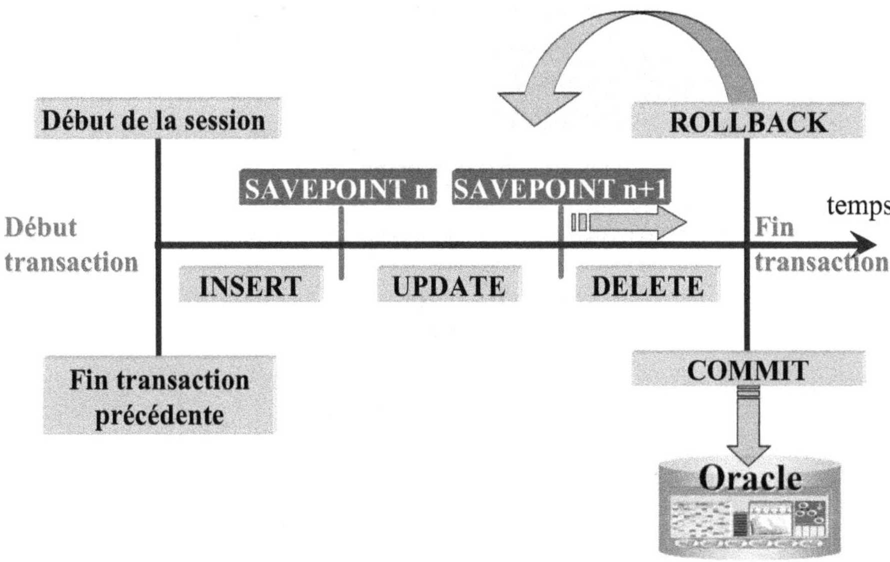

Il est possible de subdiviser une transaction en plusieurs étapes en sauvegardant les informations modifiées à la fin de chaque étape, tout en gardant la possibilité soit de valider l'ensemble des mises à jour, soit d'annuler tout ou partie des mises à jour à la fin de la transaction.

Le découpage de la transaction en plusieurs parties se fait en insérant des points de repère, ou « **SAVEPOINT** ».

Les points de repère « **SAVEPOINT** » sont des points de contrôle utilisés dans les transactions pour annuler partiellement l'une d'elles. Dans ce cas, un savepoint est défini par un identifiant et peut être référencé dans la clause « **ROLLBACK** ».

La notion de « **SAVEPOINT** » est très utile dans la conception de programmes batch.

L'annulation des mises à jour effectuées depuis un point de repère « **SAVEPOINT** » de la transaction conserve les mises à jours antérieures, les points de repère « **SAVEPOINT** » inclus, et rejette les modifications postérieures, les points de repère « **SAVEPOINT** » inclus.

Si le nom du point de repère « **SAVEPOINT** » existe déjà dans la même transaction le nouveau point de repère « **SAVEPOINT** » créé efface l'ancien.

```
SQL> INSERT INTO CATEGORIES
  2  ( CODE_CATEGORIE, NOM_CATEGORIE, DESCRIPTION )
  3  VALUES ( 9,'Légumes et fruits','Légumes et fruits frais');

1 ligne créée.

SQL> SAVEPOINT POINT_REPERE_1;
```

```
Point de sauvegarde (SAVEPOINT) créé.

SQL> INSERT INTO FOURNISSEURS (NO_FOURNISSEUR, SOCIETE, ADRESSE,
  2                           VILLE, CODE_POSTAL, PAYS, TELEPHONE, FAX)
  3  VALUES ( 30, 'Légumes de Strasbourg', '104, rue Mélanie',
  4  'Strasbourg',67200,'France','03.88.83.00.68','03.88.83.00.62');

1 ligne créée.

SQL> SAVEPOINT POINT_REPERE_2;

Point de sauvegarde (SAVEPOINT) créé.

SQL> UPDATE PRODUITS SET CODE_CATEGORIE = 9
  2  WHERE  CODE_CATEGORIE = 2;

12 ligne(s) mise(s) à jour.

SQL> SAVEPOINT POINT_REPERE_3;

Point de sauvegarde (SAVEPOINT) créé.

SQL> UPDATE PRODUITS SET NO_FOURNISSEUR = 30
  2  WHERE  NO_FOURNISSEUR = 2;

4 ligne(s) mise(s) à jour.

SQL> SELECT NOM_PRODUIT, NO_FOURNISSEUR, CODE_CATEGORIE
  2  FROM PRODUITS
  3  WHERE NO_FOURNISSEUR = 30 AND
  4        CODE_CATEGORIE = 9;

NOM_PRODUIT                         NO_FOURNISSEUR CODE_CATEGORIE
----------------------------------- -------------- --------------
Chef Anton's Cajun Seasoning                    30              9
Chef Anton's Gumbo Mix                          30              9
Louisiana Fiery Hot Pepper Sauce                30              9
Louisiana Hot Spiced Okra                       30              9

SQL> ROLLBACK TO POINT_REPERE_2;

Annulation (ROLLBACK) effectuée.

SQL> SELECT NOM_PRODUIT, NO_FOURNISSEUR, CODE_CATEGORIE
  2  FROM PRODUITS
  3  WHERE NO_FOURNISSEUR = 2 AND
  4        CODE_CATEGORIE = 9;

NOM_PRODUIT                         NO_FOURNISSEUR CODE_CATEGORIE
----------------------------------- -------------- --------------
Chef Anton's Cajun Seasoning                     2              2
Chef Anton's Gumbo Mix                           2              2
Louisiana Fiery Hot Pepper Sauce                 2              2
Louisiana Hot Spiced Okra                        2              2
```

```
SQL> ROLLBACK TO POINT_REPERE_3;
ROLLBACK TO POINT_REPERE_3
*
ERREUR à la ligne 1 :
ORA-01086: le point de sauvegarde 'POINT_REPERE_3' n'a jamais été
établi
```

L'exemple précèdent illustre l'utilisation du « **SAVEPOINT** » pour la structuration d'une transaction. La transaction insère un enregistrement dans la table **CATEGORIES** et un autre dans la table **FOURNISSEURS** ; après chaque insertion on sauvegarde les modifications avec les « **points de repère** » **POINT_REPERE_1** et **POINT_REPERE_2**. La suite de la transaction continue avec la modification de la table **PRODUITS,** on attribue tous les produits fournis par le fournisseur numéro 2 au nouveau fournisseur et on modifie la catégorie des ces produits par la nouvelle catégorie crée.

Annulation des mises à jour effectuées depuis le « **point de repère** » **POINT_REPERE_2** en conservant les mises à jours effectués avant lui. Le **POINT_REPERE_3** est ultérieur au **POINT_REPERE_2** et n'est plus, alors, reconnu par le système.

L'isolation

Niveau d'isolation	Lecture incohérente	Lecture non répétitive	Lecture fantôme
READ UNCOMMITED	✓	✓	✓
READ COMMITED	✗	✓	✓
REPEATABLE READ	✗	✗	✓
SERIALIZABLE	✗	✗	✗

Une transaction peut s'isoler des autres transactions. C'est obligatoire dans les systèmes de base de données à utilisateurs multiples pour maintenir l'uniformité de données. La norme SQL-92 définit quatre niveaux d'isolation pour les transactions, s'étendant d'une uniformité très faible des données à une uniformité très forte. Pourquoi n'emploierait-on pas le niveau le plus fort pour toutes les transactions ? C'est une question de ressource. Plus le niveau d'isolation est fort, plus le verrouillage des ressources est intense. De plus, cela réduit le nombre d'utilisateurs pouvant accéder aux données simultanément. Comme vous pourrez le voir plus loin, le réglage du juste niveau est un compromis entre l'uniformité et la simultanéité.

Chacun de ces niveaux d'isolation peut produire certains effets secondaires connus sous le nom de **DIRTY READ** (lecture incohérente), **FUZZY READ** (lecture non répétitive) et **PHANTOM READ** (lecture fantôme). Seules les transactions avec un niveau d'isolation de type **SERIALIZABLE** sont immunisées.

Lecture incohérente

Diagramme temporel de lecture incohérente

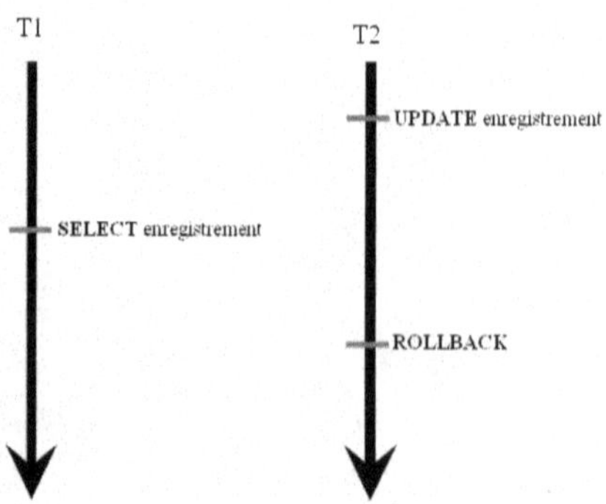

La transaction T2 met à jour un enregistrement sans poser de verrous, celui-ci est disponible directement pour les autres transactions (exemple T1). Cette lecture peut être erronée, particulièrement si la transaction T1 annule l'effet de sa modification avec la commande « **ROLLBACK** ».

La lecture faite par la transaction T1 est fausse, on la nomme **DIRTY READ** (lecture incohérente).

Lecture non répétitive

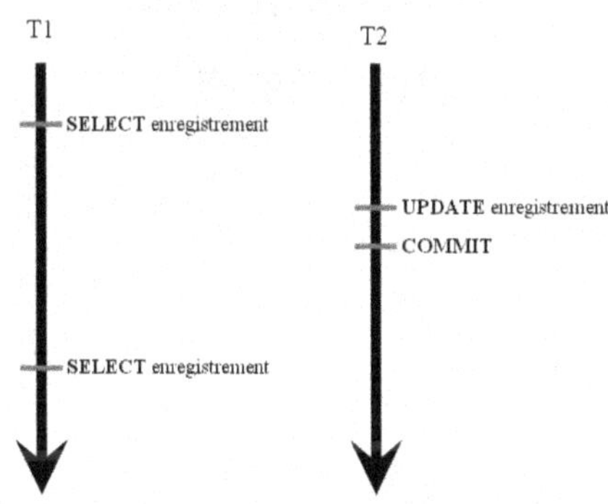

La transaction T1 consulte un enregistrement, (pour contrôler sa disponibilité par exemple) et dans la suite de la transaction le consulte à nouveau (pour le mettre à jour). Si une seconde transaction T2 modifie l'enregistrement entre les deux lectures, la transaction T1 va lire deux fois le même enregistrement, mais obtenir des valeurs différentes.

La lecture faite par la transaction est une lecture non répétitive **FUZZY READ**.

Lecture fantôme

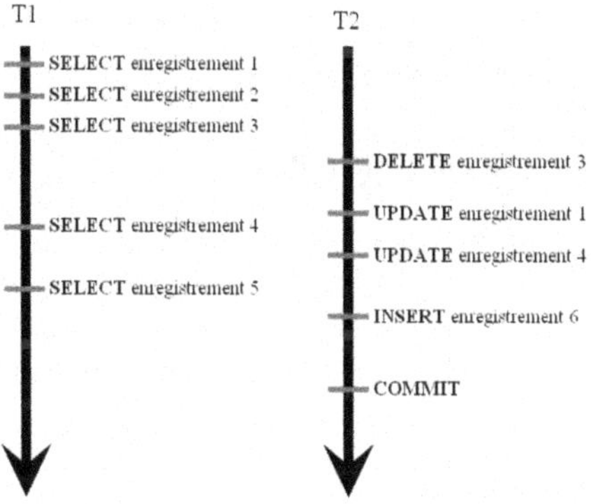

La transaction T1 lit un ensemble d'enregistrements répondant à un critère donné à des fins de décompte ou d'inventaire. Parallèlement, la transaction T2 modifie les données. Au départ, il y a cinq enregistrements satisfaisant le critère. La transaction T1 lira en fin de compte quatre enregistrements, de façon tout à fait incohérente, puisque l'enregistrement 3 est supprimé, les enregistrements 4 et 1 sont modifiés et un nouvel enregistrement 6 apparaît.

La lecture faite par la transaction est une lecture non répétitive **PHANTOM READ**.

Les niveaux d'isolation

- **READ UNCOMMITED**
- **READ COMMITED**
- **REPEATABLE READ**
- **SERIALIZABLE**

Le niveau d'isolation indique le comportement de la transaction par rapport aux autres transactions concurrentes. Plus le niveau d'isolation est faible, plus les autres transactions peuvent agir sur les données concernées par la première.

READ UNCOMMITED

Le plus faible niveau restrictif permet à une transaction de lire des données qui ont été changées, mais pas encore validées.

READ COMMITED

C'est le paramètre par défaut pour Oracle. Il assure que chaque requête dans une transaction lit seulement les données validées.

REPEATABLE READ

Ce niveau permet à une transaction de lire les mêmes données plusieurs fois avec la garantie qu'elle recevra les mêmes résultats à chaque fois. Vous pouvez le réaliser en plaçant des verrous sur les données qui sont lues, pour vous assurer qu'aucune autre transaction ne les modifiera pendant la durée de la transaction considérée.

SERIALIZABLE

Avec ce niveau le plus restrictif, une transaction ne prend en compte que les données validées avant le démarrage de la transaction, ainsi que les changements effectués par la transaction.

Le choix du niveau correct pour vos transactions est important. Bien que les transactions avec un niveau d'isolation de type SERIALIZABLE assurent une protection complète, elles affectent également la simultanéité en raison de la nature des verrous placés sur les données. C'est la nature de votre application qui détermine le meilleur niveau.

LES NIVEAUX D'ISOLATION D'ORACLE

Oracle choisit de supporter les niveaux d'isolation de transaction **READ COMMITED** et **SERIALIZABLE** avec un autre niveau appelé **READ-ONLY** (lecture seule). Le niveau **READ-ONLY** est semblable à **REPEATABLE READ**, car on ne peut voir que les changements validés au démarrage de la transaction ; cependant, comme son nom le suggère, il est en lecture seule et ne permet aucun changement par l'utilisation des instructions « **`INSERT`** », « **`UPDATE`** » ou « **`DELETE`** ». Ce niveau fournit une excellente simultanéité pour des longues transactions qui ne mettent à jour aucune donnée.

READ COMMITED est le niveau d'isolation par défaut d'Oracle. Bien qu'il permette les lectures non répétitives et les lectures fantôme, vous pouvez l'employer efficacement dans vos applications.

READ COMMITED fournit un débit plus élevé que les transactions **REPEATABLE READ** et **SERIALIZABLE**, et c'est un bon choix pour les applications où peu de transactions sont susceptibles d'entrer en conflit.

La valeur par défaut peut être adéquate, mais vous aurez peut-être besoin de la changer pour supporter votre application. Oracle vous permet de paramétrer l'isolation au niveau de la transaction ou de la session selon vos besoins. Pour définir le niveau d'isolation d'une transaction, employez l'instruction SET TRANSACTION au démarrage de votre transaction.

```
SET TRANSACTION ISOLATION LEVEL READ COMMITTED;
SET TRANSACTION ISOLATION LEVEL SERIALIZABLE;
SET TRANSACTION READ ONLY;
```

Si votre application (ou une partie de votre application) a besoin d'être exécutée à un niveau différent d'isolation, vous pouvez également le changer en employant la commande **ALTER SESSION**. Cette commande applique alors le niveau d'isolation spécifié à toutes les transactions dans la session.

```
ALTER SESSION SET ISOLATION_LEVEL = READ COMMITTED;
ALTER SESSION SET ISOLATION_LEVEL = SERIALIZABLE;
```

Le verrouillage

- **Les verrous de type LMD**
- **Les verrous de type LDD**

Comme nous avons pu le remarquer précédemment, le réglage du niveau d'isolation pour une transaction est directement lié aux verrous qui sont placés sur les tables dans votre requête. Le verrouillage est une partie importante de n'importe quel système de base de données parce qu'il contrôle (lecture, écriture et mise à jour) les données dans la base de données.

Le verrouillage fourni par Oracle peut être implicite ou explicite. Dans les deux cas, le verrouillage implicite est le plus adéquat.

Oracle supporte le verrouillage des ressources en deux modes :

- **SHARED MODE** (le mode partagé) permet aux utilisateurs multiples de placer un verrou sur la ressource en même temps. Les utilisateurs qui lisent l'information peuvent partager les données, mais ne peuvent mettre à jour l'information parce que ce processus exige un verrou exclusif.
- **EXCLUSIVE MODE** (le mode exclusif) verrouille la ressource pour un usage exclusif, l'empêchant d'être partagée ou employée par d'autres transactions.

Il y a plusieurs types de verrous dans Oracle. Voici les deux plus courants : les verrous LMD et LDD.

Les verrous LMD

Les verrous LMD (également connus sous le nom de verrous de données) sont les plus courants. Ils contrôlent quand une transaction peut accéder à des données dans une table. Toutes les fois qu'une transaction exécute une instruction pour modifier des données par l'intermédiaire de « **`INSERT`** », « **`UPDATE`** », « **`DELETE`** » ou « **`SELECT FOR UPDATE`** », Oracle place automatiquement un verrou de niveau ligne exclusif sur chaque ligne affectée par l'instruction. Ainsi, aucune autre transaction ne pourra modifier l'information dans les lignes, jusqu'à ce que la transaction originale valide les changements ou les annule. Une transaction peut contenir tout nombre de verrous de niveau ligne ; Oracle n'élevé pas ces verrous à un niveau plus grand. Toutes les fois qu'un verrou de niveau ligne est obtenu, Oracle acquiert également un verrou de table afin d'assurer l'accès à la table et pour empêcher que des opérations incompatibles aient lieu.

Il y a quatre types de verrous de niveau table.

Le verrou LMD ROW SHARE

C'est un verrou de niveau table qui permet un accès simultané à la table, mais interdit aux utilisateurs d'acquérir un verrou exclusif de table. Il fonctionne quand une transaction emploie « **SELECT FOR UPDATE** » pour une mise à jour de lignes dans la table. C'est le mode de verrouillage le moins restrictif et celui qui fournit la plus grande simultanéité.

Le verrou LMD ROW EXCLUSIVE

Ce verrou est placé sur la table toutes les fois qu'une instruction « **INSERT** », « **UPDATE** » ou « **DELETE** » met à jour une ou plusieurs lignes dans la table. Il permet à des transactions multiples de mettre à jour la table, aussi longtemps qu'elles ne mettent pas à jour les mêmes lignes. Il est identique à un verrou partagé de lignes, mais il interdit d'acquérir un verrou partagé sur la table.

Le verrou LMD SHARE

Ce verrou permet des transactions multiples lors de l'interrogation d'une table, mais seule une transaction avec ce verrou partagé peut mettre à jour toutes les lignes. Un verrou partagé ne peut être acquis qu'en employant l'instruction explicite « **LOCK TABLE** ».

Le verrou LMD SHARE ROW EXCLUSIVE

Il est identique à un verrou partagé, mais il interdit à d'autres utilisateurs d'acquérir un verrou partagé ou de mettre à jour des lignes. Un verrou exclusif de ligne partagé ne peut être acquis qu'en employant l'instruction explicite « **LOCK TABLE** ».

Le verrou LMD EXCLUSIVE

Il permet aux autres utilisateurs d'interroger des lignes dans la table, mais interdit n'importe quelle autre activité de mise à jour. Un verrou exclusif ne peut être acquis qu'en employant l'instruction explicite « **LOCK TABLE** ».

Alors qu'Oracle verrouille automatiquement les lignes et les tables en votre nom, vous pouvez avoir besoin de verrouiller explicitement une table pour assurer l'uniformité. Les verrous « **SHARE** », « **SHARE ROW EXCLUSIVE** » et « **EXCLUSIVE** », peuvent être acquis explicitement en employant l'instruction « **LOCK TABLE** ».

```
LOCK TABLE table_name IN ROW SHARE MODE;
LOCK TABLE table_name IN ROW EXCLUSIVE MODE;
LOCK TABLE table_name IN SHARE MODE;
LOCK TABLE table_name IN SHARE ROW EXCLUSIVE MODE;
LOOK TABLE table_name IN EXCLUSIVE MODE;
```

Note

Seules les tables peuvent être verrouillées explicitement. Il n'y a aucune option pour verrouiller explicitement des lignes dans une table.

Comme toujours, vous devez faire attention en verrouillant explicitement les tables, parce que cela peut causer des résultats inattendus. D'autres utilisateurs risquent de ne pas pouvoir accéder aux tables que vous avez fermées.

De la même manière que les verrous implicites, les verrous explicites sont libérés toutes les fois que la transaction qui a verrouillé la table est validée ou annulée.

En utilisant l'instruction « **LOCK TABLE** », vous pouvez spécifier le paramètre « **NOWAIT** ». Celui-ci demande à Oracle de renvoyer un message d'erreur si la table ne peut pas être verrouillée immédiatement. Sans ce paramètre, Oracle attend que toutes les autres transactions soient terminées, puis acquiert le verrou de table indiqué.

Les verrous LDD

Un autre type commun de verrou est un verrou **L**angage **D**éfinition de **D**onnées (**LDD**), également connu sous le nom de verrou dictionnaire. Ces verrous sont acquis sur le dictionnaire des données, toutes les fois que vous essayez de modifier la définition d'un objet de base de données. Il y a trois types de verrous LDD, « **EXCLUSIVE** », « **SHARED** » et « **BREAKABLE PARSE** ».

Le verrou LDD EXCLUSIVE

La plupart des opérations LDD imposent un verrou exclusif chaque fois que vous voulez changer la définition d'un objet. N'importe quelle transaction qui possède n'importe quel type de verrou sur une table empêche l'utilisateur d'acquérir un verrou exclusif sur cette table. Ce n'est pas une mauvaise chose que d'empêcher le changement de la structure d'une table quand une requête met à jour une information.

Le verrou LDD SHARED

Alors que vous avez besoin d'un verrou exclusif DDL pour changer un objet, Oracle place des verrous DDL partagés sur les objets que vous référencez dans les vues, les procédures stockées, les triggers, etc. Par exemple, toutes les tables qui sont consultées dans une procédure stockée possèdent des verrous DDL pendant l'exécution du code. Ceci permet à des transactions multiples de mettre en référence les tables de base. Cependant, les verrous partagés empêchent l'acquisition d'un verrou exclusif et le changement des objets référencés.

Le verrou LDD BREAKABLE PARSE

Ce type de verrou est obtenu pendant la phase d'analyse d'une instruction SQL, aussi longtemps que l'instruction demeure dans le cache de bibliothèque (Library Cache). Comme son nom l'indique, ce type de verrou peut être cassé, toutes les fois qu'un objet référencé par une requête dans le cache de bibliothèque (Library Cache) est changé ou abandonné. Cela signale à Oracle que l'instruction peut ne plus être valide et que vous devez la recompiler.

Le Segment Undo

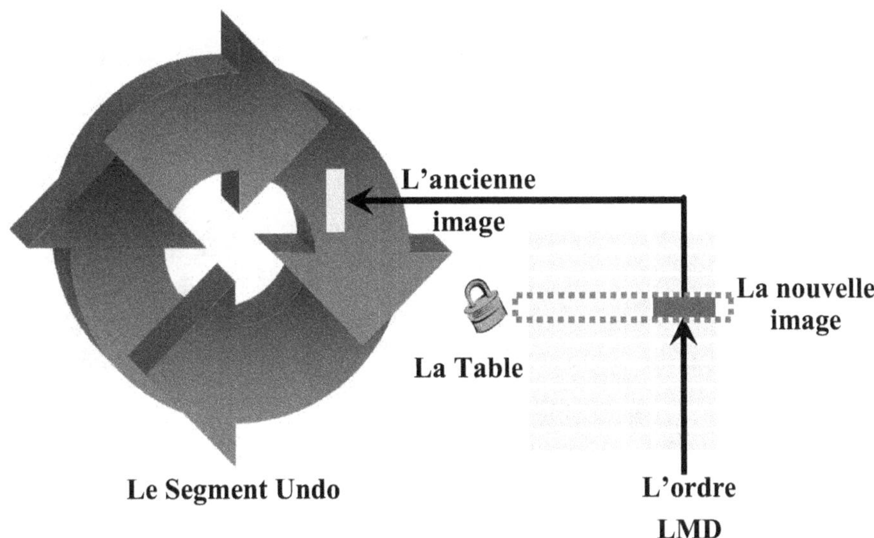

Chaque base de données abrite un ou plusieurs segments UNDO. Il contient les anciennes valeurs des enregistrements en cours de modification dans les transactions, qui sont utilisées pour assurer une lecture consistante des données, pour annuler des transactions et en cas de restauration.

Pour gérer à la fois les lectures et les mises à jour, Oracle conserve les deux informations :

- Les données mises à jour sont écrites dans les segments de données de la base.
- Les anciennes valeurs sont consignées dans les segments UNDO.

Ainsi, l'utilisateur de la transaction qui modifie les valeurs lira les données modifiées et tous les autres liront les données non modifiées.

Chaque fois qu'une instruction « **`INSERT`** », « **`UPDATE`** » ou « **`DELETE`** » met à jour une ou plusieurs lignes dans la table, un verrou « **`LMD ROW EXCLUSIVE`** » est placé. Il permet à des transactions multiples de mettre à jour la table, aussi longtemps qu'elles ne mettent pas à jour les mêmes lignes.

La lecture cohérente

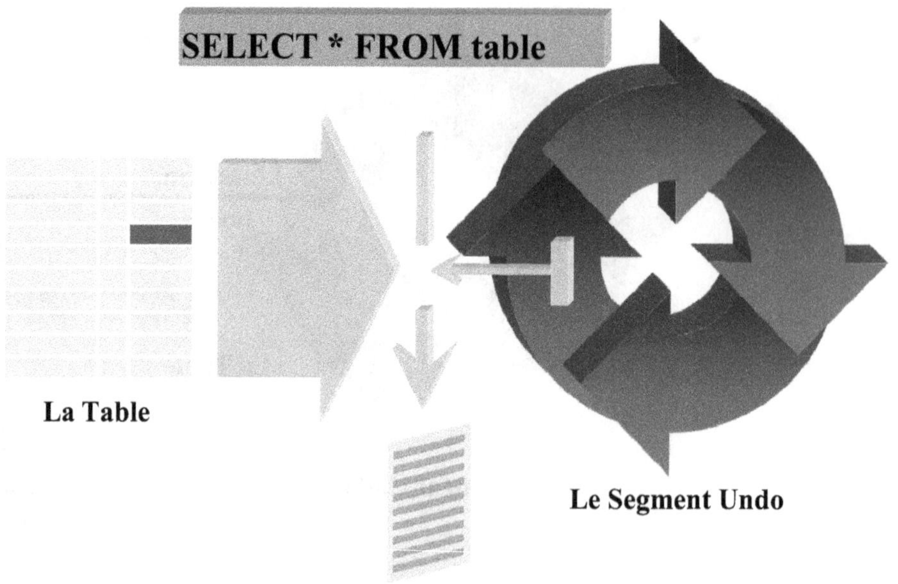

Une des caractéristiques d'Oracle est sa capacité à gérer l'accès concurrent aux données, c'est-à-dire l'accès simultané de plusieurs utilisateurs à la même donnée.

La lecture consistante, telle qu'elle est prévue par Oracle assure que :

- Les données interrogées ou manipulées, dans un ordre SQL, ne changeront pas de valeur entre le début et la fin. Tout se passe comme si un cliché était effectué sur la totalité de la base au début de l'ordre et que seul ce cliché soit utilisé tout au long de son exécution.
- Les lectures ne seront pas bloquées par des utilisateurs effectuant des modifications sur les mêmes données.
- Les modifications ne seront pas bloquées par des utilisateurs effectuant des lectures sur ces données.
- Un utilisateur ne peut lire les données modifiées par un autre, si elles n'ont pas été validées.
- Il faut attendre la fin des modifications en cours dans une autre transaction afin de pouvoir modifier les mêmes données.

La conservation des blocs

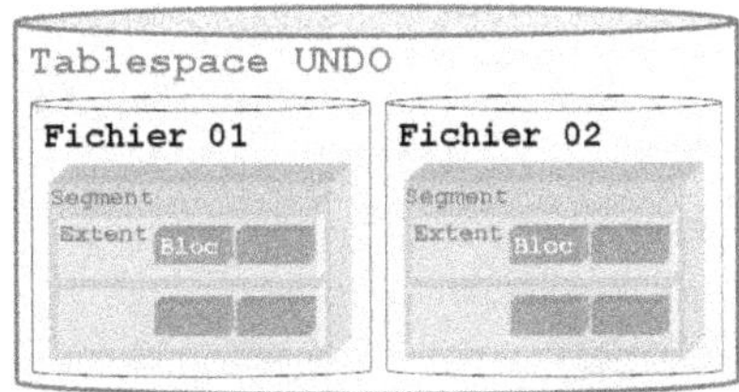

RETENTION GUARANTEE

RETENTION NOGUARANTEE

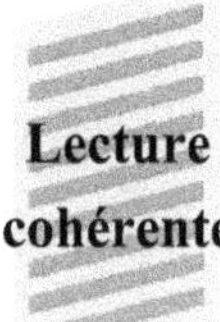

Pour un tablespace UNDO, il existe un paramètre « **RETENTION** » qui détermine la priorité de gestion pour les blocs UNDO dans les segments. Le paramètre peut être défini à la création du tablespace, mais il peut être modifié par la suite.

RETENTION GUARANTEE

Les blocs UNDO sont conservés dans le tablespace, pour tous les segments, même si les transactions qui utilisent ces segments n'aboutissent pas. En effet, un tablespace paramètre de manière à donner priorité à la conservation des modifications plutôt qu'aux transactions.

RETENTION NOGUARANTEE

Les blocs UNDO sont conservés dans le tablespace, pour tous les segments, uniquement si les transactions qui utilisent ces segments n'ont pas besoin de cette espace.

Flashback

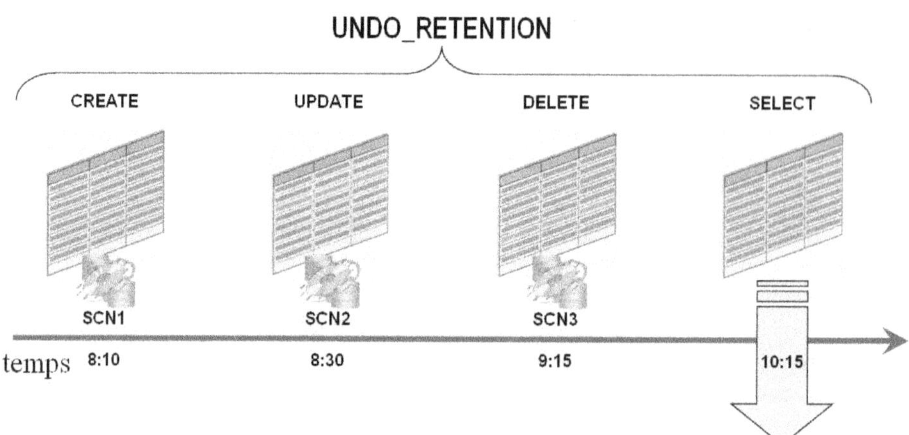

Le concept « **FLASHBACK** » à été introduit dans la version Oracle9i, il permet de visualiser les données dans l'état ou elles étaient plusieurs heures auparavant. Comme on a vue précédemment cette fonctionnalité utilise les segments stockes dans le tablespace UNDO pour retrouver l'information.

Il convient de faire attention au fait que seules les transactions validées sont visibles.

En effet, c'est un état stable de la base qui est interrogé, et il est impossible d'interroger les environnements de chaque transaction en cours d'exécution, non validée, et pouvant s'exécuter en parallèle avec plusieurs d'autres.

L'interrogation s'effectue en utilisant comme base de recherche le numéro de changement système (SCN). Vous pouvez également utiliser les informations temporelles, mais toute date et heure est convertie en un numéro de changement système (SCN).

Oracle assigne à chaque transaction un numéro, le **SCN** (**S**ystem **C**hange **N**umber).

Dans la version Oracle9i, vous utilisez un package fourni « **DBMS_FLASHBACK** » pour ouvrir un état en lecture afin de pouvoir interroger les données.

Dans la version Oracle10g, l'utilisation du « **FLASHBACK** » est simplifiée et introduite directement dans la syntaxe d'une requête d'interrogation SQL.

Il existe deux types d'interrogations pour récupérer les données dans leur état antérieur :

- L'interrogation des données dans leur état à un instant donné.
- La visualisation des modifications apportées aux enregistrements dans un intervalle de temps.

DBMS_FLASHBACK

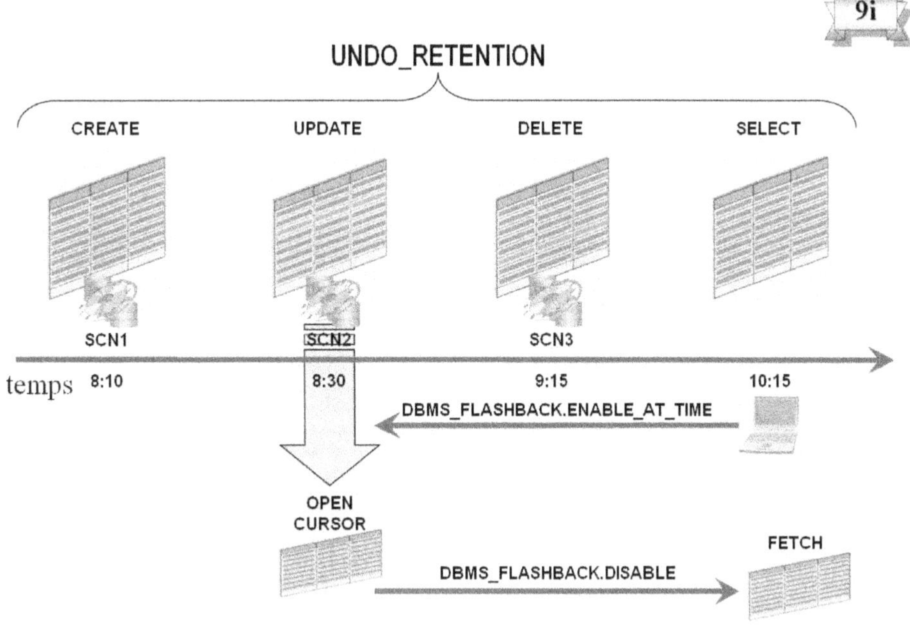

Le package « **DBMS_FLASHBACK** » à été introduit dans la version Oracle9i ; il permet de modifier la session pour que chaque utilisateur puisse revenir dans le passé, récupérer les données telles qu'elles étaient à un moment donné dans le passé. Pour plus d'informations sur les packages voir le module correspondent .

Le package « **DBMS_FLASHBACK** » contient plusieurs procédures et fonctions qui permettent de mettre en œuvre le mode « **FLASHBACK** ».

GET_SYSTEM_CHANGE_NUMBER

Une fonction qui retourne le numéro du changement système (SCN) au moment de l'exécution. Vous avez besoin de cette valeur pour pouvoir ouvrir un état de visualisation à ce moment.

```
SQL> SELECT DBMS_FLASHBACK.GET_SYSTEM_CHANGE_NUMBER
  2  FROM DUAL;

GET_SYSTEM_CHANGE_NUMBER
------------------------
                 1965481
```

ENABLE_AT_SYSTEM_CHANGE_NUMBER

Une procédure qui ouvre un état de visualisation des données dans leur version au numéro du changement système (SCN) donné.

ENABLE_AT_TIME

Une procédure qui ouvre un état de visualisation des données dans leur version un moment donné. Attention, l'ouverture de l'état de visualisation est toujours effectuée à partir d'un numéro du changement système (SCN) ; ainsi Oracle convertit la date et l'heure en SCN. La conversion s'effectue avec une précision très faible, le numéro du changement système (SCN) se retrouve dans un laps de temps de cinq minutes avant ; pour une meilleure précision utiliser le numéro du changement système (SCN).

DISABLE

Une procédure qui arrête l'état de visualisation.

La mise œuvre comporte les étapes suivantes :

- L'ouverture du mode « **FLASHBACK** » à l'aide de la procédure « **ENABLE_AT_SYSTEM_CHANGE_NUMBER** » ou « **ENABLE_AT_TIME** ».
- Interrogations de données dans leur version au numéro du changement système (SCN).
- Arrêter le mode « **FLASHBACK** ».

Attention

Le mode « **FLASHBACK** » permet uniquement la visualisation des données ; vous n'avez pas le droit de modifier les données.

Il est toutefois possible d'ouvrir un curseur, ce qui implique l'accomplissement de la phase « **EXECUTE** » (l'exécution) de la requête SQL. Dans cette phase, les blocs qui contiennent les enregistrements de la ou des tables composant la requête sont chargés dans un buffer et mis en forme.

Les données demandées sont préparées au niveau du serveur sans être récupérées.

Apres l'arrêt du mode « **FLASHBACK** », vous pouvez récupérer les enregistrements sélectionnées et mis en forme. Pour plus d'informations voir le module correspondant du PL/SQL.

```
SQL> SELECT DBMS_FLASHBACK.GET_SYSTEM_CHANGE_NUMBER
  2  FROM DUAL;

GET_SYSTEM_CHANGE_NUMBER
------------------------
                 1965613

SQL> INSERT INTO CATEGORIES
  2  VALUES ( 9, 'Nouvelle catégorie','Nouvelle catégorie');

1 ligne créée.

SQL> COMMIT;

Validation effectuée.

SQL> SELECT DBMS_FLASHBACK.GET_SYSTEM_CHANGE_NUMBER
  2  FROM DUAL;

GET_SYSTEM_CHANGE_NUMBER
------------------------
                 1965678

SQL> UPDATE CATEGORIES
  2  SET NOM_CATEGORIE = 'Fruits et légumes frais',
  3      DESCRIPTION   = 'Fruits et légumes frais'
  4  WHERE CODE_CATEGORIE = 9;

1 ligne mise à jour.
```

```
SQL> COMMIT;

Validation effectuée.

SQL> EXECUTE DBMS_FLASHBACK.ENABLE_AT_SYSTEM_CHANGE_NUMBER(1965613);

Procédure PL/SQL terminée avec succès.

SQL> SELECT CODE_CATEGORIE, NOM_CATEGORIE
  2  FROM CATEGORIES
  3  WHERE CODE_CATEGORIE = 9;

aucune ligne sélectionnée

SQL> EXECUTE DBMS_FLASHBACK.DISABLE;

Procédure PL/SQL terminée avec succès.

SQL> EXECUTE DBMS_FLASHBACK.ENABLE_AT_SYSTEM_CHANGE_NUMBER(1965678);

Procédure PL/SQL terminée avec succès.

SQL> SELECT CODE_CATEGORIE, NOM_CATEGORIE
  2  FROM CATEGORIES
  3  WHERE CODE_CATEGORIE = 9;

CODE_CATEGORIE NOM_CATEGORIE
-------------- -------------------------
             9 Nouvelle catégorie

SQL> EXECUTE DBMS_FLASHBACK.DISABLE;

Procédure PL/SQL terminée avec succès.

SQL> SELECT CODE_CATEGORIE, NOM_CATEGORIE
  2  FROM CATEGORIES
  3  WHERE CODE_CATEGORIE = 9;

CODE_CATEGORIE NOM_CATEGORIE
-------------- -------------------------
             9 Fruits et légumes frais
```

Dans l'exemple précédent vous pouvez voir la création d'un enregistrement dans la table `CATEGORIES`, ainsi que la validation de la transaction par la commande « **`COMMIT`** ». On récupère le numéro du changement système (SCN) à l'aide la fonction « **`GET_SYSTEM_CHANGE_NUMBER`** ».

Le même enregistrement est modifie et la transaction validé, puis on récupère également le numéro du changement système.

Par la suite, on initialise deux fois le mode « **`FLASHBACK`** », pour récupérer les informations dans l'état initial, avant l'insertion, ainsi que l'état de l'enregistrement immédiat après l'insertion. La dernière requête renvois l'état actuel de l'enregistrement.

Fonctions de conversion

- **SCN_TO_TIMESTAMP**
- **TIMESTAMP_TO_SCN**

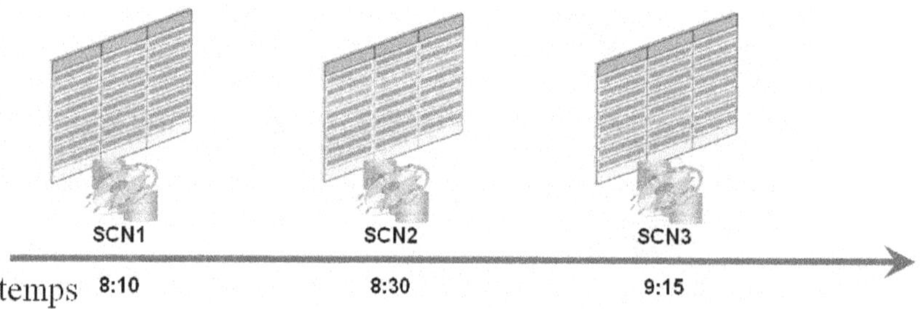

À partir de la version Oracle10g, il est possible d'obtenir un numéro du changement système (SCN) à partir d'une date et heure.

SCN_TO_TIMESTAMP

La fonction « **SCN_TO_TIMESTAMP** » permet de convertir le numéro du changement système (SCN), en une valeur de type « **TIMESTAMP** ».

```
SQL> SELECT DBMS_FLASHBACK.GET_SYSTEM_CHANGE_NUMBER FROM DUAL;

GET_SYSTEM_CHANGE_NUMBER
------------------------
                 1969002

SQL> SELECT SCN_TO_TIMESTAMP(1969002) FROM DUAL;

SCN_TO_TIMESTAMP(1969002)
---------------------------------------------------
26/05/06 13:29:10,000000000
```

TIMESTAMP_TO_SCN

La fonction « **TIMESTAMP_TO_SCN** » permet de convertir une valeur de type « **TIMESTAMP** », une date et heure, en numéro du changement système (SCN).

```
SQL> SELECT SYSTIMESTAMP, TIMESTAMP_TO_SCN(SYSTIMESTAMP)
  2  FROM DUAL;

SYSTIMESTAMP                        TIMESTAMP_TO_SCN(SYSTIMESTAMP)
----------------------------------- ------------------------------
26/05/06 13:38:02,062000 +02:00                            1969239
```

```
SQL> SELECT SCN_TO_TIMESTAMP(1969239) FROM DUAL;

SCN_TO_TIMESTAMP(1969239)
---------------------------------------------------
26/05/06 13:38:02,000000000
```

Astuce

Un moyen très simple de récupérer le numéro du changement système (SCN) est de convertir la pseudo-colonne SYSTIMESTAMP.

Interrogation FLASHBACK

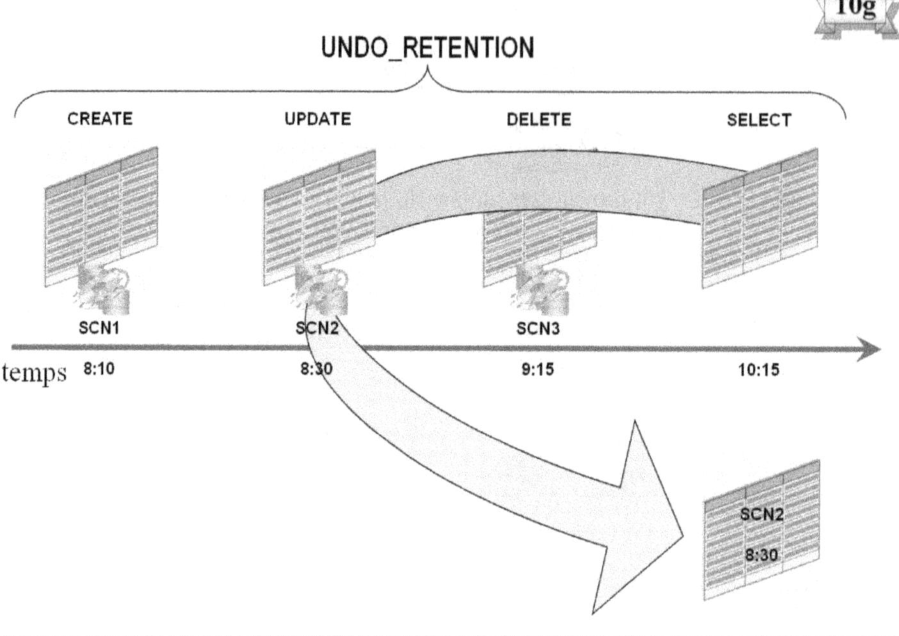

Le mode « **FLASHBACK** », à partir de la version Oracle10g, vous permet d'interroger directement les données telles qu'elles étaient à un moment donné dans le passé.

La syntaxe de l'instruction SELECT :

```
SELECT [ALL | DISTINCT]
        {* | [EXPRESSION1 [AS] ALIAS1[,...]}
FROM NOM_TABLE
        [ AS OF { SCN | TIMESTAMP } valeur]
...
```

valeur Indique le numéro du changement système (SCN) si l'argument « **SCN** » a été choisi. Sinon il indique une valeur de type « **TIMESTAMP** ».

```
SQL> SELECT SYSTIMESTAMP, TIMESTAMP_TO_SCN(SYSTIMESTAMP) SCN
  2  FROM DUAL;

SYSTIMESTAMP                             SCN
-------------------------------- --------
26/05/06 14:23:59,531000 +02:00   1970678

SQL> INSERT INTO EMPLOYES VALUES ( 10, NULL, 'BIZOÏ','Razvan',
  2          'Formateur','M.', '03/02/1965',SYSDATE, 8000, NULL);

1 ligne créée.

SQL> COMMIT;

Validation effectuée.
```



```
SQL> SELECT SYSTIMESTAMP, TIMESTAMP_TO_SCN(SYSTIMESTAMP) SCN
  2  FROM DUAL;

SYSTIMESTAMP                                 SCN
-------------------------------- --------
26/05/06 14:24:45,203000 +02:00   1970721

SQL> UPDATE EMPLOYES SET PRENOM = 'Radu Razvan'
  2  WHERE NO_EMPLOYE = 10;

1 ligne mise à jour.

SQL> COMMIT;

Validation effectuée.

SQL> SELECT SYSTIMESTAMP, TIMESTAMP_TO_SCN(SYSTIMESTAMP) SCN
  2  FROM DUAL;

SYSTIMESTAMP                                 SCN
-------------------------------- --------
26/05/06 14:25:23,890000 +02:00   1970743

SQL> SELECT NOM, PRENOM, FONCTION FROM EMPLOYES AS OF SCN 1970678
  2  WHERE NO_EMPLOYE = 10;

aucune ligne sélectionnée

SQL> SELECT NOM, PRENOM, FONCTION FROM EMPLOYES AS OF TIMESTAMP
  2       TO_TIMESTAMP( '26/05/06 14:24:45','DD/MM/YY HH24:MI:SS')
  3  WHERE NO_EMPLOYE = 10;

NOM        PRENOM                         FONCTION
---------- ------------------------------ -------------------------
BIZOÏ      Razvan                         Formateur

SQL> SELECT NOM, PRENOM, FONCTION FROM EMPLOYES AS OF SCN 1970743
  3  WHERE NO_EMPLOYE = 10;

NOM        PRENOM                         FONCTION
---------- ------------------------------ ----------
BIZOÏ      Radu Razvan                    Formateur

SQL> SELECT NOM, PRENOM, FONCTION FROM EMPLOYES
  3  WHERE NO_EMPLOYE = 10;

NOM        PRENOM                         FONCTION
---------- ------------------------------ ----------
BIZOÏ      Radu Razvan                    Formateur
```

Dans l'exemple précèdent, vous pouvez remarquer la facilité d'emploi du mode « **FLASHBACK** » dans cette version. Il suffit de connaitre soit le numéro du changement système (SCN), soit la date et l'heure de la modification que vous souhaitez récupérer.

Interrogation des versions

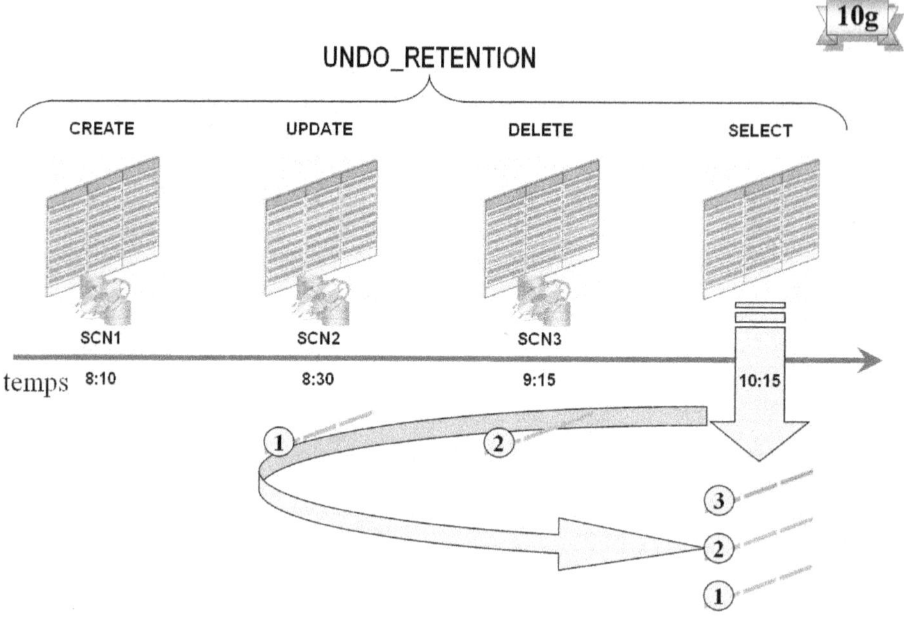

Le mode « **FLASHBACK** », à partir de la version Oracle10g, vous permet également d'interroger les versions de données modifiées.

La syntaxe de l'instruction SELECT :

```
SELECT [ALL | DISTINCT]
       {* | [EXPRESSION1 [AS] ALIAS1[,...]}
FROM NOM_TABLE
       [
         VERSIONS BETWEEN
              { SCN | TIMESTAMP }
                     { valeur | MINVALUE } AND
                     { valeur | MAXVALUE }
       ]
...
```

valeur Indique le numéro du changement système (SCN) si l'argument « **SCN** » a été choisit Sinon il indique une valeur de type « **TIMESTAMP** ».

MINVALUE Indique la valeur minimale du numéro du changement système (SCN) pour afficher les versions.

MAXVALUE Indique la valeur maximale du numéro du changement système (SCN) pour afficher les versions.

Il existe plusieurs pseudo-colonnes que vous pouvez interroger en même temps que les versions des enregistrements modifiées :

VERSIONS_STARTTIME Retourne une valeur de type « **TIMESTAMP** » qui indique la date et l'heure de la première version des enregistrements de la requête.

VERSIONS_STARTSCN Retourne la valeur numéro du changement système (SCN) pour la première version des enregistrements de la requête.

VERSIONS_ENDTIME Retourne une valeur de type « **TIMESTAMP** » qui indique la date et l'heure de la dernière version des enregistrements de la requête.

VERSIONS_ENDSCN Retourne la valeur numéro du changement système (SCN) pour la dernière version des enregistrements de la requête.

VERSIONS_XID Retourne l'identifiant de la transaction qui a créé la version pour chaque enregistrement de la requête.

VERSIONS_OPERATION Retourne un caractère qui indique le type de l'opération SQL qui a créé la version. Les valeurs sont « **I** » pour « **INSERT** », « **U** » pour « **UPDATE** » et « **D** » pour « **DELETE** ».

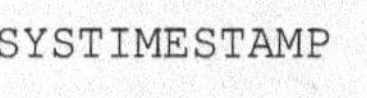

```
SQL> SELECT SYSTIMESTAMP, TIMESTAMP_TO_SCN(SYSTIMESTAMP) SCN
  2  FROM DUAL;

SYSTIMESTAMP                                SCN
----------------------------------- ----------
26/05/06 15:17:17,687000 +02:00        1972351

SQL> INSERT INTO PRODUITS
  2  SELECT 80, NOM_PRODUIT, NO_FOURNISSEUR, CODE_CATEGORIE,
  3         QUANTITE, PRIX_UNITAIRE, UNITES_STOCK,
  4         UNITES_COMMANDEES, INDISPONIBLE
  5  FROM PRODUITS
  6  WHERE REF_PRODUIT = 1;

1 ligne créée.

SQL> COMMIT;

Validation effectuée.

SQL> SELECT SYSTIMESTAMP, TIMESTAMP_TO_SCN(SYSTIMESTAMP) SCN
  2  FROM DUAL;

SYSTIMESTAMP                                SCN
----------------------------------- ----------
26/05/06 15:22:12,156000 +02:00        1972494

SQL> UPDATE PRODUITS SET UNITES_STOCK = UNITES_STOCK + 100
  2  WHERE REF_PRODUIT = 80;

1 ligne mise à jour.

SQL> COMMIT;

Validation effectuée.

SQL> SELECT SYSTIMESTAMP, TIMESTAMP_TO_SCN(SYSTIMESTAMP) SCN
  2  FROM DUAL;

SYSTIMESTAMP                                SCN
```

```
-------------------------------- ----------
26/05/06 15:25:46,984000 +02:00     1972580

SQL> DELETE PRODUITS WHERE REF_PRODUIT = 80;

1 ligne supprimèe.

SQL> COMMIT;

Validation effectuée.

SQL> SELECT SYSTIMESTAMP, TIMESTAMP_TO_SCN(SYSTIMESTAMP) SCN
  2  FROM DUAL;

SYSTIMESTAMP                              SCN
-------------------------------- ----------
26/05/06 15:27:17,437000 +02:00     1972620

SQL> SELECT NOM_PRODUIT,
  2         UNITES_STOCK STOCK,
  3         VERSIONS_OPERATION O,
  4         VERSIONS_STARTTIME STARTTIME,
  5         VERSIONS_ENDTIME   ENDTIME
  6  FROM PRODUITS VERSIONS BETWEEN SCN MINVALUE AND MAXVALUE
  7  WHERE REF_PRODUIT = 80;

NOM_PRODUIT      STOCK O STARTTIME          ENDTIME
----------- ---------- - ------------------ ------------------
Chai               139 D 26/05/06 15:27:12
Chai               139 U 26/05/06 15:25:39  26/05/06 15:27:12
Chai                39 I 26/05/06 15:22:03  26/05/06 15:25:39

SQL> SELECT NOM_PRODUIT,
  2         UNITES_STOCK STOCK,
  3         VERSIONS_OPERATION O,
  4         VERSIONS_STARTSCN STARTSCN,
  5         VERSIONS_ENDSCN ENDSCN,
  6         VERSIONS_XID
  7  FROM PRODUITS VERSIONS BETWEEN SCN MINVALUE AND MAXVALUE
  8  WHERE REF_PRODUIT = 80;

NOM_PRODUIT      STOCK O   STARTSCN     ENDSCN VERSIONS_XID
----------- ---------- - ---------- ---------- ----------------
Chai               139 D    1972619            02001B0066040000
Chai               139 U    1972578    1972619 01000E007A040000
Chai                39 I    1972491    1972578 060011006A040000
```

Vous pouvez également utiliser l'option « **VERSIONS** » dans une sous-requête dans les ordres SQL de type « **LMD** » ou « **LDD** ».

Atelier 14

- **Les transactions**
- **Début et fin de transaction**
- **Structuration de la transaction**

Durée : 15 minutes

Questions

14-1. L'administrateur de la base de données peut-il voir les données en train d'être modifiées dans une transaction par les utilisateurs de la base ?

14-2. Peut-on annuler partiellement une transaction ?

14-3. Quel est le mode de verrouillage par défaut dans Oracle ?

A. Enregistrement

B. Table

C. Segment

D. Page des données

14-4. Vous avez ouvert deux sessions avec le même utilisateur. Dans la première session, vous modifiez un enregistrement d'une table. Est-ce que dans la deuxième session, connectée avec le même utilisateur, vous pouvez voir la modification effectuée dans l'autre session ?

14-5. Quelles sont les commandes SQL qui peuvent être annulées dans une transaction ?

A. `INSERT`

B. `ALTER`

C. `CREATE`

D. `DROP`

E. `TRUNCATE`

F. `DELETE`

G. `UPDATE`

14-6. Pour les mêmes choix que la question précédente, quelles sont les commandes SQL qui valident automatiquement une transaction ?

14-7. Quelle doit être la valeur de la colonne SALARY après l'exécution du script suivant ?

```
SQL> SELECT FIRST_NAME, LAST_NAME, SALARY
  2  FROM HR.EMPLOYEES
  3  WHERE EMPLOYEE_ID = 200;

FIRST_NAME           LAST_NAME                     SALARY
-------------------- ------------------------- ----------
Jennifer             Whalen                          4400

SQL> UPDATE HR.EMPLOYEES SET SALARY=6000
  2  WHERE EMPLOYEE_ID = 200;

1 ligne mise à jour.

SQL> DROP TABLE SCOTT.EMP;

Table supprimée.

SQL> ROLLBACK;

Annulation (rollback) effectuée.

SQL> SELECT FIRST_NAME, LAST_NAME, SALARY
  2  FROM HR.EMPLOYEES
  3  WHERE EMPLOYEE_ID = 200;

FIRST_NAME           LAST_NAME                     SALARY
-------------------- ------------------------- ----------
Jennifer             Whalen                             ?
```

14-8. Quelle doit être la valeur de la colonne SALARY après l'exécution du script suivant ?

```
SQL> SELECT FIRST_NAME, LAST_NAME, SALARY
  2  FROM HR.EMPLOYEES
  3  WHERE EMPLOYEE_ID = 200;

FIRST_NAME           LAST_NAME                     SALARY
-------------------- ------------------------- ----------
Jennifer             Whalen                          6000

SQL> UPDATE HR.EMPLOYEES SET SALARY=8000
  2  WHERE EMPLOYEE_ID = 200;

1 ligne mise à jour.

SQL> TRUNCATE TABLE SCOTT.EMP;
TRUNCATE TABLE SCOTT.EMP
                     *
ERREUR à la ligne 1 :
```

```
ORA-00942: Table ou vue inexistante

SQL> ROLLBACK;

Annulation (rollback) effectuée.

SQL> SELECT FIRST_NAME, LAST_NAME, SALARY
  2  FROM HR.EMPLOYEES
  3  WHERE EMPLOYEE_ID = 200;

FIRST_NAME           LAST_NAME                     SALARY
-------------------- ------------------------- ----------

Jennifer             Whalen                             ?
```

14-9. Quelle doit être la valeur de la colonne `SALARY` après l'exécution du script suivant ?

```
SQL> UPDATE HR.EMPLOYEES SET SALARY=5000
  2  WHERE EMPLOYEE_ID = 200;

1 ligne mise à jour.

SQL> SAVEPOINT SP1;

Savepoint créé.

SQL> UPDATE HR.EMPLOYEES SET SALARY=6000
  2  WHERE EMPLOYEE_ID = 200;

1 ligne mise à jour.

SQL> ROLLBACK TO SAVEPOINT SP1;

Annulation (rollback) effectuée.

SQL> SELECT FIRST_NAME, LAST_NAME, SALARY
  2  FROM HR.EMPLOYEES
  3  WHERE EMPLOYEE_ID = 200;

FIRST_NAME           LAST_NAME                     SALARY
-------------------- ------------------------- ----------

Jennifer             Whalen                             ?
```

Exercice n° 1 Les transactions

Effacez les commandes effectuées par l'employé numéro trois.

L'opération s'est-elle déroulée correctement ? Justifiez votre réponse.

Créez deux nouvelles catégories de produits, une `'Boissons non alcoolisées'` et une autre `'Boissons alcoolisées'`; après la création, insérez un point de sauvegarde `POINT_REPERE_1`.

Attribuez les produits `1` et `43` à la catégorie numéro `10` et insérez un point de sauvegarde `POINT_REPERE_2`.

Attribuez les produits (`2, 24, 34, 35, 38, 39, 67`) à la deuxième catégorie et insérez un point de sauvegarde `POINT_REPERE_3`.

Supprimez la catégorie de produits `'Boissons'`.

L'opération s'est déroulée correctement ?

Annulez les opérations depuis le point de sauvegarde `POINT_REPERE_2`.

Exécutez la commande « **`ROLLBACK TO SAVEPOINT POINT_REPERE_3`** `;` » Justifiez le message d'erreur.

Attribuez tous les produits qui sont encore de catégorie « Boissons » à la deuxième catégorie, « Boissons alcoolisées » ; insérez un point de sauvegarde `POINT_REPERE_3`.

Supprimez la catégorie de produits « Boissons ».

Affichez les produits ainsi que les deux catégories qui sont l'objet de cette transaction.

Validez la transaction.

Affichez les enregistrements actuels de la table `CATEGORIES`. Affichez les enregistrements de la table `CATEGORIES` telles qu'elles étaient une heure auparavant.

- *Stockage dans la base*
- *CREATE TABLE*
- *Table objet*
- *GLOBAL TEMPORARY*

15

La création des tables

Objectifs

A la fin de ce module, vous serez à même d'effectuer les tâches suivantes :

- Décrire la syntaxe de la commande SQL « **CREATE TABLE** ».
- Créer une table et personnaliser le stockage du segment correspondant.
- Créer une table qui contient des objets de type « **LOB** ».
- Créer une table qui stocke des types d'objets.
- Créer une table temporaire.
- Créer une table à partir d'une requête.

Contenu

Objets de la base de données

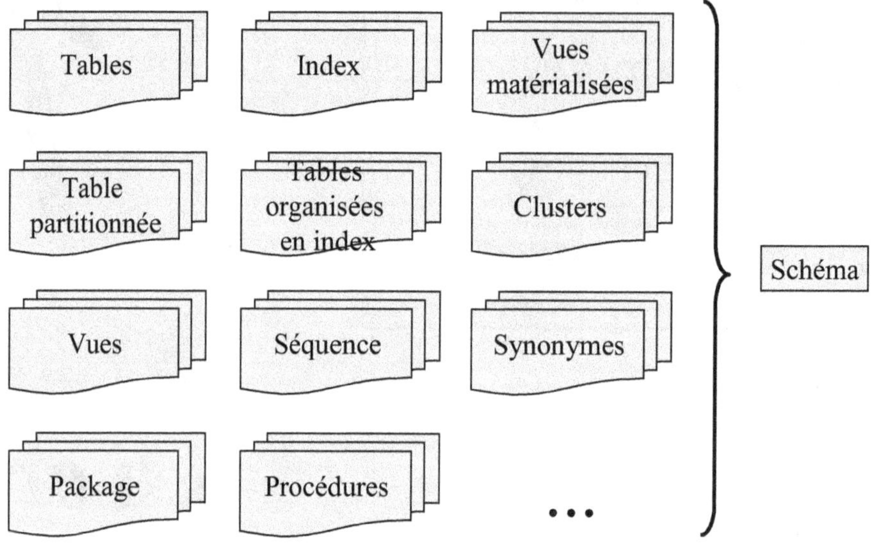

Une base de données Oracle est un ensemble de données permettant de stocker des données dans un format relationnel ou des structures orientées objet telles que des types de données et des méthodes abstraits.

Une fois que la base de données est conçue, vous pouvez créer la ou les schémas pour supporter les applications. Voici les éléments qui constituent un schéma :

- les tables, colonnes, contraintes et types de données (dont les types abstraits)
- les tables temporaires
- les tables organisées en index
- les tables partitionnées
- les clusters
- les index
- les vues
- les vues d'objets
- les vues matérialisées
- les séquences
- les procédures
- les fonctions
- les packages
- les déclencheurs
- les synonymes
- les liens de base de données

Structure du stockage des données

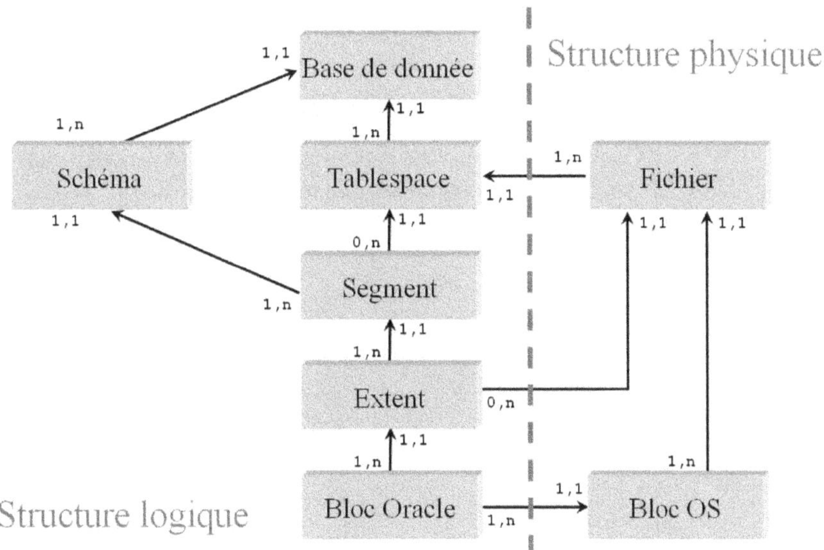

Une base de données Oracle est un ensemble de données permettant de stocker des données dans un format relationnel ou des structures orientées objet telles que des types de données et des méthodes abstraits.

Comme avec la plupart des systèmes de gestion de base de données, Oracle sépare les structures de stockage logiquement et physiquement. Cette opération facilite l'administration et évite de connaître tous les détails pour chaque exécution physique.

Le tablespace (espace de disque logique)

Le tablespace est un concept fondamental du stockage des données dans une base Oracle. Une table ou un index appartiennent obligatoirement à un tablespace. À chaque tablespace sont associés un ou plusieurs fichiers. Tout objet (table, index) est placé dans un tablespace, sans précision du fichier de destination, le tablespace effectuant ce lien.

Lorsqu'un tablespace est créé, des fichiers de données sont également créés pour contenir les données de celui-ci. Ces fichiers allouent immédiatement l'espace spécifié durant leur création. Chacun d'eux ne peut appartenir qu'à un seul tablespace.

Les segments

Les segments de données sont les zones physiques de stockage des données associées aux tables et aux clusters. C'est une zone de stockage logique qui regroupe plusieurs espaces de stockage dans un tablespace.

Les extents

Les extents sont un ensemble de blocs contigus permettant de stocker un certain type d'information. Les extents sont ajoutés lorsque l'objet est créé ou lorsqu'un segment nécessite davantage d'espace.

Le bloc Oracle

Le bloc Oracle est une unité d'échange entre les fichiers, la mémoire et les processus. Sa taille est un multiple de la taille des blocs manipulés par votre système d'exploitation.

Un bloc de données correspond à un nombre spécifique d'octets d'espace de base de données physique sur le disque. Lors de la création de chaque base de données Oracle, une taille de bloc de données est définie pour le tablespace système, undo et temporaire. Pour les autres tablespaces applicatifs, vous pouvez utiliser plusieurs tailles de block parmi les valeurs : 2K, 4K, 8K, 16K et 32K.

Le tablespace

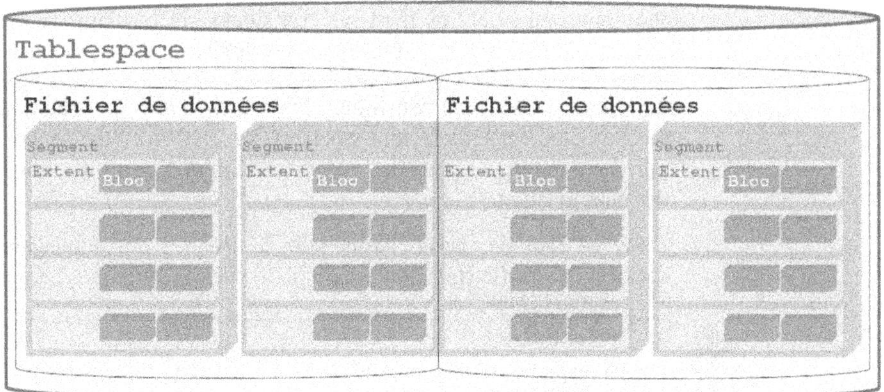

La séparation des structures logique et physique d'une base de données facilite le contrôle poussé de la gestion de l'espace disque. L'administrateur peut configurer les paramètres d'allocation d'espace aux composants physiques et logiques de la base de données.

Pour utiliser efficacement l'espace du disque dur, il est important de connaître les relations entre les composants physiques et logiques de la base de données. Il est important également de savoir comment l'espace est alloué dans la base de données.

Comme on l'a vu précédemment, la base de données est divisée en zones d'espace logiques plus petites, appelées tablespaces.

Note

Un tablespace est constitué d'un ou plusieurs fichiers de données (datafiles) ; par contre un fichier de données ne peut appartenir qu'à un seul tablespace.

Un fichier de données est créé automatiquement par le serveur Oracle chaque fois que vous créez un tablespace. La quantité de disque occupe par le fichier de données est spécifiée par l'administrateur de la base de données.

Après la création d'un tablespace, vous pouvez ajouter d'autres fichiers de données. Un fichier de données peut être modifié par l'administrateur de la base de données après sa création.

Dés lors qu'un fichier de données est créé pour un tablespace, il est attaché à ce tablespace, et il va pouvoir être détaché uniquement de la destruction du tablespace.

Un tablespace est constitué de segments. Un segment est l'espace alloué pour un type spécifique de structure de stockage logique dans un tablespace. Les segments d'index, segments temporaires, undo segments et segments de données représentent quelques exemples de segments. Un segment, tel qu'un segment de données, peut être réparti sur plusieurs fichiers appartenant au même tablespace.

Le niveau suivant de la structure logique d'une base de données est l'extent. Un extent est un ensemble de blocs contigus. Chaque segment est constitué d'un ou plusieurs extents. Un extent ne peut pas être stocké sur plusieurs fichiers de données.

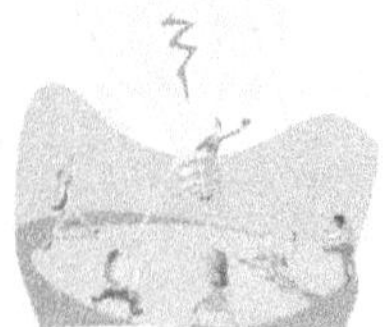

Note

Un segment, peut être stocké sur un ou plusieurs fichiers appartenant au même tablespace.

Par contre un extent ne peut pas être stocké sur plusieurs fichiers de données ; il doit être absolument contenu dans le même fichier de données.

Les blocs de données constituent le dernier niveau de granularité. Les données d'une base de données Oracle sont stockées dans les blocs de données. Un bloc de données correspond à un ou plusieurs blocs de fichiers physiques alloués à partir de fichier de données existant.

Dans ce module, nous allons voir la gestion des tablespaces et des fichiers de données ; la partie stockage est détaillée dans le module « La gestion du stockage ».

Attention

Un tablespace est un container qui n'a pas de concept de propriété d'objet. Il n'y a aucune relation d'appartenance entre un tablespace et un propriétaire de structure (ou un propriétaire de table). Les objets possédés par un utilisateur peuvent résider dans de multiples tablespaces ou dans un même tablespace.

Types de données

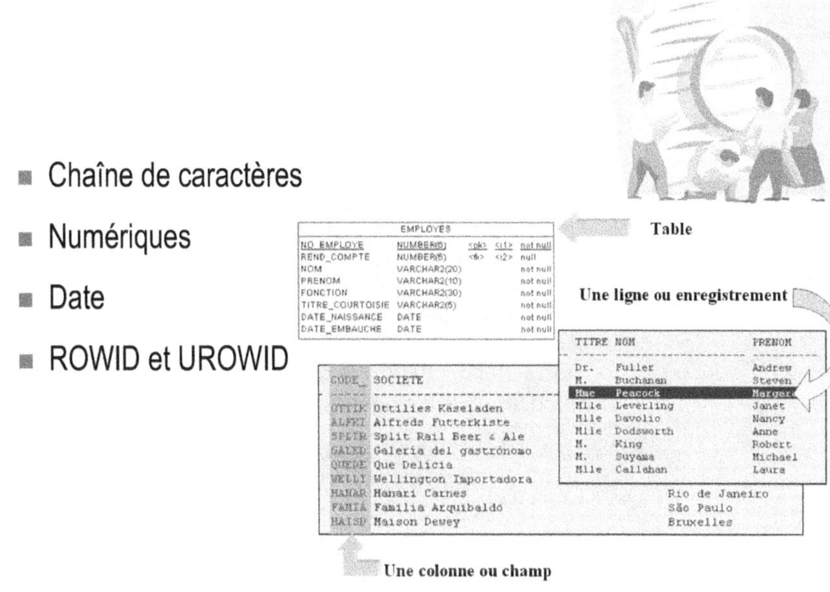

Une table sert à stocker les données auxquelles l'utilisateur doit accéder. C'est l'unité fondamentale de stockage physique des données dans une base. Généralement, c'est aux tables que font référence les utilisateurs pour accéder aux données. Une base peut être constituée de plusieurs tables reliées entre elles. Une table contient un ensemble fixe de colonnes.

Colonnes

Une colonne, ou champ représente une partie d'une table et constitue la plus petite structure logique de stockage d'une base de données. Chaque colonne possède un nom ainsi qu'un type de donnée, qui déterminent ses caractéristiques spécifiques. Dans la représentation d'une table, une colonne est une structure verticale qui contient des valeurs sur chaque ligne de la table.

Lignes

Une ligne de données est une collection de valeurs inscrites dans les colonnes successives d'une table, l'ensemble formant un enregistrement unique. Par exemple, la table `EMPLOYES` compte 9 enregistrements ou lignes de données. Le nombre de lignes augmente ou diminue en fonction des ajouts et suppressions des employés.

Types de données

Un type de donnée détermine l'ensemble des valeurs qu'il est possible de stocker dans une colonne de la base de données. Une colonne se voit attribuer un type de données et une longueur. Pour les colonnes de type `NUMBER`, il est possible de spécifier des caractéristiques additionnelles relatives à la précision et à l'échelle. La précision détermine le nombre total de chiffres que peut prendre la valeur numérique, l'échelle le nombre de chiffre que peut prendre la partie décimale. Par exemple, `NUMBER (10,2)` spécifie une colonne à dix chiffres, avec deux chiffres après la virgule. La précision par défaut (maximale) est de trente-huit chiffres.

Le système impose certaines limitations ; la dénomination des objets doit respecter les règles suivantes :

- Chaque objet d'un schéma même pour des types d'objets différents doit être unique.
- La longueur du nom ne peut excéder 30 caractères.
- Il doit commencer par un caractère alphabétique ou par _ ou $ ou #.
- Ne doit pas être un mot réservé SQL.
- Il peut comporter des caractères minuscules ou majuscules. Oracle ne tient pas compte de la casse tant que les noms de tables ou de colonnes ne sont pas indiqués entre guillemets. Si les noms d'objets sont entre guillemets Oracle utilise la casse donnée entre guillemets pour référencer l'objet. Chaque fois que l'objet est appelé il faut utiliser les guillemets, autrement Oracle opère automatiquement une conversion en majuscules. Il est déconseillé d'utiliser cette possibilité, du fait de la lourdeur d'écriture et des risques d'erreur de syntaxe qu'elle engendre.

Les types de données disponibles sont :

- Caractères
- Numériques
- Date
- LOB
- ROW et LONG ROW
- ROWID et UROWID

Types ROWID

- ROWID
- UROWID

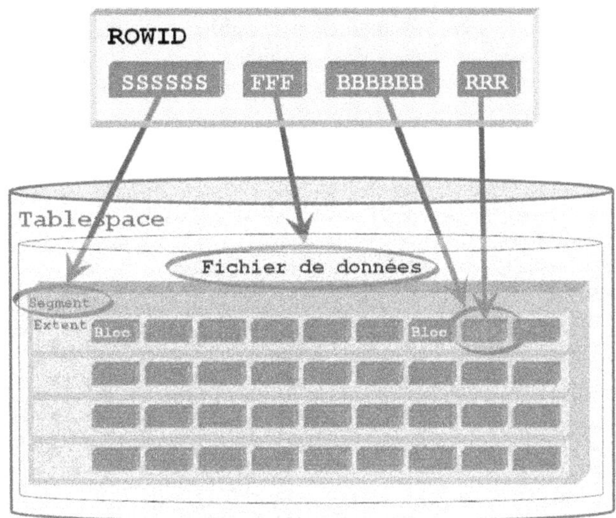

ROWID

Le type « **ROWID** » est une chaîne de caractères encodés en base 64 généralement utilisé pour représenter un identifiant de ligne. Le « **ROWID** » désigne également une pseudo-colonne qui contient l'adresse physique de chaque enregistrement.

Les données de type « **ROWID** » s'affichent en utilisant un schéma d'encodage en base 64 qui utilise comme dans l'image précédente :

SSSSSS	Indique les six positions pour le numéro du segment.
FFF	Indique les trois positions pour le numéro de fichier relatif du tablespace.
BBBBBB	Indique les six positions pour le numéro de bloc dans le fichier de données. Le numéro du bloc est relatif au fichier de données et pas au tablespace.
RRR	Indique le déplacement dans le bloc sur trois positions.

Ce schéma utilise les caractères « **A÷Z** », « **a÷z** », « **0÷9** », « **+** » et « **/** », soit un total de 64 caractères.

```
SQL> SELECT ROWID ,
  2         SUBSTR(ROWID,1,6)   "Segment",
  3         SUBSTR(ROWID,7,3)   "Fichier",
  4         SUBSTR(ROWID,10,6)  "Bloc",
  5         SUBSTR(ROWID,16,3)  "Enregistrement"
  6  FROM SCOTT.DEPT;

ROWID              Segment  Fichier  Bloc   Enregistrement
------------------ -------- -------- ------ --------------
AAAMKAAAEAAAAAMAAA AAAMKA   AAE      AAAAAM AAA
AAAMKAAAEAAAAAMAAB AAAMKA   AAE      AAAAAM AAB
AAAMKAAAEAAAAAMAAC AAAMKA   AAE      AAAAAM AAC
AAAMKAAAEAAAAAMAAD AAAMKA   AAE      AAAAAM AAD
```

```
UROWID [(P)]
```

Le type 'Universal RowIDs' « **UROWID** » est une chaîne de caractères encodés en base 64 pouvant atteindre 4000 bytes, utilisée pour adresser des données. Il supporte des « **ROWID** » logiques et physiques, ainsi que des « **ROWID** » de tables étrangères accessibles via une passerelle. Il est également utilisé pour les tables organisées en index

Grand objets

- BLOB
- CLOB
- NCLOB
- BFILE
- LONG
- LONG RAW

BLOB

Binary Large Object (grand objet binaire), données binaires non structurées avec une longueur maximale d'enregistrement pouvant atteindre (4Gb – 1) * (la taille du block du tablespace).

CLOB

Character Large Object (grand objet caractère), chaîne de caractères avec une longueur maximale d'enregistrement pouvant atteindre (4Gb – 1) * (la taille du block du tablespace).

NCLOB

Type de donnée « **CLOB** » pour des jeux de caractères multioctets avec une longueur maximale d'enregistrement pouvant atteindre (4Gb – 1) * (la taille du block du tablespace).

BFILE

Fichier binaire externe dont la taille maximale d'un enregistrement peut atteindre 4Gb. Il est stocké dans des fichiers extérieurs à la base de données.

LONG

Champ de longueur variable pouvant atteindre 2 Gb.

LONG RAW

Champ de longueur variable utilisé pour stocker des données binaires et pouvant atteindre 2 Gb.

Attention

Les types de données « **LONG** » et « **LONG RAW** » étaient utilisés auparavant pour les données non structurées et sont principalement fournis à des fins de compatibilité descendante. Ces types de données sont remplacés par les types de données « **BLOB** », « **CLOB** » ou « **NCLOB** ».

Types de données composés

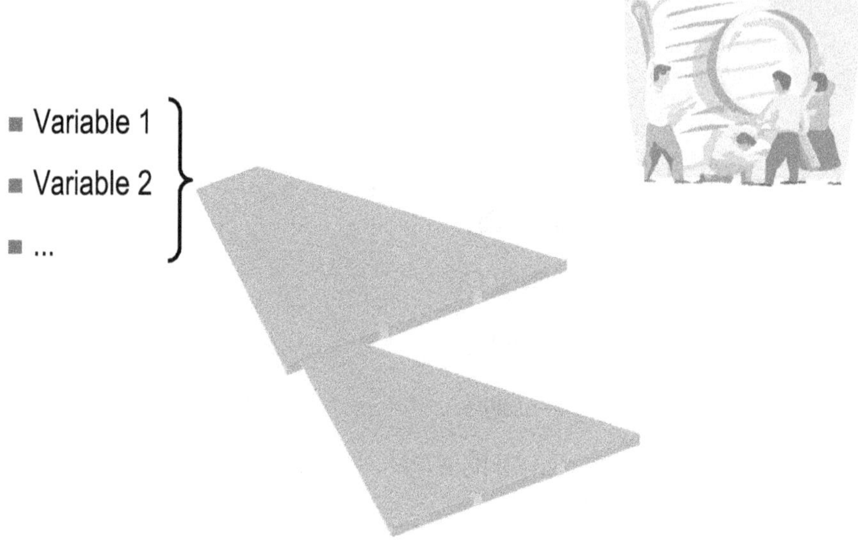

L'extension à l'objet du modèle relationnel prend en charge les types abstraits de données qui sont définis à partir d'une structure de données et d'un ensemble d'opérations. Dans un contexte de bases de données, un type abstrait de données peut être perçu comme

- Une nouvelle gamme de colonnes définie par l'utilisateur qui enrichit celle existante. Les types peuvent se combiner entre eux pour en construire d'autres.
- Une structure de données partagée qui permet qu'un type puisse être utilisé par une ou plusieurs tables.

Un type abstrait de données peut être stocké dans une table de deux manières :

- Les objets colonne qui sont stockés en tant que colonne structurée dans une table relationnelle.
- Les objets enregistrements qui sont stockés en tant que ligne d'une table objet. À ce titre, ils possèdent un identificateur unique appelé **OID** (**O**bject **ID**entifier). Ces objets peuvent être indexés et partitionnés.

La syntaxe de création d'un type d'objet comporte la déclaration de la structure de données, ses méthodes et la partie qui positionne le type dans une hiérarchie d'héritage.

```
CREATE [OR REPLACE] TYPE
                [SCHEMA.]NOM_TYPE
   {
     { IS | AS } OBJECT
   |
      UNDER [SCHEMA.]SUPERTYPE
   }
 AS OBJECT
        (
          NOM_ATTRIBUT TYPE [,...]
          {
             { MEMBER | STATIC }
```

```
                {
                  PROCEDURE name (NOM_ARGUMENT TYPE [,...])
                  |
                  FUNCTION  name (NOM_ARGUMENT TYPE [,...])
                                 RETURN datatype
                }
              |
                CONSTRUCTOR FUNCTION NOM_TYPE
                 [(
                   [ SELF IN OUT NOM_TYPE]
                   [,NOM_ARGUMENT datatype[,...]]
                 )]
                RETURN SELF AS RESULT
            }
          )
    [ [ NOT ] FINAL ];
```

CREATE OR REPLACE	Cette option permet d'effectuer en une seule opération la suppression du type d'objet s'il existe, puis sa recréation.
SCHEMA	Propriétaire du type d'objet.
NOM_TYPE	Le nom du type d'objet.
IS | AS	Les deux mots clés sont équivalents ; ils déterminent le début de la section des déclarations.
UNDER SUPERTYPE	Indique le type de l'objet ancêtre.
NOM_ATTRIBUT	Définit les types des données persistantes (appelées attributs) incluses dans une instance de cet objet.
TYPE	Les attributs peuvent être définis à l'aide d'un type d'attribut prédéfini ou un type d'attribut défini par l'utilisateur.
MEMBER	Les méthodes membres sont invoquées explicitement par une instance du type d'objet.
STATIC	Les méthodes statiques sont invoquées par le type d'objet et non par une instance du type d'objet.
PROCEDURE	Le prototype d'une procédure membre ou statique.
FONCTION	Le prototype d'une fonction membre ou statique.
SELF	C'est un argument implicite pour le « **CONSTRUCTOR** » qui désigne le type de l'objet. Il est également accessible dans les autres méthodes.
CONSTRUCTOR	Une fonction qui s'applique automatiquement à tout objet lors de l'instanciation. Le type de retour est le type de l'objet construit.
FINAL	Le type d'objet ne peut plus être utilisé comme ancêtre pour un autre type d'objet.

Le nom du type d'objet de ces attributs ainsi que ces méthodes doivent respecter les conditions suivantes :

- La longueur ne doit pas dépasser 30 caractères.
- Il est composé des lettres A÷Z et a÷z, chiffres 0÷9, $, _ ou # .
- Il doit commencer par une lettre, mais peut être suivi par un des caractères autorisés.
- Il n'est pas un mot réservé.

```
SQL> CREATE OR REPLACE TYPE type_personne
IS OBJECT
(
    NOM                 VARCHAR2(20),
    PRENOM              VARCHAR2(10),
    DATE_NAISSANCE      DATE)
/

Type créé.

SQL> CREATE OR REPLACE TYPE type_adresse
IS OBJECT
(
    NORUE               VARCHAR2(60),
    VILLE               VARCHAR2(15),
    CODE_POSTAL         VARCHAR2(10),
    PAYS                VARCHAR2(15))
/

Type créé.

SQL> CREATE OR REPLACE TYPE type_employe
IS OBJECT
(
    NO_EMPLOYE          NUMBER(6),
    DATE_EMBAUCHE       DATE,
    SALAIRE             NUMBER(8, 2),
    COMMISSION          NUMBER(8, 2),
    personne            type_personne,
    adresse             type_adresse)
/

Type créé.

SQL> DESC TYPE_EMPLOYE
 Nom                                       NULL ?   Type
 ----------------------------------------- -------- --------------
 NO_EMPLOYE                                         NUMBER(6)
 DATE_EMBAUCHE                                      DATE
 SALAIRE                                            NUMBER(8,2)
 COMMISSION                                         NUMBER(8,2)
 PERSONNE                                           TYPE_PERSONNE
 ADRESSE                                            TYPE_ADRESSE

SQL> DESC TYPE_PERSONNE
 Nom                                       NULL ?   Type
 ----------------------------------------- -------- --------------
 NOM                                                VARCHAR2(20)
 PRENOM                                             VARCHAR2(10)
 DATE_NAISSANCE                                     DATE

SQL> DESC TYPE_ADRESSE
 Nom                                       NULL ?   Type
```

```
-------------------------------------------- -------- --------------
 NORUE                                                VARCHAR2(60)
 VILLE                                                VARCHAR2(15)
 CODE_POSTAL                                          VARCHAR2(10)
 PAYS                                                 VARCHAR2(15)

SQL> CREATE TABLE EMPLOYES ( emp TYPE_EMPLOYE);

Table créée.

SQL> INSERT INTO EMPLOYES  VALUES (
  2       TYPE_EMPLOYE( 1, sysdate, 2000, 20,
  3             TYPE_PERSONNE('BIZOÏ','Razvan','03/12/1965'),
  4                   TYPE_ADRESSE('44,rue Mélanie',
  5                                'STRASBOURG',
  6                                '67000',
  7                                'FRANCE')));

1 ligne créée.

SQL> select * from EMPLOYES;

EMP(NO_EMPLOYE, DATE_EMBAUCHE, SALAIRE, COMMISSION, PERSONNE(NOM, PR
--------------------------------------------------------------------
TYPE_EMPLOYE(1, '27/05/06', 2000, 20, TYPE_PERSONNE('BIZOÏ', 'Razvan
', '03/12/65'), TYPE_ADRESSE('44,rue Mélanie', 'STRASBOURG', '67000'
, 'FRANCE'))
```

Dans l'exemple ci-dessus vous pouvez voir la création de trois types d'objets. Les deux premiers types « **TYPE_PERSONNE** » et « **TYPE_ADRESSE** » sont complètement indépendants et le troisième « **TYPE_EMPLOYE** » utilise les autres comme types pour ces attributs. Par la suite on créée une table avec un seul champ de type « **TYPE_EMPLOYE** ». La syntaxe de création d'une table avec des types d'objets est traitée dans le module suivant : « Le tables » .

Pour pouvoir insérer les objets vous devez instancier les types d'objets soit avec le « **CONSTRUCTOR** » par défaut soit avec votre « **CONSTRUCTOR** » personnalisé.

Méthodes des types d'objets

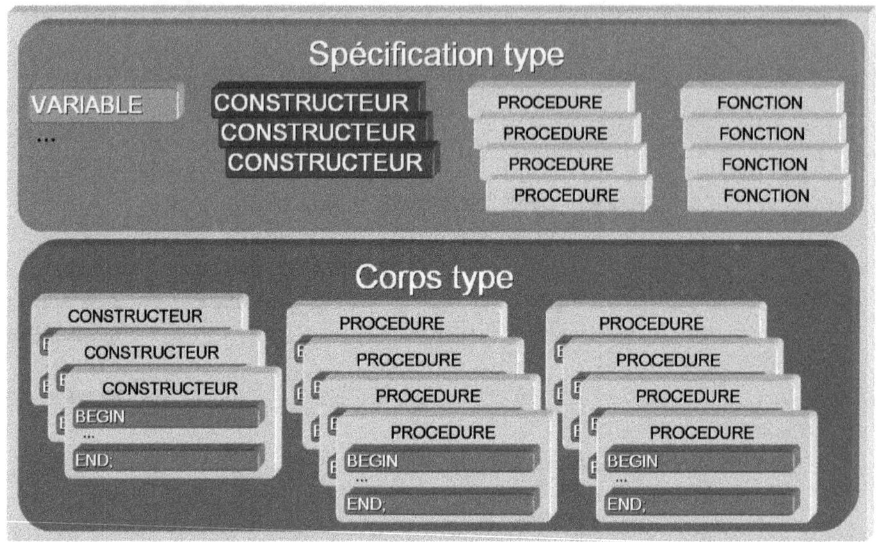

Le corps du type d'objet est optionnel. Lorsque vous déclarez le type d'objet vous ne déclarez aucune procédure ni fonction. Le corps peut être omis.

La syntaxe de création d'un corps du type d'objet est la suivante :

```
CREATE [OR REPLACE] TYPE BODY NOM_TYPE
{IS | AS}
  [Spécifications et corps des modules]
END [NOM_TYPE];
```

```
SQL> CREATE OR REPLACE TYPE type_personne
AS OBJECT
(
    NOM                 VARCHAR2(20),
    PRENOM              VARCHAR2(10),
    DATE_NAISSANCE      DATE,
CONSTRUCTOR FUNCTION type_personne ( NOM  IN VARCHAR2,
                                     DATE_NAISSANCE IN DATE)
   RETURN SELF AS RESULT,
CONSTRUCTOR FUNCTION type_personne ( NOM  IN VARCHAR2)
    RETURN SELF AS RESULT,
MEMBER FUNCTION age_pers RETURN NUMBER)
/

Type créé.

SQL> CREATE OR REPLACE TYPE BODY type_personne
AS
  CONSTRUCTOR FUNCTION type_personne ( NOM  IN VARCHAR2,
                                       DATE_NAISSANCE IN DATE)
  RETURN SELF AS RESULT IS
  BEGIN
      SELF.NOM := NOM;
```



```
        SELF.DATE_NAISSANCE := DATE_NAISSANCE;
        RETURN;
    END;
    CONSTRUCTOR FUNCTION type_personne ( NOM  IN VARCHAR2)
        RETURN SELF AS RESULT IS
    BEGIN
        SELF.NOM := NOM;    RETURN;
    END;
    MEMBER FUNCTION age_pers RETURN NUMBER IS
        age NUMBER(3);
    BEGIN
        age := trunc( ( sysdate - SELF.DATE_NAISSANCE) / 365);
        RETURN age;
    END age_pers;
  END;
  /

Corps de type créé.

SQL> CREATE TABLE PERS OF type_personne;

Table créée.

SQL> DESC PERS
 Nom                                   NULL ?   Type
 ------------------------------------- -------- ------------------------
 NOM                                            VARCHAR2(20)
 PRENOM                                         VARCHAR2(10)
 DATE_NAISSANCE                                 DATE

SQL> INSERT INTO PERS VALUES
      (type_personne('BIZOÏ',TO_DATE('01/01/1965','DD/MM/YYYY')));

1 ligne créée.

SQL> SELECT NOM, DATE_NAISSANCE, p.age_pers() from PERS p;

NOM                  DATE_NAI P.AGE_PERS()
-------------------- -------- ------------
BIZOÏ                01/01/65           40
```

Dans l'exemple précédent vous pouvez voir la création d'un type d'objet avec deux constructeurs personnalisés et une fonction qui calcule l'âge d'une personne. Ensuite on crée une table de type objet et on insère une personne. Le type est instancié avec le premier constructeur qui n'a que deux arguments. Vous pouvez également remarquer l'interrogation et l'utilisation de la fonction « **AGE_PERS** ».

Pour plus des détails sur les objets et les procédures voir le langage PL/SQL.

Création d'une table

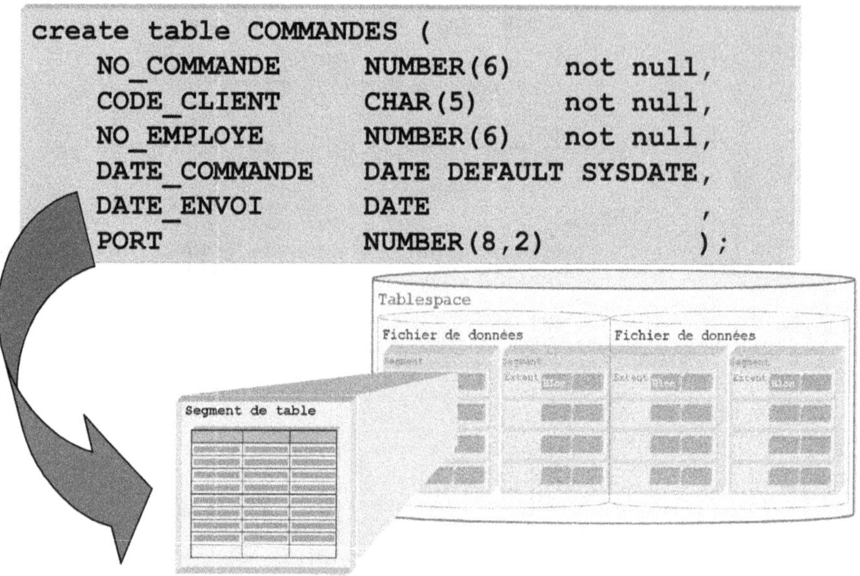
create table COMMANDES (
NO_COMMANDE NUMBER(6) not null,
CODE_CLIENT CHAR(5) not null,
NO_EMPLOYE NUMBER(6) not null,
DATE_COMMANDE DATE DEFAULT SYSDATE,
DATE_ENVOI DATE ,
PORT NUMBER(8,2));
Tablespace
Fichier de données
Fichier de données
Segment de table

En raison de ses nombreuses options et clauses, l'instruction SQL « **CREATE TABLE** » peut être relativement complexe. Par conséquent, au lieu d'examiner la syntaxe complète de cette instruction, nous allons commencer par découvrir la syntaxe au fur et à mesure de son utilisation.

```
CREATE TABLE [SCHEMA.]NOM_TABLE
( NOM_COLONNE TYPE [DEFAULT EXPRESSION][NOT NULL]
  [,...] )
      [PCTFREE integer]
      [PCTUSED integer]
      [INITRANS integer]
      [TABLESPACE tablespace]
      [STORAGE
        (
          [INITIAL integer [ K | M ]]
          [NEXT integer [ K | M ]]
          [MINEXTENTS integer]
          [MAXEXTENTS { integer | UNLIMITED }]
          [PCTINCREASE integer]
          [FREELISTS integer]
          [FREELIST GROUPS integer]
          [BUFFER_POOL { KEEP | RECYCLE | DEFAULT }]
        )]
      [{ LOGGING | NOLOGGING }];
```

SCHEMA Propriétaire de la table ; par défaut, c'est l'utilisateur qui crée la table.

NOM_TABLE Nom de la table, il doit être unique pour le schéma.

NOM_COLONNE Nom de chaque colonne ; plusieurs tables peuvent avoir des noms de colonne identiques.

TYPE	Type de colonne ; peut être un type implicite Oracle, un type implicite ANSI ou un type explicite.
NOT NULL	La colonne correspondante est obligatoire.
DEFAULT EXPRESSION	Permet de définir une valeur par défaut pour la colonne, qui sera prise en compte si aucune valeur n'est spécifiée dans une commande « INSERT ». Ce peut être une constante, une pseudocolonne USER, SYSDATE ou tout simplement une expression.
PCTFREE	Indique, pour chaque bloc de données, le pourcentage d'espace réservé à l'extension due à la mise à jour des lignes dans le bloc.
PCTUSED	Indique, pour chaque bloc de données, le pourcentage d'espace réservé à l'extension due à la mise à jour des lignes dans le bloc.
INITRANS	Indique le nombre initial d'entrées de transaction créées dans un bloc d'index ou un bloc de données. Les entrées de transaction permettent de stocker des informations sur les transactions qui ont modifié le bloc.
INITIAL	Définit la taille du premier extent créé lors de la création d'un segment. Chaque fois que vous créez un segment, l'extent « **INITIAL** » est automatiquement créé.
NEXT	Définit la taille du prochain extent qui va être alloué automatiquement lorsque davantage d'extents sont requis.
PCTINCREASE	Définit le pourcentage d'augmentation de la taille du prochain extent. Attention, lorsque la taille du segment augmente, chaque extent croît de « **n%** » par rapport à la taille de l'extent précédent.
MINEXTENTS	Définit le nombre minimum d'extents pouvant être affectés à un segment. Si vous initialisez une valeur supérieure à un, Oracle affecte le nombre d'extents dont la taille est régie par les paramètres « **INITIAL** » et « **NEXT** ».
MAXEXTENTS	Définit le nombre maximum d'extents pouvant être affectés à un segment.
integer	Spécifie une taille, en octets si vous ne précisez pas de suffixe pour définir une valeur en K, M.
K	Valeurs spécifiées pour préciser la taille en kilooctets.
M	Valeurs spécifiées pour préciser la taille en mégaoctets.
UNLIMITED	Définit un nombre d'extents illimité pour le segment.
FREELISTS	Indique le nombre de listes d'espace libre ou freelists allouées au segment.
FREELIST_GROUPS	Indique le nombre de groupes de listes d'espace libre ou freelists allouées au segment.
BUFFER_POOL	Indique la partie du buffer cache dans lequel les données du segment sont lues ; les valeurs pour ce paramètre sont : « **DEFAULT** », « **KEEP** », ou « **RECYCLE** ».
TABLESPACE	Définit le nom du tablespace pour stocker le segment.
LOGGING	Indique que la création de la table, de tous les index requis en raison des contraintes, de la partition ou des caractéristiques de stockage LOB sera journalise dans le fichier journal.

NOLOGGING Indique que la création de la table, de tous les index requis en raison des contraintes, de la partition ou des caractéristiques de stockage LOB ne sera pas journalisée dans le fichier journal.

```
SQL> CREATE TABLE UTILISATEURS (
       NO_UTILISATEUR NUMBER(6)                        NOT NULL,
       NOM_PRENOM     VARCHAR2(20)                     NOT NULL,
       DATE_CREATION  DATE          DEFAULT SYSDATE NOT NULL,
       UTILISATEUR    VARCHAR2(20)  DEFAULT USER    NOT NULL,
       DESCRIPTION    VARCHAR2(100)                            )
     TABLESPACE GEST_DATA;

Table créée.

SQL> DESC UTILISATEURS
 Nom                                       NULL ?   Type
 ----------------------------------------- -------- ----------------
 NO_UTILISATEUR                            NOT NULL NUMBER(6)
 NOM_PRENOM                                NOT NULL VARCHAR2(20)
 DATE_CREATION                             NOT NULL DATE
 UTILISATEUR                               NOT NULL VARCHAR2(20)
 DESCRIPTION                                        VARCHAR2(100)

SQL> INSERT INTO UTILISATEURS(
                 NO_UTILISATEUR, NOM_PRENOM, DATE_CREATION)
                 VALUES ( 1, 'Razvan BIZOÏ', DEFAULT);

1 ligne créée.

SQL> COMMIT;

Validation effectuée.

SQL> SELECT NO_UTILISATEUR, NOM_PRENOM, DATE_CREATION,
            UTILISATEUR, DESCRIPTION
     FROM  UTILISATEURS;

NO_UTILISATEUR NOM_PRENOM   DATE_CRE UTILISATEUR   DESCRIPTION
-------------- ------------ -------- ------------- -----------
             1 Razvan BIZOÏ 28/05/06 STAGIAIRE
```

Tout d'abord, la table ainsi que ses colonnes se voient assigner un nom. Chaque colonne possède un type et une longueur spécifiques. La colonne « **NO_EMPLOYE** » est définie avec le type « **NUMBER** », sans étendue, ce qui équivaut à un entier. La colonne « **NOM_PRENOM** » est définie avec le type « **VARCHAR2(20)** » ; il s'agit donc d'une colonne de longueur variable, qui accepte un maximum de 20 caractères.

Une colonne peut aussi avoir une contrainte « **DEFAULT** ». Cette contrainte génère une valeur lorsqu'une ligne qui est insérée dans la table ne contient pas de valeur pour cette colonne.

Une colonne peut être définie comme étant « **NOT NULL** », ce qui signifie que chaque ligne stockée dans la table doit contenir une valeur pour cette colonne.

Choix de la largeur pour les types CHAR et VARCHAR2

Une colonne de type caractère dont la largeur est insuffisante pour y stocker vos données peut provoquer l'échec d'opérations « **INSERT** ».

```
SQL> CREATE TABLE DEPARTEMENT
  2  ( DEPARTEMENT_ID NUMBER(2)      NOT NULL,
  3    DEPARTEMENT     VARCHAR2(5) NOT NULL);

Table créée.

SQL> INSERT INTO DEPARTEMENT
  2   (DEPARTEMENT_ID, DEPARTEMENT) VALUES ( 1, 'Recherche');
 (DEPARTEMENT_ID, DEPARTEMENT) VALUES ( 1, 'Recherche')
                                          *
ERREUR à la ligne 2 :
ORA-12899: valeur trop grande pour la colonne
"SYS"."DEPARTEMENT"."DEPARTEMENT" (réelle : 9, maximum : 5)
```

Soyez prévoyant lorsque vous définissez la largeur pour une colonne de type « **CHAR** » et « **VARCHAR2** ». Dans l'exemple qui précède une largeur « **VARCHAR2(5)** » pour un nom du département pose des problèmes. Vous devrez soit modifier la table soit tronquer ou changer le nom de certains départements.

Choix de la précision pour le type NUMBER

Une colonne de type « **NUMBER** » avec une précision inappropriée provoque soit l'échec d'opérations « **INSERT** » soit une diminution de la précision des données insérées. Les instructions suivantes tentent d'insérer quatre lignes dans la table « **PERSONNE** ».

```
SQL> CREATE TABLE PERSONNE(
  2      NOM          VARCHAR2(10)   ,
  3      PRENOM       VARCHAR2(15)   ,
  4      COMM         NUMBER(3,1)    );

Table créée.

SQL> INSERT INTO PERSONNE ( NOM, PRENOM, COMM)
  2  VALUES ( 'JANET'   , 'Jean-Baptiste', 25.98);

1 ligne créée.

SQL> INSERT INTO PERSONNE ( NOM, PRENOM, COMM)
  2  VALUES ( 'POIDATZ', 'Guy', 52.35);

1 ligne créée.

SQL> INSERT INTO PERSONNE ( NOM, PRENOM, COMM)
  2  VALUES ( 'ROESSEL', 'Marcel', 99.156);

1 ligne créée.

SQL> INSERT INTO PERSONNE ( NOM, PRENOM, COMM)
  2  VALUES ( 'STEIB'   , 'Suzanne', 102.35);
VALUES ( 'STEIB'   , 'Suzanne', 102.35)
                               *
```

```
ERREUR à la ligne 2 :
ORA-01438: valeur incohérente avec la précision indiquée pour cette
colonne

SQL> SELECT NOM, PRENOM, COMM FROM PERSONNE;

NOM        PRENOM                COMM
---------- --------------- ----------
JANET      Jean-Baptiste           26
POIDATZ    Guy                   52,4
ROESSEL    Marcel                99,2
```

Stockage des données LOB

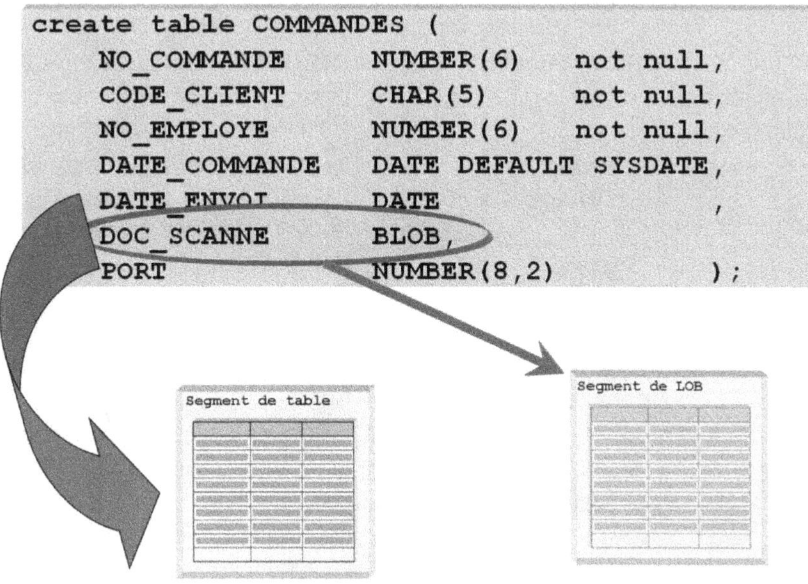
create table COMMANDES (
NO_COMMANDE NUMBER(6) not null,
CODE_CLIENT CHAR(5) not null,
NO_EMPLOYE NUMBER(6) not null,
DATE_COMMANDE DATE DEFAULT SYSDATE,
DATE_ENVOI DATE ,
DOC_SCANNE BLOB,
PORT NUMBER(8,2));
Segment de table
Segment de LOB

Toutes les colonnes de type « **LOB** » doivent être stockées dans des segments indépendants situés dans des tablespaces séparés.

La syntaxe de la commande SQL « **CREATE TABLE** » est la suivante :

```
CREATE TABLE [SCHEMA.]NOM_TABLE
( NOM_LOB TYPE_LOB [DEFAULT EXPRESSION][NOT NULL]
  [,...] )
...
      [LOB
        ( NOM_LOB [,...])
          STORE AS
           [LOB_segment]
           [(
               [ { ENABLE | DISABLE } STORAGE IN ROW
               [ TABLESPACE tablespace]
               [STORAGE
                (
                   [INITIAL integer [ K | M ]]
                   [NEXT integer [ K | M ]]
                   [MINEXTENTS integer]
                   [MAXEXTENTS { integer | UNLIMITED }]
                   [PCTINCREASE integer]
                   [FREELISTS integer]
                   [FREELIST GROUPS integer]
                )]
               [CHUNK integer]
               [{ CACHE
                 |
                  { NOCACHE | CACHE READS }
                  { LOGGING | NOLOGGING }
                }] ;
```

NOM_LOB	Le nom de la colonne de type « **LOB** » ou attribut d'objet « **LOB** » pour lequel vous définissez explicitement le tablespace et les caractéristiques de stockage. Oracle crée automatiquement un index géré par le système pour chaque élément « **NOM_LOB** » que vous créez.
LOB_segment	Définit le nom du segment de données « **LOB** ». Vous ne pouvez pas indiquer de nom de segment avec cette clause si vous indiquez plusieurs éléments « **NOM_LOB** ».
ENABLE STORAGE IN ROW	Définit que la valeur « **LOB** » est stockée dans l'enregistrement si sa longueur est inférieure à 4000 bytes. Il s'agit du choix par défaut.
CHUNK	Définit le nombre des bytes à allouer à la manipulation de données « **LOB** ». La valeur du « **CHUNK** » doit être inférieure ou égale a la valeur du « **NEXT** ».
CACHE	Définit que les blocs extraits pour cette table lors d'un balayage complet soient placés dans l'extrémité des blocs lus le plus récemment de la liste « **LRU** ». Cet attribut est utile pour les petites tables de recherche.
NOCACHE	Définit que les blocs lors d'un balayage complet ne soient pas mis en cache. Cette dernière option représente le comportement par défaut pour le stockage de données « **LOB** ».

```
SQL> CREATE TABLE UTILISATEURS (
       NO_UTILISATEUR NUMBER(6)                            NOT NULL,
       NOM_PRENOM     VARCHAR2(20)                         NOT NULL,
       DATE_CREATION  DATE          DEFAULT SYSDATE NOT NULL,
       UTILISATEUR    VARCHAR2(20)  DEFAULT USER    NOT NULL,
       DESCRIPTION    CLOB,
       PHOTO          BLOB                                 )
     TABLESPACE GEST_DATA
     LOB ( DESCRIPTION)
         STORE AS DESCRIPTION
      (TABLESPACE GEST_DATA_DESC)
     LOB ( PHOTO)
         STORE AS PHOTO
         (TABLESPACE GEST_DATA_PHOTO);

Table créée.

SQL> INSERT INTO UTILISATEURS
     ( NO_UTILISATEUR, NOM_PRENOM, DESCRIPTION, PHOTO)
     VALUES ( 1, 'Razvan BIZOÏ', EMPTY_CLOB(), EMPTY_BLOB());

1 ligne créée.

SQL> SELECT NO_UTILISATEUR, NOM_PRENOM , DESCRIPTION, PHOTO
     FROM UTILISATEURS;
SP2-0678: La colonne ou le type d'attribut ne peuvent être affichés
par SQL*Plus
```

Deux fonctions sont a votre disposition pour insérer des valeurs « **NULL** » dans les champs de type « **BLOB** » ou « **CLOB** ». L'interface SQL*Plus n'est pas capable d'afficher les chams de type « **BLOB** », il faut utiliser le package « **DBMS_LOB** » pour manipuler ces données.

Les champs de type « **CLOB** » peuvent être manipulées par les opérations classiques conservent les mêmes règles transactionnelles que les types de données tels que « **VARCHAR2** », « **NUMBER** », etc. et qu'ils peuvent être restaurés sans aucunes actions complémentaires.

```
SQL> UPDATE UTILISATEURS SET
     DESCRIPTION = RPAD('Character Large Object', 320000, '*');

1 ligne mise à jour.

SQL> SELECT NO_UTILISATEUR, NOM_PRENOM , DESCRIPTION
     FROM UTILISATEUR;

NO_UTILISATEUR NOM_PRENOM           DESCRIPTION
-------------- -------------------- --------------------------------
             1 Razvan BIZOÏ         Character Large Object**********
```

L'insertion et la récupération d'un « CLOB » en SQL ne sont en rien différentes d'une colonne de type standard, par contre on rencontrera des difficultés pour afficher plus que les 4000 premiers caractères.

Dans cet exemple vous pouvez voir la création d'une table qui contient deux colonnes de type « **LOB** », une pour la description de l'utilisateur et l'autre pour sa photo. Comme ce sont deux informations distinctes on les distribue sur deux tablespaces indépendants. Vous pouvez remarquer la création des cinq segments trois pour le stockage des données et deux créés automatiquement par Oracle.

Vous pouvez stocker les deux colonnes de type « **LOB** » en utilisant une seule déclaration de stockage mais il n'est plus possible de nommer les segments de stockage.

```
SQL> CREATE TABLE UTILISATEURS (
          NO_UTILISATEUR NUMBER(6)                    NOT NULL,
          NOM_PRENOM     VARCHAR2(20)                 NOT NULL,
          DATE_CREATION  DATE         DEFAULT SYSDATE NOT NULL,
          UTILISATEUR    VARCHAR2(20) DEFAULT USER    NOT NULL,
          DESCRIPTION    CLOB,
          PHOTO          BLOB                                )
       TABLESPACE GEST_DATA
      LOB ( DESCRIPTION, PHOTO) STORE AS
            (TABLESPACE GEST_DATA_DESC);

Table créée.
```

Stockage d'un type objet

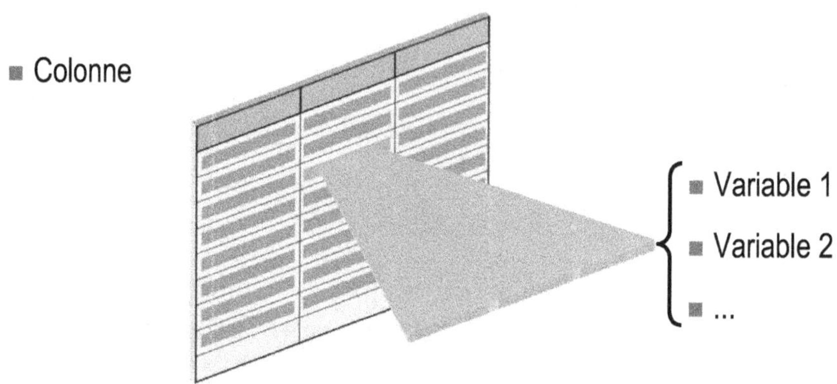

Vous pouvez créer une table relationnelle et stocker des types objets utilisateur dans une des ces colonnes.

La syntaxe de création d'une table relationnelle est la suivante :

```
CREATE TABLE [SCHEMA.]NOM_TABLE
( NOM TYPE_PERSO [DEFAULT EXPRESSION]
  [,...] )
...
```

```
SQL> CREATE OR REPLACE TYPE type_adresse
IS OBJECT (
    NORUE                VARCHAR2(60),
    VILLE                VARCHAR2(15),
    CODE_POSTAL          VARCHAR2(10),
    PAYS                 VARCHAR2(15))
/

Type créé.

SQL> CREATE OR REPLACE TYPE type_personne
IS OBJECT
(
    NOM                  VARCHAR2(20),
    PRENOM               VARCHAR2(10),
    DATE_NAISSANCE       DATE,
    adresse              type_adresse)
/

Type créé.

SQL> CREATE TABLE EMPLOYES(
    NO_EMPLOYE           NUMBER(6)     ,
```



```
        EMPLOYE              type_personne,
        FONCTION             VARCHAR2(30) ,
        DATE_EMBAUCHE        DATE         ,
        SALAIRE              NUMBER(8, 2) )
 /

Table créée.

SQL> INSERT INTO EMPLOYES
 VALUES ( 1, TYPE_PERSONNE( 'BIZOÏ','Razvan','10/12/1964',
               TYPE_ADRESSE('44,rue Mélanie','STRASBOURG',
                            '67000','FRANCE')),
          'Consultant Oracle',
          SYSDATE, 2000);

1 ligne créée.
```

Vous pouvez interroger la vue du dictionnaire de données « **DBA_TYPES** » pour récupérer les informations sur les types d'objets de votre base.

```
SQL>  DESC DBA_TYPES
 Nom                                       NULL ?   Type
 ----------------------------------------- -------- --------------
 OWNER                                              VARCHAR2(30)
 TYPE_NAME                                 NOT NULL VARCHAR2(30)
 TYPE_OID                                  NOT NULL RAW(16)
 TYPECODE                                           VARCHAR2(30)
 ATTRIBUTES                                         NUMBER
 METHODS                                            NUMBER
 PREDEFINED                                         VARCHAR2(3)
 INCOMPLETE                                         VARCHAR2(3)
 FINAL                                              VARCHAR2(3)
 INSTANTIABLE                                       VARCHAR2(3)
 SUPERTYPE_OWNER                                    VARCHAR2(30)
 SUPERTYPE_NAME                                     VARCHAR2(30)
 LOCAL_ATTRIBUTES                                   NUMBER
 LOCAL_METHODS                                      NUMBER
 TYPEID                                             RAW(16)

SQL> SELECT TYPE_NAME, ATTRIBUTES FROM DBA_TYPES
 WHERE TYPE_NAME LIKE 'TYPE%';

TYPE_NAME                      ATTRIBUTES
------------------------------ ----------
TYPE_ADRESSE                            4
TYPE_PERSONNE                           4

SQL> DESC TYPE_ADRESSE
 Nom                                       NULL ?   Type
 ----------------------------------------- -------- ---------------
 NORUE                                              VARCHAR2(60)
 VILLE                                              VARCHAR2(15)
 CODE_POSTAL                                        VARCHAR2(10)
 PAYS                                               VARCHAR2(15)
```

```
SQL> DESC TYPE_PERSONNE
 Nom                                       NULL ?   Type
 ----------------------------------------- -------- ----------------
 NOM                                                VARCHAR2(20)
 PRENOM                                             VARCHAR2(10)
 DATE_NAISSANCE                                     DATE
 ADRESSE                                            TYPE_ADRESSE
```

Vous pouvez définir pour chaque colonne de type objet utilisateur une valeur par défaut.

```
SQL> CREATE OR REPLACE TYPE type_personne
AS OBJECT
(
    NOM                 VARCHAR2(20),
    PRENOM              VARCHAR2(10),
    DATE_NAISSANCE      DATE,
CONSTRUCTOR FUNCTION type_personne ( NOM  IN VARCHAR2,
                                     DATE_NAISSANCE IN DATE)
   RETURN SELF AS RESULT,
CONSTRUCTOR FUNCTION type_personne ( NOM  IN VARCHAR2)
    RETURN SELF AS RESULT,
MEMBER FUNCTION age_pers RETURN NUMBER)
/

Type créé.

SQL> CREATE OR REPLACE TYPE BODY type_personne
AS
  CONSTRUCTOR FUNCTION type_personne ( NOM  IN VARCHAR2,
                                       DATE_NAISSANCE IN DATE)
  RETURN SELF AS RESULT IS
  BEGIN
      SELF.NOM := NOM;
      SELF.DATE_NAISSANCE := DATE_NAISSANCE;
      RETURN;
  END;
  CONSTRUCTOR FUNCTION type_personne ( NOM  IN VARCHAR2)
      RETURN SELF AS RESULT IS
  BEGIN
      SELF.NOM := NOM;   RETURN;
  END;
  MEMBER FUNCTION age_pers RETURN NUMBER IS
      age NUMBER(3);
  BEGIN
      age := trunc( ( sysdate - SELF.DATE_NAISSANCE) / 365);
      RETURN age;
  END age_pers;
END;
/

Corps de type créé.

SQL> CREATE TABLE EMPLOYES(
    NO_EMPLOYE          NUMBER(6)     ,
```

```
  3       EMPLOYE             type_personne
  4           DEFAULT TYPE_PERSONNE( 'BIZOÏ','Razvan','10/12/1964'),
  5       FONCTION            VARCHAR2(30) ,
  6       DATE_EMBAUCHE       DATE         ,
  7       SALAIRE             NUMBER(8, 2) )
  8  /

Table créée.

SQL> INSERT INTO EMPLOYES
  2    ( NO_EMPLOYE, FONCTION, DATE_EMBAUCHE, SALAIRE)
  3       VALUES ( 1,'Consultant Oracle',SYSDATE, 2000);

1 ligne créée.

SQL> DESC TYPE_PERSONNE
 Nom                                       NULL ?   Type
 ----------------------------------------- -------- ----------------------------
 NOM                                                VARCHAR2(20)
 PRENOM                                             VARCHAR2(10)
 DATE_NAISSANCE                                     DATE

METHOD
------
 FINAL CONSTRUCTOR FUNCTION TYPE_PERSONNE RETURNS SELF AS RESULT
Nom d'argument                 Type                    E/S par défaut ?
 ------------------------------ ----------------------- ------ --------
 NOM                            VARCHAR2                IN
 DATE_NAISSANCE                 DATE                    IN

METHOD
------
 FINAL CONSTRUCTOR FUNCTION TYPE_PERSONNE RETURNS SELF AS RESULT
 Nom d'argument                 Type                    E/S par défaut ?
 ------------------------------ ----------------------- ------ --------
 NOM                            VARCHAR2                IN

METHOD
------
 MEMBER FUNCTION AGE_PERS RETURNS NUMBER
```

Table objet

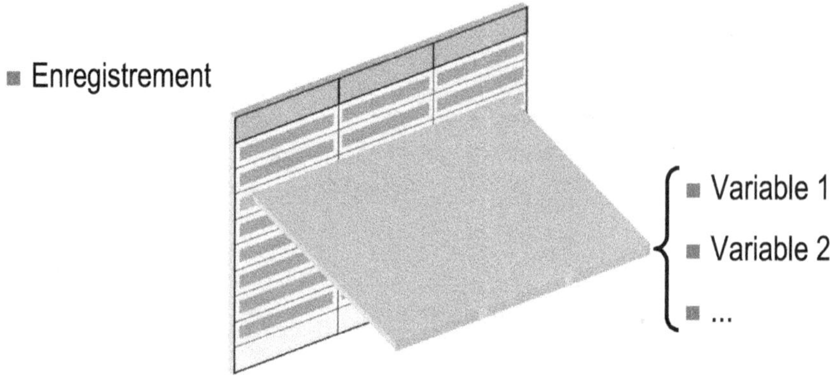

La méthode la plus simple de stocker des types objets est de créer une table qui reprend la description d'un objet ainsi chaque enregistrement est un objet de type respectif.

La syntaxe simplifiée de création d'une table relationnelle est la suivante :

```
CREATE TABLE [SCHEMA.]NOM_TABLE
  OF [SCHEMA.]NOM_TYPE
( NOM TYPE_PERSO [DEFAULT EXPRESSION]
  [,...] )
[OBJECT IDENTIFIER IS { SYSTEM GENERATED | PRIMARY KEY}]
...
```

OBJECT IDENTIFIER Indique la méthode de génération d'identifiant unique **OID** (**O**bject **ID**entifier).

SYSTEM GENERATED Oracle prend en charge automatiquement la création d'un **OID** (**O**bject **ID**entifier) codé sur 16 bytes. C'est l'option par défaut.

PRIMARY KEY Indique que l'identifiant unique **OID** (**O**bject **ID**entifier) est basé sur la clé primaire.

```
SQL> CREATE OR REPLACE TYPE type_personne
AS OBJECT (
    NO_EMP              NUMBER(2),
    NOM                 VARCHAR2(20),
    PRENOM              VARCHAR2(10),
    DATE_NAISSANCE      DATE,
CONSTRUCTOR FUNCTION type_personne ( NO_EMP  NUMBER,
                                     NOM  IN VARCHAR2,
                                     DATE_NAISSANCE IN DATE)
   RETURN SELF AS RESULT,
MEMBER FUNCTION age_pers RETURN NUMBER)
/
```

```
Type créé.

SQL> CREATE OR REPLACE TYPE BODY type_personne
AS
  CONSTRUCTOR FUNCTION type_personne ( NO_EMP  NUMBER,
                                       NOM  IN VARCHAR2,
                                       DATE_NAISSANCE IN DATE)
  RETURN SELF AS RESULT IS
  BEGIN
      SELF.NOM := NOM;
      SELF.DATE_NAISSANCE := DATE_NAISSANCE;
      RETURN;
  END;
  MEMBER FUNCTION age_pers RETURN NUMBER IS
      age NUMBER(3);
  BEGIN
      age := trunc( ( sysdate - SELF.DATE_NAISSANCE) / 365);
      RETURN age;
  END age_pers;
END;
/

Corps de type créé.

SQL> CREATE TABLE EMPLOYES OF type_personne ;

Table créée.

SQL> DESC EMPLOYES
Nom                                       NULL ?   Type
 ----------------------------------------- -------- ----------------
 NO_EMP                                             NUMBER(2)
 NOM                                                VARCHAR2(20)
 PRENOM                                             VARCHAR2(10)
 DATE_NAISSANCE                                     DATE

SQL> SELECT OBJECT_ID_TYPE, TABLE_TYPE_OWNER, TABLE_TYPE
  FROM DBA_OBJECT_TABLES
  WHERE TABLE_NAME LIKE 'EMPLOYES';

OBJECT_ID_TYPE   TABLE_TYPE_OWNER                TABLE_TYPE
---------------- ------------------------------ ---------------
SYSTEM GENERATED STAGIAIRE                       TYPE_PERSONNE
```

Vous pouvez interroger la vue du dictionnaire de données « **DBA_OBJECT_TABLES** » pour récupérer les informations sur les tables objets.

Il est possible de définir une clé primaire pour gérer les enregistrements de la table. Pour plus de détails sur la syntaxe voir plus loin dans le module.

```
SQL> CREATE TABLE EMPLOYES OF type_personne
  (CONSTRAINT PK_EMPLOYE PRIMARY KEY (NO_EMP))
  OBJECT IDENTIFIER IS PRIMARY KEY;

Table créée.
```

```
SQL> SELECT OBJECT_ID_TYPE, TABLE_TYPE_OWNER, TABLE_TYPE
  2  FROM DBA_OBJECT_TABLES
  3  WHERE TABLE_NAME LIKE 'EMPLOYES';

OBJECT_ID_TYPE   TABLE_TYPE_OWNER                TABLE_TYPE
---------------- ------------------------------ --------------
USER-DEFINED     STAGIAIRE                       TYPE_PERSONNE

SQL> INSERT INTO EMPLOYES
  2  VALUES ( 1,'BIZOÏ','Razvan','10/12/1965');

1 ligne créée.

SQL> INSERT INTO EMPLOYES
  2  VALUES ( 1,'BIZOÏ','Razvan','10/12/1965');
INSERT INTO EMPLOYES
*
ERREUR à la ligne 1 :
ORA-00001: violation de contrainte unique (SYS.PK_EMPLOYE)

SQL> INSERT INTO EMPLOYES
  2  VALUES ( 2,'DULUC','Isabelle','10/12/1965');

1 ligne créée.
```

Vous pouvez utiliser la directive « **REF** » pour récupérer la référence de chaque objet stocké dans la table. Rappelez vous que chaque enregistrement est une instance du type d'objet utilisé pour la création de la table. La référence d'un objet peut être utilisée pour des jointures entre les tables au même titre que les contraintes d'intégrité référentielle.

```
SQL> SELECT REF(E), NOM, PRENOM FROM EMPLOYES E;

REF(E)
----------------------------------------------------------------------
NOM                  PRENOM
-------------------- ----------
00004A038A00464CEA626050D442A68927EC4D85124135000000142601000100010O
290000000000090602002A00078401FE0000000A02C1020000000000000000000000
000000000000000000
BIZOÏ                Razvan

00004A038A00464CEA626050D442A68927EC4D851241350000001426010001000100
290000000000090602002A00078401FE0000000A02C1030000000000000000000000
000000000000000000
DUPONT               Isabelle
```

Table temporaire

NOM	PRENOM	...

Les tables temporaires ont été introduites dans **Oracle8i** et représentent un moyen de mettre en tampon des résultats ou un ensemble de résultats lorsque vos applications doivent exécuter plusieurs instructions LMD au cours d'une transaction ou d'une session.

A l'instar d'une table traditionnelle, une table temporaire constitue un mécanisme de stockage de données dans une base Oracle. Elle compte également des colonnes qui se voient assigner chacune un type de données et une longueur. Par contre, même si la définition d'une table temporaire est maintenue de façon permanente dans la base de données, les données qui y sont insérées sont conservées seulement le temps d'une session ou d'une transaction. Le fait de créer une table temporaire en tant que table temporaire globale permet à toutes les sessions qui se connectent à la base d'accéder à cette table et de l'utiliser.

Plusieurs sessions peuvent y insérer des lignes de données, mais chaque ligne sera visible uniquement par la session qui l'a insérée.

La syntaxe de la commande `CREATE GLOBAL TEMPORARY TABLE` est :

```
CREATE [GLOBAL] TEMPORARY TABLE [SCHEMA.]NOM_TABLE
(
   NOM_COLONNE TYPE [DEFAULT EXPRESSION][NOT NULL][,...]
)
[ON COMMIT { DELETE | PRESERVE } ROWS];
```

GLOBAL TEMPORARY Signale qu'il s'agit d'une table temporaire et que sa définition est visible par toutes les sessions. Les données ne sont visibles que par la session qui les insère dans la table.

ON COMMIT Cette clause ne s'applique que si vous créez une table temporaire. Elle indique si les données dans la table temporaire existent pour la durée d'une transaction ou d'une session.

DELETE	Pour une table temporaire spécifique à une transaction (choix par défaut), cette clause demande au système de vider la table, `TRUNCATE`, après chaque instruction `COMMIT`.
PRESERVE	Pour une table temporaire spécifique à une session, cette clause demande au système de vider la table, `TRUNCATE`, lorsque la session se termine.

Attention

Vous ne pouvez pas spécifier, pour les tables temporaires, de contraintes d'intégrité référentielle (clé étrangère).

Elles ne peuvent pas être partitionnées, organisées en index ou placées dans un cluster.

```
SQL> CREATE GLOBAL TEMPORARY TABLE UTILISATEURS (
  2     NO_UTILISATEUR NUMBER(6)                          NOT NULL,
  3     NOM_PRENOM     VARCHAR2(20)                       NOT NULL,
  4     DATE_CREATION  DATE          DEFAULT SYSDATE NOT NULL,
  5     UTILISATEUR    VARCHAR2(20)  DEFAULT USER    NOT NULL,
  6     DESCRIPTION    VARCHAR2(100)                           )
  7 ON COMMIT DELETE ROWS;

Table créée.

SQL> INSERT INTO UTILISATEURS( NO_UTILISATEUR, NOM_PRENOM)
  2 VALUES ( 1, 'Razvan BIZOÏ');

1 ligne créée.

SQL> SELECT NO_UTILISATEUR, NOM_PRENOM, DATE_CREATION
  2 FROM  UTILISATEURS;

NO_UTILISATEUR NOM_PRENOM           DATE_CRE
-------------- -------------------- --------
             1 Razvan BIZOÏ         28/05/06

SQL> COMMIT;

Validation effectuée.

SQL> SELECT NO_UTILISATEUR, NOM_PRENOM, DATE_CREATION
  2 FROM  UTILISATEURS;

aucune ligne sélectionnée
```

La table temporaire ainsi créée accepte l'insertion du premier enregistrement, les données sont gardées seulement dans la transaction en cours.

Création d'une table comme ...

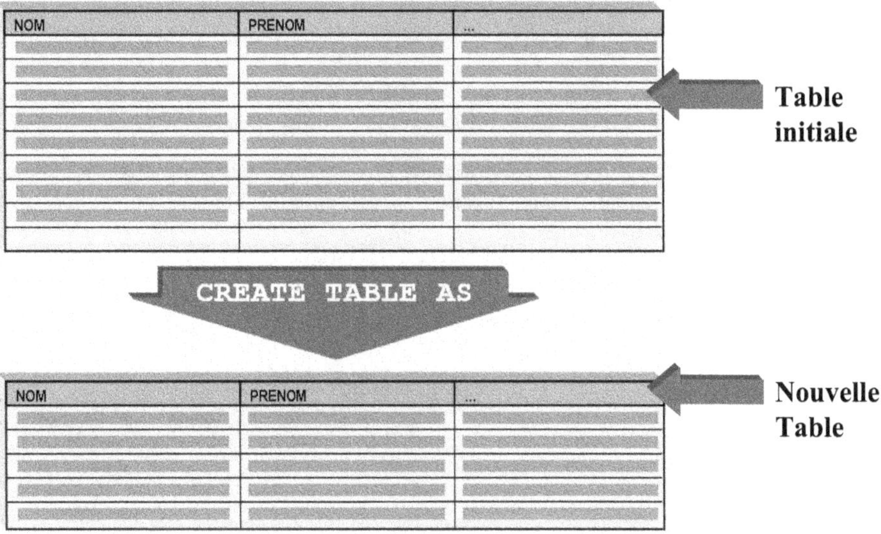

Depuis **Oracle8i**, avez la possibilité de créer une table à partir d'une table existante. Cette fonctionnalité peut notamment être exploitée pour obtenir rapidement une copie d'une table tout entière ou d'une partie seulement. Elle peut se révéler très utile pour créer un environnement de test.

La syntaxe pour la création d'une table à partir d'une requête est :

```
CREATE TABLE [SCHEMA.]NOM_TYPE AS SOUS_REQUETE;
```

Lorsque la nouvelle table est décrite, on constate qu'elle a hérité des définitions de colonnes sélectionnées dans la table « **PRODUITS** ». Les valeurs retournées par la sous requête sont insérées dans la table « **PRODUITS_DESERTS** ».

```
SQL> SELECT COUNT(*) FROM PRODUITS WHERE CODE_CATEGORIE = 3;

  COUNT(*)
----------
        13

SQL> CREATE TABLE PRODUITS_DESSERTS AS
  2        SELECT NOM_PRODUIT, CODE_CATEGORIE FROM PRODUITS
  3        WHERE CODE_CATEGORIE = 3;

Table créée.

SQL> DESC PRODUITS_DESSERTS
 Nom                                       NULL ?   Type
 ----------------------------------------- -------- ------------
 NOM_PRODUIT                               NOT NULL VARCHAR2(40)
 CODE_CATEGORIE                            NOT NULL NUMBER(6)

SQL> SELECT COUNT(*) FROM PRODUITS_DESSERTS;
```

```
  COUNT(*)
----------
        13
```

Attention

La commande SQL « **CREATE TABLE AS** » vous permet de créer une table à partir du résultat d'une requête et non à partir de la structure d'une table.

En effet cette commande ne vous permet pas de créer la clé primaire, les contraintes et les contraintes d'intégrité référentielle. De plus toutes les options de stockage ne sont pas recoupées.

Atelier 15

- **La création des tables**
- **Le objets de grande taille**

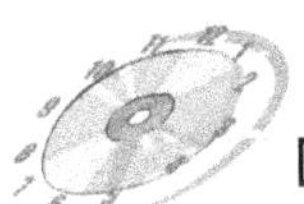

Durée : 15 minutes

Questions

15-1. Quels sont les noms de table valides ?

A. `TEST_DE_NOM_DE_TABLE`

B. `P#_$TEST_TABLE`

C. `7_NOM_TABLE`

D. `SELECT`

15-2. Quelles sont les erreurs de syntaxe ou de nom dans la requête suivante ?

```
CREATE TABLE NOUVELLE_TABLE (
        ID NUMBER,
        CHAMP_1 char(40),
        CHAMP_2 char(80),
        ID char(40);
```

15-3. Quelles sont les instructions d'insertion non valides dans la table suivante ?

```
SQL> DESC UTILISATEURS
 Nom                                    NULL ?   Type
 ------------------------------------ -------- ---------------
 NO_UTILISATEUR                         NOT NULL NUMBER(6)
 NOM_PRENOM                             NOT NULL VARCHAR2(20)
 DATE_CREATION                          NOT NULL DATE
 UTILISATEUR                            NOT NULL VARCHAR2(20)
```

A.

```
SQL> INSERT INTO UTILISATEURS( NO_UTILISATEUR, NOM_PRENOM)
  2                  VALUES ( 1, 'Razvan BIZOÏ');
```

B.

```
SQL> INSERT INTO UTILISATEURS( NO_UTILISATEUR, NOM_PRENOM,
             UTILISATEUR) VALUES ( 2, 'Razvan BIZOÏ', 'razvan');
```

C.

```
SQL> INSERT INTO UTILISATEURS( NO_UTILISATEUR, NOM_PRENOM,
                            DATE_CREATION, UTILISATEUR)
  VALUES ( 3, 'Razvan BIZOÏ', 'razvan');
```

D.

```
SQL> INSERT INTO UTILISATEURS( NO_UTILISATEUR, DATE_CREATION,
                 UTILISATEUR)   VALUES ( 4, SYSDATE, 'razvan');
```

E.

```
SQL> INSERT INTO UTILISATEURS( NO_UTILISATEUR, NOM_PRENOM,
  UTILISATEUR)VALUES ( 5, 'BERNHARD Marie-Thérèse', 'razvan');
```

F.

```
SQL> INSERT INTO UTILISATEURS
  VALUES ( 5, 'BERNHARD Marie-Thérèse', 'razvan', sysdate);
```

15-4. La syntaxe de création de table suivante est-elle valide ?

```
SQL> CREATE TABLE "Employés"(
  "N° employé" NUMBER(6)     NOT NULL,
  "Nom"        VARCHAR2(20) NOT NULL,
  "Prénom"     VARCHAR2(20) NOT NULL);
```

15-5. Quelle est la syntaxe correcte pour visualiser les enregistrements de l'exercice précédent ?

A.

```
SQL> SELECT Nom, Prénom FROM Employés;
```

B.

```
SQL> SELECT Nom, Prénom FROM "Employés";
```

C.

```
SQL> SELECT Nom, Prénom FROM Employés;
```

D.

```
SQL> SELECT "Nom", "Prénom"  FROM "Employés";
```

Exercice n°1 La création des tables

Écrivez les requêtes permettant de créer les tables suivantes :

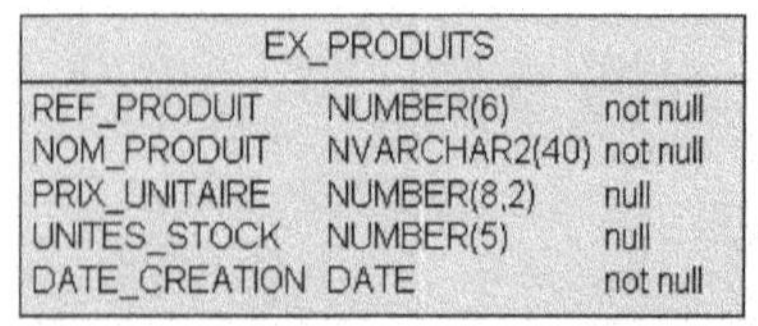

EX_PRODUITS		
REF_PRODUIT	NUMBER(6)	not null
NOM_PRODUIT	NVARCHAR2(40)	not null
PRIX_UNITAIRE	NUMBER(8,2)	null
UNITES_STOCK	NUMBER(5)	null
DATE_CREATION	DATE	not null

EX_CATEGORIES		
CODE_CATEGORIE	NUMBER(6)	not null
NOM_CATEGORIE	VARCHAR2(25)	not null

Pour la colonne « **DATE_CREATION** » de la table « **EX_PRODUITS** », initialisez une valeur par défaut égale à la date et l'heure de l'insertion. Les deux tables doivent être stockées dans le tablespace « **GEST_DATA** ».

Écrivez la requête qui permet de créer la table « **EX_CLIENTS** » et la table « **EX_FOURNISSEURS** » avec la même structure que les tables « **CLIENTS** » et

« **FOURNISSEURS** » sans avoir les enregistrements de ces deux tables. Stockez les deux tables dans le tablespace « **GEST_DATA** ».

Exercice n°2 Le objets de grande taille

Créez la table « **EX_EMPLOYES** » avec la description suivante :

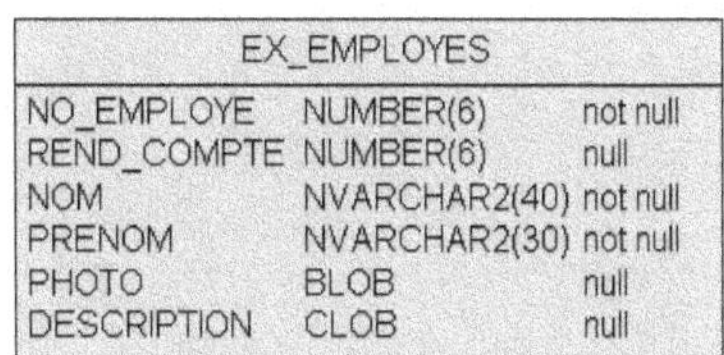

EX_EMPLOYES		
NO_EMPLOYE	NUMBER(6)	not null
REND_COMPTE	NUMBER(6)	null
NOM	NVARCHAR2(40)	not null
PRENOM	NVARCHAR2(30)	not null
PHOTO	BLOB	null
DESCRIPTION	CLOB	null

Stockez les enregistrements de la colonne « **PHOTO** » dans le tablespace « **GEST_DATA_BLOB** » et les enregistrements de la colonne « **DESCRIPTION** » dans le tablespace « **GEST_DATA_CLOB** ».

- *PRIMARY KEY*
- *REFERENCES*
- *ALTER TABLE*
- *TRUNCATE*

16

La gestion des tables

Objectifs

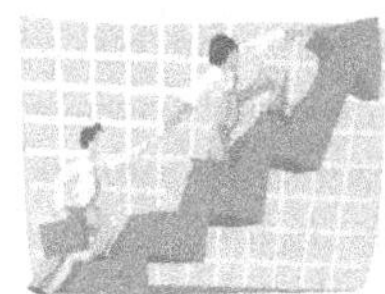

A la fin de ce module, vous serez à même d'effectuer les tâches suivantes :

- Décrire les types de contraintes.
- Créer une contrainte de clé primaire et de clé unique ainsi que paramétrer le stockage des segments d'index.
- .Créer une contrainte d'intégrité référentielle.
- Ajouter, modifier et supprimer une colonne d'une table.
- Modifier les options de stockage et l'emplacement du segment de table.
- Supprimer une table et le segment correspondant.
- Supprimer les enregistrements de la table et les extents du segment.

Contenu

Définition de contraintes

- Contraintes de colonne
- Contraintes de table

Vous pouvez créer des contraintes sur les colonnes d'une table. Lorsqu'une contrainte est appliquée à une table, chacune de ses lignes doit satisfaire les conditions spécifiées dans la définition de la contrainte.

Plusieurs types de contraintes peuvent être définis dans une instruction « **CREATE TABLE** ». Une clause « **CONSTRAINT** » peut être appliquée à une ou plusieurs colonnes dans une table. L'intérêt d'employer des contraintes est qu'Oracle assure en grande partie l'intégrité des données. Par conséquent, plus vous ajoutez de contraintes à une définition de table, moins vous aurez de travail pour la maintenance des données. D'un autre côté, plus une table possède de contraintes, plus la mise à jour des données nécessite de temps.

Dénomination des contraintes

Les contraintes peuvent être nommées afin d'être plus facilement manipulées ultérieurement. Dans le cas où aucun nom n'est affecté explicitement à une contrainte, Oracle génère automatiquement un nom de la forme « **SYS_CXXXXXX** » (XXXXXX est un nombre entier unique). De tels noms ne sont pas parlants, aussi est-il préférable que vous les fournissiez vous-même.

L'emploi d'une stratégie pour affecter des noms permet de mieux les identifier et les gérer. Lors de l'affectation explicite d'un nom à une contrainte, il est pratique d'utiliser la convention de dénomination suivante :

```
TABLE COLONNE TYPEDECONTRAINTE
```

TABLE	Nom de la table sur laquelle est définie la contrainte.
COLONNE	Nom de la ou des colonnes sur laquelle est définie la contrainte.

TYPEDECONTRAINTE Abréviation mnémotechnique associée au type de contrainte :

```
NN     NOT NULL
CK     CHECK
UQ     UNIQUE
PK     PRIMARY KEY
FK     FOREIGN KEY
RF     REFERENCES
```

Il existe deux façons de spécifier des contraintes :

Contrainte de colonne

Permet de définir une contrainte particulière sur une colonne, spécifiée dans la définition de la colonne.

```
COLONNE [CONSTRAINT CONSTRAINT_NAME]
                {
                  [ NOT ] NULL
                 | UNIQUE
                 | PRIMARY KEY
                 | CHECK (condition)
                }
            ,
```

Contraintes de table (portant sur plusieurs colonnes)

Permet de définir une contrainte particulière sur une ou plusieurs colonnes, spécifiée à la fin d'une instruction « **CREATE TABLE** ».

```
..., [CONSTRAINT CONSTRAINT_NAME]
                {
                 | UNIQUE       (COLONNE[,...])
                 | PRIMARY KEY  (COLONNE[,...])
                 | FOREIGN KEY  (COLONNE[,...])
                 | CHECK        (condition)
                }
,...
```

USER_CONSTRAINTS

Les informations de contraintes sont accessibles via la vue « **USER_CONSTRAINTS** » ou « **ALL_CONSTRAINTS** ». Elles sont très utiles pour modifier des contraintes ou résoudre des problèmes avec les données d'une application.

Les contraintes « **FOREIGN KEY** » possèdent toujours une valeur pour les colonnes « **R_OWNER** » et « **R_CONSTRAINT_NAME** ». Ces deux colonnes indiquent à quelle contrainte se réfère une contrainte « **FOREIGN KEY** » ; une contrainte « **FOREIGN KEY** » ne se réfère jamais à une autre colonne. Les contraintes « **NOT NULL** » sur des colonnes sont stockées en tant que contraintes « **CHECK** » ; leur valeur pour la colonne « **CONSTRAINT_TYPE** » est donc « **C** ».

Les colonnes de cette vue sont :

OWNER Indique le propriétaire de la contrainte.

CONSTRAINT_NAME Indique le nom de la contrainte.

CONSTRAINT_TYPE	Indique le type de la contrainte : C – « **CHECK** » , inclut des colonnes « **NOT NULL** » P – « **PRIMARY KEY** » R – « **FOREIGN KEY** » U – « **UNIQUE** » V – « **WITH CHECK OPTION** », pour les vues O – « **WITH READ ONLY** », pour les vues
TABLE_NAME	Indique le nom de la table associée à la contrainte.
SEARCH_CONDITION	Indique la condition de recherche utilisée.
R_OWNER	Propriétaire de la table désignée par une contrainte « **FOREIGN KEY** ».
R_CONSTRAINT_NAME	Indique le nom de la contrainte désignée par une contrainte « **FOREIGN KEY** ».
DELETE_RULE	Indique l'action à exécuter sur les tables filles lorsqu'un enregistrement de la table maître est supprimé, « **CASCADE** » ou « **NO ACTION** ».
STATUS	Indique l'état de la contrainte « **ENABLED** » ou « **DISABLED** ».
DEFERRABLE	Indique si la contrainte peut être différée.
DEFERRED	Indique si la contrainte a été initialement différée.
VALIDATED	Indique si la contrainte doit contrôler automatiquement que tous les enregistrements de la table sont conformes à la contrainte pendant la création ou modification de la contrainte.
GENERATED	Indique si le nom de la contrainte a été généré par la base.
BAD	Indique si une date a été utilisée sans valeur de siècle lors de la création de la contrainte; s'applique uniquement aux contraintes dans les bases de données mises à jour à partir de versions précédentes d'Oracle.
LAST_CHANGE	Indique la date de dernière activation ou désactivation de la contrainte.
INDEX_OWNER	Indique le propriétaire de l'index associée à la contrainte.
INDEX_NAME	Indique le nom de l'index associé à la contrainte.
INVALID	Indique si la contrainte est valide ou non.
VIEW_RELATED	Indique si la contrainte dépend d'une vue.

USER_CONS_COLUMNS

La vue du dictionnaire de données « **USER_CONS_COLUMNS** » ou « **ALL_CONS_COLUMNS** » vous permet d'afficher les attributs des colonnes associées à des contraintes.

Les colonnes de cette vue sont :

OWNER	Indique le propriétaire de la contrainte.
CONSTRAINT_NAME	Indique le nom de la contrainte.
TABLE_NAME	Indique le nom de la table associée à la contrainte.
COLUMN_NAME	Indique le nom de la colonne.
POSITION	La position de la colonne dans la description de la table.

```
SQL> SELECT  B.CONSTRAINT_NAME,
             CASE CONSTRAINT_TYPE
             WHEN 'C' THEN 'CHECK'
             WHEN 'P' THEN 'PRIMARY KEY'
             WHEN 'R' THEN 'FOREIGN KEY'
             WHEN 'U' THEN 'UNIQUE'
             WHEN 'V' THEN 'WITH CHECK OPTION'
             WHEN 'O' THEN 'WITH READ ONLY'
             END  "Type",
             B.COLUMN_NAME,
             B.POSITION "P"
     FROM ALL_CONSTRAINTS A, ALL_CONS_COLUMNS B
     WHERE A.OWNER              = B.OWNER           AND
           A.TABLE_NAME         = B.TABLE_NAME      AND
           A.CONSTRAINT_NAME    = B.CONSTRAINT_NAME AND
           A.TABLE_NAME  = UPPER( 'DETAILS_COMMANDES');

CONSTRAINT_NAME                 Type              COLUMN_NAME      P
------------------------------- ----------------- --------------- --
FK_DETAILS_PRODUITS_PRODUITS    FOREIGN KEY       REF_PRODUIT      1
FK_DETAILS_COMMANDES_COMMANDES FOREIGN KEY       NO_COMMANDE      1
SYS_C006028                     CHECK             NO_COMMANDE
SYS_C006029                     CHECK             REF_PRODUIT
SYS_C006030                     CHECK             PRIX_UNITAIRE
SYS_C006031                     CHECK             QUANTITE
SYS_C006032                     CHECK             REMISE
PK_DETAILS_COMMANDES            PRIMARY KEY       NO_COMMANDE      1
PK_DETAILS_COMMANDES            PRIMARY KEY       REF_PRODUIT      2

9 ligne(s) sélectionnée(s).
```

NOT NULL

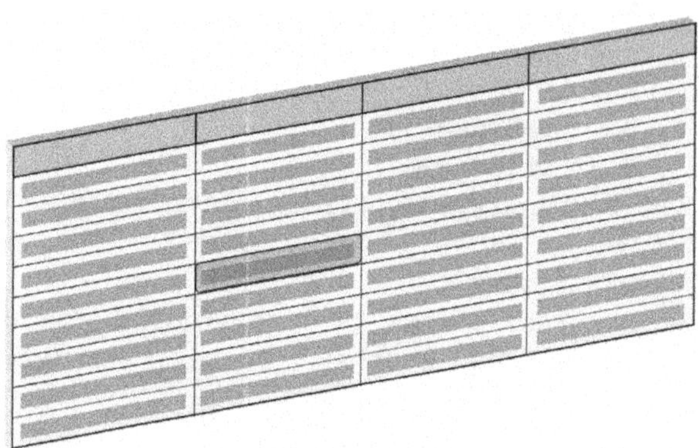

La contrainte « **NOT NULL** » rend la saisie d'une colonne obligatoire. Il est impossible dans ce cas de laisser une colonne vide.

La contrainte « **NULL** » autorise qu'une colonne soit vide, c'est le choix par défaut.

```
SQL> CREATE TABLE UTILISATEURS (
  2     NOM_PRENOM VARCHAR2(20) CONSTRAINT
  3                   UTILISATEURS_NOM_PRENOM_NN NOT NULL,
  4     DATE_CREATION DATE  DEFAULT SYSDATE NOT NULL,
  5     DESCRIPTION   VARCHAR2(100));

Table créée.

SQL> DESC UTILISATEURS
 Nom                                       NULL ?   Type
 ----------------------------------------- -------- ----------------
 NOM_PRENOM                                NOT NULL VARCHAR2(20)
 DATE_CREATION                             NOT NULL DATE
 DESCRIPTION                                        VARCHAR2(100)

SQL> SELECT CONSTRAINT_NAME, SEARCH_CONDITION
  2  FROM USER_CONSTRAINTS
  3  WHERE TABLE_NAME LIKE 'UTILISATEURS';

CONSTRAINT_NAME                SEARCH_CONDITION
------------------------------ -----------------------------
SYS_C005560                    "DATE_CREATION" IS NOT NULL
UTILISATEURS_NOM_PRENOM_NN     "NOM_PRENOM" IS NOT NULL
```

Dans cet exemple, la création de la table « **UTILISATEURS** » est effectuée en utilisant une syntaxe de type contrainte de colonnes. Le nom de la contrainte pour la colonne « **DATE_CREATION** » n'a pas été spécifié explicitement ; alors Oracle génère automatiquement un nom ; pour la contrainte « **NOT NULL** » de la colonne « **NOM_PRENOM** », un nom a été spécifié.

Pendant les transactions effectuées sur la table, il faut que l'ensemble des contraintes soit respecté.

```
SQL>  INSERT INTO UTILISATEURS (DESCRIPTION)
  2  VALUES ( 'Insert n''est pas effectue');
INSERT INTO UTILISATEURS (DESCRIPTION)
*
ERREUR à la ligne 1 :
ORA-01400: impossible d'insérer NULL dans
("SYS"."UTILISATEURS"."NOM_PRENOM")
```

CHECK

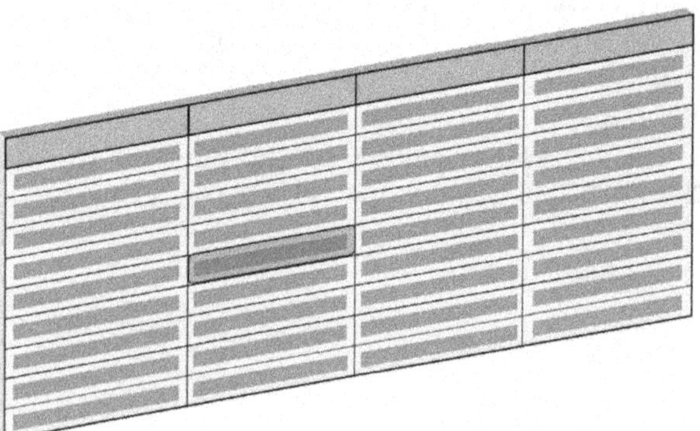

La contrainte « **CHECK** » vous permet de restreindre les valeurs acceptables pour une ou plusieurs colonnes en appliquant une condition. La condition doit être vraie pour chaque enregistrement de la table.

Attention

Une contrainte « **CHECK** » de niveau colonne ne peut pas se référer à d'autres colonnes et ne peut pas utiliser les pseudo-colonnes « **SYSDATE** », « **USER** » ou « **ROWNUM** ».

Vous pouvez utiliser une contrainte de table pour vous référer à plusieurs colonnes dans une contrainte « **CHECK** ».

```
SQL> CREATE TABLE UTILISATEURS (
       NOM_PRENOM       VARCHAR2(20)
            CONSTRAINT UTILISATEURS_NOM_PRENOM_NN NOT NULL,
       DATE_CREATION    DATE
            DEFAULT SYSDATE NOT NULL,
       DATE_MISEAJOUR   DATE
            DEFAULT SYSDATE NOT NULL,
       CONNECTIONS      NUMBER(6)
            CHECK ( CONNECTIONS BETWEEN 1 AND 10),
       CONSTRAINT UTILISATEURS_DATE_MISEAJOUR_CK
            CHECK ( DATE_CREATION <= DATE_MISEAJOUR) );

Table créée.

SQL> SELECT CONSTRAINT_NAME, SEARCH_CONDITION
     FROM USER_CONSTRAINTS
     WHERE TABLE_NAME LIKE 'UTILISATEURS';
```



```
CONSTRAINT_NAME                SEARCH_CONDITION
------------------------------ -------------------------------------
UTILISATEURS_DATE_MISEAJOUR_CK  DATE_CREATION <= DATE_MISEAJOUR
SYS_C005564                     CONNECTIONS BETWEEN 1 AND 10
SYS_C005563                    "DATE_MISEAJOUR" IS NOT NULL
SYS_C005562                    "DATE_CREATION" IS NOT NULL
UTILISATEURS_NOM_PRENOM_NN     "NOM_PRENOM" IS NOT NULL
```

Dans cet exemple, la colonne « **CONNECTIONS** » doit contenir une valeur supérieure ou égale à 1 et inférieure ou égale à 10. Pour contrôler la colonne « **DATE_MISEAJOUR** » par rapport à la colonne « **DATE_CREATION** », il a fallu créer une contrainte « **CHECK** » de type table.

PRIMARY KEY

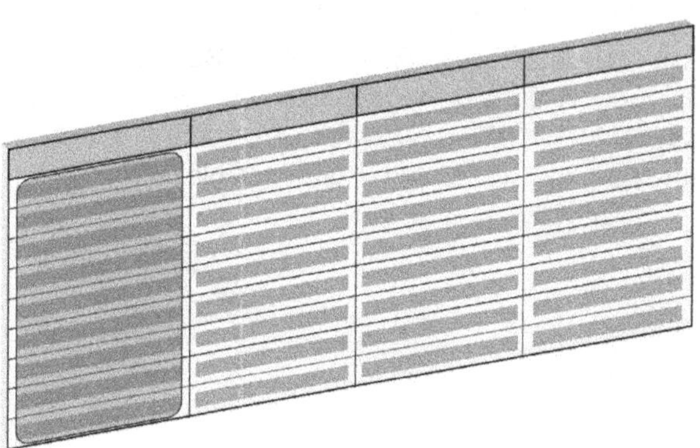

La contrainte « **PRIMARY KEY** » est une clé primaire définie sur une ou plusieurs colonnes, elle spécifie que chaque enregistrement de la table peut être identifié de façon unique par les valeurs de cette clé. Une table peut contenir une seule clé primaire, et une clé primaire ne peut pas contenir de valeurs « **NULL** ».

```
SQL> CREATE TABLE PERSONNE(
  2      PERSONNE     NUMBER(3) PRIMARY KEY,
  3      NOM          VARCHAR2(10) ,
  4      PRENOM       VARCHAR2(15) )
  5  TABLESPACE GEST_DATA;
Table créée.

SQL> DESC PERSONNE
 Nom                                       NULL ?   Type
 ----------------------------------------- -------- ----------------
 PERSONNE                                  NOT NULL NUMBER(3)
 NOM                                                VARCHAR2(10)
 PRENOM                                             VARCHAR2(15)

SQL> INSERT INTO PERSONNE VALUES ( 1,'CLEMENT','Marcelle');

1 ligne créée.

SQL> INSERT INTO PERSONNE VALUES ( 1,'LABRUNE','Gilbert');
INSERT INTO PERSONNE VALUES ( 1,'LABRUNE','Gilbert')
*
ERREUR à la ligne 1 :
ORA-00001: violation de contrainte unique (SYS.SYS_C005567)
```

Le nom d'une contrainte est défini lors de sa création. Si vous n'en spécifiez pas, Oracle en génère un. Comme vous pouvez le remarquer dans l'exemple précédent, de tels noms ne sont pas parlants ; aussi est-il préférable que vous les fournissiez vous-même.

Pour la colonne « **PERSONNE** », il n'est pas nécessaire de préciser explicitement la contrainte « **NOT NULL** » ; la contrainte « **PRIMARY KEY** » crée automatiquement cette contrainte.

Dans le cas où vous vous trouvez devant une base de données déjà créée et vous rencontrez la même erreur, vous pouvez interroger la vue du dictionnaire de données « **USER_CONSTRAINTS** » pour plus d'informations.

```
SQL> SELECT CONSTRAINT_NAME,
  2         CONSTRAINT_TYPE,
  3         INDEX_NAME
  4  FROM USER_CONSTRAINTS
  5  WHERE TABLE_NAME LIKE 'PERSONNE';

CONSTRAINT_NAME                CONSTRAINT_TYPE INDEX_NAME
------------------------------ --------------- -----------
SYS_C005567                    P               SYS_C005567

SQL> SELECT SEGMENT_NAME,SEGMENT_TYPE,TABLESPACE_NAME
  2  FROM USER_SEGMENTS
  3  WHERE SEGMENT_NAME LIKE 'SYS_C005567';

SEGMENT_NAME SEGMENT_TYPE       TABLESPACE_NAME
------------ ------------------ ---------------------------
SYS_C005567  INDEX              GEST_DATA
```

Attention

Toute contrainte de type « **PRIMARY KEY** » et de type « **UNIQUE** » crée automatiquement un index qui utilise les mêmes options de stockage que la table.

En effet vous pouvez voir dans la requête précédente le nom de la contrainte de type « **P** » comme « **PRIMARY KEY** » et l'index crée dans le tablespace « **GEST_DATA** » qui héberge également le segment de la table.

Rappelez-vous que les segments d'index et les segments de données doivent être créés dans des tablespaces différents.

La syntaxe SQL qui vous permet de décrire les options de stockage pour une contrainte de type « **PRIMARY KEY** » et de type « **UNIQUE** » est :

```
,...
COLONNE [CONSTRAINT CONSTRAINT_NAME]
          { UNIQUE | PRIMARY KEY}
            [USING INDEX]
            [PCTFREE integer]
             [PCTUSED integer
             [INITRANS integer]
             [TABLESPACE tablespace]
             [STORAGE
             (
               [INITIAL integer [ K | M ]]
               [NEXT integer [ K | M ]]
               [MINEXTENTS integer]
               [MAXEXTENTS { integer | UNLIMITED }]
```

```
                [PCTINCREASE integer]
                [FREELISTS integer]
                [FREELIST GROUPS integer]
              )]
              ,...
```

Dans la requête suivante une contrainte « **PRIMARY KEY** » est définie sur la colonne « **PERSONNE** » ; la syntaxe spécifie explicitement le nom de la contrainte ainsi que les options de stockage. Vous pouvez utiliser ce nom par la suite pour désactiver ou activer la contrainte.

```
SQL> CREATE TABLE PERSONNE(
         PERSONNE    NUMBER(3)
           CONSTRAINT PERSONNE_PK PRIMARY KEY
           USING INDEX
                   PCTFREE 60
                   TABLESPACE GEST_IDX
                   STORAGE (
                             INITIAL     5M
                             MAXEXTENTS  100
                             ),
         NOM         VARCHAR2(10),
         PRENOM      VARCHAR2(15) )
     TABLESPACE GEST_DATA;

Table créée.

SQL> SELECT SEGMENT_NAME,SEGMENT_TYPE,TABLESPACE_NAME
     FROM USER_SEGMENTS
     WHERE SEGMENT_NAME IN ( SELECT INDEX_NAME
                             FROM USER_CONSTRAINTS
                             WHERE TABLE_NAME LIKE 'PERSONNE');

SEGMENT_NAME SEGMENT_TYPE       TABLESPACE_NAME
------------ ------------------ ------------------------------
PERSONNE_PK  INDEX              GEST_IDX
```

Lorsqu'une clé primaire s'applique à plusieurs colonnes, vous pouvez définir à la place d'une contrainte de colonne, une contrainte de table.

```
SQL> CREATE TABLE EMPLOYE(
       NOM             VARCHAR2(20)                ,
       PRENOM          VARCHAR2(10)                ,
       FONCTION        VARCHAR2(30)       not null,
       DATE_NAISSANCE  DATE               not null,
       DATE_EMBAUCHE   DATE               not null,
       CONSTRAINT EMPLOYE_PK
             PRIMARY KEY ( NOM, PRENOM, DATE_NAISSANCE)
             USING INDEX
                  TABLESPACE GEST_IDX
     )TABLESPACE GEST_DATA;

Table créée.
```

UNIQUE

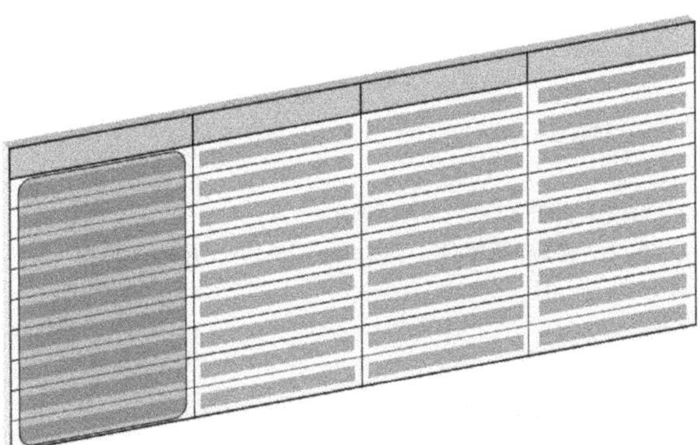

Une clé « **UNIQUE** », définie sur une ou plusieurs colonnes autorise uniquement des valeurs uniques dans chacune d'elles. Elle désigne la colonne ou l'ensemble des colonnes comme clé secondaire de la table.

Des colonnes de clé « **UNIQUE** » font souvent partie de la clé primaire d'une table, mais cette contrainte est également utile lorsque certaines colonnes sont essentielles pour la signification des lignes de données.

Dans le cas de contrainte « **UNIQUE** » portant sur une seule colonne, l'attribut peut prendre la valeur « **NULL** ». Cette contrainte peut apparaître plusieurs fois dans l'instruction.

La requête suivante illustre la définition d'une contrainte « **UNIQUE** » sur la table « **EMPLOYE** ». Une clé « **UNIQUE** » est ici définie sur les colonnes « **NOM** », « **PRENOM** » et « **DATE_NAISSANCE** ».

Notez qu'elles sont aussi déclarées comme étant « **NOT NULL** », signifiant que les enregistrements insérés dans la table doivent contenir des valeurs pour ces colonnes. En effet, à quoi serviraient des informations se rapportant aux employés sans indiquer leur « **NOM** », « **PRENOM** » et « **DATE_NAISSANCE** » ?

```
SQL> CREATE TABLE EMPLOYE(
       EMPLOYE           NUMBER(3)
                            CONSTRAINT EMPLOYE_PK PRIMARY KEY,
       NOM               VARCHAR2(20)  NOT NULL,
       PRENOM            VARCHAR2(10)  NOT NULL,
       FONCTION          VARCHAR2(30)  ,
       DATE_NAISSANCE    DATE          NOT NULL,
       CONSTRAINT EMPLOYE_UQ UNIQUE (NOM,PRENOM,DATE_NAISSANCE))
       TABLESPACE GEST_DATA;

Table créée.
```

```
SQL> SELECT SEGMENT_NAME,SEGMENT_TYPE,TABLESPACE_NAME
  2  FROM USER_SEGMENTS
  3  WHERE SEGMENT_NAME IN ( SELECT INDEX_NAME
  4                          FROM USER_CONSTRAINTS
  5                          WHERE TABLE_NAME LIKE 'EMPLOYE');

SEGMENT_NAME SEGMENT_TYPE       TABLESPACE_NAME
------------ ------------------ ------------------------------
EMPLOYE_PK   INDEX              GEST_DATA
EMPLOYE_UQ   INDEX              GEST_DATA

SQL> INSERT INTO EMPLOYE VALUES
  2         ( 1,'CLEMENT','Marcelle', 'Manager', '01/01/1950');

1 ligne créée.

SQL> INSERT INTO EMPLOYE VALUES
  2         ( 2,'CLEMENT','Marcelle', 'Manager', '01/01/1950');
INSERT INTO EMPLOYE VALUES
*
ERREUR à la ligne 1 :
ORA-00001: violation de contrainte unique (STAGIAIRE.EMPLOYE_UQ)

SQL> INSERT INTO EMPLOYE VALUES
  2         ( 2,'CLEMENT','Marcelle', 'Manager', '01/01/1951');

1 ligne créée.
```

Vous pouvez remarquer que la deuxième instruction « **INSERT** » se solde par un échec ; le trinôme qui forme la clé unique « **NOM** », « **PRENOM** » et « **DATE_NAISSANCE** » est identique au premier enregistrement inséré. La troisième instruction « **INSERT** » est valide, la « **DATE_NAISSANCE** » étant différente (trinôme unique).

Les deux types de contraintes « **PRIMARY KEY** » et « **UNIQUE** » produisent automatiquement un index lors de leur création.

REFERENCES

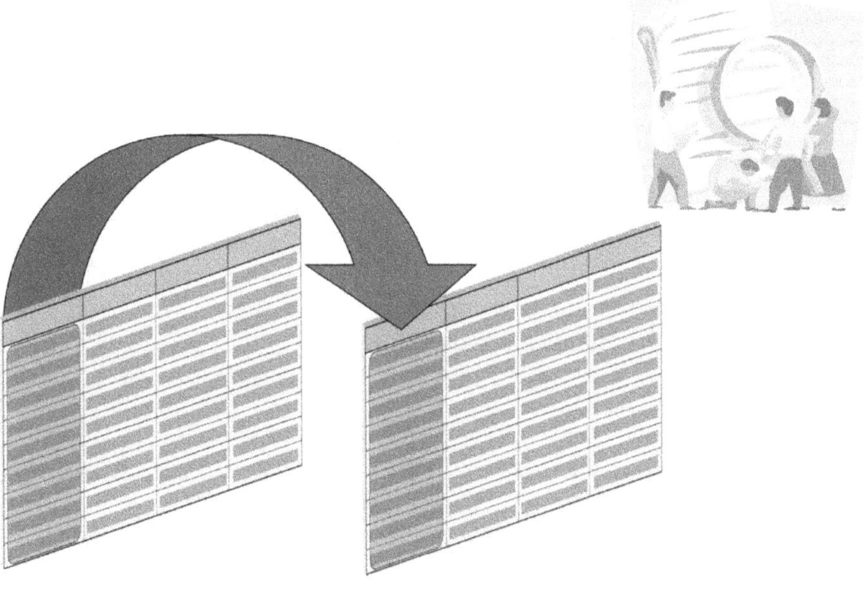

Une clé étrangère, « **REFERENCES** », définie sur une ou plusieurs colonnes d'une table garantit que les valeurs de cette clé sont identiques aux valeurs de « **PRIMARY KEY** » ou « **UNIQUE** » d'une autre table. Les valeurs admises, pour la colonne ou les colonnes contrôlées par cette contrainte, doivent exister dans l'ensemble des valeurs de la colonne ou les colonnes correspondantes dans la table maître. Une contrainte « **FOREIGN KEY** » est également appelée contrainte d'intégrité référentielle.

Vous pouvez vous référer à une « **PRIMARY KEY** » ou « **UNIQUE** » au sein d'une même table. Pensez à utiliser une contrainte de table et non de colonne pour définir une clé étrangère sur plusieurs colonnes.

La syntaxe d'une contrainte d'intégrité référentielle comporte deux formes selon qu'elle est de type colonne ou de type table.

Lorsque vous initialisez la contrainte d'intégrité référentielle comme contrainte de type colonne, la syntaxe est la suivante :

```
...,
      COLONNE CONSTRAINT CONSTRAINT_NAME
              REFERENCES [SCHEMA.]NOM_TABLE
                (COLONNE[,...])
,...
```

Dans le cas d'une contrainte de type colonne, le type de la contrainte « **FOREIGN KEY** » ne figure pas dans la syntaxe.

Le nom de la colonne de référence de la table maître est facultatif s'il s'agit de la clé primaire de la table maître ; sinon il est impératif de le renseigner.

Pour une meilleure lisibilité du code SQL, vous pouvez prendre l'habitude de le renseigner tout le temps.

Par exemple, les valeurs de la colonne « **MANAGER** » de la table « **UTILISATEUR** » se réfèrent aux valeurs de la colonne « **UTILISATEUR** » de la même table.

La valeur pour la colonne « **MANAGER** » est soit une des valeurs de la colonne « **UTILISATEUR** » ou bien la valeur « **NULL** » étant donné que la contrainte « **NOT NULL** » n'a pas été définie pour cette colonne.

```
SQL> CREATE TABLE UTILISATEURS (
  2    UTILISATEUR     NUMBER(2)       PRIMARY KEY,
  3    MANAGER         NUMBER(2)
  4        CONSTRAINT UTILISATEURS_UTILISATEURS_FK
  5                    REFERENCES UTILISATEURS(UTILISATEUR),
  6    NOM_PRENOM      VARCHAR2(20)  NOT NULL )
  7  TABLESPACE GEST_DATA;

Table créée.

SQL> INSERT INTO UTILISATEURS( UTILISATEUR,MANAGER,NOM_PRENOM)
  2  VALUES ( 1,NULL,'LABRUNE Gilbert');

1 ligne créée.

SQL> INSERT INTO UTILISATEURS( UTILISATEUR,MANAGER,NOM_PRENOM)
  2  VALUES ( 2,    0,'CHATELAIN Nicole');
INSERT INTO UTILISATEURS( UTILISATEUR,MANAGER,NOM_PRENOM)
*
ERREUR à la ligne 1 :
ORA-02291: violation de contrainte
(STAGIAIRE.UTILISATEURS_UTILISATEURS_FK) d'intégrité - touche parent
introuvable

SQL> INSERT INTO UTILISATEURS( UTILISATEUR,MANAGER,NOM_PRENOM)
  2  VALUES ( 2,    1,'CHATELAIN Nicole');

1 ligne créée.
```

Lorsque vous avez besoin de référencer plusieurs colonnes où vous voulez initialiser une contrainte « **FOREIGN KEY** » de type table, il faut utiliser la syntaxe suivante :

```
...,
    CONSTRAINT CONSTRAINT_NAME FOREIGN KEY (COLONNE,...)
        REFERENCES TABLE [(COLONNE,...)]
,...
```

Lorsque le mot clé « **REFERENCES** » est utilisé dans une contrainte de table, il doit être précédé de « **FOREIGN KEY** ». Une contrainte de table peut se référer à plusieurs colonnes de clé étrangère.

Le nom de la colonne ou des colonnes de référence de la table maître est facultatif s'il s'agit de la clé primaire de la table maître, sinon il est impératif de le renseigner.

L'exemple suivant illustre les modalités de création d'une contrainte d'intégrité référentielle. Les valeurs de la colonne « **MANAGER** » de la table « **EMPLOYE** » se réfèrent aux valeurs de la colonne « **EMPLOYE** » de la même table. Dans la deuxième instruction, les valeurs du « **NOM** » et « **PRENOM** » de la table « **UTILISATEUR** » se réfèrent au « **NOM** » et « **PRENOM** » de la table « **EMPLOYE** ». La table « **EMPLOYE** » contenant les colonnes « **NOM** » et « **PRENOM** » doivent exister pour que le référencement soit possible.

```
SQL> CREATE TABLE EMPLOYE (
       EMPLOYE         NUMBER(3)
                         CONSTRAINT EMPLOYE_PK PRIMARY KEY,
       NOM             VARCHAR2(20)   NOT NULL,
       PRENOM          VARCHAR2(10)   NOT NULL,
       MANAGER         NUMBER(2)      ,
       CONSTRAINT EMPLOYE_NOM_PRENOM_UQ UNIQUE (NOM,PRENOM) ,
       CONSTRAINT EMPLOYE_EMPLOYE_FK
                         FOREIGN KEY (MANAGER) REFERENCES EMPLOYE );

Table créée.

SQL> CREATE TABLE UTILISATEUR (
       UTILISATEUR     NUMBER(2)      PRIMARY KEY,
       NOM             VARCHAR2(20)   NOT NULL,
       PRENOM          VARCHAR2(10)   NOT NULL,
       CONSTRAINT UTILISATEUR_EMPLOYE_FK
                         FOREIGN KEY (NOM,PRENOM)
                         REFERENCES EMPLOYE(NOM,PRENOM));

Table créée.
```

Lorsque vous supprimez des enregistrements auxquels se réfèrent d'autres enregistrements, il faut définir une stratégie à suivre. Le type d'opération de suppression, modification à appliquer à une valeur de clé étrangère, doit être déclaré dans la définition de la table associée.

Trois stratégies sont possibles. Elles seront illustrées par rapport à la syntaxe d'une contrainte « **REFERENCES** » de type table suivante :

```
...,
        CONSTRAINT CONSTRAINT_NAME FOREIGN KEY
                REFERENCES [SCHEMA.]NOM_TABLE
                  (COLONNE[,...])
                  [ON DELETE {CASCADE | SET NULL}]
,...
```

Interdiction

Suppression interdite d'une ligne dans la table maître s'il existe au moins une ligne dans la table fille. C'est l'option par défaut.

```
SQL> CREATE TABLE CATEGORIE (
       CODE_CATEGORIE        NUMBER(6)       PRIMARY KEY,
       NOM_CATEGORIE         VARCHAR2(25)    NOT NULL);

Table créée.

SQL> CREATE TABLE PRODUIT (
       REF_PRODUIT           NUMBER(6)       PRIMARY KEY,
       NOM_PRODUIT           VARCHAR2(40)    NOT NULL,
       CODE_CATEGORIE        NUMBER(6)       NOT NULL,
       CONSTRAINT PRODUITS_CATEGORIES_FK
                    FOREIGN KEY (CODE_CATEGORIE)
                    REFERENCES CATEGORIE (CODE_CATEGORIE));

Table créée.
```

```
SQL> INSERT INTO CATEGORIE VALUES (1,'Desserts');

1 ligne créée.

SQL> INSERT INTO PRODUIT VALUES (1,'Teatime Chocolate Biscuits',1);

1 ligne créée.

SQL> DELETE CATEGORIE;
DELETE CATEGORIE
*
ERREUR à la ligne 1 :
ORA-02292: violation de contrainte
(FORMATEUR.PRODUITS_CATEGORIES_FK) d'intégrité - enregistrement fils
existant
```

Suppression interdite d'une ligne dans la table « **CATEGORIE** » s'il existe au moins une ligne dans la table « **PRODUIT** » pour cette catégorie.

ON DELETE CASCADE

Demande la suppression des lignes dépendantes dans la table en cours de définition, si la ligne contenant la clé primaire correspondante dans la table maître est supprimée.

```
SQL>  CREATE TABLE CATEGORIE (
  2     CODE_CATEGORIE        NUMBER(6)       PRIMARY KEY,
  3     NOM_CATEGORIE         VARCHAR2(25)    NOT NULL);

Table créée.

SQL> CREATE TABLE PRODUIT (
  2     REF_PRODUIT           NUMBER(6)       PRIMARY KEY,
  3     NOM_PRODUIT           VARCHAR2(40)    NOT NULL,
  4     CODE_CATEGORIE        NUMBER(6)       NOT NULL
  5              CONSTRAINT PRODUITS_CATEGORIES_FK
  6                   REFERENCES CATEGORIE ON DELETE CASCADE);

Table créée.

SQL> INSERT INTO CATEGORIE VALUES (1,'Desserts');

1 ligne créée.

SQL> INSERT INTO PRODUIT VALUES (2,'Tarte au sucre',1);

1 ligne créée.

SQL> SELECT REF_PRODUIT, NOM_PRODUIT, CODE_CATEGORIE
  2  FROM PRODUIT;

REF_PRODUIT NOM_PRODUIT                              CODE_CATEGORIE
----------- ---------------------------------------- --------------
          2 Tarte au sucre                                        1

SQL> DELETE CATEGORIE;
```

```
1 ligne supprimée.

SQL> SELECT REF_PRODUIT, NOM_PRODUIT, CODE_CATEGORIE
     FROM PRODUIT;

aucune ligne sélectionnée
```

La suppression d'une ligne dans la table « **CATEGORIE** » indique à Oracle de supprimer les lignes dépendantes dans la table « **PRODUIT** ». L'intégrité référentielle est ainsi automatiquement maintenue.

ON DELETE SET NULL

Demande la mise à « **NULL** » des colonnes constituant la clé étrangère qui font référence à la ligne supprimée. Cette stratégie impose que les clés étrangères ne soient pas déclarées en « **NOT NULL** ».

Dans l'exemple suivant, les valeurs de la colonne « **MANAGER** » de la table « **UTILISATEUR** » se réfèrent aux valeurs de la colonne « **UTILISATEUR** » de la même table. La valeur pour la colonne « **MANAGER** » est soit une des valeurs de la colonne « **UTILISATEUR** » ou bien la valeur « **NULL** », étant donné que la contrainte « **NOT NULL** » n'a pas été définie pour cette colonne.

La suppression du premier enregistrement entraîne la mise à « **NULL** » de la colonne clé étrangère « **MANAGER** » pour l'enregistrement dépendant.

```
SQL>  CREATE TABLE UTILISATEUR (
        UTILISATEUR    NUMBER(2)       PRIMARY KEY,
        MANAGER        NUMBER(2)
                CONSTRAINT UTILISATEURS_UTILISATEURS_FK
                           REFERENCES UTILISATEUR
                           ON DELETE SET NULL,
        NOM_PRENOM     VARCHAR2(20)   NOT NULL );

Table créée.

SQL> INSERT INTO UTILISATEUR( UTILISATEUR,MANAGER,NOM_PRENOM)
     VALUES ( 1,NULL,'LABRUNE Gilbert');

1 ligne créée.

SQL> INSERT INTO UTILISATEUR( UTILISATEUR,MANAGER,NOM_PRENOM)
     VALUES ( 2,   1,'CHATELAIN Nicole');

1 ligne créée.

SQL> SELECT UTILISATEUR, MANAGER, NOM_PRENOM FROM UTILISATEUR;

UTILISATEUR    MANAGER NOM_PRENOM
----------- ---------- --------------------
          1            LABRUNE Gilbert
          2          1 CHATELAIN Nicole

SQL> DELETE UTILISATEUR WHERE UTILISATEUR = 1;

1 ligne supprimée.
```

```
SQL> SELECT UTILISATEUR, MANAGER, NOM_PRENOM FROM UTILISATEUR;

UTILISATEUR    MANAGER NOM_PRENOM
----------- ---------- --------------------
          2            CHATELAIN Nicole
```

L'ordre « **CREATE TABLE** » permet de définir, comme cela a déjà été mentionné auparavant, la structure logique de la table sous forme d'un ensemble de colonnes et de contraintes. La syntaxe de l'instruction « **CREATE TABLE** » est :

```
CREATE TABLE [SCHEMA.]NOM_TABLE
( NOM_COLONNE TYPE [DEFAULT EXPRESSION]
        [CONSTRAINT CONSTRAINT_NAME
          { [ NOT ] NULL
           | UNIQUE
           | PRIMARY KEY
           | CHECK (condition)
          }
             [USING INDEX]
             [PCTFREE integer]
             [PCTUSED integer]
             [INITRANS integer]
             [TABLESPACE tablespace]
             [STORAGE
             (
               [INITIAL integer [ K | M ]]
               [NEXT integer [ K | M ]]
               [MINEXTENTS integer]
               [MAXEXTENTS { integer | UNLIMITED }]
               [PCTINCREASE integer]
               [FREELISTS integer]
               [FREELIST GROUPS integer]
             )]
              [[NOT]DEFERRABLE]
              [{ENABLE|DISABLE}{VALIDATE|NOVALIDATE}]
        ]
  [,...]
      [, CONSTRAINT CONSTRAINT_NAME
          {
           | UNIQUE       (COLONNE[,...])
           | PRIMARY KEY  (COLONNE[,...])
           | CHECK        (condition)
           | FOREIGN KEY
               REFERENCES [SCHEMA.]NOM_TABLE
                  (COLONNE[,...])
                  [ON DELETE {CASCADE | SET NULL}]
          }
             [USING INDEX]
             ...
      ]
  [,...]]
)
    ORGANIZATION{HEAP|INDEX}
      [PCTFREE integer]
      [PCTUSED integer
      [INITRANS integer]
      [TABLESPACE tablespace]
      [STORAGE
```

```
  (
    [INITIAL integer [ K | M ]]
    [NEXT integer [ K | M ]]
    [MINEXTENTS integer]
    [MAXEXTENTS { integer | UNLIMITED }]
    [PCTINCREASE integer]
    [FREELISTS integer]
    [FREELIST GROUPS integer]
    [BUFFER_POOL { KEEP | RECYCLE | DEFAULT }]
  )]
[{LOGGING|NOLOGGING}]
[{ COMPRESS | NOCOMPRESS }]
[PCTTHRESHOLD integer]
```

DEFERRABLE Définit que le contrôle s'effectue au moment de la validation de la transaction, uniquement pour les contraintes de type « **CHECK** ». C'est une option très intéressante pour les transactions complexes.

ENABLE Vérifie que les mises à jour futures sont conformes à la contrainte.

DISABLE Invalide la vérification pour les mises à jour.

VALIDATE Contrôle automatiquement que tous les enregistrements actuels de la table sont conformes à la contrainte. C'est valable uniquement à la création ou modification de la contrainte.

DISABLE Ignore les enregistrements actuels de la table. Comme pour « **VALIDATE** » c'est valable uniquement à la création ou modification de la contrainte.

Ajouter une nouvelle colonne

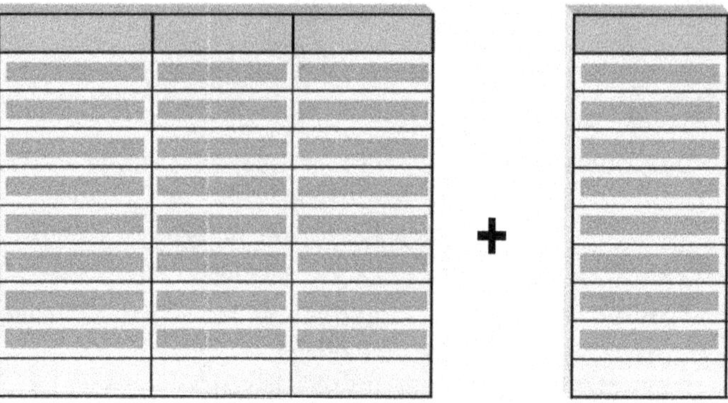

Lorsque le contexte d'une application change, il faut modifier la structure existante sans remettre en cause le contenu.

Il est possible de modifier dynamiquement la structure d'une table par l'ordre « **ALTER TABLE** » Plusieurs modifications peuvent être combinées dans une même exécution de l'ordre

Pour ajouter une colonne dans une table existante on utilise la syntaxe suivante :

```
ALTER TABLE [SCHEMA.]NOM_TABLE ADD
  ( NOM_COLONNE TYPE [DEFAULT EXPRESSION]
         [CONSTRAINT CONSTRAINT_NAME
           { [ NOT ] NULL
            | UNIQUE
            | PRIMARY KEY
            | CHECK (condition)
           }
[,...] );
```

La valeur initiale des colonnes créées pour chaque ligne de la table est « **NULL** ». Il n'est possible d'ajouter une colonne possédant la contrainte « **NOT NULL** » que si la table est vide.

```
SQL> DESC CATEGORIE
Nom                                           NULL ?   Type
 -------------------------------------------- -------- ----------
 CODE_CATEGORIE                               NOT NULL NUMBER(6)
 NOM_CATEGORIE                                NOT NULL VARCHAR2(25)

SQL> ALTER TABLE CATEGORIE ADD ( DESCRIPTION VARCHAR2(100));

Table modifiée.

SQL> SELECT CODE_CATEGORIE, NOM_CATEGORIE,
```

```
  2          NVL( DESCRIPTION, 'colonne vide')
  3  FROM CATEGORIE;

CODE_CATEGORIE NOM_CATEGORIE   DESCRIPTION
-------------- --------------- ------------------------------------
             1 Desserts        colonne vide
```

Dans l'exemple précédent, la table « **CATEGORIE** » est modifiée par l'ajout d'une colonne « **DESCRIPTION** » ; vous pouvez remarquer que la valeur pour cette colonne dans l'enregistrement courant est « **NULL** ».

Modification d'une colonne

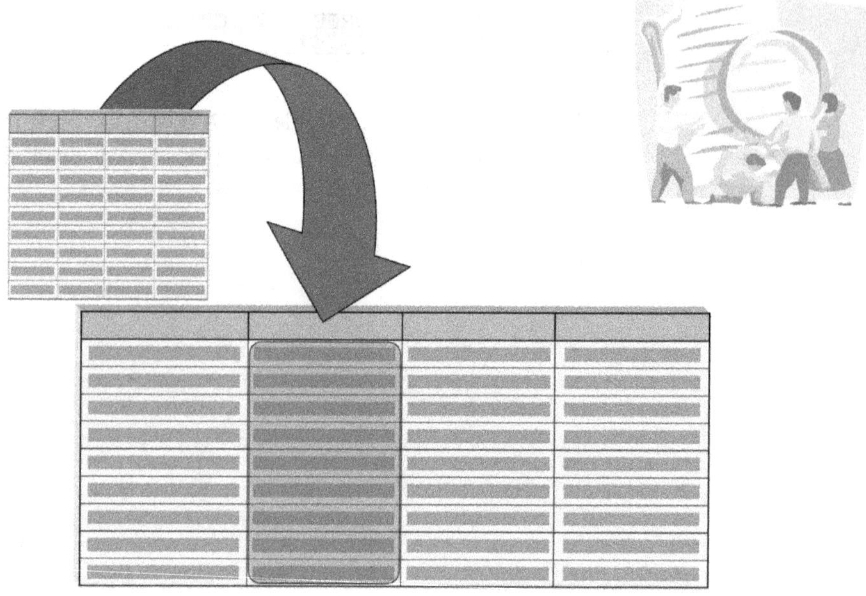

Pour chaque colonne, il est possible de modifier la taille, le type, l'option « **NULL | NOT NULL** » ou l'expression « **DEFAULT** » par la syntaxe :

```
ALTER TABLE [SCHEMA.]NOM_TABLE MODIFY
  ( NOM_COLONNE TYPE [DEFAULT EXPRESSION]
        [CONSTRAINT CONSTRAINT_NAME
          { [ NOT ] NULL
           | UNIQUE
           | PRIMARY KEY
           | CHECK (condition)
          }
[,...] );
```

Il n'est possible de changer le type ou de diminuer la taille d'une colonne que si elle ne contient pas de valeur pour l'ensemble des lignes de la table.

Il n'est possible de changer l'option « **NULL** » en « **NOT NULL** » pour une colonne que si la colonne possède une valeur pour toutes les lignes.

La modification de l'expression « **DEFAULT** » pour une colonne n'affecte que les insertions futures.

```
SQL> DESC CATEGORIE
 Nom                                       NULL ?   Type
 ----------------------------------------- -------- ------------
 CODE_CATEGORIE                            NOT NULL NUMBER(6)
 NOM_CATEGORIE                             NOT NULL VARCHAR2(50)
 DESCRIPTION                                        VARCHAR2(100)

SQL> ALTER TABLE CATEGORIE MODIFY
  2             ( NOM_CATEGORIE VARCHAR2(50) NULL);

Table modifiée.
```

```
SQL> DESC CATEGORIE
 Nom                                       NULL ?   Type
 ----------------------------------------- -------- -------------
 CODE_CATEGORIE                            NOT NULL NUMBER(6)
 NOM_CATEGORIE                                      VARCHAR2(50)
 DESCRIPTION                                        VARCHAR2(100)
```

Dans l'exemple précédent, la colonne « **NOM_CATEGORIE** » de la table « **CATEGORIE** » est modifiée, passant de « **VARCHAR2(25)** » à « **VARCHAR2(50)** » ; vous pouvez remarquer également que la contrainte « **NOT NULL** » a été enlevée.

Supprimer une colonne

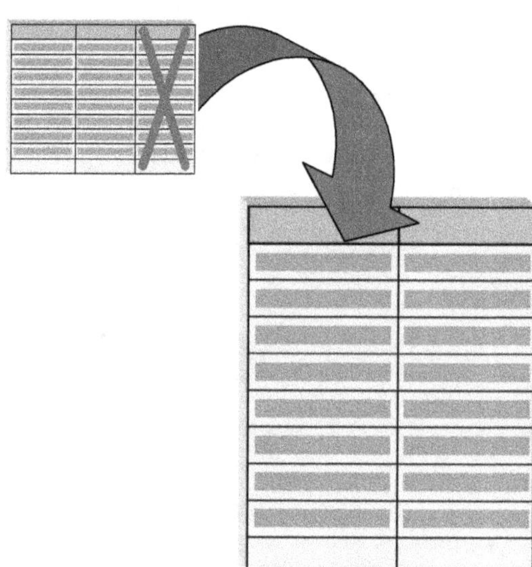

Vous pouvez supprimer une colonne de table ; cette opération est plus complexe que l'ajout ou la modification d'une colonne, en raison du travail de maintenance interne supplémentaire.

Vous avez le choix entre supprimer une colonne pendant le fonctionnement de la base ou bien la marquer comme étant "inutilisée" afin qu'elle soit supprimée ultérieurement. Si elle est supprimée immédiatement, les performances peuvent s'en ressentir. Si elle est marquée comme étant inutilisée, cela n'a aucun effet sur les performances, et elle peut ainsi être supprimée lorsque la charge de la base est moins forte.

Pour supprimer une colonne immédiatement, la syntaxe est :

```
ALTER TABLE [SCHEMA.]NOM_TABLE
      DROP
         {COLUMN NOM_COLONNE | (NOM_COLONNE1,...)};
```

Note

Lors de la suppression de plusieurs colonnes, le mot clé « **COLUMN** » ne devrait pas être utilisé dans la commande « **ALTER TABLE** ». Il provoque une erreur de syntaxe.

La liste des noms de colonnes doit être placée entre parenthèses.

Dans l'exemple suivant, la colonne « **REND_COMPTE** » est supprimée immédiatement de la table « **EMPLOYE** », à l'aide de la syntaxe pour une seule colonne qui contient le mot clé « **COLUMN** ».

Vous pouvez aussi supprimer plusieurs colonnes à l'aide d'une seule commande, comme dans l'exemple suivant où l'on supprime immédiatement les colonnes « **TITRE_COURTOISIE** » et « **DATE_EMBAUCHE** ».

```
SQL> DESC EMPLOYE
 Nom                                       NULL ?   Type
 ----------------------------------------- -------- --------------
 NO_EMPLOYE                                NOT NULL NUMBER(6)
 REND_COMPTE                                        NUMBER(6)
 NOM                                       NOT NULL VARCHAR2(20)
 PRENOM                                    NOT NULL VARCHAR2(10)
 FONCTION                                  NOT NULL VARCHAR2(30)
 TITRE_COURTOISIE                          NOT NULL VARCHAR2(5)
 DATE_NAISSANCE                            NOT NULL DATE
 DATE_EMBAUCHE                             NOT NULL DATE

SQL> ALTER TABLE EMPLOYE DROP COLUMN REND_COMPTE;

Table modifiée.

SQL> DESC EMPLOYE
 Nom                                       NULL ?   Type
 ----------------------------------------- -------- --------------
 NO_EMPLOYE                                NOT NULL NUMBER(6)
 NOM                                       NOT NULL VARCHAR2(20)
 PRENOM                                    NOT NULL VARCHAR2(10)
 FONCTION                                  NOT NULL VARCHAR2(30)
 TITRE_COURTOISIE                          NOT NULL VARCHAR2(5)
 DATE_NAISSANCE                            NOT NULL DATE
 DATE_EMBAUCHE                             NOT NULL DATE

SQL> ALTER TABLE EMPLOYE DROP (TITRE_COURTOISIE, DATE_EMBAUCHE );

Table modifiée.

SQL> DESC EMPLOYE
 Nom                                       NULL ?   Type
 ----------------------------------------- -------- --------------
 NO_EMPLOYE                                NOT NULL NUMBER(6)
 NOM                                       NOT NULL VARCHAR2(20)
 PRENOM                                    NOT NULL VARCHAR2(10)
 FONCTION                                  NOT NULL VARCHAR2(30)
 DATE_NAISSANCE                            NOT NULL DATE
```

Vous pouvez aussi marquer une colonne comme étant inutilisée. Marquer une colonne comme étant inutilisée ne libère pas l'espace qu'elle occupait tant que vous ne la supprimez pas. Lorsqu'une colonne est marquée comme étant inutilisée, elle n'est plus accessible.

Pour marquer une colonne comme étant inutilisée, la syntaxe est :

```
ALTER TABLE [SCHEMA.]NOM_TABLE
        SET UNUSED
{COLUMN NOM_COLONNE | (NOM_COLONNE1,...)};

ALTER TABLE [SCHEMA.]NOM_TABLE
       DROP UNUSED COLUMNS;
```

Dans l'exemple suivant, les colonnes « **REND_COMPTE** », « **TITRE_COURTOISIE** » et « **DATE_EMBAUCHE** » sont marquées comme étant inutilisées; elles ne sont plus accessibles comme vous pouvez le remarquer dans la description de la table. Par la suite, elles peuvent ainsi être supprimées lorsque la charge de la base est moins forte.

```
SQL> DESC EMPLOYE
 Nom                                       NULL ?   Type
 ----------------------------------------- -------- ------------
 NO_EMPLOYE                                NOT NULL NUMBER(6)
 REND_COMPTE                                        NUMBER(6)
 NOM                                       NOT NULL VARCHAR2(20)
 PRENOM                                    NOT NULL VARCHAR2(10)
 FONCTION                                  NOT NULL VARCHAR2(30)
 TITRE_COURTOISIE                          NOT NULL VARCHAR2(5)
 DATE_NAISSANCE                            NOT NULL DATE
 DATE_EMBAUCHE                             NOT NULL DATE

SQL> ALTER TABLE EMPLOYE SET UNUSED
  2          (REND_COMPTE, TITRE_COURTOISIE, DATE_EMBAUCHE );

Table modifiée.

SQL> DESC EMPLOYE
 Nom                                       NULL ?   Type
 ----------------------------------------- -------- ------------
 NO_EMPLOYE                                NOT NULL NUMBER(6)
 NOM                                       NOT NULL VARCHAR2(20)
 PRENOM                                    NOT NULL VARCHAR2(10)
 FONCTION                                  NOT NULL VARCHAR2(30)
 DATE_NAISSANCE                            NOT NULL DATE

SQL> ALTER TABLE EMPLOYE DROP UNUSED COLUMNS;

Table modifiée.
```

Attention

Les colonnes supprimées ou marquées comme inutilisées ne sont pas récupérables.

C'est un procédé utilisé sur les bases de données en production pour changer rapidement la structure de la table sans pouvoir faire les opérations d'administration, concernant le stockage. Les données de la colonne sont toujours en place dans le segment respectif mais elles ne peuvent plus être accessibles.

Par conséquent, prenez le temps de la réflexion avant de supprimer une colonne.

Pour supprimer une colonne qui fait partie d'une contrainte de clé primaire ou d'unicité, et en même temps d'une intégrité référentielle, vous devez ajouter la clause « **CASCADE CONSTRAINTS** » dans la commande « **ALTER TABLE** ».

```
SQL>  CREATE TABLE CATEGORIES(
  2      CODE_CATEGORIE     NUMBER(6)              NOT NULL,
  3      NOM_CATEGORIE      VARCHAR2(25)           NOT NULL,
  4      DESCRIPTION        VARCHAR2(100)          NOT NULL,
  5      CONSTRAINT PK_CATEGORIES PRIMARY KEY (CODE_CATEGORIE)
```

```
  6                  USING INDEX TABLESPACE GEST_IDX
  7  ) TABLESPACE GEST_DATA;

Table créée.

SQL> SELECT CONSTRAINT_NAME,
  2         CONSTRAINT_TYPE,
  3         SEARCH_CONDITION,
  4         INDEX_NAME
  5  FROM USER_CONSTRAINTS
  6  WHERE TABLE_NAME LIKE 'CATEGORIES';

CONSTRAINT_NAME C SEARCH_CONDITION                   INDEX_NAME
--------------- - ---------------------------------- ------------
SYS_C005608     C "DESCRIPTION" IS NOT NULL
SYS_C005607     C "NOM_CATEGORIE" IS NOT NULL
SYS_C005606     C "CODE_CATEGORIE" IS NOT NULL
PK_CATEGORIES   P                                    PK_CATEGORIES

SQL> ALTER TABLE CATEGORIES DROP COLUMN CODE_CATEGORIE;
ALTER TABLE CATEGORIE DROP COLUMN CODE_CATEGORIE
                                  *
ERREUR à la ligne 1 :
ORA-12992: impossible de supprimer la colonne clé parent

SQL> ALTER TABLE CATEGORIE DROP COLUMN CODE_CATEGORIE
  2  CASCADE CONSTRAINTS;

Table modifiée.

SQL> SELECT CONSTRAINT_NAME,
  2         CONSTRAINT_TYPE,
  3         SEARCH_CONDITION,
  4         INDEX_NAME
  5  FROM USER_CONSTRAINTS
  6  WHERE TABLE_NAME LIKE 'CATEGORIES';

CONSTRAINT_NAME C SEARCH_CONDITION                   INDEX_NAME
--------------- - ---------------------------------- ------------
SYS_C005608     C "DESCRIPTION" IS NOT NULL
SYS_C005607     C "NOM_CATEGORIE" IS NOT NULL
```

A partir de la version Oracle10g la clause « **CASCADE CONSTRAINTS** » n'est plus obligatoire mais c'est l'option par défaut, ce qui implique un effacement automatique de toutes les contraintes et des index associés.

Modification d'une table

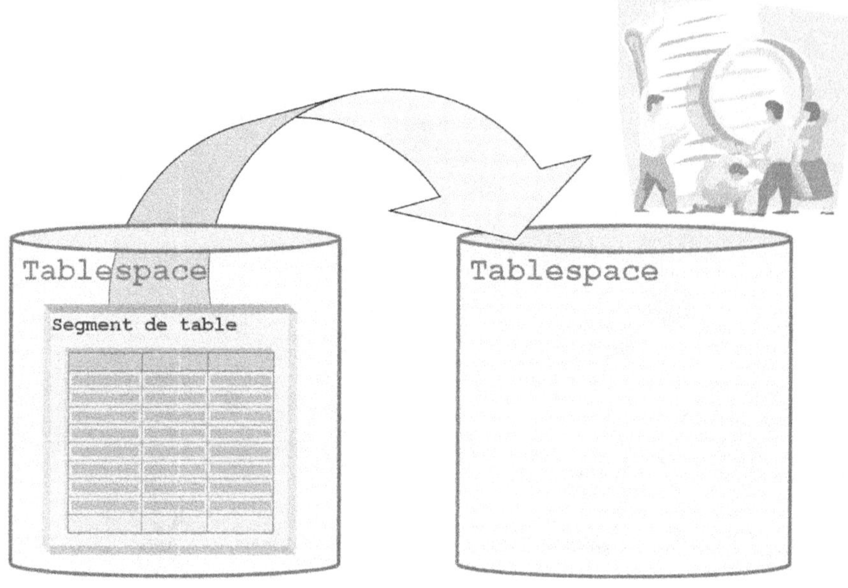

Changement de nom d'une table

Depuis Oracle9i, vous avez la possibilité de renommer une table mais également les vues, les séquences et les synonymes privés à l'aide de l'instruction « **RENAME** ».

La syntaxe est la suivante :

```
RENAME [SCHEMA.]ANCIEN_NOM_TABLE TO
       [SCHEMA.]NOUVEAU_NOM_TABLE;
```

Ou

```
ALTER TABLE [SCHEMA.]ANCIEN_NOM_TABLE
       RENAME TO
       [SCHEMA.]NOUVEAU_NOM_TABLE;
```

Dans l'exemple suivant la table « **EMPLOYES** » est renommée en table « **PERSONNES** ».

```
SQL> CREATE TABLE EMPLOYES(
       NO_EMPLOYE        NUMBER(6)        NOT NULL,
       REND_COMPTE       NUMBER(6)        NULL    ,
       NOM               VARCHAR2(20)     NOT NULL,
       PRENOM            VARCHAR2(10)     NOT NULL,
       FONCTION          VARCHAR2(30)     NOT NULL,
       TITRE             VARCHAR2(5)      NOT NULL,
       DATE_NAISSANCE    DATE             NOT NULL,
       DATE_EMBAUCHE     DATE             NOT NULL,
       SALAIRE           NUMBER(8, 2)     NOT NULL,
       COMMISSION        NUMBER(8, 2)     NULL,
       CONSTRAINT PK_EMPLOYES PRIMARY KEY (NO_EMPLOYE)
     )TABLESPACE GEST_DATA;
```



```
Table créée.

SQL> SELECT TABLE_NAME, TABLESPACE_NAME
  2  FROM USER_TABLES
  3  WHERE TABLE_NAME LIKE 'EMPLOYES';

TABLE_NAME                     TABLESPACE_NAME
------------------------------ ---------------
EMPLOYES                       GEST_DATA

SQL> ALTER TABLE EMPLOYES RENAME TO PERSONNES;

Table modifiée.

SQL> SELECT TABLE_NAME, TABLESPACE_NAME
  2  FROM USER_TABLES
  3  WHERE TABLE_NAME LIKE 'EMPLOYES' OR
  4        TABLE_NAME LIKE 'PERSONNES';

TABLE_NAME                     TABLESPACE_NAME
------------------------------ ---------------
PERSONNES                      GEST_DATA
```

Comme vous pouvez le voir, la table « **EMPLOYES** » n'existe plus, elle a été renommée en « **PERSONNES** ».

Déplacement d'une table

Depuis la version Oracle10g vous pouvez déplacer le segment d'une table d'un tablespace vers un autre tout en modifiant toutes les options de stockage.

Le déplacement de la table d'un tablespace à un autre s'effectue indépendamment de type de gestion du tablespace. Ainsi si vous voulez changer le mode de gestion d'un tablespace, il suffit d'en créer un nouveau et de déplacer les objets de l'ancien tablespace vers le nouveau.

L'intérêt de la démarche est qu'elle peut être effectuée en ligne.

La syntaxe de déplacement d'une table d'un tablespace à un autre est :

```
ALTER TABLE [SCHEMA.]NOM_TABLE
        MOVE [ ONLINE ]
       [PCTFREE integer]
       [PCTUSED integer]
       [INITRANS integer]
       [TABLESPACE tablespace]
       [STORAGE
         (
           [INITIAL integer [ K | M ]]
           [NEXT integer [ K | M ]]
           [MINEXTENTS integer]
           [MAXEXTENTS { integer | UNLIMITED }]
           [PCTINCREASE integer]
           [FREELISTS integer]
           [FREELIST GROUPS integer]
           [BUFFER_POOL { KEEP | RECYCLE | DEFAULT }]
```

```
        )]
      [{ LOGGING | NOLOGGING }];
```

```
SQL> CREATE TABLE CATEGORIES (
       CODE_CATEGORIE     NUMBER(6)              NOT NULL,
       NOM_CATEGORIE      VARCHAR2(25)           NOT NULL,
       DESCRIPTION        VARCHAR2(100)          NOT NULL,
       CONSTRAINT PK_CATEGORIES PRIMARY KEY (CODE_CATEGORIE)
                  USING INDEX TABLESPACE GEST_IDX
     ) TABLESPACE GEST_DATA;

Table créée.

SQL> SELECT SEGMENT_NAME,SEGMENT_TYPE,TABLESPACE_NAME
     FROM USER_SEGMENTS
     WHERE SEGMENT_NAME LIKE 'CATEGORIES';

SEGMENT_NAME    SEGMENT_TYPE       TABLESPACE_NAME
--------------- ------------------ ----------------
CATEGORIES      TABLE              GEST_DATA

SQL> ALTER TABLE CATEGORIES MOVE
                 TABLESPACE USERS;

Table modifiée.

SQL> SELECT SEGMENT_NAME,SEGMENT_TYPE,TABLESPACE_NAME
     FROM USER_SEGMENTS
     WHERE SEGMENT_NAME LIKE 'CATEGORIES';

SEGMENT_NAME    SEGMENT_TYPE       TABLESPACE_NAME
--------------- ------------------ ----------------
CATEGORIES      TABLE              USERS
```

Le segment de table « **CATEGORIES** » a été déplacé du tablespace « **GEST_DATA** » au tablespace « **USERS** ».

Modification d'une contrainte

- Ajouter une contrainte
- Supprimer une contrainte
- Activer et Désactiver une contrainte d'intégrité

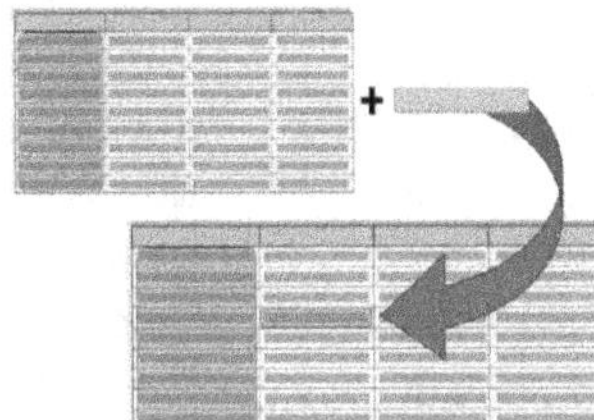

Il est possible de modifier dynamiquement la structure des contraintes de table par l'ordre « **ALTER TABLE** ». Plusieurs modifications peuvent être combinées dans une même exécution de l'ordre.

Ajouter une contrainte

Lorsque l'administrateur de la base utilise les contraintes d'intégrité référentielle, il doit ordonnancer les ordres de création des tables en commençant par les tables maîtres.

Dans certains cas, il est impossible d'ordonnancer les ordres de création des tables (contrainte référentielle mutuelle).

L'administrateur peut créer toutes les tables relationnelles sans utiliser les contraintes référentielles dans l'ordre de création de table.

Après la création de toutes les tables, on modifie les tables en rajoutant les contraintes référentielles par la syntaxe suivante :

```
ALTER TABLE [SCHEMA.]NOM_TABLE ADD
( CONSTRAINT CONSTRAINT_NAME
          {
           | UNIQUE       (COLONNE[,...])
           | PRIMARY KEY  (COLONNE[,...])
           | CHECK        (condition)
           | FOREIGN KEY
               REFERENCES [SCHEMA.]NOM_TABLE
                  (COLONNE[,...])
                  [ON DELETE {CASCADE | SET NULL}]
          }
            [USING INDEX]
            [PCTFREE integer]
            [PCTUSED integer]
            [INITRANS integer]
            [TABLESPACE tablespace]
```

```
                    [STORAGE
                    (
                      [INITIAL integer [ K | M ]]
                      [NEXT integer [ K | M ]]
                      [MINEXTENTS integer]
                      [MAXEXTENTS { integer | UNLIMITED }]
                      [PCTINCREASE integer]
                      [FREELISTS integer]
                      [FREELIST GROUPS integer]
                    )]
                     [[NOT]DEFERRABLE]
                     [{ENABLE|DISABLE}{VALIDATE|NOVALIDATE}]
       [,...]) ;
```

```
SQL> CREATE TABLE PRODUITS (
        REF_PRODUIT          NUMBER(6)               NOT NULL,
        NOM_PRODUIT          VARCHAR2(40)            NOT NULL,
        NO_FOURNISSEUR       NUMBER(6)               NOT NULL,
        CODE_CATEGORIE       NUMBER(6)               NOT NULL,
        QUANTITE             VARCHAR2(30)                NULL,
        PRIX_UNITAIRE        NUMBER(8,2)             NOT NULL,
        UNITES_STOCK         NUMBER(5)                   NULL,
        UNITES_COMMANDEES    NUMBER(5)                   NULL,
        INDISPONIBLE         NUMBER(1)                   NULL
     ) TABLESPACE GEST_DATA;

Table créée.

SQL> CREATE TABLE CATEGORIES (
        CODE_CATEGORIE       NUMBER(6)               NOT NULL,
        NOM_CATEGORIE        VARCHAR2(25)            NOT NULL,
        DESCRIPTION          VARCHAR2(100)           NOT NULL,
        CONSTRAINT PK_CATEGORIES PRIMARY KEY (CODE_CATEGORIE)
                   USING INDEX TABLESPACE GEST_IDX
     ) TABLESPACE GEST_DATA;

Table créé

SQL> ALTER TABLE PRODUITS ADD (
         CONSTRAINT PRODUITS_REF_PRODUIT_PK
                        PRIMARY KEY (REF_PRODUIT)
         USING INDEX TABLESPACE GEST_IDX,
         CONSTRAINT PRODUITS_NOM_PRODUIT_UQ
                            UNIQUE (NOM_PRODUIT)
         USING INDEX TABLESPACE GEST_IDX,
                            FOREIGN KEY (CODE_CATEGORIE)
                            REFERENCES CATEGORIES );

Table modifié.

SQL> SELECT SEGMENT_NAME,SEGMENT_TYPE,TABLESPACE_NAME
     FROM USER_SEGMENTS
     WHERE SEGMENT_NAME LIKE 'PRODUITS%';

SEGMENT_NAME                 SEGMENT_TYPE        TABLESPACE_NAME
```

```
-------------------------- ------------------ ----------------
PRODUITS                   TABLE              GEST_DATA
PRODUITS_NOM_PRODUIT_UQ    INDEX              GEST_IDX
PRODUITS_REF_PRODUIT_PK    INDEX              GEST_IDX
```

Vous pouvez voir dans l'exemple précédent la création de deux tables ainsi que la modification de la table fille. Le rajout d'une clé primaire, une clé unique ainsi que la contrainte d'intégrité référentielle.

Supprimer une contrainte

Vous pouvez supprimer une contrainte de table en utilisant l'option « **DROP** » de l'instruction « **ALTER TABLE** », à l'aide de la syntaxe suivante :

```
ALTER TABLE [SCHEMA.]NOM_TABLE DROP
   {   PRIMARY KEY
     | UNIQUE (COLUMN NOM_COLONNE[,...])
     | CONSTRAINT CONSTRAINT_NAME
   } [ CASCADE ][ { KEEP | DROP } INDEX ]] ;
```

KEEP Indique que les index ne doivent pas être détruits en cascade.

DROP Indique que les index sont détruits en cascade. Il s'agit de l'option par défaut.

```
SQL> CREATE TABLE CATEGORIES(
  2      CODE_CATEGORIE      NUMBER(6)              NOT NULL,
  3      NOM_CATEGORIE       VARCHAR2(25)           NOT NULL,
  4      DESCRIPTION         VARCHAR2(100)          NOT NULL,
  5      CONSTRAINT PK_CATEGORIES PRIMARY KEY (CODE_CATEGORIE)
  6                 USING INDEX TABLESPACE GEST_IDX
  7  ) TABLESPACE GEST_DATA;

Table créée.

SQL> SELECT CONSTRAINT_NAME,
  2         CONSTRAINT_TYPE,
  3         SEARCH_CONDITION,
  4         INDEX_NAME
  5  FROM USER_CONSTRAINTS
  6  WHERE TABLE_NAME LIKE 'CATEGORIES';

CONSTRAINT_NAME C SEARCH_CONDITION                    INDEX_NAME
--------------- - ----------------------------------- ------------
SYS_C005612     C "DESCRIPTION" IS NOT NULL
SYS_C005611     C "NOM_CATEGORIE" IS NOT NULL
SYS_C005610     C "CODE_CATEGORIE" IS NOT NULL
PK_CATEGORIES   P                                     PK_CATEGORIES

SQL> ALTER TABLE CATEGORIES DROP PRIMARY KEY;

Table modifiée.

SQL> SELECT CONSTRAINT_NAME,
  2         CONSTRAINT_TYPE,
  3         SEARCH_CONDITION,
```

```
            INDEX_NAME
    FROM USER_CONSTRAINTS
    WHERE TABLE_NAME LIKE 'CATEGORIES';

CONSTRAINT_NAME C SEARCH_CONDITION                    INDEX_NAME
--------------- - ----------------------------------- ----------
SYS_C005612     C "DESCRIPTION" IS NOT NULL
SYS_C005611     C "NOM_CATEGORIE" IS NOT NULL
SYS_C005610     C "CODE_CATEGORIE" IS NOT NULL
```

Dans l'exemple précédent, la suppression de la contrainte clé primaire est effectuée avec la syntaxe unique pour les clés primaires comportant le mot clé « **PRIMARY KEY** ».

Attention

Pour supprimer une contrainte de clé primaire ou d'unicité qui fait partie d'une intégrité référentielle, vous devez ajouter la clause « **CASCADE** » dans la commande « **ALTER TABLE** ».

Option nécessaire uniquement si vous êtes dans une version antérieure à Oracle10g.

Activer et Désactiver une contrainte d'intégrité

La commande « **ALTER TABLE** » permet également d'activer et de désactiver les contraintes d'intégrité. Cette opération peut être intéressante lors d'un import massif de données afin, par exemple, de limiter le temps nécessaire à cette importation.

La désactivation est particulièrement recommandée lors de chargement de clés étrangères d'auto référencement.

La syntaxe utilisée pour la commande « ALTER TABLE » est la suivante :

```
ALTER TABLE [SCHEMA.]NOM_TABLE {ENABLE | DISABLE}
         CONSTRAINT CONSTRAINT_NAME [CASCADE];
```

Pour désactiver une clé primaire ou unique utilisée dans une contrainte référentielle, il faut désactiver les clés étrangères en utilisant l'option « **CASCADE** ». Cette option efface effectivement les index correspondants.

```
SQL>  CREATE TABLE CATEGORIES(
         CODE_CATEGORIE      NUMBER(6)              NOT NULL,
         NOM_CATEGORIE       VARCHAR2(25)           NOT NULL,
         CONSTRAINT PK_CATEGORIES PRIMARY KEY (CODE_CATEGORIE)
                    USING INDEX TABLESPACE GEST_IDX
     ) TABLESPACE GEST_DATA;

Table créée.

SQL> INSERT INTO CATEGORIES VALUES (1,'Desserts');

1 ligne créée.

SQL> ALTER TABLE CATEGORIES DISABLE PRIMARY KEY CASCADE;

Table modifiée.

SQL> INSERT INTO CATEGORIES VALUES (1,'Produits laitiers');
```

```
1 ligne créée.

SQL> ALTER TABLE CATEGORIES ENABLE PRIMARY KEY;
ALTER TABLE CATEGORIES ENABLE PRIMARY KEY
*
ERREUR à la ligne 1 :
ORA-02437: impossible de valider (FORMATEUR.PK_CATEGORIES) -
violation de la clé primaire
```

Pour la désactivation de la contrainte « **PRIMARY KEY** » de la table « **CATEGORIES** » il faut utiliser la clause « **CASCADE** » pour pouvoir désactiver également la contrainte de clé étrangère de la table « **PRODUIT** ». Par la suite, on effectue une insertion d'un enregistrement avec une valeur incompatible avec la contrainte désactivée. La réactivation de la contrainte est une tentative infructueuse.

Attention

L'activation de la contrainte dans la table maître n'active pas les contraintes d'intégrité référentielle désactivées ; il faut activer chaque contrainte à part.

De même, si vous désactivez une contrainte de type « **PRIMARY KEY** » ou « **UNIQUE** » vous supprimez automatiquement l'index attaché.

Suppression d'une table

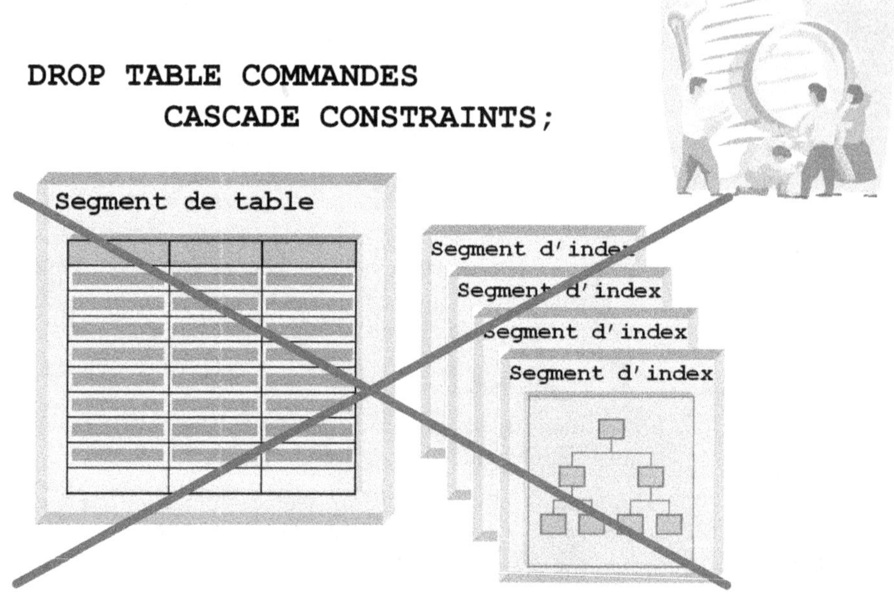

La suppression d'une table supprime sa définition et toutes ses données, ainsi que les spécifications d'autorisation sur cette table. Supprimer une table est une opération très simple. L'instruction « **DROP TABLE** » est simplement employée avec le nom de la table à supprimer, l'aide de la syntaxe suivante :

```
DROP TABLE [SCHEMA.]NOM_TABLE [CASCADE CONSTRAINTS];
```

```
SQL> SELECT SEGMENT_NAME,SEGMENT_TYPE,TABLESPACE_NAME
  2  FROM USER_SEGMENTS
  3  WHERE SEGMENT_NAME IN ( SELECT INDEX_NAME FROM USER_INDEXES
  4                          WHERE TABLE_NAME LIKE 'PRODUITS') OR
  5        SEGMENT_NAME LIKE 'PRODUITS%';

SEGMENT_NAME               SEGMENT_TYPE         TABLESPACE_NAME
-------------------------- -------------------- ----------------------
PRODUITS_REF_PRODUIT_PK    INDEX                GEST_IDX
PRODUITS_NOM_PRODUIT_UQ    INDEX                GEST_IDX
PRODUITS                   TABLE                GEST_DATA

SQL> DROP TABLE PRODUITS;

Table supprimée.
```

La table « **PRODUITS** » utilise pour sa gestion de données et pour ses contraintes trois segments, un segment de type table et deux de type index. Après la suppression de la table, les trois segments sont supprimés.

Suppression des lignes

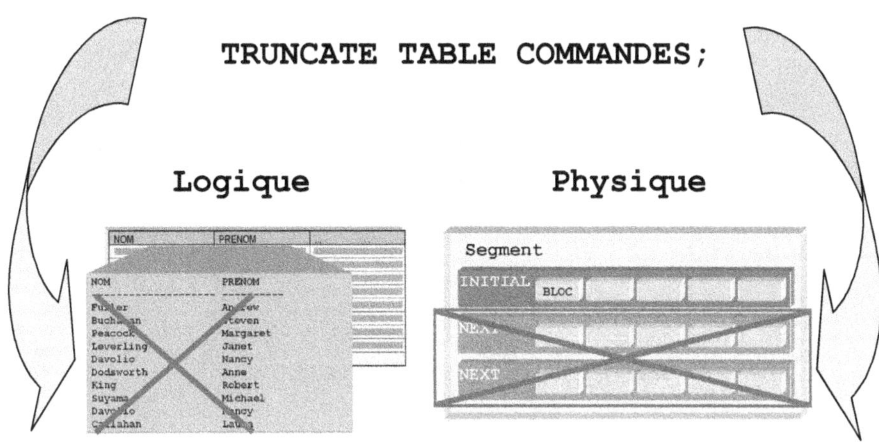

Dans Oracle, la commande « **TRUNCATE** » permet de supprimer tous les enregistrements d'une table et de récupérer l'espace qu'elles occupaient sans éliminer la définition de la table dans la base, à l'aide de la syntaxe suivante :

```
TRUNCATE TABLE [SCHEMA.]NOM_TABLE;
```

Attention

La commande « **TRUNCATE** » est un ordre « **LDD** », langage de définition de données ; donc pas de transaction et de « **ROLLBACK** » ; ainsi cette opération est irréversible.

Lorsqu'il existe des déclencheurs pour supprimer les lignes qui dépendent de celles éliminées de la table, ils ne sont pas exécutés.

Cette commande SQL supprime tous les enregistrements mais également tous les extents autres que l'extent « **INITIAL** ».

```
SQL> SELECT SEGMENT_NAME, SEGMENT_TYPE, EXTENTS
  2  FROM USER_SEGMENTS
  3  WHERE SEGMENT_NAME LIKE 'CATEGORIES';

SEGMENT_NAME              SEGMENT_TYPE          EXTENTS
------------------------- ------------------ ----------
CATEGORIES                TABLE                       5

SQL> SELECT COUNT(*) FROM CATEGORIES;

  COUNT(*)
----------
     10000
```

```
SQL> TRUNCATE TABLE CATEGORIES;

Table tronquée.


SQL> ROLLBACK;

Annulation (rollback) effectuée.

SQL> SELECT SEGMENT_NAME, SEGMENT_TYPE, EXTENTS
  2  FROM USER_SEGMENTS
  3  WHERE SEGMENT_NAME LIKE 'CATEGORIES';

SEGMENT_NAME              SEGMENT_TYPE          EXTENTS
------------------------- ------------------ ----------
CATEGORIES                TABLE                       1

SQL> SELECT COUNT(*) FROM CATEGORIES;

  COUNT(*)
----------
         0
```

Dans l'exemple précédent, la table a 10000 enregistrements stockés dans cinq extents. Une fois que la commande « **TRUNCATE** » est exécutée même si vous demandez une annulation de la transaction les enregistrements et les extents autre que l'extent « **INITIAL** » sont supprimés.

Conseil

La commande « **TRUNCATE** » est beaucoup plus rapide que la commande SQL de type « **LMD** », langage de manipulation de données, « **DELETE** ».

Par contre elle ne peut pas être annulée. De plus, comme c'est une commande SQL de type « **LDD** », elle valide toute transaction en cours pour la session qui l'exécute.

En somme, la commande « **TRUNCATE** » est une commande d'administration très utile mais dangereuse.

Atelier 16

- **Les contraintes**
- **La modification d'une table**
- **La modification d'une contrainte**

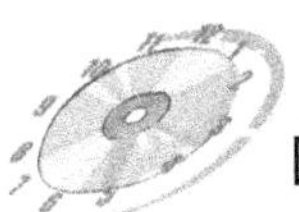

Durée : 30 minutes

Questions

Voici différents types de contrainte de la table « **EMPLOYEES** » de l'utilisateur « **HR** ».

```
SQL> SELECT CONSTRAINT_NAME, CONSTRAINT_TYPE, DEFERRABLE,
  2         DEFERRED, VALIDATED
  3  FROM DBA_CONSTRAINTS
  4  WHERE OWNER = 'HR' AND TABLE_NAME='EMPLOYEES';

CONSTRAINT_NAME                C DEFERRABLE     DEFERRED  VALIDATED
------------------------------ - -------------- --------- ----------
EMP_LAST_NAME_NN               C NOT DEFERRABLE IMMEDIATE VALIDATED
EMP_EMAIL_NN                   C NOT DEFERRABLE IMMEDIATE VALIDATED
EMP_HIRE_DATE_NN               C NOT DEFERRABLE IMMEDIATE VALIDATED
EMP_JOB_NN                     C NOT DEFERRABLE IMMEDIATE VALIDATED
EMP_SALARY_MIN                 C NOT DEFERRABLE IMMEDIATE VALIDATED
EMP_EMAIL_UK                   U NOT DEFERRABLE IMMEDIATE VALIDATED
EMP_EMP_ID_PK                  P NOT DEFERRABLE IMMEDIATE VALIDATED
EMP_DEPT_FK                    R NOT DEFERRABLE IMMEDIATE VALIDATED
EMP_JOB_FK                     R NOT DEFERRABLE IMMEDIATE VALIDATED
EMP_MANAGER_FK                 R NOT DEFERRABLE IMMEDIATE VALIDATED
```

De quel type est la contrainte « **EMP_EMAIL_NN** » ?

Vous avez besoin pour une colonne de vérifier qu'il n'existe pas deux fois la même valeur dans la table en même temps, la colonne ne doit pas contenir des valeurs nulles. Quel est le type de contraintes que vous devez utiliser pour satisfaire les deux conditions ?

`CHECK`

`UNIQUE`

`NOT NULL`

PRIMARY KEY

FOREIGN KEY

Quel est l'avantage de déclarer une contrainte « **CHECK** » ?

Quelle est la différence entre une contrainte « **CHECK** » de colonne et une contrainte « **CHECK** » de table ?

Argumentez pourquoi la syntaxe suivante, de création d'une clé étrangère, est incorrecte ?

```
SQL> CREATE TABLE CATEGORIE (
  2      CODE_CATEGORIE        NUMBER(6)        PRIMARY KEY,
  3      NOM_CATEGORIE         VARCHAR2(25)     NOT NULL);

Table créée.

SQL> CREATE TABLE PRODUIT (
  2      REF_PRODUIT           NUMBER(6)        PRIMARY KEY,
  3      NOM_PRODUIT           VARCHAR2(40)     NOT NULL,
  4      CODE_CATEGORIE        NUMBER(6)        NOT NULL
  5                              CONSTRAINT PRODUITS_CATEGORIES_FK
  6                              FOREIGN KEY
  7                              REFERENCES CATEGORIE);
```

Quelles sont les requêtes qui créent une table comme la suivante ?

```
SQL> DESC PRODUIT
 Nom                                       NULL ?   Type
 ----------------------------------------- -------- -------------
 REF_PRODUIT                               NOT NULL NUMBER(6)
 NOM_PRODUIT                               NOT NULL VARCHAR2(40)
 CODE_CATEGORIE                            NOT NULL NUMBER(6)
```

```
SQL> CREATE TABLE PRODUIT (
  2      REF_PRODUIT           NUMBER(6)        PRIMARY KEY,
  3      NOM_PRODUIT           VARCHAR2(40)     NOT NULL,
  4      CODE_CATEGORIE        NUMBER(6)        NOT NULL
  5              REFERENCES CATEGORIE ON DELETE SET NULL);
```

```
SQL> CREATE TABLE PRODUIT (
  2      REF_PRODUIT           NUMBER(6)        PRIMARY KEY,
  3      NOM_PRODUIT           VARCHAR2(40)     NOT NULL,
  4      CODE_CATEGORIE        NUMBER(6)
  5              REFERENCES CATEGORIE ON DELETE SET NULL);
```

```
SQL> CREATE TABLE PRODUIT (
  2      REF_PRODUIT           NUMBER(6)        NOT NULL,
  3      NOM_PRODUIT           VARCHAR2(40)     NOT NULL,
  4      CODE_CATEGORIE        NUMBER(6)        NOT NULL
  5              REFERENCES CATEGORIE ON DELETE SET NULL);
```

La commande « **DROP TABLE TABLE_NAME** » est-elle équivalente à la commande « **DELETE FROM TABLE_NAME** » ?

Les colonnes supprimées sont-elle récupérables ?

L'activation de la contrainte de la table maître active-t'elle les contraintes d'intégrité référentielle désactivées avec cette contrainte par la clause « **CASCADE** » ?

Argumentez pourquoi la syntaxe suivante, de suppression de plusieurs colonnes, est incorrecte ?

```
SQL> ALTER TABLE CLIENTS DROP COLUMNS (TELEPHONE ,FAX );
```

Décrivez une instruction SQL qui pourrait entraîner le message d'erreur suivant :

```
ERREUR à la ligne 1 : ORA-00955: Ce nom d'objet existe déjà
```

Décrivez une instruction SQL qui pourrait entraîner le message d'erreur suivant :

```
ERREUR à la ligne 1 :
ORA-02273: cette clé unique/primaire est référencée par des clés
étrangères
```

Exercice n° 1 Les contraintes

Effacez les tables « **EX_EMPLOYES** » et « **EX_CLIENTS** » précédemment créée.

Écrivez les requêtes permettant de créer les tables avec les contraintes suivantes :

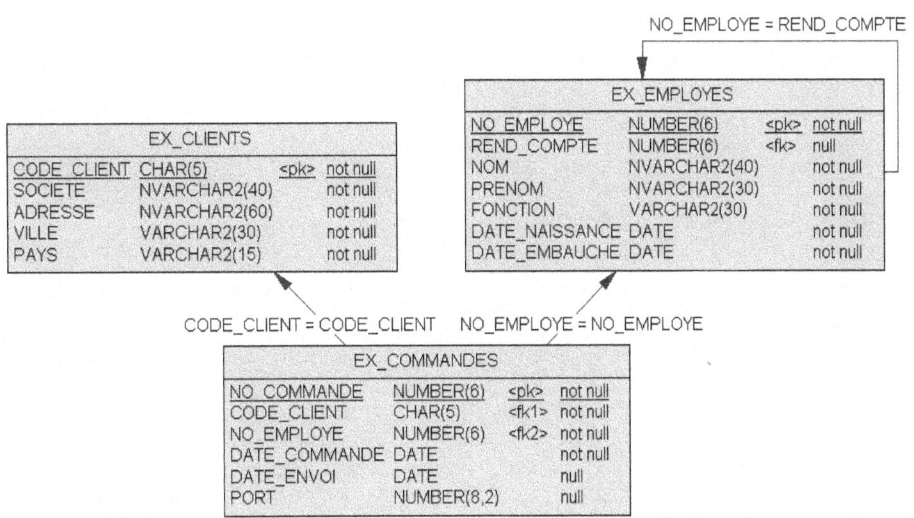

Pour la table « **EX_EMPLOYES** », créez une contrainte « **CHECK** » qui contrôle que l'employé est âgé de dix-huit ans à la « **DATE_EMBAUCHE** ». Pour toutes les contraintes de type « **PRIMARY KEY** », précisez les informations de stockage de sorte que les index ainsi créés soient stockés dans le tablespace « **GEST_INX** ». Vous devez stocker les tables « **EX_CLIENTS** » et « **EX_COMMANDES** » dans le tablespace « **GEST_DATA** » et la table « **EX_EMPLOYES** » dans le tablespace « **GEST_ETOILE_DATA** ».

Exercice n°2 La modification d'une table

Déplacez les tables `EX_COMMANDES` et `EX_CLIENTS` dans le tablespace `GEST_ETOILE_DATA`.

Renommez la table `EX_EMPLOYES` en `EX_PERSONNES`.

Ajoutez deux colonnes `SALAIRE` et `COMMISSION`, à la table `EX_PERSONNES`, avec la même description que les colonnes de la table `EMPLOYES`.

Supprimez la colonne PAYS, de la table EX_CLIENTS.

Exercice n°3 La modification d'une contrainte

Pour pouvoir insérer les enregistrements dans la table EX_PERSONNES sans tenir compte de l'ordre d'insertion, vous devez invalider la contrainte de clé étrangère sur elle-même (REND_COMPTE = NO_EMPLOYE). Apres l'insertion des enregistrements de la table EMPLOYES, vous devez la réactiver.

Ajoutez une contrainte de type « **CHECK** » qui contrôle l'antériorité de la « **DATE_COMMANDE** » à la « **DATE_ENVOIS** ».

- *Index B-tree*
- *Index bitmap*
- *CREATE INDEX*
- *DROP INDEX*

17

Les index

Objectifs

A la fin de ce module, vous serez à même d'effectuer les tâches suivantes :

- Décrire les types d'index.
- Décrire le fonctionnement d'un index B-tree.
- Décrire le fonctionnement d'un index bitmap.
- Interroger les vues du dictionnaire de données pour retrouver les informations sur les index.
- Créer une table organisée en index.
- Décrire les avantages et les inconvenants des index B-tree et bitmap.
- Supprimer un index et son segment.

Contenu

Les types d'index

- Index B-tree
- Index bitmap

Un index est une structure de base de données utilisée par le serveur pour localiser rapidement un enregistrement dans une table.

Pour permettre à Oracle de localiser les données d'une table, chaque enregistrement se voit assigner un identifiant d'enregistrement, appelé « **ROWID** », qui indique à la base son emplacement. Oracle stocke ces entrées dans des index de type arbre binaire, ce qui garantit un chemin d'accès rapide aux valeurs de clé. Lorsqu'un index est utilisé pour répondre à une requête, les entrées qui correspondent aux critères spécifiés sont recherchées. Le « **ROWID** » associé aux entrées trouvées indique à Oracle l'emplacement physique des enregistrements recherchés, ce qui réduit la charge d'E/S nécessaire à la localisation des données.

Il existe plusieurs types d'index. Il est possible de classifier les index du point de vue applicatif comme suit :

- L'index peut être basé sur une ou plusieurs colonnes. Les colonnes d'un index concaténé ne doivent pas nécessairement être dans le même ordre que les colonnes de la table. En outre, ces colonnes ne sont pas forcément adjacentes. Un index concaténé peut contenir au maximum 32 colonnes.
- L'index peut être unique permettant de s'assurer que deux enregistrements d'une table n'ont pas la même valeur dans la colonne qui définit l'index. Par conséquent, une clé d'index d'un index unique ne peut pointer que vers un seul enregistrement d'une table.
- L'index peut être basé sur des fonctions ou des expressions qui appellent une ou plusieurs colonnes dans la table indexée.

Il est également possible de classifier les index suivant leur structure physique de stockage comme suit :

- L'index B-tree est une arborescence ordonnée composée de nœuds d'index. Il contient une entrée par enregistrement.
- L'index bitmap est un index physique contenant une entrée par groupe d'enregistrements.

Création d'un index

```
CREATE [{UNIQUE | BITMAP}] INDEX
[SCHEMA.]NOM_INDEX ON [SCHEMA.]NOM_TABLE
     ( EXPRESSION [ASC | DESC].[,...])
       ...
       [ONLINE]
       [TABLESPACE { tablespace | DEFAULT }]
       [{SORT | NOSORT}]
       [REVERSE]
       [{COMPRESS [ integer ] | NOCOMPRESS}];
```

Il existe des index créés automatiquement pendant la création d'une contrainte de type « **PRIMARY KEY** » ou « **UNIQUE** ». En effet ce sont des index uniques, l'unicité est gérée par Oracle à travers des index.

Avant de détailler les types d'index, voyons plus en détail la syntaxe de création d'un index :

```
CREATE [{UNIQUE | BITMAP}] INDEX [SCHEMA.]NOM_INDEX
ON [SCHEMA.]NOM_TABLE
     ( EXPRESSION [ASC | DESC].[,...])
       [PCTFREE integer]
       [PCTUSED integer]
       [INITRANS integer]
       [STORAGE
         (
           [INITIAL integer [ K | M ]]
           [NEXT integer [ K | M ]]
           [MINEXTENTS integer]
           [MAXEXTENTS { integer | UNLIMITED }]
           [PCTINCREASE integer]
           [FREELISTS integer]
           [FREELIST GROUPS integer]
           [BUFFER_POOL { KEEP | RECYCLE | DEFAULT }]
         )]
       [{ LOGGING | NOLOGGING }]
       [ONLINE]
       [TABLESPACE { tablespace | DEFAULT }]
       [{SORT | NOSORT}]
       [REVERSE]
       [{COMPRESS [ integer ] | NOCOMPRESS}]
;
```

SCHEMA Propriétaire de l'index ; par défaut, c'est l'utilisateur qui crée l'index ou la table.

NOM_INDEX	Nom de l'index ; il doit être unique pour le schéma.
NOM_TABLE	Nom de la table.
UNIQUE	Indique que la valeur de la colonne (ou des colonnes) sur laquelle l'index se base doit être unique.
BITMAP	Spécifie que l'index doit être créé avec un bitmap pour chaque valeur distincte plutôt que d'indexer chaque enregistrement séparément. Les index bitmap stockent les « **ROWID** » associés à une valeur de clé sous la forme d'un bitmap. Chaque bit dans le bitmap correspond à un « **ROWID** » possible. Si le bit est activé, cela signifie que l'enregistrement avec le « **ROWID** » correspondant contient la valeur de clé.
EXPRESSION	Nom d'une colonne de la table : un index bitmap peut contenir au maximum 30 colonnes, les autres peuvent comprendre jusqu'à 32 colonnes ; il peut être une expression.
ASC | DESC	Spécifie si l'index devait être créé dans un ordre croissant ou décroissant.
PCTFREE	Indique, pour chaque bloc de données, le pourcentage d'espace réservé à l'extension due à la mise à jour des enregistrements dans le bloc.
PCTUSED	Indique, pour chaque bloc de données, le pourcentage d'espace réservé à l'extension due à la mise à jour des enregistrements dans le bloc.
INITRANS	Indique le nombre initial d'entrées de transaction créées dans un bloc d'index ou un bloc de données. Les entrées de transaction permettent de stocker des informations sur les transactions qui ont modifié le bloc.
INITIAL	Définit la taille du premier extent créé lors de la création d'un segment. Chaque fois que vous créez un segment, l'extent « **INITIAL** » est automatiquement créé.
NEXT	Définit la taille du prochain extent qui va être alloué automatiquement lorsque davantage d'extents sont requis.
PCTINCREASE	Définit le pourcentage d'augmentation de la taille du prochain extent. Attention, lorsque la taille du segment augmente, chaque extent croît de « **n%** » par rapport à la taille de l'extent précédent.
MINEXTENTS	Définit le nombre minimum d'extents pouvant être affectés à un segment. Si vous initialisez une valeur supérieure à un, Oracle affecte le nombre d'extents dont la taille est régie par les paramètres « **INITIAL** » et « **NEXT** ».
MAXEXTENTS	Définit le nombre maximum d'extents pouvant être affectés à un segment.
integer	Spécifie une taille, en octets si vous ne précisez pas de suffixe pour définir une valeur en K, M.
K	Valeurs spécifiées pour préciser la taille en kilooctets.
M	Valeurs spécifiées pour préciser la taille en mégaoctets.
BUFFER_POOL	Indique la partie du buffer cache dans lequel les données du segment sont lues ; les valeurs pour ce paramètre sont : « **DEFAULT** », « **KEEP** », ou « **RECYCLE** ».

LOGGING	Indique que la création de la table, de tous les index requis en raison des contraintes, de la partition ou des caractéristiques de stockage « **LOB** » sera journalisée dans le fichier journal.
NOLOGGING	Indique que la création de la table, de tous les index requis en raison des contraintes, de la partition ou des caractéristiques de stockage « **LOB** » ne sera pas journalisée dans le fichier journal.
ONLINE	Indique que toutes les opérations de type « LMD » peuvent continuer sur la table pendant la construction de l'index.
TABLESPACE	Indique le nom du tablespace pour stocker le segment.
SORT	Pendant la création de l'index, Oracle trie les enregistrements suivant les expressions décrites dans l'index.
NOSORT	Indique que les enregistrements de la table sont déjà triés cependant si les enregistrements ne sont pas triés Oracle ignore cet argument.
REVERSE	Un index à clé inversée inverse les octets de chaque colonne indexée.
COMPRESS	Définit l'activation de la compression de clé, ce qui élimine les occurrences répétées de valeurs de colonne de clé primaire dans la table organisée en index.
NOCOMPRESS	Désactive la compression de clé pour la table organisée en index. Il s'agit du choix par défaut.

Pour comprendre l'utilisation des types d'index, créons plusieurs tables, insérons plusieurs enregistrements comme suit :

```
SQL> CREATE BIGFILE TABLESPACE INDX_TP
             DATAFILE SIZE 1G
     AUTOEXTEND ON NEXT 500M MAXSIZE 3G
     SEGMENT SPACE MANAGEMENT AUTO;

Tablespace créé.

SQL> CREATE TABLE EMPLOYES (
         NO_EMPLOYE         NUMBER(6)               NOT NULL,
         NOM                VARCHAR2(20)            NOT NULL,
         CONSTRAINT PK_EMPLOYES PRIMARY KEY (NO_EMPLOYE)
                   USING INDEX TABLESPACE INDX_TP
     ) TABLESPACE DATA_TP ;

Table créée.

SQL> CREATE TABLE COMMANDES(
         NO_COMMANDE        NUMBER(12)              NOT NULL,
         CODE_CLIENT        NUMBER(3)               NOT NULL,
         NO_EMPLOYE         NUMBER(6)               NOT NULL,
         REF_PRODUIT        CHAR(1)                 NOT NULL,
         CONSTRAINT PK_COMMANDES PRIMARY KEY (NO_COMMANDE)
                   USING INDEX TABLESPACE INDX_TP
     ) TABLESPACE DATA_TP ;

Table créée.
```

```
SQL> CREATE TABLE PRODUITS (
      REF_PRODUIT          CHAR(1)                   NOT NULL,
      NOM_PRODUIT          VARCHAR2(40)              NOT NULL,
      CONSTRAINT PK_PRODUITS PRIMARY KEY (REF_PRODUIT)
                 USING INDEX TABLESPACE INDX_TP
  ) TABLESPACE DATA_TP ;

Table créée.

SQL> ALTER TABLE COMMANDES
      ADD CONSTRAINT FK_COMMANDE_EMPLOYES
                     FOREIGN KEY  (NO_EMPLOYE)
         REFERENCES EMPLOYES (NO_EMPLOYE) ;

Table modifiée.

SQL> ALTER TABLE COMMANDES
      ADD CONSTRAINT FK_COMMANDES_PRODUITS
                     FOREIGN KEY  (REF_PRODUIT)
         REFERENCES PRODUITS (REF_PRODUIT) ;

Table modifiée.

SQL> BEGIN
      for i in 1..4 loop
        if i <> 4 then
          INSERT INTO EMPLOYES
                 VALUES( i, DBMS_RANDOM.STRING('A',20));
        end if;
        INSERT INTO PRODUITS
                 VALUES( CHR(64+i),
                         DBMS_RANDOM.STRING('A',20));
        COMMIT;
      end loop;
  END;
  /

Procédure PL/SQL terminée avec succès.

SQL> BEGIN
      for i in 1..1000000 loop
          INSERT INTO COMMANDES
          VALUES( i, ROUND( DBMS_RANDOM.VALUE(1,3)),
                     CHR( ROUND( DBMS_RANDOM.VALUE(65,68))));
          if mod( i, 10000) = 0 then
             COMMIT;
          end if;
      end loop;
  END;
  /

Procédure PL/SQL terminée avec succès.
```

```
SQL> CREATE TABLE SINDX_COMMANDES
TABLESPACE DATA_TP AS
SELECT * FROM COMMANDES;

Table créée.
```

Dans le script précédent, on a créé quatre tables. Les trois premières le sont avec une clé primaire ainsi qu'un index unique pour chaque clé primaire. On insère trois enregistrements dans la table « **EMPLOYES** », quatre enregistrements dans la table « **PRODUITS** » et 1 000 000 d'enregistrements dans la table « **COMMANDES** ».

La quatrième table : « **SINDX_COMMANDES** » est créée à partir d'une interrogation de la table « **COMMANDES** » en conséquence elle contient elle aussi 1 000 000 d'enregistrements.

```
SQL> SELECT SEGMENT_NAME,SEGMENT_TYPE,TABLESPACE_NAME,
            BYTES,EXTENTS,BLOCKS
     FROM USER_SEGMENTS
     WHERE SEGMENT_NAME IN ( SELECT INDEX_NAME FROM USER_INDEXES
                             WHERE TABLE_NAME = 'EMPLOYES' OR
                                   TABLE_NAME = 'PRODUITS' OR
                                   TABLE_NAME = 'COMMANDES' OR
                                   TABLE_NAME = 'SINDX_COMMANDES') OR
           SEGMENT_NAME = 'EMPLOYES' OR
           SEGMENT_NAME = 'PRODUITS' OR
           SEGMENT_NAME = 'COMMANDES'OR
           SEGMENT_NAME = 'SINDX_COMMANDES';

SEGMENT_NAME       SEGMENT TABLESPACE      BYTES  EXTENTS  BLOCKS
------------------ ------- ---------- --------- -------- -------
EMPLOYES           TABLE   DATA_TP        65536        1       8
PK_EMPLOYES        INDEX   INDX_TP        65536        1       8
COMMANDES          TABLE   DATA_TP     17825792       32    2176
PK_COMMANDES       INDEX   INDX_TP     15728640       30    1920
PRODUITS           TABLE   DATA_TP        65536        1       8
PK_PRODUITS        INDEX   INDX_TP        65536        1       8
SINDX_COMMANDES    TABLE   DATA_TP     17825792       32    2176

7 ligne(s) sélectionnée(s).
```

Dans la requête précédente, vous pouvez voir l'état de lieu des stockages des segments pour l'ensemble de quatre tables et leurs trois index uniques.

Le seul objectif d'un index est de réduire les entrées-sorties. L'utilisation d'un index pour une requête doit être déterminée par le nombre de blocs qui doivent être lus pour renvoyer les données. Si le nombre de blocs qui doivent être consultés pour un index est plus faible que celui d'un balayage complet de la table, l'index sera utile. Le cas contraire - un balayage complet de la table - procurera des performances nettement supérieures.

La construction d'un index optimal n'est pas une opération simple, car elle dépend totalement du profil de requête des données de l'application. Le problème se simplifie si vous connaissez bien votre application.

Les besoins de chaque application sont uniques, et la gestion des performances doit être adaptée à ces besoins.

Pour déterminer le volume de blocs de données vous pouvez utiliser la fonction « **AUTOTRACE** » du SQL*Plus.

« **AUTOTRACE** » fournit un grand nombre d'informations : le nombre d'appels récursifs, le nombre total d'entrées-sorties logiques pour l'instruction SQL, les entrées-sorties physiques, le volume de journaux générés, les informations concernant le trafic de SQL*Net, les statistiques de tri et le nombre de lignes renvoyées.

La syntaxe de « **AUTOTRACE** » est :

```
SET AUTOT[RACE]
      {OFF | ON | TRACE[ONLY]} [EXP[LAIN]] [STAT[ISTICS]]
```

TRACE[ONLY]	Indique d'afficher uniquement les informations concernant le plan d'exécution et les statistiques de la requête. La requête est exécutée mais les résultats ne sont pas envoyés au client.
EXP[LAIN]	La requête est exécutée, les résultats sont affichés ainsi que les informations concernant le plan d'exécution.
STAT[ISTICS	La requête est exécutée, les résultats sont affichés ainsi que les informations concernant les statistiques.
ON	La requête est exécutée, les résultats sont affichés ainsi que les informations concernant le plan d'exécution et les statistiques.
OFF	Arrête les traces des requêtes dans l'environnement SQL*Plus.

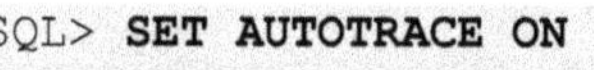

```
SQL> SET AUTOTRACE ON
SQL> SELECT * FROM EMPLOYES;

NO_EMPLOYE NOM
---------- --------------------
         1 XPguJScgGUQGUnqMbKZU
         2 WuJHvuKpWJVuqrcgrUau
         3 kwJleKTZotgqrreSJrjg

Plan d'exécution
----------------------------------------------------------
   0      SELECT STATEMENT Optimizer=ALL_ROWS (Cost=3 Card=3 Bytes=72)
   1    0   TABLE ACCESS (FULL) OF 'EMPLOYES' (TABLE) (Cost=3 Card=3 B
          ytes=72)

Statistiques
----------------------------------------------------------
          0  recursive calls
          0  db block gets
          8  consistent gets
          6  physical reads
          0  redo size
        569  bytes sent via SQL*Net to client
        508  bytes received via SQL*Net from client
          2  SQL*Net roundtrips to/from client
          0  sorts (memory)
          0  sorts (disk)
          3  rows processed
```

Il y a deux choses qui nous intéressent concernant les informations du plan d'exécution et des statistiques :

– L'utilisation dans le plan d'exécution du ou des index que vous voulez analyser.

– Le volume de blocs de données lus pendant l'exécution. Le volume est donné par la somme entre « **db block gets** » et « **consistent gets** ».

Dans l'exemple précédent vous pouvez voir dans la section plan d'exécution « **TABLE ACCESS (FULL) OF 'EMPLOYES'** », ce qui signifie que l'ensemble des blocs de la table est lu pour retrouver l'information.

La section statistique vous permet de calculer le nombre des blocs lus égal à huit qui est le nombre total des blocs de la table « **EMPLOYES** ».

```
SQL> SET AUTOTRACE TRACEONLY
SQL> SELECT * FROM EMPLOYES;
  2  WHERE NO_EMPLOYE=3;

...
   1    0 TABLE ACCESS (BY INDEX ROWID) OF 'EMPLOYES' (TABLE) (Cost=
   2    1   INDEX (UNIQUE SCAN) OF 'PK_EMPLOYES' (INDEX (UNIQUE)) (C
...
          0  db block gets
          2  consistent gets
...
```

On recherche un enregistrement utilisant cette fois-ci la colonne « **NO_EMPLOYE** », la clé primaire de la table, le nombre de blocs lus est uniquement de deux. Vous pouvez également remarquer que le plan d'exécution prend en compte l'index.

Attention

Comme vous pouvez remarquer dans les deux exemples précédents, l'index n'est pas pris en compte pour chaque requête qui interroge la table.

La construction d'un index optimal n'est pas une opération simple, car elle dépend totalement du profil de requête des données de l'application. Le problème se simplifie si vous connaissez bien votre application.

Vous devez passer en revue la liste des colonnes qui sont utilisées le plus souvent, et décider du nombre d'index, des combinaisons de colonnes et du type d'index à construire.

Chaque application et chaque base de données possède ses propres particularités ; il faut donc éviter toute généralisation de sélectivité des lignes et de pertinence des index dans le cas d'applications ne se comportant pas de la même manière. Les besoins de chaque application sont uniques, et la gestion des performances doit être adaptée à ces besoins.

Index B-tree

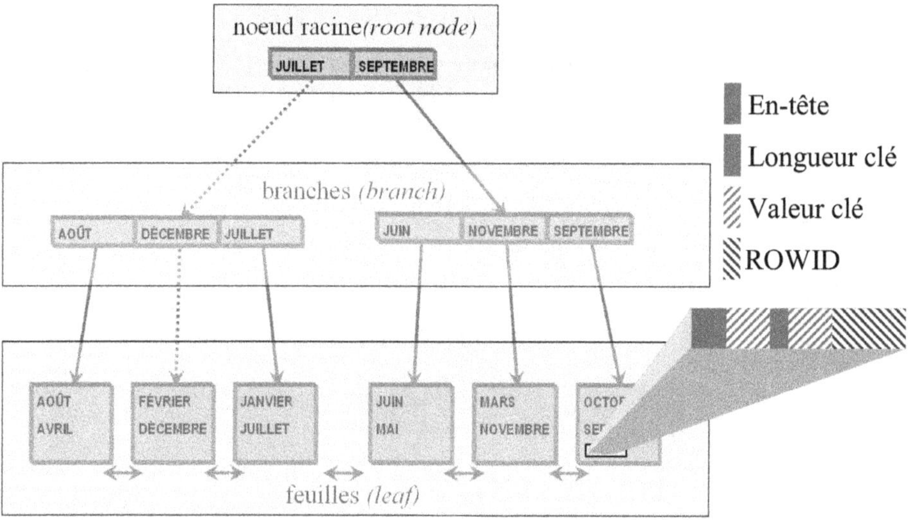

L'index B-tree est le type d'index le plus courant, et celui utilisé par défaut.

Un index B-tree stocke la valeur de clé et le « **ROWID** » de chaque enregistrement de la table.

La structure d'un index B-tree comprend trois types de niveaux :

- Le bloc racine est le point de départ et il contient les entrées qui pointent vers le niveau suivant dans l'index.
- Les blocs branches contiennent l'information pour diriger la recherche vers les blocs du niveau suivant de l'index.
- Les blocs feuilles contiennent les entrées d'index qui pointent vers les enregistrements d'une table. Une liste doublement chaînée gère l'ensemble des blocs feuilles pour que vous puissiez facilement parcourir l'index dans l'ordre croissant ou décroissant des valeurs de clé.

Un enregistrement dans un bloc feuille possède la structure suivante :

- L'en-tête qui contient le nombre de colonnes et les informations de verrouillage.
- Pour chaque colonne qui compose l'index, la taille de la colonne clé et la valeur de cette colonne.
- Le « **ROWID** » de l'enregistrement correspondant.

La recherche des données est effectuée avec les pas suivants :

1. La recherche démarre avec le bloc racine.

2. Rechercher dans un bloc branche l'enregistrement qui a une valeur de clé « **CLE** » plus grande ou égale à la valeur recherche « **VALEUR** ».

```
CLE ≥ VALEUR
```

3. Si la valeur clé retrouve est supérieure à la valeur recherche suivre l'enregistrement précédent dans le bloc branche vers le niveau inférieur.


```
CLE > VALEUR
```

4. Si la valeur de clé retrouvée est égale à la valeur recherche, suivre le lien vers le niveau inférieur.

```
CLE = VALEUR
```

5. Si la valeur de clé retrouvée est inférieure à la valeur recherche, alors suivre le lien de l'enregistrement suivant vers le niveau inférieur.

```
CLE < VALEUR
```

6. Si le bloc du niveau inférieur est un bloc de type branche, répétez les opérations à partir de l'étape 2.

7. Recherche dans le bloc feuille la valeur clé égale à la valeur recherche.

8. Si la valeur est retrouvée alors il retourne « **ROWID** ».

```
CLE = VALEUR
return ROWID
```

8. Si la valeur n'est pas retrouvée alors l'enregistrement n'existe pas.

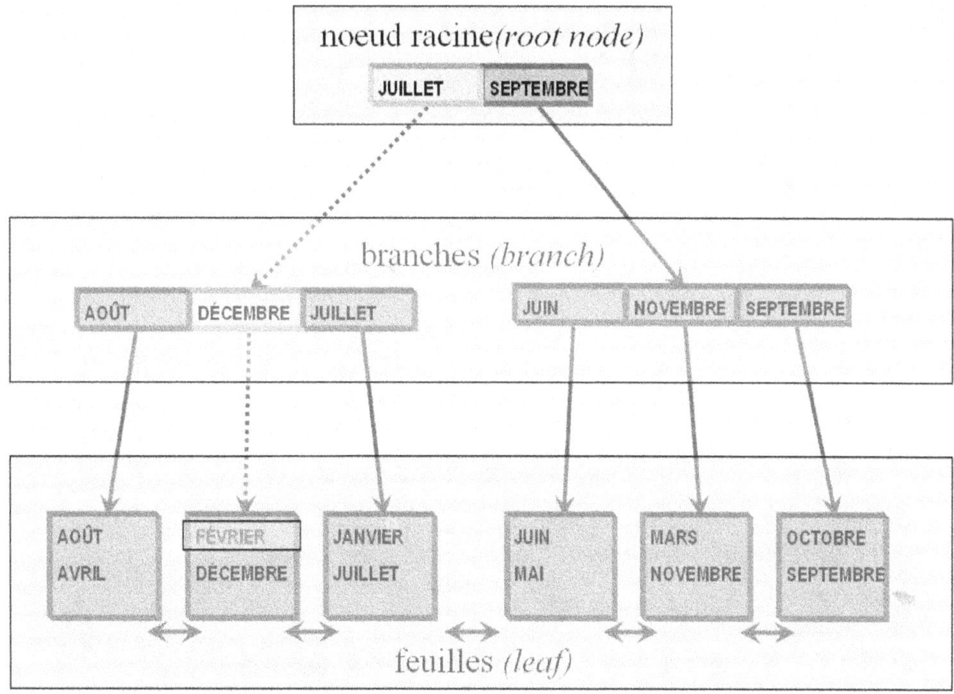

Les étapes de recherche du mois de « **FÉVRIER** », par ordre alphabétique, dans l'index précédent sont :

- Dans le bloc racine qui est un bloc de type branche, on recherche « **CLE ≥ VALEUR** ».
  `JUILLET > FÉVRIER`
- La clé retrouvée « **JUILLET** » est supérieure à la valeur recherche « **FÉVRIER** ». Suivez l'enregistrement précédent dans le bloc branche vers le niveau inférieur. Le bloc du niveau inférieur contient les enregistrements « **AOÛT** », « **DÉCEMBRE** » et « **JUILLET** ».

- La recherche recommence à partir de l'étape « 2 ». Dans le bloc branche on recherche « **CLE ≥ VALEUR** ».
  `JUILLET > FÉVRIER`
- La clé retrouvée « **JUILLET** » est supérieure à la valeur recherche « **FÉVRIER** ». Suivre l'enregistrement précédent dans le bloc branche vers le niveau inférieur. L'enregistrement précédent est « **DÉCEMBRE** » et il conduit à un bloc feuille.
- La valeur recherche « **FÉVRIER** » est retrouvée alors elle retourne « **ROWID** » correspondant.

```
SQL> SELECT * FROM COMMANDES
  2  WHERE NO_COMMANDE = 100000 OR
  3        NO_COMMANDE = 200000 OR
  4        NO_COMMANDE = 300000 OR
  5        NO_COMMANDE = 400000 ;
...
         0  db block gets
        17  consistent gets
...
SQL> SELECT * FROM SINDX_COMMANDES
  2  WHERE NO_COMMANDE = 100000 OR
  3        NO_COMMANDE = 200000 OR
  4        NO_COMMANDE = 300000 OR
  5        NO_COMMANDE = 400000 ;
...
         0  db block gets
      2081  consistent gets
...
```

Dans la première requête portée dans la table « **COMMANDES** » possédant un index sur la colonne « **NO_COMMNDE** », le nombre de blocs lus est de 17. Par contre la deuxième requête dans la table « **SINDX_COMMANDES** » va lire l'ensemble des blocs de la table.

```
SQL> CREATE UNIQUE INDEX SINDX_COMMANDES_UK ON
  2         SINDX_COMMANDES (NO_COMMANDE ASC)
  3         TABLESPACE INDX_TP;

Index créé.

SQL> CREATE INDEX SINDX_COMM_PROD ON
  2         SINDX_COMMANDES ( REF_PRODUIT )
  3         TABLESPACE INDX_TP;

Index créé.

SQL> SELECT SEGMENT_NAME,SEGMENT_TYPE,TABLESPACE_NAME,
  2         BYTES/1024/1024 "Taille en Mb", EXTENTS,BLOCKS
  3  FROM USER_SEGMENTS
  4  WHERE SEGMENT_NAME IN ( SELECT INDEX_NAME FROM USER_INDEXES
  5                          WHERE TABLE_NAME = 'SINDX_COMMANDES') OR
  6        SEGMENT_NAME = 'SINDX_COMMANDES';

SEGMENT_NAME       SEGMENT TABLESPACE Taille en Mb  EXTENTS  BLOCKS
------------------ ------- ---------- ------------ -------- -------
```

```
SINDX_COMMANDES_UK INDEX    INDX_TP                 17        32     2176
SINDX_COMMANDES     TABLE   DATA_TP                 17        32     2176
SINDX_COMM_PROD     INDEX   INDX_TP                 15        30     1920
```

L'exemple ci-dessus vous détaille la création des deux index pour la table « **SINDX_COMMANDES** ». Le premier est un index de type « **UNIQUE** » stocké dans le tablespace « **INDX_TP** ».

Attention

Il est possible de créer un index de ce type uniquement si les valeurs de la ou les colonnes qui composent l'index sont uniques sur l'ensemble des valeurs de la table.

En effet si au moins une des ces valeurs ne valide pas cette condition l'index n'est pas créé et la commande SQL retourne une exception.

```
SQL> CREATE UNIQUE INDEX SINDX_COMM_EMPLOYE_UK ON
  2         SINDX_COMMANDES (NO_EMPLOYE)
  3         TABLESPACE INDX_TP;
    SINDX_COMMANDES (NO_EMPLOYE)
    *
ERREUR à la ligne 2 :
ORA-01452: CREATE UNIQUE INDEX impossible ; il existe des doublons
```

Attention

Oracle Database 10g Express Edition ne permet pas de créer un index de ce type bitmap.

Avantages et inconvénients

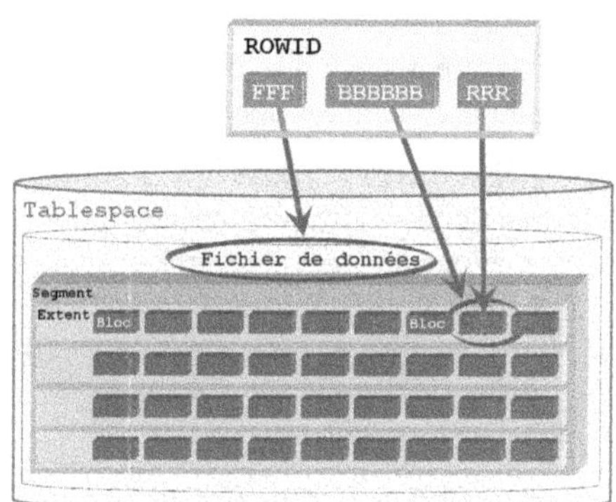

Les index sont surtout utiles sur de grandes tables et sur des colonnes susceptibles d'apparaître dans des clauses « **WHERE** » avec une condition d'égalité.

Les données sont extraites plus rapidement à partir de colonnes indexées lorsqu'elles sont mentionnées dans des clauses « **WHERE** », sauf lorsque les opérateurs « **IS NOT NULL** » et « **IS NULL** » sont spécifiés. En l'absence de clause « **WHERE** », aucun index n'est utilisé.

Dans un index, toutes les lignes appartiennent au même segment. Par conséquent, un « **ROWID** » réduit est utilisé pour pointer vers les enregistrements de la table sans la description du segment.

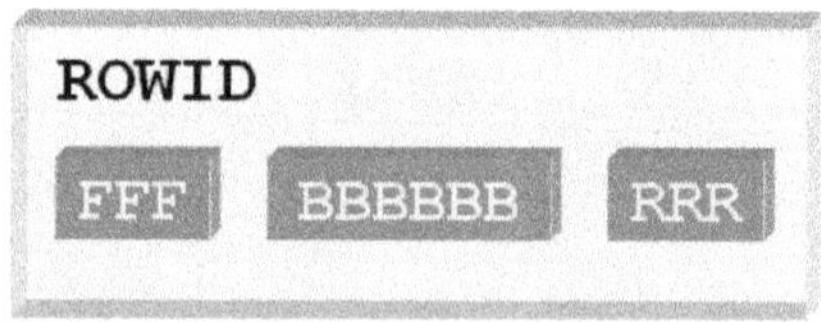

Un des avantages de l'index B-tree est qu'un bloc de type feuille est toujours à la même profondeur dans l'arbre. Les requêtes effectuées pour retrouver un enregistrement, qui peut se trouver dans n'importe quel bloc de type feuille, dure le même temps.

Les index B-tree sont la solution idéale quand on indexe des groupes de colonnes d'une grande cardinalité. Pour un index unique, l'index B-tree est la meilleure solution.

La taille des index B-tree est considérable parce que l'on stocke dans la structure de l'index les valeurs des colonnes indexées.

Un désavantage est le fait que l'index B-tree n'est pas symétrique. Un index sur (colonne1, colonne2) n'est pas identique à l'index (colonne2, colonne1).

Vous pouvez interroger la vue du dictionnaire de données « **USER_INDEXES** » pour récupérer les informations sur la structure d'un index B-tree.

```
SQL> SELECT TABLE_NAME,INDEX_NAME, NUM_ROWS,
  2        BLEVEL, LEAF_BLOCKS
  3 FROM USER_INDEXES
  4 WHERE TABLE_NAME IN ('EMPLOYES','PRODUITS',
  5                      'COMMANDES','SINDX_COMMANDES');

TABLE_NAME      INDEX_NAME           NUM_ROWS     BLEVEL LEAF_BLOCKS
--------------- ------------------ ---------- ---------- -----------
SINDX_COMMANDES SINDX_COMM_PROD       1000000          2        1812
SINDX_COMMANDES SINDX_COMMANDES_UK    1000000          2        2087
PRODUITS        PK_PRODUITS                 4          0           1
EMPLOYES        PK_EMPLOYES                 3          0           1
COMMANDES       PK_COMMANDES          1000000          2        1875
```

Les index pour les tables « **EMPLOYES** » et « **PRODUITS** » contiennent uniquement un seul bloc feuille étant donné qu'ils stockent trois et respectivement quatre enregistrements. Par contre les enregistrements de la table « **COMMANDES** » et « **SINDX_COMMANDES** » nécessitent deux niveaux de branches et plusieurs blocs feuilles.

```
SQL> CREATE INDEX COMM_REF_PROD_BTR
  2 ON COMMANDES (REF_PRODUIT);

Index créé.

SQL> SELECT SEGMENT_NAME,SEGMENT_TYPE,
  2        BYTES/1024/1024 "Taille en Mb", EXTENTS,BLOCKS
  3 FROM USER_SEGMENTS
  4 WHERE SEGMENT_NAME IN ( SELECT INDEX_NAME FROM USER_INDEXES
  5                         WHERE TABLE_NAME = 'COMMANDES') OR
  6 SEGMENT_NAME = 'COMMANDES';

SEGMENT_NAME       SEGMENT Taille en Mb    EXTENTS     BLOCKS
------------------ ------- ------------ ---------- ----------
COMMANDES          TABLE             17         32       2176
PK_COMMANDES       INDEX             15         30       1920
COMM_REF_PROD_BTR  INDEX             15         30       1920

SQL> SET AUTOTRACE TRACEONLY
SQL> SELECT * FROM COMMANDES
  2 WHERE REF_PRODUIT = 'B' OR
  3       REF_PRODUIT = 'D';
...
   1    0 TABLE ACCESS (FULL) OF 'COMMANDES' (TABLE) (Cost=496 Card=
...
          0  db block gets
      35320  consistent gets
       2023  physical reads
...
```

Cet exemple commence par la création d'un index pour la table « **COMMANDES** » qui utilise la colonne « **REF_PRODUIT** ». Cette colonne stocke uniquement quatre valeurs distinctes pour le million d'enregistrements de la table « **COMMANDES** ». L'index ainsi créé occupe beaucoup d'espace, comme vous pouvez le constater environ 15Mb.

La requête de test montre que l'optimiseur ne tient pas compte de l'index et le volume des blocs lus est considérable.

Vous pouvez indiquer à l'optimiseur d'Oracle que vous voulez utiliser l'index pour la même requête. Cette possibilité s'appelle un « **HINT** » et il ressemble beaucoup à un commentaire placé dans l'ordre SQL. La syntaxe pour un « HINT » qui indique l'index est la suivante :

```
SELECT /*+INDEX (NOM_TABLE NOM_INDEX)*/ ...
```

« **HINT** » est en moyen de suggérer à Oracle un mode de fonctionnement de l'optimiseur SQL, si la syntaxe n'est pas correcte l'optimiseur ne tient pas compte de cette information.

```
SQL> SELECT /*+INDEX(COMMANDES COMM_REF_PROD_BTR)*/ * FROM COMMANDES
  2   WHERE REF_PRODUIT = 'B' OR
  3         REF_PRODUIT = 'D';
...
   2    1   TABLE ACCESS (BY INDEX ROWID) OF 'COMMANDES' (TABLE) (Co
...
          0  db block gets
      71366  consistent gets
       4951  physical reads
...
```

Comme vous pouvez le constater les performances dans ce cas sont encore diminuées ; le nombre total des blocs lus est passé de 35320 à 71366 ainsi que les blocs directement lus dans les fichiers sont passés de 2023 à 4951. La diminution des performances est due à la lecture de l'index qui induit plus d'entrées-sorties, c'est la raison pour laquelle l'optimiseur ne tient pas compte de l'index.

Attention

Les index B-tree doivent être définis sur des colonnes contenant des valeurs variées. Dans l'exemple précédent, la colonne « **REF_PRODUIT** » dont les valeurs sont « **A** », « **B** », « **C** » et « **D** » ne représente pas un bon choix pour un index traditionnel ; un tel index ralentit les requêtes.

De plus les index B-tree occupent beaucoup d'espace comme vous l'avez vu dans l'exemple précédent.

```
SQL> DROP INDEX COMM_REF_PROD_BTR;

Index supprimé.

SQL> SET AUTOTRACE TRACEONLY
SQL> SELECT * FROM COMMANDES
  2   WHERE REF_PRODUIT = 'B' OR
  3         REF_PRODUIT = 'D';
...
   1    0 TABLE ACCESS (FULL) OF 'COMMANDES' (TABLE) (Cost=496 Card=
...
          0  db block gets
      35377  consistent gets
       2061  physical reads
...
```

Comme vous pouvez le constater, après la destruction de l'index l'interrogation est aussi performante du point de vue des blocs lus.

Conseils pour définir vos index :

- Ne pas créer d'index pour des tables de petite taille. Le gain de vitesse de recherche n'est pas supérieur au temps d'ouverture et de recherche dans l'index.
- Ne pas créer d'index sur des colonnes avec peu de valeurs différentes.
- Ne pas créer d'index si la plupart de vos requêtes renvoient plus de 5% des enregistrements.
- Ne pas créer d'index sur une table fréquemment mise à jour.
- En cas de sélections fréquentes effectuées sur une colonne avec une condition unique, créer un index sur cette colonne.
- En cas de jointures fréquentes effectuées entre deux colonnes de deux tables, créer un index sur cette colonne.

Cependant il est recommandé de ne pas abuser des index car :

- Les index utilisent de l'espace disque supplémentaire ; ceci est très important lors des sélections sur plusieurs tables avec des index importants car la mémoire centrale nécessaire sera également accrue.
- La modification des colonnes indexées dans la table entraîne une éventuelle mise à jour de l'index. De ce fait, les index alourdissent le processus de mise à jour des valeurs d'une table relationnelle.

Les index d'arbre binaire sont les plus couramment utilisés.

Table organisée en index

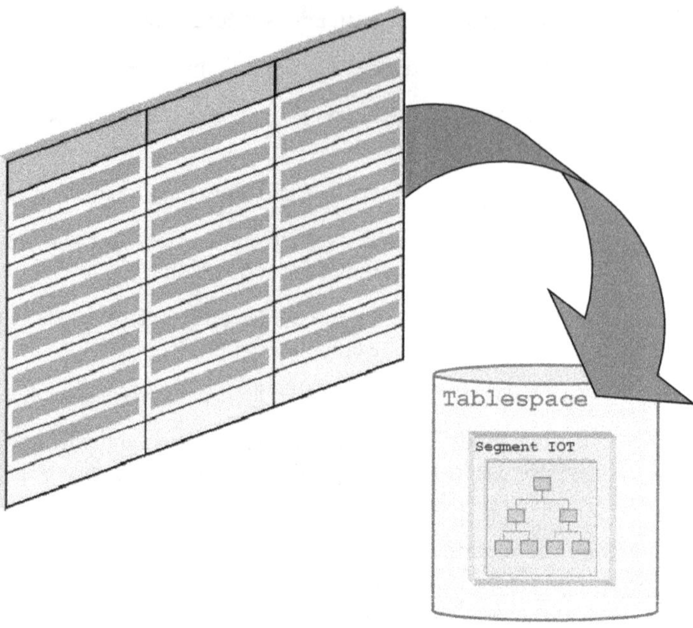

Une table organisée en index maintient les lignes de la table, à la fois pour les valeurs de colonnes de clé primaire et celles hors clé, dans un index construit sur la clé primaire. Une table organisée en index convient mieux, par conséquent, pour les accès et les manipulations via des valeurs de clé primaire.

La syntaxe de la commande SQL « **CREATE TABLE** » est la suivante :

```
CREATE TABLE [SCHEMA.]NOM_TABLE
( NOM TYPE [DEFAULT EXPRESSION][NOT NULL]
  [,...] )
    ORGANIZATION{HEAP|INDEX}
          [
            [PCTFREE integer]
            [PCTUSED integer]
            [INITRANS integer]
            [TABLESPACE tablespace]
            [STORAGE
              (
               [INITIAL integer [ K | M ]]
               [NEXT integer [ K | M ]]
               [MINEXTENTS integer]
               [MAXEXTENTS { integer | UNLIMITED }]
               [PCTINCREASE integer]
               [FREELISTS integer]
               [FREELIST GROUPS integer]
               [BUFFER_POOL { KEEP | RECYCLE | DEFAULT }]
              )]
               [{ LOGGING | NOLOGGING }]
          ]
          [{ COMPRESS | NOCOMPRESS }]
          [PCTTHRESHOLD integer]
...;
```

ORGANIZATION HEAP	Définit que les enregistrements de données de la table sont stockés sans ordre particulier. Il s'agit de l'option par défaut.
ORGANIZATION INDEX	Définit que les enregistrements de données de la table sont stockés dans un index défini sur la clé primaire de la table.
COMPRESS	Définit l'activation de la compression de clé, ce qui élimine les occurrences répétées de valeurs de colonne de clé primaire dans la table organisée en index.
NOCOMPRESS	Désactive la compression de clé pour la table organisée en index. Il s'agit du choix par défaut.
PCTTHRESHOLD	Définit le pourcentage d'espace réservé dans le bloc d'index pour une ligne de table organisée en index. Il doit être suffisamment grand pour contenir la clé primaire.

```
SQL> CREATE TABLE FOURNISSEURS
  (
       NO_FOURNISSEUR      NUMBER(6)                NOT NULL,
       SOCIETE             VARCHAR2(40)             NOT NULL,
       ADRESSE             VARCHAR2(60)             NOT NULL,
       VILLE               VARCHAR2(20)             NOT NULL,
       CODE_POSTAL         VARCHAR2(10)             NOT NULL,
       PAYS                VARCHAR2(15)             NOT NULL,
       TELEPHONE           VARCHAR2(24)             NOT NULL,
       FAX                 VARCHAR2(24)             NULL     ,
       CONSTRAINT PK_FOURNISSEURS PRIMARY KEY (NO_FOURNISSEUR)
  )
  ORGANIZATION INDEX
  TABLESPACE GEST_DATA;

Table créée.
```

Index Bitmap

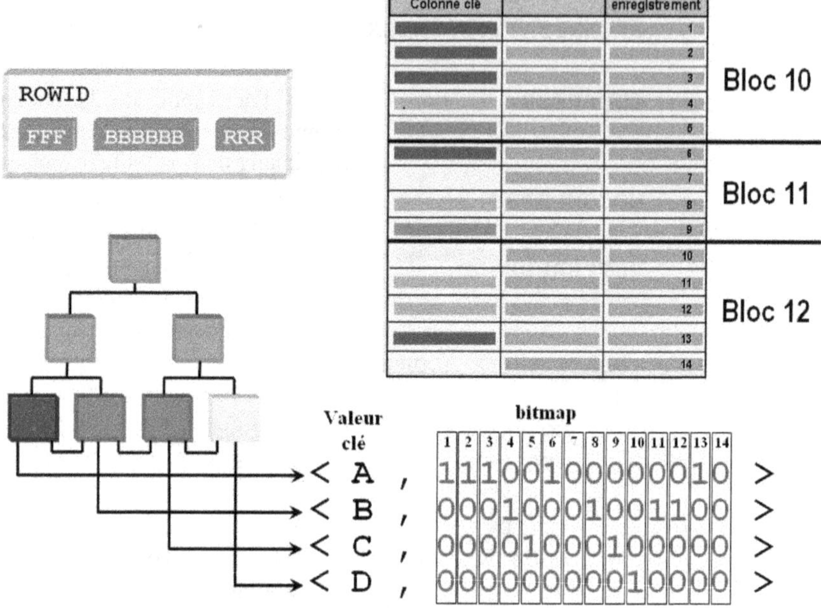

Pour optimiser les requêtes qui se fondent sur des colonnes contenant des valeurs peu sélectives, vous pouvez utiliser des index bitmap. Ces index conviennent uniquement pour des données qui ne sont pas souvent mises à jour, car ils représentent une charge supplémentaire lors de la de manipulation des données qu'ils indexent.

La représentation interne des bitmaps convient le mieux pour les applications qui supportent un faible nombre de transactions concurrentes, telles que les « **DATAWAREHOUSE** ».

Un index bitmap est un index B-tree mais au lieu de stocker des « **ROWID** » dans les feuilles de l'arbre on stocke un bitmap. Un bitmap pour une valeur de la clé est une suite de bits dans laquelle chaque bit correspond à un enregistrement de la table. Ce bit est égal à 1 si la valeur de la clé est égale à la valeur de la colonne dans l'enregistrement et 0 dans le cas contraire.

Les principaux avantages des index bitmap sont :

- Pour des colonnes contenant des valeurs peu sélectives, les index bitmap occupent peu d'espace et sont très efficaces pour récupérer les lignes correspondantes.
- Les index bitmaps jouissent de la propriété de localité spatiale, l'ordre du bitmap correspond à l'ordre du stockage physique.
- Toutes les dimensions sont traitées d'une manière symétrique.

Les principaux désavantages des index bitmap sont :

- Ou-logique pour récupérer le bitmap d'un intervalle peut être coûteux. Si plusieurs critères de sélection sont de type intervalle de valeurs, la colonne contenant des valeurs des opérations ou-logique doit être cumulée.
- L'espace utilisé pour des colonnes contenant des valeurs bien distinctes.
- Les mises à jour sont coûteuses compte tenu du fait que l'on doit mettre à jour tous les bitmaps pour l'insertion ou la mise à jour d'un seul enregistrement.

Si vous envisagez d'utiliser des index bitmap, vous devez comparer auparavant le gain en performances qui sera réalisé lors de l'exécution de requêtes avec la charge supplémentaire qu'ils induisent lors des commandes de manipulation des données. Les performances des transactions diminuent avec l'augmentation du nombre d'index bitmap sur une table.

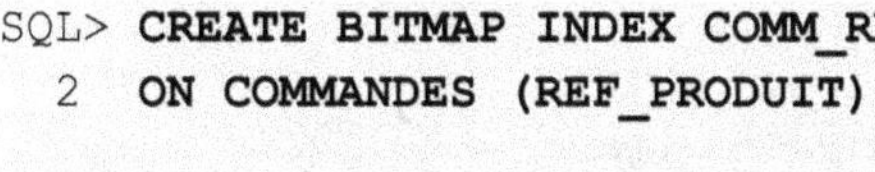

```
SQL> CREATE BITMAP INDEX COMM_REF_PROD_BMP
     ON COMMANDES (REF_PRODUIT);

Index créé.
```

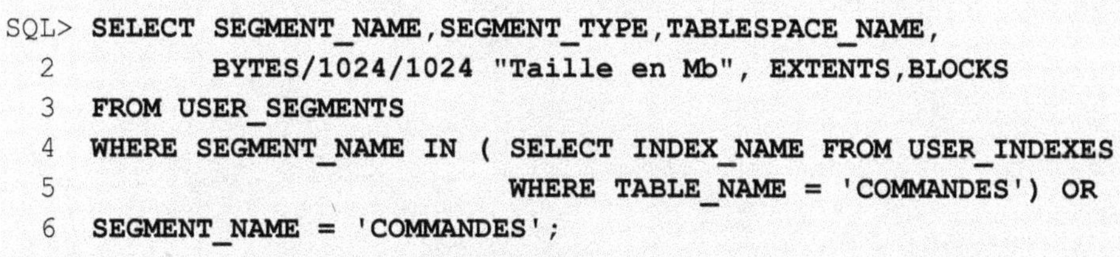

```
SQL> SELECT SEGMENT_NAME,SEGMENT_TYPE,TABLESPACE_NAME,
            BYTES/1024/1024 "Taille en Mb", EXTENTS,BLOCKS
     FROM USER_SEGMENTS
     WHERE SEGMENT_NAME IN ( SELECT INDEX_NAME FROM USER_INDEXES
                             WHERE TABLE_NAME = 'COMMANDES') OR
     SEGMENT_NAME = 'COMMANDES';

SEGMENT_NAME      SEGMENT TABLESPACE Taille en Mb  EXTENTS    BLOCKS
----------------- ------- ---------- ------------ -------- ---------
COMMANDES         TABLE   DATA_TP              17       32      2176
PK_COMMANDES      INDEX   INDX_TP              15       30      1920
COMM_REF_PROD_BMP INDEX   SYSTEM             ,625       10        80
```

Comme vous pouvez le constater, le segment de l'index occupe uniquement 0,625 Mb contre 15 Mb pour un index B-tree.

Suppression d'index

```
DROP INDEX [SCHEMA.]NOM_INDEX ;

TRUNCATE TABLE NOM_TABLE;
```

Pour supprimer un index, utilisez la syntaxe suivante :

DROP INDEX [SCHEMA.]NOM_INDEX ;

```
SQL>  SELECT SEGMENT_NAME,SEGMENT_TYPE,TABLESPACE_NAME,
  2          BYTES/1024/1024 "Taille en Mb", EXTENTS,BLOCKS
  3  FROM USER_SEGMENTS
  4  WHERE SEGMENT_NAME IN ( SELECT INDEX_NAME FROM USER_INDEXES
  5                          WHERE TABLE_NAME = 'COMMANDES') OR
  6  SEGMENT_NAME = 'COMMANDES';

SEGMENT_NAME      SEGMENT TABLESPACE Taille en Mb  EXTENTS    BLOCKS
----------------- ------- ---------- ------------ -------- ---------
COMMANDES         TABLE   DATA_TP              17       32      2176
PK_COMMANDES      INDEX   INDX_TP              15       30      1920
COMM_REF_PROD_BMP INDEX   SYSTEM             ,625       10        80

SQL> TRUNCATE TABLE COMMANDES;

Table tronquée.
```

```
SQL>  SELECT SEGMENT_NAME,SEGMENT_TYPE,TABLESPACE_NAME,
  2          BYTES/1024/1024 "Taille en Mb", EXTENTS,BLOCKS
  3  FROM USER_SEGMENTS
  4  WHERE SEGMENT_NAME IN ( SELECT INDEX_NAME FROM USER_INDEXES
  5                          WHERE TABLE_NAME = 'COMMANDES') OR
  6  SEGMENT_NAME = 'COMMANDES';

SEGMENT_NAME      SEGMENT TABLESPACE Taille en Mb  EXTENTS    BLOCKS
----------------- ------- ---------- ------------ -------- ---------
COMMANDES         TABLE   DATA_TP           ,0625        1         8
```

```
PK_COMMANDES       INDEX    INDX_TP              ,0625        1        8
COMM_REF_PROD_BMP INDEX    SYSTEM               ,0625        1        8

SQL> DROP INDEX COMM_REF_PROD_BMP;
```

Dans l'exemple précédent, vous pouvez remarquer la suppression des enregistrements de la table à l'aide de la commande SQL « **TRUNCATE** ». La commande SQL « **TRUNCATE** » efface les enregistrements et les extents. Notez que la table garde uniquement l'extent « **INITIAL** ».

Atelier 17

- **La création des index**
- **Les tables organisées en index**

Durée : 10 minutes

Questions

Dans le module précédent vous avez utilisé la syntaxe suivante :

```
SQL> CREATE TABLE EX_COMMANDES  (
       NO_COMMANDE            NUMBER(6)            NOT NULL
              CONSTRAINT PK_EX_COMMANDES PRIMARY KEY
              USING INDEX  TABLESPACE GEST_INDX,
```

17-1. Quel est le type d'index que vous avez créé ?

17-2. Vous avez besoin de créer un index pour une table qui contient plus de dix millions d'enregistrements. La colonne choisie pour définir l'index est utilisée dans des multiples conditions de la clause « **WHERE** » combinées avec l'opérateur logique « **OR** ». Pour les dix millions d'enregistrements, la colonne ne contient que trois valeurs distinctes. Quel est le type d'index le plus approprié pour cette colonne ?

17-3. Quelle est la vue du dictionnaire de données qui vous permet d'afficher la location des tables et des index qui appartiennent à l'utilisateur de la base de données ?

A. `USER_TABLES`

B. `USER_INDEXES`

C. `USER_SEGMENTS`

D. `USER_TABLESPACES`

Exercice n°1 La création des index

Pour les trois tables crée dans le module précédent créez les index suivants :

- Pour la table `EX_CLIENTS`, un index B-Tree sur la colonne SOCIETE.
- Pour la table `EX_PERSONNES`, un index B-Tree pour la clé étrangère.
- Pour la table `EX_COMMANDES`, créez deux index bitmap pour les deux clés étrangères.

Stockez les index dans le tablespace « **GEST_INDX** ».

Pour la table `EX_COMMANDES`, créez un index qui empêche de saisir deux commandes pour le même client deux fois dans une journée.

Exercice n°2 Les tables organisées en index

Créez une table organisée en index avec la même description que la table `DETAILS_COMMANDES`. Créez également deux index sur les colonnes `REF_PRODUIT` et `NO_COMMANDE`.

- *Vues*
- *Séquences*
- *Synonymes*
- *Lien de base de données*

18

Les vues et autres objets

Objectifs

A la fin de ce module, vous serez à même d'effectuer les tâches suivantes :

- Décrire le fonctionnement d'une vue.
- Créer une vue et gérer les contraintes de mise à jour.
- Créer une séquence et l'utiliser dans les opérations insertions dans les tables.
- Créer des synonymes et des synonymes publics.
- Décrire l'architecture d'un lien de base de données.
- Créer un lien de base de données et l'utiliser dans une requête
- Créer un synonyme de lien de base de données.

Contenu

Création d'une Vue

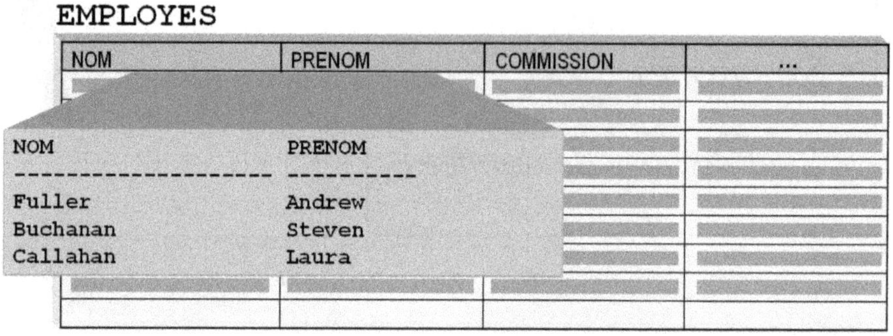

EMPLOYES

NOM	PRENOM	COMMISSION	...

```
NOM                  PRENOM
-------------------- ----------
Fuller               Andrew
Buchanan             Steven
Callahan             Laura
```

Dans une base de données relationnelle, la table est le seul objet qui reçoit les données de l'utilisateur et du SGBDR lui-même. Autour de cet objet central, des objets complémentaires fournissent des mécanismes qui facilitent ou optimisent la gestion des données.

L'objet vue, étudié dans ce chapitre, introduit une vision logique des données contenues dans une ou plusieurs tables.

La vue, ou table virtuelle, n'a pas d'existence propre; aucune donnée ne lui est associée. Seule sa description est stockée, sous la forme d'une requête faisant intervenir des tables de la base ou d'autres vues. Les vues peuvent être utilisées pour :

- répondre à des besoins de confidentialité ;
- maîtriser les mises à jour en assurant des contrôles de cohérence ;
- offrir plus de commodité aux utilisateurs dans la manipulation des données, en ne leur présentant de façon simplifiée que le sous-ensemble de données qu'ils ont à manipuler ;
- sauvegarder des requêtes dans le dictionnaire de données.

La syntaxe pour la commande SQL « **CREATE VIEW** », créer une vue est :

```
CREATE [OR REPLACE] [FORCE | NOFORCE]
VIEW [SCHEMA.]NOM_VUE [(NOM_ALIAS,...)]
AS SOUS_REQUETE [WITH
 {CHECK OPTION [CONSTRAINT NOM_CONTRAINTE] | READ ONLY}];
```

SCHEMA	Propriétaire de la vue ; par défaut, c'est l'utilisateur qui crée la vue.
NOM_VUE	Nom de la vue qui doit être unique pour le schéma.
NOM_ALIAS	Nom de chaque colonne de la vue, alias qui permet d'identifier les colonnes de la vue.

FORCE	La clause permet la création de la vue même en présence d'une erreur, par exemple si la table n'existe pas ou si l'utilisateur n'a pas les droits correspondants.
NOFORCE	La clause ne permet pas la création de la vue en présence d'une erreur. C'est l'option par défaut.
SOUS_REQUETE	L'expression de la requête définissant une vue peut contenir toutes les clauses d'un ordre `SELECT`, à l'exception des clauses `ORDER BY`.
CHECK OPTION	La clause permet de vérifier que les mises à jour ou les insertions ne produisent que des lignes qui feront partie de la sélection de la vue.
READ ONLY	La clause interdit toute modification de données en utilisant le nom de la vue dans un ordre `INSERT`, `UPDATE` ou `DELETE`.

Dans l'exemple suivant la vue « **V_CLIENTS_FRANCAIS** » constitue une restriction de la table « **CLIENTS** » aux clients français.

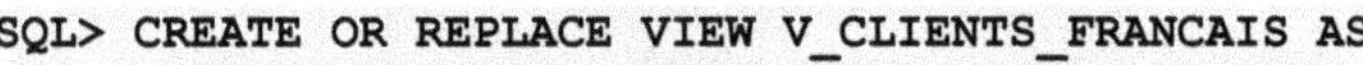

```
SQL> CREATE OR REPLACE VIEW V_CLIENTS_FRANCAIS AS
  SELECT SOCIETE, ADRESSE, VILLE FROM CLIENTS
  WHERE PAYS = 'France' ;

Vue créée.

SQL> SELECT SOCIETE, ADRESSE, VILLE FROM V_CLIENTS_FRANCAIS;

SOCIETE                        ADRESSE                       VILLE
-------------------------- ------------------------------ ----------
France restauration        54, rue Royale                 Nantes
Vins et alcools Chevalier  59 rue de l'Abbaye             Reims
La corne d'abondance       67, avenue de l'Europe         Versailles
Du monde entier            67, rue des Cinquante Otages   Nantes
La maison d'Asie           1 rue Alsace-Lorraine          Toulouse
Bon app'                   12, rue des Bouchers           Marseille
Folies gourmandes          184, chaussée de Tournai       Lille
Victuailles en stock       2, rue du Commerce             Lyon
Blondel père et fils       104, rue Mélanie               Strasbourg
Spécialités du monde       25, rue Lauriston              Paris
Paris spécialités          265, boulevard Charonne        Paris

11 ligne(s) sélectionnée(s).
```

Interrogation

Une vue peut être référencée dans un ordre « **SELECT** » en lieu et place d'une table. Ainsi, lors de l'exécution de la requête « **SELECT * FROM VUE_NOM** », tout se passe comme s'il existait une table « **VUE_NOM** ». En réalité, cette table est virtuelle et est recomposée à chaque appel de la vue « **VUE_NOM** » par une exécution de l'ordre « **SELECT** » constituant la définition de la vue.

Mise à jour dans une Vue

EMPLOYES

NOM	PRENOM	COMMISSION	...

```
NOM                  PRENOM
-------------------- ----------
Fuller               Andrew
Buchanan             Steven
Callahan             Laura
```

Il est possible d'effectuer des modifications de données par « **INSERT** », « **DELETE** » et « **UPDATE** » dans une vue, en tenant compte des restrictions suivantes :

- la vue doit être construite sur une seule table ;
- l'ordre « **SELECT** » utilisé pour définir la vue ne doit comporter ni jointure, ni clause « **GROUP BY** », « **CONNECT BY** » ou « **START WITH** »;
- les colonnes résultats de l'ordre « **SELECT** » doivent être des colonnes réelles d'une table de base et non des expressions ;
- la vue contient toutes les colonnes ayant l'option « **NOT NULL** » de la table de base.

Dans l'exemple suivant, on utilise la vue « **V_CLIENTS_FRANCAIS** » créée auparavant, pour modifier le client habitant Toulouse qui a déménage à Bordeaux ; par conséquent, il faut changer la ville de résidence du client.

```
SQL> UPDATE V_CLIENTS_FRANCAIS
  2  SET VILLE = 'Bordeaux'
  3  WHERE VILLE = 'Toulouse';

1 ligne mise à jour.

SQL> SELECT SOCIETE, ADRESSE, VILLE FROM V_CLIENTS_FRANCAIS;

SOCIETE                    ADRESSE                        VILLE
-------------------------- ------------------------------ ----------
France restauration        54, rue Royale                 Nantes
Vins et alcools Chevalier  59 rue de l'Abbaye             Reims
La corne d'abondance       67, avenue de l'Europe         Versailles
Du monde entier            67, rue des Cinquante Otages   Nantes
La maison d'Asie           1 rue Alsace-Lorraine          Bordeaux
```



```
Bon app'                    12, rue des Bouchers             Marseille
Folies gourmandes           184, chaussée de Tournai         Lille
Victuailles en stock        2, rue du Commerce               Lyon
Blondel père et fils        104, rue Mélanie                 Strasbourg
Spécialités du monde        25, rue Lauriston                Paris
Paris spécialités           265, boulevard Charonne          Paris

11 ligne(s) sélectionnée(s).
```

Les sous-requêtes sont traites par le système comme des vues ad-hoc vous pouvez les utiliser pour effectuer des mises à jour.

```
SQL> UPDATE ( SELECT PAYS, PORT
              FROM COMMANDES NATURAL JOIN CLIENTS
              WHERE EXTRACT ( YEAR FROM DATE_COMMANDE) = 1998 )
     SET PORT = PORT*( CASE PAYS WHEN 'France'
                       THEN 1.1 ELSE .95 END);

270 ligne(s) mise(s) à jour.
```

La requête précédente modifie les commandes de l'année `'1998'` elle augmente les frais de port de `'10%'` pour touts les clients étrangers et elle diminue les frais de port de `'5%'` pour les clients français.

Contrôle d'intégrité dans une Vue

EMPLOYES

NOM	PRENOM	COMMISSION	...

```
NOM                  PRENOM
-------------------- ----------
..ller               Andrew
..c..anan            Steven
..ahan               Laura
```

Une vue peut être utilisée pour contrôler l'intégrité des données, grâce à la clause « **CHECK OPTION** », qui interdit :

- d'insérer des lignes qui ne seraient pas affichées par l'utilisation de la vue dans la clause « **FROM** » d'un ordre « **SELECT** » ;
- de modifier une ligne de telle sorte qu'avec les nouvelles valeurs, elle ne soit plus sélectionnée par la requête de définition de la vue.

```
SQL> CREATE OR REPLACE VIEW V_EMPLOYES_CHEF_VENTES AS
  2  SELECT NO_EMPLOYE, REND_COMPTE, NOM, PRENOM, FONCTION,
  3         TITRE, DATE_NAISSANCE, DATE_EMBAUCHE
  4  FROM EMPLOYES WHERE REND_COMPTE = 5 WITH CHECK OPTION;

Vue créée.

SQL> INSERT INTO  V_EMPLOYES_CHEF_VENTES VALUES
  2  ( 10, 2,'Thibaut','SCHMITT','Représentant(e)','M.',
  3         TO_DATE('02/07/1963'), TO_DATE('01/01/2003'));
INSERT INTO  V_EMPLOYES_CHEF_VENTES VALUES
             *
ERREUR à la ligne 1 :
ORA-01402: vue WITH CHECK OPTION - violation de clause WHERE

SQL> UPDATE V_EMPLOYES_CHEF_VENTES SET REND_COMPTE=2
  2  WHERE NO_EMPLOYE = 7;
UPDATE V_EMPLOYES_CHEF_VENTES SET REND_COMPTE=2
       *
ERREUR à la ligne 1 :
ORA-01402: vue WITH CHECK OPTION - violation de clause WHERE
```

Dans l'exemple précéden, la vue « **V_EMPLOYES_CHEF_VENTES** » représente les employés qui sont gérés par le chef de ventes.

Lors de l'insertion ou de la modification d'un employé dans la table « **EMPLOYES** » à travers la vue « **V_EMPLOYES_CHEF_VENTES** », on veut s'assurer que ce sont uniquement ces employés qui sont traités.

```
SQL> CREATE OR REPLACE VIEW V_CATEGORIES AS
  2  SELECT * FROM CATEGORIES WITH READ ONLY;

Vue créée.

SQL> UPDATE V_CATEGORIES SET NOM_CATEGORIE='';
UPDATE V_CATEGORIES SET NOM_CATEGORIE=''
                        *
ERREUR à la ligne 1 :
ORA-01733: les colonnes virtuelles ne sont pas autorisées ici
```

La modification d'une vue en lecture seule est interdite.

Gestion d'une Vue

EMPLOYES

NOM	PRENOM	COMMISSION	...

```
NOM                  PRENOM
-------------------- ----------
Fuller               Andrew
Buchanan             Steven
Callahan             Laura
```

Affichage de la structure d'une vue :

A partir de SQL*Plus, vous pouvez afficher les noms de colonnes ainsi que le type de données associé.

```
DESCRIBE [SCHEMA.]NOM_VUE;
```

```
SQL> DESC V_EMPLOYES_CHEF_VENTES
 Nom                                       NULL ?   Type
 ----------------------------------------- -------- ------------
 NO_EMPLOYE                                NOT NULL NUMBER(6)
 REND_COMPTE                                        NUMBER(6)
 NOM                                       NOT NULL VARCHAR2(20)
 PRENOM                                    NOT NULL VARCHAR2(10)
 FONCTION                                  NOT NULL VARCHAR2(30)
 TITRE                                     NOT NULL VARCHAR2(5)
 DATE_NAISSANCE                            NOT NULL DATE
 DATE_EMBAUCHE                             NOT NULL DATE
```

Suppression d'une vue

:Une vue peut être détruite par la commande suivante :

```
DROP VIEW [SCHEMA.]NOM_VUE;
```

Renommer une vue

On peut renommer une vue par la commande suivante :

```
RENAME [SCHEMA.]ANCIEN_NOM TO [SCHEMA.]NOUVEAU_NOM;
```

Les séquences

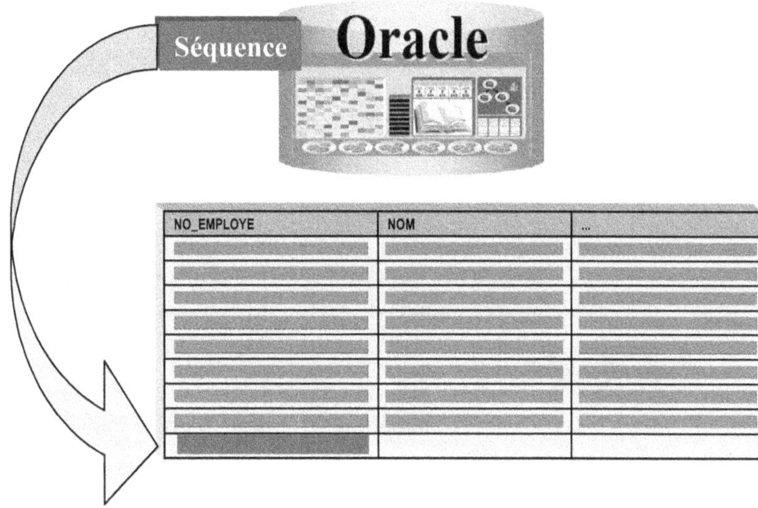

Les séquences représentent un moyen très efficace de générer des séries de numéros séquentiels uniques pouvant servir notamment de valeurs de clé primaire. Elles ne dépendent d'aucune table et sont placées en mémoire dans l'attente de requêtes.

Pour créer une séquence, il faut respecter la syntaxe suivante :

```
CREATE SEQUENCE [SCHEMA.]NOM_SEQUENCE
     [INCREMENT BY VALEUR]
     [START WITH   VALEUR]
     [{MAXVALUE VALEUR | NOMAXVALUE}]
     [{MINVALUE VALEUR | NOMINVALUE}]
     [{CYCLE | NOCYCLE}]
     [{CACHE VALEUR | NOCACHE}] ;
```

NOM_SEQUENCE	Nom de séquence ; il doit être unique pour le schéma.
INCREMENT	Pas d'incrémentation du numéro de séquence. Peut être positif ou négatif.
START WITH	Valeur de départ du numéro de séquence. Elle est par défaut égale à « **MINVALUE** » pour une séquence ascendante et à « **MAXVALUE** » pour une séquence descendante.
CYCLE	Lorsque le numéro de séquence atteint la valeur « **MAXVALUE** », respectivement « **MINVALUE** » compte tenu du sens ascendant ou descendant de la génération, il repart à « **MINVALUE** », respectivement « **MAXVALUE** ».
NOCYCLE	Pas de reprise après « **MAXVALUE** » ou après « **MINVALUE** ».
MAXVALUE	Valeur limite haute.
MINVALUE	Valeur limite basse.

CACHE Force l'anticipation de la génération des valeurs suivantes de la séquence en mémoire.

Modification

Il est possible de modifier certains paramètres d'un générateur de numéros de séquence par la syntaxe :

```
ALTER SEQUENCE [SCHEMA.]NOM_SEQUENCE
      [INCREMENT BY VALEUR]
      [START WITH   VALEUR]
      [{MAXVALUE VALEUR | NOMAXVALUE}]
      [{MINVALUE VALEUR | NOMINVALUE}]
      [{CYCLE | NOCYCLE}]
      [{CACHE VALEUR| NOCACHE}] ;
```

Les nouvelles valeurs sont prises en compte pour la génération de la première valeur qui suit l'exécution de l'ordre « **ALTER** ».

Suppression

Il est possible de supprimer une génération de numéros de séquence par l'ordre :

```
DROP SEQUENCE [SCHEMA.]NOM_SEQUENCE ;
```

UTILISATION

Une séquence peut être appelée dans un ordre « **SELECT** », « **INSERT** » ou « **UPDATE** » en tant que pseudo colonne, par :

```
NOM_SEQUENCE.CURRVAL ;
```

Donne la valeur actuelle de la séquence. Cette pseudo colonne n'est pas valorisée par la création de la séquence ni lors de l'ouverture d'une nouvelle session.

```
NOM_SEQUENCE.NEXTVAL ;
```

Incrémente la séquence et retourne la nouvelle valeur de la séquence. Cette pseudo colonne doit être la première référencée après la création de la séquence.

La même séquence peut être utilisée simultanément par plusieurs utilisateurs. Les numéros de séquence générés étant uniques, il est alors possible que la suite des valeurs acquises par chaque utilisateur présente des "trous".

```
SQL> CREATE SEQUENCE S_EMPLOYES START WITH 10;

Séquence créée.

SQL> INSERT INTO  EMPLOYES VALUES
  2       ( S_EMPLOYES.NEXTVAL, 2,'Thibaut','SCHMITT',
  3        'Représentant(e)','M.', TO_DATE('02/07/1963'),
  4         TO_DATE('01/01/2003'), 2000, 100);

1 ligne créée.

SQL> SELECT NO_EMPLOYE, NOM, PRENOM
  2  FROM EMPLOYES WHERE NOM = 'Thibaut';

NO_EMPLOYE NOM          PRENOM
---------- ------------ ----------
        11 Thibaut      SCHMITT)
```

Création d'un synonyme

```
CREATE SYNONYM SYN_EMP FOR SCOTT.EMP;
```

Un synonyme est tout simplement un autre nom pour une table, une vue, une séquence ou une unité de programme. On emploie généralement des synonymes dans les situations suivantes :

- Pour dissimuler le nom du propriétaire d'un objet de base de données ;
- Pour masquer l'emplacement d'un objet de base de données dans un environnement distribué ;
- Pour pouvoir se référer à un objet en utilisant un nom plus simple.

Un synonyme peut être privé ou bien public. Lorsqu'il est privé, il est accessible uniquement à son propriétaire ainsi qu'aux utilisateurs auxquels ce dernier a accordé une permission. Lorsqu'il est public, il est disponible pour tous les utilisateurs de la base.

Pour créer un synonyme, il faut respecter la syntaxe suivante :

```
CREATE [PUBLIC] SYNONYM [SCHEMA.]NOM_SYNONYM
     FOR [SCHEMA.]NOM_OBJET ;
```

```
SQL> CREATE SYNONYM EMP FOR EMPLOYES;

Synonyme créé.

SQL> SELECT NO_EMPLOYE, NOM, PRENOM
  2  FROM EMP;

NO_EMPLOYE NOM                  PRENOM
---------- -------------------- ---------
         2 Fuller               Andrew
         5 Buchanan             Steven
         4 Peacock              Margaret
...
```

Liens de base de données

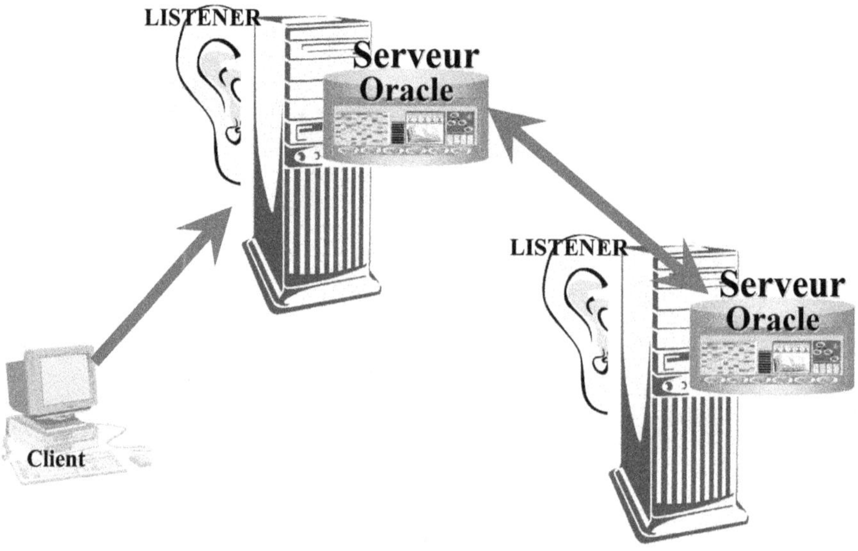

Un lien de base de données permet de se connecter à une base et d'accéder à partir de là à des objets situés dans une autre base de façon transparente, c'est-à-dire comme s'ils se trouvaient dans la base à laquelle vous êtes directement connecté. Par exemple, vous pouvez au moyen d'une seule requête joindre deux tables situées dans des bases différentes.

Le LISTENER est utilisé pour réaliser la connexion serveur-serveur en transmettant votre requête à l'autre base de données via le lien.

La syntaxe de l'instruction « **CREATE DATABASE LINK** » est :

```
CREATE [ SHARED ] [ PUBLIC ] DATABASE LINK dblink
    [{
      CONNECT TO
       {
          CURRENT_USER
        | utilisateur IDENTIFIED BY mot_de_passe
            [AUTHENTICATED BY
               utilisateur IDENTIFIED BY mot_de_passe]
       }
     |
      [AUTHENTICATED BY
         utilisateur IDENTIFIED BY mot_de_passe ]
    }]
  [ USING 'connect_string' ] ;
```

SHARED Utilise une seule connexion de réseau pour créer un lien public qui peut être partagé par plusieurs utilisateurs. Cette

	clause est disponible uniquement dans une configuration de serveur multithread.
PUBLIC	Crée un lien public accessible à tous les utilisateurs de la base. Si vous omettez cette clause, le lien sera privé et utilisable uniquement par son propriétaire.
dblink	Le nom complet ou partiel du lien.
CURRENT_USER	Indique l'utilisateur courant. L'utilisateur courant doit être global et authentifié dans les deux bases de données impliquées.
Utilisateur IDENTIFIED BY mot_de_passe	Spécifie le nom d'utilisateur et le mot de passe utilisés pour se connecter à la base distante. Si vous omettez cette clause, le lien s'appuiera sur le nom et le mot de passe de l'utilisateur qui est connecté à la base.
'connect_string'	Spécifie le nom de service de la base distante.

```
SQL> CONNECT SYSTEM/SYS@DBA_LINUX
Connecté.
SQL> SELECT NAME, PLATFORM_NAME FROM V$DATABASE;

NAME      PLATFORM_NAME
--------- ----------------------------------------------------
DBA1      Linux IA (32-bit)

SQL> CONNECT SYSTEM/SYS
Connecté.
SQL> SELECT NAME, PLATFORM_NAME FROM V$DATABASE;

NAME      PLATFORM_NAME
--------- -----------------------------
DBA       Microsoft Windows IA (32-bit)

SQL> CREATE DATABASE LINK LIEN_DBA_LINUX
  2 CONNECT TO SYSTEM IDENTIFIED BY SYS
  3 USING 'DBA_LINUX';

Lien de base de données créé.

SQL> SELECT PLATFORM_NAME FROM V$DATABASE@LIEN_DBA_LINUX;

NAME      PLATFORM_NAME
--------- ----------------------------------------------------
DBA1      Linux IA (32-bit)
```

Dans l'exemple, un lien privé est créé pour permettre au schéma « **SYSTEM** » de la base « **DBA** » de se connecter au même schéma dans la base « **DBA1** ».

```
SQL> CONNECT SYSTEM/SYS
Connecté.
SQL> CREATE PUBLIC DATABASE LINK PUBLIC_DBA
  2 CONNECT TO SYSTEM IDENTIFIED BY SYS
  3 USING 'DBA_LINUX';

Lien de base de données créé.
```

```
SQL> CREATE PUBLIC SYNONYM DEPT FOR SCOTT.DEPT@PUBLIC_DBA;

Synonyme créé.

SQL> CONNECT STAGIAIRE/PWD
Connecté.
SQL> SELECT * FROM DEPT;

    DEPTNO DNAME          LOC
---------- -------------- -------------
        10 ACCOUNTING     NEW YORK
        20 RESEARCH       DALLAS
        30 SALES          CHICAGO
        40 OPERATIONS     BOSTON
```

Atelier 18

- **La création des vues**
- **Les séquences et les synonymes**

Durée : 20 minutes

Questions

18-1. Décrivez une instruction SQL qui pourrait entraîner le message d'erreur suivant :

```
ERREUR à la ligne 1 :
ORA-01733: les colonnes virtuelles ne sont pas autorisées ici
```

18-2. Décrivez une instruction SQL qui pourrait entraîner le message d'erreur suivant :

```
ERREUR à la ligne 1 :
ORA-01402: vue WITH CHECK OPTION - violation de clause WHERE
```

Exercice n°1 La création des vues

Créez une vue de la table des employés affichant les nom et prénom de l'employé ainsi que le nom du supérieur hiérarchique pour les employés de moins de quarante ans.

Créez une vue qui permette de valider, en saisie et en mise à jour, des commandes uniquement de l'employé King.

Créez une vue qui affiche le nom de la société, l'adresse, le téléphone et la ville des clients qui habitent à Toulouse, à Strasbourg, à Nantes ou à Marseille.

Créez une vue en lecture seule qui affiche l'ensemble des informations des tables :

- DIM_CLIENTS
- DIM_EMPLOYES
- DIM_TEMPS
- DIM_PRODUITS
- INDICATEURS

Une telle vue est très utile pour une analyse des données de ces tables.

Exercice n°2 Les séquences et les synonymes

Créez une séquence pour toutes les clés primaires des tables suivantes :

- EX_COMMANDES
- EX_PERSONNES
- EMPLOYES
- PRODUITS
- FOURNISSEURS

Créez pour toutes les tables des synonymes publics.

- *Gestion du mot de passe*
- *Limiter les ressources*
- *CREATE PROFILE*
- *ALTER PROFILE*

19

Les profils

Objectifs

A la fin de ce module, vous serez à même d'effectuer les tâches suivantes :

- Décrire les paramètres pour la gestion des mots de passe.
- Décrire les paramètres pour limiter les ressources système.
- Décrire les paramètres pour limiter les ressources de base de données.
- Créer un profil utilisateur.
- Gérer un profil utilisateur.

Contenu

Gestion des mots de passe

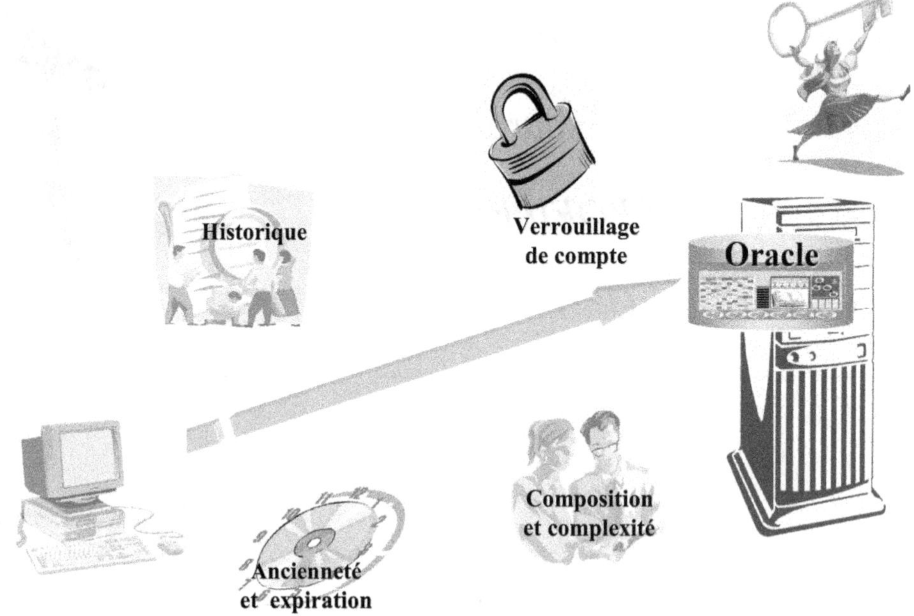

Depuis Oracle8, les administrateurs de bases de données disposent de différentes fonctionnalités qui sont essentielles pour assurer la sécurité des mots de passe.

Pour améliorer le contrôle de la sécurité de la base de données, la gestion de mot de passe d'Oracle est contrôlée par des administrateurs de base de données avec des profils.

Les fonctionnalités de gestion des mots de passe sont :

- **Composition et complexité.** Permet de définir la longueur des mots de passe ainsi que les caractères, chiffres et signes de ponctuation qui doivent entrer dans leur composition.
- **Ancienneté et expiration.** Permet de déterminer la durée de vie des mots de passe
- **Historique.** Permet de garder trace pendant une certaine période des mots de passe qui ont déjà été utilisés pour éviter qu'ils ne soient réutilisés trop souvent.
- **Verrouillage de compte.** Permet de définir quand et si un compte doit être verrouillé ou déverrouillé automatiquement ou manuellement.

Lorsque vous créez une base de données, un profil nommé « **`DEFAULT`** » est créé automatiquement. Il contient des paramètres de ressources concernant à la fois le système et les mots de passe, et ne peut être supprimé. Si vous créez un utilisateur sans spécifier de profil, celui par défaut lui sera assigné. Si vous créez un autre profil et définissez un de ses paramètres avec la valeur « **`DEFAULT`** », c'est la valeur qui a été définie pour le profil « **`DEFAULT`** » qui sera utilisée.

Le profil d'un utilisateur limite l'utilisation de la base de données et les ressources d'instance conformément à sa définition. Vous pouvez affecter un profil à chaque utilisateur et un profil par défaut à tous les utilisateurs ne disposant pas d'un profil spécifique.

Paramètres de mots de passe

- FAILED_LOGIN_ATTEMPTS
- PASSWORD_LIFE_TIME
- PASSWORD_REUSE_TIME
- PASSWORD_REUSE_MAX
- PASSWORD_LOCK_TIME
- PASSWORD_GRACE_TIME
- PASSWORD_VERIFY_FUNCTION

Toutes les fonctionnalités que nous allons examiner ici sont configurées à l'aide des instructions « `CREATE PROFILE` » ou « `ALTER PROFILE` ».

Les paramètres contenus dans un profil de mots de passe :

FAILED_LOGIN_ATTEMPTS

Nombre d'échecs de tentatives d'accès au compte avant qu'il ne soit verrouillé.

PASSWORD_LIFE_TIME

Nombre de jours pendant lesquels un même mot de passe peut être utilisé pour l'authentification. Si le mot de passe n'a pas été modifié avant la fin de cette période, il expire, à moins qu'une période de grâce n'ait été spécifiée. Après l'expiration du mot de passe, les tentatives de connexion suivantes sont rejetées.

PASSWORD_REUSE_TIME

Nombre de jours pendant lesquels un mot de passe ne peut pas être réutilisé. Lorsque ce paramètre possède une valeur spécifique, le paramètre « `PASSWORD_REUSE_MAX` » doit être défini avec la valeur « `UNLIMITED` ».

PASSWORD_REUSE_MAX

Nombre de changements de mots de passe requis avant qu'un mot de passe ne puisse être réutilisé. Lorsque ce paramètre possède une valeur spécifique, le paramètre « `PASSWORD_REUSE_TIME` » devrait être défini avec la valeur « `UNLIMITED` ».

PASSWORD_LOCK_TIME

Nombre de jours pendant lesquels un compte demeure verrouillé après que le nombre spécifié d'échecs de tentatives d'accès ait été atteint.

PASSWORD_GRACE_TIME

Nombre de jours de la "période de grâce". Durant ce laps de temps, un avertissement est émis et la connexion est autorisée. Si le mot de passe n'a toujours pas été changé à l'issue de cette période, il expire et le compte est verrouillé.

PASSWORD_VERIFY_FUNCTION

C'est une fonction de vérification de la complexité des mots de passe. Le fichier « **UTLPWDMG.SQL** » contient une fonction par défaut, « **VERIFY_FUNCTION** », mais vous pouvez écrire votre propre routine ou bien employer un outil tiers.

Le fichier se trouve dans le répertoire :

```
$ORACLE_HOME/rdbms/admin/utlpwdmg.sql
```

ou

```
%ORACLE_HOME%\rdbms\admin\utlpwdmg.sql
```

Composition et complexité

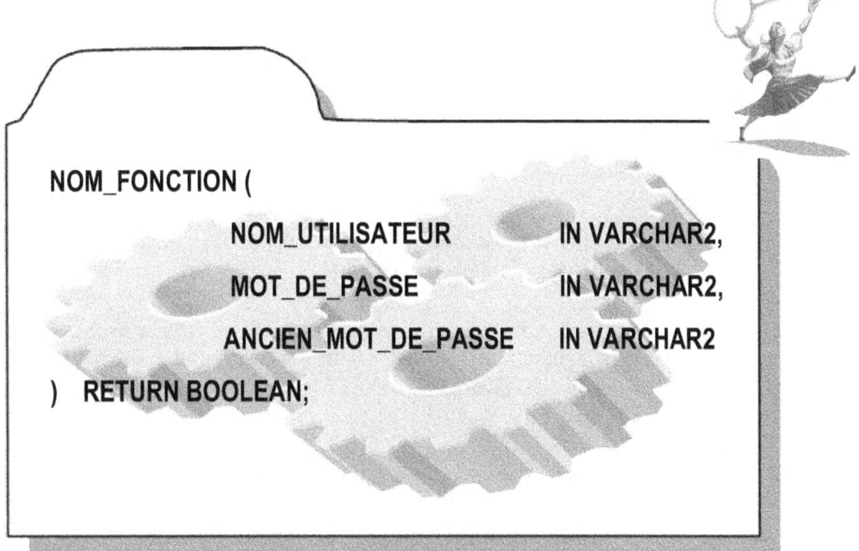

NOM_FONCTION (
NOM_UTILISATEUR IN VARCHAR2,
MOT_DE_PASSE IN VARCHAR2,
ANCIEN_MOT_DE_PASSE IN VARCHAR2
) RETURN BOOLEAN;

Oracle dispose d'un mécanisme de vérification de la complexité des mots de passe qui permet de contrôler s'ils sont suffisamment forts pour résister à d'éventuelles tentatives de découverte. Vous pouvez spécifier les règles auxquelles un mot de passe doit se conformer et complexité des mots de passe.

Étant donné que cette vérification est réalisée au moyen d'une fonction PL/SQL, vous pouvez personnaliser la complexité en écrivant vos propres routines. Pour qu'elle puisse s'exécuter normalement, la fonction doit appartenir à l'utilisateur « **SYS** ».

Le profil « **DEFAULT** » contrôle les règles auxquelles un mot de passe doit se conformer, à l'aide de la fonction « **VERIFY_FUNCTION** » stipulé dans le paramètre « **PASSWORD_VERIFY_FUNCTION** ».

La fonction « **VERIFY_FUNCTION** » impose une longueur minimale pour les mots de passe et l'emploi d'un ou plusieurs caractères alphabétiques, numériques et signes de ponctuation.

Voici les règles qui sont appliquées par défaut aux mots de passe :

- Ils doivent contenir au minimum quatre caractères.
- Ils ne doivent pas être identiques au nom de leur utilisateur.
- Ils doivent comprendre au minimum un caractère alphabétique, un caractère numérique et un signe de ponctuation.
- Au minimum trois caractères doivent différer par rapport au mot de passe précédent.

Voici le code de la fonction par défaut du fichier « **UTLPWDMG.SQL** » :

```
CREATE OR REPLACE FUNCTION verify_function
 ( username varchar2,
   password varchar2,
   old_password varchar2)
 RETURN boolean IS
        n boolean;
```

```
      m integer;
      differ integer;
      isdigit boolean;
      ischar  boolean;
      ispunct boolean;
      digitarray varchar2(20);
      punctarray varchar2(25);
      chararray varchar2(52);

BEGIN
   digitarray:= '0123456789';
   chararray:= 'abcdefghijklmnopqrstuvwxyzABCDEFGHIJKLMNOPQRSTUVWXYZ';
   punctarray:='!"#$%&()``*+,-/:;<=>?_';

   -- Check if the password is same as the username
   IF NLS_LOWER(password) = NLS_LOWER(username) THEN
     raise_application_error(-20001, 'Password same as or similar to user');
   END IF;

   -- Check for the minimum length of the password
   IF length(password) < 4 THEN
      raise_application_error(-20002, 'Password length less than 4');
   END IF;

   -- Check if the password is too simple. A dictionary of words may be
   -- maintained and a check may be made so as not to allow the words
   -- that are too simple for the password.
   IF NLS_LOWER(password) IN ('welcome', 'database', 'account', 'user',
                         'password', 'oracle', 'computer', 'abcd') THEN
      raise_application_error(-20002, 'Password too simple');
   END IF;

   -- Check if the password contains at least one letter, one digit and one
   -- punctuation mark.
   -- 1. Check for the digit
   isdigit:=FALSE;
   m := length(password);
   FOR i IN 1..10 LOOP
      FOR j IN 1..m LOOP
         IF substr(password,j,1) = substr(digitarray,i,1) THEN
            isdigit:=TRUE;
             GOTO findchar;
         END IF;
      END LOOP;
   END LOOP;
   IF isdigit = FALSE THEN
      raise_application_error(-20003,
           'Password should contain at least one digit, one character and
            one punctuation');
   END IF;
   -- 2. Check for the character
   <<findchar>>
   ischar:=FALSE;
   FOR i IN 1..length(chararray) LOOP
      FOR j IN 1..m LOOP
         IF substr(password,j,1) = substr(chararray,i,1) THEN
            ischar:=TRUE;
             GOTO findpunct;
         END IF;
```

```
      END LOOP;
   END LOOP;
   IF ischar = FALSE THEN
     raise_application_error(-20003, 'Password should contain at least one \
              digit, one character and one punctuation');
   END IF;
   -- 3. Check for the punctuation
   <<findpunct>>
   ispunct:=FALSE;
   FOR i IN 1..length(punctarray) LOOP
      FOR j IN 1..m LOOP
         IF substr(password,j,1) = substr(punctarray,i,1) THEN
            ispunct:=TRUE;
             GOTO endsearch;
         END IF;
      END LOOP;
   END LOOP;
   IF ispunct = FALSE THEN
     raise_application_error(-20003, 'Password should contain at least one \
              digit, one character and one punctuation');
   END IF;

   <<endsearch>>
   -- Check if the password differs from the previous password by at least
   -- 3 letters
   IF old_password IS NOT NULL THEN
     differ := length(old_password) - length(password);

     IF abs(differ) < 3 THEN
       IF length(password) < length(old_password) THEN
         m := length(password);
       ELSE
         m := length(old_password);
       END IF;

       differ := abs(differ);
       FOR i IN 1..m LOOP
         IF substr(password,i,1) != substr(old_password,i,1) THEN
           differ := differ + 1;
         END IF;
       END LOOP;

       IF differ < 3 THEN
         raise_application_error(-20004, 'Password should differ by at \
         least 3 characters');
       END IF;
     END IF;
   END IF;
   -- Everything is fine; return TRUE ;
   RETURN(TRUE);
END;
/
```

Vous pouvez écrire votre propre fonction à l'aide de la syntaxe suivante :

```
NOM_FONCTION (
               NOM_UTILISATEUR              IN VARCHAR2,
               MOT_DE_PASSE                 IN VARCHAR2,
```

```
                ANCIEN_MOT_DE_PASSE          IN VARCHAR2
)     RETURN BOOLEAN;
```

Une fois que la fonction a été créée, vous devez l'associer à un profil d'utilisateur spécifique ou bien à celui par défaut du système.

Vous pouvez appliquer la fonction à un utilisateur spécifique en l'assignant d'abord à un profil puis en associant le profil à l'utilisateur. Ayez à l'esprit les remarques suivantes lorsque vous créez votre routine :

- Au cas où la routine produirait une exception, il faut prévoir un message d'erreur indiquant à l'utilisateur ce qui s'est passé et comment corriger le problème.
- La routine doit appartenir à l'utilisateur « **SYS** » et s'exécuter dans le contexte système.
- Si l'utilisateur spécifie un mot de passe au format incorrect, vous devez prévoir un message d'erreur descriptif pouvant être retourné par la routine.

Création d'un profil

```
CREATE PROFILE NOM_PROFIL LIMIT
   SESSIONS_PER_USER           UNLIMITED
   CPU_PER_CALL                3000
   CONNECT_TIME                45
   LOGICAL_READS_PER_SESSION   DEFAULT
   LOGICAL_READS_PER_CALL      1000
   PRIVATE_SGA                 DEFAULT
   COMPOSITE_LIMIT             5000000;
;
```

Maintenant que vous en savez un peu plus sur les paramètres de mots de passe, examinons la syntaxe de la commande SQL « **CREATE PROFILE** » :

```
CREATE PROFILE NOM_PROFIL LIMIT
  [FAILED_LOGIN_ATTEMPTS {integer | UNLIMITED | DEFAULT}]
  [PASSWORD_LIFE_TIME    {integer | UNLIMITED | DEFAULT}]
  [PASSWORD_REUSE_TIME   {integer | UNLIMITED | DEFAULT}]
  [PASSWORD_REUSE_MAX    {integer | UNLIMITED | DEFAULT}]
  [PASSWORD_LOCK_TIME    {integer | UNLIMITED | DEFAULT}]
  [PASSWORD_GRACE_TIME   {integer | UNLIMITED | DEFAULT}]
  [PASSWORD_VERIFY_FUNCTION
                         {NOM_FONCTION | NULL | DEFAULT}
;
```

```
SQL> DESC MA_FONCTION_VERIF
FUNCTION MA_FONCTION_VERIF RETURNS BOOLEAN
 Nom d'argument              Type                    E/S par défaut ?
 --------------------------- ----------------------- ------ --------
 USERNAME                    VARCHAR2                IN
 PASSWORD                    VARCHAR2                IN
 OLD_PASSWORD                VARCHAR2                IN

SQL> CREATE PROFILE MON_PROFIL
  2  LIMIT
  3     FAILED_LOGIN_ATTEMPTS      5
  4     PASSWORD_LIFE_TIME         90
  5     PASSWORD_REUSE_TIME        60
  6     PASSWORD_REUSE_MAX         UNLIMITED
```

```
      PASSWORD_LOCK_TIME          5
      PASSWORD_GRACE_TIME         15
      PASSWORD_VERIFY_FUNCTION    MA_FONCTION_VERIF;

Profil créé.
```

Dans l'exemple, le profil créé spécifie que tous les comptes seront verrouillés après cinq échecs de tentatives d'accès. Il sera automatiquement déverrouillé après cinq jours. Le mot de passe expirera au bout de quatre-vingt-dix jours mais l'utilisateur bénéficiera d'une période de grâce de quinze jours. L'utilisateur devra attendre soixante jours avant de pouvoir réutiliser un mot de passe. La complexité des mots de passe est définie au moyen de la fonction « **MA_FONCTION_VERIF** ».

Il faut noter que la valeur assignée au paramètre « **PASSWORD_RÉUSE_MAX** » est « **UNLIMITED** ». Si une valeur spécifique avait été utilisée, il aurait fallu définir le paramètre « **PASSWORD_REUSE_TIME** » à « **UNLIMITED** ».

Gestion des Ressources

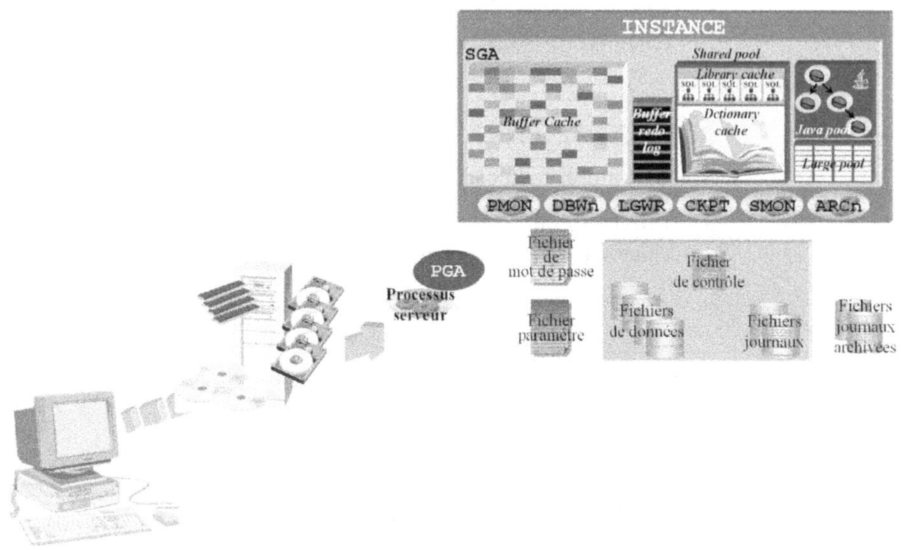

De la même manière que vous gérez les mots de passe, vous pouvez, à travers le profil, limiter les ressources système et de base de données disponibles pour un utilisateur. Comme indiqué précédemment le profil « **DEFAULT** » prend en compte la gestion des ressources, cependant ce profil ne spécifie aucune restriction, il donne le droit à une utilisation illimitée des ressources.

Les ressources dont l'utilisation peut être limitée au moyen de profils sont :

SESSIONS_PER_USER

Le nombre de sessions concurrentes d'un utilisateur dans une instance.

CPU_PER_SESSION

Détermine le temps processeur d'une session (en centièmes de secondes).

CPU_PER_CALL

Détermine le temps processeur des appels : Parse (l'analyse), Execute (l'exécution) et Fetch (en centièmes de secondes).

CONNECT_TIME

Détermine le temps de connexion autorisé pour une session ouverte (en minutes).

IDLE_TIME

Limite la durée des périodes d'inactivité pour une session, exprimée en minutes. La limite est calculée uniquement pour le processus serveur. Ne prend pas en compte l'application activée. Les requêtes d'exécution longues et d'autres opérations longues ne sont pas affectées par cette limite.

LOGICAL_READS_PER_SESSION

Le nombre total des blocs de données, lecture physique ou logique. C'est la limitation sur le nombre total de lectures mémoire ou disque. Ceci pourrait être fait pour s'assurer qu'aucun ordre intensif d'entrée-sortie ne peut jouer sur les performances.

Nombre de blocs de base de données qui peuvent être lus lors des appels : Parse (l'analyse), Execute (l'exécution) et Fetch (en centièmes de secondes).

PRIVATE_SGA

Quantité d'espace privé qu'une session peut allouer dans le pool partagé de la zone « SGA » (pour un serveur partagé).

COMPOSITE LIMIT

Une limite composée des limites précédentes.

Limite le coût total de ressource pour une session exprimer en unité de service. Oracle calcule le coût des ressources avec la somme des paramètres suivants :

- `CPU_PER_SESSION`
- `CONNECT_TIME`
- `LOGICAL_READS_PER_SESSION`
- `PRIVATE_SGA`

Attention

Le nombre de ressources peut être limité. Toutefois, toutes ces restrictions sont réactives, c'est-à-dire qu'aucune action n'est entreprise tant que l'utilisateur n'a pas dépassé la limite des ressources.

Ainsi les profils ne permettent pas d'éviter que des requêtes exploitent d'importantes quantités de ressources jusqu'à atteindre leur limite définie.

C'est seulement une fois la limite atteinte que l'instruction SQL est arrêtée.

Création d'un profil

```
CREATE PROFILE NOM_PROFIL LIMIT
   SESSIONS_PER_USER           UNLIMITED
   CPU_PER_CALL                3000
   CONNECT_TIME                45
   LOGICAL_READS_PER_SESSION   DEFAULT
   LOGICAL_READS_PER_CALL      1000
   PRIVATE_SGA                 DEFAULT
   COMPOSITE_LIMIT             5000000;
;
```

Les profils sont créés au moyen de l'instruction « **CREATE PROFILE** » avec la syntaxe suivante :

```
CREATE PROFILE NOM_PROFIL LIMIT
...
  [SESSIONS_PER_USER      {integer | UNLIMITED | DEFAULT}]
  [CPU_PER_SESSION        {integer | UNLIMITED | DEFAULT}]
  [CPU_PER_CALL           {integer | UNLIMITED | DEFAULT}]
  [CONNECT_TIME           {integer | UNLIMITED | DEFAULT}]
  [IDLE_TIME              {integer | UNLIMITED | DEFAULT}]
  [LOGICAL_READS_PER_SESSION
                          {integer | UNLIMITED | DEFAULT}]
  [LOGICAL_READS_PER_CALL{integer | UNLIMITED | DEFAULT}]
  [COMPOSITE_LIMIT        {integer | UNLIMITED | DEFAULT}]
  [PRIVATE_SGA    { integer[K | M] | UNLIMITED | DEFAULT]
;
```

```
SQL> CREATE PROFILE MON_PROFIL
LIMIT
   FAILED_LOGIN_ATTEMPTS      5
   PASSWORD_LIFE_TIME         90
   PASSWORD_REUSE_TIME        60
   PASSWORD_REUSE_MAX         UNLIMITED
   PASSWORD_LOCK_TIME         5
   PASSWORD_GRACE_TIME        15
   PASSWORD_VERIFY_FUNCTION   MA_FONCTION_VERIF
   SESSIONS_PER_USER          UNLIMITED
```

```
CPU_PER_CALL                 3000
CONNECT_TIME                 45
LOGICAL_READS_PER_SESSION    DEFAULT
LOGICAL_READS_PER_CALL       1000
PRIVATE_SGA                  DEFAULT
COMPOSITE_LIMIT              5000000;

Profil créé.
```

Modifier un profil

La commande « **ALTER PROFIL** » est utilisée pour changer un profil. Les changements n'affectent pas les sessions courantes, ils ne sont employés que sur les prochaines sessions.

La syntaxe de la commande SQL est la suivante :

```
CREATE PROFILE NOM_PROFIL LIMIT
 [FAILED_LOGIN_ATTEMPTS {integer | UNLIMITED | DEFAULT}]
 [PASSWORD_LIFE_TIME    {integer | UNLIMITED | DEFAULT}]
 [PASSWORD_REUSE_TIME   {integer | UNLIMITED | DEFAULT}]
 [PASSWORD_REUSE_MAX    {integer | UNLIMITED | DEFAULT}]
 [PASSWORD_LOCK_TIME    {integer | UNLIMITED | DEFAULT}]
 [PASSWORD_GRACE_TIME   {integer | UNLIMITED | DEFAULT}]
 [PASSWORD_VERIFY_FUNCTION
                         {NOM_FONCTION | NULL | DEFAULT}
 [SESSIONS_PER_USER     {integer | UNLIMITED | DEFAULT}]
 [CPU_PER_SESSION       {integer | UNLIMITED | DEFAULT}]
 [CPU_PER_CALL          {integer | UNLIMITED | DEFAULT}]
 [CONNECT_TIME          {integer | UNLIMITED | DEFAULT}]
 [IDLE_TIME             {integer | UNLIMITED | DEFAULT}]
 [LOGICAL_READS_PER_SESSION
                         {integer | UNLIMITED | DEFAULT}]
 [LOGICAL_READS_PER_CALL{integer | UNLIMITED | DEFAULT}]
 [COMPOSITE_LIMIT       {integer | UNLIMITED | DEFAULT}]
 [PRIVATE_SGA     { integer[K | M] | UNLIMITED | DEFAULT];
```

Supprimer un profil

Pour supprimer un profil, vous pouvez utiliser la commande SQL « **DROP PROFIL** ». Le profil par défaut ne peut pas être supprimé.

Lors de la suppression d'un profil, ce changement ne s'applique qu'aux nouvelles sessions créées et non aux sessions actuelles.

La syntaxe de la commande SQL est la suivante :

```
DROP PROFILE NOM_PROFIL ;
```

Atelier 19

- **Paramètres de mots de passe**
- **Gestion des Ressources**
- **Création d'un profil**

Durée : 5 minutes

Questions

L'utilisateur est verrouillé après cinq échecs de connexion.

```
SQL> ALTER PROFILE DEFAULT LIMIT
       FAILED_LOGIN_ATTEMPTS          5
       PASSWORD_LIFE_TIME             60
       PASSWORD_REUSE_TIME            1800
       PASSWORD_REUSE_MAX             UNLIMITED
       PASSWORD_LOCK_TIME             1/1440
       PASSWORD_GRACE_TIME            10
       PASSWORD_VERIFY_FUNCTION       DEFAULT ;
```

19-1. Combien de temps doit-on attendre avant pouvoir se reconnecter de nouveau ?

A. 1 minute

B. 5 minutes

C. 10 minutes

D. 14 minutes

E. 18 minutes

F. 60 minutes

Exercice n°1 La création d'un profil

Créez un profil « **APP_PROF** » qui verrouille l'utilisateur après trois échecs de connexion et le maintient ainsi indéfiniment. Un changement de mot de passe est demandé tous les soixante jours. Un ancien mot de passe ne peut pas être réutilisé avant cent vingt jours.

Le profil doit limiter le nombre de sessions par utilisateur à deux.

- *CREATE USER*
- *DEFAUL TABLESPACE*
- *ALTER USER*
- *DBA_USERS*

20

Les utilisateurs

Objectifs

A la fin de ce module, vous serez à même d'effectuer les tâches suivantes :

- Décrire les types d'utilisateurs.
- Décrire les paramètres de création d'un utilisateur.
- Créer un utilisateur.
- Gérer un utilisateur.
- Interroger les vues du dictionnaire de données pour retrouver les informations concernant les utilisateurs.

Contenu

Les utilisateurs

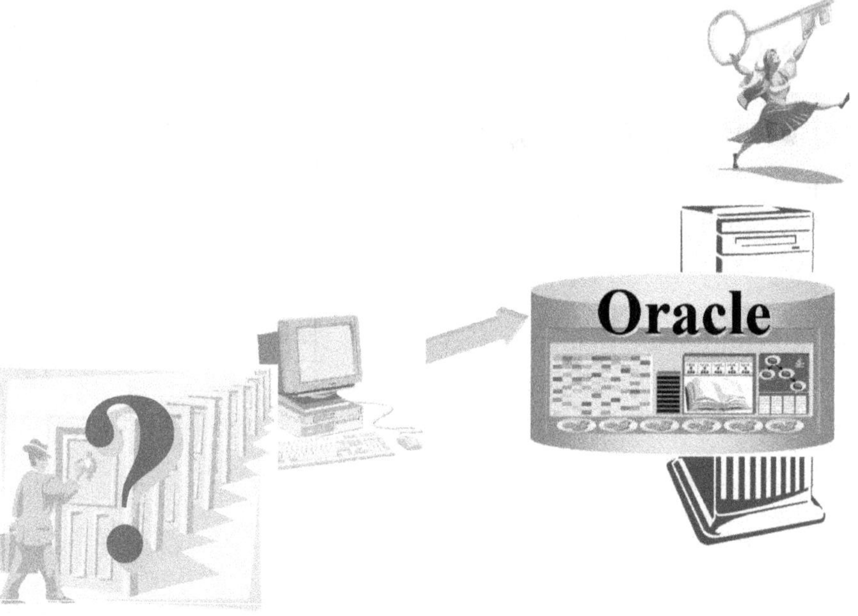

Lorsqu'on parle d'utilisateurs de base de données, il est généralement question de trois types d'entités :

Les utilisateurs finaux

Les utilisateurs finaux sont des utilisateurs qui se connectent à la base Oracle pour interagir avec les données qui y sont stockées et les maintenir. Ils doivent être autorisés à créer des sessions pour pouvoir se connecter à la base et aussi disposer de privilèges de niveau objet sur les données qu'ils ont besoin de visualiser et de modifier. Ils ne reçoivent habituellement aucun privilège système général, de sorte qu'ils ne peuvent accéder à l'ensemble de la base. Leur accès est donc strictement limité aux zones qui leur sont nécessaires pour pouvoir accomplir leur travail.

Les applications

Il ne s'agit pas véritablement d'utilisateurs mais des applications qui sont écrites pour aider les utilisateurs finaux à exécuter plus facilement et plus rapidement leurs tâches. Les fabricants tiers et les développeurs créent souvent des applications sans déterminer les privilèges spécifiques qu'elles requièrent en s'arrangeant pour obtenir un rôle « `DBA` ».

Les administrateurs

Les administrateurs de bases de données surveillent et maintiennent la base elle-même; ils ont donc besoin du plus haut niveau de privilèges. Ils sont notamment chargés de créer des bases de données et des rôles, et d'octroyer des privilèges d'accès aux utilisateurs finaux.

Création d'un utilisateur

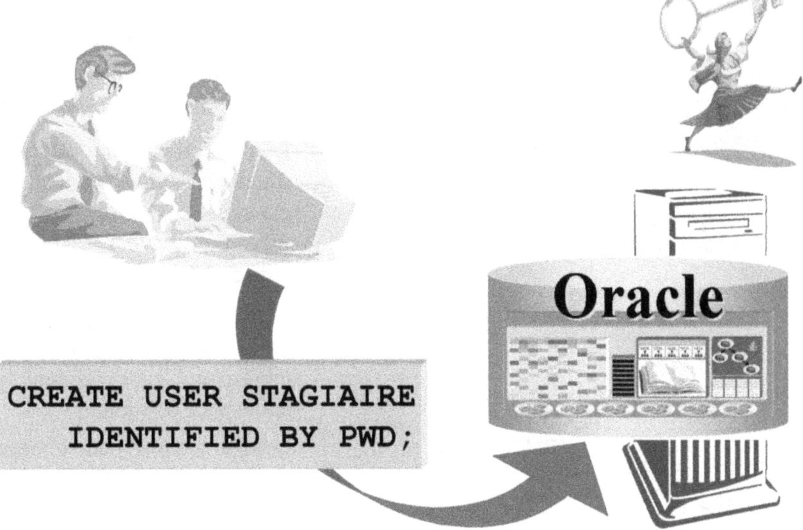
CREATE USER STAGIAIRE
IDENTIFIED BY PWD;
Oracle

Lors de la création d'un utilisateur de base de données, l'objectif est de définir un compte utile et sécurisé qui détient les privilèges adéquats et les paramètres par défaut appropriés.

Comme nous l'avons vu dans le module « Les types de données », un schéma est une collection nommée d'objets comme des tables, vues, clusters, procédures et des packages associés à un utilisateur particulier.

Lorsqu'un utilisateur de base de données est créé, un schéma correspondant, avec le même nom, est créé pour cet utilisateur. Il ne peut avoir qu'un schéma par utilisateur, ainsi le nom d'utilisateur et le nom du schéma sont souvent interchangeables.

La syntaxe de création d'un nouvel utilisateur est :

```
CREATE USER user
         IDENTIFIED {  BY password
                     | EXTERNALLY
                     | GLOBALLY AS 'external_name'
                    }
         [ DEFAULT TABLESPACE tablespace]
         [ TEMPORARY TABLESPACE]
         [ QUOTA { integer [ K | M ] | UNLIMITED }
                   ON tablespace [...]]
          [ PROFILE profile]
          [ PASSWORD EXPIRE]
          [ ACCOUNT { LOCK | UNLOCK } ] ;
```

IDENTIFIED Indique le moyen d'authentification de l'utilisateur.

BY password Indique que l'utilisateur doit fournir un mot de passe pour se connecter à la base de données. « password » est le mot de passe de l'utilisateur.

EXTERNALLY Indique que l'authentification des utilisateurs se fait par le système d'exploitation.

GLOBALLY AS Indique que l'utilisateur doit s'authentifier globalement.

'external_name' L'authentification est effectuée par un « LDAP » d'entreprise l'argument est la chaîne de connexion. Par exemple : « **'CN=Razvan BIZOÏ, OU=formation, O=Etelia, C=FR'** ».

DEFAULT TABLESPACE Indique le tablespace par défaut de l'utilisateur. Chaque objet créé par l'utilisateur, pour lequel il n'y a pas de tablespace explicitement précisé, est stocké dans le tablespace par défaut.

TEMPORARY Indique le tablespace temporaire par défaut de l'utilisateur. Chaque fois qu'Oracle a besoin d'espace temporaire pour gérer les requêtes de l'utilisateur, pour les ordres de tris ou autre, il stocke l'information dans ce tablespace.

QUOTA...ON Indique l'espace de stockage maximum que les objets de l'utilisateur peuvent occuper.

integer Spécifie une taille, en octets si vous ne précisez pas de suffixe pour définir une valeur en K, M.

K Valeurs spécifiées pour préciser la taille en kilooctets.

M Valeurs spécifiées pour préciser la taille en mégaoctets.

UNLIMITED Définit une taille illimitée pour le stockage dans le tablespace. Par défaut l'utilisateur n'a pas de quota sur les tablespaces.

PROFILE Indique le profil de l'utilisateur.

PASSWORD EXPIRE Force l'utilisateur à redéfinir son mot de passe lors de sa prochaine connexion à la base. Cette option n'est valable que si l'utilisateur est authentifié par la base de données « **BY password** ».

ACCOUNT LOCK Indique que l'utilisateur est verrouillé. Il ne peut pas se connecter à la base.

ACCOUNT UNLOCK Indique que l'utilisateur n'est pas verrouillé. L'argument par défaut est « **UNLOCK** ».

```
SQL> CREATE PROFILE APP_USER
LIMIT
   FAILED_LOGIN_ATTEMPTS      5
   PASSWORD_LIFE_TIME         90
   PASSWORD_REUSE_TIME        60
   PASSWORD_REUSE_MAX         UNLIMITED
   PASSWORD_LOCK_TIME         5
   PASSWORD_GRACE_TIME        15
   PASSWORD_VERIFY_FUNCTION   MA_FONCTION_VERIF
   SESSIONS_PER_USER          UNLIMITED
   CPU_PER_CALL               3000
   CONNECT_TIME               45
   LOGICAL_READS_PER_SESSION  DEFAULT
```

```
    LOGICAL_READS_PER_CALL       1000
    PRIVATE_SGA                  DEFAULT
    COMPOSITE_LIMIT              5000000;

Profil créé.

SQL> CREATE TABLESPACE EXEMPLE DATAFILE SIZE 1G;

Tablespace créé.

SQL> CREATE USER RAZVAN
       IDENTIFIED BY OBSOLETTE_PASSWORD1
       DEFAULT TABLESPACE EXEMPLE
       QUOTA 10M ON EXEMPLE
       TEMPORARY TABLESPACE TEMP
       QUOTA 5M ON SYSTEM
       PROFILE APP_USER
       PASSWORD EXPIRE;

Utilisateur créé.

SQL> CONNECT RAZVAN/OBSOLETTE_PASSWORD1
ERROR:
ORA-28001: le mot de passe est expiré

Modification de mot de passe pour RAZVAN
Nouveau mot de passe :
Ressaisir le nouveau mot de passe :
ERROR:
ORA-01045: l'utilisateur RAZVAN n'a pas le privilège CREATE SESSION
; connexion refusée

Mot de passe non modifié
```

L'exemple ci-dessus montre la création d'un profil et d'un tablespace qui serviront à la création de l'utilisateur.

L'utilisateur est créé avec le tablespace « **EXEMPLE** » comme tablespace par défaut et le tablespace « **TEMP** » comme tablespace temporaire par défaut. Il peut stocker jusqu'à 10Mb dans le tablespace « **EXEMPLE** » et 5Mb dans le tablespace « **SYSTEM** ». La limitation des ressources et la gestion du mot de passe sont définies par le profil « **APP_USER** ». Le mot de passe « **OBSOLETTE_PASSWORD1** » est déjà expiré « **PASSWORD EXPIRE** ». Comme vous pouvez le voir, à la connexion, Oracle demande le changement de mot de passe, même si l'utilisateur n'est pas autorisé à se connecter.

Attention

Une fois créé, le compte ne possède aucun droit, et son propriétaire ne peut même pas se connecter tant que ce privilège n'a pas été accordé.

Pour pouvoir se connecter à Oracle, il faut avoir les privilèges de création d'une session, « **CREATE SESSION** ».

Pour pouvoir se connecter et explorer les fonctionnalités de l'utilisateur créé, il faut utiliser l'attribution des privilèges de se connecter à la base et de pouvoir créer des objets. Nous utilisons pour cela le rôle « **CONNECT** ». Un rôle est un ensemble de privilèges qui peuvent être attribués à un utilisateur. Pour plus des détails sur les rôles et les privilèges accordés aux utilisateurs, voir les modules correspondants.

La syntaxe pour accorder les privilèges du rôle « **CONNECT** » à un utilisateur est :

```
GRANT CONNECT TO NOM_UTILISATEUR ;
```

```
SQL> GRANT CONNECT TO RAZVAN ;

Autorisation de privilèges (GRANT) acceptée.

SQL> CONNECT RAZVAN/PASSWORD_1
Connecté.
SQL> CREATE TABLE T1(C1 CHAR(1));

Table créée.

SQL> SELECT TABLE_NAME, TABLESPACE_NAME
  2  FROM USER_TABLES
  3  WHERE TABLE_NAME = 'T1';

TABLE_NAME                     TABLESPACE_NAME
------------------------------ ---------------------
T1                             EXEMPLE
```

Vous pouvez remarquer qu'une fois accordé le rôle, nous pouvons nous connecter. La création de la table est effectuée sans mention explicite d'emplacement dans un tablespace, ce qui entraine le stockage dans le tablespace par défaut.

```
SQL> CREATE TABLE T2(C1 CHAR(1)) TABLESPACE USERS;
CREATE TABLE T2(C1 CHAR(1)) TABLESPACE USERS
*
ERREUR à la ligne 1 :
ORA-01950: pas de privilèges sur le tablespace 'USERS'

SQL> CREATE TABLE T2(C1 CHAR(1)) TABLESPACE SYSTEM;

Table créée.

SQL> SELECT TABLE_NAME, TABLESPACE_NAME
  2  FROM USER_TABLES
  3  WHERE TABLE_NAME LIKE 'T%';

TABLE_NAME                     TABLESPACE_NAME
------------------------------ ----------------------
T1                             EXEMPLE
T2                             SYSTEM
```

L'utilisateur « **RAZVAN** » peut stocker jusqu'à 10Mb dans le tablespace « **EXEMPLE** » et 5Mb dans le tablespace « **SYSTEM** ». Il n'a pas les privilèges nécessaires pour créer la table « **T2** » dans le tablespace « **USERS** ».

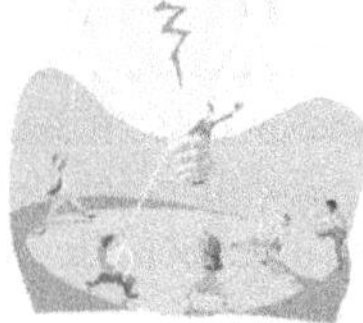

Note

Les utilisateurs n'ont pas besoin des quotas « **QUOTA** » sur le tablespace temporaire par défaut de la base de données. Les quotas sont nécessaires pour l'allocation de l'espace de stockage dans les tablespaces pour les segments.

```
SQL> CREATE USER STAGIAIRE
  2       IDENTIFIED BY PWD
  3       DEFAULT TABLESPACE EXEMPLE
  4       QUOTA 10M ON EXEMPLE
  5       TEMPORARY TABLESPACE TEMP
  6       QUOTA 5M ON SYSTEM
  7       ACCOUNT LOCK
  8       PASSWORD EXPIRE;

Utilisateur créé.

SQL> CONNECT STAGIAIRE/PWD
ERROR:
ORA-28000: compte verrouillé

Avertissement : vous n'êtes plus connecté à ORACLE.
```

Remarquez ici que l'utilisateur « **STAGIAIRE** » a été créé avec l'argument « **ACCOUNT LOCK** ». Par la suite, il n'est pas possible de se connecter avec cet utilisateur. Son compte est verrouillé grâce à l'argument « **PASSWORD EXPIRE** ». Une fois déverrouillé le compte utilisateur, il faut changer de mot de passe à la prochaine connexion.

Gestion d'un utilisateur

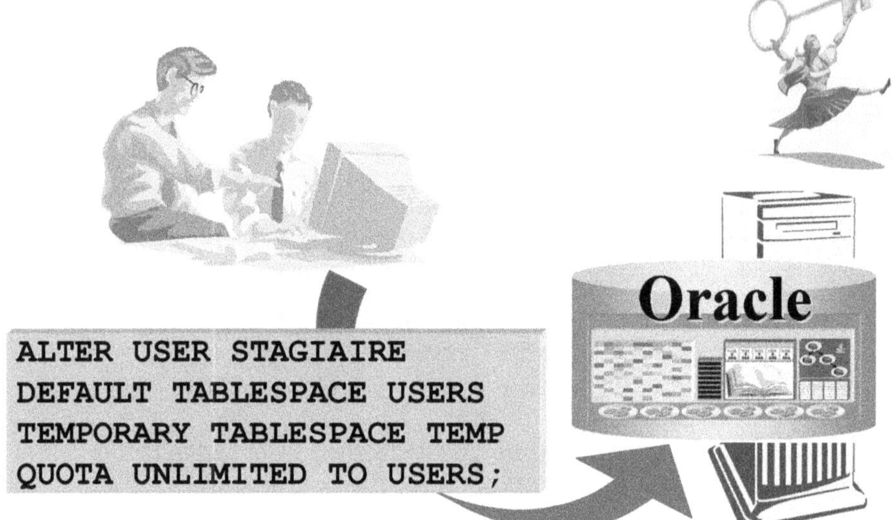
Oracle
ALTER USER STAGIAIRE
DEFAULT TABLESPACE USERS
TEMPORARY TABLESPACE TEMP
QUOTA UNLIMITED TO USERS;

Lors de la création d'un utilisateur de base de données, vous paramétrez les privilèges adéquats et les paramètres par défaut appropriés. Par la suite, si vous avez besoin de gérer un ou plusieurs paramètres, vous pouvez utiliser la commande SQL « **ALTER USER** ».

A l'aide de la commande SQL « **ALTER USER** » vous pouvez modifier tous les paramètres définis dans l'instruction « **CREATE USER** » à l'exception du nom de l'utilisateur. La syntaxe de commande SQL est la suivante :

```
ALTER USER user
         IDENTIFIED {  BY password
                     | EXTERNALLY
                     | GLOBALLY AS 'external_name'
                    }
         [ DEFAULT TABLESPACE tablespace]
         [ TEMPORARY TABLESPACE]
         [ QUOTA { integer [ K | M ] | UNLIMITED }
                   ON tablespace [...]]
          [ PROFILE profile]
          [ PASSWORD EXPIRE]
          [ ACCOUNT { LOCK | UNLOCK } ] ;
```

```
SQL> ALTER USER STAGIAIRE ACCOUNT UNLOCK ;

Utilisateur modifié.

SQL> CONNECT STAGIAIRE/PWD
```

```
ERROR:
ORA-28001: le mot de passe est expiré

Modification de mot de passe pour STAGIAIRE
Nouveau mot de passe :
Ressaisir le nouveau mot de passe :
ERROR:
ORA-01045: l'utilisateur STAGIAIRE n'a pas le privilège CREATE
SESSION ;
connexion refusée

Mot de passe non modifié
Avertissement : vous n'êtes plus connecté à ORACLE.

SQL> CONNECT SYSTEM/SYS
Connecté.
SQL> GRANT CONNECT TO STAGIAIRE;

Autorisation de privilèges (GRANT) acceptée.

SQL> CONNECT STAGIAIRE/PWD
Connecté.
```

Une fois déverrouillé le compte utilisateur, il faut changer de mot de passe à la prochaine connexion. On ne peut pas pour autant se connecter à la base de données si on ne possède pas les privilèges nécessaires.

```
SQL> CREATE TABLE T1(C1 CHAR(1));

Table créée.

SQL> SELECT TABLE_NAME, TABLESPACE_NAME
  2  FROM USER_TABLES
  3  WHERE TABLE_NAME = 'T1';

TABLE_NAME                     TABLESPACE_NAME
------------------------------ ---------------------
T1                             EXEMPLE

SQL> CONNECT SYSTEM/SYS
Connecté.
SQL> ALTER USER STAGIAIRE DEFAULT
  2         TABLESPACE USERS
  3         QUOTA 5M ON USERS;

Utilisateur modifié.

SQL> CONNECT STAGIAIRE/PWD
Connecté.
SQL> CREATE TABLE T2(C1 CHAR(1));

SQL> SELECT TABLE_NAME, TABLESPACE_NAME
  2  FROM USER_TABLES
  3  WHERE TABLE_NAME = 'T%';

TABLE_NAME                     TABLESPACE_NAME
```

```
------------------------------ --------------------
T1                             EXEMPLE
T2                             USERS
```

La table « **T1** » est créée et stockée dans le tablespace par défaut de l'utilisateur « **EXEMPLE** ». On modifie le tablespace de stockage par défaut de l'utilisateur du « **EXEMPLE** » à « **USERS** ». La table « **T2** » est créée dans le nouveau tablespace par défaut.

Attention

Définir un tablespace par défaut pour un utilisateur ne lui donne pas le droit de créer des extents pour les segments de son schéma.

Il faut avoir attribué un quota de stockage que les objets de l'utilisateur peuvent occuper. Le paramètre « **QUOTA ... ON** » vous permet de définir le volume maximal de stockage.

```
SQL> ALTER USER STAGIAIRE PASSWORD EXPIRE;

Utilisateur modifié.

SQL> CONNECT STAGIAIRE/PWD
ERROR:
ORA-28001: le mot de passe est expiré

Modification de mot de passe pour STAGIAIRE
Nouveau mot de passe :
Ressaisir le nouveau mot de passe :
Mot de passe modifié
Connecté.
```

Comme vous pouvez le voir dans cet exemple, après la modification de l'utilisateur avec l'option « **PASSWORD EXPIRE** », l'utilisateur doit changer de mot de passe.

Astuce

Le paramètre « **PASSWORD EXPIRE** » vous permet d'imposer la modification du mot de passe pour un utilisateur.

C'est une option fréquemment utilisé dans le cas de perte de mot de passe d'un des utilisateurs de la base de données.

Suppression d'un utilisateur

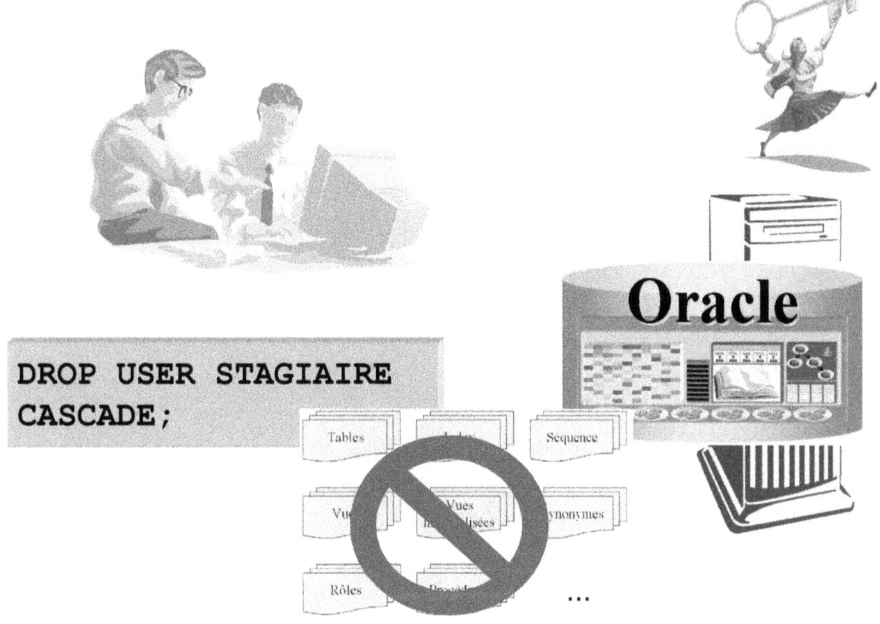

Vous pouvez supprimer un utilisateur à l'aide de la commande « DROP USER ». Cette instruction supprime l'utilisateur, pour supprimer le schéma avec l'ensemble des objets qui appartiennent à l'utilisateur, il faut utiliser le paramètre « **CASCADE** ».

La syntaxe de suppression d'un utilisateur est la suivante :

```
DROP USER NOM_UTILISATEUR [CASCADE] ;
```

Rappelez-vous : le paramètre « CASCADE » est utilisé également dans la suppression d'une table pour effacer les contraintes.

```
SQL> DROP USER STAGIAIRE;

SQL> DROP USER STAGIAIRE;
DROP USER STAGIAIRE
*
ERREUR à la ligne 1 :
ORA-01922: CASCADE à indiquer pour supprimer 'STAGIAIRE'


SQL> DROP USER STAGIAIRE CASCADE;

Utilisateur supprimé.

SQL> CONNECT STAGIAIRE/PWD
ERROR:
ORA-01017: nom utilisateur/mot de passe non valide ; connexion
refusée


Avertissement : vous n'êtes plus connecté à ORACLE.
```

Informations sur les utilisateurs

- DBA_USERS
- DBA_PROFILES

Vous pouvez interroger les vues du dictionnaire de données pour récupérer les informations sur les utilisateurs, les profils ainsi que les quotas de stockage dans les tablespaces.

DBA_USERS

La vue « **DBA_USERS** » fournit des informations sur le compte courant.

Les colonnes de cette vue sont :

USERNAME Le nom d'utilisateur.

USER_ID L'identifiant assigné par la base.

PASSWORD Le mot de passe crypté pour le compte.

ACCOUNT_STATUS Indique l'état du compte, à savoir s'il est verrouillé« **LOCKED** », déverrouillé « **OPEN** », ou s'il a expiré « **EXPIRED** ».

LOCK_DATE Indique la date du verrouillage.

EXPIRY_DATE Indique la date d'expiration.

DEFAULT_TABLESPACE Le tablespace par défaut.

TEMPORARY_TABLESPACE Le tablespace temporaire par défaut.

CREATED La date de création.

PROFILE Le profil de ressources du compte

INITIAL_RSRC_CONSUMER_GROUP Indique les groupes de consommateurs de ressources.

EXTERNAL_NAME Le nom de l'utilisateur externe.

Il existe deux autres vues du dictionnaire de données :

– « **USER_USERS** » qui fournit les informations pour l'utilisateur courant.

– « **ALL_USERS** » qui contient seulement les colonnes « **USERNAME** », « **USER_ID** » et « **CREATED** », mais liste ces informations pour tous les comptes accessibles à l'utilisateur courant.

```
SQL> SELECT USERNAME, ACCOUNT_STATUS, DEFAULT_TABLESPACE
  2  FROM DBA_USERS ;

USERNAME           ACCOUNT_STATUS   DEFAULT_TABLESPACE
------------------ ---------------- ------------------
SYSTEM             OPEN             SYSTEM
SYS                OPEN             SYSTEM
OLAPSYS            EXPIRED & LOCKED SYSAUX
SI_INFORMTN_SCHEMA EXPIRED & LOCKED SYSAUX
MGMT_VIEW          OPEN             SYSAUX
SIDNEY             EXPIRED          EXAMPLE
ORDPLUGINS         EXPIRED & LOCKED SYSAUX
WKPROXY            EXPIRED & LOCKED SYSAUX
XDB                EXPIRED & LOCKED SYSAUX
SYSMAN             OPEN             SYSAUX
HR                 OPEN             EXAMPLE
OE                 OPEN             EXAMPLE
DIP                EXPIRED & LOCKED USERS
OUTLN              EXPIRED & LOCKED SYSTEM
SH                 OPEN             EXAMPLE
ANONYMOUS          EXPIRED & LOCKED SYSAUX
CTXSYS             EXPIRED & LOCKED SYSAUX
IX                 OPEN             EXAMPLE
MDDATA             EXPIRED & LOCKED USERS
WK_TEST            EXPIRED & LOCKED SYSAUX
PM                 OPEN             EXAMPLE
WKSYS              EXPIRED & LOCKED SYSAUX
BI                 OPEN             EXAMPLE
WMSYS              EXPIRED & LOCKED SYSAUX
SCOTT              OPEN             USERS
DBSNMP             OPEN             SYSAUX
DMSYS              EXPIRED & LOCKED SYSAUX
EXFSYS             EXPIRED & LOCKED SYSAUX
ORDSYS             EXPIRED & LOCKED SYSAUX
MDSYS              EXPIRED & LOCKED SYSAUX
```

DBA_PROFILES

La vue « **DBA_PROFILES** » fournit des informations sur les profils.

Les colonnes de cette vue sont :

PROFILE	Le profil de ressources du compte.
RESOURCE_NAME	Le nom d'utilisateur.
RESOURCE_TYPE	Indique le type de ressource. Les valeurs possibles « **KERNEL** », pour les limitations des ressources et « **PASSWORD** » pour la gestion de mot de passe.
LIMIT	La valeur limite pour la ressource de l'enregistrement.

```
SQL> SELECT * FROM DBA_PROFILES
  2  ORDER BY PROFILE,RESOURCE_TYPE,
  3           RESOURCE_TYPE;

PROFILE  RESOURCE_NAME             RESOURCE LIMIT
-------- ------------------------- -------- ------------------
APP_USER COMPOSITE_LIMIT           KERNEL   5000000
APP_USER SESSIONS_PER_USER         KERNEL   UNLIMITED
APP_USER CPU_PER_CALL              KERNEL   3000
APP_USER LOGICAL_READS_PER_CALL    KERNEL   1000
APP_USER CONNECT_TIME              KERNEL   45
APP_USER PRIVATE_SGA               KERNEL   DEFAULT
APP_USER IDLE_TIME                 KERNEL   DEFAULT
APP_USER LOGICAL_READS_PER_SESSION KERNEL   DEFAULT
APP_USER CPU_PER_SESSION           KERNEL   DEFAULT
APP_USER FAILED_LOGIN_ATTEMPTS     PASSWORD 5
APP_USER PASSWORD_REUSE_MAX        PASSWORD UNLIMITED
APP_USER PASSWORD_VERIFY_FUNCTION  PASSWORD MA_FONCTION_VERIF
APP_USER PASSWORD_GRACE_TIME       PASSWORD 15
APP_USER PASSWORD_LOCK_TIME        PASSWORD 5
APP_USER PASSWORD_LIFE_TIME        PASSWORD 90
APP_USER PASSWORD_REUSE_TIME       PASSWORD 60
DEFAULT  COMPOSITE_LIMIT           KERNEL   UNLIMITED
DEFAULT  PRIVATE_SGA               KERNEL   UNLIMITED
DEFAULT  SESSIONS_PER_USER         KERNEL   UNLIMITED
DEFAULT  CPU_PER_CALL              KERNEL   UNLIMITED
DEFAULT  LOGICAL_READS_PER_CALL    KERNEL   UNLIMITED
DEFAULT  CONNECT_TIME              KERNEL   UNLIMITED
DEFAULT  IDLE_TIME                 KERNEL   UNLIMITED
DEFAULT  LOGICAL_READS_PER_SESSION KERNEL   UNLIMITED
DEFAULT  CPU_PER_SESSION           KERNEL   UNLIMITED
DEFAULT  FAILED_LOGIN_ATTEMPTS     PASSWORD UNLIMITED
DEFAULT  PASSWORD_REUSE_MAX        PASSWORD UNLIMITED
DEFAULT  PASSWORD_VERIFY_FUNCTION  PASSWORD NULL
DEFAULT  PASSWORD_GRACE_TIME       PASSWORD UNLIMITED
DEFAULT  PASSWORD_LOCK_TIME        PASSWORD UNLIMITED
DEFAULT  PASSWORD_LIFE_TIME        PASSWORD UNLIMITED
DEFAULT  PASSWORD_REUSE_TIME       PASSWORD UNLIMITED
```

Atelier 20

- **La création d'un utilisateur**
- **Le test de connexion**
- **L'attribution d'un rôle**
- **Le verrouillage de compte**
- **L'effacement d'un utilisateur**

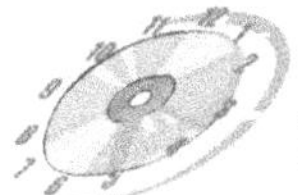

Durée : 10 minutes

Exercice n°1 La création d'un utilisateur

Créez un utilisateur « **APP_USER** » avec le tablespace par défaut « **GEST_DATA** » et le tablespace temporaire par défaut « **TEMP** ».

Forcez l'utilisateur à redéfinir son mot de passe lors de sa prochaine connexion à la base.

Utilisez le profil précédemment créé « **APP_PROF** ».

Accordez-lui le droit de stocker jusqu'à 10 Mb dans le tablespace « **GEST_DATA** » ainsi que dans le tablespace « **GEST_INDX** ».

Exercice n°2 Le test de connexion

Essayez de vous connecter à la base de données. Pourquoi ne pouvez-vous pas vous connecter ?

Exercice n°3 L'attribution d'un rôle

Accordez le rôle « **CONNECT** » et « **RESOURCE** » à l'utilisateur précédemment créé.

Créez une table à partir du catalogue de l'utilisateur à l'aide de la syntaxe suivante :

```
CREATE TABLE T AS SELECT * FROM CAT ;
```

Affichez l'emplacement de la table.

Exercice n°4 Le verrouillage de compte

Verrouillez le compte « **APP_USER** » ainsi créé.

Essayez de vous connecter.

Connectez-vous avec un compte « **STAGIAIRE** » et déverrouillez le compte « **APP_USER** ».

Exercice n°5 L'effacement d'un utilisateur

Connectez-vous avec le compte « **APP_USER** ».

Essayez d'effacer le compte « **APP_USER** ».

Connectez-vous avec le compte « **STAGIAIRE** » et effacez le compte « **APP_USER** ».

- *GRANT*
- *REVOKE*
- *ADMIN OPTION*
- *GRANT OPTION*

21

Les privilèges

Objectifs

A la fin de ce module, vous serez à même d'effectuer les tâches suivantes :

- Décrire les privilèges de niveau système.
- Décrire les privilèges de niveau objet.
- Octroyer des privilèges de niveau système.
- Octroyer des privilèges de niveau objet.
- Révoquer des privilèges de niveau système et de niveau objet
- Récupérer les informations concernant les privilèges système et objet d'un utilisateur.

Contenu

Les privilèges

- **Privilèges de niveau objet**
- **Privilèges de niveau système**

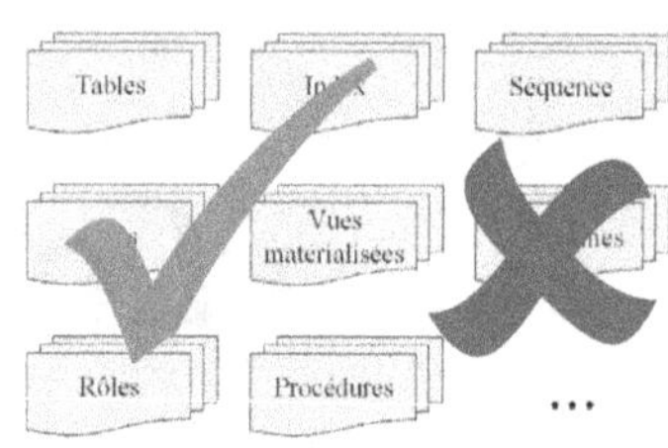

En tant qu'administrateur de bases de données, vous êtes chargé d'octroyer et de révoquer des privilèges d'accès aux utilisateurs de la base. Vous pouvez employer des rôles pour faciliter l'administration de privilèges, et des vues pour limiter l'accès des utilisateurs à certaines données.

Ce module décrit comment utiliser et gérer les privilèges de niveaux système et objet, les rôles et les vues afin d'assurer la sécurité des données de la base et garantir leur intégrité.

Une base de données peut supporter plusieurs utilisateurs, chacun d'eux possédant un schéma. Voici les éléments qui constituent un schéma :

- les tables, colonnes, contraintes et types de données (dont les types abstraits)
- les tables temporaires
- les tables organisées en index
- les tables partitionnées
- les clusters
- les index
- les vues
- les vues d'objets
- les vues matérialisées
- les séquences
- les procédures
- les fonctions
- les packages
- les déclencheurs

- les synonymes
- les liens de base de données

Vous avez la possibilité d'octroyer ou de révoquer deux types de privilèges aux utilisateurs d'une base de données pour qu'ils puissent accéder à ces objets :

- Les privilèges de niveau système.
- Les privilèges de niveau objet.

Le privilège système permet à un utilisateur d'exécuter une opération de base de données particulière ou une classe d'opération de base de données. Par exemple, les privilèges de créer un tablespace et de créer une session sont des privilèges systèmes.

Le privilège objet permet à l'utilisateur d'exécuter une action particulière sur un objet spécifique, tel qu'une table, une vue, une séquence, une procédure, une fonction ou un package.

Privilèges de niveau système

- CREATE TABLE
- CREATE ANY TABLE
- CREATE SESSION

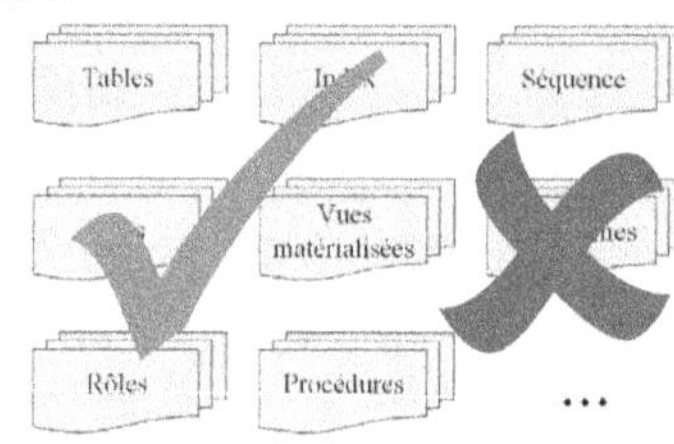

Bon nombre des privilèges de niveau système possèdent une forme spécifique et une forme générique correspondante.

Les privilèges spécifiques permettent aux utilisateurs d'exécuter des actions sur des objets qui leur appartiennent, y compris de créer des objets dans leur propre compte ou schéma.

Pour pouvoir visualiser tous les privilèges système qui peuvent être octroyés, vous pouvez interroger la vue du dictionnaire de donnés « **SESSION_PRIVS** ».

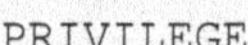

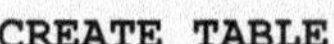

```
SQL> SELECT * FROM SESSION_PRIVS
  2  WHERE PRIVILEGE LIKE '%TABLE';

PRIVILEGE
----------------------------------------
CREATE TABLE
CREATE ANY TABLE
ALTER ANY TABLE
BACKUP ANY TABLE
DROP ANY TABLE
LOCK ANY TABLE
COMMENT ANY TABLE
SELECT ANY TABLE
INSERT ANY TABLE
UPDATE ANY TABLE
DELETE ANY TABLE
UNDER ANY TABLE
FLASHBACK ANY TABLE
```

Comme vous pouvez le voir, un utilisateur peut disposer du privilège « **CREATE TABLE** » lui permettant de créer des tables dans son schéma. Il existe également une forme plus générique et plus puissante de ces privilèges de niveau système qui autorise les utilisateurs à manipuler des objets situés dans d'autres schémas. Par exemple, un utilisateur qui possède le privilège « **CREATE ANY TABLE** » peut créer une table dans le schéma de n'importe quel utilisateur.

```
SQL> SELECT * FROM SESSION_PRIVS
  2   WHERE PRIVILEGE LIKE '%VIEW';

PRIVILEGE
----------------------------------------
CREATE VIEW
CREATE ANY VIEW
DROP ANY VIEW
CREATE MATERIALIZED VIEW
CREATE ANY MATERIALIZED VIEW
ALTER ANY MATERIALIZED VIEW
DROP ANY MATERIALIZED VIEW
UNDER ANY VIEW
```

De la même manière, s'il bénéficie du privilège « **CREATE ANY VIEW** » il pourra créer une vue sur n'importe quelle table de la base pour laquelle il détient le privilège « **SELECT** », tandis qu'un utilisateur bénéficiant du privilège « **CREATE VIEW** » pourra seulement créer des vues sur les tables dont il est propriétaire. Pour le privilège « **SELECT** », voir les privilèges de niveau objet plus loin dans le chapitre.

```
SQL> SELECT * FROM SESSION_PRIVS
  2   WHERE PRIVILEGE LIKE '%SESSION';

PRIVILEGE
----------------------------------------
CREATE SESSION
ALTER SESSION
RESTRICTED SESSION
DEBUG CONNECT SESSION
```

D'autres privilèges de niveau système, tels que « **CREATE SESSION** » et « **CREATE TABLESPACE** », ne s'appliquent à aucun schéma en particulier mais au système dans son ensemble.

```
SQL> SELECT * FROM SESSION_PRIVS
  2  WHERE PRIVILEGE LIKE '%TABLESPACE';

PRIVILEGE
----------------------------------------
CREATE TABLESPACE
ALTER TABLESPACE
MANAGE TABLESPACE
DROP TABLESPACE
UNLIMITED TABLESPACE
```

Attention

Un utilisateur qui dispose de privilèges génériques, comme ceux qui incluent le mot « **ANY** », détient un contrôle considérable sur la base de données. Ces privilèges doivent donc être octroyés avec prudence et parcimonie. Evitez aussi d'accorder des privilèges de niveau système au groupe « **PUBLIC** » à moins que cela ne soit absolument nécessaire.

SYSDBA et SYSOPER privilèges

SYSOPER

- ALTER DATABASE ARCHIVELOG
- RECOVER DATABASE
- ALTER DATABASE BACKUP CONTROLFILE TO
- ALTER DATABASE OPEN | MOUNT
- SHUTDOWN
- STARTUP

SYSDBA

- SYSOPER PRIVILEGES WITH ADMIN OPTION
- CREATE DATABASE
- ALTER DATABASE BEGIN/END BACKUP
- RESTRICTED SESSION
- RECOVER DATABASE UNTIL

Les privilèges « **SYSDBA** » et « **SYSOPER** » permettent à un utilisateur du système d'exploitation d'administrer la base de données sans pour autant y disposer d'un compte ou, même, qu'elle soit démarrée.

Rappelez-vous que pour administrer une instance, il faut avoir l'un de privilèges suivants :

- **SYSDBA** offrant tous les privilèges sur l'instance mais également sur la base de données.
- **SYSOPER** héritant de tous les privilèges de **SYSDBA** sauf la possibilité de créer une base de données.

Les privilèges

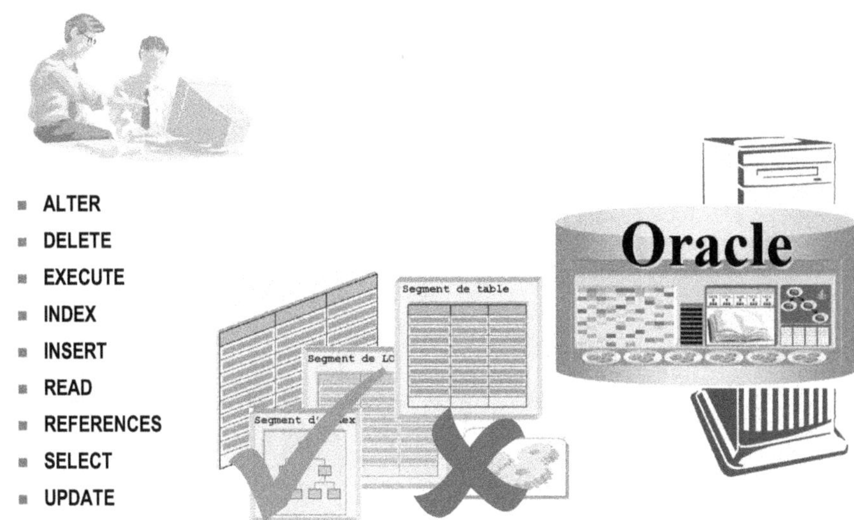

Les privilèges de niveau objet permettent à un utilisateur de manipuler les données d'une table ou d'une vue particulière ou d'exécuter un package, une procédure ou une fonction spécifique. Ces privilèges supportent les actions suivantes :

SELECT	Le privilège de visualiser des données dans une table ou une vue.
INSERT	Le privilège d'insérer des lignes dans une table ou une vue.
UPDATE	Le privilège de modifier une ou plusieurs colonnes dans une table ou une vue.
DELETE	Le privilège de supprimer une ou plusieurs lignes dans une table ou une vue.
ALTER	Le privilège de modifier la définition d'un objet.
EXECUTE	Le privilège de compiler, exécuter ou accéder à une procédure ou une fonction utilisée par un programme.
READ	Le privilège de lire des fichiers dans un répertoire.
REFERENCE	Le privilège de créer une contrainte qui se réfère à une table.
INDEX	Le privilège de créer un index sur une table.

Paramètre	*Table*	*Vue*	*Séquence*	*Procédure Fonction Package*	*Vue Matérialisée*	*Répertoire*	*Bibliothèque*	*Type abstrait*
SELECT	✓	✓	✓		✓			
INSERT	✓	✓			✓			
UPDATE	✓	✓			✓			
DELETE	✓	✓			✓			
ALTER	✓		✓					
EXECUTE				✓			✓	✓
READ						✓		
REFERENCE	✓	✓						
INDEX	✓							

Octroyer des privilèges système

GRANT CREATE TABLE TO RAZVAN;

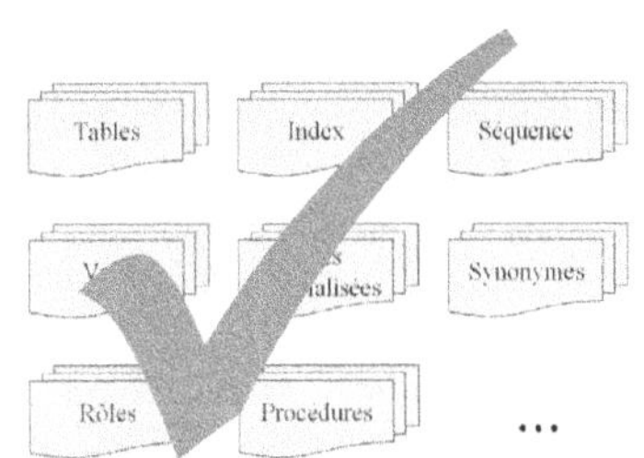

Nous avons examiné jusqu'ici les types de privilèges disponibles dans une base Oracle, mais pas la façon dont ils sont octroyés. Pour accorder à un utilisateur ou à un rôle un ou plusieurs privilèges de niveaux objet ou système, vous utilisez l'instruction « **GRANT** ». Cette instruction possède deux formes différentes selon que vous assignez un privilège de niveau objet ou un privilège de niveau système.

La syntaxe de la commande pour octroyer des privilèges de niveau système est :

```
GRANT {
        privilège_système | rôle | ALL PRIVILEGES
      }[,...]
TO { utilisateur | rôle | PUBLIC }[,...]
[ IDENTIFIED BY mot_de_passe ]
[ WITH ADMIN OPTION ]
```

privilège_système	Le privilège système à octroyer.
rôle	Le rôle. Un rôle est une agrégation de droits d'accès aux données et de privilèges système qui renforcent la sécurité et réduit la difficulté d'administration.
ALL PRIVILEGES	Un raccourci pour octroyer tous les privilèges système.
utilisateur	Le nom de l'utilisateur.
PUBLIC	Cette option permet d'affecter le privilège ou le rôle à tous les utilisateurs de la base.
IDENTIFIED BY	Cette option permet d'identifier spécifiquement un utilisateur existant au moyen d'un mot de passe ou de créer un utilisateur.
WITH ADMIN OPTION	Cette option autorise celui qui a reçu le privilège ou le rôle à le transmettre à un autre utilisateur ou rôle.

```
SQL> SELECT USERNAME FROM DBA_USERS
  2  WHERE USERNAME LIKE 'STAGIAIRE';

aucune ligne sélectionnée

SQL> GRANT CREATE SESSION TO STAGIAIRE
  2      IDENTIFIED BY PWD;

Autorisation de privilèges (GRANT) acceptée.

SQL> SELECT USERNAME FROM DBA_USERS
  2  WHERE USERNAME LIKE 'STAGIAIRE';

USERNAME
------------------------------
STAGIAIRE
```

Comme vous pouvez le voir l'utilisateur « **STAGIAIRE** » n'existe pas. La commande « **GRANT** » avec l'option « **IDENTIFIED BY** » crée l'utilisateur s'il n'existe pas.

```
SQL> CONNECT STAGIAIRE/PWD
Connecté.

SQL> CREATE TABLESPACE TBS_STAGIAIRE;
CREATE TABLESPACE TBS_STAGIAIRE
*
ERREUR Ó la ligne 1 :
ORA-01031: privilèges insuffisants
SQL> CONNECT / AS SYSDBA
Connecté.
SQL> GRANT CREATE TABLESPACE TO PUBLIC;

Autorisation de privilèges (GRANT) acceptée.

SQL> CONNECT STAGIAIRE/PWD
Connecté.
SQL> CREATE TABLESPACE TBS_STAGIAIRE;

Tablespace créé.
```

L'utilisateur précédemment créé « **STAGIAIRE** » n'a pas le droit de créer un tablespace si vous octroyez le privilège « **CREATE TABLESPACE** » au « **PUBLIC** ». Tout utilisateur qui a le privilège « **CREATE SESSION** » bénéficie également du privilège « **CREATE TABLESPACE** ».

Attention

Le groupe « **PUBLIC** » est un alias pour désigner l'ensemble des utilisateurs qui peuvent se connecter à la base de données.

Par conséquent quand vous octroyez des privilèges au groupe « **PUBLIC** », vous octroyez des privilèges à tous les utilisateurs de la base de données.

C'est très dangereux d'octroyer des privilèges système à tous les utilisateurs de la base de données, sachant que les privilèges système ne sont généralement octroyés qu'aux utilisateurs qualifiés.

```
SQL> CONNECT / AS SYSDBA
Connecté.
SQL> GRANT ALL PRIVILEGES TO STAGIAIRE;

Autorisation de privilèges (GRANT) acceptée.

SQL> CONNECT STAGIAIRE/PWD
Connecté.
SQL> ALTER SYSTEM SET REMOTE_LOGIN_PASSWORDFILE=NONE SCOPE=SPFILE;

Système modifié.
```

L'utilisateur « **STAGIAIRE** » est actuellement un administrateur de la base de données, il a tous les privilèges au même terme que « **SYSTEM** ».

Attention

Si vous utiliser l'argument « **ALL PRIVILEGES** » vous octroyez automatiquement d'un coup tous les privilèges système.

Par conséquent quand vous octroyez le privilège « **ALL PRIVILEGES** », vous transformez l'utilisateur en administrateur du système.

Comme vous pouvez le voir dans l'exemple, l'utilisateur ainsi modifié peut modifier les paramètres système, ce qui peut conduire à des graves problèmes de sécurité et d'administration de la base de données.

WITH ADMIN OPTION

Les privilèges de niveau système permettent de se connecter à la base, de manipuler des structures de données telles que des tablespaces, et de créer des objets tels que des tables, des vues, des index et des procédures stockées. En général, les privilèges de niveau objet autorisent à manipuler les données d'une base ; ceux de niveau système permettent de créer et de manipuler les objets eux-mêmes. Les privilèges de niveau système peuvent également être octroyés avec la possibilité pour leur bénéficiaire de les transmettre à d'autres utilisateurs.

```
SQL> GRANT CREATE SESSION TO RAZVAN IDENTIFIED BY PWD;

Autorisation de privilèges (GRANT) acceptée.

SQL> GRANT CREATE SESSION TO PIERRE IDENTIFIED BY PWD;

Autorisation de privilèges (GRANT) acceptée.

SQL> GRANT CREATE SESSION TO ISABELLE IDENTIFIED BY PWD;

Autorisation de privilèges (GRANT) acceptée.

SQL> GRANT CREATE TABLESPACE TO RAZVAN WITH ADMIN OPTION;

Autorisation de privilèges (GRANT) acceptée.

SQL> CONNECT RAZVAN/PWD
Connecté.
SQL> GRANT CREATE TABLESPACE TO PIERRE WITH ADMIN OPTION;
```

```
Autorisation de privilèges (GRANT) acceptée.

SQL> CONNECT SYSTEM/SYS
Connecté.
SQL> DROP USER RAZVAN;

Utilisateur supprimé.

SQL> CONNECT PIERRE/PWD
Connecté.
SQL> GRANT CREATE TABLESPACE TO ISABELLE WITH ADMIN OPTION;

Autorisation de privilèges (GRANT) acceptée.

SQL> CREATE TABLESPACE TEST DATAFILE SIZE 1M;

Tablespace créé.
```

Si vous accordez un privilège en utilisant cette clause puis le révoquiez, quiconque aura reçu entre-temps le privilège par l'intermédiaire de cette clause le conservera.

Comme dans l'exemple, l'utilisateur « **RAZVAN** » octroie le privilège « **CREATE TABLESPACE** » avec la clause « **WITH ADMIN OPTION** » à « **PIERRE** ».

Bien que l'utilisateur « **RAZVAN** » soit supprimé l'utilisateur « **PIERRE** » peut octroyer le privilège « **CREATE TABLESPACE** » avec la clause « **WITH ADMIN OPTION** » à « **ISABELLE** ». Il peut également créer lui-même un tablespace.

Attention

Vous devez être très prudent dans l'attribution de privilèges de ce niveau, notamment lorsque vous incluez la clause « **WITH ADMIN OPTION** ».

Vous constatez qu'il vaut mieux éviter de changer d'avis après avoir attribué des privilèges de niveau système avec cette clause, puisque il y a un effet de cascade des privilèges de niveau système.

Octroyer des privilèges objet

GRANT SELECT ON SCOTT.EMP TO RAZVAN;

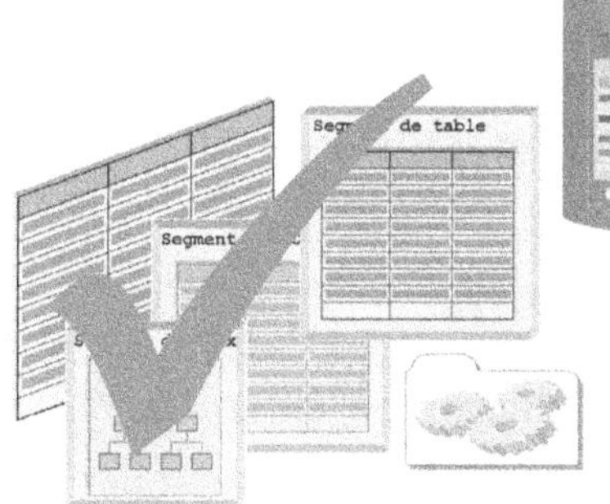

Pour accorder à un utilisateur ou à un rôle un ou plusieurs privilèges de niveaux objet, vous utilisez également l'instruction « **GRANT** ».

La syntaxe de cette instruction est :

```
GRANT {
        privilège_objet | ALL [ PRIVILEGES ]
       }
       [ (colonne [,...]) ]
       [,...]
ON [SCHEMA.]OBJET
TO { utilisateur | rôle | PUBLIC }[,...]
[ IDENTIFIED BY mot_de_passe ]
[ WITH GRANT OPTION ]
```

colonne Une colonne de l'objet. L'argument peut être utilisé uniquement pour les privilèges suivants : « **INSERT** », « **REFERENCES** », or « **UPDATE** »

```
SQL> GRANT CREATE SESSION TO RAZVAN IDENTIFIED BY PWD;

Autorisation de privilèges (GRANT) acceptée.

SQL> SELECT TABLE_NAME FROM DBA_TABLES
  2  WHERE OWNER LIKE 'HR';

TABLE_NAME
------------------------------
EMPLOYEES
```

```
JOB_HISTORY
REGIONS
COUNTRIES
LOCATIONS
DEPARTMENTS
JOBS

7 ligne(s) sélectionnée(s).

SQL> CONNECT RAZVAN/PWD
Connecté.
SQL> SELECT COUNT(*) FROM HR.EMPLOYEES;
SELECT COUNT(*) FROM HR.EMPLOYEES;
                        *
ERREUR à la ligne 1 :
ORA-00942: Table ou vue inexistante

SQL> CONNECT SYSTEM/SYS
Connecté.
SQL> GRANT SELECT ON HR.EMPLOYEES TO RAZVAN;

Autorisation de privilèges (GRANT) acceptée.

SQL> CONNECT RAZVAN/PWD
Connecté.

SQL> SELECT COUNT(*) FROM HR.EMPLOYEES;

  COUNT(*)
----------
       107

SQL> DESC HR.EMPLOYEES
 Nom                                       NULL ?   Type
 ----------------------------------------- -------- ----------------
 EMPLOYEE_ID                               NOT NULL NUMBER(6)
 FIRST_NAME                                         VARCHAR2(20)
 LAST_NAME                                 NOT NULL VARCHAR2(25)
 EMAIL                                     NOT NULL VARCHAR2(25)
 PHONE_NUMBER                                       VARCHAR2(20)
 HIRE_DATE                                 NOT NULL DATE
 JOB_ID                                    NOT NULL VARCHAR2(10)
 SALARY                                             NUMBER(8,2)
 COMMISSION_PCT                                     NUMBER(2,2)
 MANAGER_ID                                         NUMBER(6)
 DEPARTMENT_ID                                      NUMBER(4)

SQL> UPDATE HR.EMPLOYEES SET
  2          SALARY = SALARY*1.1;
UPDATE HR.EMPLOYEES SET
          *
ERREUR à la ligne 1 :
ORA-01031: privilèges insuffisants
```

Ainsi, sans le privilège « **SELECT** » vous ne pouvez pas visualiser les enregistrements de la table, elle est comme inexistante pour l'utilisateur.

Vous pouvez également remarquer que ce n'est pas parce que vous avez le droit de visualiser les données que vous pouvez les modifier. Il faut avoir les privilèges pour chaque opération distincte que vous voulez effectuer.

```
SQL> CONNECT / AS SYSDBA
Connecté.
SQL> DESC HR.JOBS
 Nom                                       NULL ?   Type
 ----------------------------------------- -------- --------------
 JOB_ID                                    NOT NULL VARCHAR2(10)
 JOB_TITLE                                 NOT NULL VARCHAR2(35)
 MIN_SALARY                                         NUMBER(6)
 MAX_SALARY                                         NUMBER(6)

SQL> GRANT INSERT ON HR.JOBS TO STAGIAIRE;

Autorisation de privilèges (GRANT) acceptée.

SQL> CONNECT STAGIAIRE/PWD
Connecté.
SQL> INSERT INTO HR.JOBS(JOB_ID,JOB_TITLE)
  2  VALUES (1000,'Nouvelle fonction');

1 ligne créée.

SQL> SELECT * FROM HR.JOBS ;
SELECT * FROM HR.JOBS
                 *
ERREUR à la ligne 1 :
ORA-01031: privilèges insuffisants
```

Remarquez qu'il est possible d'avoir le privilège « **INSERT** » sans avoir le privilège « **SELECT** ».

```
SQL> CONNECT / AS SYSDBA
Connecté.
SQL> GRANT UPDATE(SALARY) ON HR.EMPLOYEES
  2        TO RAZVAN;

Autorisation de privilèges (GRANT) acceptée.

SQL> CONNECT RAZVAN/PWD
Connecté.
SQL> UPDATE HR.EMPLOYEES SET
  2         SALARY = SALARY*1.1;

107 ligne(s) mise(s) à jour.

SQL> UPDATE HR.EMPLOYEES SET
  2         COMMISSION_PCT = SALARY*1.1;
UPDATE HR.EMPLOYEES SET
          *
ERREUR à la ligne 1 :
```

```
ORA-01031: privilèges insuffisants
```

Vous pouvez donner uniquement le privilège de modifier la colonne « **SALARY** » les autres colonnes ne sont toujours pas modifiables.

```
SQL> CONNECT / AS SYSDBA
Connecté.
SQL> GRANT CREATE TABLE,
  2        UNLIMITED TABLESPACE TO RAZVAN;

Autorisation de privilèges (GRANT) acceptée.

SQL> CONNECT RAZVAN/PWD
Connecté.
SQL> CREATE TABLE UTILISATEUR(
  2              UTILISATEUR_ID NUMBER(2)      PRIMARY KEY,
  3              NOM            VARCHAR2(20)   NOT NULL,
  4              EMPLOYEE_ID    NUMBER(6),
  5              FOREIGN KEY (EMPLOYEE_ID)
  6              REFERENCES HR.EMPLOYEES(EMPLOYEE_ID));
              REFERENCES HR.EMPLOYEES(EMPLOYEE_ID))
                             *
ERREUR à la ligne 6 :
ORA-01031: privilèges insuffisants

SQL> CONNECT SYSTEM/SYS
Connecté.
SQL> GRANT REFERENCES ON HR.EMPLOYEES TO RAZVAN;

Autorisation de privilèges (GRANT) acceptée.

SQL> CONNECT RAZVAN/PWD
Connecté.
SQL> CREATE TABLE UTILISATEUR(
  2              UTILISATEUR_ID NUMBER(2)      PRIMARY KEY,
  3              NOM            VARCHAR2(20)   NOT NULL,
  4              EMPLOYEE_ID    NUMBER(6),
  5              FOREIGN KEY (EMPLOYEE_ID)
  6              REFERENCES HR.EMPLOYEES(EMPLOYEE_ID));

Table créée.
```

L'utilisateur « **RAZVAN** » possède les privilèges de « **CREATE TABLE** » et « **UNILMITED TABLESPACE** » qui lui permettent de créer une table dans n'importe que tablespace. Mais il n'a pas les privilèges de référencer la table « **HR.EMPLOYEES** » même s'il a déjà le privilège « **SELECT** ».

WITH GRANT OPTION

Lorsque vous octroyez des privilèges de niveau objet, vous pouvez permettre à leur bénéficiaire de les transmettre à un autre utilisateur grâce à la clause « **WITH GRANT OPTION** ».

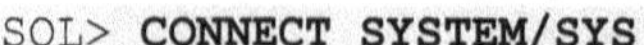

```
SQL> CONNECT SYSTEM/SYS
Connecté.
SQL> GRANT CREATE SESSION TO RAZVAN IDENTIFIED BY PWD;
```

```
Autorisation de privilèges (GRANT) acceptée.

SQL> GRANT CREATE SESSION TO PIERRE IDENTIFIED BY PWD;

Autorisation de privilèges (GRANT) acceptée.

SQL> GRANT CREATE SESSION TO ISABELLE IDENTIFIED BY PWD;

Autorisation de privilèges (GRANT) acceptée.

SQL> GRANT SELECT ON HR.DEPARTMENTS TO RAZVAN
  2  WITH GRANT OPTION;

Autorisation de privilèges (GRANT) acceptée.

SQL> CONNECT RAZVAN/PWD
Connecté.
SQL> GRANT SELECT ON HR.DEPARTMENTS TO PIERRE
  2  WITH GRANT OPTION;

Autorisation de privilèges (GRANT) acceptée.

SQL> CONNECT PIERRE/PWD
Connecté.
SQL> GRANT SELECT ON HR.DEPARTMENTS TO ISABELLE
  2  WITH GRANT OPTION;

Autorisation de privilèges (GRANT) acceptée.

SQL> CONNECT SYSTEM/SYS
Connecté.
SQL> DROP USER RAZVAN CASCADE;

Utilisateur supprimé.

SQL> CONNECT PIERRE/PWD
Connecté.
SQL> SELECT * FROM HR.DEPARTMENTS;
SELECT * FROM HR.DEPARTMENTS
                 *
ERREUR à la ligne 1 :
ORA-00942: Table ou vue inexistante
```

Comme vous pouvez le voir dans l'exemple, l'utilisateur « **RAZVAN** » octroie à l'utilisateur « **PIERRE** » le privilège « **SELECT** » sur la table « **HR.DEPARTMENTS** » avec la clause « **WITH GRANT OPTION** » et que « **PIERRE** » le transmette ensuite à l'utilisateur « **ISABELLE** ». « **PIERRE** » et « **ISABELLE** » disposent ainsi tous les deux d'un droit de sélection sur la table « **HR.DEPARTMENTS** ». Lorsque l'utilisateur « **RAZVAN** » est supprimé, les utilisateurs « **PIERRE** » et « **ISABELLE** » perdent automatiquement le droit d'accéder à la table « **HR.DEPARTMENTS** », c'est également le cas si à la pace de supprimer l'utilisateur « **RAZVAN** » on lui révoque le privilège « **SELECT** ».

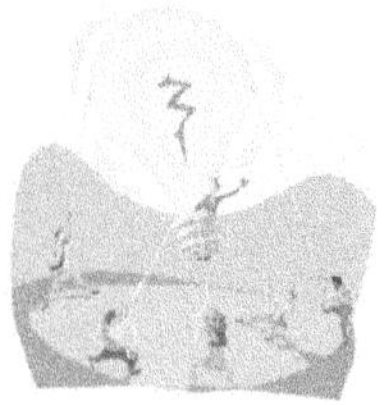

Note

Lorsque le propriétaire d'un objet révoque un privilège octroyé avec la clause « **`WITH GRANT OPTION`** », l'utilisateur perdra automatiquement le privilège, de même que tous les utilisateurs auxquels ce dernier avait octroyé le privilège.

Ne perdez donc pas de vue les implications liées à la révocation de privilèges lorsqu'ils ont été octroyés avec la clause « **`WITH GRANT OPTION`** ».

Révoquer des privilèges objet

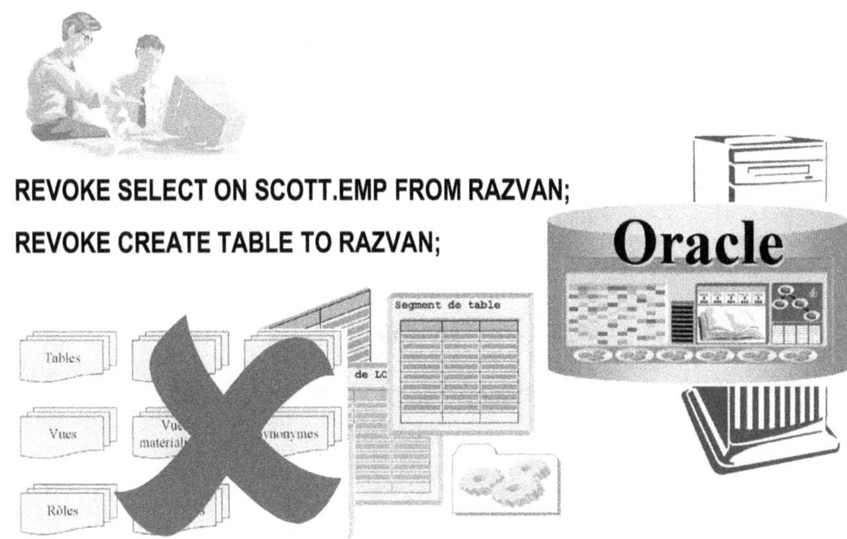
REVOKE SELECT ON SCOTT.EMP FROM RAZVAN;
REVOKE CREATE TABLE TO RAZVAN;
Oracle
Segment de table
Tables
Vues
Rôles

Tout droit accordé peut être supprimé par l'ordre « **REVOKE** », selon la syntaxe :

```
REVOKE {
        {privilège_système | rôle | ALL PRIVILEGES}[,...]
        |
        {privilège_objet | ALL [ PRIVILEGES ]}
        }
ON [SCHEMA.]OBJET
FROM  { utilisateur | rôle | PUBLIC }[,...]
      [CASCADE CONSTRAINTS] ;
```

L'option « **CASCADE CONSTRAINTS** » n'est utilisable qu'avec le privilège « **REFERENCES** » et supprime les possibilités de contraintes référentielles accordées.

```
SQL> CONNECT SYSTEM/SYS
Connecté.
SQL> GRANT CREATE SESSION TO RAZVAN IDENTIFIED BY PWD;

Autorisation de privilèges (GRANT) acceptée.

SQL> GRANT CREATE SESSION TO PIERRE IDENTIFIED BY PWD;

Autorisation de privilèges (GRANT) acceptée.

SQL> GRANT SELECT ON HR.EMPLOYEES TO RAZVAN
  2  WITH GRANT OPTION;

Autorisation de privilèges (GRANT) acceptée.
```

```
SQL> CONNECT RAZVAN/PWD
Connecté.
SQL> GRANT SELECT ON HR.EMPLOYEES TO PIERRE
  2  WITH GRANT OPTION;

Autorisation de privilèges (GRANT) acceptée.

SQL> CONNECT HR/HR
Connecté.
SQL> REVOKE SELECT ON HR.EMPLOYEES FROM RAZVAN;

Suppression de privilèges (REVOKE) acceptée.

SQL> CONNECT RAZVAN/PWD
Connecté.
SQL> SELECT COUNT(*) FROM HR.EMPLOYEES;
SELECT COUNT(*) FROM HR.EMPLOYEES
                        *
ERREUR à la ligne 1 :
ORA-00942: Table ou vue inexistante


SQL> CONNECT PIERRE/PWD
Connecté.
SQL> SELECT COUNT(*) FROM HR.EMPLOYEES;
SELECT COUNT(*) FROM HR.EMPLOYEES
                        *
ERREUR à la ligne 1 :
ORA-00942: Table ou vue inexistante
```

L'utilisateur « **RAZVAN** » octroie à l'utilisateur « **PIERRE** » le privilège « **SELECT** » sur la table « **HR.DEPARTMENTS** ». Lorsque l'utilisateur « **HR** » révoquera le privilège « **SELECT** » de « **RAZVAN** », « **PIERRE** » perdra automatiquement le droit d'accéder à la table, de même que tous les utilisateurs auxquels ce dernier avait octroyé le privilège.

Les informations sur les privilèges

- SESSION_PRIVS
- DBA_SYS_PRIVS
- DBA_TAB_PRIVS
- DBA_COL_PRIVS

Pour récupérer les informations concernant les privilèges des utilisateurs au niveau système ou au niveau objets, vous pouvez interroger les vues du dictionnaire de données.

SESSION_PRIVS

La vue « **SESSION_PRIVS** » liste les privilèges dont les utilisateurs disposent actuellement.

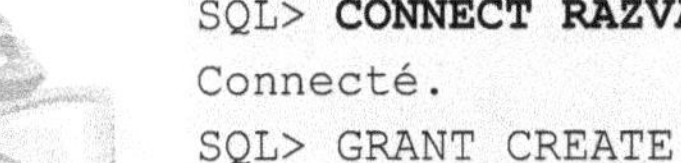

```
SQL> CONNECT RAZVAN/PWD
Connecté.
SQL> GRANT CREATE SESSION TO STAGIAIRE IDENTIFIED BY PWD;

Autorisation de privilèges (GRANT) acceptée.

SQL> CONNECT STAGIAIRE/PWD
Connecté.
SQL> SELECT * FROM SESSION_PRIVS;

PRIVILEGE
----------------------------------------
CREATE SESSION
CREATE TABLESPACE
```

DBA_SYS_PRIVS

La vue « **DBA_SYS_PRIVS** » liste les privilèges système octroyés à tous les utilisateurs de la base.

Les colonnes de cette vue sont :

GRANTEE L'utilisateur auquel on a octroyé les privilèges système.

PRIVILEGE Le privilège système octroyé.

ADMIN_OPTION Indique si le privilège a été attribué avec l'option « **WITH ADMIN OPTION** ».

```
SQL> CONNECT / AS SYSDBA
Connecté.
SQL> GRANT CREATE ANY TABLE,
           ALTER ANY TABLE,
           ALTER SESSION
     TO STAGIAIRE
     WITH ADMIN OPTION;

Autorisation de privilèges (GRANT) acceptée.

SQL> SELECT PRIVILEGE, ADMIN_OPTION FROM DBA_SYS_PRIVS
     WHERE GRANTEE LIKE 'STAGIAIRE';

PRIVILEGE                                ADM
---------------------------------------- ---
ALTER SESSION                            YES
CREATE SESSION                           NO
ALTER ANY TABLE                          YES
CREATE ANY TABLE                         YES
```

DBA_TAB_PRIVS

La vue **«DBA_SYS_PRIVS»** liste les privilèges d'objet accordés à tous les utilisateurs de la base.

Les colonnes de cette vue sont :

GRANTEE L'utilisateur auquel on a octroyé les privilèges d'objet.

OWNER Le propriétaire de l'objet.

TABLE_NAME Le nom de la table.

GRANTOR L'utilisateur qui octroie les privilèges.

PRIVILEGE Le privilège octroyé.

GRANTABLE Indique si le privilège a été attribué avec l'option « **WITH GRANT OPTION** ».

```
SQL> CONNECT / AS SYSDBA
Connecté.
SQL> SELECT GRANTEE, GRANTOR, PRIVILEGE, GRANTABLE
     FROM DBA_TAB_PRIVS
     WHERE TABLE_NAME LIKE 'EMPLOYEES' AND
           OWNER      LIKE 'HR';

GRANTEE   GRANTOR PRIVILEGE  GRANTABLE
--------- ------- ---------- ---------
OE        HR      SELECT     NO
OE        HR      REFERENCES NO
RAZVAN    HR      SELECT     YES
STAGIAIRE HR      SELECT     NO
```

DBA_COL_PRIVS

La vue « **DBA_SYS_PRIVS**» liste les privilèges de colonnes accordés à tous les utilisateurs de la base.

Les colonnes de cette vue sont :

GRANTEE	L'utilisateur auquel on a octroyé les privilèges d'objet.
OWNER	Le propriétaire de l'objet.
TABLE_NAME	Le nom de la table.
COLUMN_NAME	Le nom de la colonne.
GRANTOR	L'utilisateur qui a octroyé les privilèges.
PRIVILEGE	Le privilège octroyé.
GRANTABLE	Indique si le privilège a été attribué avec l'option « **WITH GRANT OPTION** ».

```
SQL> CONNECT / AS SYSDBA
Connecté.
SQL> GRANT UPDATE(SALARY) ON HR.EMPLOYEES
  2  TO RAZVAN;

Autorisation de privilèges (GRANT) acceptée.

SQL> SELECT GRANTEE, GRANTOR, PRIVILEGE, GRANTABLE
  2  FROM DBA_TAB_PRIVS
  3  WHERE TABLE_NAME LIKE 'EMPLOYEES' AND
  4        OWNER      LIKE 'HR';

GRANTEE   GRANTOR PRIVILEGE  GRANTABLE
--------- ------- ---------- ---------
OE        HR      SELECT     NO
OE        HR      REFERENCES NO
RAZVAN    HR      SELECT     YES
STAGIAIRE HR      SELECT     NO

SQL> SELECT GRANTEE, GRANTOR, PRIVILEGE, GRANTABLE
  2  FROM DBA_COL_PRIVS
  3  WHERE TABLE_NAME LIKE 'EMPLOYEES' AND
  4        OWNER      LIKE 'HR';

GRANTEE   GRANTOR PRIVILEGE  GRANTABLE
--------- ------- ---------- ---------
RAZVAN    HR      UPDATE     NO
```

Création d'un rôle

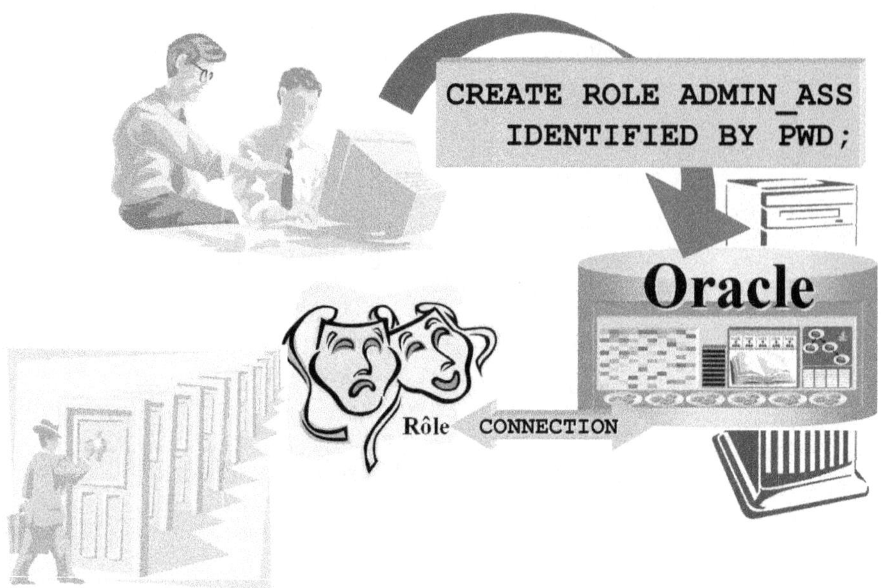

Pour simplifier la gestion des utilisateurs, il est possible de regrouper un ensemble d'utilisateurs ayant des besoins identiques vis-à-vis du système. Pour cela, on crée un rôle auquel sont affectés des privilèges objets et systèmes.

Un rôle est une agrégation de droits d'accès aux données et de privilèges système qui renforcent la sécurité et réduit la difficulté d'administration. Cet ensemble de privilèges est donné soit à des utilisateurs soit à d'autres rôles.

Les utilisateurs sont affectés à un ou plusieurs rôles. Les privilèges effectifs d'un utilisateur sont alors la réunion des privilèges qui lui ont été directement affectés et de ceux obtenus à partir des rôles dont il est membre.

La gestion des privilèges à travers un rôle permet :

- de réduire l'administration des privilèges,
- de gérer de façon dynamique les privilèges,
- d'augmenter la sécurité des applications.

:Avant de recevoir des privilèges, un rôle doit être créé par l'ordre « **CREATE ROLE** », de syntaxe :

```
CREATE ROLE NOM_ROLE
         [IDENTIFIED {  BY mot_de_passe
                     | USING [ schema. ] package
                     | EXTERNALLY
                     | GLOBALLY AS 'external_name'
                    }];
```

IDENTIFIED Indique le moyen d'authentification de l'utilisateur.

BY mot_de_passe	Indique que l'instruction « **SET ROLE** » doit être utilisée pour activer le rôle et y accéder, et qu'un mot de passe est requis.
USING package	Indique que le rôle est activé par des applications en utilisant un package autorisé.
EXTERNALLY	Indique que l'authentification par le système d'exploitation doit être utilisée pour pouvoir activer le rôle et y accéder. Cette clause crée un utilisateur qui peut accéder à la base via une identification externe.
GLOBALLY AS 'external_name'	Indique que l'utilisateur doit s'authentifier globalement l'authentification est effectuée par un « **LDAP** » d'entreprise l'argument est la chaîne de connexion.

```
SQL> CREATE ROLE FORMATION;

Rôle créé.

SQL> GRANT CREATE SESSION, CREATE ANY TABLE TO FORMATION;

Autorisation de privilèges (GRANT) acceptée.

SQL> GRANT SELECT ON HR.EMPLOYEES TO FORMATION;

Autorisation de privilèges (GRANT) acceptée.

SQL> CREATE USER STAGIAIRE IDENTIFIED BY PWD;

Utilisateur créé.

SQL> CONNECT STAGIAIRE/PWD
ERROR:
ORA-01045: l'utilisateur STAGIAIRE n'a pas le privilège CREATE
SESSION ;
connexion refusée

Avertissement : vous n'êtes plus connecté à ORACLE.
SQL> CONNECT / AS SYSDBA
Connecté.
SQL> GRANT FORMATION TO STAGIAIRE;

Autorisation de privilèges (GRANT) acceptée.

SQL> CONNECT STAGIAIRE/PWD
Connecté.

SQL> SELECT * FROM SESSION_PRIVS;

PRIVILEGE
----------------------------------------
CREATE SESSION
CREATE TABLESPACE
CREATE ANY TABLE
```

```
SQL> SELECT COUNT(*) FROM HR.EMPLOYEES;

  COUNT(*)
----------
       107
```

Tous les privilèges octroyés au rôle « **FORMATION** » sont automatiquement octroyés à l'utilisateur « **STAGIAIRE** ».

Gestion d'un rôle

Modification

La modification d'un rôle ne concerne que son mot de passe :

```
ALTER ROLE  NOM_ROLE
         [IDENTIFIED {  BY mot_de_passe
                      | USING [ schema. ] package
                      | EXTERNALLY
                      | GLOBALLY AS 'external_name'
                     }];
```

```
SQL> ALTER ROLE FORMATION IDENTIFIED BY PWD;

Rôle modifié.
```

Suppression

La suppression d'un rôle s'effectue par :

```
DROP ROLE NOM_ROLE
```

Lorsque vous supprimez un rôle, tous les utilisateurs qui l'avaient reçu perdent les privilèges dont ils bénéficiaient par son intermédiaire. Par conséquent, avant de supprimer un rôle, ayez conscience de toutes les implications liées à cette opération.

```
SQL> DROP ROLE FORMATION;

Rôle supprimé.
```

Les rôles par défaut

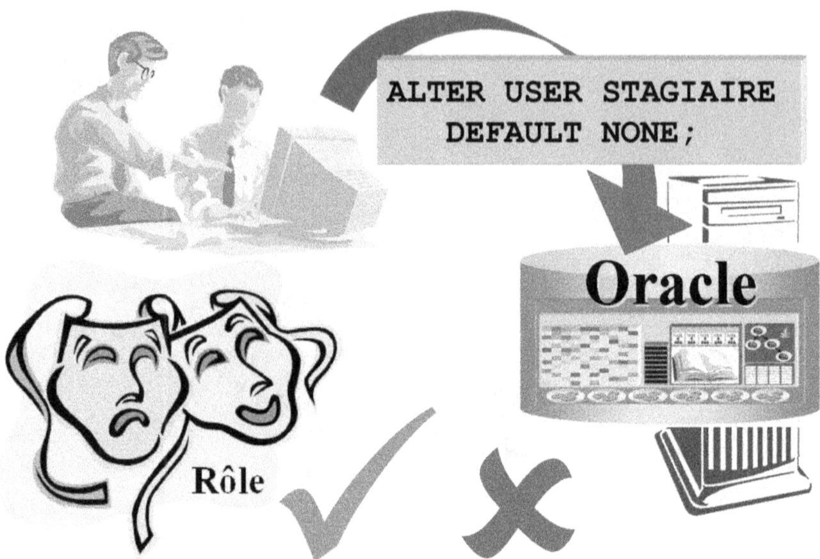

Il existe deux types de rôles : ceux qui sont automatiquement activés et accessibles lorsqu'un utilisateur se connecte à la base et ceux qui doivent être activés au moyen de l' instruction « **SET ROLE** » pour devenir accessibles.

Quand un utilisateur ouvre une session sur la base de données, tous les rôles par défaut qui lui ont été assignés sont automatiquement activés.

Lorsqu'un rôle est défini comme rôle par défaut pour un utilisateur et est protégé par mot de passe, les privilèges associés sont rendus automatiquement disponibles, même si aucun mot de passe n'est spécifié.

Normalement, lorsque vous octroyez des rôles à un utilisateur, ceux-ci sont assignés en tant que rôles par défaut.

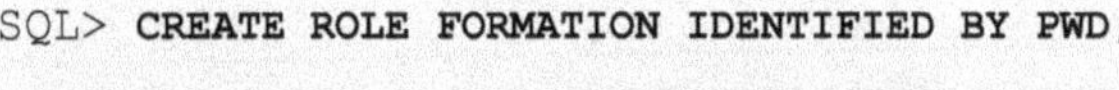

```
SQL> CREATE ROLE FORMATION IDENTIFIED BY PWD;

Rôle créé.

SQL> GRANT SELECT ON HR.EMPLOYEES TO FORMATION;

Autorisation de privilèges (GRANT) acceptée.

SQL> GRANT FORMATION TO STAGIAIRE;

Autorisation de privilèges (GRANT) acceptée.

SQL> CONNECT STAGIAIRE/PWD
Connecté.

SQL> SELECT COUNT(*) FROM HR.EMPLOYEES;

  COUNT(*)
----------
```

```
107
```

Ce comportement peut être déroutant, surtout lorsque vous voulez obliger un utilisateur à fournir un mot de passe pour pouvoir bénéficier des privilèges d'un rôle.

Deux clauses, « **ALL** » et « **ALL EXCEPT** », facilitent l'administration des rôles mais doivent néanmoins être utilisées avec prudence.

Voici la syntaxe utilisée :

```
ALTER USER nom_utilisateur
    DEFAULT ROLE { rôle [,...]
                  | ALL [ EXCEPT
                          rôle [,...]]
                  | NONE
                  } ;
```

Si vous spécifiez la clause « **ALL** » lorsque vous établissez la liste des rôles par défaut d'un utilisateur, tous ses rôles présents et futurs seront automatiquement activés chaque fois qu'il ouvrira une session.

```
SQL> CREATE ROLE FORMATION IDENTIFIED BY PWD;

Rôle créé.

SQL> GRANT SELECT ON HR.EMPLOYEES TO FORMATION;

Autorisation de privilèges (GRANT) acceptée.

SQL> GRANT FORMATION TO STAGIAIRE;

Autorisation de privilèges (GRANT) acceptée.

SQL> ALTER USER STAGIAIRE DEFAULT ROLE NONE;

Utilisateur modifié.

SQL> SELECT GRANTOR, PRIVILEGE, GRANTABLE
  2  FROM DBA_TAB_PRIVS
  3  WHERE TABLE_NAME LIKE 'EMPLOYEES' AND
  4        OWNER      LIKE 'HR'        AND
  5        GRANTEE    LIKE 'FORMATION';

GRANTOR PRIVILEGE                                GRA
------- ---------------------------------------- ---
HR      SELECT                                   NO

SQL> CONNECT STAGIAIRE/PWD
Connecté.
SQL> SELECT COUNT(*) FROM HR.EMPLOYEES;
SELECT COUNT(*) FROM HR.EMPLOYEES
                        *
ERREUR à la ligne 1 :
ORA-00942: Table ou vue inexistante
```

Ainsi, lorsque vous révoquez un rôle à un utilisateur, celui-ci est automatiquement éliminé de la liste par défaut.

Activation d'un rôle

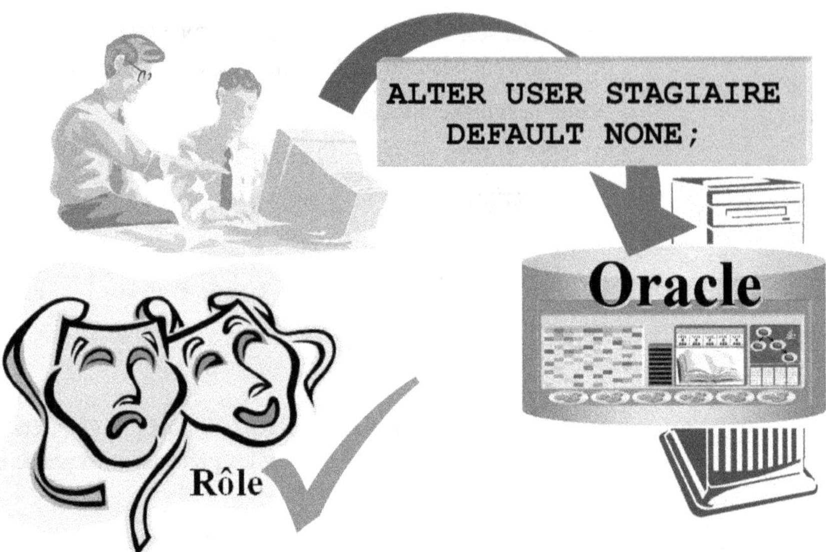

La commande SQL« **SET ROLE** » est généralement exécutée par une application pour le compte de l'utilisateur et s'accompagne habituellement d'un mot de passe.

Au cours de la session, l'utilisateur ou une application peut exécuter des instructions « **SET ROLE** » pour changer les rôles activés pour la session. Vous devez avoir reçu les rôles que vous spécifiez dans une instruction « **SET ROLE** ».

```
SET ROLE
  { NOM_ROLE [IDENTIFIED BY MOT_DE_PASSE] [,...] |
    ALL [EXCEPT NOM_ROLE [,...]] |
    NONE
  } ;
```

```
SQL> CONNECT STAGIAIRE/PWD
Connecté.
SQL> SELECT COUNT(*) FROM HR.EMPLOYEES;
SELECT COUNT(*) FROM HR.EMPLOYEES
                        *
ERREUR à la ligne 1 :
ORA-00942: Table ou vue inexistante

SQL> SET ROLE FORMATION IDENTIFIED BY PWD;

R¶le défini.

SQL> SELECT COUNT(*) FROM HR.EMPLOYEES;

  COUNT(*)
----------
       107
```

Après la réactivation du rôle « **FORMATION** » de l'utilisateur « **STAGIAIRE** », la requête aboutit sans problème.

Les rôles standard

- CONNECT
- RESOURCE
- DBA

Oracle prévoit trois rôles standard par souci de compatibilité avec les versions précédentes « **CONNECT** », « **RESOURCE** » et « **DBA** ».

CONNECT

Le rôle « **CONNECT** » représente simplement le droit d'utiliser Oracle; il permet de créer des tables, des vues, des séquences, des synonymes, des sessions, etc... Mais, pour qu'il soit réellement utile, les utilisateurs qui disposent de ce rôle doivent pouvoir accéder à des tables appartenant à d'autres utilisateurs, et sélectionner, insérer, mettre à jour et supprimer des lignes dans ces tables.

Normalement, les utilisateurs occasionnels, en particulier ceux qui n'ont pas besoin de créer de tables, reçoivent uniquement le rôle « **CONNECT** ».

RESOURCE

Le rôle « **RESOURCE** » accorde des droits supplémentaires pour la création de tables, de séquences, de procédures, de déclencheurs, d'index et de clusters.

Les utilisateurs réguliers et plus avancés, spécialement les développeurs qui ont besoin de créer des objets dans la base de données, peuvent recevoir le rôle « **RESOURCE** ».

DBA

Le rôle « **DBA** » regroupe tous **les privilèges de niveau système**. Il inclut des quotas d'espace illimités et la possibilité d'accorder n'importe quel privilège à un autre utilisateur. Le compte « **SYSTEM** » est employé par un utilisateur disposant du rôle « **DBA** ». Certains des droits qui sont réservés à l'administrateur de base de données ne sont jamais accordés à d'autres utilisateurs ; les droits dont peuvent aussi bénéficier les autres utilisateurs sont abordés un peu plus loin.

Inconvénients

Étant donné que les rôles ne peuvent pas posséder d'objets, ils ne peuvent donc pas être propriétaires de synonymes. Cela signifie que vous devez soit coder en dur le propriétaire de l'objet chaque fois que vous vous y référez, soit créer un synonyme public, c'est-à-dire un synonyme accessible à tous. Mais l'inconvénient avec ce type de synonyme est que si vous maintenez dans votre base de données deux applications qui utilisent un même nom de table pour désigner des tables contenant des données différentes, vous ne pouvez pas utiliser le même nom de synonyme public pour chaque table.

Le second problème est qu'il n'est pas possible d'autoriser un utilisateur à créer des procédures stockées, des packages et des fonctions par le biais d'un rôle ; l'utilisateur doit avoir reçu directement des privilèges de niveau objet pour pouvoir le faire. C'est là un point très important. En raison de cette limitation, il est généralement préférable dans un environnement de production qu'un seul utilisateur possède tous les objets ainsi que les procédures qui y accèdent. De cette façon, vous êtes certain que l'application dispose des privilèges nécessaires pour fonctionner correctement.

Les informations sur les rôles

- **DBA_ROLES**
- **SESSION_ROLES**
- **DBA_ROLE_PRIVS**

Pour récupérer les informations concernant les rôles, vous pouvez interroger les vues du dictionnaire de données.

DBA ROLES

La vue DBA_ROLES permet de connaître les rôles qui ont été créés dans la base de données.

```
SQL> SELECT * FROM DBA_ROLES;

ROLE                           PASSWORD
------------------------------ --------
CONNECT                        NO
RESOURCE                       NO
DBA                            NO
SELECT_CATALOG_ROLE            NO
EXECUTE_CATALOG_ROLE           NO
DELETE_CATALOG_ROLE            NO
EXP_FULL_DATABASE              NO
...
```

SESSION_ROLES

La vue « **SESSION_ROLES** » liste les rôles activés pour votre session.

```
SQL> CONNECT STAGIAIRE/PWD
Connecté.
SQL> SELECT * FROM SESSION_ROLES;

aucune ligne sélectionnée

SQL> SET ROLE FORMATION IDENTIFIED BY PWD;
```

```
Rôle défini.

SQL> SELECT * FROM SESSION_ROLES;

ROLE
------------------------------
FORMATION
```

DBA_ROLE_PRIVS

La vue « **DBA_ROLE_PRIVS** » liste les rôles et les privilèges octroyés à tous les rôles de la base de données.

Les colonnes de cette vue sont :

GRANTEE	Le nom de l'utilisateur.
GRANTED_ROLE	Le nom du rôle octroyé à l'utilisateur.
ADMIN_OPTION	Indique si le rôle a été attribué avec l'option « **WITH ADMIN OPTION** ».
DEFAULT_ROLE	Indique si le rôle est celui par défaut de l'utilisateur.

```
SQL> SELECT GRANTED_ROLE,ADMIN_OPTION, DEFAULT_ROLE
  2  FROM DBA_ROLE_PRIVS
  3  WHERE GRANTEE  LIKE 'STAGIAIRE';

GRANTED_ROLE                   ADM DEF
------------------------------ --- ---
FORMATION                      NO  NO

SQL> SELECT GRANTED_ROLE,ADMIN_OPTION, DEFAULT_ROLE
  2  FROM DBA_ROLE_PRIVS
  3  WHERE GRANTEE  LIKE 'SYSTEM';

GRANTED_ROLE                   ADM DEF
------------------------------ --- ---
DBA                            YES YES
MGMT_USER                      NO  YES
AQ_ADMINISTRATOR_ROLE          YES YES
```

Atelier 21

- Les privilèges système
- Les privilèges objet
- WITH ADMIN OPTION
- WITH GRANT OPTION

Durée : 20 minutes

Exercice n°1 Les privilèges système

Affichez l'utilisateur « **APP_USER** » s'il existe dans votre base de données.

Créez l'utilisateur en lui octroyant le privilège « **CREATE SESSION** ». Rappelez vous que la commande « **GRANT** » avec l'option « **IDENTIFIED BY** » crée l'utilisateur s'il n'existe pas.

Exercice n°2 WITH ADMIN OPTION

Créez trois utilisateurs « **APP1** », « **APP2** » et « **APP3** » à l'aide de la commande « **GRANT** » et octroyez leur le privilège « **CREATE SESSION** ».

Octroyez à l'utilisateur « **APP1** » le privilège « **CREATE TABLESPACE** » avec la clause « **WITH ADMIN OPTION** ».

Connectez-vous avec l'utilisateur « **APP1** » et octroyez à l'utilisateur « **APP2** » le privilège « **CREATE TABLESPACE** » avec la clause « **WITH ADMIN OPTION** ».

Connectez-vous avec le compte « **STAGIAIRE** » et supprimez l'utilisateur « **APP1** ».

Connectez-vous avec l'utilisateur « **APP2** » et octroyez à l'utilisateur « **APP3** » le privilège « **CREATE TABLESPACE** » avec la clause « **WITH ADMIN OPTION** ».

La commande aboutit-elle ?

Exercice n°3 WITH GRANT OPTION

Octroyez à l'utilisateur « **APP2** » le privilège « **SELECT** » sur la table « **STAGIAIRE.CATEGORIES** » avec la clause « **WITH GRANT OPTION** ».

Connectez-vous avec l'utilisateur « **APP2** » et octroyez à l'utilisateur « **APP3** » le privilège « **SELECT** » sur la table « **STAGIAIRE.CATEGORIES** ». Connectez-vous avec l'utilisateur « **APP3** » et affichez les noms des catégories.

Connectez-vous avec le compte « **STAGIAIRE** » et retirez le privilège « **SELECT** » sur la table « **STAGIAIRE.CATEGORIES** », à l'utilisateur « **APP2** ».

Connectez-vous avec l'utilisateur « **APP3** » et interrogez la table « **STAGIAIRE.CATEGORIES** ».

La commande aboutit-elle ?

Lorsque l'utilisateur « **APP2** » est supprimé, l'utilisateur « **APP3** » perd automatiquement le droit d'accéder à la table « **STAGIAIRE.CATEGORIES** », c'est également le cas si à la place de supprimer l'utilisateur « **APP2** », on lui révoque le privilège « **SELECT** ».

- *DICTIONARY*
- *DICT_COLUMNS*
- *DBA_CATALOG*
- *DBA_OBJECTS*

22

Le dictionnaire de données

Objectifs

A la fin de ce module, vous serez à même d'effectuer les tâches suivantes :

- Décrire l'environnement du dictionnaire de données.
- Décrire les vues du dictionnaire de données.
- Interroger les vues du dictionnaire de données.

Contenu

Le dictionnaire de données

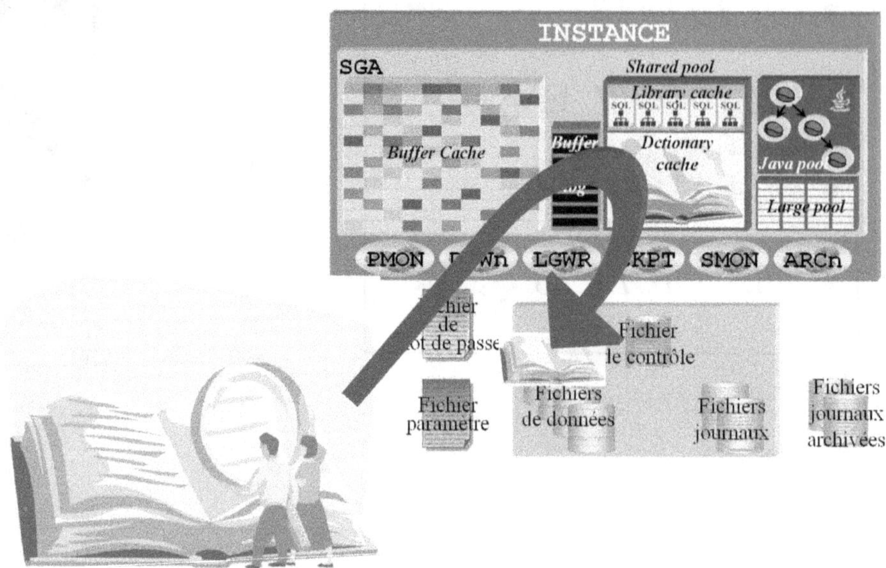

Le dictionnaire est un ensemble de tables et de vues qui contient toutes les informations concernant la structure de stockage et tous les objets de la base. Toute information concernant la base de données se retrouve dans le dictionnaire de données.

Le dictionnaire de données est automatiquement mis à jour par Oracle lorsque la base de données est modifiée. Le propriétaire du dictionnaire de données est l'utilisateur « SYS ».

Le dictionnaire de données stocke les informations sur :

- La structure logique de la base de données.
- La structure physique de la base de données.
- Les noms et les définitions des objets.
- Les contraintes d'intégrité définies pour les objets d'une base de données.
- Les noms des utilisateurs valides de la base de données et les privilèges attribués à chaque utilisateur de la base de données.
- L'audit sur une base de données.

Le dictionnaire de données Oracle stocke toutes les informations utilisées pour gérer les objets de la base. Ce dictionnaire est généralement exploité par l'administrateur de base de données, mais c'est aussi une source d'information utile pour les développeurs et les utilisateurs.

Les scripts interactifs

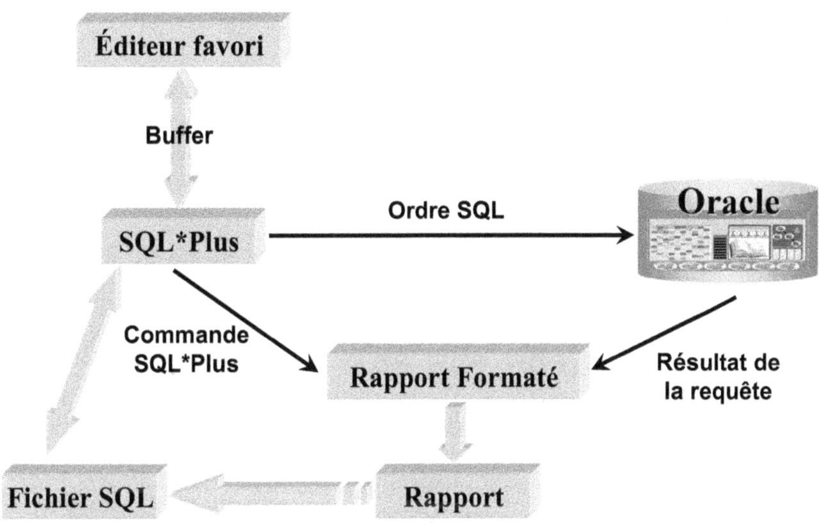

L'outil **SQL*Plus** vous permet de réaliser les fonctions suivantes :

- Entrer, éditer, sauvegarder et exécuter des commandes SQL.
- Sauvegarder, effectuer des calculs et mettre en forme le résultat des requêtes.
- Lister les définitions des colonnes de chaque table.
- Exécuter des requêtes interactives.

Vous pouvez travailler interactivement avec SQL*Plus, pour créer automatiquement des scripts SQL avec les données issues de la base de données Oracle.

La **première étape** consiste à créer un ordre SQL qui recherche l'information et qui formate cette information suivant le besoin.

Dans l'exemple suivant vous pouvez remarquer la récupération des noms des tables du schéma courant et la mise en forme de ces noms de tables.

```
SQL> SELECT 'GRANT SELECT ON '||TABLE_NAME||' TO STG;' "--GRANT Script"
  2  FROM USER_TABLES;

--GRANT Script
-------------------------------------------------------
GRANT SELECT ON CATEGORIES TO STG;
GRANT SELECT ON CLIENTS TO STG;
GRANT SELECT ON COMMANDES TO STG;
GRANT SELECT ON DETAILS_COMMANDES TO STG;
GRANT SELECT ON EMPLOYES TO STG;
GRANT SELECT ON FOURNISSEURS TO STG;
GRANT SELECT ON PRODUITS TO STG;
```

La **deuxième étape** exécutera ce script et stockera le résultat dans un nouveau script.

```
SQL> SPOOL C:\GRANT_PUBLIC.SQL

SQL> SELECT 'GRANT SELECT ON '||TABLE_NAME||' TO STG;' "--GRANT Script"
  2  FROM USER_TABLES;
```

```
--GRANT Script
------------------------------------------------------
GRANT SELECT ON CATEGORIES TO STG;
GRANT SELECT ON CLIENTS TO STG;
GRANT SELECT ON COMMANDES TO STG;
GRANT SELECT ON DETAILS_COMMANDES TO STG;
GRANT SELECT ON EMPLOYES TO STG;
GRANT SELECT ON FOURNISSEURS TO STG;
GRANT SELECT ON PRODUITS TO STG;

7 ligne(s) sélectionnée(s).

SQL>
SQL> SPOOL OFF
SQL>
SQL> GET C:\GRANT_PUBLIC.SQL
  1  SQL>
  2  SQL> SELECT 'GRANT SELECT ON '||TABLE_NAME||' TO STG;'
  3    2              "--GRANT Script"
  4    3  FROM USER_TABLES;
  5  --GRANT Script
  6  ------------------------------------------------------
  7  GRANT SELECT ON CATEGORIES TO STG;
  8  GRANT SELECT ON CLIENTS TO STG;
  9  GRANT SELECT ON COMMANDES TO STG;
 10  GRANT SELECT ON DETAILS_COMMANDES TO STG;
 11  GRANT SELECT ON EMPLOYES TO STG;
 12  GRANT SELECT ON FOURNISSEURS TO STG;
 13  GRANT SELECT ON PRODUITS TO STG;
 14  7 ligne(s) sélectionnée(s).
 15  SQL>
 16* SQL> SPOOL OFF
```

La **troisième étape** est effectuée à la fin du script principal par l'exécution du script créé.

Le script final qui sera exécuté dans l'environnement SQL*Plus est :

```
SET HEADING OFF
SET ECHO OFF
SET FEEDBACK OFF
SET PAGESIZE 0

SPOOL C:\GRANT_PUBLIC.SQL

SELECT 'GRANT SELECT ON '||TABLE_NAME||' TO STG;'
              "--GRANT Script"
FROM USER_TABLES;

SPOOL OFF

@C:\GRANT_PUBLIC.SQL

SET PAGESIZE 24
SET FEEDBACK ON
SET ECHO ON
SET HEADING ON
```

Ce script crée d'abord le fichier de script `'C:\GRANT_PUBLIC.SQL'`, puis exécute ce script qui octroie des privilèges de lecture sur l'ensemble des tables du schéma courant.

Les vues du dictionnaire de données

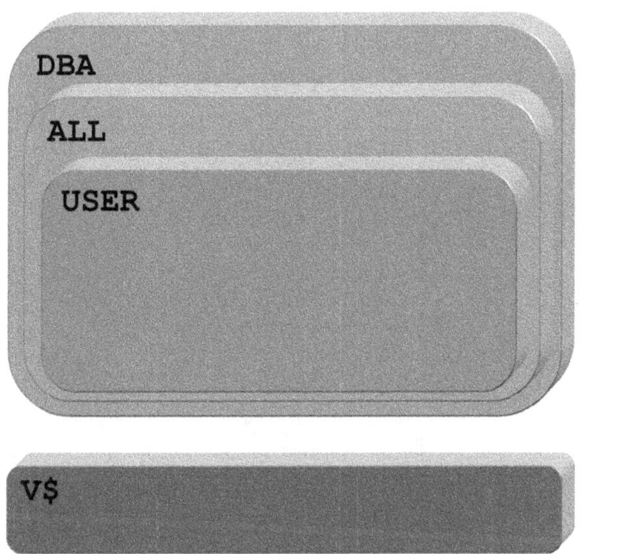

Le dictionnaire est un ensemble de tables et de vues qui contient toutes les informations concernant la structure de stockage et tous les objets de la base. Toute information concernant la base de données se retrouve dans le dictionnaire de données.

Les vues du dictionnaire de données

Les noms des objets dans le dictionnaire de données Oracle débutent par l'un des trois préfixes suivants :

- Les vues DBA contiennent des informations sur les objets de tous les schémas.
- Les vues ALL incluent les enregistrements des vues USER et des informations sur les objets pour lesquels des privilèges ont été octroyés au groupe PUBLIC ou à l'utilisateur courant.
- Les vues USER contiennent des informations sur les objets appartenant au compte qui exécute la requête.

Les vues USER, ALL et DBA sont disponibles pour quasiment tous les objets de base de données.

Les vues dynamiques normales

Les vues dynamiques des performances sont identifiées avec le préfixe V_$, mais le serveur Oracle crée un synonyme public avec le préfixe V$. Elles sont accessibles uniquement pour l'utilisateur « **SYS** » ou pour tout autre utilisateur qui a le privilège « **SYSDBA** ».

La liste complète des vues de performances est disponible à partir de la vue « **V$FIXED_TABLE** ».

Ces vues sont utilisées pour fournir des données relatives aux performances telles que des informations sur les fichiers de données et les structures de la mémoire.

Le guide du dictionnaire

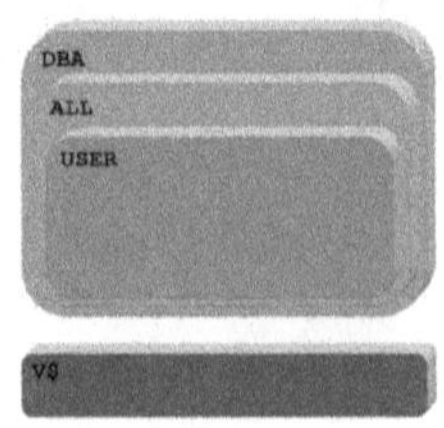

- **La vue DICTIONARY**
- **La vue DICT_COLUMNS**

Les descriptions des objets sont accessibles via une vue nommée « **DICTIONARY** ». Cette vue, également accessible via le synonyme public « **DICT** », interroge la base de données pour déterminer à quelles vues du dictionnaire vous pouvez accéder. Elle recherche également les synonymes publics définis pour ces vues.

L'exemple suivant sélectionne dans la vue « **DICT** » les noms des vues du dictionnaire de données qui incluent la chaîne « **VIEWS** ». Cette vue contient uniquement deux colonnes, le nom d'objet et les commentaires associés aux objets du dictionnaire.

```
SQL> DESC DICTIONARY
 Nom                                       NULL ?   Type
 ----------------------------------------- -------- ---------------
 TABLE_NAME                                         VARCHAR2(30)
 COMMENTS                                           VARCHAR2(4000)
SQL> SELECT * FROM DICT
  2  WHERE TABLE_NAME LIKE '%BASE%' ;

 TABLE_NAME                     COMMENTS
------------------------------ --------------------------------------------
----------------------------------------------------------------------------
DBA_BASE_TABLE_MVIEWS          All materialized views with log(s) in the
ALL_BASE_TABLE_MVIEWS          All materialized views with log(s) in the
USER_BASE_TABLE_MVIEWS         All materialized views with log(s) owned by
DBA_IAS_OBJECTS_BASE
DBA_CACHEABLE_TABLES_BASE
DBA_CACHEABLE_OBJECTS_BASE
DBA_CAPTURE_PREPARED_DATABASE  Is the local database prepared for
ALL_CAPTURE_PREPARED_DATABASE  Is the local database prepared for
DBA_HIST_DATABASE_INSTANCE     Database Instance Information
DBA_HIST_BASELINE              Baseline Metadata Information
DBA_DIR_DATABASE_ATTRIBUTES    Database attributes for cluster director
DATABASE_COMPATIBLE_LEVEL      Database compatible parameter set via
```



```
NLS_DATABASE_PARAMETERS         Permanent NLS parameters of the database
V$FLASHBACK_DATABASE_LOGFILE    Synonym for V_$FLASHBACK_DATABASE_LOGFILE
V$FLASHBACK_DATABASE_LOG        Synonym for V_$FLASHBACK_DATABASE_LOG
V$FLASHBACK_DATABASE_STAT       Synonym for V_$FLASHBACK_DATABASE_STAT
V$DATABASE                      Synonym for V_$DATABASE
V$DATABASE_BLOCK_CORRUPTION     Synonym for V_$DATABASE_BLOCK_CORRUPTION
V$DATABASE_INCARNATION          Synonym for V_$DATABASE_INCARNATION
GV$FLASHBACK_DATABASE_LOGFILE   Synonym for GV_$FLASHBACK_DATABASE_LOGFILE
GV$FLASHBACK_DATABASE_LOG       Synonym for GV_$FLASHBACK_DATABASE_LOG
GV$FLASHBACK_DATABASE_STAT      Synonym for GV_$FLASHBACK_DATABASE_STAT
GV$DATABASE                     Synonym for GV_$DATABASE
GV$DATABASE_BLOCK_CORRUPTION    Synonym for GV_$DATABASE_BLOCK_CORRUPTION
GV$DATABASE_INCARNATION         Synonym for GV_$DATABASE_INCARNATION

25 ligne(s) sélectionnée(s).
```

Vous pouvez interroger les colonnes des vues du dictionnaire via la vue « **DICT_COLUMNS** ». A l'instar de la vue « **DICTIONARY** », cette vue affiche les colonnes pour les vues du dictionnaire de données. Elle possède trois colonnes, le nom d'objet, le nom de la colonne et les commentaires associés aux objets du dictionnaire. L'interrogation de cette vue permet de déterminer les vues du dictionnaire les plus appropriées à vos recherches.

```
SQL> DESC DICT_COLUMNS
Nom                                        NULL ?   Type
 ----------------------------------------- -------- ----------------
 TABLE_NAME                                         VARCHAR2(30)
 COLUMN_NAME                                        VARCHAR2(30)
 COMMENTS                                           VARCHAR2(4000)

SQL> SELECT TABLE_NAME FROM DICT_COLUMNS
  2  WHERE  COLUMN_NAME LIKE 'BLOCK' ;

TABLE_NAME
------------------------------
DBA_LMT_USED_EXTENTS
DBA_DMT_USED_EXTENTS
V$_LOCK
V$LOCK
V$ENQUEUE_LOCK
V$TRANSACTION_ENQUEUE
GV$ENQUEUE_LOCK
GV$TRANSACTION_ENQUEUE
GV$_LOCK
GV$LOCK
```

Dans l'exemple précédent, nous avons interrogé la vue « **DICT_COLUMNS** », afin d'obtenir la liste de toutes les vues possédant une colonne appelée « **BLOCS** ».

Vous pouvez créer un script interactif qui vous permet de rechercher les vues du dictionnaire de données suivant le nom de la vue ou une colonne bien spécifique.

Pour créer un script interactif, il faut se rappeler que **SQL*Plus** est un environnement de commandes qui vous permet de formater les scripts **SQL**, de les enregistrer sur le disque, et en même temps d'exécuter des fichiers scripts. Ainsi l'on va créer un fichier qui va interroger la base à partir du dictionnaire de données.

Voici un exemple de scripts qui vous permet d'interroger le dictionnaire de données et de créer une liste de différentes vues avec leur description.

```
--------------------------------------------------------------------------------
-- « recherche_dict.sql »
-- Fichier interactif pour trouver les vues du dictionnaire
--                          les plus appropriées à vos besoins.
--------------------------------------------------------------------------------
SET PAGESIZE 1000
SET SERVEROUTPUT ON SIZE 1000000
SET VERIFY OFF
SET FEEDBACK OFF

PROMPT
PROMPT Vous pouvez saisir le nom en entier ou seulement une partie
PROMPT
ACCEPT var_nom_vue CHAR PROMPT "Le nom de la vue : "
PROMPT
ACCEPT var_nom_col CHAR PROMPT "Le nom de la colonne : "
PROMPT

spool c:\liste_recherche_dict.sql
begin
 DBMS_OUTPUT.PUT_LINE( 'SET LINESIZE 80');

 for var_vues in ( SELECT TABLE_NAME,
                          COMMENTS
                   FROM  DICT
                   WHERE TABLE_NAME  like '%&var_nom_vue%' AND
                         TABLE_NAME  in ( SELECT TABLE_NAME
                                          FROM  DICT_COLUMNS
                                          WHERE COLUMN_NAME like '%&var_nom_col%'))
 loop
   DBMS_OUTPUT.PUT_LINE( 'SET PAGESIZE 0');
   DBMS_OUTPUT.PUT_LINE( 'SELECT ''---------------------------------------------'||
                                '-----------------------------------''FROM DUAL;');
   DBMS_OUTPUT.PUT_LINE( 'SELECT '' Vue         : '||
                                  var_vues.TABLE_NAME||''' FROM DUAL;');
   DBMS_OUTPUT.PUT_LINE( 'SELECT '' Description : '||
                                  var_vues.COMMENTS||''' FROM DUAL;');
   DBMS_OUTPUT.PUT_LINE( 'SELECT ''---------------------------------------------'||
                                '-----------------------------------''FROM DUAL;');
   DBMS_OUTPUT.PUT_LINE( 'SET PAGESIZE 500');
   DBMS_OUTPUT.PUT_LINE( 'DESC    '||var_vues.TABLE_NAME);
 end loop ;
end ;
/
spool off

spool c:\liste_recherche_dict.lst
@c:\liste_recherche_dict.sql
spool off
```

Le script précédent interroge la base de données pour obtenir les noms des vues que vous recherchez. Le résultat est formaté et stocké dans le fichier « **`c:\liste_recherche_dict.sql`** ».

Le fichier ainsi obtenu est exécuté, le résultat obtenu est stocké dans le fichier « **`c:\liste_recherche_dict.lst`** ».

À l'exécution de ce script, il vous est demandé de saisir le nom de la vue et le nom de la colonne que vous recherchez. Les deux noms ne sont pas obligatoires, vous n'êtes pas obligé non plus de saisir la description complète de chaque nom. Vous pouvez alors saisir des parties de nom ou ne rien saisir du tout. Voici l'exemple qui génère un fichier script **SQL** et une liste de différentes vues avec leur description.

```
SQL> @C:\recherche_dict.sql

Vous pouvez saisir le nom en entier ou seulement une partie

Le nom de la vue : DBA_TABLE

Le nom de la colonne : BLOCK
```

Vous trouverez ci-après le fichier « **c:\liste_recherche_dict.sql** », le résultat de l'exécution du script précédent pour une saisie de noms de la vue « **DBA_TABLES** » et pour un nom de la colonne.

```
SET LINESIZE 80
SET PAGESIZE 0
SELECT
'--------------------------------------------------------------------------------
'FROM DUAL;
SELECT ' Vue         : DBA_TABLES' FROM DUAL;
SELECT ' Description : Description of all relational tables in the database'
FROM DUAL;
SELECT
'--------------------------------------------------------------------------------
'FROM DUAL;
SET PAGESIZE 500
DESC   DBA_TABLES
SET PAGESIZE 0
SELECT
'--------------------------------------------------------------------------------
'FROM DUAL;
SELECT ' Vue         : DBA_TABLESPACES' FROM DUAL;
SELECT ' Description : Description of all tablespaces' FROM DUAL;
SELECT
'--------------------------------------------------------------------------------
'FROM DUAL;
SET PAGESIZE 500
DESC   DBA_TABLESPACES
```

Le résultat de l'exécution du script « **c:\liste_recherche_dict.sql** », est stocké dans le fichier « **c:\liste_recherche_dict.lst** » que vous pouvez observer dans le cadre suivant.

```
--------------------------------------------------------------------------------
 Vue         : DBA_TABLES
 Description : Description of all relational tables in the database
--------------------------------------------------------------------------------
 Nom                                       NULL ?   Type
 ----------------------------------------- -------- ----------------------------
 OWNER                                     NOT NULL VARCHAR2(30)
 TABLE_NAME                                NOT NULL VARCHAR2(30)
 TABLESPACE_NAME                                    VARCHAR2(30)
 CLUSTER_NAME                                       VARCHAR2(30)
 IOT_NAME                                           VARCHAR2(30)
 PCT_FREE                                           NUMBER
 PCT_USED                                           NUMBER
 INI_TRANS                                          NUMBER
 MAX_TRANS                                          NUMBER
 INITIAL_EXTENT                                     NUMBER
 NEXT_EXTENT                                        NUMBER
 MIN_EXTENTS                                        NUMBER
 MAX_EXTENTS                                        NUMBER
 PCT_INCREASE                                       NUMBER
 FREELISTS                                          NUMBER
 FREELIST_GROUPS                                    NUMBER
 LOGGING                                            VARCHAR2(3)
 BACKED_UP                                          VARCHAR2(1)
```

```
NUM_ROWS                                         NUMBER
BLOCKS                                           NUMBER
EMPTY_BLOCKS                                     NUMBER
AVG_SPACE                                        NUMBER
CHAIN_CNT                                        NUMBER
AVG_ROW_LEN                                      NUMBER
AVG_SPACE_FREELIST_BLOCKS                        NUMBER
NUM_FREELIST_BLOCKS                              NUMBER
DEGREE                                           VARCHAR2(10)
INSTANCES                                        VARCHAR2(10)
CACHE                                            VARCHAR2(5)
TABLE_LOCK                                       VARCHAR2(8)
SAMPLE_SIZE                                      NUMBER
LAST_ANALYZED                                    DATE
PARTITIONED                                      VARCHAR2(3)
IOT_TYPE                                         VARCHAR2(12)
TEMPORARY                                        VARCHAR2(1)
SECONDARY                                        VARCHAR2(1)
NESTED                                           VARCHAR2(3)
BUFFER_POOL                                      VARCHAR2(7)
ROW_MOVEMENT                                     VARCHAR2(8)
GLOBAL_STATS                                     VARCHAR2(3)
USER_STATS                                       VARCHAR2(3)
DURATION                                         VARCHAR2(15)
SKIP_CORRUPT                                     VARCHAR2(8)
MONITORING                                       VARCHAR2(3)
CLUSTER_OWNER                                    VARCHAR2(30)
DEPENDENCIES                                     VARCHAR2(8)
COMPRESSION                                      VARCHAR2(8)
DROPPED                                          VARCHAR2(3)

--------------------------------------------------------------------------------
Vue         : DBA_TABLESPACES
Description : Description of all tablespaces
--------------------------------------------------------------------------------
Nom                                      NULL ?   Type
---------------------------------------- -------- ----------------------------
TABLESPACE_NAME                          NOT NULL VARCHAR2(30)
BLOCK_SIZE                               NOT NULL NUMBER
INITIAL_EXTENT                                    NUMBER
NEXT_EXTENT                                       NUMBER
MIN_EXTENTS                              NOT NULL NUMBER
MAX_EXTENTS                                       NUMBER
PCT_INCREASE                                      NUMBER
MIN_EXTLEN                                        NUMBER
STATUS                                            VARCHAR2(9)
CONTENTS                                          VARCHAR2(9)
LOGGING                                           VARCHAR2(9)
FORCE_LOGGING                                     VARCHAR2(3)
EXTENT_MANAGEMENT                                 VARCHAR2(10)
ALLOCATION_TYPE                                   VARCHAR2(9)
PLUGGED_IN                                        VARCHAR2(3)
SEGMENT_SPACE_MANAGEMENT                          VARCHAR2(6)
DEF_TAB_COMPRESSION                               VARCHAR2(8)
RETENTION                                         VARCHAR2(11)
BIGFILE                                           VARCHAR2(3)
```

Pour lister tous les noms des vues ainsi que toutes leurs colonnes, vous pouvez lancer le même script sans aucune valeur pour le nom de vues ni pour le nom de colonnes.

Lorsque vous ne savez pas où rechercher les informations, interrogez le dictionnaire de données à l'aide du script précédent. Ainsi vous retrouvez les vues, leur description et également l'ensemble des colonnes de ces vues.

Les objets utilisateur

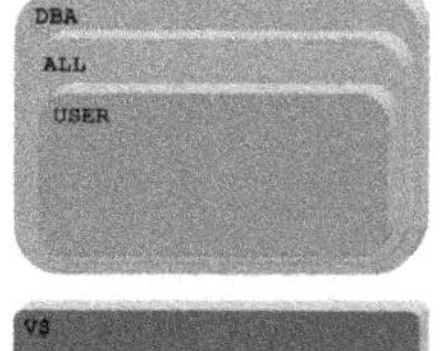

- ALL_CATALOG
- ALL_OBJECTS
- ALL_TABLES
- ALL_TAB_COLUMNS
- ALL_VIEWS
- ALL_SYNONYMS
- ALL_SEQUENCES
- DBA_RECYCLEBIN
- ALL_CONSTRAINTS
- ALL_CONS_COLUMNS
- ALL_INDEXES
- ALL_IND_COLUMNS
- ALL_CLUSTERS
- ALL_CLU_COLUMNS
- ALL_TYPES
- ALL_LOBS
- DBA_DBLINK
- ALL_MVIEWS
- ALL_DIMENSIONS

L'ensemble des objets appartenant à un utilisateur est désigné par le terme catalogue; il en existe un seul par utilisateur. Un catalogue affiche tous les objets dont l'utilisateur peut sélectionner les enregistrements.

Cette section décrit comment extraire des informations relatives aux tables, colonnes, vues, synonymes, séquences et au catalogue d'un utilisateur.

ALL_CATALOG

La vue « **ALL_CATALOG** » liste tous les objets dont l'utilisateur peut sélectionner les enregistrements.

Les colonnes de cette vue sont :

OWNER	Le propriétaire de l'objet.
TABLE_NAME	Le nom de l'objet.
TABLE_TYPE	Le type de l'objet.

```
SQL> DESC ALL_CATALOG
 Nom                                       NULL ?   Type
 ----------------------------------------- -------- ------------
 OWNER                                     NOT NULL VARCHAR2(30)
 TABLE_NAME                                NOT NULL VARCHAR2(30)
 TABLE_TYPE                                         VARCHAR2(11)

SQL> SELECT TABLE_NAME, TABLE_TYPE FROM ALL_CATALOG
  2  WHERE OWNER LIKE 'STAGIAIRE';

TABLE_NAME                     TABLE_TYPE
------------------------------ -----------
CATEGORIES                     TABLE
CLIENTS                        TABLE
EMPLOYES                       TABLE
```

```
FOURNISSEURS                   TABLE
COMMANDES                      TABLE
PRODUITS                       TABLE
DETAILS_COMMANDES              TABLE
```

La vue « **USER_CATALOG** » donne exactement le même affichage pour l'utilisateur courant car elle ne contient pas la colonne « **OWNER** ». La vue « **USER_CATALOG** » peut aussi être désignée par le synonyme public « **CAT** ».

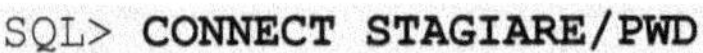

```
SQL> CONNECT STAGIARE/PWD
Connecté

SQL> SELECT TABLE_NAME, TABLE_TYPE FROM CAT ;

TABLE_NAME                     TABLE_TYPE
------------------------------ -----------
CATEGORIES                     TABLE
CLIENTS                        TABLE
EMPLOYES                       TABLE
FOURNISSEURS                   TABLE
COMMANDES                      TABLE
PRODUITS                       TABLE
DETAILS_COMMANDES              TABLE
```

ALL_OBJECTS

La vue « **ALL_OBJECTS** » liste tous les types d'objets - clusters, liens de base de données, fonctions, index, packages, corps de packages, classes Java, types de données abstraits, plans de ressource, séquences, synonymes, tables, déclencheurs et vues.

Les colonnes de cette vue sont :

OWNER	Le propriétaire de l'objet.
OBJECT_NAME	Le nom de l'objet.
SUBOBJECT_NAME	Le nom d'un composant de l'objet, une partition par exemple.
OBJECT_ID	L'identifiant de l'objet.
DATA_OBJECT_ID	L'identifiant du segment qui contient l'objet.
OBJECT_TYPE	Le type de l'objet, par exemple une table, un index, une table partitionnée.
CREATED	La date et l'heure de création de l'objet.
LAST_DDL_TIME	La date et l'heure de la dernière modification « **DDL** » de l'objet.
TIMESTAMP	La date et l'heure de création de l'objet dans un champ de types de caractère.
STATUS	L'état de l'objet « **VALID** » ou « **INVALID** ».
TEMPORARY	Indicateur signifiant si l'objet est une table temporaire.
GENERATED	Indicateur signifiant si le nom de l'objet a été généré par le système.
SECONDARY	Indicateur signifiant si l'objet est un index secondaire créé par un index de domaine.

La vue « **ALL_OBJECTS** » contient plusieurs informations essentielles qui ne sont pas disponibles via d'autres vues du dictionnaire de données. Cette vue consigne la date de création des objets et la date de leur dernière modification.

L'exemple suivant récupère la date de création et la date de dernière modification des objets de l'utilisateur « **STAGIAIRE** ».

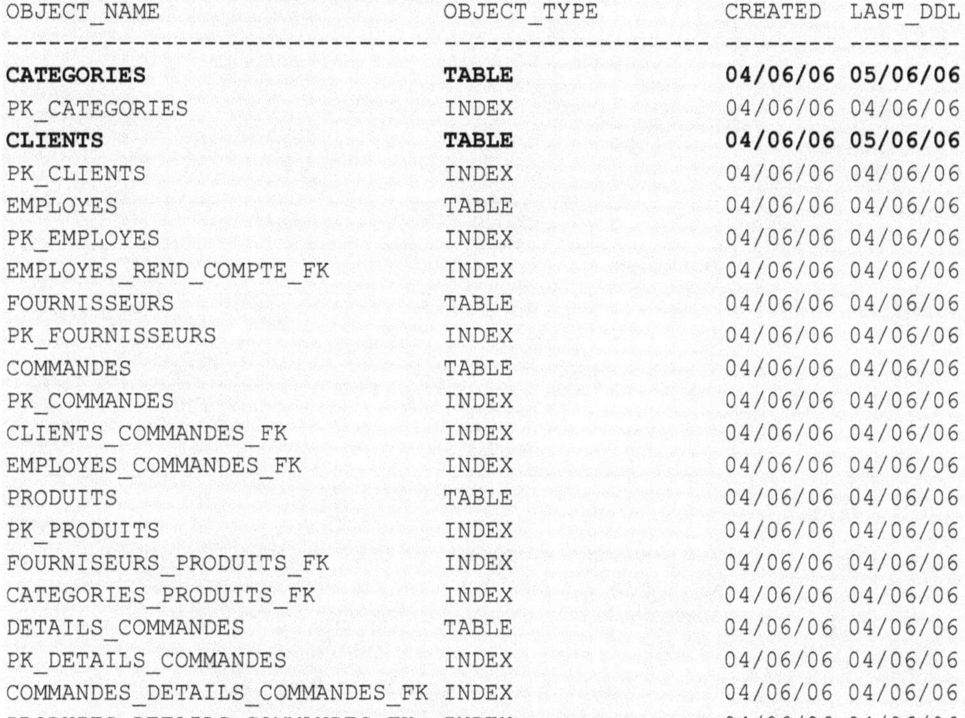

```
SQL> SELECT OBJECT_NAME, OBJECT_TYPE,
  2  CREATED, LAST_DDL_TIME FROM ALL_OBJECTS
  3  WHERE OWNER LIKE 'STAGIAIRE';

OBJECT_NAME                    OBJECT_TYPE         CREATED  LAST_DDL
------------------------------ ------------------- -------- --------
CATEGORIES                     TABLE               04/06/06 05/06/06
PK_CATEGORIES                  INDEX               04/06/06 04/06/06
CLIENTS                        TABLE               04/06/06 05/06/06
PK_CLIENTS                     INDEX               04/06/06 04/06/06
EMPLOYES                       TABLE               04/06/06 04/06/06
PK_EMPLOYES                    INDEX               04/06/06 04/06/06
EMPLOYES_REND_COMPTE_FK        INDEX               04/06/06 04/06/06
FOURNISSEURS                   TABLE               04/06/06 04/06/06
PK_FOURNISSEURS                INDEX               04/06/06 04/06/06
COMMANDES                      TABLE               04/06/06 04/06/06
PK_COMMANDES                   INDEX               04/06/06 04/06/06
CLIENTS_COMMANDES_FK           INDEX               04/06/06 04/06/06
EMPLOYES_COMMANDES_FK          INDEX               04/06/06 04/06/06
PRODUITS                       TABLE               04/06/06 04/06/06
PK_PRODUITS                    INDEX               04/06/06 04/06/06
FOURNISEURS_PRODUITS_FK        INDEX               04/06/06 04/06/06
CATEGORIES_PRODUITS_FK         INDEX               04/06/06 04/06/06
DETAILS_COMMANDES              TABLE               04/06/06 04/06/06
PK_DETAILS_COMMANDES           INDEX               04/06/06 04/06/06
COMMANDES_DETAILS_COMMANDES_FK INDEX               04/06/06 04/06/06
PRODUITS_DETAILS_COMMANDES_FK  INDEX               04/06/06 04/06/06
```

Dans l'exemple précédent, vous pouvez voir que tous les objets ont été créés le même jour, mais que les deux tables `CATEGORIES` et `CLIENTS` ont été modifiées ultérieurement.

La vue « **USER_OBJECTS** » donne exactement le même affichage pour l'utilisateur courant car elle ne contient pas la colonne « **OWNER** ». La vue « **USER_OBJECTS** » peut aussi être désignée par le synonyme public « **OBJ** ».

Les vues par type d'objets

La vue « **USER_OBJECTS** » liste tous les types d'objets d'un utilisateur ; en revanche elle ne fournit pas beaucoup d'information sur leurs attributs. Pour obtenir davantage d'information sur un objet, vous devez examiner la vue spécifique à son type.

À ce stade, l'ensemble des vues ne peut pas être décrit en détail sachant que plusieurs notions n'ont pas encore été vues. Aussi allons-nous présenter un certain nombre de vues qui sont détaillées dans les modules suivants.

ALL_TABLES

La vue « **ALL_TABLES** » affiche toutes les tables, dont l'utilisateur peut sélectionner les enregistrements, de la base de données. La plupart des outils de reporting tiers qui listent les tables disponibles pour les requêtes obtiennent cette liste en interrogeant cette vue.

Les colonnes de la vue « **ALL_TABLES** » peuvent être classées en quatre catégories principales : identification, espace, statistiques et autres.

Identification	*Espace de stockage*	*Statistiques*	*Autres*
OWNER	TABLESPACE_NAME	NUM_ROWS	DEGREE
TABLE_NAME	CLUSTER_NAME	BLOCKS	INSTANCES
IOT_NAME	PCT_FREE	EMPTY_BLOCKS	CACHE
LOGGING	PCT_USED	AVG_SPACE	TABLE_LOCK
BACKED_UP	INI_TRANS	CHAIN_CNT	BUFFER_POOL
PARTITIONED	MAX_TRANS	AVG_ROW_LEN	ROW_MOVEMENT
IOT_TYPE	INITIAL_EXTENT	SAMPLE_SIZE	DURATION
TEMPORARY	NEXT_EXTENT	LAST_ANALYZED	SKIP_CORRUPT
SECONDARY	MIN_EXTENTS	AVG_SPACE_FREELIST_BLOCKS	MONITORING
NESTED	MAX_EXTENTS	NUM_FREELIST_BLOCKS	CLUSTER_OWNER
	PCT_INCREASE	GLOBAL_STATS	DEPENDENCIES
	FREELISTS	USER_STATS	COMPRESSION
	FREELIST_GROUPS		DROPPED

Vous pourrez ainsi récupérer la liste des tables, l'information concernant les espaces des disques logiques dans lesquels sont stockées des informations plus détaillées concernant le type de table, les volumes de stockage ainsi que son mode de gestion à mémoire.

```
SQL> SELECT TABLE_NAME,TABLESPACE_NAME,BLOCKS,CACHE
  2  FROM ALL_TABLES
  3  WHERE OWNER like 'STAGIAIRE';

TABLE_NAME                     TABLESPACE_NAME    BLOCKS     CACHE
------------------------------ ------------------ ---------- -----
CATEGORIES                     USERS                       5     N
CLIENTS                        USERS                       5     N
EMPLOYES                       USERS                       5     N
FOURNISSEURS                   USERS                       5     N
COMMANDES                      USERS                       5     N
PRODUITS                       USERS                       5     N
DETAILS_COMMANDES              USERS                      13     N
```

ALL_TAB_COLUMNS

La vue du dictionnaire de données « **ALL_TAB_COLUMNS** » qui affiche des informations sur les colonnes est étroitement liée à la vue « **ALL_TABLES** ».

Les colonnes de la vue « **ALL_TAB_COLUMNS** » peuvent être classées en trois catégories principales :

Identification	*Définition*	*Statistiques*
OWNER	DATA_TYPE	NUM_DISTINCT
TABLE_NAME	DATA_TYPE_MOD	LOW_VALUE
COLUMN_NAME	DATA_TYPE_OWNER	HIGH_VALUE
COLUMN_ID	DATA_LENGTH	DENSITY
	DATA_PRECISION	NUM_NULLS
	DATA_SCALE	NUM_BUCKETS
	NULLABLE	LAST_ANALYZED
	DEFAULT_LENGTH	SAMPLE_SIZE
	DATA_DEFAULT	GLOBAL_STATS
	CHARACTER_SET_NAME	USER_STATS
	CHAR_COL_DECL_LENGTH	V80_FMT_IMAGE
	AVG_COL_LEN	DATA_UPGRADED
	CHAR_LENGTH	HISTOGRAM
	CHAR_USED	

Les colonnes « **OWNER** »,« **TABLE_NAME** » et « **COLUMN_NAME** » contiennent l'utilisateur propriétaire des tables, les noms des tables et les colonnes. Les colonnes de définition sont décrites dans le module de création des objets de la base.

```
SQL> SELECT COLUMN_NAME,DATA_TYPE,DATA_LENGTH,
  2  DATA_PRECISION,DATA_DEFAULT
  3  FROM ALL_TAB_COLUMNS
  4  WHERE OWNER LIKE 'STAGIAIRE' AND
  5        TABLE_NAME LIKE 'EMPLOYES';

COLUMN_NAME     DATA_TYPE DATA_LENGTH DATA_PRECISION DATA_DEFAULT
--------------- --------- ----------- -------------- ------------
NO_EMPLOYE       NUMBER            22              6
REND_COMPTE      NUMBER            22              6
NOM              VARCHAR2          20
PRENOM           VARCHAR2          10
FONCTION         VARCHAR2          30
TITRE            VARCHAR2           5
DATE_NAISSANCE   DATE               7
DATE_EMBAUCHE    DATE               7                SYSDATE
SALAIRE          NUMBER            22              8
COMMISSION       NUMBER            22              8
```

La commande **SQL*Plus** « **DESCRIBE** » permet également d'obtenir les mêmes informations ; toutefois, elle ne permet pas de connaître les valeurs par défaut des colonnes ni leurs statistiques.

ALL_VIEWS

La vue du dictionnaire de données « **ALL_VIEWS** » affiche les informations sur les vues traditionnelles.

Les colonnes de cette vue sont :

OWNER Le propriétaire de l'objet.

VIEW_NAME	Le nom de la vue.
TEXT_LENGTH	La longeur de la requête de base de la vue.
TEXT	La requête de base de la vue.

Etant donné que le texte de la requête est un champ de type « **LONG** » vous devez utiliser la commande « **SET LONG 1000** » pour définir la taille d'affichage, par défaut sa valeur est de 80.

```
SQL> set long 1000
SQL> SELECT VIEW_NAME "1",TEXT_LENGTH "2", TEXT "3" FROM ALL_VIEWS
  2  WHERE OWNER LIKE 'STAGIAIRE';

1                2 3
----------- ---- ---------------------------------------------
V_EMPLOYES   154 SELECT A.NOM, A.PRENOM, B.NOM MGR
                      FROM EMPLOYES A, EMPLOYES B
                      WHERE A.REND_COMPTE = B.NO_EMPLOYE AND
                            SYSDATE -  A.DATE_NAISSANCE < 40

V_COMMANDES  235 SELECT NO_COMMANDE, CODE_CLIENT, NO_EMPLOYE,
                            DATE_COMMANDE, DATE_ENVOI, PORT
                     FROM  COMMANDES
                     WHERE NO_EMPLOYE IN ( SELECT NO_EMPLOYE  FROM
                 EMPLOYES
                                           WHERE  NOM = 'King')
                     WITH CHECK OPTION

V_CLIENTS    116 SELECT SOCIETE, ADRESSE, TELEPHONE, VILLE
                 FROM CLIENTS
                 WHERE VILLE IN ('Toulouse','Strasbourg','Nantes','
                 Marseille')
```

ALL_SYNONYMS

La vue du dictionnaire de données « **ALL_SYNONYMS** » vous permet d'afficher les attributs des synonymes.

ALL_SEQUENCES

La vue du dictionnaire de données « **ALL_SEQUENCES** » vous permet d'afficher les attributs de séquences.

DBA_RECYCLEBIN

La vue du dictionnaire de données « **DBA_RECYCLEBIN** » vous permet d'afficher les attributs des objets qui peuvent être récupérés après un effacement. La base de données peut récupérer uniquement les objets qui ont été effacés pas les objets tronqués.

```
SQL> CREATE TABLE CAT_STAGIAIRE AS SELECT * FROM CAT;

Table créée.

SQL> DROP TABLE CAT_STAGIAIRE;

Table supprimée.

SQL> SELECT OBJECT_NAME, ORIGINAL_NAME, OPERATION
```

```
  2  FROM DBA_RECYCLEBIN
  3  WHERE OWNER LIKE 'STAGIAIRE' AND
  4        ORIGINAL_NAME LIKE 'CAT_STAGIAIRE';

OBJECT_NAME                    ORIGINAL_NAME                    OPER
------------------------------ -------------------------------- ----
BIN$wZx6RAvUSs6O16vVJvh6wA==$0 CAT_STAGIAIRE                    DROP

SQL> FLASHBACK TABLE CAT_STAGIAIRE TO BEFORE DROP
  2            RENAME TO NOUVELLE_CAT_STAGIAIRE;

Flashback terminé.

SQL> DESC NOUVELLE_CAT_STAGIAIRE
 Nom                                       NULL ?   Type
 ----------------------------------------- -------- ----------------
 TABLE_NAME                                NOT NULL VARCHAR2(30)
 TABLE_TYPE                                         VARCHAR2(11)

SQL> DROP TABLE NOUVELLE_CAT_STAGIAIRE PURGE;

Table supprimée.

SQL> SELECT OBJECT_NAME, ORIGINAL_NAME, OPERATION
  2  FROM DBA_RECYCLEBIN
  3  WHERE OWNER LIKE 'STAGIAIRE' AND
  4  ORIGINAL_NAME LIKE 'NOUVELLE_CAT_STAGIAIRE';

aucune ligne sélectionnée
```

ALL_CONSTRAINTS

La vue du dictionnaire de données « **ALL_CONSTRAINTS** » vous permet d'afficher les attributs des contraintes. Elles sont très utiles pour modifier des contraintes ou résoudre des problèmes avec les données d'une application.

Il est essentiel de bien connaître les types de contraintes pour obtenir les informations adéquates. (Voir le Module 16)

ALL_CONS_COLUMNS

La vue du dictionnaire de données « **ALL_CONS_COLUMNS** » vous permet d'afficher les attributs des colonnes associées à des contraintes. (Voir le Module 16)

ALL_INDEXES

La vue du dictionnaire de données « **ALL_INDEXES** » vous permet d'afficher tous les index de la base, que l'utilisateur a le droit d'accéder.

Les colonnes de la vue « **ALL_INDEXES** » peuvent être classées en quatre catégories principales : identification, espace, statistiques et autres.

Identification	*Espace de stockage*	*Statistiques*	*Autres*
OWNER	TABLESPACE_NAME	BLEVEL	DEGREE

Identification	*Espace de stockage*	*Statistiques*	*Autres*
INDEX_NAME	INI_TRANS	LEAF_BLOCKS	INSTANCES
INDEX_TYPE	MAX_TRANS	DISTINCT_KEYS	CACHE
TABLE_NAME	PCT_FREE	AVG_LEAF_BLOCKS_PER_KEY	INCLUDE_COLUMN
TABLE_OWNER	PCT_USED	AVG_DATA_BLOCKS_PER_KEY	BUFFER_POOL
UNIQUENESS	INITIAL_EXTENT	NUM_ROWS	DURATION
STATUS	NEXT_EXTENT	SAMPLE_SIZE	DOMIDX_STATUS
PARTITIONED	MIN_EXTENTS	LAST_ANALYZED	DOMIDX_OPSTATUS
COMPRESSION	MAX_EXTENTS	USER_STATS	FUNCIDX_STATUS
SECONDARY	PCT_INCREASE	GLOBAL_STATS	
LOGGING	FREELISTS		
PREFIX_LENGTH	FREELIST_GROUPS		

```
SQL> SELECT INDEX_NAME, TABLE_NAME, STATUS, BLEVEL, LEAF_BLOCKS
  2  FROM ALL_INDEXES
  3  WHERE OWNER LIKE 'STAGIAIRE';

INDEX_NAME               TABLE_NAME           STATUS  BLEVEL     LE
------------------------ -------------------- ------- ---------- --
PK_CATEGORIES            CATEGORIES           VALID   0           1
PK_CLIENTS               CLIENTS              VALID   0           1
PK_EX_CLIENTS            EX_CLIENTS           VALID   0           0
PK_EX_EMPLOYES           EX_PERSONNES         VALID   0           0
PK_EX_COMMANDES          EX_COMMANDES         VALID   0           0
UNK_EX_COMMANDES_CLIDATE EX_COMMANDES         VALID   0           0
PK_EX_DET_COMM           EX_DETAILS_COMMANDES VALID   0           0
FK_EX_COM_DET_COM        EX_DETAILS_COMMANDES VALID   0           0
FK_EX_PROD_DET_COM       EX_DETAILS_COMMANDES VALID   0           0
PK_COMMANDES             COMMANDES            VALID   1           3
FK_CLIENTS_COMMANDES     COMMANDES            VALID   1           2
FK_EMPLOYES_COMMANDES    COMMANDES            VALID   1           2
PK_DETAILS_COMMANDES     DETAILS_COMMANDES    VALID   1           5
...

SQL> SPOOL d:\ateliers\analyze_indexs.sql
SQL> SELECT 'ANALYZE INDEX '||INDEX_NAME||' COMPUTE STATISTICS;'
  2  FROM ALL_INDEXES
  3  WHERE OWNER LIKE 'STAGIAIRE';
SQL> SPOOL OFF
SQL> @d:\ateliers\analyze_indexs.sql
```

ALL_IND_COLUMNS

La vue du dictionnaire de données « **ALL_IND_COLUMNS** » permet de déterminer les colonnes qui font partie d'un index.

```
SQL> SELECT INDEX_NAME, TABLE_NAME,
  2         COLUMN_NAME, COLUMN_POSITION, DESCEND
  3  FROM ALL_INDEXES JOIN ALL_IND_COLUMNS
```

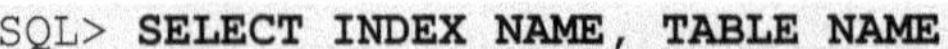

```
  4        USING( INDEX_NAME, TABLE_NAME)
  5   WHERE OWNER LIKE 'STAGIAIRE' AND TABLE_NAME = 'COMMANDES';

INDEX_NAME             TABLE_NAME   COLUMN_NAME  COLUMN_POSITION DESC
--------------------- ------------ ------------ --------------- ----
PK_COMMANDES           COMMANDES    NO_COMMANDE                1 ASC
FK_CLIENTS_COMMANDES   COMMANDES    CODE_CLIENT                1 ASC
FK_EMPLOYES_COMMANDES  COMMANDES    NO_EMPLOYE                 1 ASC

SQL> DESC ALL_IND_COLUMNS
 Nom                              NULL ?   Type
 -------------------------------- -------- -------------
 INDEX_OWNER                      NOT NULL VARCHAR2(30)
 INDEX_NAME                       NOT NULL VARCHAR2(30)
 TABLE_OWNER                      NOT NULL VARCHAR2(30)
 TABLE_NAME                       NOT NULL VARCHAR2(30)
 COLUMN_NAME                               VARCHAR2(4000)
 COLUMN_POSITION                  NOT NULL NUMBER
 COLUMN_LENGTH                    NOT NULL NUMBER
 CHAR_LENGTH                               NUMBER
 DESCEND                                   VARCHAR2(4)
```

ALL_CLUSTERS

La vue du dictionnaire de données « **ALL_CLUSTERS** » permet d'afficher les paramètres de stockage et de statistiques associés aux clusters.

ALL_CLU_COLUMNS

La vue du dictionnaire de données « **ALL_CLU_COLUMNS** » vous permet de savoir quelles colonnes de tables font partie d'un cluster.

ALL_TYPES

La vue du dictionnaire de données « **ALL_TYPES** » vous permet d'afficher la liste des types de données abstraits.

ALL_LOBS

La vue du dictionnaire de données « **DBA_LOBS** » vous permet d'afficher les informations sur les grands objets, LOB, stockés dans les tables de la base de données.

DBA_DBLINK

La vue du dictionnaire de données « **DBA_DBLINK** » permet d'afficher les liens de base de données.

ALL_MVIEWS

La vue du dictionnaire de données « **ALL_MVIEWS** » permet d'afficher les informations sur les vues matérialisées.

ALL_DIMENSIONS

La vue du dictionnaire de données « **ALL_DIMENSIONS** » vous permet d'afficher les dimensions et les hiérarchies de la base de données.

La structure de stockage

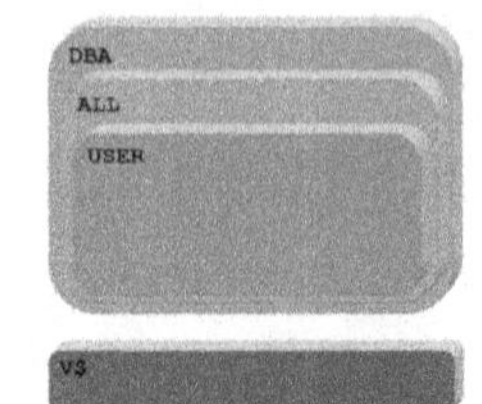

- USER_TABLESPACES
- DBA_DATA_FILES
- DBA_TS_QUOTAS
- DBA_SEGMENTS
- DBA_EXTENTS

Vous pouvez utiliser le dictionnaire de données pour déterminer l'espace disponible et l'espace alloué aux objets de la base de données. Les principales vues qui décrivent comment déterminer les paramètres de stockage par défaut des objets, les quotas d'utilisation de l'espace, l'espace libre disponible et la façon dont les objets sont stockés physiquement sont énumérées dans cette partie. Pour la description complète de ces différentes vues, rapportez-vous au module correspondant au stockage.

USER_TABLESPACES

La vue du dictionnaire de données « **USER_TABLESPACES** » vous permet d'afficher les espaces de disques logiques et les paramètres de stockage de chacun d'eux.

Les colonnes de cette vue sont :

TABLESPACE_NAME	Le nom du tablespace.
BLOCK_SIZE	La taille du bloc pour le tablespace.
INITIAL_EXTENT	Indique la taille de l'extent initial, par défaut, pour les objets du tablespace.
NEXT_EXTENT	Indique la taille de l'extent suivant, par défaut, pour les objets du tablespace.
MIN_EXTENTS	Indique le nombre minimum d'extents, par défaut, pour les objets du tablespace.
MAX_EXTENTS	Indique le nombre maximum d'extents, par défaut, pour les objets du tablespace.
PCT_INCREASE	Indique le pourcentage d'augmentation de la taille de l'extent suivant, par défaut pour les objets du tablespace.
MIN_EXTLEN	Indique la taille minimale pout les extents du tablespace.
STATUS	Indique l'état du tablespace « **ONLINE** », « **OFFLINE** », « **INVALID** », « **READ ONLY** ».

La valeur « **INVALID** » signifie que le tablespace a été supprimé.

CONTENTS Indique le type du tablespace « **PERMANENT** », « **UNDO** », ou « **TEMPORARY** ».

LOGGING Indique le mode fonctionnement du tablespace, s'il effectue les journalisations ou non.

FORCE_LOGGING Indique si l'argument « **FORCE LOGGING** » a été utilisé lors de la création ou de la modification du tablespace.

EXTENT_MANAGEMENT Indique le mode de gestion des extents dans le tablespace, gestion locale « **LOCAL** » ou dans le dictionnaire de données « **DICTIONARY** ».

ALLOCATION_TYPE Indique le type d'allocation d'extents gestion automatique « **SYSTEM** », allocation uniforme « **UNIFORM** », ou géré par l'utilisateur « **USER** ».

SEGMENT_SPACE_MANAGEMENT Indique le type de gestion de la liste des blocs libres « **MANUAL** » ou « **AUTO** ».

DEF_TAB_COMPRESSION Indique si les données peuvent être compressées « **ENABLED** », ou non « **DISABLED** ».

RETENTION Indique le type de conservation pour annulation « **UNDO** ». Les valeurs sont « **GUARANTEE** », « **NOGUARANTEE** » ou « **NOT APPLY** ».

BIGFILE Indique si le tablespace est de type « **BIGFILE** » ou « **SMALLFILE** ». Les valeurs sont « **YES** » ou « **NO** ».

```
SQL> SELECT TABLESPACE_NAME, BLOCK_SIZE, STATUS, STATUS
  2         LOGGING, BIGFILE, RETENTION
  3  FROM DBA_TABLESPACES;

TABLESPACE_NAME      BLOCK_SIZE STATUS    LOGGING   BIG RETENTION
-------------------- ---------- --------- --------- --- -----------
SYSTEM                     8192 ONLINE    ONLINE    NO  NOT APPLY
UNDOTBS1                   8192 ONLINE    ONLINE    NO  NOGUARANTEE
SYSAUX                     8192 ONLINE    ONLINE    NO  NOT APPLY
TEMP                       8192 ONLINE    ONLINE    NO  NOT APPLY
USERS                      8192 ONLINE    ONLINE    NO  NOT APPLY
APP_02                    16384 ONLINE    ONLINE    NO  NOT APPLY
APP_01                     8192 READ ONLY READ ONLY YES NOT APPLY
APP_03                     4096 OFFLINE   OFFLINE   NO  NOT APPLY
```

DBA_DATA_FILES

La vue du dictionnaire de données « **DBA_DATA_FILES** » vous permet d'afficher les fichiers de données ainsi que les espaces de disques logiques auxquels il appartient.

Les colonnes de cette vue sont :

FILE_NAME Le nom du fichier de données.

FILE_ID L'identifiant du fichier de données.

TABLESPACE_NAME Le nom du tablespace auquel appartient le fichier.

BYTES La taille du fichier de données en bytes.

BLOCKS Le nombre des blocs contenu dans le fichier de données.

STATUS	Indique l'état du fichier de données « **AVAILABLE** » ou « **INVALID** ». La valeur « **INVALID** » signifie que le tablespace a été supprimé.
RELATIVE_FNO	Indique le numéro relatif du fichier de données par rapport au tablespace.
AUTOEXTENSIBLE	Indique si le fichier s'agrandit automatiquement.
MAXBYTES	La taille maximale du fichier de données en bytes.
MAXBLOCKS	Le nombre maximum des blocs du fichier de données.
INCREMENT_BY	Indique la taille de l'extension automatique.
USER_BYTES	La taille dédiée au stockage de données en bytes.
USER_BLOCKS	Le nombre des blocs dédié au stockage de données.

```
SQL> SELECT TABLESPACE_NAME, FILE_NAME
  2  FROM DBA_DATA_FILES;

TABLESPACE_NAME        FILE_NAME
---------------------- ------------------------------------------------------
SYSTEM        C:\ORACLE\ORADATA\DBA\DBA\DATAFILE\O1_MF_SYSTEM_17YRZ6N5_.DBF
UNDOTBS1      C:\ORACLE\ORADATA\DBA\DBA\DATAFILE\O1_MF_UNDOTBS1_17YSONF5_.DBF
SYSAUX        C:\ORACLE\ORADATA\DBA\DBA\DATAFILE\O1_MF_SYSAUX_17YS17N8_.DBF
USERS         C:\ORACLE\ORADATA\DBA\DBA\DATAFILE\O1_MF_USERS_17YS20B4_.DBF
APP_01        C:\ORACLE\ORADATA\DBA\DBA\DATAFILE\APP_01.DBF
UNDO_01       C:\ORACLE\ORADATA\DBA\DBA\DATAFILE\UNDO_01_01.DBF
APP_02        C:\ORACLE\ORADATA\DBA\DBA\DATAFILE\APP_02_01.DBF
APP_03        C:\ORACLE\ORADATA\DBA\DBA\DATAFILE\APP_03_01.DBF
APP_03        C:\ORACLE\ORADATA\DBA\DBA\DATAFILE\APP_03_02.DBF
APP_03        C:\ORACLE\ORADATA\DBA\DBA\DATAFILE\APP_03_03.DBF
APP_04        C:\ORACLE\ORADATA\DBA\DBA\DATAFILE\APP_04_01.DBF
```

Pour retrouver les fichiers des tablespaces temporaires vous devez interroger la vue du dictionnaire des données « **DBA_TEMP_FILES** ». La description de cette vue est identique à celle de la vue « **DBA_DATA_FILES** ».

DBA_TS_QUOTAS

La vue du dictionnaire de données « **DBA_TS_QUOTAS** » vous permet d'afficher les quotas de stockage de tous les espaces de disques logiques ; elle se révèle très efficace pour déterminer l'utilisation de l'espace dans l'ensemble de la base de données.

Les colonnes de cette vue sont :

FILE_NAME	Le nom du fichier de données.
TABLESPACE_NAME	Le nom du tablespace auquel appartient le fichier.
USERNAME	Le de l'utilisateur.
BYTES	La taille allouée par les objets de l'utilisateur en bytes.
MAX_BYTES	La taille maximale pouvant être alloué par les objets de l'utilisateur en bytes.
BLOCKS	La taille allouée par les objets de l'utilisateur en blocs.
MAX_BLOCKS	La taille maximale pouvant être alloué par les objets de l'utilisateur en blocs.

DBA_SEGMENTS

La vue du dictionnaire de données « **DBA_SEGMENTS** » vous permet d'afficher les paramètres de stockage et l'utilisation d'espace pour les segments dans la base de données.

Les colonnes de cette vue sont :

OWNER	Le propriétaire du segment.
SEGMENT_NAME	Indique le nom du segment.
PARTITION_NAME	Indique le nom de la partition du segment.
SEGMENT_TYPE	Indique le type du segment. Les valeurs possibles sont : **INDEX PARTITION, TABLE PARTITION, TABLE, CLUSTER, INDEX, ROLLBACK, DEFERRED ROLLBACK, TEMPORARY, CACHE, LOBSEGMENT,** ou **LOBINDEX**
TABLESPACE_NAME	Le nom du tablespace.
HEADER_FILE	Indique l'identifiant du fichier de données qui contient l'entête du segment.
HEADER_BLOCK	Indique l'identifiant du block qui contient l'entête du segment.
BYTES	La taille du segment en bytes.
BLOCKS	Le nombre des blocs contenu dans le segment.
EXTENTS	Indique le nombre d'extents dans le segment.
INITIAL_EXTENT	Indique la taille de l'extent initial.
NEXT_EXTENT	Indique la taille de l'extent suivant.
MIN_EXTENTS	Indique le nombre minimum d'extents.
MAX_EXTENTS	Indique le nombre maximum d'extents.
PCT_INCREASE	Indique le pourcentage d'augmentation de la taille de l'extent suivant.
FREELISTS	Indique le nombre de listes d'espace libre ou freelists allouées au segment.
FREELIST_GROUPS	Indique le nombre de groupes de listes d'espace libre ou freelists allouées au segment.
RELATIVE_FNO	Indique le numéro relatif du fichier de données qui continent l'entête du segment par rapport au tablespace.
BUFFER_POOL	Indique la partie du buffer cache dans lequel les données du segment sont lues ; les valeurs pour ce paramètre sont : « **DEFAULT** », « **KEEP** », ou « **RECYCLE** ».

```
SQL> SELECT SEGMENT_NAME, TABLESPACE_NAME, BLOCKS, EXTENTS
  2  FROM DBA_SEGMENTS
  3  WHERE OWNER LIKE 'SCOTT';

SEGMENT_NAME TABLESPACE_NAME BLOCKS EXTENTS
------------ --------------- ------ -------
DEPT         USERS                8       1
EMP          USERS                8       1
BONUS        USERS                8       1
SALGRADE     USERS                8       1
PK_DEPT      USERS                8       1
PK_EMP       USERS                8       1
```

DBA_EXTENTS

La vue du dictionnaire de données « **DBA_EXTENTS** » vous permet d'afficher les paramètres de stockage et l'utilisation d'espace pour les extents des segments.

Les colonnes de cette vue sont :

OWNER	Le propriétaire du segment associé avec l'extent.
SEGMENT_NAME	Indique le nom du segment associé avec l'extent.
PARTITION_NAME	Indique le nom de la partition du segment.
SEGMENT_TYPE	Indique le type du segment. Les valeurs possibles sont : **INDEX PARTITION, TABLE PARTITION, TABLE, CLUSTER, INDEX, ROLLBACK, DEFERRED ROLLBACK, TEMPORARY, CACHE, LOBSEGMENT,** ou **LOBINDEX**
TABLESPACE_NAME	Le nom du tablespace.
EXTENT_ID	Le numéro de l'extent dans le segment.
FILE_ID	Indique l'identifiant du fichier de données qui contient l'extent.
BLOCK_ID	Indique l'identifiant du block qui commence l'extent.
BYTES	La taille de l'extent en bytes.
BLOCKS	Le nombre des blocs contenus dans l'extent.
EXTENTS	Indique le nombre d'extents dans le segment.
RELATIVE_FNO	Indique le numéro relatif du fichier de données qui contient l'extent.

```
SQL> SELECT SEGMENT_NAME, SEGMENT_TYPE,
  2  TABLESPACE_NAME, BYTES, BLOCKS
  3  FROM DBA_EXTENTS
  4  WHERE OWNER LIKE 'SCOTT';

SEGMENT_NAME SEGMENT_TYPE TABLESPACE_NAME BYTES  BLOCKS
------------ ------------ --------------- ----- -------
DEPT         TABLE        USERS           65536       8
PK_DEPT      INDEX        USERS           65536       8
EMP          TABLE        USERS           65536       8
PK_EMP       INDEX        USERS           65536       8
BONUS        TABLE        USERS           65536       8
SALGRADE     TABLE        USERS           65536       8
```

Les utilisateurs et privilèges

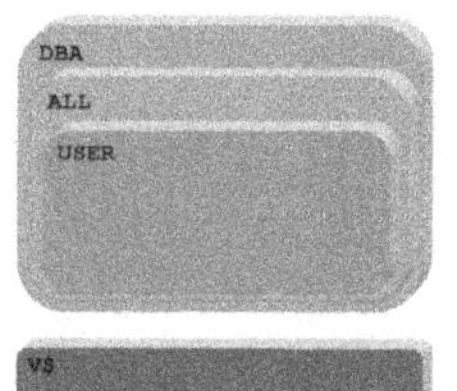

- DBA_USERS
- DBA_PROFILES
- DBA_ROLES
- DBA_SYS_PRIVS
- DBA_TAB_PRIVS
- DBA_COL_PRIVS
- DBA_ROLE_PRIVS

Les utilisateurs et leurs privilèges sont enregistrés dans le dictionnaire de données. Les principales vues qui décrivent comment obtenir des informations sur les comptes d'utilisateurs, les limites de ressources et les privilèges des utilisateurs, sont énumérées dans cette partie. Pour la description complète de ses différentes, vues rapportez-vous au module correspondant à la gestion des utilisateurs.

DBA_USERS

La vue du dictionnaire de données « **DBA_USERS** » vous permet d'afficher la liste de tous les comptes utilisateur de la base de données. Elle est utile pour connaître les noms d'utilisateurs disponibles. (Voire le Module 20)

DBA_PROFILES

La vue « **DBA_PROFILES** » fournit des informations sur les profils. (Voire le Module 20)

DBA_ROLES

La vue du dictionnaire de données « **DBA_ROLES** » vous permet d'afficher les rôles assignés à un utilisateur. Les rôles octroyés au groupe PUBLIC sont également listés dans cette vue.

DBA_SYS_PRIVS

La vue du dictionnaire de données « **DBA_SYS_PRIVS** » vous permet d'afficher les privilèges système octroyés directement à un utilisateur.

DBA_TAB_PRIVS

La vue du dictionnaire de données « **DBA_TAB_PRIVS** » vous permet d'afficher la liste des privilèges d'objet accordés à tous les utilisateurs de la base.

DBA_COL_PRIVS

La vue du dictionnaire de données « **DBA_COL_PRIVS** » vous permet d'afficher tous les privilèges de colonnes octroyés aux utilisateurs de la base.

DBA_ROLE_PRIVS

La vue du dictionnaire de données « **DBA_ROLE_PRIVS** » vous permet d'afficher tous les rôles octroyés aux utilisateurs de la base.

Les audits

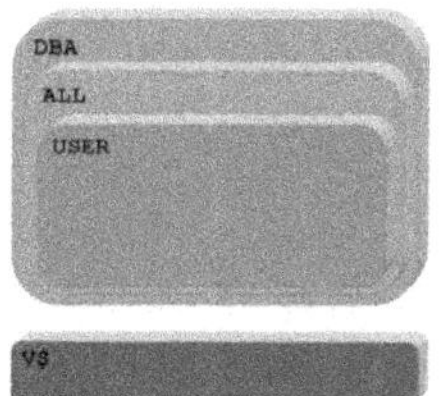

- DBA_AUDIT_TRAIL
- DBA_AUDIT_SESSION
- DBA_AUDIT_OBJECT
- DBA_OBJ_AUDIT_OPTS
- DBA_AUDIT_STATEMENT

Dans une base Oracle, on peut activer les fonctionnalités d'audit ; une fois ces fonctionnalités activées, plusieurs vues du dictionnaire de données permettent à tout utilisateur d'accéder au journal d'audit.

DBA_AUDIT_TRAIL

La vue du dictionnaire de données « **DBA_AUDIT_TRAIL** » vous permet d'afficher toutes les entrées de la table de suivi d'audit.

DBA_AUDIT_SESSION

La vue du dictionnaire de données « **DBA_AUDIT_SESSION** » vous permet d'afficher les entrées de la table de suivi d'audit pour les connexions et déconnexions.

DBA_AUDIT_OBJECT

La vue du dictionnaire de données « **DBA_AUDIT_OBJECT** » vous permet d'afficher les entrées de la table de suivi d'audit pour les instructions concernant les objets.

DBA_OBJ_AUDIT_OPTS

La vue du dictionnaire de données « **DBA_OBJ_AUDIT_OPTS** » vous permet d'afficher les entrées de la table de suivi d'audit pour les options d'audit appliquées aux objets.

DBA_AUDIT_STATEMENT

La vue du dictionnaire de données « **DBA_AUDIT_STATEMENT** » vous permet d'afficher les entrées de la table de suivi d'audit pour les commandes « **GRANT** », « **REVOKE** », « **AUDIT** », « **NOAUDIT** » et « **ALTER SYSTEM** » exécutées par un utilisateur.

Atelier 22

- **L'interrogation du dictionnaire de données**
- **La recherche des données de la base**

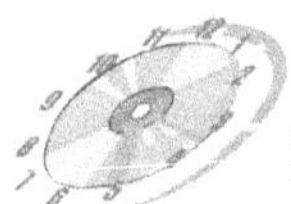

Durée : 15 minutes

Questions

22-1. Quelle est la vue du dictionnaire de données qui vous permet d'afficher la liste de tous les utilisateurs de la base de données et leurs caractéristiques ?

A. `DBA_USERS`

B. `USER_USERS`

C. `ALL_USERS`

D. `V$SESSION`

22-2. Quelle est la vue qui vous permet d'afficher le nom de toutes les vues du dictionnaire de données ?

A. `DBA_NAMES`

B. `DBA_TABLES`

C. `DBA_DICTIONARY`

D. `DICTIONARY`

Exercice n°1 L'interrogation du dictionnaire de données

Créez une requête qui interroge la vue du dictionnaire de données « **`DICTIONARY`** ». Elle doit utiliser une variable de substitution pour récupérer uniquement les enregistrements qui correspondent. Le filtre porte sur le nom ou une partie du nom d'une ou plusieurs vues du dictionnaire de données.

Exercice n°2 La recherche des données de la base

Affichez l'ensemble des utilisateurs de la base de données ainsi que la date de création de leurs comptes.

Affichez l'ensemble tables d'un utilisateur de la base de données ainsi que l'emplacement des ces tables.

Affichez les index, les champs des index et l'emplacement des index d'un utilisateur de la base de données.

Octroyez à l'utilisateur « **APP3** » créé dans le module précédent le privilège « **SELECT** » sur l'ensemble des tables du schéma « **STAGIAIRE** ».

Créez pour toutes les tables du schéma « **STAGIAIRE** » des synonymes pour l'utilisateur « **APP3** ».

Index

!

$

%

(

'

(

*

.

/

?

[

^

_

{

|

+

<

=

>

A

B

C

D

E

F

G

H

I

J

L

www.ingramcontent.com/pod-product-compliance
Lightning Source LLC
Chambersburg PA
CBHW082115210326
41599CB00031B/5779
* 9 7 8 2 2 1 2 1 2 0 5 5 4 *